MEN"S HAIR CUT BIBLE

상표출원 40-2016-0079849

베이직 커트
(BASIC CUT)

보고 듣고 배우는 남성커트 기본 커트 완전서

헤어에 균형을 입히는 커트 방법!!

뜨는 머리를 없애는 커트 방법!!

모발의 흐름을 편하게 하는 커트방법!!

남성 커트 최고의 커트 방법!!

초보자들과 중급자들의 실력 배양을 위한!!

저자 : 남성컷트연구원 하상중 원장

www.manscut.co.kr

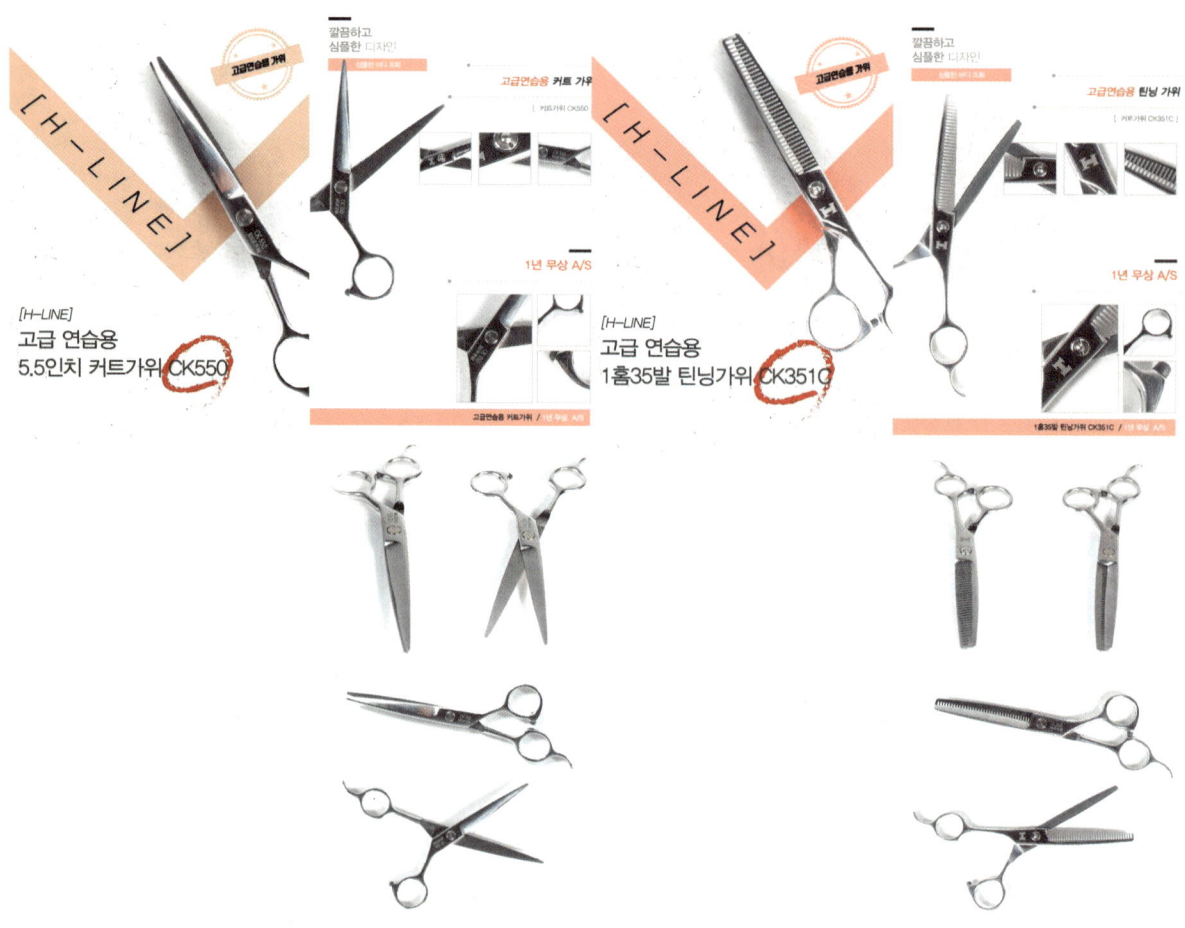

* 연습용 ck550 블런트   * 연습용ck3510 틴닝

주문: 010-4530-6086 (하상중원장)

제가 책임지겠습니다.

이 책을 발간을 하면서....

많은 시간이 흘렀습니다. 제가 강의를 시작한지 벌써 18년이 되었습니다. 그동안 커트 서적을 4권을 발간하면서 저한테는 행복한 시간이었습니다. 그러면서도 아쉬운 마음도 많이 들었습니다. 이번 5번째부터는 해설을 전부 바꾸었습니다. 여태까지의 방법이 아닌 하나의 스타일의 사진이 100장 정도의 양으로 넘을 수도 있고 적을 수도 있지만 하나의 스타일의 장면 장면으로 해설을 하여 여러분들의 기술발전을 위해서 최선을 다 했다고 생각이지만 여러분들의 생각도 있겠지요. 이 책은 남성커트의 기본적인 부분을 집중하였습니다. 그래서 책 이름도 4way cut 베이지커트 라고 하였습니다. 물론 다음 부분이 몇 달 후에 또 한권의 책이 나오겠습니다만 그 책의 제목은 4way cut 트랜드 커트입니다. 아시다시피 4way cut 는 제가 만든 기술 방법입니다. 균형을 만드는 방법!! 헤어에 균형을 입힌 커트 방법!! 이 책을 보시고 교육을 하셔도 상관없습니다만 4way cut라는 것은 알려주기 바랍니다. 우리 업계의 사람들은 인색합니다. 기술을 어렵게 배웠다고 남한테 주는 데에 인색합니다. 여태까지 기술의 정의를 세운 사람이 없습니다. 정석을 만든 사람도 없었습니다. 그저 배운 대로 시술을 하면서 지냈을 뿐이죠. 기본이 없는데 미래가 있다는 것은 거짓말입니다. 저는 기본을 세우고 시술의 방법을 일원화 하였습니다. 시술은 어려운 것이 아닙니다. 순서를 배우지 못해서 어려운 것입니다. 하지만 방법을 배우고 모질을 알고 모류를 알게 되면 시술은 한 없이 쉬워집니다. 이 한권의 책이 기술을 배우고 싶은 분들한테는 이정표가 될 것이고 기술의 함양을 원하는 분들한테는 더할 나위없는 한 권의 책이 될 것이라고 자부합니다. 여러분들한테 새로운 것은 아니겠지만 모르는 부분을 이 책으로 인해 알게 된다면 저는 보람이 있다고 생각합니다. 요령이 아닌 손님의 모발을 걱정하고 생각하면서 시술을 할 수 있는 커트 기술의 발전을 바라면서 1년의 시간을 이 책에 쏟았습니다. 물론 자료를 만들고 수집하는 데에는 더 많은 시간을 들였습니다만 자료의 사진이 조금 약해도 이해하시기 바랍니다. 제 영상에서 캡쳐를 해서 약한 부분이 있습니다. 하지만 이 책은 기술 서적이지 스타일북이 아니라는 것을 참고하시기 바랍니다. 기술을 어떻게 하느냐를 풀어놓은 책이니 총 천연의사진이 아니라도 좋지 아니한 가라고 생각해서 여러분의 기술 발전에 이용하시기 바랍니다. 저는 기술자입니다. 그리고 제 기술을 파는 기술 장사꾼입니다. 이 책에 들어있는 판매 가위는 제가 판매를 하는 것입니다. 제가 책임을 지고 하는 것이니 필요한 분들은 저한테 연락을 주시면 되겠습니다. 베이직 커트라 틴닝의 시술을 이 책에는 자세하게는 넣지 않았습니다. 그 부분은 트랜드 커트 책자에 들어가니 틴닝의 시술을 보고자 하는 분들은 트랜드 커트를 기다리시면 되겠습니다. 여러분들의 기술 발전에 일조를 하는 일이 저한테는 대단히 좋습니다. 부디 이 책으로 기술의 발전을 이루어 4way cut를 널리 알려주시면 감사하겠습니다.

프로필

서울특별시 박원순 시장 유공표창 수상
KBS 1tv 스카우트 촬영 및 방송
대덕대학교 뷰티아트과 특강 진행
現 한국미용산업학회 상임이사
現 미용tv. tv 헤어. 헤어119 외래강사
現 남성컷트연구원 (이.미용 봉사)운영
現 중소기업청 남성커트 창업 전무화과정 전담강사
現 성동여성인력개발센터 남성커트 기초과정 강의
2004년 "하상중 컷트의 모든 것" 출간
2005년 "남성컷트의 정석" 출간
2010년 "남성커트 14일에 완전정복하기" 출간
2016년 "남성 헤어 토탈 시스템" 출간
現 성동여성인력개발센터
　　남성커트 "디자인"과정 자격증 과정 강의 중
2017년 연세대학교 미래교육관 "모류교정" 세미나 진행
2019년 "4way cut 베이직 커트" 출간

contants 목차

* 이용의 역사 8p
* 한국 이용의 발달 8p
* 근래의 이용 9p
* 남성커트 기조 14p
* 남성커트 조화도 15p
* 시술 각 & 시술 반경 16p
* 남성커트의 정의 17p
* 이용커트 용어 17p
* 미용커트 용어 18p
* 두골의 요철과 상 19p
* 모발의 종류 20p
* 두피의 종류 21p
* 가마의 종류 23p
* 모류의 종류 24p
* 기본 커트 도해도 39p
* 빗 잡는 방법 41p
* 가위 잡는 방법(바로잡기:standard) 43p
* 가위 잡는 방법(세워잡기:side) 45p
* 클리퍼 잡는 방법 47p
* 클리퍼 잡는 잘못된 방법 49p
* 클리퍼의 정의 50p
* 클리퍼의 구조와 기능 51p
* 클리퍼 빗에 걸치는 방법 52p
* 클리퍼 두피 시술 방법 53p
* 클리퍼 후두부 밑머리 처리하는 방법 54p
* 클리퍼 측면부 밑머리 처리하는 방법 55p
* 블런트 커트 시술자세 56p
* 포인트 커트 시술자세 57p
* 모발 58p
* 기본 틴닝 가위 우측면부 시술방법 62p
* 기본 틴닝 가위 후두부 시술방법 64p
* 기본 틴닝 가위 좌측면부 시술방법 66p
* 기본 틴닝 가위 천정부 시술방법 67p
* 기본 틴닝 가위 앞머리 시술방법 68p
* 사선 틴닝 가위 시술 자세 69p
* 사선 틴닝 가위 좌측면부 시술방법 70p
* 사선 틴닝 가위 우측면부 시술방법 71p

* 사선 틴닝 가위 후두부 시술방법..72p
* 사선 틴닝 가위 천정부 시술방법..73p
* 사선 틴닝 가위 앞머리 시술방법..74p
* 빗 라인에 붙이는 방법..77p
* 클리퍼 시술 방법..89p
* 기장커트 각도..109p
* 빗 의 정의..123p
* 빗 의 구조와 기능..124p
* 가위의 역사..125p
* 가위의 분류..126p
* 가위의 정의..127p
* 가위의 구조..128p

연습

* 상고 커트..129p
* 숏 커트..152p
* 스포츠 커트..180p
* 곱슬머리 커트..205p
* 어린이 커트..230p
* 시저스 커트..265p
* 트리밍(옆 가위질)..283p
* 뒷면도..289p
* 앞면도..295p
* 드라이..303p
* 멋내기 염색 & 새치 염색 & 탈색..322p

* 아이론..328p

BASIC THEORY
(이론)

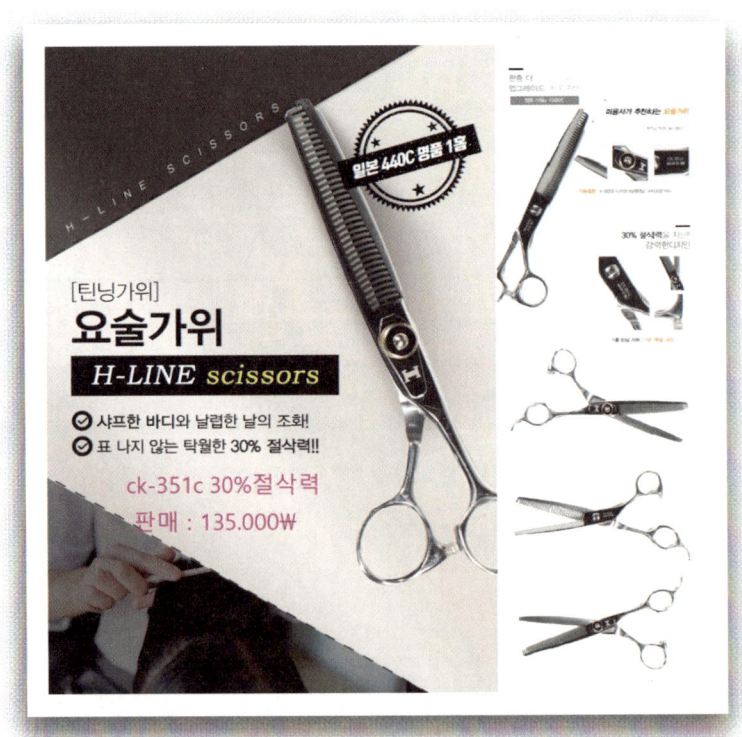

구입 문의- H-LINE 010-4530-6086

* 이번 장은 기본 커트의 전반적인 이론을 알아본다.

구입 문의- H-LINE 010-4530-6086

* 이용의 역사

BC(서기전) 1900년경에 헤브라이(Hebrai)족의 추장이 죄인을 처벌할 때 두발을 삭발했고 그 두발이 자랄 때까지 범인 자신이 죄를 뉘우치며 속죄하던 유래로부터 이용에 관한 역사는 시작되었다. 그 후 여러 세기동안에 인류문화가 발달되고 이에 따라 부족 간의 상호 협조로 생활의 향상도 있었지만 투쟁도 많아 그 당시 머리에 부상을 입은 사람들의 두발을 삭발하고 치료를 해주어 그때는 이용사와 의사의 직분을 겸하게 되었던 것이다. 그러다가 서기 1804년에 프랑스의 나폴레옹의 제1제정 당시에 수많은 인구의 증가와 사회구조가 점차 복잡해지자 이용원과 병원을 겸할 수 없다고 인식한 나폴레옹 정부의 위정자들은 프랑스 최초의 이용사 쟝 바버(Jean barber)를 통하여 병원과 이용원의 분리되어 비로소 이용이 역사상으로 독립하게 되었다. 그리고 지금까지 이용원 입구마다 설치되어 있는 청.홍.백색의 싸인 보드는 그 당시의 병원 표시였던 것으로 정맥, 동맥, 붕대를 의미한 것으로 전해지고 있다 이용 문화의 급진적인 발달과 더불어 싸인 보드는 이용원이 차지하게 되었고 이것 역시 전 세계에 보급되어 공통 사용하고 있는 병원은 적십자 표시를 공통으로 사용하게 되었다. 세계 최초의 이용사는 역시 프랑스의 쟝 바버를 꼽을 수 있으며 그는 30년간에 전쟁 당시도 조국을 위한 공훈이 가장 많았다고 한다.

* 한국 이용의 발달

옛날 우리나라 남자들은 총각 시절에는 머리를 땋아 내렸고 결혼한 사람은 상투를 틀어 올렸다. 그러나 일본과 서양문물이 밀려 들어와서 개화의 물결이 거세지자 드디어 서기 1895년 11월 17일 전 국민에게 삭발하라는 준엄한 단발령이 공포됐다. 김홍집 내각은 을미사변 이후 내정개혁에 주력하였는데 조선개국 504년 11월 17일 건양 원년 1월 1일자로 음력을 약력으로 개정하는 동시에 전국에 단발령을 내렸다. 고종은 단발령에 솔선수범하여 가위를 든 안종호에게 세자와 함께 머리를 깎았으며 내무대신 유길준은 고시를 내려 관리들이 우선적으로 머리를 깎게 했다. 우리나라에는 옛적부터 머리를 소중히 여기는 전통이 있었는데 이것은 신체발부는 부모에게서 받은 것이니 감히 훼손하지 않는 것이 효도의 시작이라는 유교의 가르침에서 유래된 것으로 많은 선비들은<손발을 자를 지언 정 두발을 자를 수는 없다> 분개하여 정부가 강행하려는 단발령에 완강하게 반대했다.

그러나 오랜 진통 끝에 구미 문명을 흡수하려는 개화사상을 받아 들여 한국 이용의 역사를 창조하게 되었다. 당시 고종과 세자의 머리를 깎았던 안종호는 일찍 등과하여 18세에 전라도 완주 군수를 역임했고 왕족 자제들만을 가르치는 타파하는 순회공연도 했고 방역회를 조직했고 그 첫 사업으로 서울 종로에서 이용원을 개설했다고 한다.

* 근래의 이용

1. 시험제도

우리나라의 이용사 시험제도는 1923년 당시 일제시대 이니 만치 야마모도라는 일본인이 주동이 되어 최초의 강습회를 시작하여 그해 가을에 우리나라 에서는 처음으로 국가가 시행하는 이용사 자격시험 을 실시하게 되었다. 그 당시의 시험출제는 주로 당시 의학 박사인 주방주씨의 저서인 "위생독본"이란 책에서 출제되었으며 생리해부학, 소독법, 전염병학, 면접시험, 실기시험, 등을 실시했다고 한다. 해방 이후 서울특별시의 이용사 시험실시는 1948년 대한민국 정부가 수립된 이후부터였고 부산광역시의 시험은 1954년부터 실시되었으며 그 후 내무부 산하 각 시.도에서 이.미용사법에 따라서 한국직업 인력관리공단이 보사부에서 제정한 공중위생법에 의거하여 실시하고 있으며 지금은 한국 산업인력관리공단 으로 명칭이 바뀌어 자격시험을 주관하고 있다.

2. 교육제도

해방 전인 일제시대 에는 전혀 뚜렷한 교육기관이 없었고 이용사들에게 사사해서 기술을 익히고 "위생독본"으로 독학을 해서 자격을 취득하거나 보조원 생활을 했다고 볼 수 있다. 해방 후도 혼란기라 역시 교육기관이 없었으나 6.25 사변 후 사회가 급전함에 따라 몇 군데 의학원이 생겨났지만 체계적인 교육기관이 전혀 없었다. 1년제 고등기술학교에 이용과를 신설 상당수의 이용사를 배출했다. 그 후 한때 장발이 유행해서 학생 수가 감소되었으나 1980년대에 들어와서 두발 형이 변모되어 가면서 다시 활기를 띠기 시작했다.

3. 최근의 이용

일제식민지 시대의 두발은 대개의 사람들이 양옆과 뒤를 치켜 깎고 윗머리가 10~15cm 정도의 길이인 하이칼라 스타일이 보편적으로 계속되었고 제2차 세계대전 말기에는 일본군국주의에 의해서 또 다시 삭발령이 공포되어 남자들은 박박 머리를 하고 다녔으며 소녀들은 단발커트머리를 하고 있었다. 세상이 변화를 가지고 발전을 거듭하면서 지금은 다양한 형태의 헤어스타일이 창조되고 변화하면서 지금은 멀티의 시대를 걸어가고 있다.

4. 이용

머리카락이나 수염을 정돈하는 일. 1986년 제정된 공중위생법에서는 이용업을 <손님의 머리카락 및 수염을 깎거나 다듬는 등의 방법으로 손님의 용모를 단정하게 하는 영업>이라고 정의하고 있다. 서양에서의 이용(이발)의 역사는 바빌로니아의 함무라비왕(재위 BC 1728~BC 1686)이 제정했던 함무라비법전에 <이용을 업으로 하는 사람>에 관한 이야기가 기록된 것으로 보아 이보다 좀 더 오래 되었으리라 추측되고 있다. 이 법전에는 의사의 보조자로서 외과수술이나 이 齒의 치료 따위도 직접 했다는 내용이 실려 있으며, 중세에는 상처의 치료나 피를 뽑는 등의 일반적인 외과 업무도 겸하였다. 이를 이발의사(理髮醫師)라고 하였다.

그 후 르네상스 때에는 의학 분야에서도 라틴어 독해력이 중시되고 라틴어 어학실력이 있는 사람과 그렇지 않는 사람의 구별이 생겼다. 고대 문헌을 이해하는 능력의 중요성이 강조되었기 때문이다. 이로부터 라틴어 실력을 갖춘 사람은 의학을 중심으로 의사 이발, 그렇지 않은 사람은 이발을 중심으로 이발 의사라고 부르는 등 사회적 지위에 차별을 두는 관습이 생겼다. 이용업무와 의사업무가 별도의 전문직으로 확실히 구분되기 시작한 것은 루이14세(재위 1643~1715)시대부터이다. 현재 이발소에서 볼 수 있는 빨강.파랑.하양의 줄무늬가 들어있는 표시(사인 폴)는 동맥.정맥.붕대를 상징하던 당시 관습의 흔적이다. 그리고 이발사란 뜻의 바버(barber)는 라틴어의 턱수염(barba)에서 유래된 말이다. 한편 한국에서는 1895년(고종32년) 11월 단발령이 내려지면서부터 이발이 시작되었으며 최초의 이발사는 왕실 이발사 안종호라고 전해진다. 이발 기능을 습득하려면 고등기술학교나 사설학원에서 6개월에서 1년 정도의 훈련을 거쳐 자격면허 시험에 합격해야 한다. 시험은 필기.실기 시험이 있으며 1년에 4회 정시로 실시한다. 이발사는 노동 수요와 공급에 그다지 영향을 받지 않는 편이므로 비교적 안정된 직종이라 할 수 있다. 이용업은 단순히 머리카락을 자르고, 감기고, 수염을 면도하는 실용적 측면의 이용에서 점차로 헤어패션을 중시하는 헤어스타일리스트 살롱이나 머리카락의 건강을 관리하는 헤어클리닉 살롱으로 발전해가는 추세를 보이고 있다. 현재의 이용방법을 크게 나누면 정발 기술(整髮技術)로는 커팅(자르기).세팅(가다듬기).샴푸.트리트먼트.염색.가발.드라이.퍼머넌트 등이 있고, 안면기술(顔面技術)로는 면도.페이셜 마사지(美顔術).콧수염 정리 등이 있다. 이들 기술은 패션적.정서적.의료적 요소 이외에 약품.화장품이나 면도칼.전기기구 등을 사용하므로 과학적 지식과 위생적 배려도 요구된다. 현재 이용과 미용이 법률상 하나인 나라와 한국의 경우처럼 따로 구별된 나라가 있는데 세계적으로는 이 두 분야가 하나로 통일되어가는 추세이지만 아직까지 일본과 마찬가지로 우리나라는 이용과 미용의 자격증 두 가지를 시행하고 있다. 하지만 이 두 가지의 자격증은 언젠가는 통합이 될 것 이라고 필자는 생각하는 바이다.

5. 이용사

모발(毛髮)을 자르고 다듬는 일을 직업으로 가진 사람. 중세 서양의 이발사는 대개 외과 의사나 욕탕 업을 부업으로 하였다. 한국에서는 1895년(고종32년) 김홍집 내각(金弘集內閣)에 의하여 단발령이 시행된 뒤, 안종호라는 사람이 왕실 최초의 이발사가 되었다는 기록이 있다. 이발사는 소정의 자격면허를 취득하여야 하는데, 고객의 머리 형태를 고객의 요청과 얼굴형에 맞게 선택하여 자르거나 다듬고 염색. 세발. 머리손질 등을 한다. 서비스업에 종사하는 만큼 고객의 위생관리에 힘써야 하며 고객을 상대하는 사교술 및 머리형을 창조하는 기술과 감각이 중요하다.

6. 면도

얼굴에 난 잔털이나 수염을 깎는 칼 또는 면도질 하는 일. 면도칼은 석기시대부터 사용되었으며 돌. 뼈. 뿔 등으로 만들어졌다고 하는데 고대 이집트시대에 들어와서는 청동면도칼이 사용되었다. 현재에는 머리털을 자르는데 에도 사용되며 독일의 졸링겐에서 만들어지는 면도칼은 세계적으로 유명하다. 날을 갈아 끼우는 안전면도기는 1903년 미국의 K.질레트의 의하여 발명된 이후 개량이 계속되어 스테인리스강 날도 출현하였다.

[면도칼로 인한 모창(毛瘡)]

모창은 남성의 수염, 드물게는 눈썹이나 겨드랑이 털 등의 경모(硬毛)에 화농균이나 진균(곰팡이)등이 감염되어 모낭 염 을 일으킨 것을 말한다. 심 상성 모창은 주로 표피포도상구균, 때로는 황색포도상구균에 의해 일어난다.
남성의 콧수염.턱수염 부분에 먼저 홍색 구진(丘疹)이 발생하고 이것이 농포(膿疱)로 된 뒤 결국 터져서 부스럼딱지가 형성되는데 치료에는 항생물질을 사용한다.

7. 이용 자격증 시험

1). 필기 문제집을 산다.(60점 이상 합격)
2). 실기는 학원을 등록해서 준비하는 것이 좋을 듯하다.

자격증 소개

손님의 머리카락 및 수염을 깎거나 다듬는 방법으로 손님의 용모를 단정하게 하는 업무수행
★ 진출분야 · 전망
 - 개인 이용업소나 호텔. 공공건물. 예식장의 이용실. TV방송국. 스포츠센타.
   개인전속 이용사 등으로 활동하고 있음.
 - 고객이 만족하는 개성 미 창조와 고객에 대한 책임감. 공중위생의 안전
   관리원 및 직업의식에 대한 자부심.이용기술의 계승 발전 및 새로운 기술을
   창조하여 국민보건 문화의 일부분에 기여한다는 자부심을 가질 수 있으며
   직업적 안정을 가질 수 있는 직종 임.

- 공중위생법상 이용사가 되려는 자는 이용사 자격을 취득하고
  시.도지사의 면허를 발급 받아야 함(법 제9조)
- 이용사의 업무범위 : 이발. 아이론. 면도. 머리피부손질. 머리카락. 염색.
  머리감기

★ 응시자격 : 응시자격에 제한이 없음.

★ 시험과목

　가. 필기.시험방법 : 객관식 4지 선택형 / 과목당 40점 이상 전 과목 평균 60점 이상.
　　시험과목 : 이용이론, 공중보건학, 소독학, 피부학, 공중위생법규.
　나. 실기.시험방법 : 작업형 - 100%. 시험시간 : 작업형 - 1시간 30분 정도
　　채점방법 : 작업형 - 현지채점.
　　합격기준 : 100점 만점에 60점 이상.

★ 제출서류

　가. 필기시험 원서 접수 시 제출서류
　1) 수검원서 1통 (공단에서 배포하는 소정양식으로 작성하되 접수일전
　　6월 이내에 촬영한 3.5㎝×4.5㎝ 규격의 동일원판 탈모상반신 사진 2매).
　2) 검정과목의 일부 또는 필기시험 전 과목 면제 해당자는 수검원서제출.
　　신청란에 취득한 자격명칭 및 자격등록번호를 정확히 기재하여 제출.
　3) 다른 법령에 의한 자격취득자중 필기시험 과목면제 해당자는 자격증 원본 제시 및 검정
　　과목면제신청서와 자격증 사본 제출.
　4) 외국에서 기술자격을 취득한 자로서 검정과목의 일부 또는 전부의 면제를 받고자 하는
　　자는 검정과목면제신청서 해외공관장이 확인한 자격증 사본 및 이력서.자격을 취득한
　　국가의 자격법령에 관한 자료와 각 관련 자료 번역문 각 1부.

※ 해외 공관장 확인 : 자격증을 발행한 국가에 주재하고 있는 한국대사관 또는 영사관의 확
  인을 말함

　나. 실기(면접)시험 원서 접수 시 제출서류
　1) 검정의 일부시험 합격자(필기시험 면제자) : 수검원서 1통(공단에서 배포하는 소정양식
　　으로 작성하되 접수일전 6월 이내에 촬영한 3.5㎝×4.5㎝ 규격의 동일원판 탈모상반신
　　사진 2매 부착).
　2) 다음의 응시자격 서류는 필기시험 합격예정자로 발표된 자에 한하여 수검 자격을 인정
　　할 수 있는 관계증명서류 각 1통씩을 응시자격 서류 제출기간(당 회 필기시험 합격예
　　정자 발표일로부터 4일 이내) 중 제출해야 하며, 동 기간 중에 제출하지 않아 응시자
　　격 서류 심사를 필하지 않은 자의 필기시험 합격예정은 무효 됨.
　　가) 국가기술자격취득자는 응시자격 서류 제출기관에 자격취득사항을 전산으로 조회 신
　　　청.
　　나) 대학.전문대학 졸업자는 졸업증명서.
　　다) 대학.전문대학 졸업예정자는 최종학년 재학(졸업예정) 증명서.
　　라) 대학 3학년 또는 전문대학 1학년 수료 후 중퇴. 휴학 자는 수료 또는 휴학하였음
　　　을 입증할 수 있는 증명서(휴학증명서.수료증명서.재적증명서 등).
　　마) 실무경력으로 응시하고자 하는 자는 공단에서 배포하는 소정 양식의 경력증명서는

　　　　재직증명서(근무 부서.근무기간.직명.담당업무 : 구체적으로 명시된 것)
　　바) 노동부령으로 규정한 교육훈련기관의 이수자 및 이수 예정자는 이수 증명서 또는
　　　　이수예정증명서.

유의사항

★ 수검원서 교부
　1. 교부장소 : 공단 4개 지역본부 및 14개 지방사무소, 전국 시.군.구청 민원실.
　2. 수검원서는 공휴일 및 행사일(공단 창립기념일 3월 18일.근로자의 날 5월 1일) 등을
　　 제외하고는 연중 교부.

★ 수검원서 접수
　1. 접수장소 : 공단 4개 지역본부 및 14개 지방사무소.
　2. 필기시험대상자 : 해당종목의 필기시험 원서접수기간.
　3. 필기시험면제 대상자 : 해당종목의 필기시험면제자 원서접수기간
　　　　　　　　　　　(실기.면접시험 실비납부기간)
　4. 필기시험 전 과목 면제 해당자 : 해당종목의 실기시험 원서접수기간
　5. 외국자격 취득자 : 해당종목의 필기시험 원서접수 기간
　6. 접수된 서류가 허위 또는 위조한 사실일 경우 무효 처리됨

★ 기　　타

1. 접수된 응시원서. 수수료. 응시자격 서류 등은 일체 반환하지 않음 발견될 경우에는
　 불합격처리 또는 합격을 취소함.
3. 필기시험 면제기간 산정 기준일이 당해 시험 최종합격자 발표일 에서 당해 필기시험
　 합격자 발표자일로부터 1년간으로 변경.
4. 실기검정 일정은 수검인원에 따라 변경(연장 또는 단축) 될 수 있음.
5. 기타 문의사항이 있을 경우 가까운 공단 지역본부 또는 지방 사무소로 문의하시기 바람.

　　기타 자세한 내용은 시행 처 홈페이지를 참고하길.

www.hrdkorea.or.kr/**(산업인력관리공단)**

* 남성커트 기조

남성들의 헤어스타일에서 상고형의 짧은 모발이나 댄디형 의 긴 모발에서나 사실 커트 기조는 그렇게 차이가 나지는 않지만 정확하게는 사진 속에 노란색처럼 수직적 요소와 수평적 요소로 보아야 할 것이다. 물론 사진 속에서 후두부는 큰 포물선을 그리고 있지만 중앙에 요철을 가지고 있어서 더 도드라져 보이는 형태를 이루고 있지만 전체의 형태를 정의하자면 사각형의 기조를 가지고 있다.

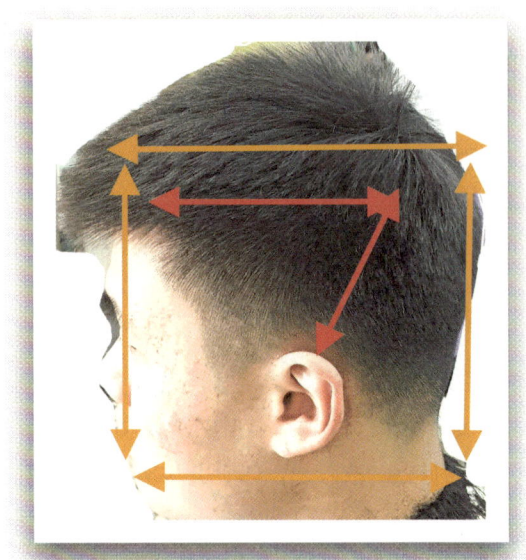

해서 천정부의 수평적인 요소와 측면부의 수직적 인 요소를 알면 시술을 할 때 한결 수월하게 시술이 용이할 것이다. 이렇게 정의를 내리는 이 유는 고객의 헤어스타일을 시술할 때 에는 고객의 얼굴을 면경에서 확인을 하기 때문이고 남 성의 모발이 짧기 때문이라고 앞서도 이야기하였다. 남성의 댄디형 의 헤어스타일 시술시 계 란형의 기조로 보게 되면 사진처럼 귀 위의 부분이 도드라져 보인다. 이렇게 시술이 되면 고 객의 얼굴이 넓게 보이면서 모발의 형태가 빨리 지저분해져 보이게 된다. 하지만 이런 형태를 취하고 있는 것은 한가지다 남성의 헤어스타일을 여성커트의 기조로 하기 때문 일 것이다. 현 재의 이용 기술은 그리 대접받지 못하고 있다.

미용에 비해 기술의 발전이나 후학의 양성에 아무 이바지가 되지 못했고 정확하게는 전체적인 기초 기술의 공통적인 기술서가 없었기 때문일 것이다.

물론 여성커트의 경우도 별반 다를 것 이 없다고 하겠지만 이용에 비해 미용의 경우는 배우는 교육생의 수로 봐도 이용이 따라가질 못하지 않은가 해서 필자는 커트 교재에 집착을 많이 하는 가보다. 현재는 어떻게 보면 요령으로 커트를 하는 경우가 많다. 물론 열심히 하려는 분들도 계시고 노력을 하는 분들도 많으시지만 이제는 양의 팽창보다는 질의 진보가 있어야 하지 않을까한다.

여러분들이 여태까지 남성커트의 기조와 여성커트의 기조를 들어보신 분이
있을까 싶지만 기조가 다르고 모양이 다른데 남성커트의 방법을 여성커트의 방법으로 하고 있 다는 것은 무언가 기술에서 잘못된 것 이라는 것을 알 필요가 있을 것이다.

* 남성커트 조화도

남성커트는 여성커트와 달리 길이의 편차로 인해서 남성커트의 조화도 는 질감과 균형미 그리고 스타일이 합쳐져서 조화를 이루고 있다. 균형미 는 좌우의 모양과 상하의 모양이 어울리느냐 는 것을 의미하고 모량 은 머리카락의 양이 무겁냐? 가볍냐? 를 의미한다.
스타일 은 손님에게 시술시 손님이 원하는 모양을 만들어 주는 것이다. 이중에서 제일 중요한 것은 모량의 처리 문제 일 것이다. 이후에 실기에서 집중적으로 다루겠지만 모량의 정리는 예전에는 단지 숱의 감소를 의미 하는 것 이었지만 작금의 현실은 사람들의 숱 양이 많지 않아서 숱을 잘라내는 것이 아니고 숱을 골라내어 정리하는 방향으로 알고 있으면 될 것이다. 여성커트에서는 모량의 감소를 질감처리라고 하지만 남성커트에서는 질감처리라는 단어보다는 모량 조절이라는 말이 더 어울린다고 필자는 생각한다. 이유는 여성커트에 비해서 남성커트시 모발의 길이가 길지 않고 짧기 때문이다. 많은 기술을 행하는 분들 중에는 남성커트와 여성커트를 동일 선상에 올려놓고 시술하는 분들이 많은데 남성커트와 여성커트의 기조는 엄연히 다르다는 것을 알기 바란다.

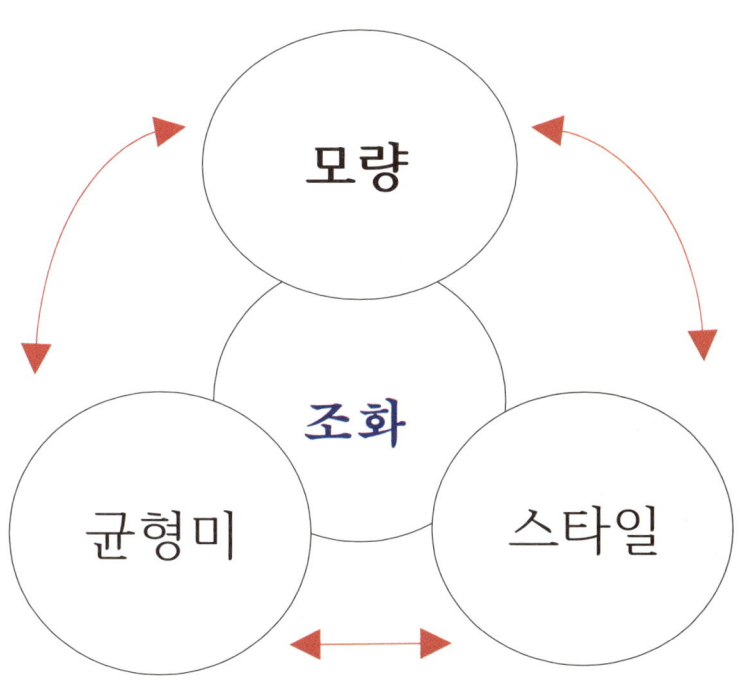

* 시술각 & 시술 반경

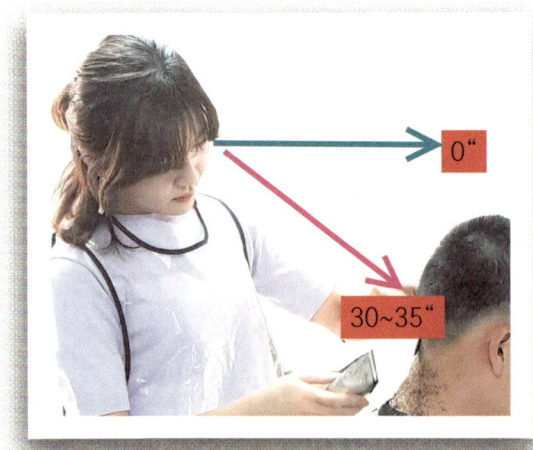

헤어 시술을 하다보면 시술의 자세가 얼마나 중요한지 알아야 할 것이다. 시술을 쉬우나 자세가 이루어지지 않으면 몸의 피로와 손의 부담 그리고 팔의 부자연스러움이 나오게 되는데 이 모든 것은 자세의 완성됨이 없고 부자연스러움으로 시술을 하여 나오는 부분이 크다고 할 수 있다. 시술을 하여 줄때에는 시술을 자연스럽게 할 수 있는 시술각이라는 부분이 있고 그리고 시술을 완만히 할 수 있는 시술 반경이라는 것이 존재한다. 보는 시야와 시술의 행동반경을 알고 나면 시술이 용이해지고 몸의 피로가 쉬 오지 않는다고 할 수 있으니 앞으로 시술 시에 유념하여 시술하도록 한다.

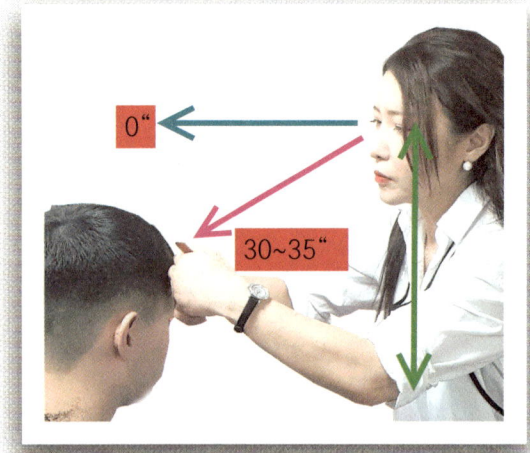

시술을 할 때 에도 시술자의 눈과 피시술자의 두상과의 시술 각도가 있다. 피시술자의 두상의 위치는 시술자의 가슴팍 정도로 위치를 정하고 시술자의 눈과 피시술자의 두상 위치는 30~35도 정도가 적당하다 하겠다. 이 각도에서 30도 위로 올라와도 되겠으나 눈의 피로가 심해질 수 있기에 추천할만한 자세는 아니다. 그러면 35도 밑으로 내려가는 것은 어떨까?? 그것은 허리에 무리를 줄 수 있는 자세일수 있어서 좋지 않다 시술을 하는 자세를 보면 허리를 구부리면서 시술을 하는 경우를 볼 수 있는데 좋지 않은 자세라고 할 수 있고 연두색 화살표처럼 얼굴과 목 그리고 허리까지 꼿꼿하게 바로 선 자세로 시술을 하여주어야 한다.

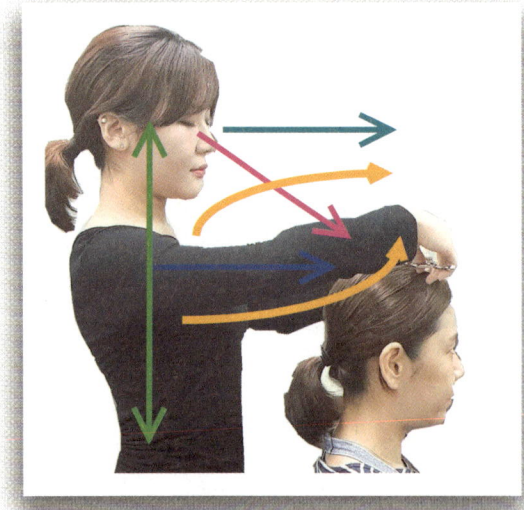

처음 이.미용의 기술을 접해서 가발로 커트연습을 하다보면 민두가 연습하는 사람의 가슴에 붙어서 연습하는 경우가 많다. 이것은 시술반경을 이해 못하는 경우일 것이다. 그렇다면 시술반경을 정하는 것은 무엇일까?? 양팔을 앞으로 내밀어 세우고 양팔을 양쪽으로 벌려보면 알게 될 것이다. 노란 화살표의 모양을 시술자의 서있는 자세에서 팔을 앞으로 펼쳐 모아 모발을 잡는 자세인데 팔을 중앙으로 접으면서 팔을 모으는 것이 시술 반경이 된다. 기술을 처음 접할 때 에나 기술을 연마하는 과정에서도 자세의 교정을 수시로 들어갔어야만 한다. 하지만 기술을 배우고 연마하다보면 그것에 치우치지 못하게 되고 그러다보면 자세의 완성이 이루어지지 않아 직업병을 만들게 된다는 것이다.

* 남성커트의 정의

사실 남성 커트 의 정의를 말하라면 속 시원한 답이 별로 없다. 단정한 머리 깨끗한 머리 상고형의 머리라고 할 수는 있겠지만 현재의 남성 커트 는 유니섹스 시대이니 만큼 스타일의 다변화와 많은 스타일의 생산으로 경계가 갈리고 있는 것은 사실이다.
하지만 기본에 충실한 머리모양을 가지고 있으면 스타일의 다변화는 물론 연예인들의 스타일의 주도로 인하여 남성 커트 의 기본인 상고형의 모양을 잃어가고 있다. 그러나 젊을 때 의 패션은 젊을 때이고 회사에 입사를 하거나 사회를 나올 때 에는 어쩔 수 없이 머리모양이 단정해지는 것은 부정 할 수 없는 문제이다. 해서 남성커트는 기본이라고 말할 수 있다.
모든 작업을 하기 에는 커트를 수반되어야 한다는 것이 맞다. 하지만 그냥 모양만 추구하는 것이 아니라 **모류를 이해하고 지간을 이해하여야 하며. 시술하였을 때의 스타일이 아닌. 시술 후 머리카락이 자라날 때 에. 차분하고 자연스러운 스타일을 추구하는 것이 남성커트의 정의**라 할 수 있겠다. 남성커트에는 물리학도 들어있고 수학도 들어있으며 과학도 들어있다. 공식이나 각도가 없는 것 같지만 알고 보면 공식이 있고 각도도 있다.
모양과 스타일은 다르지만 자르는 방법은 한 가지 안에 들어와 있는 것이 남성 커트이다. 그러므로 안일한 시술 방식 보다는 체계적이고 과학적인 시술 방식이 도입되어야 하며 시술을 하는 이. 미용사들의 마음 자세도 남자나 여자를 떠나서 손님의 머리모양이 내 머리 라는 마음으로 시술을 하여야 손님도 시술자를 믿고 머리를 맡기게 된다는 것을 명심하길 바란다,

* 이용커트 용어

1. 지간깎기 : 빗과 왼손의 검지와 중지로 잡아 올린 모발을 정돈하며 잘라내는 기법이다.
2. 거칠깎기 : 스포츠커트에서 가위로만 작업을 하여야할 때 주로 쓰이는 기법이지만
            지금은 큰 의미가 없다하겠다.
3. 떠내깎기 : 빗이 두피면 으로 들어가서 모발을 빗발로 세워 올린 후 빗의 일직선에 맞추어
            자르는 기법이다.
4. 솎음깎기 : 일명 숱 처리 할 때 기법이다.
5. 연속깎기 : 싱글링 기법이다.
6. 끌어깎기 : 옆 가위질을 당기면서 하는 기법이다.
7. 고정깎기 : 일명 끊어 깎기 라고도 하는데 요철처리가목적인 기법이다.
8. 돌려깎기 : 사이드 싱글링을 할 때의 기법인데 다른 용어로는 트리밍이라고도 하는 기법.
9. 밀어깎기 : 싱글링의 기법이지만 위에 있는 돌려깎기 는 귀 부분을 뜻하고 이 부분은
            면 부분을 처리하는 기법이다.
10. 수정깎기 : 모든 커트 작업 시 마무리기법이다.

* 미용커트 용어

* 그라쥬에이션(graduation)
  옥시피탈본에서 목선까지 버티컬 컷으로 하고 나머지는 이사도라 컷 함.
* 다이아고날(diagonal)
  사선으로 슬라이스로 떠서 컷 하는 방법.
* 레이어(layer)
  버티컬 컷 90° (층이 있는 컷).
* 블런딩 컷(blunt cut)
  무디게 둔하게 한다는 뜻으로 끝을 뭉툭하게 컷하는 방법.
* 스트록 컷
  시저에 의한 테이퍼 링.
* 롱 스트록
  두발에 대한 가위 각도가 45° ~ 90° 정도로 볼륨을 크게 하고자 할 때.
* 미디움 스트록
  두발에 대한 가위 각도가 10° ~ 45°.
* 숏 스트록
  두발에 대한 가위의 각도가 0° ~ 10° 정도로 모발 끝에만 볼륨이 필요할 때.
* 인사이드 스트록
  머릿속 부분에 테이퍼를 행 할 때.
* 아웃 사이드 스트록
  머리 표면에만 스트록 할 경우.
* 슬라이싱(slicing)
  슬라이스 컷을 이용하여 질감을 만들기 위해 자르는 기법.
* 슬리더링(slithering)
  가위 컷 으로 부드럽게 자름.
* 시저 오버콤(scissor dvercomb)
  밑 부분에 빗을 대고 연속 동작으로 가위질 하는 방법.
* 싱글링(shingling)
  밑을 짧게 치는 목덜미 부분을 짧게 하는방법
* 에프터 컷(after cut)
  시술후 디자인을 맞추는 방법 모발의 끝선이 단차가 없는 컷.
* 웨이트 컷(wet cut)
  머리카락은 젖은 상태로 하는 컷.
* 인터널 가이드 라인(inter guide line)
  스타일을 결정 할 때 제일 처음 자르는 가이드 라인.
* 지오 메트릭 컷(geometric cut)
  기하학적인 컷.
* 칩핑(chipping)
  가위를 세워서 끝으로만 자르는 방법.

* 페리미타 쉐이프(perimeter shape)
  아웃 라인을 포인트 컷 하면서 소프트한 질감을 내는 방법.
* 트리밍(trimming)
  정돈한다는 의미로 모발의 면을 다듬는 방법.
* 틴닝(tinning)
  숱을 정리하는 방법.
* 호리존탈(horizontal)
  가로로 슬라이스 떠서 컷 하는 방법.

* 두골의 요철 과 상

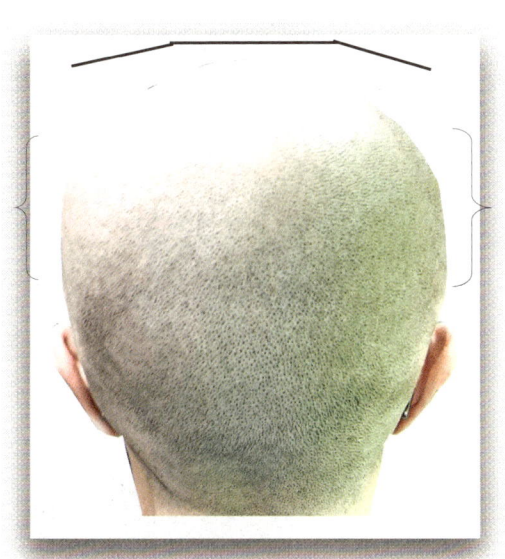 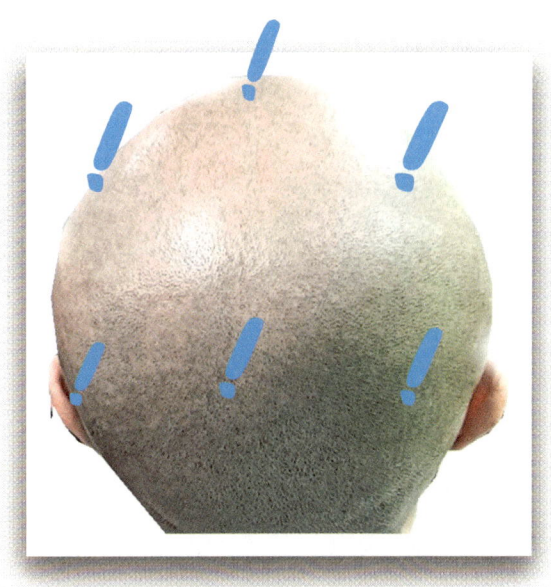

오른쪽 사진의 두골에는 여러분들이 잘 알지 못하는 요철이 숨어있다.
이 요철은 요소요소에 숨어 있는데 여기에서 한번 논 해보겠다.
먼저 두상 천정부 중앙에 느낌표처럼 요철 하나가 있다. 그리고 귀에서 수직으로 올라가는 부분에 사진의 느낌표처럼 두 개의 요철이 또 있다. 해서 천정부에만 3개의 요철이 있다.
또 사진에서 보면 후두부 중앙에 느낌표처럼 하나의 요철이 숨어있고 나머지 두 개의 요철은 귀 뒤에 있는 부분으로 이 부분은 상당히 중요한 역할을 하고 있다. 헤어스타일을 만드는데 있어서 여러분들이 알고 있는 상고형 이나 숏 컷트형 의 기본 라인을 정하는데 중용한 역할을 하는 곳이기도 하다. 상고형의 스타일도 약간의 길이 차이로 높은 상고. 중간 상고. 낮은 상고로 나뉘게 되는데 이곳의 요철에 의해서 높고 낮음이 정해지기 때문에 중요한 곳이라 할 수 있다. 왼쪽의 사진은 두골이 상인데 천정부와 좌측면부와 우측면부의 두상 라인이 둥글게 만들어진 것 이 아니고 자연스러운 포물선을 그리고 있다는 것을 명심해야 한다.

* 모발의 종류

1. 직모(모발에 힘이 있어 직선으로 나 있는 모발)
   모발이 일직선으로 뻗어나간 모발로 생 모발. 돼지 모발.
   굵은 모발로 불린다. 직모끼의 모발은 수분을 충분히
   공급해주어야 푸석거림이 감소한다.

2. 연모(약하고 힘이 없어 부드러운 모발)
   상하기 쉬운 모발이다 수분유지가 중요하고 단백질과
   유분을 보충해주고 매일 트리트먼트를 해서 유지한다.

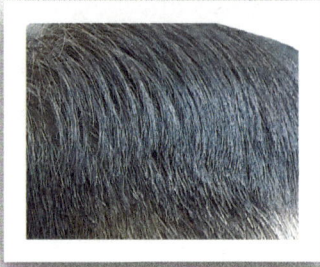

3. 파상모(볼륨감을 가지고 있는 모발)
   파상모는 볼륨감을 많이 가지고 있기 때문에 숱이
   많은걸 로 알고 있지만 볼륨감이 모이는 곳에
   머리카락이 모여 있기 때문에 볼륨감을 감소시키면서
   머릿결을 정리한다. 트리트먼트를 사용하고 상황에
   따라 린스도 하여주면 부드러운 모발로 변화를 줄 수
   있다. 하지만 린스를 하고 난 후에는 꼭 두피에 린스의
   잔해물이 남지 않도록 충분히 행궈 낸다.

4. 축모(곱슬 상황이 강한 모발)
   모빌이 라면 가락처럼 곱슬 상황이 심하다. 강한 곱슬
   상황을 없애길 원한다면 숱(틴닝) 처리에 신경을 많이
   써야 하고 곱슬 상황이 남아있길 원한다면 결 정리만 한다.

5. 나모(모발 상황이 철 수세미처럼 강력한 모발)
   일반적으로 우리 나라사람들이나 아시아권에서는 있을 수
   없는 모발이지만 혼혈인 경우에는 우리나라에도 있다.
   이 모발은 아프리카 인종에서만 나타나는 모발로 모발이
   상당히 강력하기 때문에 모발을 삭발을 하거나 아니면
   레게 스타일인 모발을 꼬아서 묶어야한다.
   이유는 모발의 성질이 강하기 때문에 모발이 살을
   파고들 듯이 하기 때문에 헤어스타일이 스킨헤드로 하던지
   앞서 말한 레게 헤어스타일인 묶을 수밖에 없는 모발이다.

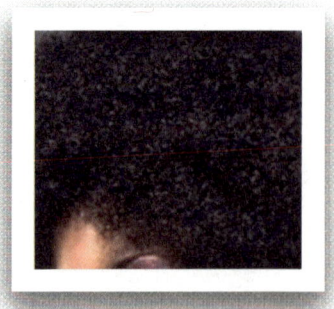

* 두피의 종류

* 정상두피

정상두피는 모발이 두껍고 건강하며 두피 상태가 깨끗한 상태를 말한다. 차이는 있지만 정상두피는 두피 색깔이 청백색의 우유 빛을 띠고 표면에 이물질 즉 노화각질이나 피지 분비물이 없는 깨끗한 상태이다. 또한 모공 주변이 깨끗하고 윤곽이 뚜렷하여 열린 상태로 노화 각질이 거의 없다. 모공이 정상의 형태를 띠고 있어 영양분이 쉽게 흡수 될 수 있으며 일반적으로 한 개의 모공에 서로 다른 모 주기를 가진 2~3개의 모발이 자리를 잡고 있다. 모발의 굵기는 0.15mm 정도이며 이 같은 정상두피는 현재의 건강상태를 유지하기 위해 원활한 영양공급을 꾸준히 하여준다.

* 지성 두피

피지선에서의 피지분비가 과도하거나 모공 주위에서의 피지 분비가 원활하지 못하여 생기는 두피유형이다. 두피 주위에 얼룩 형상이 있고 황색을 띠며 모공이 과다 피지로 대부분 막혀있다. 그러므로 세정이 제일 중요하다. 물로 모공을 열어 유분을 제거하고 미온수로 여러 번에 걸쳐 헹궈낸 후 모공이 닫히도록 찬물로 마무리한다.

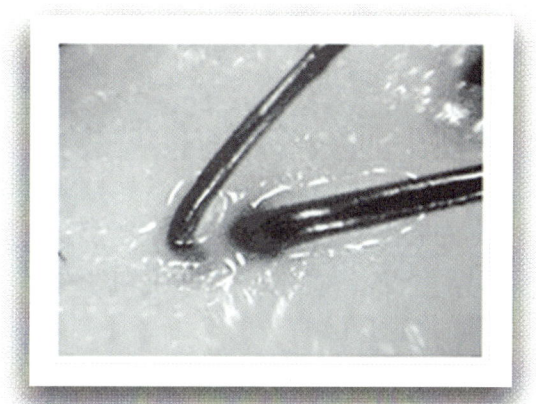

* 건성 두피

지성 두피의 반대로 두피의 유. 수분분비가 원활하지 못하며 건조하여 모발 역시 푸석거려 보인다. 두피 색깔이 백색 또는 연붉은 불투명이다. 모공상태의 윤곽선이 불분명하고 대부분 막혀있다. 수분이 부족해 각질이 생기고 피지 분비량이 적어 건조하고 탄력이 없다.

샴푸 후 에는 자연건조가 좋고 드라이를 사용할거라면 찬바람에 모발의 수분이 뺏기지 않게 물기만 제거 하는 정도로 한다.

* 비듬 성 두피

비듬은 두피의 각화현상이나 각질층의 건조에 의해 일어나는데 입자가 작고 가벼운 것이 특징이다. 주로 각질층의 수분 부족이나 피지 산화물의 건조에 의해 일어나며 부적절한 드라이나 알칼리성이 높은 펌 제나 염모제에 의해서도 일어난다. 비듬 성 두피는 지성 비듬두피와 건성 비듬 두피로 나뉘는데 지성 비듬 두피는 두피 색깔이 불투명하고 황색톤 이며 피지와 각질로 모공이 막혀있다. 피지 분비량이 많아 모발 탄력도가 낮고 각질과 염증 악취가 난다. 건성 비듬 두피는 황색 톤이며 역시 모공이 막혀있다. 피지 분비량이 적어 모공 주변에 각질의 들뜸 현상이 있다. 비듬은 피지가 부족하여 생기는 경우이므로 과도한 세정은 피한다.

* 민감성 두피

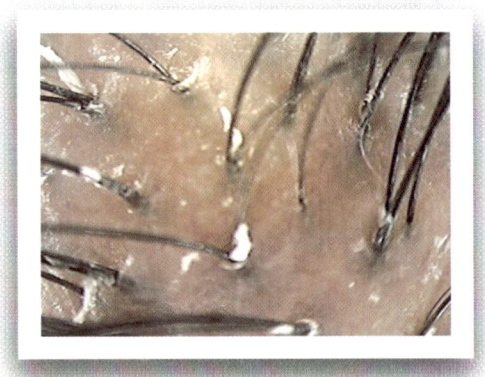

두피부분의 각질이 필요 이상으로 필요이상으로 탈락되거나 스트레스 등으로 인하여 예민한 경우를 말하며 모발의 굵기 가 가늘며 탄력이 없는 것이 특징이다. 두피의 색깔은 국소적 또는 전반적으로 연하고 붉은 톤이다. 모공 상태와 피지 분비량이 다양하고 세균에 대한 저항력이 약해서 가려움. 염증. 홍반이 심하고 모세혈관이 육안으로 쉽게 확인되기도 한다. 관리는 저자극성 식물성 샴푸를 이용 스팀 타올이나 사우나는 피하는 것이 좋다.

* 염증성 두피

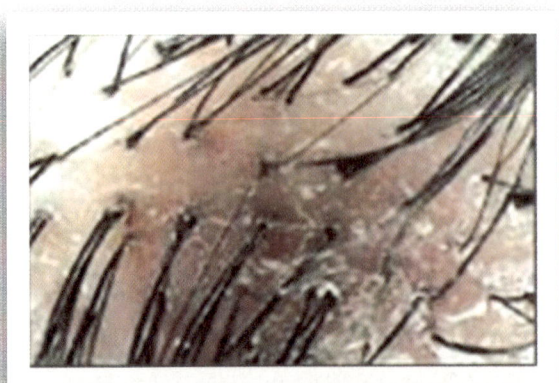

두피 표면에 혈액이 뭉쳐 붉고 미세한 자극에도 통증을 유발한다. 두피 자극 시 붉어지거나 심한 경우 세균 감염으로 인한

염증도 동반한다. 모발의 탄력이 낮고 두피에 얼룩이 있으며 두피 색깔은 붉은 두피 톤을 띤다. 가는 모세 혈관이 육안으로 확인되며 염증이 확연히 보인다. 관리로서는 강한 세정력이 있는 샴푸는 피하고 민감 두피 샴푸를 사용하여 하루에 한번만 세정해야한다.

* 가마의 종류

* 가마는 가르마를 가르는데 있어서 중요한 역할을 한다. 가마는 회오리를 연상하면 쉽게 생각 할 수 있다. 가마의 종류에는 중앙 가마. 좌측 가마. 우측 가마. 쌍가마. 세 쌍가마. 그리고 앞머리에 있는 앞 가마가 있다. 그리고 네 쌍가마도 있는데 네 쌍가마는 보기가 힘들어서 사진이 없다. 가마는 가르마를 결정하는데 있어서 중요한 역할을 한다.

* 중앙 가마
  중앙 가마는 좌측이나 우측 어느 쪽으로든 가르마를 갈라도 좋다. 이유는 가마가 중앙에 있기 때문에 모류가 역행을 하지 않기 때문이다. 어느 쪽이든 순류를 한다.

* 우측 가마
  우측 가마는 우측으로 가르마를 갈라야만 한다.
  이유는 우측으로 가르마를 가르지 않고 좌측으로 가르면 순류하던 모류가 역행을 하기 때문에 모류가 뜨는 현상을 초래한다.

* 쌍가마
  쌍가마는 우측이나 좌측이나 중앙이나 어느 쪽으로 가르마를 잡아도 좋다. 하지만 가마가 만나는(☆)부분이 언제나 모발이 뜨는 현상을 가지고 있다. 이 부분의 모류를 교정해야 모발이 뜨는 현상을 잡을 수 있다.

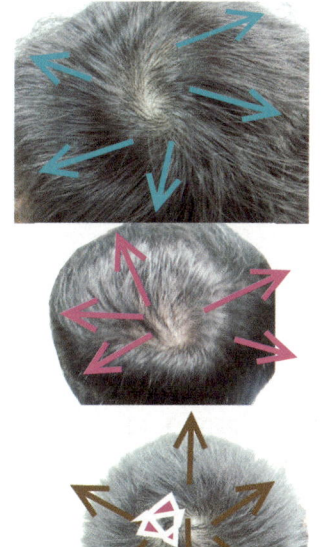

* 앞서 중앙 가마. 우측 가마. 쌍 가마를 알아봤다. 화살표시는 머리카락이 순류 하는 모습을 담은 것 이다. 순류라고 하는 것은 모류가 역류하지 않고 올바르게 내려오는 것을 의미한다. 머리카락도 중력의 영향을 받기 때문에 머리카락이 위에서 아래로 흘러내리는 것을 알 것이다. 이번에는 앞 가마. 좌측 가마. 세 쌍가마에 대해서 알아보자.

* 앞 가마
  앞 가마의 경우에는 아주 드물게 나오는 현상이다.
  쉽게 볼 수 없는 가마이기에 지면을 할애 한다.
  사진에서 보듯이 앞머리에 가마의 현상을 보자. 회오리 현상이 보일 것이다. 이런 현상에서는 앞머리 부분이 들쳐 일어나서 머리 모양이 다 떠있다는 것이다. 숱 가위로 모류를 잡아내야 하는데 이 부분은 뒤에 숱 처리 부분에서 자세하게 알아보자.

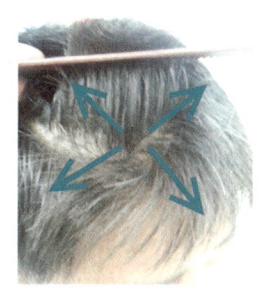

* 좌측 가마

좌측 가마 사진이다 화살표의 부분이 순류 하고 있다.
만약에 좌측 가르마가 아닌 우측 가르마를 한다면
지금 사진 부분의 가마가 우측 모발로 덮이기 때문에
모발이 뜨는 현상을 만들게 된다.
물론 고도의 숱 가위의 작업을 할 수 있다면 다행이나
또 제품으로 죽이는 방법도 있으나 그것은 일시의
방편 일뿐 해결 방법은 아니다. 원초적인 해결 방법은
가마에 맞게 가르마를 가르는 것 이란 걸 명심하자.

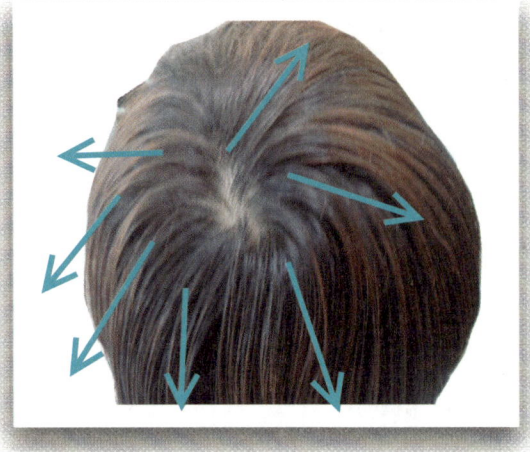

* 세 쌍가마

흔하게 볼 수 없는 가마인 세 쌍가마이다.
두 개의 가마는 확연한데 중간의 노란색을
가진 가마는 생성이 덜된 가마라 일렬로
서있는 모양이다. 모류에 따라서 질감을
사선으로 정리를 하여 차분한 모양새를
만들어주면 된다. 주황색의 화살표를 가진
가마가 정 가마이고 빨간색을 가진 가마가
보조 가마이고 노란색을 가진 가마가
애기 가마가 된다.

* 모류의 종류

모류는 모발이 자라나면서 뻗어가는 모양을 의미한다. 모류는 원래 자라나면서 순류 하는
것이 원칙이다. 모발은 중력의 영향을 받기 때문에 위에서 아래로 자라나는 것이 원칙이다.
하지만 잠자리의 모양이나 옷깃에 의해서 또는 유아 때부터 목에 두르던 손수건에 의해서도
모류가 영향을 많이 받는다. 해서 순류하지 못하고 역류하는 모양세가 생기기도 한다.
그냥 역류 하는 모양도 있지만 좌측으로 역류하는 모양. 우측으로 역류하는 모양.
그리고 앞머리의 역류 등 다양한 모양의 역류가 있다. 다양한 모류와 정리법을 알아보자.

* 좌 역류 중앙쏠림 모류

모류가 중앙으로 쏠려 들어오는 모류는 중앙 부분의
모류를 50%정도 모류를 교정해준다. 역류하는 모류는
뿌리 부분을 교정하여 정리하여준다.

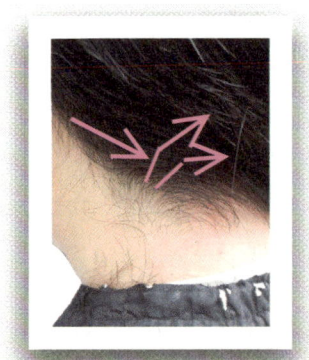

* 좌 흘림 모류

좌측으로 흐르는 모류를 제 자리로 자라게 하여주면서
모발을 중앙으로 몰고 모발을 아래로 떨어지게
모류를 잡아 주어야한다. 모발의 흐름의 부드럽게
반대 방향으로 밀어주듯이 정리한다.

* 좌 류

모류를 잡아내려면 모류의 흐름을 읽어야한다.
좌류는 좌 흘림 모류보다 위에서 내려오는 것이
대부분인데 백 부분 전체의 모류를 교정하여
정리하여야 한다.

* 좌.우 흐름 모류

좌. 우 로 흐르는 모류는 좌측에선 우측으로
우측에선 좌측으로 모류를 밀면서 교정하여야하며
모류를 정리하여 준다는 생각으로 하여주며
모류를 중앙에서 밑으로 흐르게 모류 정리한다.

* 우 다발 모류

우 다발 모류는 우측 아래로 모류가 모여 있는 것을
말하는데 모여 있는 모량을 정리하여 옆에 좌측
부분과 같이 모량을 같은 모양이 되게 정리하여
조금 더 자연스럽게 만들어주고 모류 정리한다.

* 우 흐름 모류

우 흐름 모류는 우측의 모류를 좌측 쪽인
중앙으로 밀면서 정리하여야하며 모류를 밑으로
내려오게 해야 한다.

* 밑 흘림 모류

밑 흘림 모류는 밑 부분만 흐름이 있는 모류인데
사진처럼 밑머리가 짧을 경우에는 모류 정리를 하지
않아도 좋다.

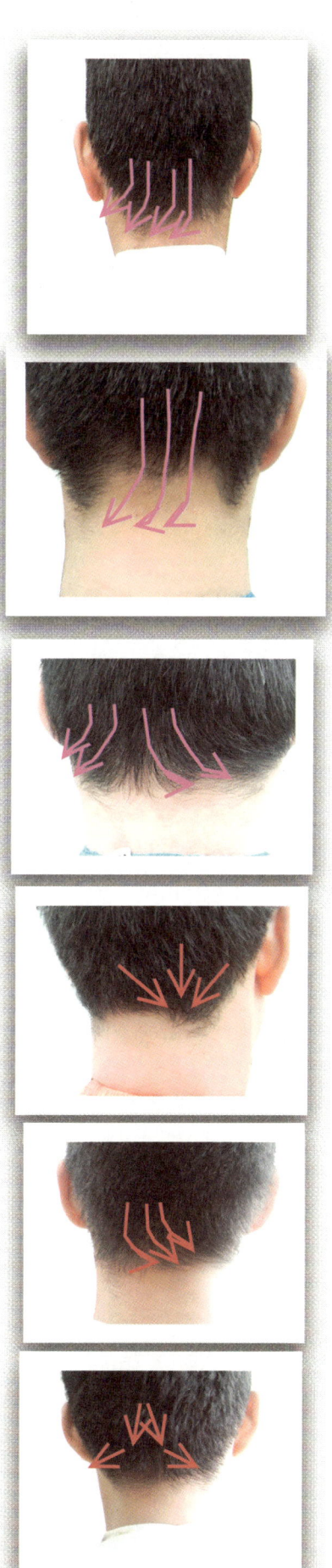

* 좌. 우 흘림모류

모류를 정리하여야 하는 이유는 사진에서 보듯이 밑머리가 두툼함을 없애고 자연스럽게 내려오게끔 하고 모발의 자연스러움을 찾기 위해서라 할 수 있다.

* 순류

모발이 순류하는 경우를 보기는 좀체 어렵다 하지만 순류하는 모발은 무거움만 정리하여주고 전체적인 균형미를 맞추면 된다.

* 좌 밑 역류 모류

앞서도 말했지만 모류를 정리하지 않으면 사진처럼 무거움을 정리할 수 없다 역류하는 모류를 가볍게 정리하여주고 밑으로 내려오게끔 정리한다.

* 우 밑 역류 모류

역류하는 모류를 정리할 때에는 사진의 화살표 반대로 숱 가위가 들어가서 중앙으로 밀면서 모류를 정리하며 밑으로 내린다. 가위가 들어가는 양은 2/3 지점에 들어간다.

* 좌.우 밑 흘림 모류

화살표의 반대방향으로 숱 가위가 들어가서 좌는 우측으로 우는 좌측으로 밀면서 모류를 중앙 밑으로 내리면서 정리한다. 무거움을 없애고 가벼움을 추구하여야한다.

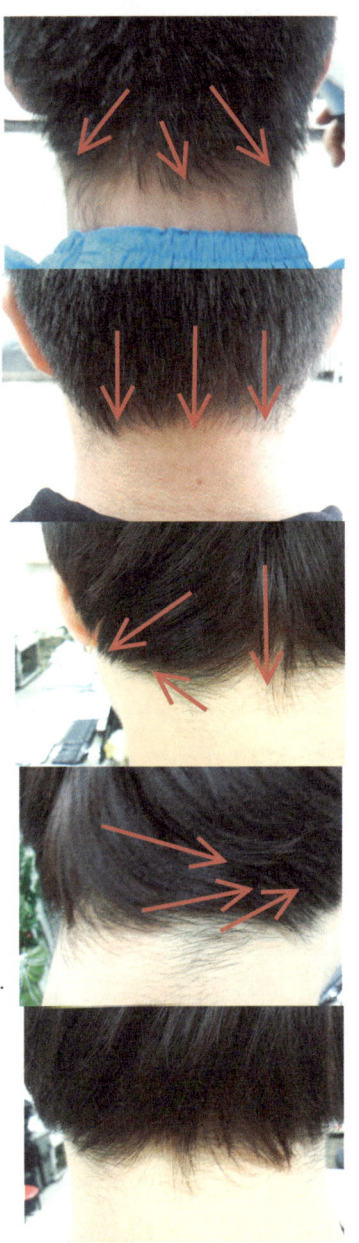

* 중앙 쏠림 모류

중앙 쏠림 모류는 좌. 우는 숱이 약한 반면 중앙으로 모여서 꼬리를 만드는 모류로 일면 제비추리 모류라고 한다. 이 부분의 모류를 정리하여 자연스러운 모양으로 만들어준다.

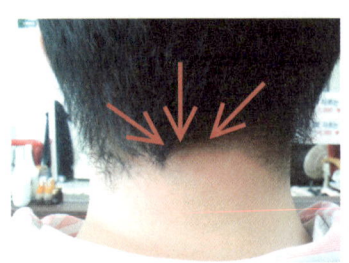

* 좌 중앙 모임 모류

모류의 다양성은 요즘에는 힘든 문제로 다가오고
있다. 무거운 모양을 없애고 가벼움을 만들어
모발이 자라나는 모양을 부드럽게 만드는 것이
기술인의 덕목일 것 이다.

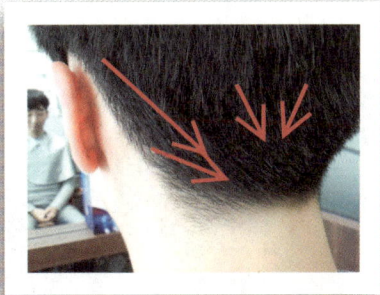

* 좌.우 흘림 모류 완성

좌. 우 흘림 모류의 완성도 인데 이렇게 모류가
흘러가지만 모발정리를 하고 밑머리를 깨끗하게
만들어주어 세련된 모양이 나오도록 모류를
교정해 주어야 한다.

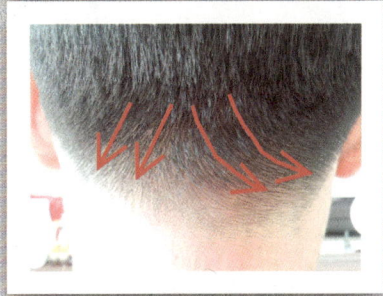

* 앞 우 흐름 모류

앞머리가 우측으로 흐름을 가지고 있으면 일단
가르마는 좌측으로 갈라야한다. 모발은 순류한다고
했듯 흐름을 자연스럽게 하는 것이 일단 좋다.
이 역시 화살표의 반대 방향으로 숱 처리하면서
가벼움을 만들어준다.

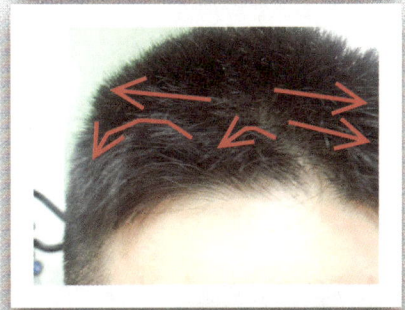

* 앞 중앙 모임 모류

모류를 정리하지 않으면 사진에서처럼 모발이
부드럽지 못하고 거칠게 자라나게 된다.
모발을 자르는 것은 맞지만 뿌리 부분의 모발을
자르는 것이 아니고 뭉친 것이나 뻗친 것 등을
정리하여주고 모발이 자연스럽게 만들어준다.

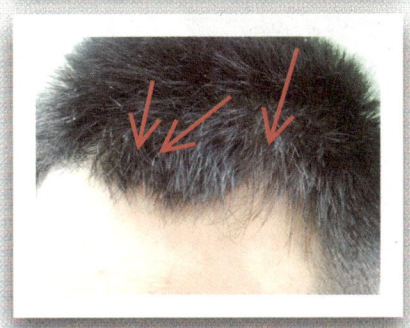

* 중앙 쏠림 모류

중앙 쏠림 모류의 완성도 인데 대부분의 이. 미용인
등이 중앙 쏠림 모류에 대해서 없애야 한다고
생각하는 가보다.
모발의 정리를 하면 굳이 모발을 밀지 않아도
사진에서처럼 모발의 자연스러움을 만들 수 있다.
모발의 모양을 이해하길.

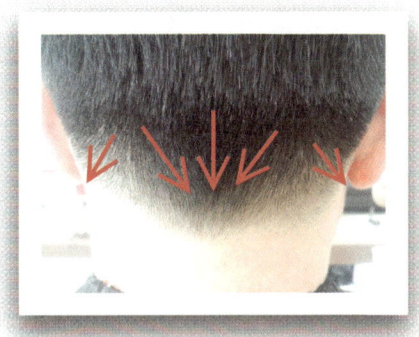

* 중앙 좌 쏠림 모류

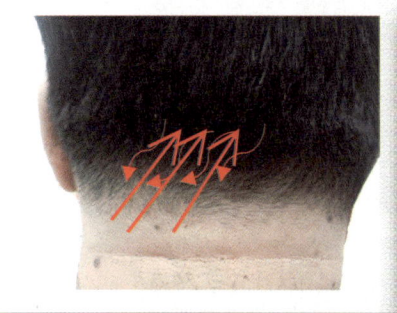

후두부 중앙의 모발이 좌측으로 쏠림 현상을 가지고 있는 모류다. 이 경우는 중앙 부분의 모류를 화살표(직선)의 방향으로 숱 가위를 넣어서 뭉친 모발을 숱 처리하여 모발을 자연스러운 모양으로 만든다.

* 앞 모발 좌 쏠림 모류

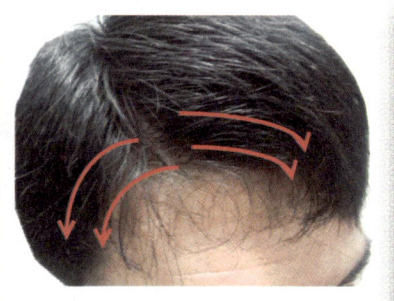

사진에서 보면 앞 모발이 좌측으로 일어나면서 넘어가는 모류다. 다소 처리하기 까다로운 모류중 하나. 하지만 일어난 모발을 가라앉게 해주는데 모발 길이의 3/4 지점에 숱 가위를 넣어 처리 한다.

* 좌. 우 앞 쏠림 모류

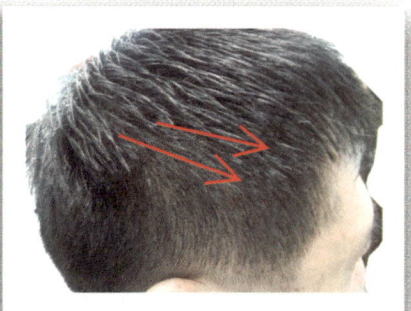

사진에서 보면 우측면의 사각지대 부분의 모류가 앞으로 흐르는 모류이다. 이 모류는 자연스럽게 만드는 것 보다는 지금 상태의 모양으로 자연스럽게 질감만 정리를 하여 준다.

*중앙 쏠림 모류

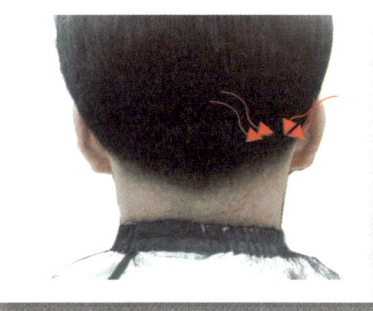

좌. 우의 모발이 중앙으로 몰려 오는 모발이다. 하지만 이 경우는 다발성이기 때문에 별(☆)표의 중앙부분의 모발을 숱 처리 하여 주고 좌. 우의 모양과 맞게 잘라 준다.

* 우 흘림 모류

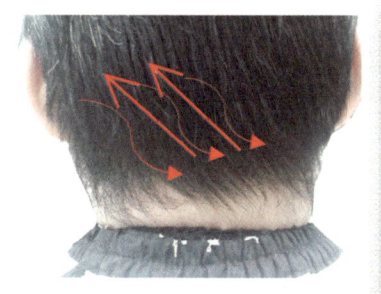

후두부의 모류가 우측으로 흐르는 모류이다. 이 경우는 화살표(직선) 쪽으로 숱 가위를 밀면서 숱 처리 하여 준다. 너무 깊이 넣지 말고 1/2 정도만 숱 처리 하여 준다.

* 앞 모발 들림 모류

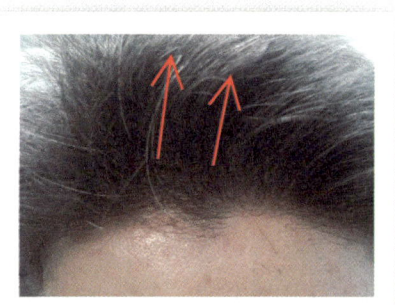

앞 모발이 하늘을 향하여 들려있는 모류이다. 이 경우는 숱 가위 15%의 절삭력을 가진 숱 가위로 시술을 하여주는데 두 번 정도만 뿌리 부분에서 숱 처리 하여 준다.

* 좌. 우 밑 역류 모류

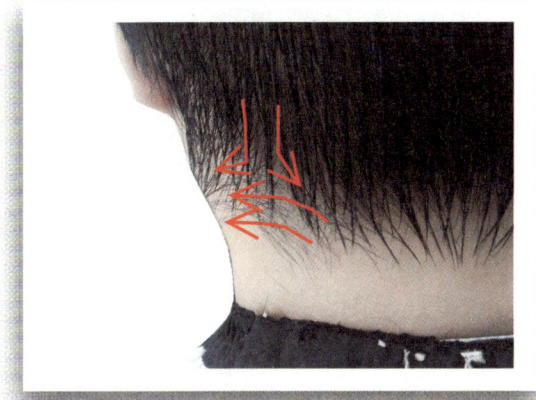

좌측이나 우측의 밑 모발이 화살표의 방향처럼 역류하는 경우는 역류하는 모발을 뿌리까지 절삭하여 위에서 내려오는 모발을 자연스럽게 하여 주어야 한다. 역류하는 모발이 적을 때에는 상관없다.

* 후두부 밑 모발 좌 흘림 모류

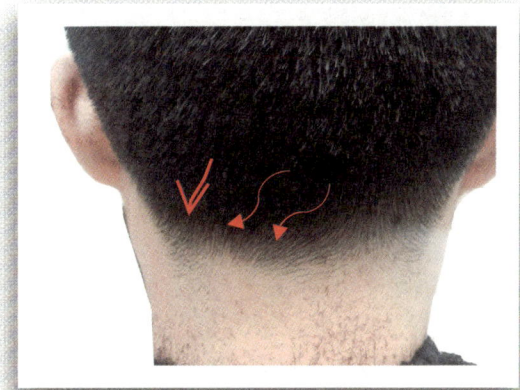

후두부 중앙의 모발이 좌측으로 흐르는 모발을 2/3 지점까지 숱 가위가 모발 사이로 들어가서 질감을 정리하여준다. 직선의 화살표처럼 숱 가위가 들어가면 된다. 하지만 너무 많은 질감을 처리하지 말고 가벼울 정도로만 시술한다.

* 밑 모발 중앙 모임 모류

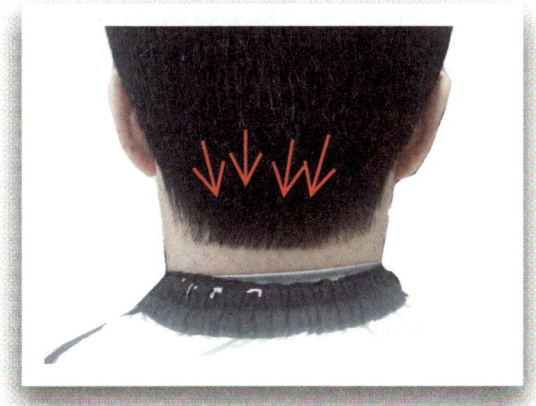

좌. 우 밑 모발을 숱이 없는 이유는 모발이 중앙 밑 모발로 모여들기 때문에 좌. 우의 밑 모발이 없어 보인다. 이때에는 화살표 방향의 역방향으로 숱 가위를 모발 사이에 넣으면서 중앙 밑 모발의 질감을 감소시키면서 좌. 우의 모발 양 만큼 되게 가볍게 시술 한다.

* 좌.우 역류 중앙 쏠림 모류

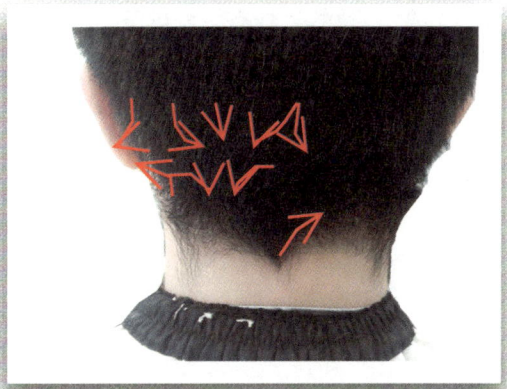

그냥 밑 모발을 시원 하게 잘라버리면 속이 시원한 모류이다. 하지만 개성 시대에 이런 모류를 가지고 있는 건 당연 하겠다 짧다. 라는 정도를 자르게 되면 모류에 의해서 사진의 상황이 나오는 것은 당연하다. 모류를 다 잡을 수는 없지만 무겁지 않게 가볍게 한다는 생각을 하자.

* 밑 모발 유류 모류

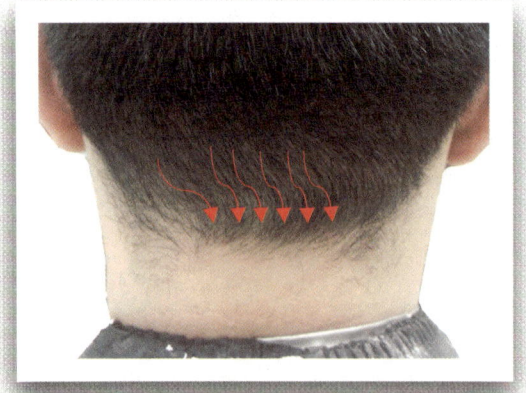

모류가 순류 하지 않고 물 흐르듯이 하는 유류 모류다. 순류와 같은 성질을 가지고 있기 때문에 자연스럽게 모류를 정리만 한다는 생각으로 하여 준다.

* 좌. 우 모발 중앙 몰림 모류

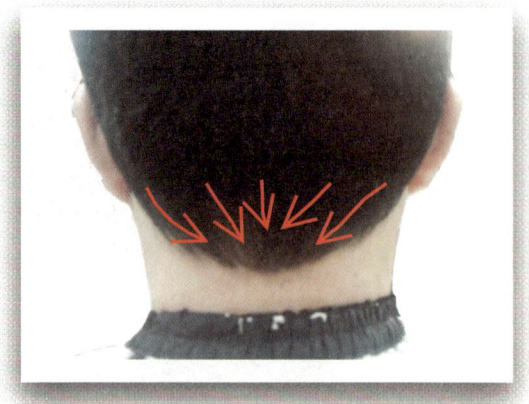

중앙 쏠림 모류는 화살표 방향의 역행 하면서 시술 하는 것이 옳다. 좌측 모류는 좌측으로 우측 모류는 우측으로 밀면서 모류를 제자리로 내려오게 한다.

* 좌. 우 흘림 모류

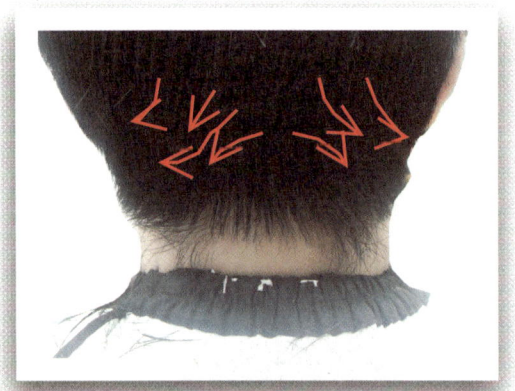

좌우 흘림 모류는 밀려간 모발을 당겨주면서 시술 하여야 한다. 그래야 모발이 제자리에서 밑으로 내려온다. 모류 정리에 기본은 바로 내려오게 하는 것이 그 목적이다.

* 좌 밑 모발 중앙 역류 모류

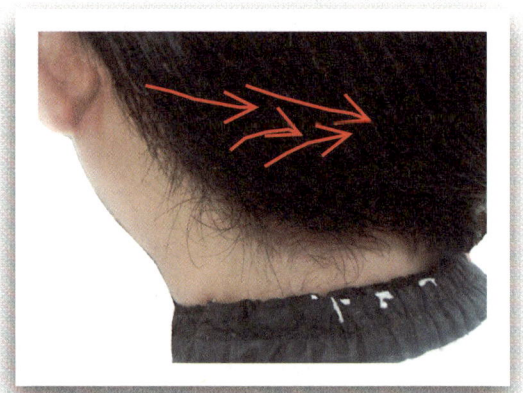

좌 밑 모발 역류 모류는 모발이 짧을 때에는 까다로우나 긴 모발일 때에는 오히려 쉽다. 사진의 화살표의역방향으로 2/3 지점에 숱 가위가 들어가서 모류를 밑으로 내리면서 숱 정리를 해주면 모발은 밑으로 내려오면서 차분함을 만들 수 있다.

* 후두부 밑 모발 밑 흘림 모류

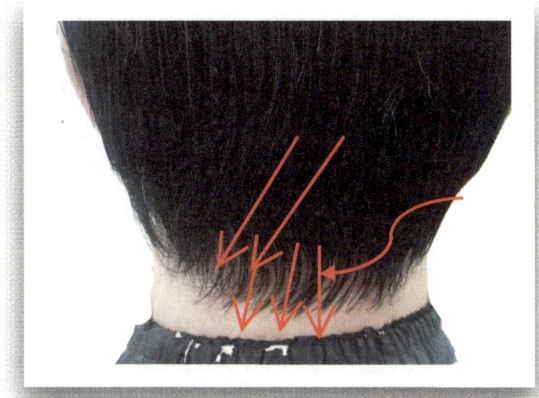

흘림 모류는 좌측이나 우측이든 어느 쪽으로 흐르지 않고 밑으로 내려오는 성질이 있다. 이 경우는 중앙으로 모이는 모발의 무거운 감 감소 시켜주면 된다.

* 순류

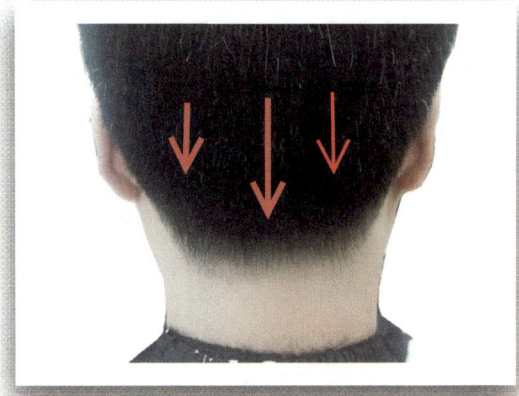

이렇듯 모발이 전체적으로 자연스러움을 가지고 있는 모류를 보기에는 현 시대에서는 어려운 일이다. 전체의 모발의 흐름이 자연스러워 시술만 제대로 이루어진다면 예쁜 헤어스타일이 나온다.

* 후두부 밑 모발 중앙 흐름 모류

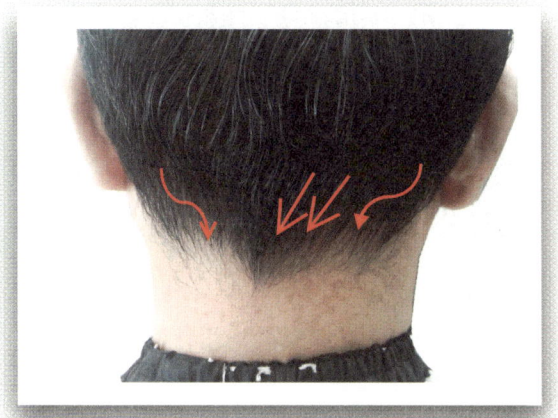

좌측과 우측의 모발이 중앙으로 몰려오는 중앙 흐름 모류이다 몰려오는 모류를 화살표의 반대 방향으로 숱 가위를 밀면서 모류를 정리 한다. 이유는 모발이 몰려오기 에 밀어주면서 시술을 해야 모발이 제 자리에 가기 때문이다.

* 우측 모발 앞 흐름 모류

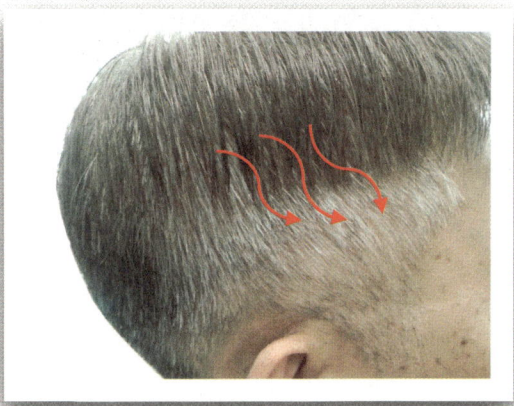

측면부의 모발이 앞으로 흐르는 모류는 이 역시 모발이 흘러간 모발을 화살표의 반대 방향으로 시술을 하여 모류를 자연스럽게 만들어준다.

* 좌측부 앞 쏠림 모류

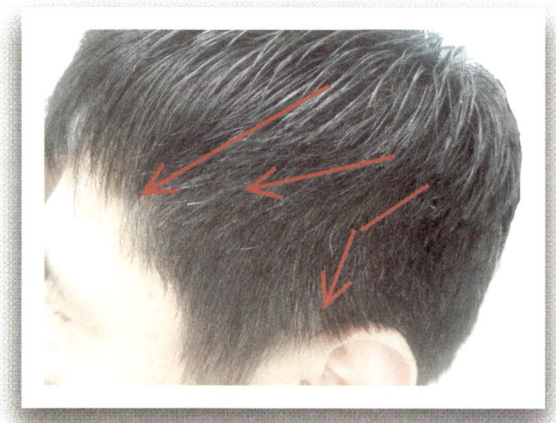

앞 쏠림 모류는 상당히 까다로운 작업이다. 숱 가위는 25발이나 26발정도의 절삭력 15% 되는 가위로 뿌리 부분의 모류를 화살표의 반대 방향으로 밀면서 시술하여 무거움만 정리를 하여 준다.

* 후두부 밑 모발 우 흐름 모류

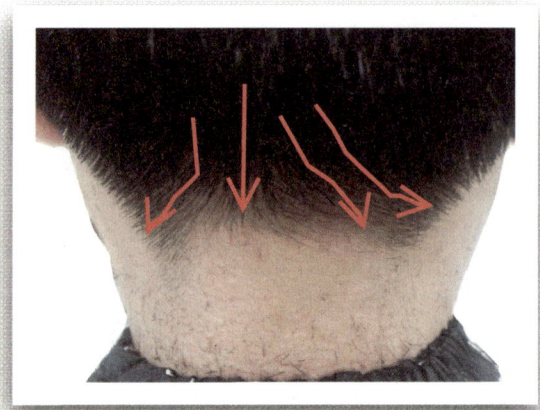

우측으로 흘러가는 모류는 화살표의 반대 방향으로 당겨주면서 모류를 가벼움을 만들어주고 중간에서 모이는 모류는 흐르는 방향으로 질감을 정리하여준다.

* 후두부 중앙 쏠림 모류

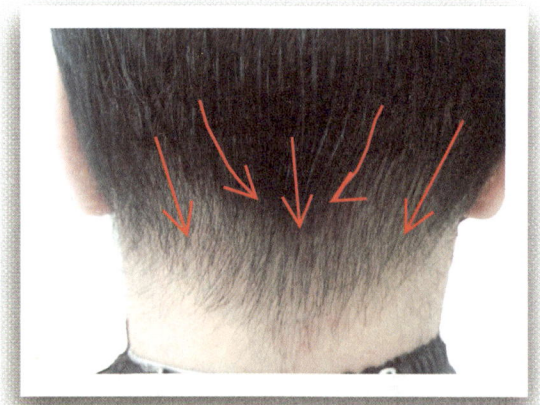

중앙 쏠림 모류는 좌. 우의 모양을 보면 중앙만 모발이 모여서 무거움을 가지고 있다. 이 경우는 중앙의 모발을 질감을 정리하여 좌. 우의 명암과 대비되게 하여 준다.

* 앞 모발 우측 흘림 모류

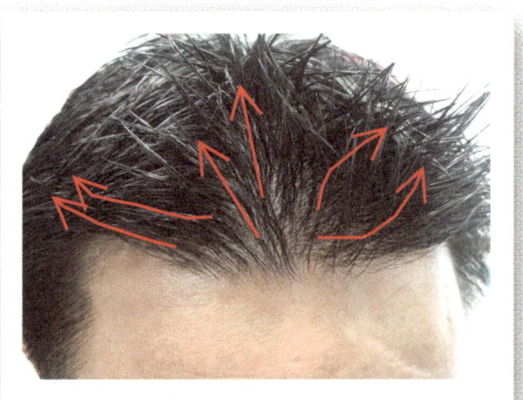

앞 모발이 우측으로 흘러가는 모양인데 화살표의 반대 방향으로 밀면서 질감 정리한다. 하지만 뿌리 부분까지 숱 가위가 시술 하지 말고 1/2지점 까지만 시술 한다.

* 좌측 다발성 흘림 모류　　　　　　　* 우측 다발성 흘림 뻗침 모류

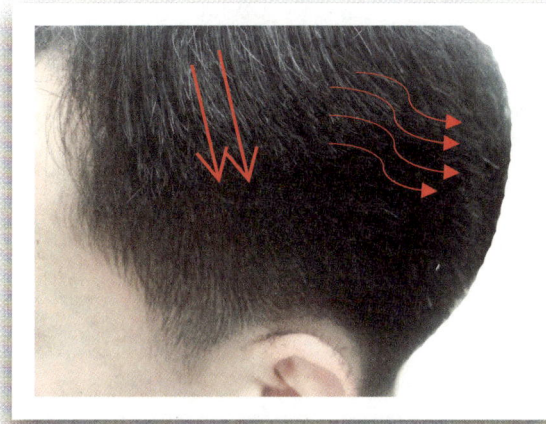

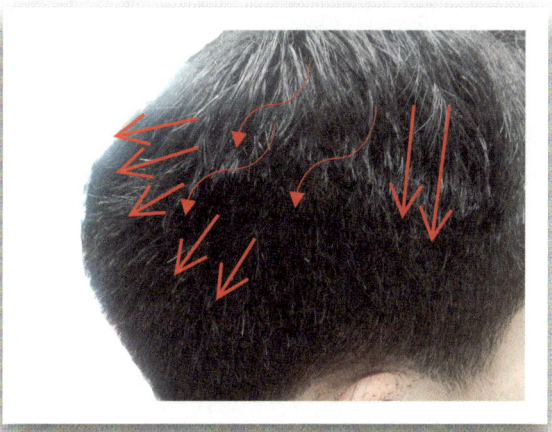

좌측면부의 귀 뒤의 모발이 후두부로 흘러가며 뻗치는 보기 힘든 모류이다. 이런 경우는 모발이 곱슬끼를 가지고 있는 축모인데 아무리 숱을 정리를 하여도 흐르는 현상을 잡을 수가 없다. 하지만 모류를 정리 하는 대신 숱을 뿌리에서 부터 감소시키고 사진에서처럼 천정부에서 흘러 내려오는 라인을 자연스럽게 만들어 주어야 한다. 그러나 숱을 뿌리에서 많은 양을 처리하면 않된다. 모류는 선천적으로 생기기도 하지만 후천적인 면이 더 많다. 잠자리의 습관이나 와이셔츠 깃이나 양복의 깃에 의해서도 생기고 어렸을 때 두르는 수건에 의해서도 생기는 것이 모류이다. 숱 가위가 들어가는 방법은 사진에서 모발이 흐르는 방향에서 역방향으로 숱 가위를 뿌리부분까지 집어넣고 한번만 절삭을 한다. 이때 에는 절삭양이 적은 26발 정도의 숱 가위로 시술 하여 준다. 시술을 하는 양은 사진처럼 화살표 방향처럼 5~6회 정도 숱 처리를 하여 준다.

우측면부 귀 뒤의 모발은 뻗침 현상을 가지고 있는 특이 모류이다. 이런 경우는 뿌리부분을 숱 처리를 하면 않되고 모발 길이의 중간 부분을 숱 처리하는데 사선으로 숱 가위가 들어가면서 중간부분만 숱 처리를 하여야 한다. 모발이 자연스러움을 연출하기 위해서는 숱을 뿌리부분을 처리하는 수단은 흘림 모류 일 때에는 가능하지만 뻗침 모류에서는 뿌리부분을 숱 처리를 하면 숱 의 감소는 당연하지만 두피가 훤하게 보이는 단점을 가지고 있다. 현재의 고객들은 숱이 많지 않다는 단점들을 가지고 있다. 해서 숱 처리를 하는데 에 있어서 시술하는 시술자는 신중을 기해야 한다. 시술 방법은 옆의 사진과 별반 다르지 않지만 모발 길이의 중간지점 까지만 시술을 하여야 하고 숱 가위는 화살표의 역방향으로 숱 가위가 들어가면서 숱 처리를 하여준다.

* 순류

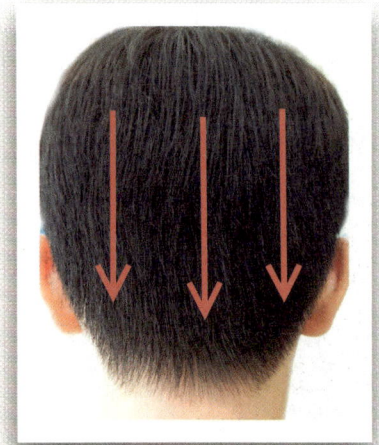

헤어를 하다보면 순류를 만나는 경우가 극히 드문 일이 된다. 사진에서처럼 모발이 위에서 아래로 깨끗하게 내려오는 모양인데 이런 모발의 흐름이 순류라고 한다. 물론 시술로 잘 나오는 모류이기 때문에 시술이 용이하다.

* 좌 앞 쏠림 모류

사진에서 보면 좌측 앞머리부분이 앞으로 쏠려내려오는 모류인데 일반적으로 많은 사람들이 가지고 있는 모류종류 중에 한 가지이다. 모발을 시술을 할 때에는 모발의 흐름 때문에 모발의 절삭이 어려우니 모발의 흐름에 역행으로 틴닝 시술을 하여주면서 모발을 정각도에 놓고 시술을 하여야한다.

* 천정부 순류

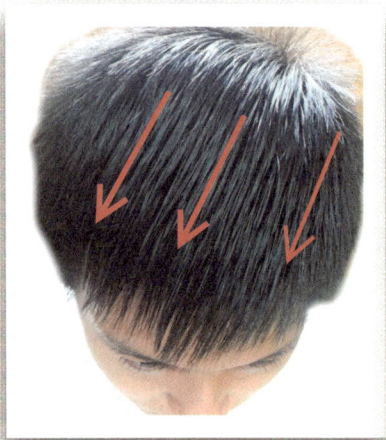

측면부의 모발은 직모로 인해서 뻗치는 현상을 가지고 있는데 윗 모발은 흘러내리는 모양을 가지고 있다. 모류를 시술함에는 모발의 흐름에 따라 모발을 밀어서 시술을 할 때도 있지만 당기면서 시술을 하여야 할 때도 있다는 것을 명심하자.

* 우 파도 모류

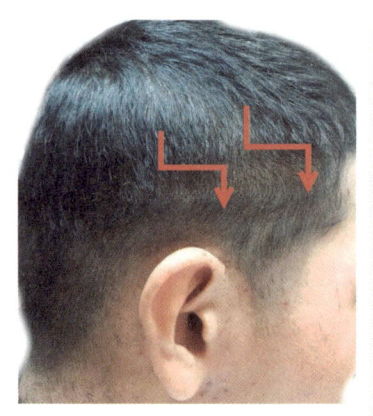

특이한 모류라고 할 수 있는 회류 모류인데 대부분의모류는 쏠림이나 밀림 그리고 역류가 대부분을 차지하고 있지만 위의 사진 같은 모류는 쉽게 볼 수 없는 모류중 하나이다. 모류가 휘돌아 치면서 내려와서 시술할 때에도 신경을 많이 쓰면서 시술을 하여야한다.

* 우 뒤 흘림 모류

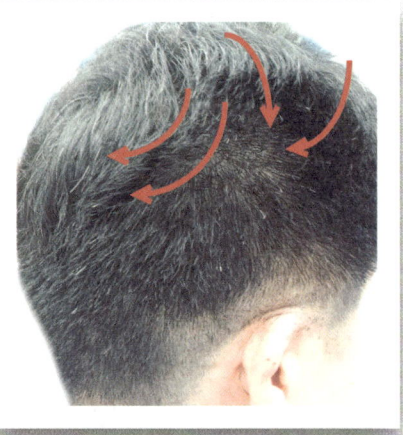

앞쪽에서 후두부로 밀려오는 모류인데 모발이 뻗치는 경우에 나타나는 모류중 하나이다. 그리고 이전에 시술에서 틴닝을 너무 산만하게 시술을 하였을 때에는 나올 수 있는 모류이다.

* 좌 흘림 모류

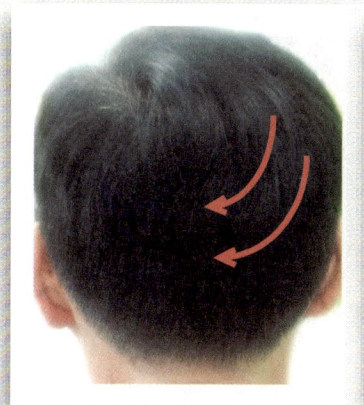

우측면에서 좌측으로 흘려오는 모류는 모발의 흐름이 균형을 이루지 못하는 경우에 생기는데 모발의 길이차이가 편차가 심하면 생기게 되는 모류인데 선천적인 모류가 아니고 후천적인 시술에 의해 만들어지는 모류라고 할 수 있다.

* 중앙 흘림 모류

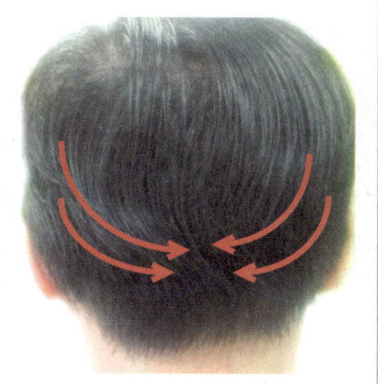

이렇게 양 측면에서 후두부 중앙으로 몰려오는 모류들은 측면의 모발들이 위에는 짧게 시술이 되고 아래는 길게 시술을 하고 라인만 정리를 해서 생기는 모류이다. 측면부의 모발 길이의 균형을 만들어 시술을 하면 이 모양은 차분함을 가지게 되어 자연스러운 흐름을 만들 수 있다.

* 우 회도리 모류

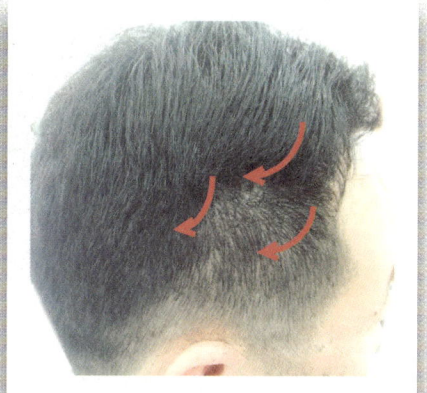

꼭 가마가 있는 것처럼 만들어진 모류이다. 앞에서 뒤로 회돌기를 하는 모류인데 틴닝의 시술이 너무 많이 되어 모발의 양을 삭감시켜서 생기는 모류의 종류이다. 앞으로 시술을 할 때에는 모량의 절삭을 하기 보다는 모류의 흐름에 주안점을 두고 시술을 하여주어야한다.

* 좌 회도리 모류

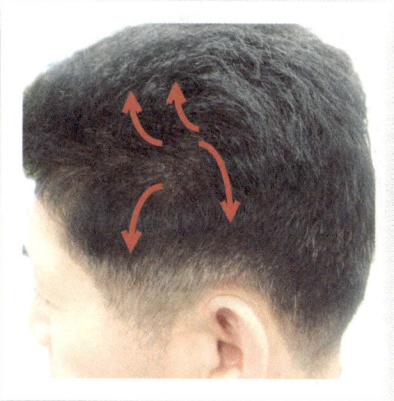

이 사진의 모류들도 모발의 흐름이 회돌기를 하는 모양인데 앞 사진의 모류는 우측면에서의 상황이고 이 사진은 좌측면의 상황이 다를 뿐이다. 모류는 어느 곳에서나 만들어 질수 있는 모양이니 틴닝 시술을 할 때에는 주의해서 모량을 절삭을 하는 방법이 아닌 모발의 흐름에 주안점을 두고 시술을 하여주어야한다.

* 좌 앞 쏠림 모류

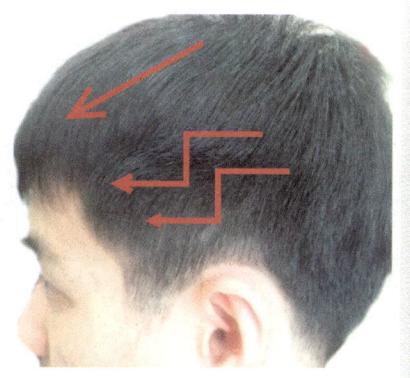

좌측면부의 앞 쏠림 모류인데 이런 모류가 만들어지는 이유는 두 가지가 있다. 한 가지는 손님의 잠버릇 때문에 생기는 경우가 있고 다른 한 가지는 앞서도 시술을 하였듯이 틴닝 시술을 할 때에 모발의 흐름을 염두에 두지 않고 숱을 쳐내는 개념으로 시술을 하여 위의 상황이 만들어진 경우이다.

* 우 앞 흘림 모류

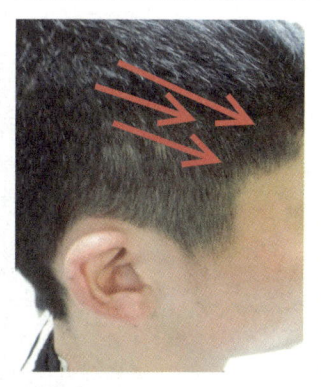

사진에서는 우측면의 앞 흘림 모류인데 앞의 서술과 같은 점이 많은 경우에 생기는 모양이다. 모발의 흐름에서 역행을 하면서 모류를 잡아내어 시술을 하여주는데 모발의 정각도로 가져다놓고 시술을 하여 모발의 흐름을 단정하게 시술하여준다.

* 좌 중앙 흘림 모류

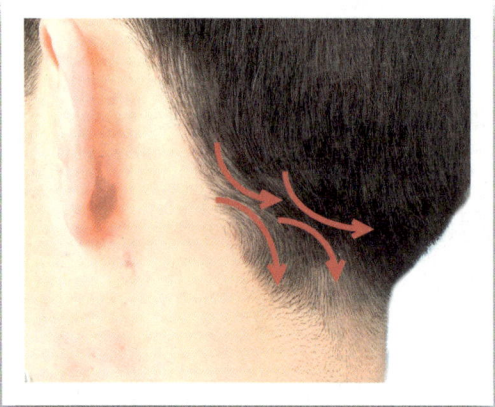

흘림으로 몰려오는 모발들은 상당히 어려운 시술 중에 하나로 꼽힌다. 모발의 어느 지점애서 시술을 하여야 하는지 정확한 위치를 잡고 시술을 하여야하는데 사진에서 보면 흘림 모류만 있는 것이 아니고 가마의 모양도 가지고 있다. 이런 모류가 선천적인 모류에 속하는데 여러 가지의 틴닝 시술이 들어가서 모양을 정리하여 주어야한다.

* 우 중앙 쏠림 모류

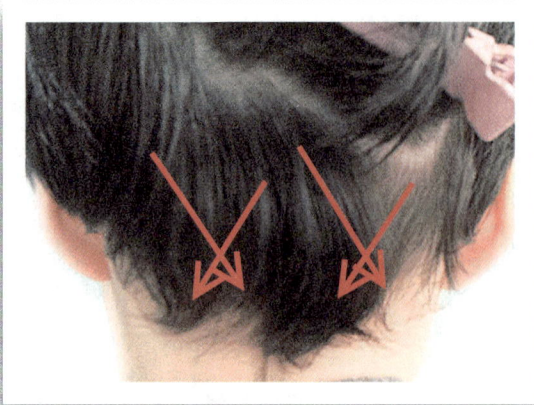

후두부에서의 모양에서 제비초리 형태와는 다른 모양의 모류의 집합체인 것인데 이곳의 시술이 정확하게 되어야 전체 형태를 조망 할 수 있다. 시술을 할 때에는 사진의 화살표 방향에서 역방향으로 시술을 하여주어 모발의 흐름을 바로 잡아주어야 한다.

* 중앙 몰림 모류

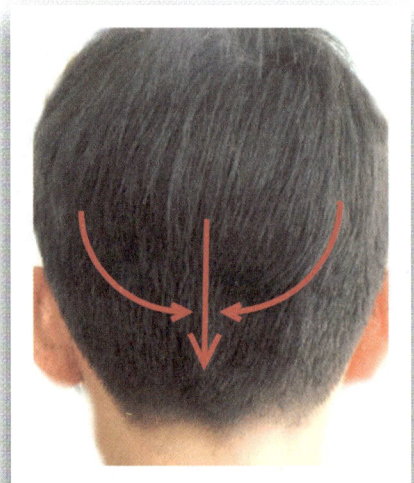

천정부에서 중앙으로 흘러들어오는 모류들의 생긴 이유는 모발의 전체 균형을 잡아주지 못해서 생기는 경우가 많다. 그리고 모발의 흐름을 잡아줄 틴닝의 시술이 정확하게 이루어지지 않아서 생기기도 한다. 이럴 경우에는 사진의 화살표 반대방행으로 시술을 하여준다.

* 우 앞 쏠림 모류

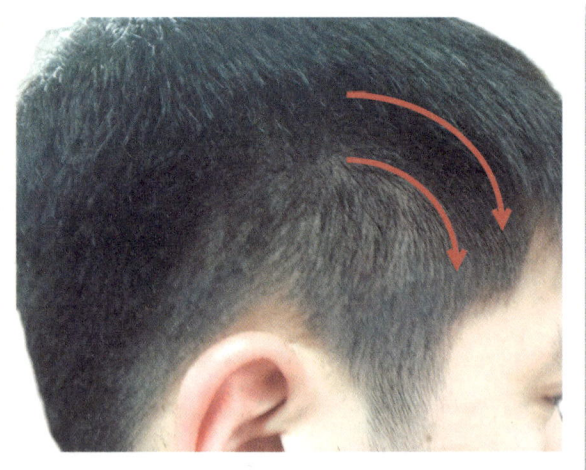

우측면에서 사진에서처럼 앞으로 쏠려 내려오는 모류인데 대부분의 이러한 형태를 가지고 있는 모류는 직선적인 요소를 가지고 흘러나오는 것이 대부분인데 사진은 포물선을 그리면서 흘러내려오는 모양을 가지고 있다. 이런 경우는 한번 에 모양의 변화를 주지 못하고 여러 번에 걸쳐서 시술을 하여야하는 경우도 생길 수 있다.

* 제비초리 종류들

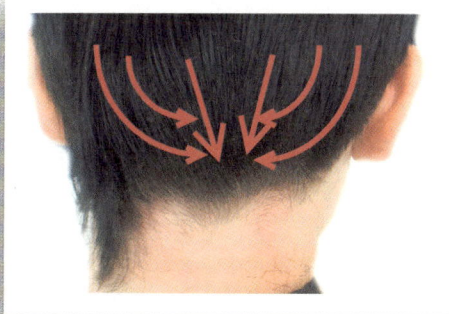

일반적인 제비초리의 형태의 모류이다. 화살표의 방향으로 모발들이 몰려오면서 중앙에 모여 밑으로 흘러내리는 모양을 가지고 있다. 앞서도 서술을 하였지만 시술을 사진의 화살표 방향의 반대 방향으로 시술을 하라고 하였는데 주의 할 점은 틴닝을 시술을 하고 내려오는 방향에 따라서 모발의 흐름을 만들어야 한다는 것을 명심하고 시술토록 한다.

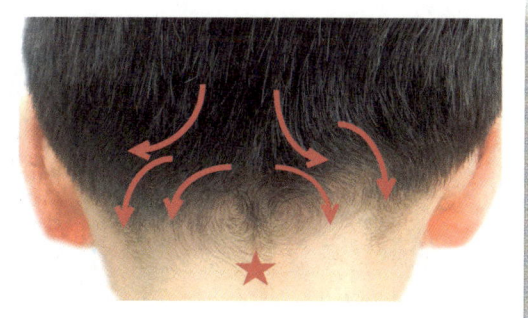

사진에서 (*)표 부분위에 있는 모양은 가마의 모양을 가지고 있다. 이런 경우는 극히 드문 경우이고 잘 볼 수도 없는 상황의 모양인데 사진으로 보여 줄 수 있어서 저자에게도 다행이라고 생각한다. 이런 경우는 가마를 남길 수 있는 상황이 만들어 질 수가 없다는 것이다. 해서 사진에서처럼 하단부의 면을 깨끗하게 정리하여주어 전체형태의 모양을 조경하여 단정하고 깨끗한 모양을 만들어 줄 수 있도록 시술하여준다.

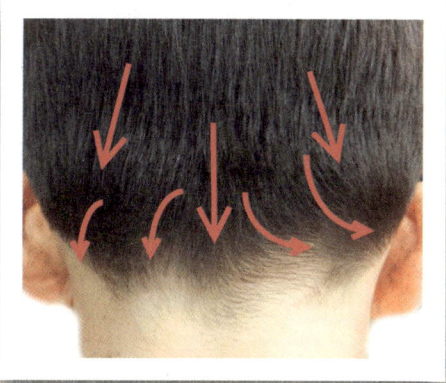

제비초리 형태의 모양을 여러 가지 상황을 놓고 설명을 하고 있지만 사진에서처럼 제비초리부분의 모양이 제일 난해하게 다가올 때가 많다는 것이다. 이곳의 시술을 그냥 없애면서 시술을 하기 보다는 모류의 현상을 이해를 하고 모류의 시술방법을 다양화해서 모발을 단정하고 자연스럽게 흘러내리는 모양을 만들어주어야 한다. 다 모류를 가지고 있는 경우가 많으니 시술에 각별히 유의해서 시술한다.

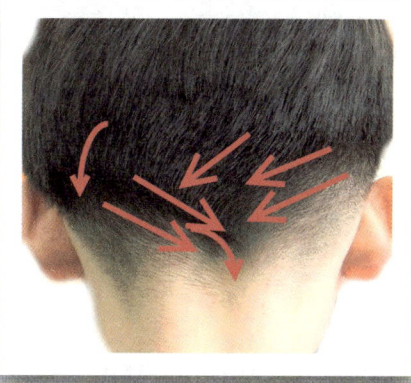

좌측면에서 후두부 중앙으로 몰려오는 모류와 중앙 부분의 요철부분 밑에 있는 회돌이부분에서 만나는 모류들을 사진에서처럼 화살표 방향에서 반대의 방향으로 절삭력이 낮은 틴닝으로 시술을 하여 모발의 들쳐 나오는 부분의 모발을 가라앉혀주고 모발의 흐름인 모류를 시술을 하여 전체 모양의 형태를 자연스럽게 만들어주는데 사진만으로는 시술을 자연스럽게 되지 않으니 많은 연습을 통해 기술을 정진하자.

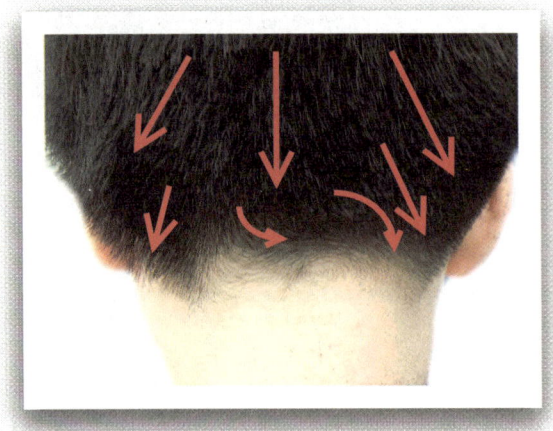

이 사진은 제비초리의 많은 형태 중에 가장 순한 편에 속하는 제비초리의 모양이다. 무거움이 보이는 곳은 절삭량이 작은 10%대의 틴닝으로 무거움만 모량 조절을 하여주고 위에서부터 아래로 내려오는 모발의 흐름을 자연스럽게 하여주어 전체의 모양을 단정하게 하여주도록 시술하여준다.

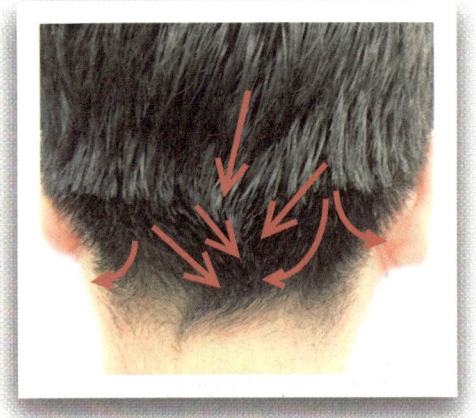

이 사진역시 제비초리의 모양인데 모발의 절삭이 잘못되어 지저분한 모양을 가지고 있다. 모발의 흐름이나 평행적인 기조가 맞지 않아 있는 모발의 흐름을 모양은 조절을 하여주고 모류를 교정하여 주어 뭉쳐있는 곳은 안 뭉쳐보이게 하여 형태의 자연스러움을 만들어주도록 시술하여 준다. 화살표의 흐름은 내려오는 모양을 보여지는 것이지만 시술을 앞서도 서술하였듯이 화살표의반대 방향으로 시술하여준다.

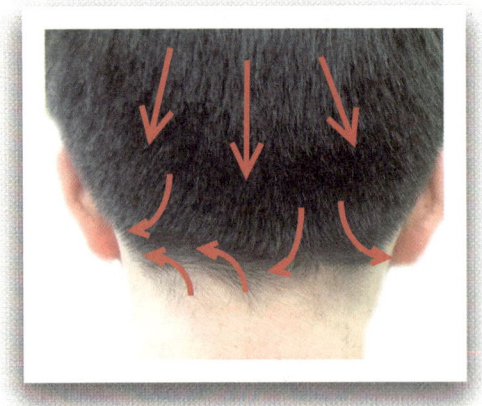

후두부 중앙부분의 밑에 있는 좌측부분의 모류는 좌측으로 돌아가고 우측으로 돌아가고 있는 모류는 우측으로 흘러가는 모류인데 우측으로 밀려가는 모발들은 중앙으로 당기듯이 틴닝 시술하여주고 좌측으로 흘러가는 모발들도 중앙쪽으로 모발을 밀면서 틴닝 시술을 하여주는데 이때 모발 끝부분에서 40%정도 부분까지만 틴닝으로 시술을 하여주어 모발의 흐름을 밑으로 흘러내리도록 시술한다.

* 기본 커트 도해도

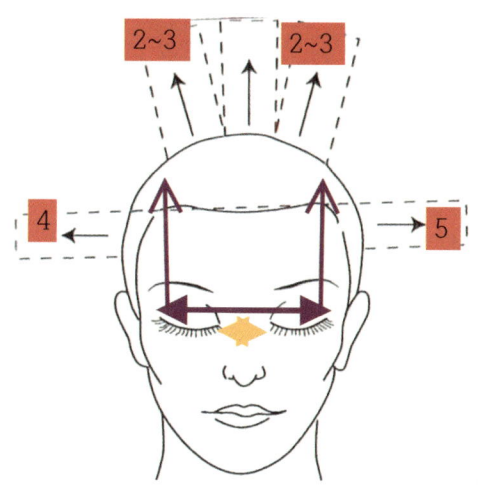

1. 천정부(두정부)

천정부를 자를 때 에는 왼쪽 눈꼬리 부분에서 오른쪽 눈꼬리 부분까지 평균적으로 12~15cm 정도의 길이를 가지고 있다 평균적인 사람들은 13~14cm 정도 이고 얼굴이 작은 사람은 12~13cm정도 이며 얼굴이 큰 사람은 14~15cm정도이다. 눈꼬리에서 올라가는 부분이 이마에서 양쪽 구석 부분에서 후두부까지 선은 그어 놓으면 천정부의 형태가 나오게
된다. 이렇게 해놓으면 앞머리에서 후두부의 길이가 12~15cm가 나오게 되는데 이렇게 선을 그어 놓으면 정확 하게 정방형이 만들어지게 된다. 정확하게 이곳의 천정부를 한번에 커트를 하지 못한다. 그래서 커트를 할 때 에는 사진처럼 3번에 나누어서 커트를 해야만 천정부에 균형이 생긴다.

1번은 노란색의 왼쪽 눈 안쪽 눈꼬리에서 오른쪽 눈 안쪽 눈꼬리 까지 인데 이곳이 천정부에서 중앙의 역할을 하는 코 윗부분이다. 이곳이 첫 번째로 잘려야 전체의 균형을 만들 수 있다. 다음 장에 순서에 대해서 이야기 하겠지만 앞머리에서 가마부분까지 못 잘려도 5번 평균적으로 6~7번 정도를 잘라야 전체의 모양에 연결선을 만들 수 있어서 커트하기가 용이하다.

2번은 왼쪽이나 오른쪽 어디로 먼저 가도 상관없다. 오른쪽으로 먼저 가서 커트를 한다면 사진에서처럼 모발은 수직으로 잡아 올리고 자를 부분에서 손가락 끝 부분은 잘려있는 부분이기 때문에 중앙에 잘려있는 부분과 같은 길이로 절삭하여준다. 그리고 나서 중앙의 모발을 자른 회수에 맞추어 절삭한다.

3번은 왼쪽으로 먼저 가서 커트를 한다면 사진에서처럼 모발은 수직으로 잡아 올리고 자를 부분에서 손등의 끝 부분은 잘려있는 부분이기 때문에 중앙에 잘려있는 부분과 같은 길이로 절삭하여준다. 그리고 나서 중앙의 모발을 자른 회수에 맞추어 절삭한다.

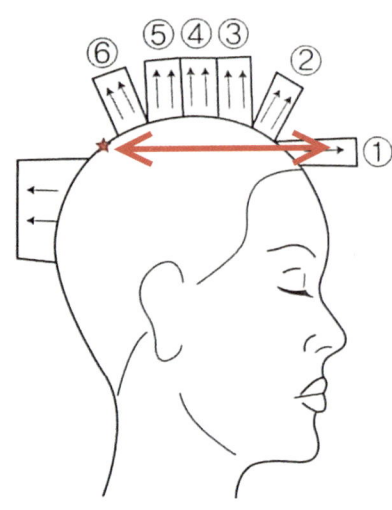

앞장에 이어서 천정부이다. 앞장에서는 천정부를 3번에 구획을 나누고 못 잘려도 5번. 평균적으로 6~7번으로 한 구획을 절삭한다. 라고 하였다.
위의 사진은 측면에서 천정부를 자를 때 나누어지는 구획으로 앞머리에서 가마까지의 길이가 사진에 화살표처럼 12~15cm 라고 하였다. 구획을 나눌 때 에는 평균으로 2~3cm 정도로 구획을 나누어 잡아 올린 후 절삭한다.
이때 처음으로 잡아내는

* 앞머리 1번은 시술자가 고객의 뒤에 위치하여 시술을 하므로 시술자의 입장에서 90°로 모발을 잡아내어 절삭한다.
* 앞머리 2번은 시술자의 입장에서 90°로 모발을 잡아내어 절삭한다.
* 앞머리 3번은 시술자의 입장에서 90°로 모발을 잡아내어 절삭한다.
* 앞머리 4번은 시술자의 입장에서 0°로 모발을 잡아내어 절삭한다.
* 앞머리 5번은 시술자의 입장에서 0°로 모발을 잡아내어 절삭한다.
* 앞머리 6번은 시술자의 입장에서 시술자 쪽으로 10°~20°로 모발을 잡아내어 절삭한다.
위와 같은 방법으로 천정부의 3구획을 같이 절삭하여주면 천정부는 균형을 가지게 된다.

2. 측 면부. 후두부

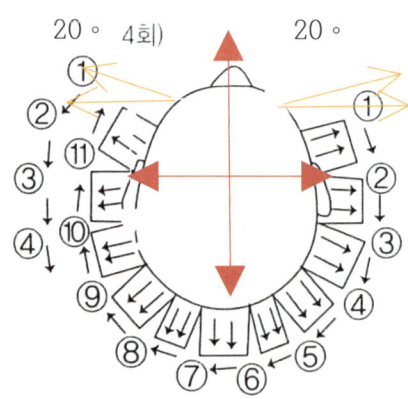

천정부의 작업이 끝나고 나면 측면 부를 작업하게 되는데 화살표의 모습은 천정부의 형태라고 앞서 이야기 하였다. 이 부분은 천정부의 위치를 가지게 되고 측면부의 정확한 천정부는 모발이 수직으로 잡아 올려 절삭하지만 측면 부는 모발을 수평인 상태로 잡아내어 절삭한다.
사진의 숫자는 1~11번과 1~4번이 있는데 이 숫자는 정확하게 그려질 수가 없고 이렇게 잘린다는 것을 표현한 것이기에 숫자에 의미를 두지말자. 측 면부 기장커트를 할 때에는 오른손잡이는 우측면부 부터 시작을 하게 되고 왼손잡이는 왼편부터 기장커트를 하는 것이 맞다.

고객의 뒤에서 작업을 하기 때문에 오른편에서 시작하는데 우측면 귀 앞부분과 좌측면 귀 앞부분만 각도의 영향을 가지고 나머지인 2~10번과 2~4번은 정각도로 절삭을 하여주지만 노란 화살표인 1번과 11번은 정각도에서 모발을 20°정도 잡아내어 절삭해주어야 두상의 형태에 맞게 된다.

* 1번과 11번은 정각도에서 모발을 20°정도 잡아내어 절삭한다.
* 2~10번까지는 모발을 정각도로 잡아내어 절삭을 하는데 모발은 수평적 기조로 잡아서 절삭하여야 한다.

* 빗 잡는 방법

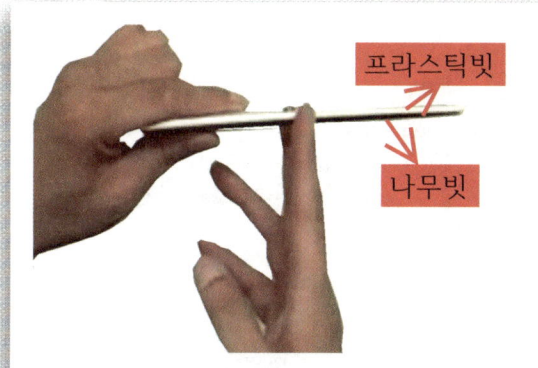

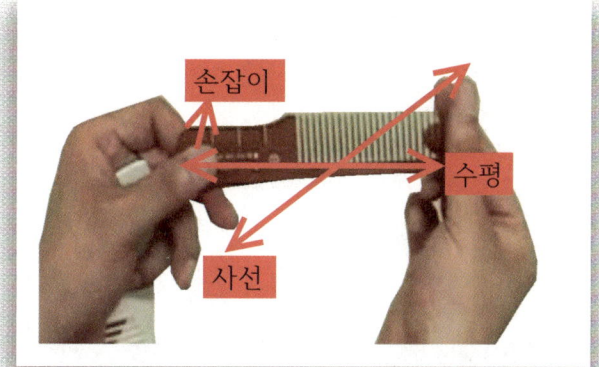

일반적으로 커트 빗은 프라스틱 빗과 나무빗인 삐꾸빗이 있는데 남성의 헤어를 커트할 때에는 프라스틱 빗보다는 나무빗이 더 커트감이 좋다. 미용에서 많이 쓰는 프라스틱 빗은 손잡이도 불편하게 곡선으로 이루어져서 잡는데 불편함이 있고 빗의 두께 역시 두꺼워서 짧은 모발을 절삭을 하기 에는 좀 약하다. 하지만 나무빗은 그 두께가 1호부터 15호 이상까지 종류가 다양해서 커트에 가장 적합한 빗이다.

커트를 시술할 때에 빗으로 모발을 잡아 시술을 하는데 기본적인 요소로는 빗은 수평적인 기조로 자리를 잡고 있어야한다는 것이다. 빗이 사선적인 요소로 있게 되면 시술이 되어도 두상의 면이 단면으로 절삭이 되기 때문에 정상적인 형태가 만들어지지 않는다. 해서 커트 시술시 에 빗의 자세가 사선적인 요소로 되어있으면 수평적인 기조로 자세를 잡아서 시술하여주어야 두상의 형태로 스타일을 시술할 수 있다.

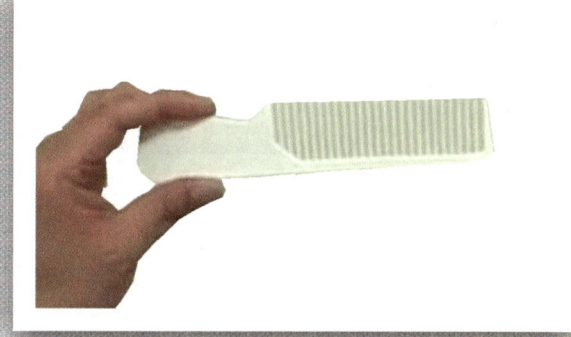

빗을 잡는 기본적인 자세는 있다. 하지만 필자도 교육을 하면서 정석적인 빗 자세를 유지하라고 하지 않는다. 이유는 자세를 잡는데 시간이 많이 걸려서 편하게 잡는 방법을 가르쳐준다. 하지만 기본은 사진에서처럼 엄지가 손잡이의 밑 부분에 위치하여주고 검지가 손잡이의 윗부분에 얹어준다. 그런 후 중지를 엄지 위에 얹어주면 기본적인 자세는 이루어진다. 이 자세가 정석적인 자세를 의미하는데 자세를 정확하게 하고 싶은 분들은 동영상도 같이 연구토록하자.

사진속의 빗은 프라스틱인 빗인데 손잡이의 부분이 둥그런 곡선을 가지고 있어서 자연스럽고 확실하게 빗을 잡기가 용이하지 않다. 그리고 엄지와 검지로만 빗을 잡게 되면 안정감이 생기지를 않고 클리퍼가 빗면에 닿는 순간에 빗이 손가락에서 빠져나가는 현상이 생길 수 있기 때문에 중지를 엄지 위에 얹어주어야 커트를 시술할 때에 안전하게 빗을 잡아야 시술을 용이하게 할 수가 있다.

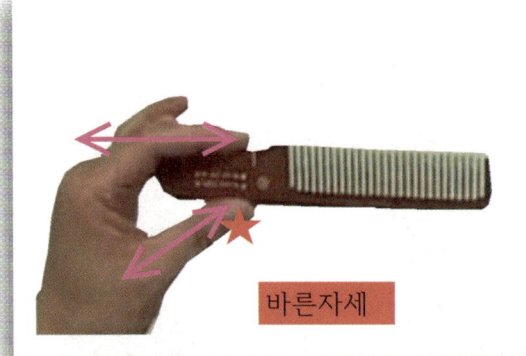

바른자세

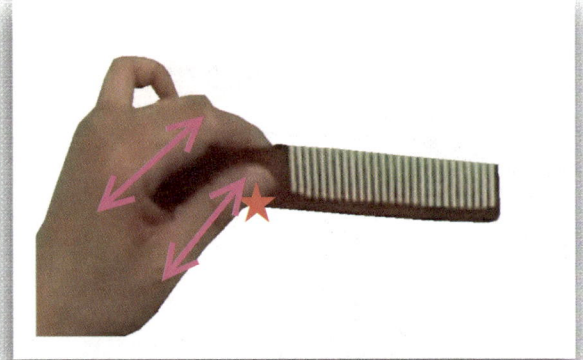

사진에서처럼 엄지가 밑에서 손잡이를 안정적으로 받쳐주고 검지가 손잡이의 위의 부분에 얹어주고 나서 중지가 빗 손잡이 뒤의 엄지 위에 얹어주면 빗 잡는 자세가 완성이 되는데 빗의 손잡이를 이렇게 세 손가락으로 잡아주고 약지와 소지는 벌려주어 손바닥의 공간을 만들어주어야 안정적으로 빗 잡는 자세의 완성이라 할 수 있다.

앞 사진은 정석적인 빗을 잡는 자세인데 위의 사진은 좀 더 편안한 자세로 빗을 잡은 모습인데 빗을 잡은 손이 사진처럼 앞으로 빗을 잡게 되면 시술을 할 때에 빗을 돌려서 시술을 하는데 있어서 제 역할을 하지 못하는 경우가 있다. 한번 시술을 하게 되면 바로 빗발로 모발을 빗어 내려야 하는데 손이 앞에 위치를 하게 되면 모발을 빗으로 빗어 내리는데 있어서 제 역할이 어렵다.

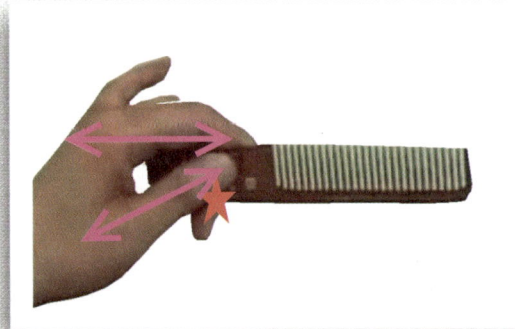

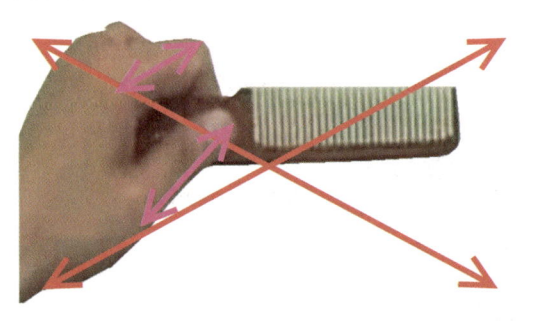

해서 위의 사진처럼 빗을 잡고 있는 손이 옆으로 틀어서 빗의 손잡이를 잡고 있어야 손목의 롤링이 수월해져서 한번의 시술을 하면 한번 모발을 빗어 내리는 데에 있어서 빗을 손가락으로 빗의 손잡이를 수월하게 돌릴 수 있는 손목의 롤링을 수월하게 진행할 수 있다. 앞서도 서술하였지만 모발을 빗으로 올려 시술을 하면 한번 빗발로 시술된 모발들을 빗어내려 시술의 완성도를 확인하여야한다는 것을 명심하자.

앞서도 서술을 하였듯이 빗을 바로 잡고 있어야 시술이 용이해진다. 앞의 3장의 사진에서 (*)표의 부분에 엄지손가락의 부분이 각각 다른 곳에 위치하여있다는 것을 볼 수 있다. 바른 자세에서 엄지의 위치는 빗의 손잡이부분 밑에 위치하여있고 위의 사진과 그 위의 사진은 (*)표 부분이 빗발에 가까이 위치해있는 것을 볼 수 있는데 이 경우는 손등이 앞쪽으로 나와서 시술 시에 빗을 돌릴 수 있는 여건이 어렵다 하였다. 옆의 사진처럼 손등의 위치가 빗 손잡이의 바깥쪽에 위치하고 있어야 시술할 때에 용이하다는 것을 알자.

* 가위 잡는 방법(standard. 바로 잡기)

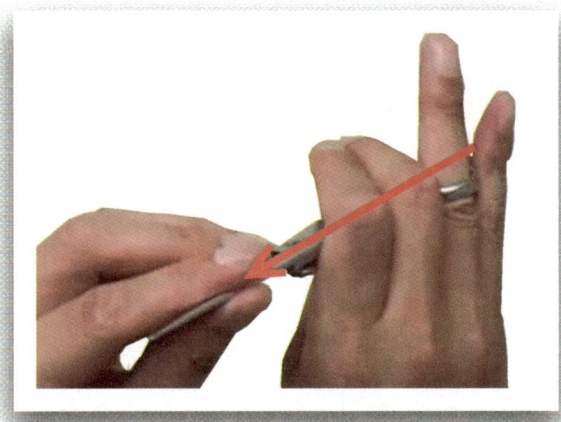

가위를 잡는 방법은 두 가지가 있다. 한 가지는 바로잡기의 방식이고 다른 한 가지는 세워 잡기의 방식이 있다. 먼저 바로잡는 방법에 대해서 알아보자. 대부분의 사람들이 가위를 잡는 방법은 배우는데 시술에 의존을 하다보면 가위 잡는 방법을 잊어먹고 자기만의 방법으로 가위를 잡는 것을 볼 수 있다는 것이다. 하지만 가위 잡는 자세가 올바르게 되어야 모발을 절삭을 할 때 모발이 깨끗하게 절삭이 된다는 것을 명심하자. 사진에서 보면 검지와 중지가 가위의 목을 감아쥐고 있는 것을 볼 수 있는데 이곳을 손가락의 두 번째 마디로 가위 목을 감아쥐고 소지까지 사선으로 가위를 자세 잡아준다.

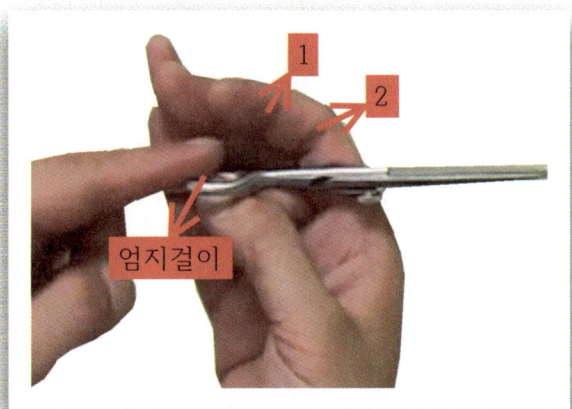

위의 사진에서처럼 가위를 사선으로 맞추어주고 나서 손을 돌려 사진의 상황으로 만들어주면서 가위의 엄지걸이에 엄지손가락이 들어가는 것이 아니고 사진처럼 엄지를 엄지걸이에 걸치듯이 하여준다. 사진의 1번과 2번의 마디를 나타내는 숫자가 있는데 2번의 숫자인 손가락 끝에서 두 번째 마디에 가위의 목을 감아쥐어야 안정감이 생겨서 엄지손가락의 개폐로 모발을 절삭하여 주게 되는 것이다. 엄지손가락으로 시술이 되어야하는 이유는 엄지손가락으로 개폐하는 가위의 날이 동날을 움직이는 것이기 때문인데 가위의 날은 동날과 정날로 이루어져있다는 것은 이미 알고 있을 것이다.

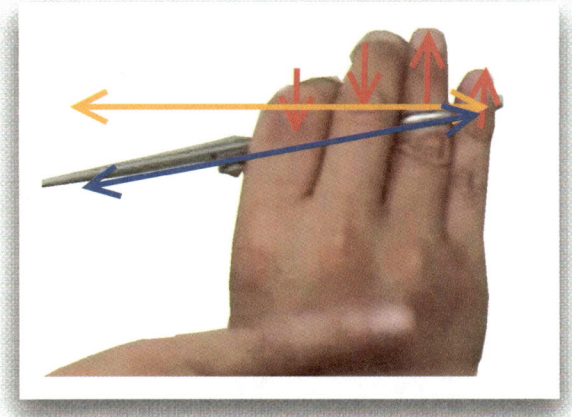

위의 사진처럼 자세를 이루고 나면 다시 사진처럼 손을 돌려주는데 검지와 중지는 가위의 목을 검지와 중지손가락 두 번째 마디로 감아쥐고 약지와 소지는 화살표방향으로 곧게 펴주면 사진의 노란색 화살표처럼 가위의 날이 수평으로 되는 것이 아니고 파랑색 화살표처럼 사선으로 이루어져야 올바른 자세가 되는 것이다. 뒤에 다시 서술을 하겠지만 사진의 상태가 만들어져야 한다고 하였는데 대부분의 사람들은 이 부분을 인지를 못해서 파랑색의 화살표 방향으로 가위를 당기듯이 잡아야하는데 그러지 못하고 노란색 방향으로 가위가 빠져나가서 시술을 많이 하게 된다는 것이다.

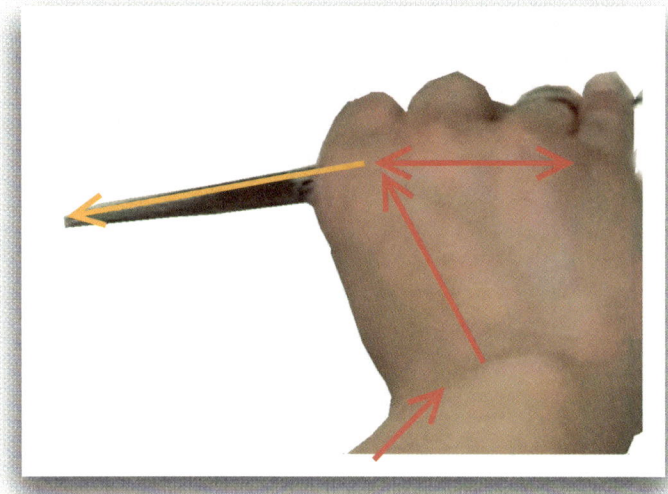

앞의 사진처럼 자세를 잡고 손등을 보게 되면 손목의 상황이 나오게 된다. 팔에서 오는 화살표방향과 손등의 화살표의 방향은 바로잡기 자세를 취하다보면 나오는 전형적인 모양인데 이 자세가 나오면 가위의 날 끝부분이 노란색 화살표처럼 사선으로 이루어지게 되는데 손등의 모양과 가위의 날 끝부분이 시술자와 삼각형의 모양이 만들어진다. 이렇게 자세가 만들어지면 모발을 절삭하기가 어려워지게 되는데 이때에는 손목부분을 젖혀주어 가위의 날 부분을 수평적인 요소로 만들어주어야 시술하기 용이한 자세가 만들어진다. 그 상황을 밑에 사진에서 보도록 하자.

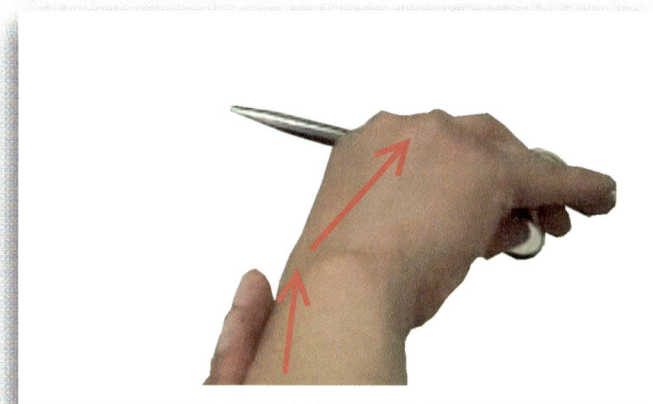

위의 사진과 옆의 사진에서 보면 위의 사진의 손목부분에서 손등이 왼편으로 젖혀있는 반면 옆의 사진은 손등부분이 우측으로 젖혀있는 것을 볼 수 있다. 위의 사진에서 삼각형의 모양의 자세가 만들어진 부분을 가위의 날을 빼는 것이 아니고 사진에서처럼 손등을 우측으로 젖혀서 가위 잡는 자세를 만들어야 가위의 날 부분이 수평적인 기조로 자세가 되어야 모발을 절삭을 할 때에 올바르게 모발을 절삭을 할 수 있다는 것이다. 모발을 절삭을 할 때에는 가위의 날을 세워야하는 경우도 있지만 수평으로 시술이 되어야 한다는 것을 명심하기 바란다.

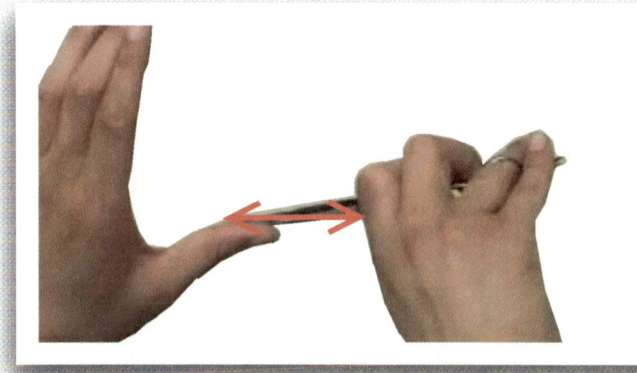

앞의 사진들처럼 자세를 이루고 나면 사진에서처럼 가위의 날 부분이 시술자인 본인 앞에 수평으로 자리를 잡게 된다. 이 자세가 만들어져서 가위의 엄지부분이 위 아래로 개폐를 하면서 밑에서 위로 모발을 절삭하면서 시술을 진행을 하는 것이다. 이때 엄지걸이에 있는 엄지손가락은 엄지걸이 안으로 들어가면 않되고 엄지걸이에 엄지손가락의 옆 손톱부분을 엄지걸이에 걸쳐서 개폐하여야한다는 것을 명심하고 시술토록 한다.

* 가위 잡는 방법(side. 세워 잡기)

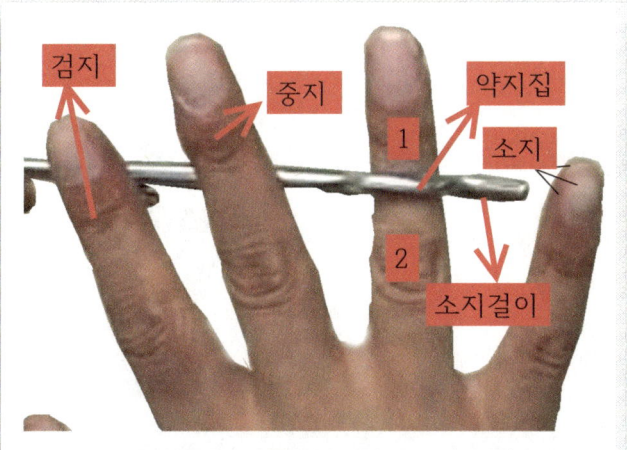

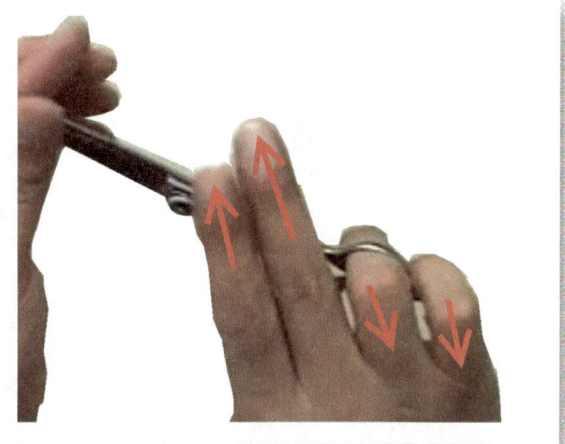

앞장에서는 가위의 바로잡는 방법에 대해서 알아보았다. 이번 장부터는 세워 잡는 방법에 대해서 알아보겠다. 사진에서처럼 손을 전 펼쳐진 상태에서 손가락의 약지를 가위의 약 집에 넣어주면서 손가락의 1번 마디와 2번 마디 중간부분에 가위의 약지 집을 위치시켜준다. 그리고 소지는 소지걸이에 얹어주고 손가락 검지와 중지는 사진에서처럼 가위의 목 부분에 위치 시켜준다. 사진은 손가락을 전부 핀 상태지만 원래는 네 손가락을 전부 붙여주면서 펴준다.

사진에서처럼 손가락을 붙여준 상태에서 소지와 약지는 사진에서처럼 약지 집과 소지걸이를 감싸 안아주면서 검지와 중지는 사진처럼 부드럽게 펴주면서 가위를 손가락 안으로 감싸주듯이 하여준다. 손가락 약지와 소지는 가위의 약지걸이와 소지걸이를 감아준다는 것을 명심하도록 한다.

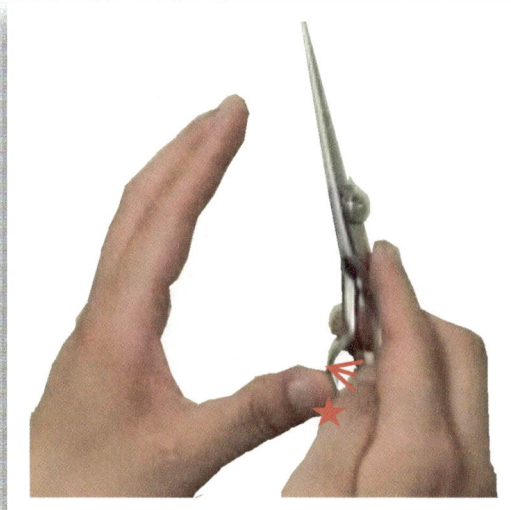

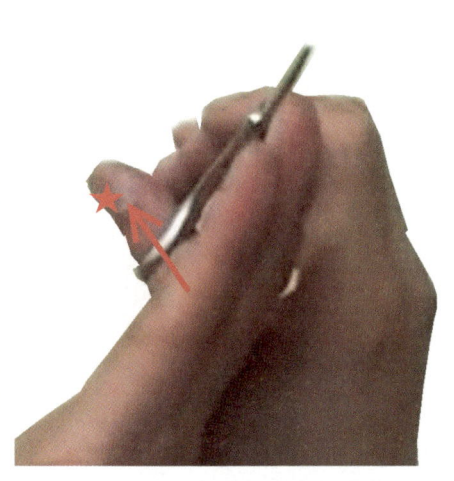

앞 사진에서처럼 가위를 손가락으로 감아지고 나서 사진에서처럼 손을 틀어서 보게 되면 엄지걸이가 보이게 된다. 그럴 때 엄지가 (*)표 부분에 위치하여주면서 엄지걸이 안으로 엄지손가락을 넣어주는 것이 아니고 빨강색 화살표 방향으로 엄지를 엄지걸이에 걸쳐주고 엄지의 옆면으로 가위의 동날을 개폐시켜주면서 시술하여준다.

사진에서처럼 가위의 엄지걸이에 엄지가 들어가서 시술이 되면 손가락의 다섯 손가락으로 시술이 되어 모발이 깨끗하게 절삭이 되지 않고 거칠게 절삭되어 모발이 자라날 때에 지저분한 모양을 만들어 주게 되는 영향이 생긴다. 해서 가위 잡는 자세가 중요하다는 것을 명심하고 옆 사진에서처럼 엄지손가락을 엄지걸이에 걸쳐서 시술을 하려고 노력하자.

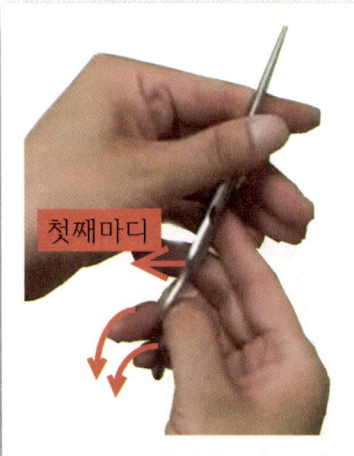 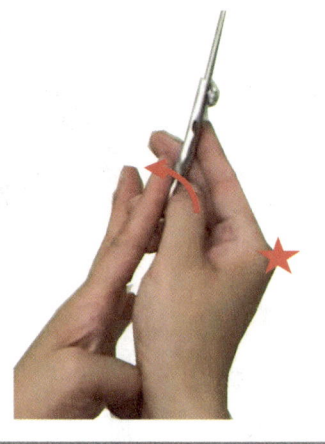 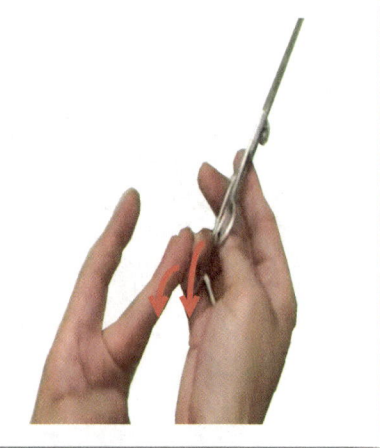

사진에서처럼 소지와 약지는 약지 집과 소지걸이를 감싸 안아주고 중지와 검지는 가위 목을 감싸듯이 안아주면서 가위와 손바닥을 평평하게 붙여주는 것이 먼저이다 가위의 날은 언제나 시술을 하지 않으면 닫혀있는 상태로 있어야하며 엄지부분은 엄지걸이에 걸쳐서 시술토록 한다.

사진에서처럼 자세가 이루어지면 가위의 세워 잡기 자세가 만들어진다. 이때 사진의 (*)표 부분인 손등의 산이 만들어지지 않아야 하며 손가락과 손등이 평행을 이루도록 자세를 만들어주어야 한다. 그래야 시술을 할 때에 자연스럽게 가위의 롤링을 만들어주면서 시술을 할 수가 있다.

언제나 세워 잡기를 할 때에는 사진에서처럼 약지와 소지를 감아쥐듯이 하면서 소지걸이와 약지 집을 손가락으로 감아쥐어준다는 것을 잊지 말고 올바른 자세를 유지하면서 시술하여준다.

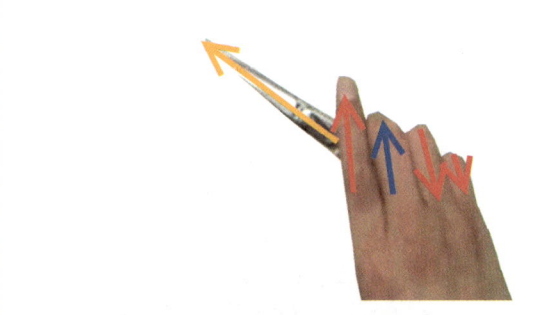 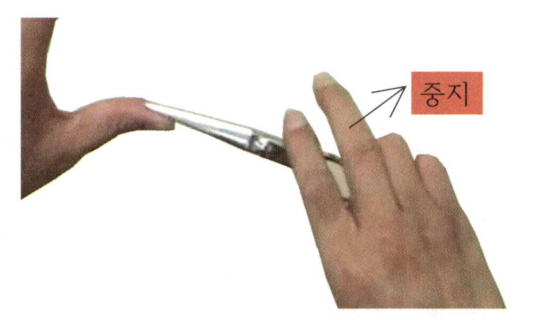

사진에서처럼 세워 잡기의 자세가 이루어지면 자세가 완성이 되는데 사진의 파랑색 화살표처럼 중지가 가위 목을 감아쥐어주는데 이때에는 손가락 마디의 첫번째의 마디로 가위 목을 당기듯이 하여주면서 가위를 잡아주는 방법도 있을 수가 있다. 물론 손가락이 짧은 사람은 중지의 길이가 짧은 경우에는 가위 목을 중지의 첫번째 마디로 감아쥐지 못하는 경우도 생길수가 있으니 유념하자.

가위 잡는 자세에서 사진처럼 중지 손가락이 가위 목을 감아쥐지 못하고 떨어져서 시술을 하는 경우도 종종 있을 수도 있으나 이 경우에는 가위를 잡을 때에 안정적인 자세가 만들어지지 않아서 시술을 할 때에 가위의 떨림이 생길수도 있으니 가위를 잡는 자세를 정적인 부분에서 올바른 자세를 유지하려고 노력하자.

* 클리퍼 잡는 방법

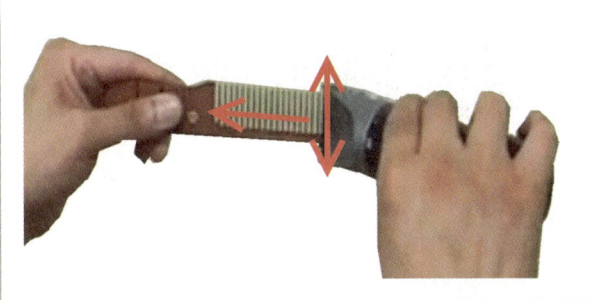

이제 클리퍼를 잡는 자세에 대해서 알아보자. 사진에서 보면 클리퍼의 날이 빗발과 같은 수직을 이루고 있는데 이 경우는 않좋은 자세라 할 수 있다. 클리퍼의 날을 빗에 붙여서 시술을 하여줄 때에는 빗발과 클리퍼의 날을 같이 세워주는 것이 아니고 빗발과 클리퍼의 날이 서로 교차되게 하여주는 사선적인 모양으로 자세가 잡혀야한다.

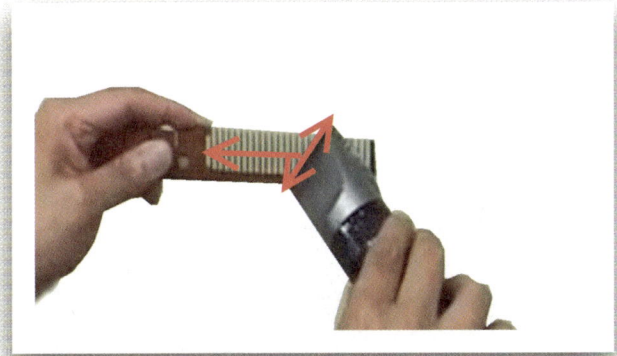

앞서 서술하였듯이 빗발과 클리퍼의 날이 사선적인 기조로 만들어져서 시술을 하여야한다고 하였다. 사진에서 보듯이 빗발의 자세는 수평적인 기조로 하여주고 클리퍼의 날은 사선적인 기조로 만들어서 빗발에 붙여준 후 클리퍼의 날로 빗발에 걸려나온 모발을 절삭을 하여주는 것이 기본적인 클리퍼 시술의 운용법이 된다는 것을 명심하자.

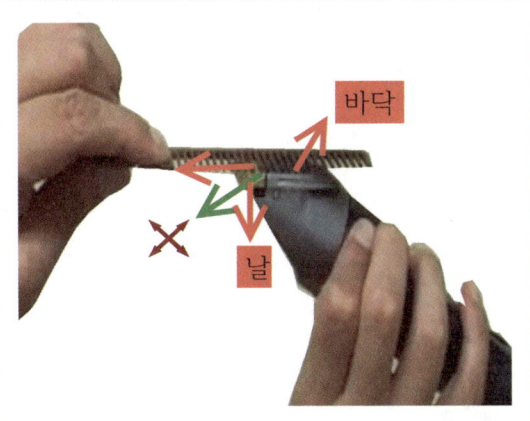

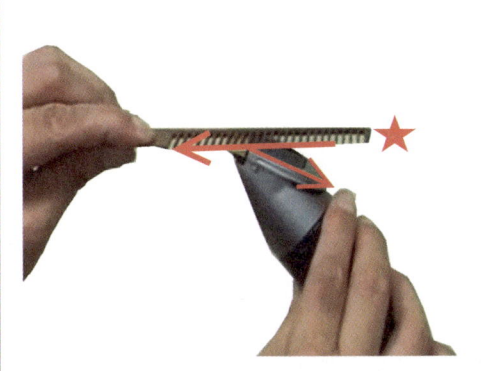

클리퍼의 날을 빗발에 붙여줄 때에는 사진에서처럼 클리퍼의 바닥을 빗발에 붙이게 되면 연두색 화살표처럼 클리퍼의 날이 빗발과 떨어져 시술이 되기 때문에 모발의 절삭이 용이해지지 않고 끊어지듯이 시술이 되어 모발의 지저분한 모양을 만들어준다는 것이다.

해서 클리퍼의 시술을 하여줄 때에는 사진에서처럼 클리퍼의 날을 빗발에 붙여주고 화살표 방향으로 시술을 하는데 이때에는 클리퍼의 날을 (*)표 부분인 빗의 끝부분에서 시술을 시작하는 것이 아니고 중앙에서 중앙부분이나 중앙에서 손잡이부분인 안쪽으로 시술을 하여주어야한다.

앞에서도 서술을 하였듯이 클리퍼의 날을 빗발에 붙여서 시술을 하여 줄때에는 클리퍼의 날이 (*)부분인 빗발의 끝부분에서 시술을 하면 않된다고 하였다.

이유는 시술 시에 실수로 빗발 밑으로 클리퍼의 날이 빗발 밑으로 들어가서 두상의 면을 파먹는 현상이 생길 수 있기 때문에 시술을 할 때에는 빗발 끝에서 하면 않된다.

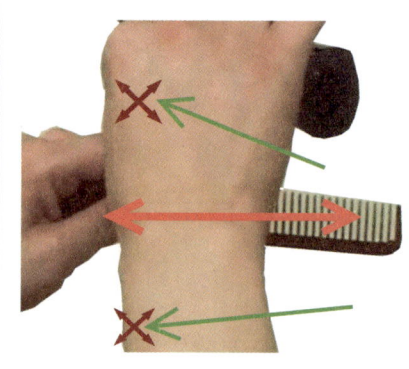

그리고 클리퍼의 시술을 하면서 사진에서 연두색 화살표처럼 빗발 위로 클리퍼의 날이 올라가서 시술을 하면 않되고 또 클리퍼의 날이 빗발 밑으로 처져서 시술이 되어도 않된다.

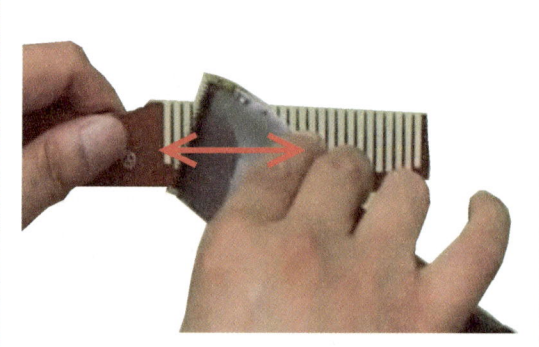

그렇다면 클리퍼의 날을 빗발에 붙여서 시술을 할 때에는 2가지의 방법이 있는데 하나는 사진에서처럼 빗발의 중간부분부터 시술을 시작하여 손잡이부분인 빗발의 끝부분까지 시술을 하는 것이 안정적이 되어서 좋다.

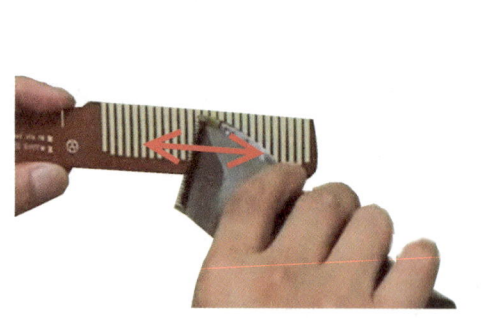

또 다른 한가지의 방법은 사진에서처럼 빗발 중앙부분에서 중앙부분으로의 시술을 하는 것인데 이 역시 안정적이라 할 수 있다.

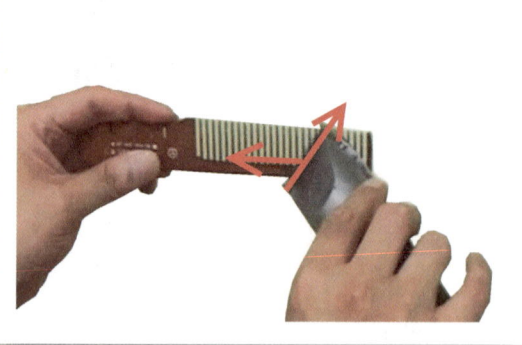

그리고 클리퍼의 날을 빗발에 붙여서 시술을 하여줄 때에는 사진처럼 클리퍼의 날을 빗발과 어슷되게 사선으로 붙여서 시술하여준다.

* 클리퍼 잡는 잘못된 방법들

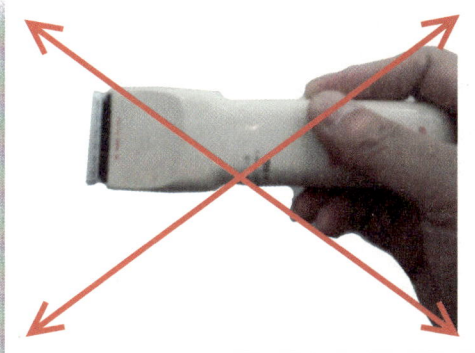

클리퍼를 잡을 때에는 사진에서처럼 클리퍼의 밑둥을 잡고 시술을 하는 경우가 많다. 하지만 이경우의 방법은 절삭의 진행은 할 수 있으나 되돌아 절삭을 하는 데에 있어서 자세를 편하게 잡을 수가 없다. 시술이 이루어지면 클리퍼를 다시 제자리에 위치시켜주면서 두상의 형상대로 시술을 하여야 하는데 이 경우는 클리퍼를 돌려 시술하는 데에 어려움을 줄 수 있으니 될 수 있으면 하지 않아야 할 자세중의 한가지이다.

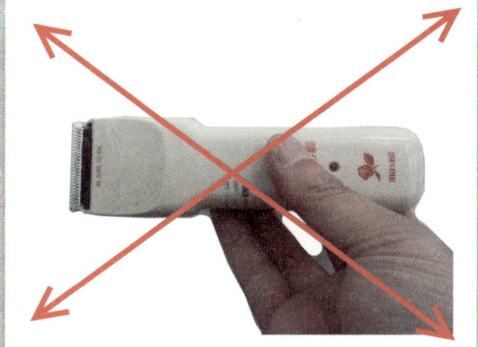

사진에서처럼 클리퍼의 몸통을 밑에서 손으로 잡는 방법은 스포츠커트를 할 때에는 가능한 방법이지만 일반적인 클리퍼의 시술을 할 때에는 맞지 않는 방법이라 하겠다. 이유는 클리퍼를 밑에서 잡고 시술을 하면 클리퍼를 잡은 손의 어깨가 밑으로 쳐져서 시술이 되기 때문에 올바른 시술이 되지 못한다는 것이다.

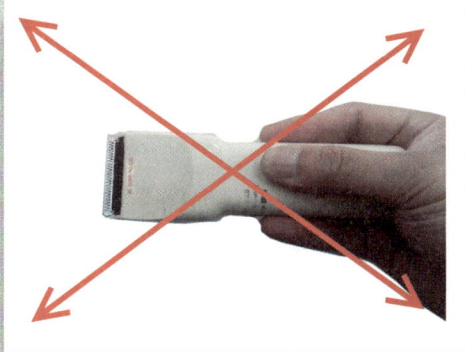

 이 사진의 자세 역시 맨 위의 사진과 같은데 클리퍼의 밑 둥과 몸통을 같이 잡고 시술을 하는 경우가 있다. 하지만 이경우의 방법은 절삭의 진행은 할 수 있으나 되돌아 절삭을 하는 데에 있어서 자세를 편하게 잡을 수가 없다. 시술이 이루어지면 클리퍼를 다시 제자리에 위치시켜주면서 두상의 형상대로 시술을 하여야 하는데 이 경우는 클리퍼를 돌려 시술하는 데에 어려움을 줄 수 있으니 될 수 있으면 하지 않아야 할 자세중의 한가지이다.

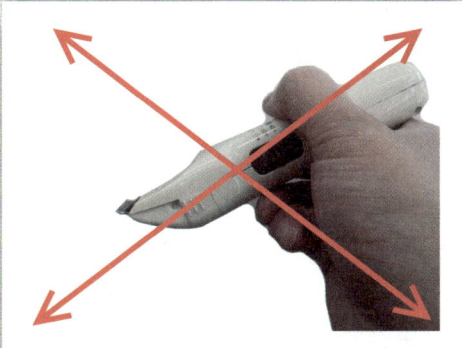

이 사진도 두 번째의 방식과 같은 방법으로 클리퍼를 잡은 자세인데 사진에서처럼 클리퍼의 몸통을 밑에서 손으로 잡아 평행으로 잡아 돌리는 방법은 스포츠커트를 할 때에는 가능한 방법이지만 일반적인 클리퍼의 시술을 할 때에는 맞지 않는 방법이라 하겠다. 이유는 클리퍼를 밑에서 잡고 시술을 하면 클리퍼를 잡은 손의 어깨가 밑으로 쳐져서 시술이 되기 때문에 올바른 시술이 되지 못한다는 것이다.

* 클리퍼(바리깡)의 정의

클리퍼(바리깡)는 전기의 의한 조발 기구로서 자르는 성질 밖에 없다. 클리퍼는 시술 시간절약에 있어서 없어서는 않되는 도구인데 종류로는 긴 머리의 시술을 하는 (일명: 프로. 장미 등)이며 잔 털 정리하는 (일명: 토끼)클리퍼정도 이다. 프로 클리퍼의 경우는 여러 회사들이 만들어 내고 있지만 원래의 프로 클리퍼의 절삭력을 못 따라가고 있다 그러니 클리퍼 구입에 신경을 써야 할 것이다.

초기의 양손 클리퍼(바리깡)

한 사람이 양 손으로 손잡이를 잡고 다른 한 사람이 날 부분을 눌러주어 양손으로 날을 교차시켜 머리카락을 자르는 기계이다. 처음 들어왔단 양손 바리깡인데 지금은 볼 수가 없는 골동품이니 이런 것이 있었다고만 알면 될 것이다.

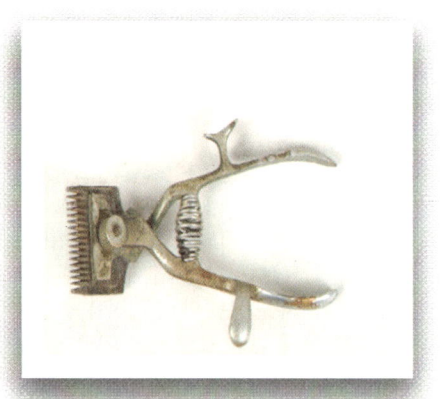

한손 클리퍼(바리깡)

윗날과 아랫날을 교차 시키는 것은 같으나 옆 사진에서처럼 양손을 사용 하지 않고 한 손으로만 가위 날을 움직이는 기계다. 이 역시 60~70년도에 활발하게 쓰였던 손 바리깡인데 이거 역시 지금은 쉽게 볼 수 없는 골동품이다.

현재 전동 클리퍼(바리깡)

시대가 변하고 기술이 발전을 하면서 모터에 의한 조발기구이다. 배터리를 이용하고 충전도용이하여 현재에 이르러 제일 많이 사용되고 있는 기계다. 많은 제품이 나오고 사라지고 있지만 여러분들이 시계를 선택 시 주의해서구매 하기를 바란다.

* 클리퍼(바리깡) 구조 및 기능

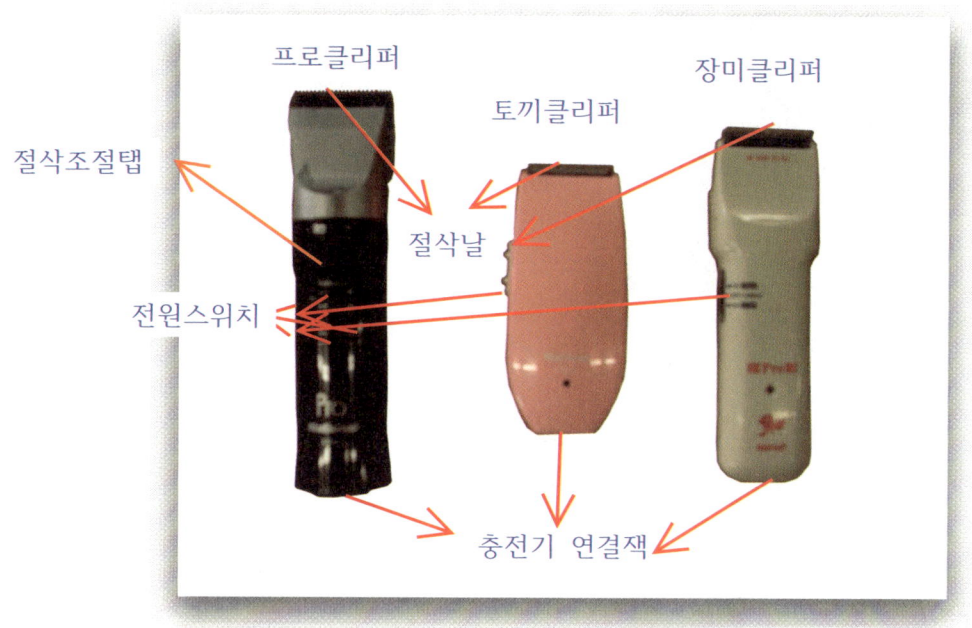

* ER153 이라고 하는 제품의 클리퍼다. 하지만 제품명이 PRO라고 해서
  일명 PRO 클리퍼로 불리운다. 절삭 날 부분이 절삭을 조절할 수 있는
  요소를 가지고 있다. 초보자들이 무리 없이 사용할 수 있는 제품이다.

* ER143 이라고 하는 제품의 클리퍼다. 제품이 작고 귀여워 토끼처럼
  생겼다. 해서 토끼 클리퍼로 불리운다. 커트작업 끝난 후 잔털 정리에 좋다.

* CL-7000K 라고 하는 클리퍼다. 장미문양이 있어 장미클리퍼라고 불린다.
  약간의 실수에도 절삭이 쉽기 때문에 초보자들 보다는 클리퍼를 능숙하게
  사용 할 수 있는 숙련자들이 쓰기에 좋다.

* 클리퍼 빗에 걸치는 방법

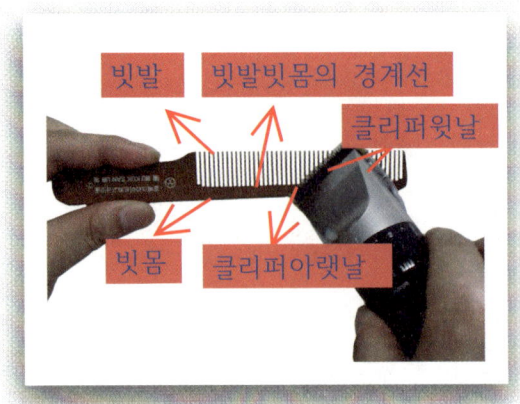

클리퍼의 정의는 자르는 성질 밖에 없다는 것이다. 자르는 성질을 완충 하는 것이 빗이다. 사진에서 보면 빗은 수평으로 되고 클리퍼의 날이 빗발에 붙어있다. 빗에 클리퍼를 붙일 때 에는 사진처럼 비스듬히 붙이는 것이 맞다. 세워서 붙이면 클리퍼 날이 빗발을 굵기 때문이다. 클리퍼의 아랫날은 빗 몸에 붙여주어야 바른 자세이다.

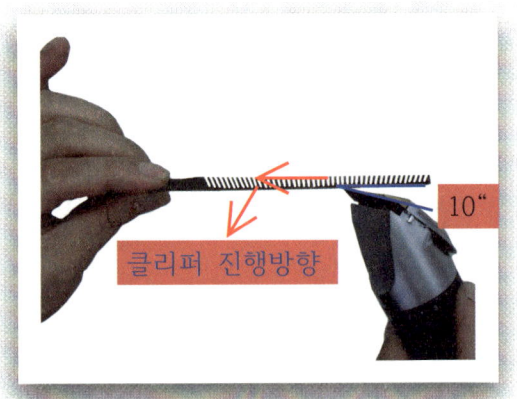

클리퍼를 빗에 붙인 후에는 클리퍼의 진행을 해야 한다. 사진에서 클리퍼의 아랫날은 빗 몸에 붙이고 클리퍼 윗날은 사진처럼 10°정도 벌려준 후 사진의 화살표 방향으로 클리퍼를 시술한다. 시술할 때는 빗 끝에서 안까지 가는 것이 아니고 3~4cm정도의 모발을 절삭한다.

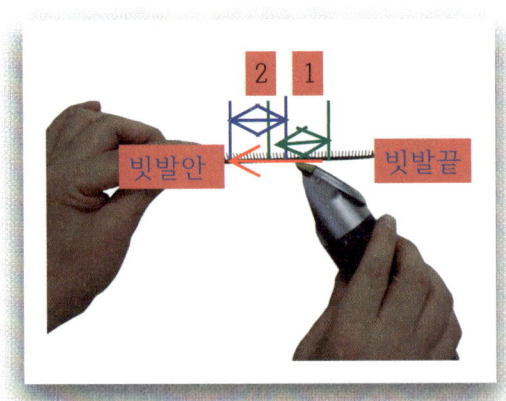

클리퍼를 진행할 때 에는 사진에서처럼 빗발 끝에서 시작하는 것이 아니고 녹색 1번인 중앙에서 중앙으로 시술하던지 아니면 파란색 2번 중앙에서 빗발 안으로 시술을 하여야한다. 빗발 끝 에서 시술하려다가 빗밑으로 클리퍼가 들어가게 되어 모발을 절삭되면 스타일에 영향 주게 된다. 실수를 하지 않으려면 안전한 시술 방법을 선택해야 한다.

* 클리퍼 두피 시술 방법

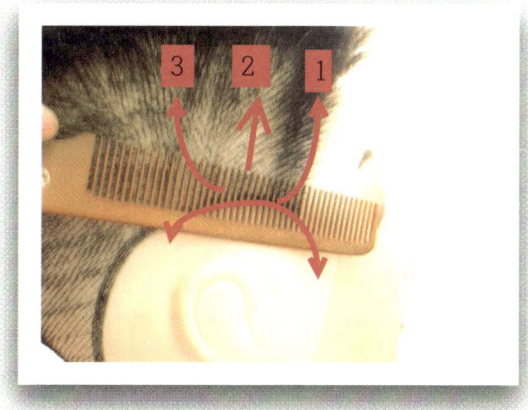

사진에서 보듯 빗의 경계선에 모발의 시작 선을 붙이는 것이 기본인데 이유는 모발은 자라서 밑으로 내려오기 때문에 빗발 속에 모발을 집어넣는 것이 먼저이기 때문이다. 클리퍼시술의 시작은 역시 오른손잡이는 오른쪽에서 왼손잡이는 왼쪽에서 시작 하는 게 맞다. 1~3번까지의 선이 있는데 1번은 귀 앞의 자세인데 수평에서 빗이 사선으로 되어 있다. 이 경우는 사선의 빗을 수평으로 만들어 준 후 빗이 올라가고 2번은 빗이 수평이기게 그냥 위로 올라가면서 시술하고 3번 역시 빗이 사선으로 있으니 빗을 수평으로 맞추어 올라가면서 시술한다.

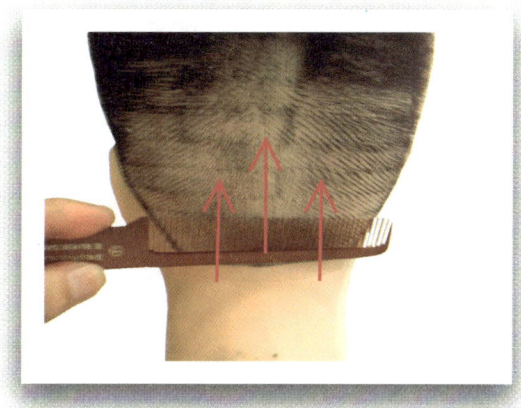

후두부 부분에 빗을 붙이는 자세이다 사람들의 머리 모양을 남자나 여자나 거의 비슷하다 모류의 차이가 많이 나고 모발의 길이역시 많은 차이가 있다 하지만 후두부 밑 부분의 차이는 약간 있지만 평평함을 이루고 있다 하니 빗 역시 평평하게 자세를 잡고 시술하며 위로 올라간다. 사람들의 모발은 앞에서 뒤로 넘어가는 것이 아니라 중력을 영향을 받기에 위에서 아래로 내려오는 것이 일반적이다. 하지만 모류가 역행을 하는 것이 있기 때문에 시술을 하는 데에 있어서 모발을 빗으로 잡아내어 시술하여야한다.

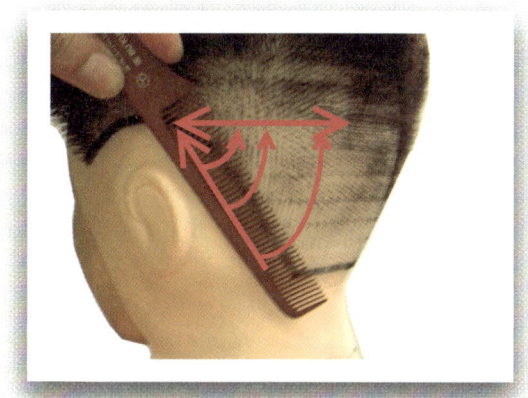

우측면부에서 후두부로 넘어올 때나 후두부에서 좌측면부로 넘어 올 때 빗이 사진처럼 수평에서 45°정도로 사선으로 돼있다. 지금의 사진은 후두부에서 좌측면으로 넘어가는 자세이다. 이 경우 빗 끝이 밑에 있다 그럼 우측면에서 후두부로 넘어올 때는 빗을 잡고 있는 손이 밑에 오게 된다. 그러면 사진의 화살표처럼 빗을 수평으로 만들어야 하는데 우측면부는 빗을 잡고 있는 손이 올라오면서 빗을 수평으로 만들어주고 사진에서는 빗 끝이 올라오면서 빗을 수평으로 만들어 주어야한다 좀 더 빗이 올라가는 자세는 다음 장에서 알아보자.

* 클리퍼 후두부 밑머리 처리하는방법

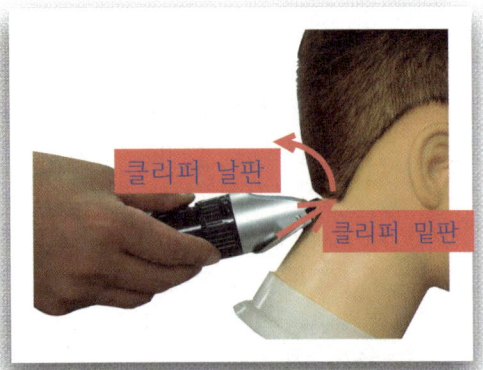

클리퍼 날판
클리퍼 밑판

*클리퍼로 밑 모발의 확실한 정리를 위해서는 한번에 시술을 하라고했다. 먼저 중앙부분의 밑 모발을 클리퍼 라인을 정하고 정한 클리퍼 라인에 맞추어 클리퍼를 C컷을 하여 그 기준점을 만들어야 좌측 밑 모발이나 우측 밑 모발을 기준에 맞추어 C컷 한다 클리퍼 시술에 어떤 이들은 클리퍼의 날로 긁는 경우가 있는데 사람의 피부를 긁게 되면 부작용을 초래할 수 있다. 해서 클리퍼의 날로 긁기보다는 위의 방식으로 모발을 잘라내면 위험요소를 만들지 않기 때문에 안전하게 시술을 할 수 있다.

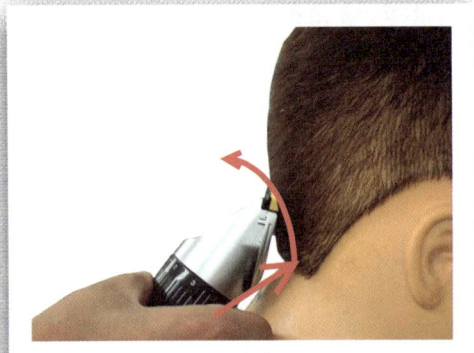

*일반적으로 클리퍼 시술을 할 때에 두 가지의 작업으로 나눈다. 한 가지는 깨끗하게 할 때의 상황이고 다른 하나는 단정하게 할 때의 상황이다. 깨끗하게 한다는 것은 밑 모발이 없이 클리퍼로 밀어 일명 하이칼라스타일이고 의미하고 단정하게 한다는 것을 밑 모발을 싱글링 한 것처럼 단정하게 만드는 것을 의미한다. 사진에서 보면 클리퍼 날은 각을 이루고 있다. 밑판을 두피에 붙이는 것이 아니고 날판을 두피에 붙인다. C컷으로 한번에 화살표 방향으로 시술한다. 밑의 사진의 클리퍼 라인은 저자가 임의로 정한 것이기 때문에 C컷을 할 경우에는 손님의 의사를 먼저 알아야 한다.

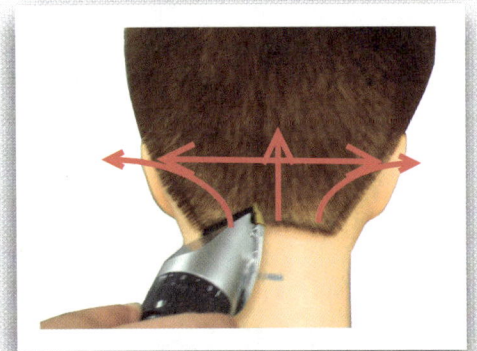

*위에 사진에서 클리퍼로 밑 부분의 중앙부분의 기준을 정하는 것을 했다. 그러면 사진에서처럼 좌측의 밑 모발을 처리해야한다. 클리퍼의 라인에 맞추어 중앙에서 좌측으로 클리퍼를 돌리면서 역시 c컷 처리한다.

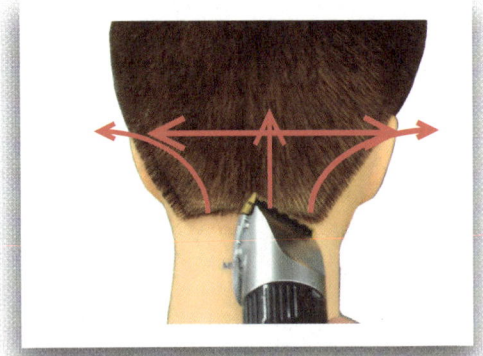

*좌측 밑 모발의 클리퍼 처리를 하였으면 이제 위의 사진처럼 우측 밑 모발의 클리퍼라인의 처리를 하면 된다. 이 역시 클리퍼를 중앙에서 우측으로 돌리면서 c컷 처리한다. 다음 장에서는 측면에 클리퍼 라인 처리방법을 알아보자.

* 클리퍼 측면부 밑머리 처리하는방법

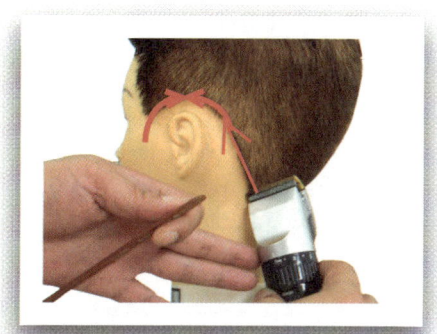

앞장에서 이야기했듯이 평균적으로 손님들은 시원하게 깨끗하게 단정하게라고 이야기를 많이 한다. 시원하게의 의미는 밑 모발을4~5cm 정도 클리퍼 처리하는 것을 의미한다. 깨끗하게는 밑 모발을 2~3cm 정도 처리한다. 단정하게는 밑 모발을1cm만 처리를 한다. 측면부와 후두부의 균형은 1: 2 비율이라고 생각하면 된다. 천정부에서 측면부 귀 위 모발까지의 길이가 10이라고 하면 천정부에서 후두부 밑 모발 까지는 20으로 보면 된다. 해서 1:2비율이라고 한다. 이것이 모양의 균형이다. 하지만 시술시 에 균형은 후두부의 밑 모발이 1cm 정도 짧아야 한다는 것이다. 그럼 후두부의 밑 모발을 5cm를 클리퍼 처리하였다면 1: 2비율에서 측면 부는 2.5cm를 해야 하지만 정작 2cm만 시술을 하여야한다. 이유는 후두부 밑 모발이 측면 부 보다 1cm 짧아야한다. 그럼 후두부 밑 모발을 1cm클리퍼처리를 하였다면 측면 부는 클리퍼처리를 하지 않는다는 것을 명심하길.

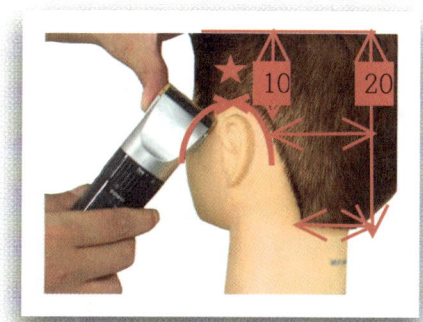

후두부에서 클리퍼라인을 잡고 나면 측면부로 넘어오게 되는데 클리퍼의 밑 날을 사진에서처럼 밑 모발에 붙이고 클리퍼의 윗날은 띄게 한다. 그러면서 사진의 화살표 방향을 (*)표까지만 클리퍼라인 처리한다. 사진은 좌측면부이지만 우측면부 역시 같은 방법으로 처리한다. 좌측면부에서는 클리퍼의 날이 밑 날이었지만 우측면부에서는 클리퍼의 윗날이 아래로 내려오게 된다. 위의 사진처럼 좌측 면부를 별표(*)까지 클리퍼라인 처리하고 나서 귀 앞과 귀 위의 모발을 사진에서처럼 귀 앞에서 클리퍼의 날을 사선으로 붙이고 별표(*)까지 클리퍼라인 처리하여야한다 우측면부도 역시 같은 방법으로 처리하여준다.

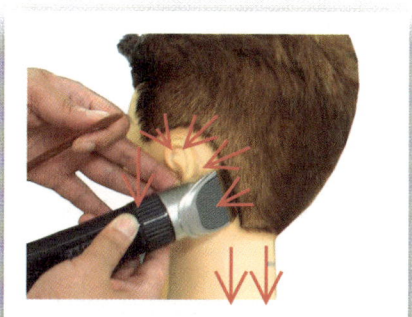

클리퍼라인 처리를 하고 나서 밑 라인의 구분을 명확하게 해야 한다. 클리퍼를 사진처럼 거꾸로 잡고 라인에 클리퍼의 날을 맞추고 화살표 방향으로 모발의 잔털을 정리 하여준다. 후두부 밑 부분의 모발 라인도 역시 같은 방식으로 잔털 정리해준다. 클리퍼 시술 후 잔털 정리를 꼭 해주어야 밑머리 라인의 모양이 살아나게 된다. 후두부에서 측면으로 넘어가는 밑 라인 그리고 귀 부분의 라인 역시 클리퍼로 정리하여 준다. 하지만 사진의 프로 클리퍼 보다는 토끼 클리퍼가 잔털의 처리를 확실하게 한다. 토끼 클리퍼는 밑 날과 윗날의 간격이 0.3mm정도 밖에 않되기 때문에 잔털을 확실히 할 수 있다.

* 블런트 커트 시술자세

커트를 하는 방법은 두 가지의 시술 방법이 있다. 한 가지는 블런트 커트 시술 방법이고 다른 한 가지는 포인트 커트 시술 방법이다. 이번에는 이 부분에 대해서 알아보자. 사진에서 보듯이 기장커트를 시술을 하여 줄때에 블런트 커트 방식은 절삭이 되는 면이 일정하게 시술이 되는 부분인데 대체로 단정하게와 자연스러운 모발의 흐름을 원하는 손님들에게 시술을 하면 좋은 커트 방법이다. 가위를 벌여준 상태에서 (*)표의 부분인 손가락 끝 부분에 가위의 날을 붙여주는데 이때에는 파랑색 화살표처럼 손가락과 가위의 날이 붙이지 않으면서 시술의 시작을 하여주어야하는데 절삭을 할 때에는 모발들을 한번에 절삭을 하여주어야 한다는 것을 명심하자.

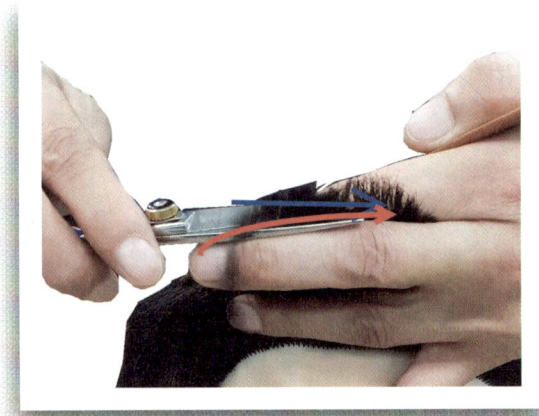

앞서의 사진 방법으로 시술을 시작하면서 손가락에 붙은 가위를 검지손가락 따라 모발을 절삭을 하여주는데 앞의 사진과 옆의 사진과 연결을 하여서 시술을 연결하듯이 시술을 하여주어야 두상의 형상대로 시술이 되어 모발의 흐름을 자연스럽게 할 수 있다. 이때 주의할 점은 벌어진 가위 날의 사이로 모발을 정확하게 넣어주어 모발을 절삭을 하여야하며 검지손가락의 자세에 맞추어 모발을 포물선의 기조를 따라서 시술이 되어야한다. 모발을 절삭을 하는 일은 쉬운 일이나 깨끗하게 절삭을 하는 일은 어려운 일이니 이해가 않가면 동영상과 같이 보기를 바란다.

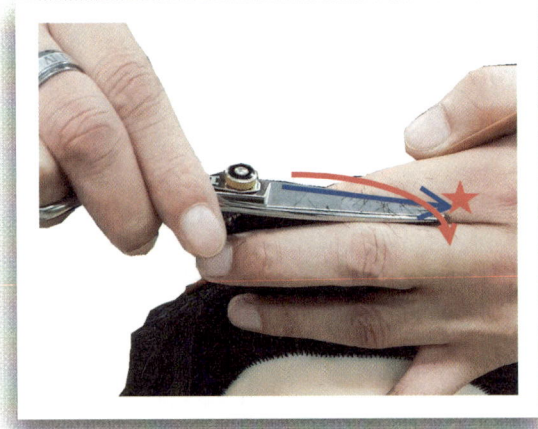

앞서의 서술과 같이 모발을 블런트의 방식으로 시술을 하여주면 사진과 같은 형태의 자세가 만들어지는데 손가락 끝에서 시술을 시작하여 (*)표의 부분인 안쪽의 손가락 부분까지 시술을 한번에 절삭을 하여주어야한다. 그렇게 절삭이 되면 모발이 잘린 형태는 포물선의 모양이 나오게 되는데 같은 방법으로 다음 부분의 시술도 연결을 하여 시술을 하여준다는 것을 명심하자. 이렇게 블런트 커트 방법에 대해 알아보았다. 커트의 방법은 많은 방법이 필요치 않다는 것이다. 하나의 방법이라도 정확하게 커트 시술을 하여주려고 노력을 하기 바란다.

☀ 포인트 커트 시술자세

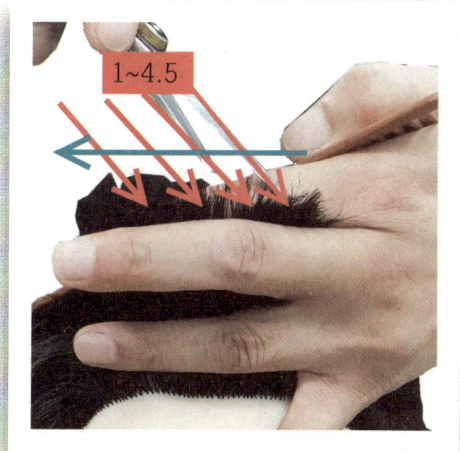

포인트 커트방법은 사진에서처럼 가위를 시술자의 자리에서 시술이 들어가는 것이 편하게 시술을 할 수 있다. 하지만 대부분이 가위의 자세를 반대의 자세를 취하는 경우가 많은데 이 경우는 커트가 정확하게 시술이 않된다는 단점이 생긴다는 것이다. 여성커트의 경우에는 상관없겠지만 남성커트의 경우에는 모발이 짧은 상황으로 인해서 정확한 커트를 하여주어야한다는 것이다.

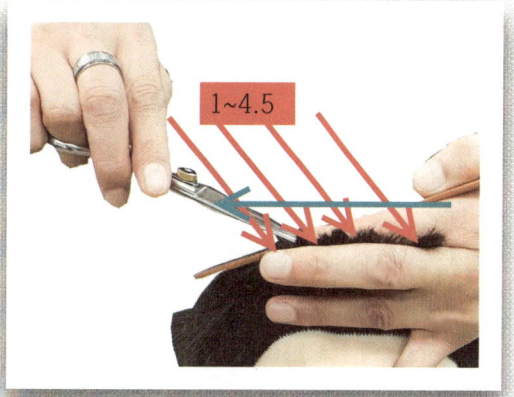

사진에서보면 남색의 화살표는 시술을 하여나오는 방향을 논하는 부분인데 손가락 안쪽에서 시술을 하여나오는 방법이다. 이때 가위의 정날을 검지손가락 등에 붙여주고 손가락의 라인에 따라서 시술을 하여주어 정확한 포인트 커트를 하여주는데 포인트 커트를 하여주는 이유는 헤어제품을 많이 쓰는 손님들에게 시술을 하여주는 방법이다. 그래야 헤어스타일에 데코를 편하게 하여 줄 수 있기에 현재는 제일 많이 쓰이는 커트 방법의 한가지이다.

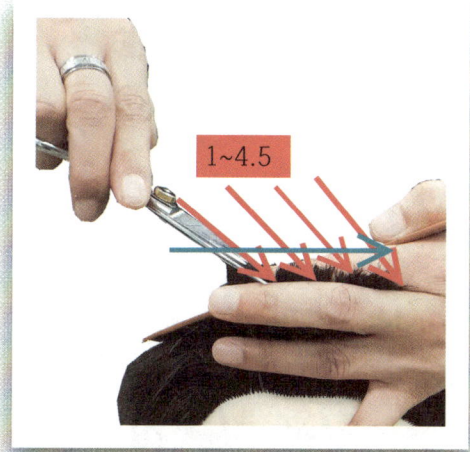

위의 사진에서는 가위의 시술이 안쪽에서 나오는 방법을 서술하였는데 이번에는 바깥쪽에서 시술을 하여 들어오는 방법을 서술을 하여보자. 바깥에서 들어온다고 특별한 방법이 있는 것은 아니고 역시 앞서의 방식과 같은 방법이지만 가위의 정날은 검지손가락에 정확하게 안착을 시켜주고 나서 손가락의 포물선적 기조에 맞추어 시술을 하여들어오는데 이대에 주의 할 점은 손가락의 자세가 수평적인 기조에서 포물선적인 기조를 만들고 있어야 한다는 것이다.

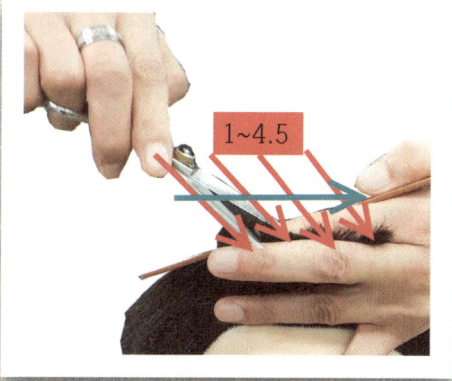

모발을 잡고 있는 검지와 중지의 자세에 힘이 들어가서 모발을 잡게 되면 두상의 형상에 따라 모발을 잡히지 않고 역행이 되어 모발이 잡히기 때문에 모발을 절삭을 하여도 차분함이 없고 거친 모양만 나오게 된다는 것이다. 해서 모발을 손가락으로 잡아 줄때에는 손가락의 힘을 빼고 모발을 잡으면 손가락의 자세가 시진에서처럼 포물선의 모양이 만들어지기 때문에 모발을 절삭하는 것이 용이하게 된다는 것이다. 그리고 모발을 절삭을 하여 줄때에는 평균적으로 4~5회 정도의 횟수로 모발을 절삭을 하여준다.

毛髮 Hair(모발)

사람의 털의 총칭. 머리에 난 털을 두발(頭髮), 남자의 입가.턱.뺨에 난 털을 수염(鬚髥), 눈썹[眉毛], 속눈썹[睫毛], 코털[鼻毛], 겨드랑이 털[液毛], 음모(陰毛), 체모(體毛) 등으로 불러 구별한다. 또 성선(性腺)의 영향을 받는 털은 성모(性毛)라 하며, 겨드랑이 털. 음모.수염이 이에 해당한다. 거의 전신에 분포하나 입술.손바닥.발바닥, 손가락과 발가락 안쪽, 귀두(龜頭). 포피(包皮)안쪽. 음핵(陰核)에는 없다. 그 수는 전신에 약 500만 본, 두부에 약 10만 본이다. 털은 중심으로부터 모수질(毛髓質). 모피질(毛皮質). 모소피(毛小皮)의 3층으로 이루어지며, 모수(毛髓)의 유무, 멜라닌 색소의 유무에 따라 취모. 연모(軟毛). 경모(硬毛)로, 경모는 다시 장모(長毛)와 단모(短毛)로 나누어진다. 취모는 태생기(胎生期)의 털로 생후 얼마 앉 되어 없어진다. 연모는 멜라닌 색소는 있으나 모수가 없고, 피부의 넓은 부분에 분포한다. 경모는 멜라닌 색소와 모수가 다 있고, 머리.겨드랑이.외음부 등 한정된 부분에 분포하고 장모는 두발 등 길게 자라는 털을 단모는 눈썹.속눈썹 등의 짧은 상태로 신장이 정지된 털을 가리킨다. 성상(性狀)에 따라 직모(直毛). 파상모(波狀毛). 축모(縮毛)로 색조로는 흑모(黑毛). 갈색모(褐色毛). 금발(金髮). 적모(赤毛). 백모(伯母) 등으로 구별한다. 두발의 성장속도는 하루에 0.3~0.4㎜인데, 연령.성별.부위.계절.주야에 따라 차이가 있다.

[모발의 수명]

사람의 모발은 메리노종(種)의 양과 같이 일생 똑같은 털이 성장을 계속하는 것은 아니고, 일정한 기간을 경과하면 자연히 빠져버리고(두발은 하루에 약 70~80본의 자연탈모가 있음) 얼마 지나면 새 털이 난다. 이것을 털의 수명 또는 모주기(毛周期)라 하며, 성장기.퇴행기.휴지기로 이루어진다. 기간은 신체의 부위나 연령에 따라 다르나, 성장기가 긴 것일수록 털이 길게 성장한다. 두발은 85%가 성장기에 있고, 5~7년간 계속하는 것이 보통이지만, 그 중에는 25년에 이르는 것도 있어서 2m를 넘는 사람이 있다.

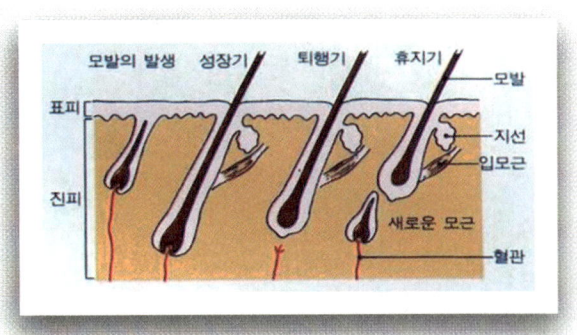

퇴행기의 털은 2%로 2~3주간이 지나면 휴지기로 들어가 탈락한다. 사람은 각각의 털 조직이 독립적인 모주기를 영위하고 있으므로(모자이크 패턴), 쥐나 토끼 등 일제적 주기(一齊的周期)를 갖고 있는 동물처럼 털갈이 현상은 없다.

[모발의 조성]

모발은 경(硬)케라틴이라고 불리는 황(黃)을 포함하는 섬유성(纖維性) 단백을 주성분으로 하는데, 이것은 폴리펩티드사슬이 장축(長軸)방향으로 나란히 서서 곁사슬에 의하여 서로 결합한 것이다. 장축방향으로 매우 강인하여, 모발 한 가닥으로 약100g의 물건을 달아맬 수 있다. 곁사슬을 잘리기 쉬우며, 모발이 세로로 갈라지기 쉬운 것은 이 까닭으로 손질을 잘못하면 지모(枝毛)가 생기기 쉽다. 또 수분을 잘 흡수하고 (건조 중량의 35%), 장축방향으로1~4%, 횡축방향으로14%늘어난다. 수분을 머금은 털은 탄력성도 증가하여 건조모(乾燥毛)의 1.5~1.75배의 길이로 늘어나며 늘였다 놓으면 건조모보다 빨리 원상태로 돌아간다.

[모발검사]

모발검사는 법의학적 가치가 높아 중요한 정보를 얻을 수 있으므로 범죄수사. 개인 식별 등에 널리 활용되고 있다. 우선 모소피나 수질(髓質)의 특징 등에서 종속감별(種屬鑑別: 人獸毛. 植物纖維 등)이 행하여진다. 모소피의 검사에는 숨프(Sump)법이 유효하다. 사람의 털이면 형상, 선단이나 단면의 성상, 부착물 등으로부터 발생부위를 또 모근의 성상으로부터의 탈락모인가. 발거모(拔去毛) 인가를 판별하고 발거모라면 모낭(毛囊)의 성염색질(性染色質)이나 Y염색체의 검색에 의하여 성별을 판정한다. 또한 모발의 손상, 파마나 염모제(染毛劑) 처리의 유무, 병적 이상모(異常毛) 등의 판정도 중요하다. 수질의 유무 등에서는 대충 연령층의 추정도 가능하다. 그리고 개인 식별에 중요한 혈액형(ABO식) 현재는 단 한 가닥의 모발로도 판별할 수 있다. 모발은 잘 부패하지 않는 조직이기 때문에 부란시체(腐爛屍體)등의 혈액형 판정에 유효하다.

[인종과 모발]

몽골인족(황색인종)의 모발은 굵고 지름 100um을 넘으나 카프카스인종의 모발은 그보다 가늘며 니그로인종의 모발도 가늘다. 굵은 털은 딱딱한 두발 전체가 뻣뻣해 보이나 가는 털은 다보록하고 탄력성이 있다 그러나 가는 털은 빠지기 쉽기 때문에 카프카스인종의 남성은 대머리가 되기 쉽다.

몽골인종의 두발은 잘 빠지지 않으며, 특히 아메리카 인디언의 남성중에서 대머리는 볼 수 없다. 여성에 비해서 남성의 두발은 빠지기 쉽다. 몽골인종의 여성 중에는 신장(身長) 이상으로 두발을 기를 수 있는 사람이 있다. 두발에는 구부러지는 것이 있는데, 거의 구부러지지 않는 것을 직모(直毛). 평면적으로 구부러지는 것을 파상모(波狀毛). 입체적으로 구부러지는 것을 축모(縮毛)라 한다. 구부러지는 모발의 대부분은 다른 털과 복잡하게 엉키나, 그 중에는 한 가닥 한 가닥이 말려 있는 것도 있는데 나모(螺毛)라 한다. 나모는 피그미족에게서 많이 볼 수 있다. 일반적으로 니그로인종은 축모, 카프카스인종은 파상모, 몽골인종은 직모인 경향이 강하다. 직모의 횡단면은 원형인데 구부러진 털은 타원형이다. 모발의 빛깔에는 2계열이 있다. 하나는 멜라닌 색소의 다소로 말미암은 것으로 이것이 많으면 흑색을 띠고, 적으면 순차적으로 농갈색으로부터 담갈색으로 된다. 멜라닌 색소가 부족한 예는 카프카스인종에 현저하며 그것은 피부나 홍채(虹彩)의 색과 어느 정도 관계가 있다. 니그로인종이나 몽골인종의 두발은 짙다. 오스트랄로이드의 아이들은 금발인 경우도 있으나 성장함에 따라 검게 된다. 다른 계열은 적모(赤毛)인데, 이것은 페오멜라닌 또는 트리코지델린이란 색소를 포함하기 때문이며 카프카스인종의 일부에 가끔 보인다.

[모발의 인류학]

모발의 형상이 사람을 판단하는 지표가 되는 등 모발의 장단(長短), 모발의 형태(形態)는 현대의 일상생활에서도 심미적 관심(審美的 關心)을 모으고 있다. 모발에 대한 관심의 범위는 일상적인 손질 등에서부터 의례 등에 볼 수 있는 행동에 까지 미치고 있다. 의례나 주술.신앙 속에서 모발의 상징적 역할을 다른 신체 절제물(切除物)이나 분비물. 배설물에 비해 중요하며, 사용빈도도 높은 것이 민족지(民族誌) 등을 통해 알려져 있다. 이것은 절제가 용이하며 잘라도 재생한다고 하는 특징이 신비스럽게 느껴지기 때문이다. 모발은 상징적으로 성성(聖性)이나 터부.성 등의 문제와 깊은 관계가 있다.
E.리치에 의하면 한번 절제된 모발은 더럽혀진 것으로서 다른 절제물이나 배설물. 분비물과 동등시되는 일도 많으나, 문화적 현상으로 인해 성물시(聖物視)되는 경우가 있다.
예를 들면 인도.스리랑카의 불교사원에 남아 있는 부처의 두발과 치아고대 아테네시의 성문에 부적으로 장식되었다고 하는 고오곤의 뱀 머리의 예가 그것이다. 또 아삼지방의 나가족(族)은 창(槍)을 장식하는 모발로 자매의 것만을 썼는데 창에 붙인 모발이 상징하는 것은 공동체 성원(成員)의 살해와 근친상간(近親相姦)에 대한 터부이다. 이 외에 통과의례(通過儀禮)를 논한 것에 모발이 취급되어 있고, 모발형태의 변화가 사회적 지위나 상황의 변화 및 이행을 나타내는 의례에 이용되는 일이 많은 것이 나타나고 있다.

또한 남녀나 성인과 미성인과의 구분으로 모발 형태를 달리하는 것도 일반적인 사회경향이라고 할 것이다. 프레이저는 유발(遺髮) 등의 현상을 부분(머리털)이 전체(머리털의 소유자)를 나타낸다고 하는 감염주술(感染呪術)의 논리로 증명하고자 하였다. 정신분석학에서도 생식기와 항문을 터부시하여 생식기와 모발과의 상징적 대체관계(代替關係)를 전제로 하여 조발(調髮)을 리비도의 억제, 일종의 거세로 받아들이는 일이 있다. 이러한 정신분석가의 한 사람으로 버그가 있으며, 모발 이라는 상징물을 이용하여 개인 심리를 분석할 뿐 아니라, 억압의 원천이며 초월적 자아로 여겨지는 사회를 <조발거세설>에 의하여 해명하고자 시도하였다.

심리학의 유효성을 인정하는 리치도 버그의 이러한 해석의 시도에는 강력하게 논박하였는데 그는 <성기모발>이라고 하는 상징적 대체와 <장발성의 비구속>의 일반적 경향을 인정하는 한편 이 경향과 다른 민족지의 사례를 들어, 성기와 모발 대체관계가 암묵적이긴 하나 사회적으로 인정되고 있음을 논술하였다. 모발에 관한 현상에는 모발에 대한 감정의 차원, 사회와 문화에 규정되는 개인의 체험의 차원, 사회와 문화의 차원이 있다. 리치의 모발론은 사회.문화의 차원을 중시하는 특징이 있는데, 모발이 상징적으로 사회적 표현 형태를 취하고 전달기능을 가지고 있는 점과 모발의 상징적 중요성이 의례적 문화적으로 지지되고 있다는 데에 집약된다.

[모발의 손상]

모발의 손상원인은 과도한 펌이나 염색 등이 주를 이루었으나 현대에서는 스트레스. 환경. 오염. 불규칙적인 식습관 등 많은 사회적인 요소들이 주를 이루고 있다.
물리적인 손상으로는 **마찰에 의한 손상. 열 에 의한 손상. 커트 불량에 대한 손상** 등으로 나뉜다.
 먼저
마찰에 의한 손상 : 머리카락과의 마찰에 의한 손상.
열 에 의한 손상 : 드라이. 라디에타. 난방기에 의한 손상.
커트 불량에 의한 손상 : 커트를 하였을 때 가위 날의 손질이 덜 되어 가위 날이 탁하게 되면 머리카락이 손상이 온다.

* 기본 틴닝 가위 우측면부 시술방법

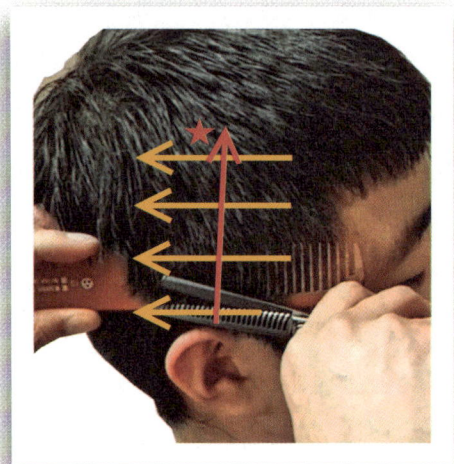

기본적인 틴닝 시술의 방법은 싱글링의 방식과 동일하다고 할 수 있다. 하지만 틴닝을 시술을 하는 데에 있어서는 두 가지의 시술 방법이 있다. 먼저의 한 가지는 사진에서처럼 밑머리에서 틴닝의 시술을 시작을 하여 (*)표의 부분인 사각지대 부분까지 싱글링의 방식으로 시술하여 모발의 양을 조절을 하여주는 방법이 있다.

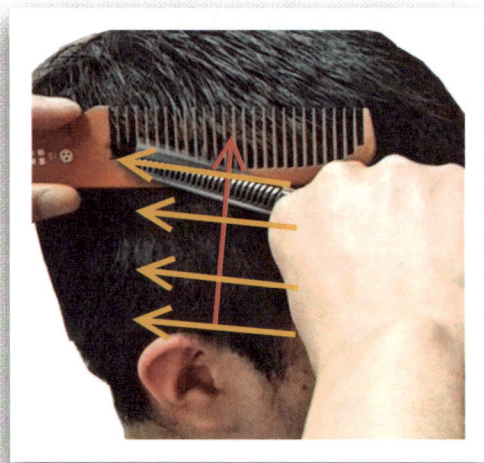

사진의 노란색 화살표처럼 밑에서부터 사각지대 부분까지 차분히 시술을 하여올라간다. 이때 틴닝 시술의 간격을 얇게 잡아 시술을 하면 잘린 모발이 다시 절삭이 되는 경우도 생길 수 있으니 틴닝 시술 시에는 모발과 모발의 간격을 촘촘히 시술을 하려하지 말고 시술 간격의 폭을 넓혀서 시술을 하여주어야 안전하게 모발의 절삭을 할 수 있다 하겠다.

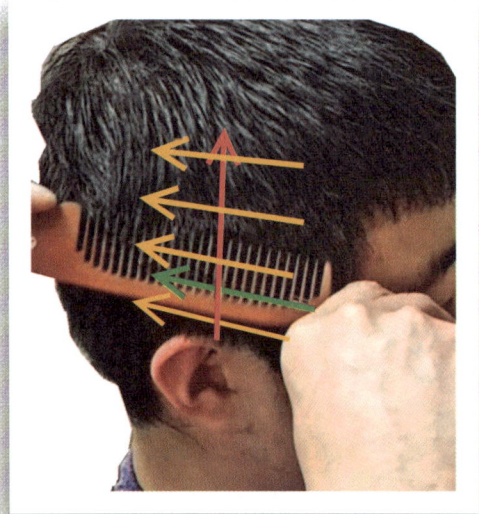

또 다른 시술 방법으로는 사진의 연두색 화살표처럼 빗으로 모발을 들어 올려주면서 틴닝의 몸체를 빗밑으로 넣어주고 다시 빗발로 모발을 들어 올리면서 틴닝으로 모발을 다시 절삭을 하여주면서 사각지대부분까지 싱글링의 방법으로 틴닝 시술을 하여 주는데 기본 틴닝 방법은 크게 다를 것이 없고 숱을 치는 개념의 시술 방법이라 연속적으로 시술을 하여준다.

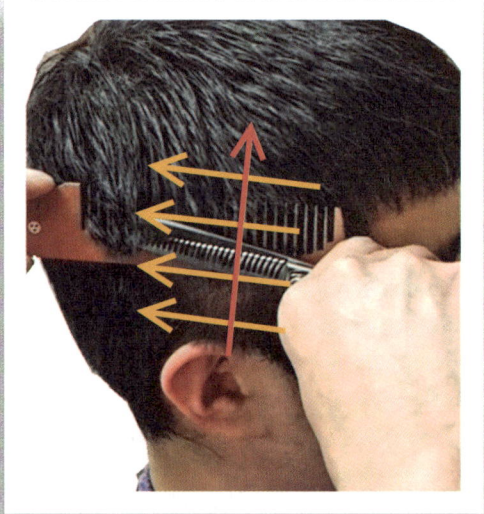

두 가지의 방법을 연동해서 시술을 하여도 무방하고 한가지의 방법으로 시술을 하여주어도 상관없다. 기본적으로 틴닝의 역할은 숱을 치는 개념의 시술이기 때문에 어떻게 시술을 하여도 좋다. 하지만 저자는 이런 틴닝 방법에 대해서는 회의적인 부분을 가지고 있어서 좋아하는 방법의 시술이 아니다. 현실의 사람들은 모발의 양이 적어서 숱을 치기보다는 저자는 고르는 것을 중시하기 때문이다.

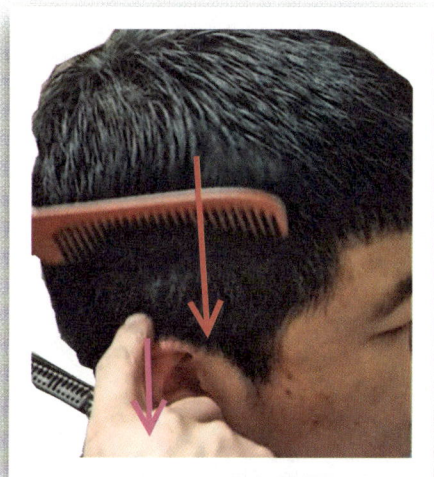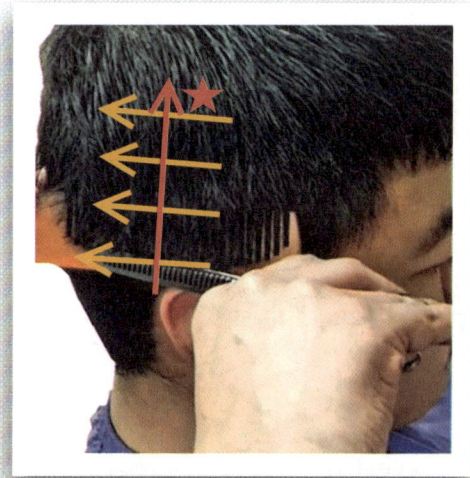

밑머리부분인 베이스라인에서 틴닝을 시술하여 사각지대부분까지 시술을 마치고나면 사진에서처럼 빗발로 모발을 빗어서 내려주는데 이때에는 빗을 정확하게 돌려주고 난후 빗발로 두피의 뿌리부분에 있는 모발들까지 깨끗하게 빗어 내려주어야 모발속에 남아있는 모발의 잔털까지 깨끗하게 빗어 내릴 수 있다.

사진에서처럼 귀 위부분의 모발들을 틴닝 시술을 하고나면 귀 뒤의 부분에도 같은 방법으로 틴닝을 싱글링의 방법으로 시술을 하여주어 모발의 흐름을 같은 모양으로 되도록 시술을 하여주는데 이때에도 밑머리에서 시술을 하여 (*)표의 부분인 사각지대 부분까지 틴닝 시술을 하여준다. 시술을 하여 줄때에는 연속성을 가지고 시술을 한다는 것을 명심하자.

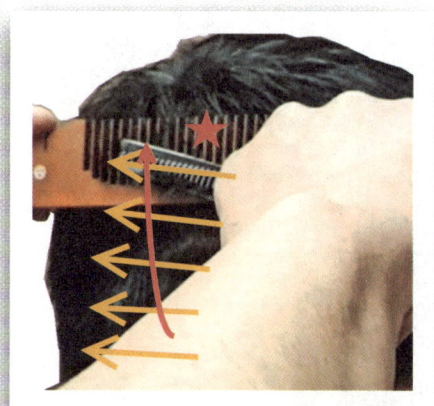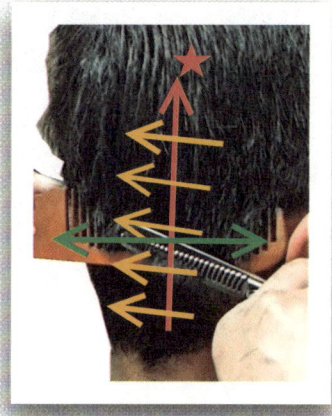

우측면부 귀 뒤의 부분의 틴닝 시술을 하고나면 귀 뒤 사이드부분의 시술로 연결을 해서 시술을 하여주는데 이 부분의 시술 역시 앞서의 방식과 동일한 방법으로 시술을 하여준다 하지만 이때에 시술을 하여올라 갈 때에는 (*)표 부분인 가마의 부분으로 시술을 하여 올라간다는 것을 명심하자 모발의 흐름으로 이 부분후두부에서 좌측으로 모발의 흐름이 나오기도 하지만 이곳의 시술이 제대로 되지 않으면 사이드의 부분이 튀어나와 툼툼한 현상을 만들게 된다.

해서 틴닝의 시술을 하여 줄때에는 (*)표의 부분인 가마부분까지 시술을 하여주어야 모발의 흐름이 자연스럽게 흘러내려 올수 있도록 하는 시술부분이다. 하지만 대부분의 시술을 하다보면 요령에 의해서 연두색 화살표의 부분까지만 틴닝의 시술을 하여주어 후두부를 살려주는 시술을 한다는 것이다. 이 부분이 살게 되면 잘렸을 때는 상관없지만 모발이 자라나면 툼툼한 현상이 만들어지게 되어 두상의 형성이 크게 보이게 되어 대두의 모양을 만들 수 있다는 것이다.

* 기본 틴닝 가위 후두부 시술방법

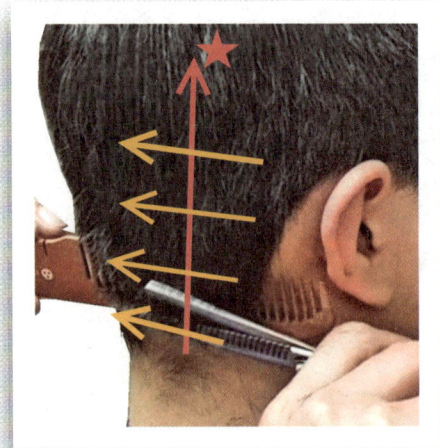

후두부에 틴닝 시술을 하여 줄때에도 사진에서처럼 후두부 밑머리인 베이스라인에서 틴닝 시술을 하여주는데 베이스라인에 모발이 짧으면 굳이 시술을 하지 않아도 상관없겠다. 하지만 모발의 길이가 일정량이 있으면 시술을 하여주는 것이 맞겠는데 노란색 화살표의 순서처럼 밑에서 위로 시술을 하여주면서 가마 부분까지 틴닝 시술을 하여주어 모발의 흐름을 자연스럽게 하여준다.

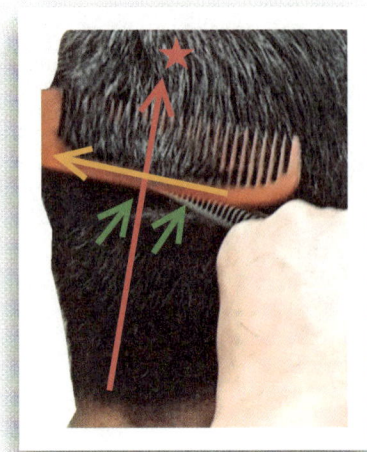

일반론적으로 숱을 치는 개념의 틴닝은 전체의 형태를 시술하는 것이기 때문에 모발의 절삭량이 상당하다는 것이다. 그래서 사진에서처럼 모발을 절삭을 하고나서 틴닝의 몸체로 절삭된 모발을 잡아놓고 연두색 화살표처럼 다시 빗발을 넣어주면서 절삭된 곳의 위의 부분의 모발을 절삭을 하면 절삭량이 상당하게 된다.

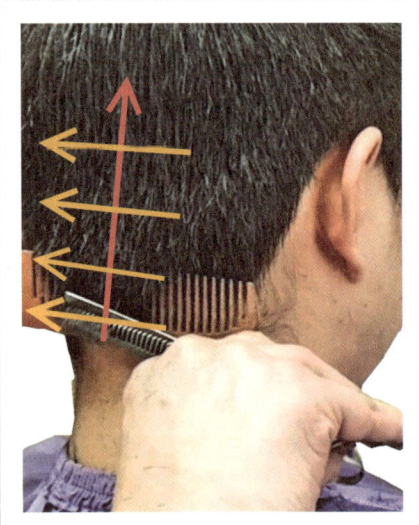

해서 일반적으로 틴닝의 시술을 하여 줄때에는 절삭력이 높은 틴닝으로 시술을 하면 모발이 튕기는 현상을 주어 시술을 하여도 차분한 모양을 만들기가 쉽지 않다는 것이다. 틴닝을 시술을 하여 줄때에는 절삭력이 낮은 틴닝으로 시술을 하여주어야 모발의 흐름이나 튕기는 현상을 미연에 방지를 할 수가 있다.

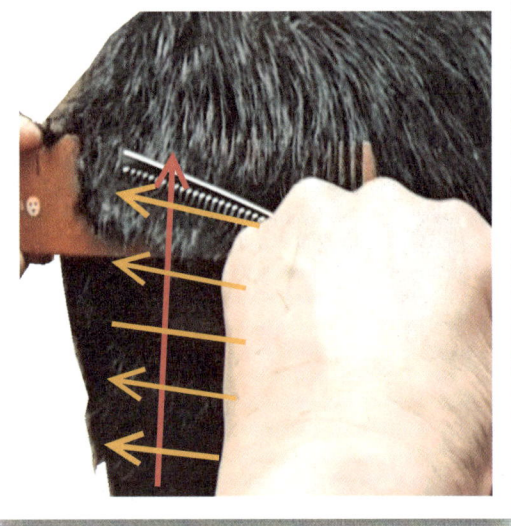

앞서도 서술을 하였지만 기본적인 틴닝 시술은 숱을 치는 개념이라고 하였지만 틴닝을 시술함에 있어서 모발의 흐름을 보고 시술을 할 줄 알게 되면 틴닝만큼 재미있는 도구도 없을 것이다. 시술은 단순한 부분이지만 전체의 흐름을 보아야 시술이 편해진다는 것이다. 후두부의 시술도 단순히 밑머리에서 시술을 시작을 하여 가마부분까지 시술을 하여주지만 모발이 뭉쳐있는 부분과 아닌 부분을 보면서 시술을 하면.

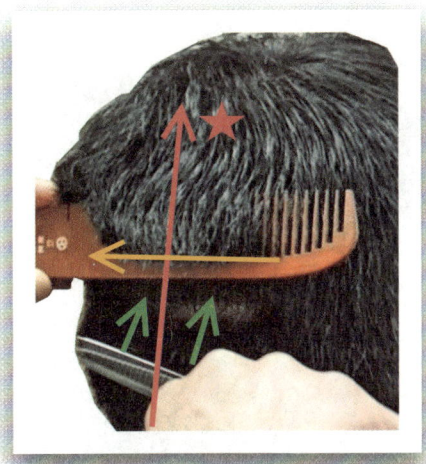

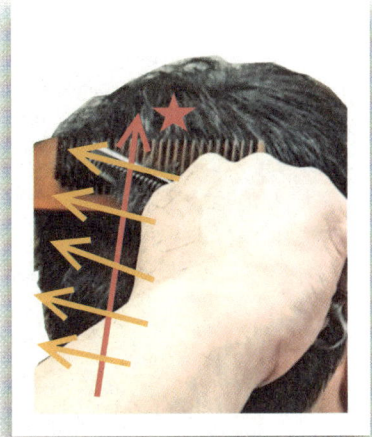

상황은 시술을 더 편하게 할 수 있다는 것이다. 앞서도 서술을 하였지만 절삭이 된 모발을 틴닝의 몸체로 모발을 잡아주고 연두색 화살표 방향으로 빗발을 집어넣어주면서 절삭된 모발 위의 부분의 모발을 다시 잡아내어 같은 방법으로 모발을 절삭을 하여주면서 시술을 하여주는데 (*) 표의 부분인 가마부분까지 연결을 하면서 시술을 하여준다.

앞서도 서술을 하였지만 기본적인 틴닝의 시술 방법은 두 가지로 볼 수 있는데 사진처럼 싱글링의 방법으로 절삭된 부분의 모발 위의 모발을 연결해서 시술을 하는 방법이 하나고 옆 사진처럼 빗으로 잡은 모발을 틴닝 시술을 하고나서 틴닝의 몸체로 절삭되어진 모발을 잡아준 후에 빗발을 다시 틴닝 밑으로 넣어주면서 절삭된 모발 위의 모발을 잡아내어 절삭을 하는 방법 두 가지이다.

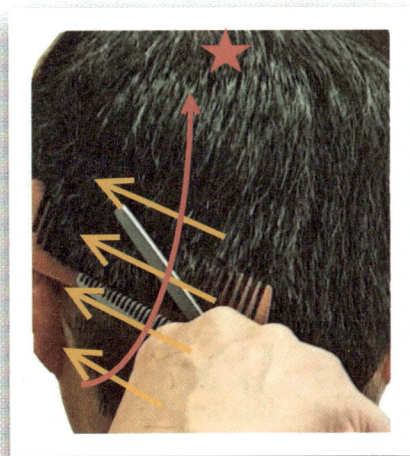

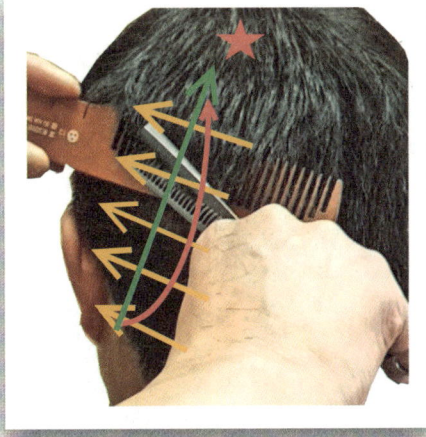

헤어 시술을 하여 줄 때 후두부의 면적이 제일 넓다는 것을 알아야할 것이다. 양 측면부의 면적이 제일 작고 천정부의 면적이 두 번째로 큰데 후두부는 전체 범위가 넓어 틴닝 시술을 하여 줄 때 시술의 폭이 좁아서 시술이 되면 않되고 시술의 폭을 적정하게 유지시켜주면서 시술을 하여야 안전한 틴닝의 시술을 할 수 있다.

양쪽 귀 뒤의 부분이나 귀 뒤 사이드의 부분의 시술을 하여 줄때에는 연두색의 화살표처럼 직선적인 기조로 시술을 하여도 되겠지만 이렇게 시술을 하면 모발의 단면으로 절삭이 되어 도드라지는 모양을 만들어 줄 수도 있다는 것이다. 해서 빨강색 화살표 방향인 곡선적인 기조로 모발을 빗으로 잡아 절삭을 하여주면 두상의 형상에 맞는 시술이 되어 모발의 흐름을 차분하게 하여준다는 것이다.

* 기본 틴닝 가위 좌측면부 시술방법

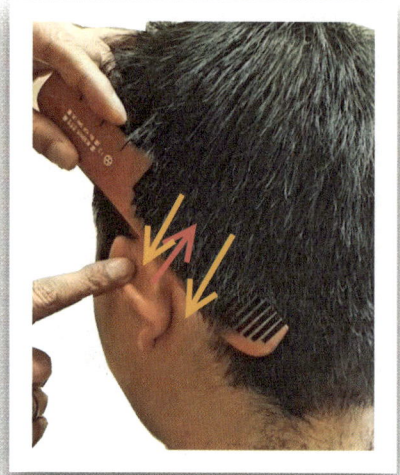

좌측면부 귀 뒤의 부분을 사진으로 보면 많은 모발의 흐름이 이란 형식으로 나오는 경우가 많다. 사진에서 노란색의 화살표 방향은 모발이 밑으로 흘러내리는 모양을 가지고 있는데 이 부분에 가위의 싱글링 시술이나 클리퍼의 시술이나 틴닝의 시술 역시 그냥 모발을 절삭을 하여서는 않된다는 것이다.

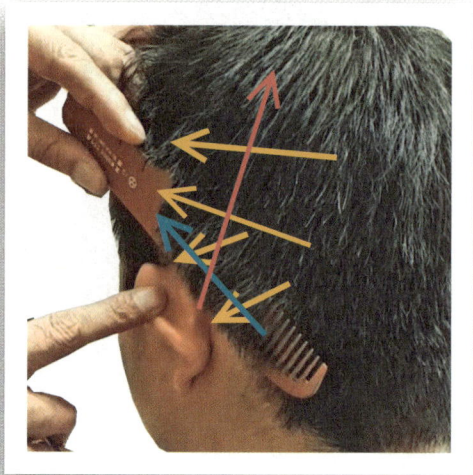

모발을 절삭을 하여 줄때에는 모발을 정각도로 세워서 시술을 하여야한다고 하였다. 해서 옆 사진의 **빨강색** 화살표처럼 베이스라인에 빗발을 집어넣어 주어 빗 몸을 베이스라인에 붙여주고 위의 사진의 남색 화살표 방향으로 빗을 당기면 빗발에 잡혀있는 모발들이 정각도로 세워지게 된다는 것이다. 이렇게 모발을 자리 잡게 하여준 후 틴닝이나 가위나 클리퍼의 시술을 연결해서 시술을 하여준다.

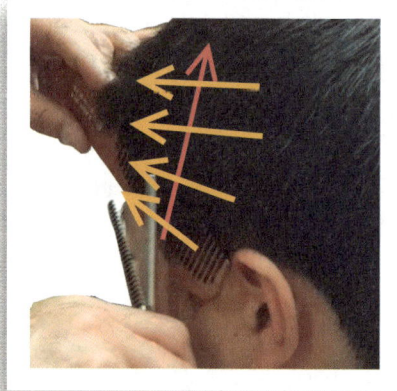

틴닝의 시술방법을 서술을 하고 있지만 사실 틴닝의 시술 방법이나 가위의 시술 방법 그리고 클리퍼의 시술방법 등 모든 것이 같은 범주 안에 들어와 있다는 것이다. 저자에게는 시술의 일원화를 만들어 놓았다. 이거 다르고 저거 다른 것이 아니고 알고 보면 시술의 방법은 연장의 차이는 있을지 몰라도 시술은 다 같은 방법 안에 있다고 할 수 있다. 해서 여러 가지의 테크닉을 배우기보다는 한가지의 테크닉을 연마하여 다른 테크닉을 접목해서

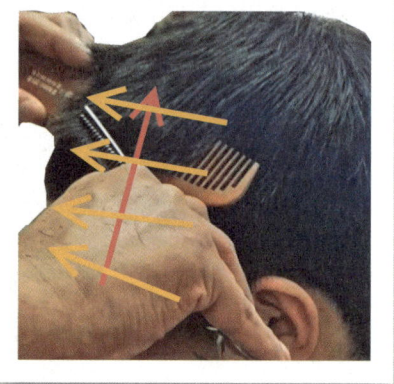

시술을 하여주면 오히려 시술의 완성도가 높아질 것이라고 저자는 생각한다. 사진처럼 **빨강색**의 화살표처럼 직선적인 요소로 시술을 하여야 할 때도 있지만 곡선적인 기조로 시술을 할 때도 있다는 것을 두상의 형상에 따라 빗의 롤링이 다르게 변할 수 있으니 명심하여 시술토록 하자.

✱ 기본 틴닝 가위 천정부 시술방법

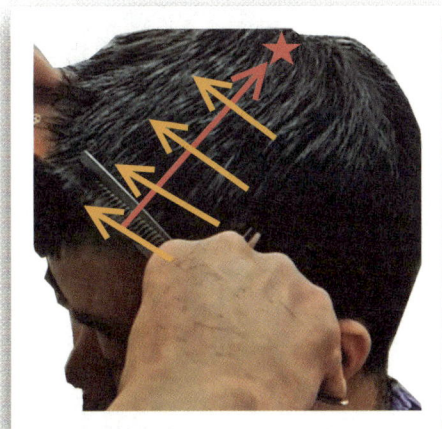

우측면부에서 후두부를 지나 좌측면까지 틴닝 시술을 연결해서 시술을 하여왔다면 천정부의 틴닝 시술을 연결해서 하여주는데 이렇게 시술을 하여 줄때에는 시술의 연결성이 좋아요 올바른 시술을 할 수 있다는 것이다. 그리고 시술은 시작을 하면 한번에 시술을 종료할 줄 알아야한다는 것이다. 이곳의 시술 역시 이전에 하였던 방식과 같은 방법으로 시술을 연결해서 하여주는데

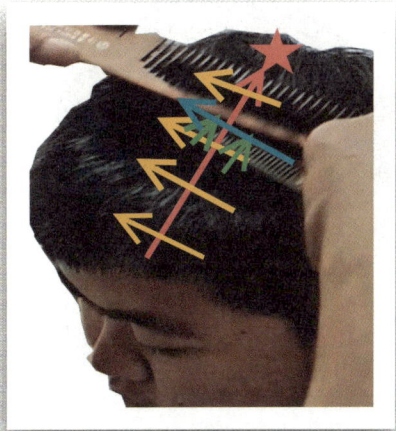

한 가지 다른 것은 이전까지는 밑에서 위오 올라오면서 틴닝 시술을 하였다면 천정부의 부분은 앞에서 일면서 시술을 하였다는 것이 다를 뿐이다. 해서 두 가지의 시술 방법을 같이 써서 시술을 하여도 상관없지만 빨강색 화살표처럼 앞머리부분에서 가마부분까지 밀면서 틴닝 시술을 하여 좌측 눈 위부분의 모발의 흐름을 자연스럽게 하여주도록 한다.

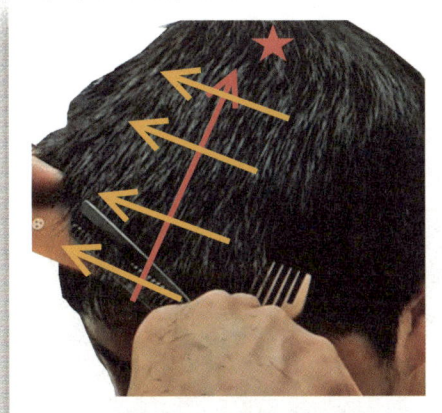

좌측 눈 위부분에 틴닝 시술을 하여 진행을 할 때에는 (✱)표의 부분인 가마부분까지 틴닝 시술을 하여 진행하여 모발의 흐름을 자연스럽게 하여준다고 하였다. 좌측 눈 위의 부분에 시술을 하고나면 천정부 중앙부분을 연결해서 틴닝 시술을 연결해서 하여주는데 이곳 역시 앞의 방식과 같은 방법으로 시술을 하여준다는 것을 잊지 말고 명심하여 시술하여준다.

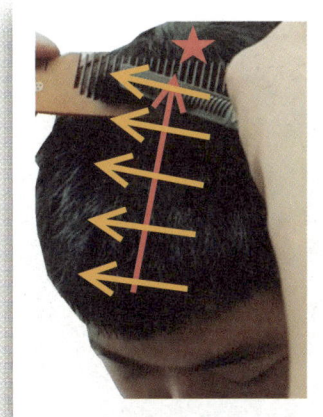

측면부의 시술이나 측면부의 시술이나 별반 다른 것은 없다는 것이다. 단지 시술의 방향이 다르다는 것뿐인데 밑에서 위로 시술을 하는 방식이나 앞에서 밀선서 하는 방식은 알고 보면 같은 방식의 시술을 한다는 것이다. 해서 시술은 어려운 것이 아니고 어떻게 편한 방법을 찾아서 시술을 하느냐가 중요하게 된다. 그것은 바로 올바른 시술의 자세라고 할 수 있다.

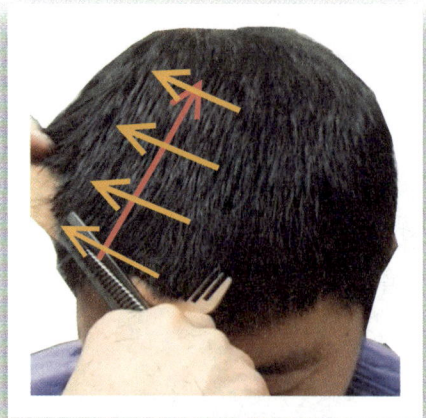

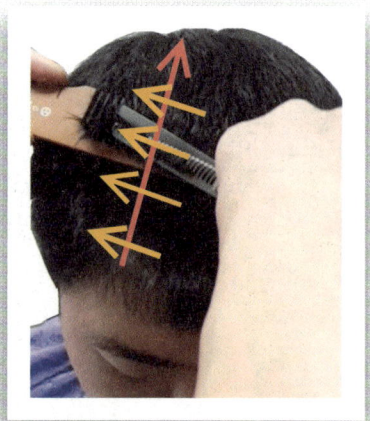

올바른 시술 자세가 편한 시술을 만든다는 것을 알아야 할 것이다. 시술이 편해야 몸이 편해지고 몸이 편해야 정확한 시술로 이어지니 이런 부분은 잊지 말아야 할 것이다. 해서 천정부의 좌측 눈 위부분이나 천정부 중앙부분의 틴닝 시술을 하고나면 천정부에서 남은 시술 부분은 우측 눈 위의 부분이 남게 되는데 이곳의 시술 역시 앞서의 방식과

같은 방법으로 틴닝 시술을 하여주어 천정부의 모발 흐름을 자연스럽게 만들어주어야 할 것이다. 시술은 노란색 화살표처럼 앞머리에서 (*)표 부분인 가마부분까지 시술을 단계적으로 하여주어 전체의 모발 흐름을 자연스럽게 하여준다는 것을 잊지 말고 명심하여 시술하여 준다.

* 기본 틴닝 가위 앞머리 시술방법

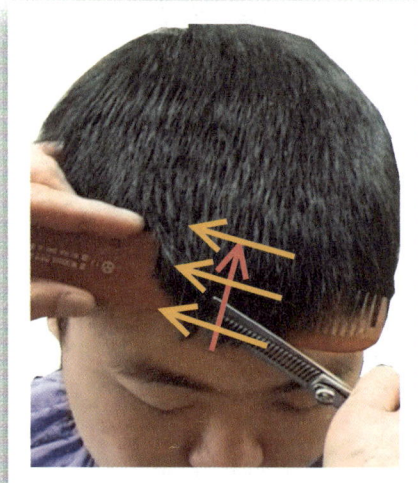

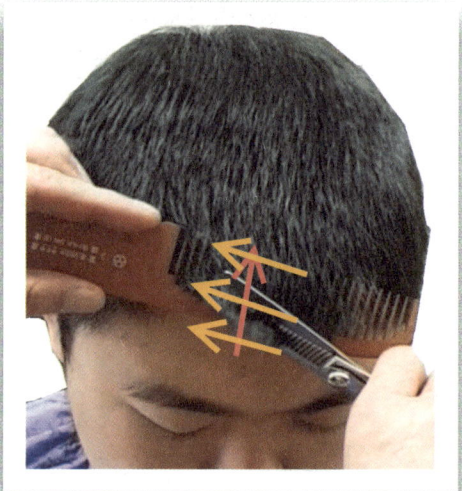

천체의 형태를 틴닝으로 모양 조절을 하여주고 나면 앞머리의 부분이 남게 되는데 이곳의 부분은 많은 양을 절삭을 하려고 하여서는 아니 되고 앞머리의 뭉쳐있는 부분의 모발의 양만 절삭을 하여주려고 하여야한다. 이때에 틴닝의 시술은 3회 정도로 하여주는데 모발의 빗발로 들어서 시술을 하려하지 말고 모발의 있는 부분에서 시술을 시작하여 앞머리만 시술을 하여준다.

대체적으로 모발을 틴닝으로 시술을 하여 줄때에는 모발을 들어서 시술을 하는 경향이 많은데 모발을 어느 도구를 써서 시술을 하여 줄때에는 들어서 시술을 하여서는 않되고 모발의 정각도인 세워서 시술을 한다는 것을 명심하여야 할 것이다. 모발을 빗발로 들어서 시술을 하게 되면 밑에 모발은 절삭이 되지 않고 무거움이 남아있어서 않좋은 모양을 만들게 되니 주의하여야한다.

✷ 사선 틴닝 가위 시술자세

> ✷ 파란색: 가위가 가서 자를 방향
> ✷ 노란색: 빗이 내려오는 방향
> ✷ 빨간색: 가위가 내려오는 방향

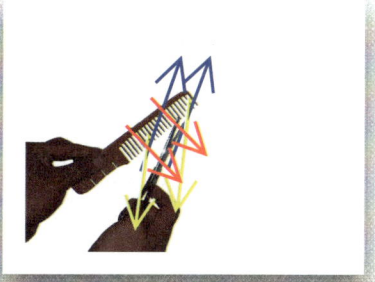

이사진은 앞머리. 측면부. 후두부의 모발을 숱(틴닝)처리하는 요령이다. 파란색 화살표는 가위가 들어가는 방향이고 빨간색은 가위가 들어가서 모발을 자르고 내려오는 방향이다. 노란색은 모발을 자르고 가위가 내려오면 빗이 모발을 빗어 내려올 방향이다.

이번 사진은 귀 앞머리, 앞머리, 가마부분의 모발을 숱(틴닝)처리하는 요령이다. 위의 사진과 별반 다르지 않으나 가위의 각도 차이가 있다. 그리고 귀 앞머리의 경우는 가위내리는 방향이 슬라이스나 슬라이드 방법으로 내리는 것이 요령이다.

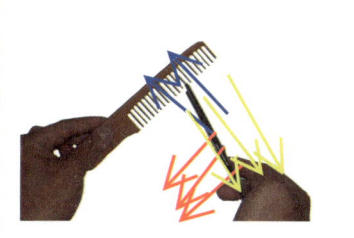

이번 사진은 위의 사진과 달리 가위의 방향이 바뀌어있다. 위의 사진은 우측 면부를 말하는 것이고 이번은 좌측면부를 말하는 것이다. 귀 뒤 부분의 모발은 위의 사진은 우측면의 귀 뒤 모발을 이 사진은 좌측 귀 뒤의 모발을 처리하는 자세이다.

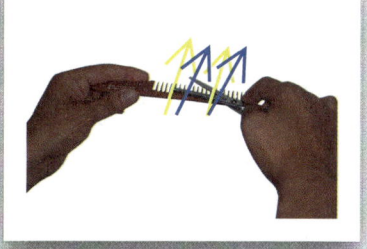

이번 사진은 천정부의 숱(틴닝)처리 장면이다. 빗 위에 가위가 있다. 이 경우는 가르마가 있는 경우 가르마에서 모발을 빗어가면서 숱(틴닝)처리하는 요령이다. 빗이 모발 끝부분에 오면 빗 위에 가위를 놓고 모발을 정리해나간다.

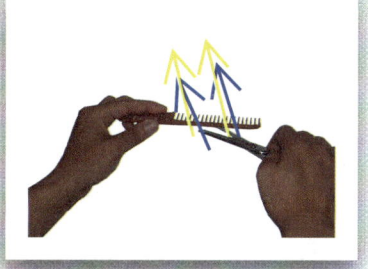

위의 사진과는 다르게 이번 사진은 가위가 빗밑에 들어간다. 이 경우는 가르마에서 모발을 빗어가면서 모발 중간부분 지나서 들어가는 요령이다. 모발의 끝부분을 정리할 때는 가위가 빗 위에 있고 모발의 중간부분 지나서는 가위가 빗밑에 있다는 것을 명심하길 바란다.

* 사선 틴닝 가위 좌측면부 시술방법

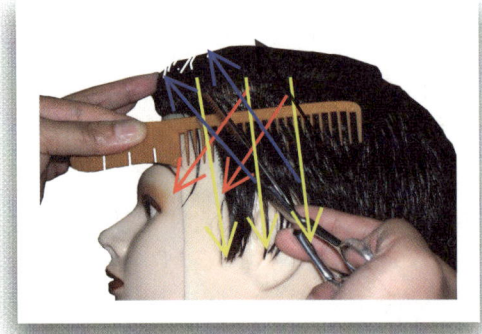

틴닝의 정의는 예전의 숱을 자르는 개념이 현실에는 맞지 않는다. 왜냐하면 현대인의 머리숱의 양은 환경. 오염. 스트레스. 불규칙적인 식습관 등 여러 가지의 요인으로 인해 평균 모발의 양이 20%정도 감소가 되었다. 해서 모발을 감소시키기 보다는 숱의 정리로 정하는 것이 맞다.

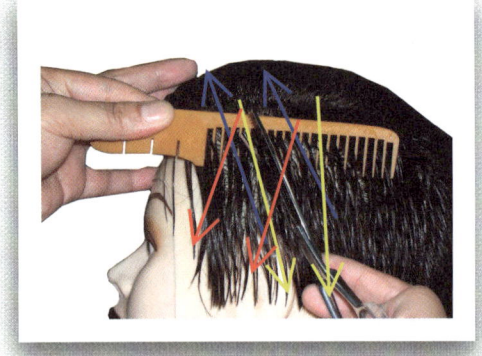

좌측면부의 숱(틴닝)처리 방법이다. 가위가 들어갈 때 가위의 끝부분은 사진에서처럼 바깥으로 나오게 해야 한다. 가위에 들어온 모발을 다 자르는 것이 아니고 모발의 무거움과 뻗침 등 불요소만 정리한다는 개념으로 가위의 끝을 들면서 모발을 정리한다.

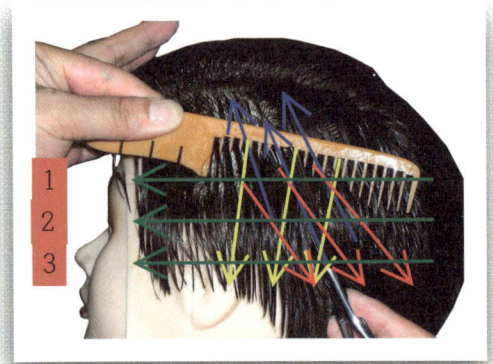

이번 사진은 귀 뒤의 부분을 정리하는 방법이다. 가위는 역시 밑에서 가위 끝을 사진처럼 세워서 밑에서 위 방향으로 가위를 벌려 모발 사이로 넣은 뒤 가위를 닫고 화살표 방향으로 내려온다. 이때에 가위의 끝은 꼭 들어주어 모발의 양을 적게 조절을 하는 것이 요령이다. 모발의양을 조절하고 깊이를 정할 때에 모발 길이의 절반정도가 적당하다. 가마나 가르마 부분의 모발은 절반을 넘어가면 뜨는 현상을 만들기에 않되지만 나머지의 부분은 사선처리를 하면 괜찮다. 녹색의 화살표는 숱 가위를 정리할 때의 시술순서인데 중간부분에서 밑으로 내려오면서 시술하는 것이 요령이다.

✽ 사선 틴닝 가위 우측면부 시술방법

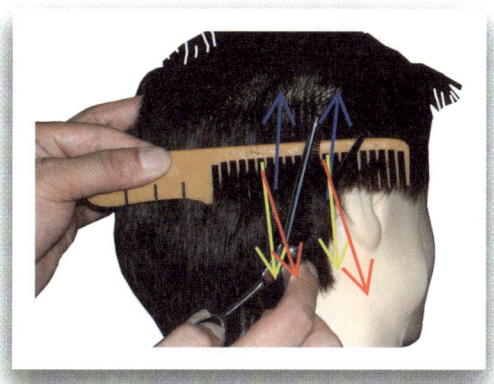

숱 가위를 시술할 때 에는 모발 전체를 절삭하는 것이 아니다. 모발은 필요 있는 모발과 불필요한 모발로 갈리는데 필요 있는 모발은 놔두고 불필요한 모발은 숱 가위로 정리를 하여 두 가지의 모발이 같이 어울리게 만들어 주어야 한다. 시술자는 모발을 시술함에 있어서 이 두 가지의 모발을 구별 할 줄 알아야한다.

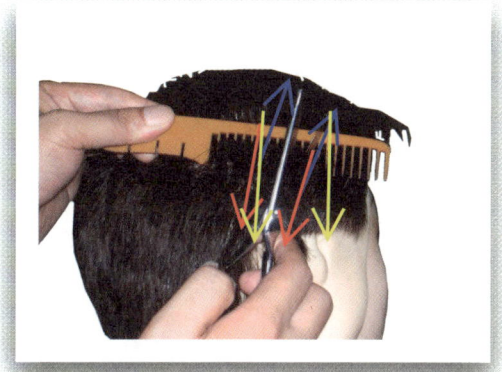

위의 사진에서 보면 후두부를 지나 우측면부로 넘어가는 우측 귀 뒤 모양이다. 좌측면부와 같은 방식이지만 가위의 자세가 바뀌어있다. 좌측은 좌측으로 가위가 가고 우측은 우측으로 가위가 가게 되어있다. 숱 가위를 시술함에 있어서 기본인 포인트 숱 가위를 하지 않는 이유는 모발을 조금 더 자연스럽게 하기 위해서는 사전으로 처리하면 더욱 모발을 자연스럽게 하기 때문이다.

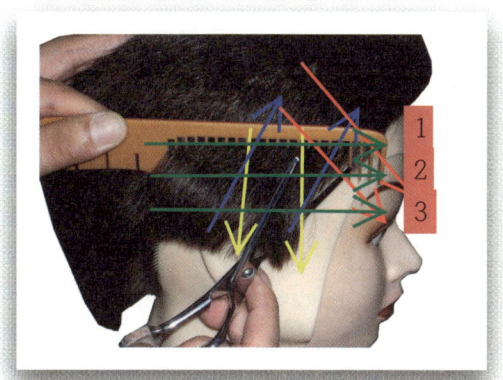

귀 뒤의 부분이 정리되면 귀 위의 모발도 같은 방법으로 정리 하여주고 귀 앞의 모발 역시 같은 방법이다. 여기서 주의할 부분은 모발을 전부 정리하는 것이 아니고 무거운 부분을 정리하여주는데 이때에는 뿌리부분의 모발 지점까지 정리를 하여도 무방하다.
앞장에서도 얘기했듯이 모발을 시술하는 순서는 녹색화살표처럼 중간부분에서 밑으로 내려가며 순차적으로 시술 하는 것이다.

* 사선 틴닝 가위 후두부 시술방법

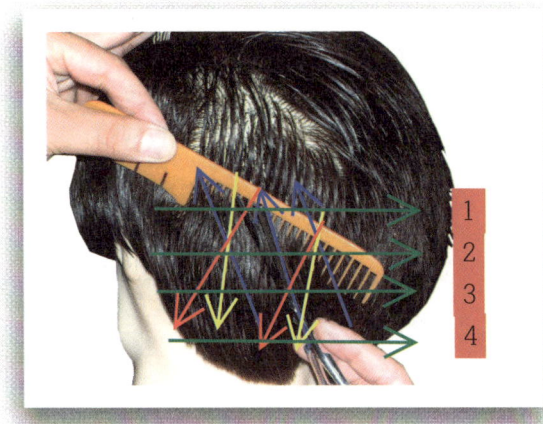

좌측을 하고나면 좌측 귀 뒤의 모발을 거쳐 후두부로 넘어오는 장면이다. 녹색의 화살표처럼 위에서 아래로 순차적으로 시술하며 내려온다. 화살표 방향으로 가위와 빗의 진로를 확실하게 인지하고 시술한다. 이 방식으로 좌측 귀 뒤를 지나 후두부도 같은 방법으로 시술하여준다.

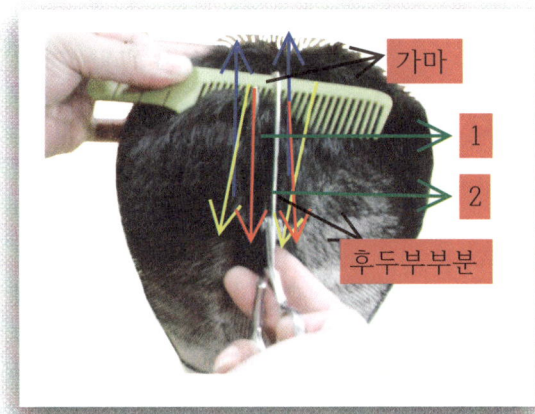

가마부분의 숱 가위 시술 장면이다. 가마부분은 가위 끝이 깊이 들어가면 모발이 뜨는 현상을 만든다. 그래서 가마 밑이 아니고 가마와 후두부 부분의 중간지점이라고 생각하면 될 것이다. 이 부분의 모발을 숱 정리 하여주면 모발이 뜨는 현상을 방지하고 모발을 가라앉게 하는 효과가 있다.

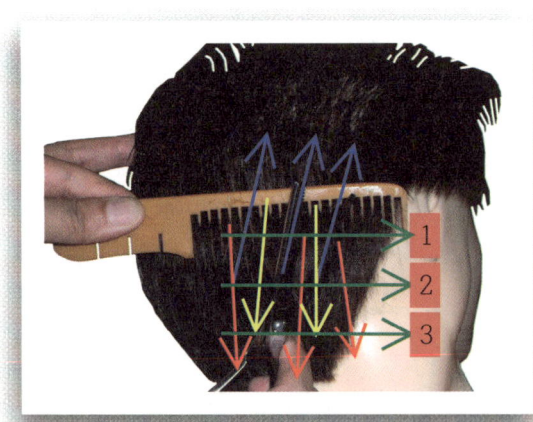

이 사진은 후두부를 시술하고 넘어오다 우측 귀 뒤 부분의 숱 처리 장면이다. 앞장에서와 같은 방식으로 시술을 하고 녹색의 화살표를 따라 꼭 위에서 아래로 내려가며 시술한다. 가위는 언제나 벌린 상태에서 밑에서 들어가며 시술하고 가위가 닫힌 상태에서 가위를 화살표방향으로 빼내어준다. 가위의 날이 좋지 않은 경우에는 모발을 가위가 집을 수 있으니 가위선정에 신중하게 해야 할 것이다.

* 사선 틴닝 가위 천정부 시술방법

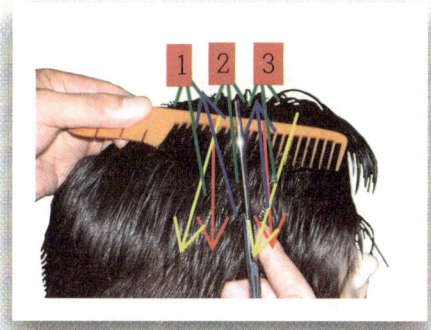

모발은 사진에서처럼 단정히 빗은 상태가 좋다. 숱 가위가 들어가는 방법은 앞장에서처럼 모발 사이로 동날이 들어가서 가위를 개폐하면 동날이 모발을 들어 올리면서 숱 정리 하게 된다. 세워 잡기는 자세는 바로잡기 자세와는 바뀌지만 정 날은 고정 자세이고 동날의 움직임으로 모발을 정리한다.

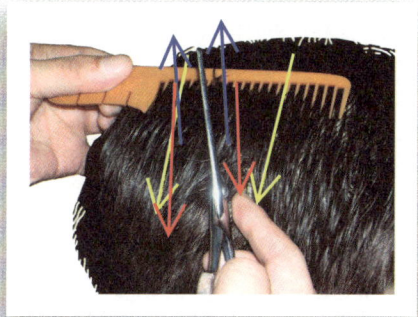

1.2.3번의 순서처럼 시술하며 가마부분 전 까지 시술한다. 천정부의 숱 가위 처리는 모발 길이의 절반을 넘겨서는 않된다. 모발 길이의 절반을 넘게 시술을 하게 되면 모발이 뜨는 현상을 초래하기 때문에 절대 절반을 넘기면 않된다. 숱 가위가 시술하고 내려올 때 꼭 빗도 같이 내려와 모발을 가지런히 정돈한다.

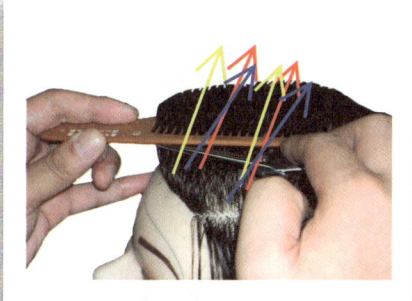

가르마 쪽에서의 시술방법이다. 빗으로 모발을 밀면서 숱 가위가 빗 위에 있을 수 있고 빗밑으로 들어갈수도 있는 장면이다. 그때그때 상황에 따라 시술이 틀려지는데 모발의 무거움이 심할 때는 빗밑으로 숱 가위가 들어가고 모발이 가벼울 때는 빗 위로 숱 가위를 올려 시술한다. 사진처럼 가르마 쪽은 절대 시술을 해서는 않된다.

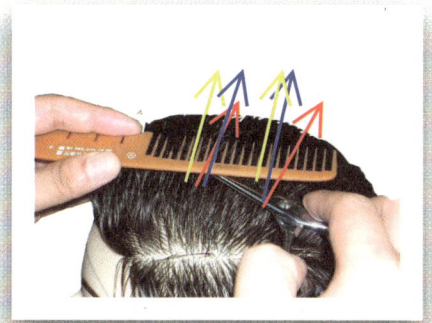

가르마 부분에서 숱 가위의 시술은 빗과 숱 가위가 같이 움직이며 한 방향으로 나아간다. 시술을 하고 나면 꼭 빗도 같이 빗어주어야 하며 이유는 시술을 했는데 빗질이 않하면 시술이 했는지 않했는지 구분이 않되기 때문에 시술을 하면서 꼭 빗질을 같이 해줘야한다.

* 사선 틴닝 가위 앞머리 시술방법

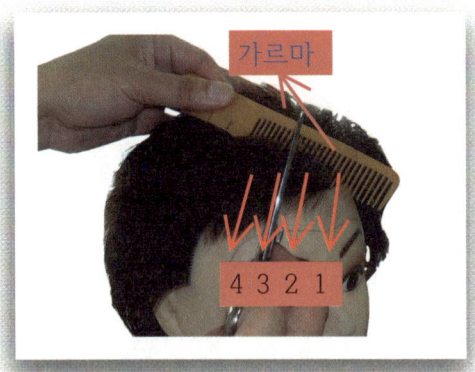

앞머리 숱 가위 처리방법이다. 앞머리 모양에서 주의해야 할 점은 숱 가위가 두피 쪽으로 깊이 들어가면 앞머리의 모발이 감소되어 이마부분이 훤하게 들어날 수 있는 위험 요소가 있다. 천정부측면부 후두부는 깊이 들어가게 되더라도 당장은 표시가 나지 않지만 앞머리는 단점으로 온다.

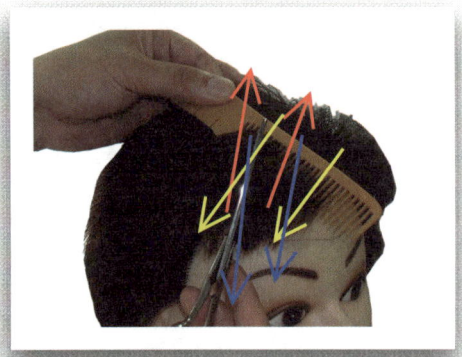

가르마부분에서 귀 앞머리까지 이마를 덮고 있는 모발 모양을 앞머리부분이라고 정의할 수 있다. 녹색 순서대로 2cm의 간격으로 화살표의 방향으로 사선 처리하여 준다.

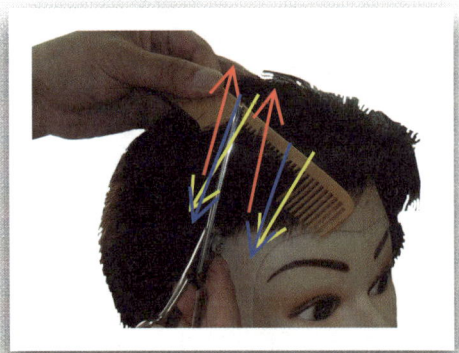

귀 앞머리 부분의 모양인데 이곳에선 숱 처리부분을 좀 더 신경써야한다. 남성들의 앞머리는 지금 이 부분이 귀 윗머리에 앞머리가 걸쳐지며 모발이 넘어가야 모양이나 발란스적 요소가 알맞다. 하지만 앞머리의 모발이 길면 귀 윗머리에 앞머리가 얹히는 요소가 나올 수 있으니 모발 길이를 잘 맞추어야 한다.

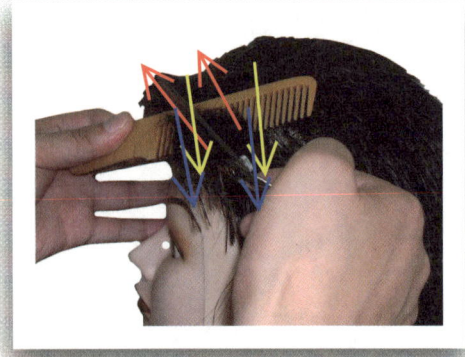

위의 사진에서 넓은 쪽의 앞머리의 처리를 알아봤다. 이 사진은 좁은 쪽의 가르마 부분이다. 남성들의 경우는 가르마를 가르지 않는다고 하는 분들도 상당수 있다. 가르마를 가르지 않더라도 모발의 손질을 위해서 앞머리 부분이 중요하다. 모발의 간격을 2cm로 하고 모발 끝에서 절반을 넘지 않은 상태로 처리하여 자연스러움을 연출해준다.

BASIC EXERCISE
(기본 실전)

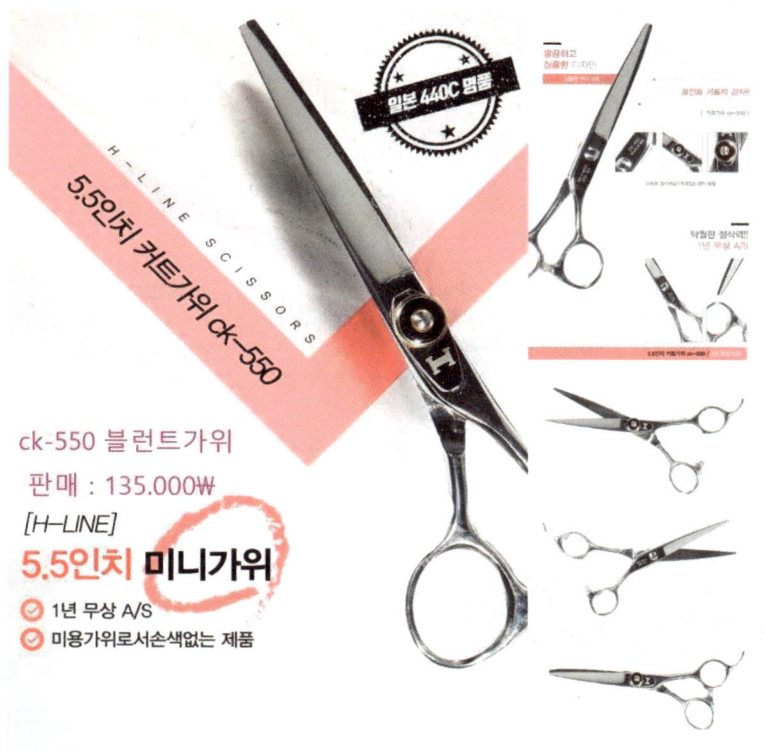

구입 문의- H-LINE 010-4530-6086

* 이번 장은 커트의 전반적인 실전을 알아본다.

구입 문의- H-LINE 010-4530-6086

* 빗 라인에 붙이는 방법

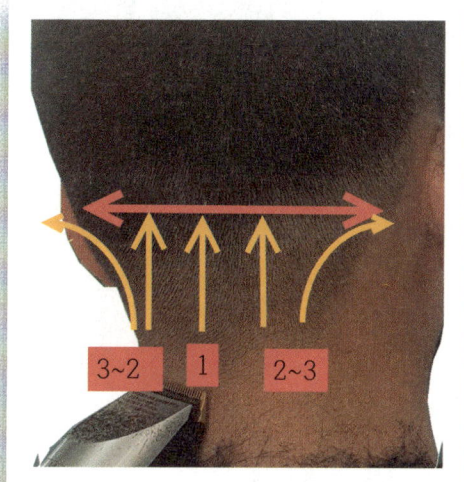

클리퍼의 시술을 하여 줄때에는 후두부 밑 부분을 먼저 시술라인을 정해서 시술을 해야 하는 경우가 있다. 이때에는 클리퍼의 날로만 시술라인을 정해야하는데 사진처럼 클리퍼의 날로 C컬 방식으로 시술하여준다. 중앙부분 1번은 시술자의 방향으로 당기듯이 시술을 하여주고 2번과3번은 화살표 방향으로 시술을 하여준다.

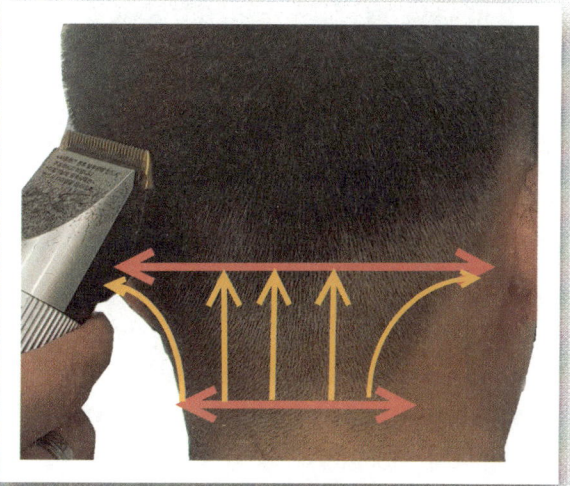

시술라인을 정할 때 중앙부분은 기준점을 가지고 있기 때문에 변할 수 없는 중요점이고 2번과3번은 어느 쪽으로 시술을 하여주어도 상관이 없다. 이 부분의 시술라인을 정할 때에는 시술자의 의중이 아닌 손님의 의중으로 라인을 만들어야한다는 것을 명심하자.

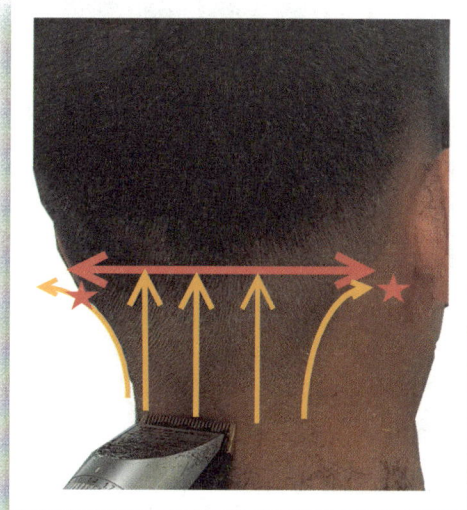

후두부 하단부는 수평적인 기조로 시술이 되어야한다. (*)표의 부분은 양쪽 귀 뒤의 요철부분을 의미하는데 어느 두상이나 이 곳에 요철을 가지고 있다. 해서 귀 뒤의 요철부분이 여러분들이 알고 있는 상고나 숏 커트 같은 시술라인이 되는 경우도 있다.

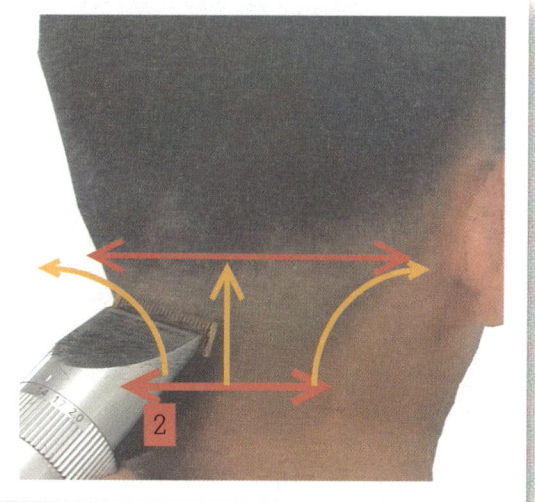

왼쪽 귀 뒤의 시술라인을 시술 하여 줄때에는 중앙부분의 시술된 라인에 맞추어 시술라인을 시술하는데 이때에 클리퍼의 날의 시술방향이 2번 구도에서 왼쪽으로 곡선을 그리면서 중앙의 시술라인과 맞추어 시술을 하여주는데 수평적이 기조에 맞추어 평행이 되게 하여준다.

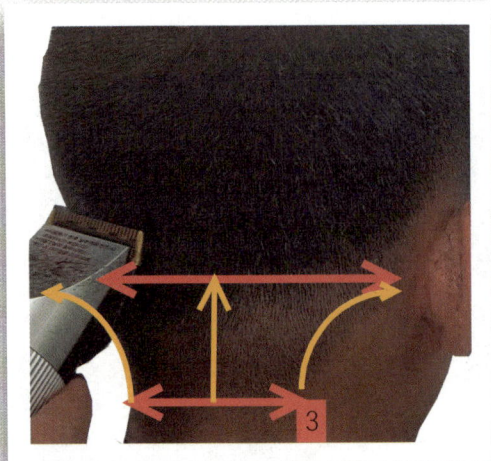

오른쪽 귀 뒤의 시술라인을 시술 하여 줄때에는 중앙부분의 시술된 라인에 맞추어 시술라인을 시술하는데 이때에 클리퍼의 날의 시술방향이 3번 구도에서 왼쪽으로 곡선을 그리면서 중앙의 시술라인과 맞추어 시술을 하여주는데 수평적이 기조에 맞추어 평행이 되게 하여준다.

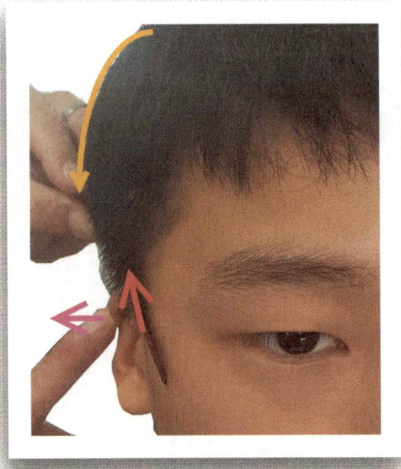

시술의 시작에 빗을 귀 앞머리에 붙여 줄때에는 사진에서처럼 오른손 중지로 귀를 당겨 붙여주고 빗이 들어갈 공간을 만들어놓고 빗을 귀 앞부분에 베이스라인에 붙여주는데 사진처럼 빗 몸과 빗발을 베이스라인에 붙여주면서 모발을 빗발로 잡아내어 정각도로 세워준다.

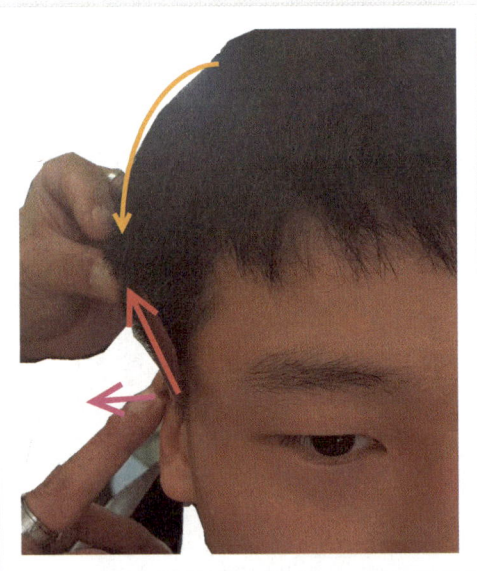

앞 사진대로 빗을 두피에 붙여주면서 빗발이 모발을 세워주면 사진에서처럼 빗 몸은 베이스라인에 붙은 상태에서 빗발로 모발을 세우면서 위에서 내려오는 노란색 화살표부분에 빗발을 맞추어주면 시술라인이 형성이 된다. 천정부의 모발이 길면 빗발을 세우는 각도가 지금보다 더 넓어지고 천정부의 모발이 짧으면 좁아지는 경우가 있다.

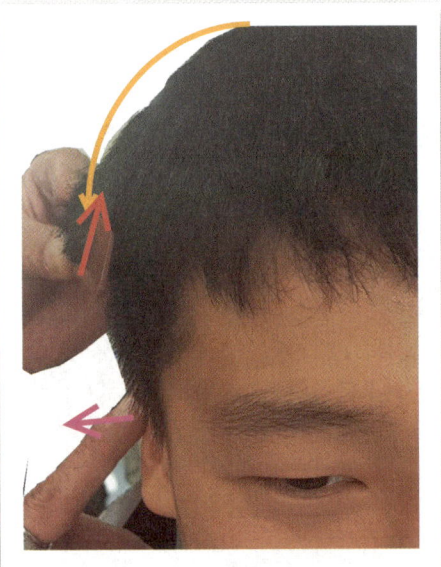

앞의 시술 사진에서처럼 빗의 두발각도대로 빗을 포물선적 기조로 시술을 하면 위의 사진처럼 빗발이 천정부에서 내려오는 모발의 흐름으로 빗발이 위치하게 되는데 베이스라인에서 시술라인까지 천천히 클리퍼의 시술을 하던 아니면 가위로 싱글링의 시술을 하여도 시술의 방법은 동일하다.

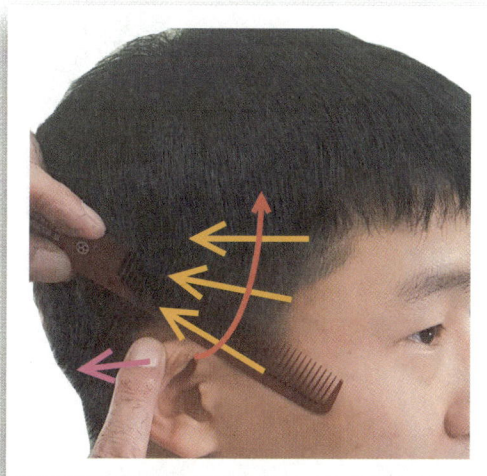

앞의 시술 사진을 측면에서 보는 장면인데 사진에서처럼 귀의 부분은 안전함을 위해서 오른손 중지로 안전하게 당겨 붙여주고 빗이 귀 앞부분 베이스라인에 사선으로 붙여주고 빗발을 세워 베이스라인에 있는 모발을 정각도로 세어준다.

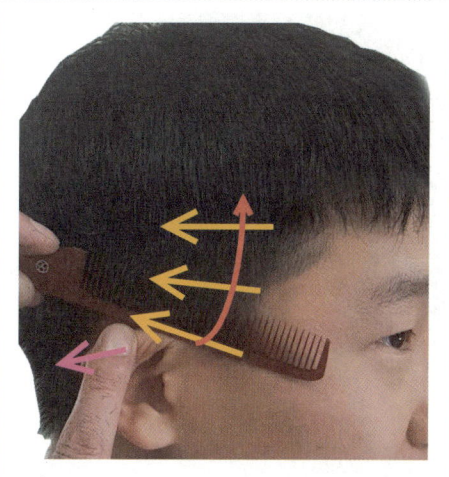

사진에서처럼 귀의 부분은 안전함을 위해서 오른손 중지로 안전하게 당겨 붙여주고 빗이 베이스라인에 붙어 시술을 하면서 빗의 자세를 차분히 손목으로 빗을 세워주는데 노란색 화살표 방향으로 클리퍼나 가위의 시술을 할 수 있는 모발의 각도를 만들어준다

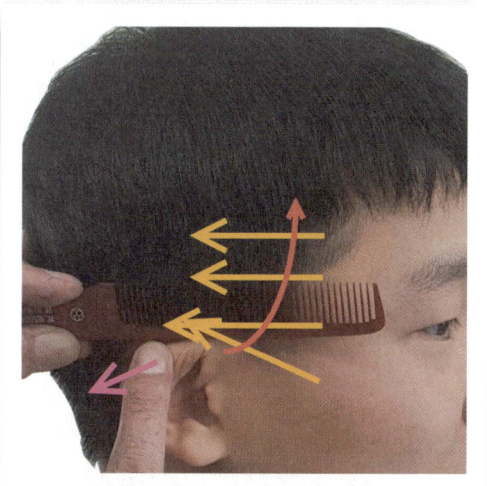

앞의 시술사진을 측면에서 보는 장면인데 사진에서처럼 귀의 부분은 안전함을 위해서 오른손 중지로 안전하게 당겨 붙여주고 빗이 사선적인 기조에서 사진처럼 수평적인 기조로 만들어주면서 노란색 화살표 방향으로 클리퍼나 가위의 시술을 하여주도록 모발의 각도를 만들어준다.

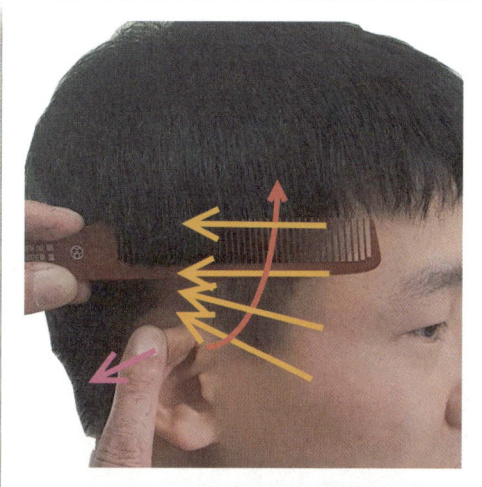

빗의 자세가 사진에서처럼 차분하게 시술이 되도록 자세를 유지하여주어야 모발을 절삭을 하여 줄때에도 모발의 밀림이 없이 깨끗하게 시술이 된다는 것이다. 빗발로 모발을 잡아내어줄 때 모발을 깨끗하게 잡아내지 못하면 절삭이 깨끗하게 되지 않아 모발을 절삭을 하여도 지저분한 모습이 나오게 되니 유념하자.

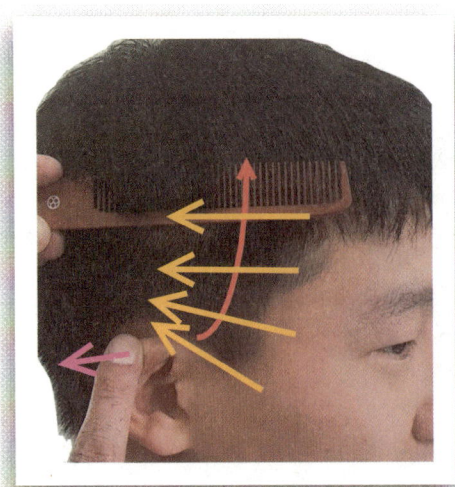

앞에서의 빗을 붙여 시술을 하는 방법을 시전을 하면 사진에서처럼 시술라인까지 빗의 자세가 올라오게 되는데 이곳까지 앞의 사진들처럼 자세를 잡아 시술을 하여주는데 사진에서처럼 맨 처음에만 귀를 당겨 붙여주게 된다는 것을 명심해서 시술 방식을 인지하자.

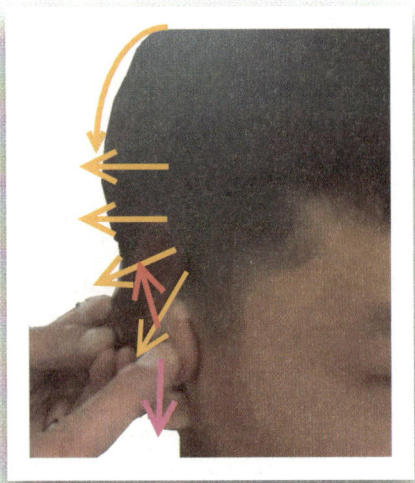

귀 위의 부분도 빗을 귀 윗머리에 붙여 줄때에는 사진에서처럼 오른손 중지로 귀를 내려 붙여주고 빗이 들어갈 공간을 만들어놓고 빗을 귀 윗부분에 베이스라인에 붙여주는데 사진처럼 빗 몸과 빗발을 베이스라인에 붙여주면서 모발을 빗발로 잡아내어 정각도로 세워준다.

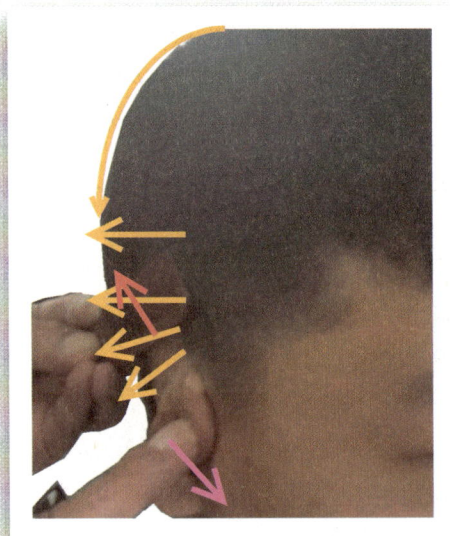

귀 위의 부분도 앞 사진대로 빗을 두피에 붙여주면서 빗발이 모발을 세워주면 사진에서처럼 빗 몸은 베이스라인에 붙은 상태에서 빗발로 모발을 세우면서 위에서 내려오는 노란색 화살표부분에 빗발을 맞추어주면 시술라인이 형성이 된다. 천정부의 모발이 길면 빗발을 세우는 각도가 지금보다 더 넓어지고 천정부의 모발이 짧으면 좁아지는 경우가 있다.

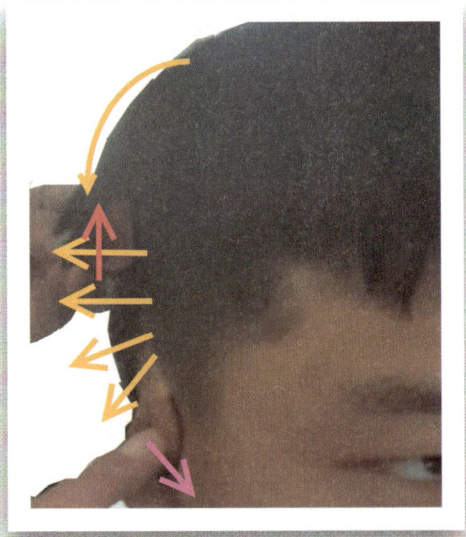

귀 위의 부분도 앞의 시술 사진에서처럼 빗의 두발각도대로 빗을 포물선 적 기조로 시술을 하면 위의 사진처럼 빗발이 천정부에서 내려오는 모발의 흐름으로 수직으로 빗발이 위치하게 되는데 베이스라인에서 시술라인까지 천천히 클리퍼의 시술을 하던 아니면 가위로 싱글링의 시술을 하여도 시술의 방법은 동일하다.

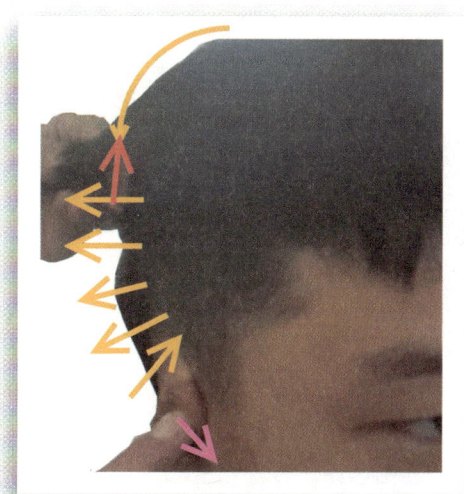

귀 위의 부분도 앞의 시술 사진에서처럼 빗의 두발각도대로 빗을 포물선 적 기조로 시술을 하면 위의 사진처럼 빗발이 천정부에서 내려오는 모발의 흐름으로 사선으로 빗발이 위치하게 된다. 베이스라인에서 시술라인까지 천천히 클리퍼의 시술을 하던 아니면 가위로 싱글링의 시술을 하여도 시술의 방법은 동일하다.

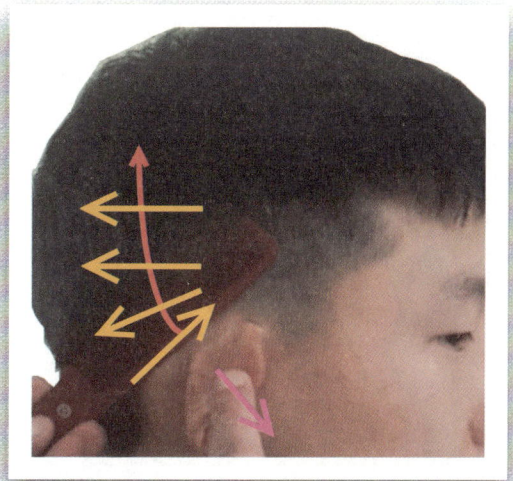

귀 뒤의 부분도 사진에서처럼 귀 부분을 앞으로 내려 눌러주고 빗을 귀 뒤 부분의 베이스 라인에 붙여준다 모든 시술은 시술의 시작과 끝이 같다는 것이다. 단지 시술을 하여야 할 위치가 다를 뿐인데 어느 곳이나 같은 방법으로 시술을 연결해서 하여야 안전한 시술방법을 가질 수 있다는 것이다.

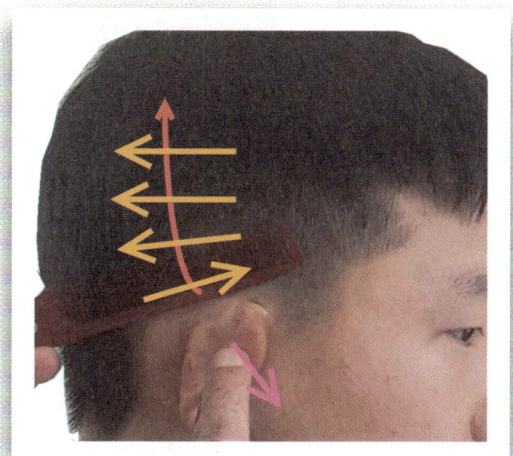

귀 뒤의 부분도 사진에서처럼 귀 부분을 앞으로 내려 눌러주고 빗을 귀 뒤 부분의 베이스라인에 붙여주고 빗발만 세워주어 모발을 정각도로 세워준다. 귀 위의 베이스부분은 앞에서 뒤로 시술을 하면 모발이 절삭이 되지 않고 밀리는 경우가 생기는데 사진에서처럼 귀 뒤에서 귀 앞으로 시술을 하여준다.

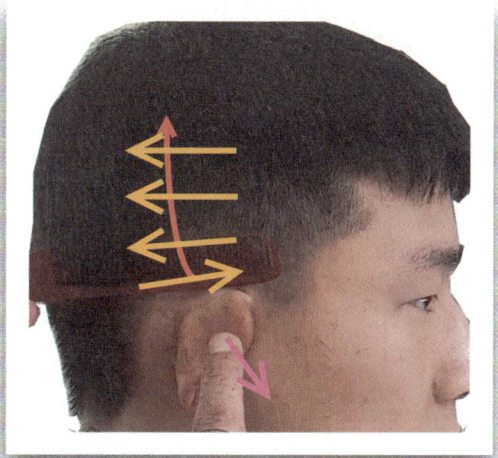

앞의 사진에서처럼 빗의 자세가 사선적인 기조로 되어있으면 빗의 자세를 수평적인 기조로 빗의 자세를 만들어 시술을 하여준다고 앞서도 서술을 하였는데 수평적인 기조로 한 번에 만들려고 하지 말고 천천히 빗의 자세를 수평적인 기조로 만들어주려고 하여야 한다.

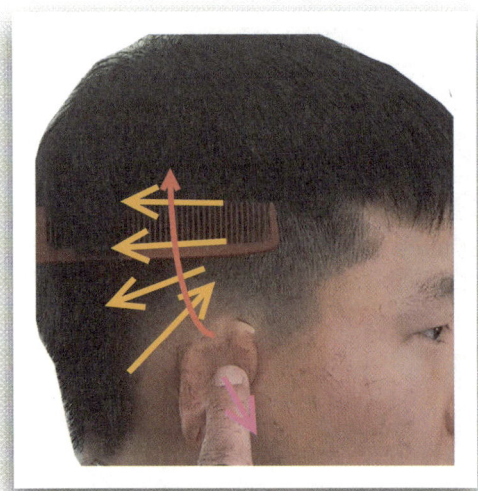

시술은 자세가 중요하다는 것을 모두가 알 것이다. 하지만 자세를 계속해서 교정을 잡아주는 사람은 드물다. 해서 처음에 기술을 접해서 연습을 할 때에는 거울을 보면서 연습을 하는 것이 중요하다. 책이라는 것도 꾸준히 보고 따라하려는 노력을 해야 한다. 단순히 보는 거에 의미를 두지 말고 이유가 무얼까 라는 이유를 가지기를 바란다.

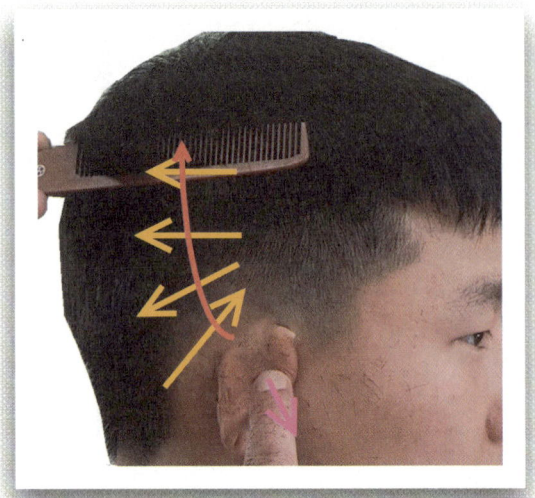

사진에서처럼 빗의 자세가 사선적인 기조로 시술을 시작하였다면 빗의 자세를 수평적인 기조로 만들어주면서 시술을 하여야한다고 하였다. 해설에 따라서 시술의 자세를 가졌다면 빗이 베이스라인에서 시작하여 시술라인까지 올라오면 빗의 자세는 모발각대로 빗의 자세가 만들어진다. 이때에 빗의 진행을 수직적인 기조가 아니라 포물선적인 기조로 시술이 되어야 모발 흐름대로 시술이 된다.

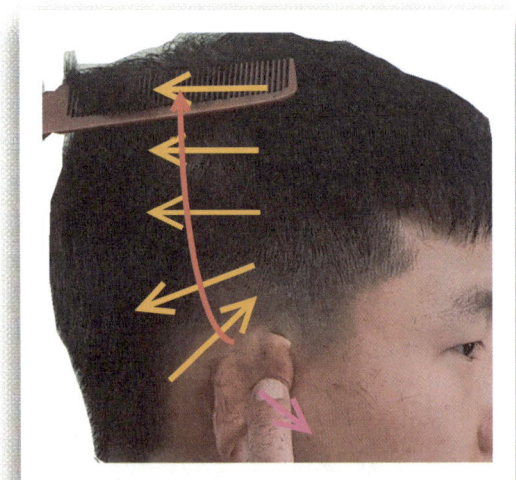

사진에서처럼 베이스라인에서 클리퍼나 가위로 시술을 시작하여 시술라인까지 시술을 하여주면서 두상의 형상대로 포물선적인 기조로 시술이 되었다면 자연스러운 모양의 헤어스타일을 만들 수 있다. 시술의 방법은 앞뒤 좌우 전후 모두 같은 방법을 유지하면서 시술을 하여야 시술의 일원화가 되어 시술이 용이해진다는 것이다.

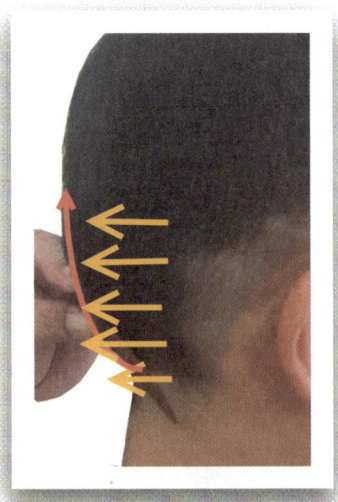

후두부의 시술을 위한 빗을 붙이는 방법도 이전의 방법과 별반 다를 것이 없다. 단지 후두부의 시술은 베이스라인이 수평적인 기조를 가지고 있어서 시술의 시작도 수평적인 기조로 시술이 되어 수월할 수 있다. 베이스라인에 빗을 붙여주고 빗발을 세워주면서 모발도 같이 정각도로 세워주어야 한다는 것을 명심하여 기억하도록 한다.

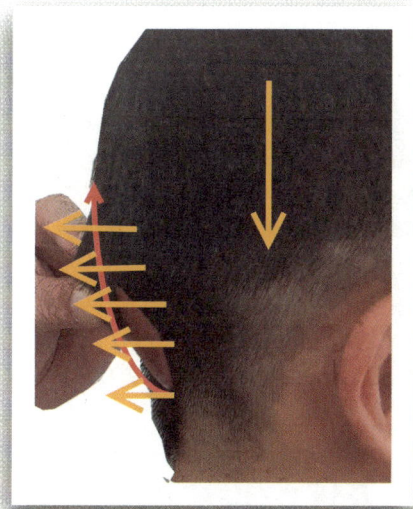

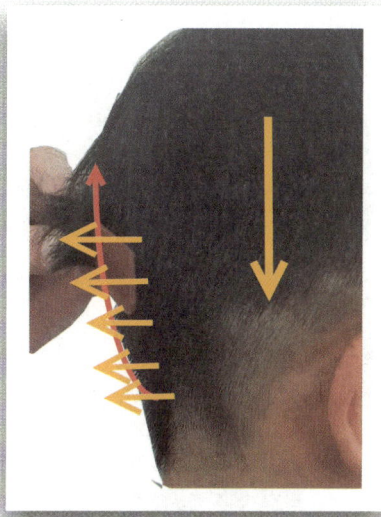

베이스라인에서 빗발을 세워 모발을 정각도로 세워주었다면 앞서 서술하였듯이 시술을 하여 갈 때에는 포물선적인 기조로 시술을 한다고 하였다. 후두부 천정부에서 내려오는 모발 흐름에 맞추어 빗발을 세워주면서 시술을 하여주는데 빨강색 화살표처럼 포물선적인 기조로 시술을 하여야 모발의 흐름대로 시술이 되어야 한다는 것이다.

빗으로 모발을 잡아 클리퍼나 가위로 시술을 하여 줄 때 빗의 진행방법이 수직으로 시술이 되면 면의 모양은 단면을 띄게 되는데 두상의 형상은 곡선적인 형상으로 만들어져있어서 수직적인 기조로 시술을 하기 보다는 곡선적인 기조로 시술을 하여야 두상형상에 맞는 시술이라고 할 수 있다.

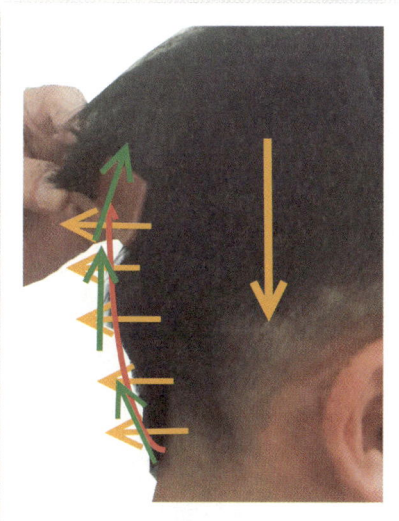

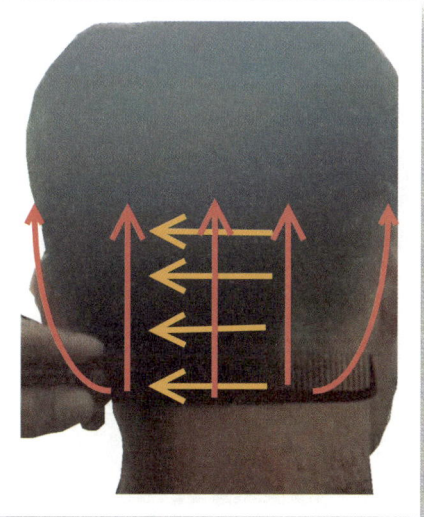

사진의 연두색 화살표처럼 베이스라인에서 빗발을 세워 모발도 정각도로 세워주어 클리퍼나 가위로 시술을 한다면 포물선적인 기조로 시술이 된다는 것이다. 두상의 형상에 따라서 시술을 하여주어야 모발의 흐름을 자연스러운 모양으로 시술이 되어 올바른 시술이라고 할 수 있다.

후두부를 시술하는 방법은 앞서는 측면에서 보았지만 이사진은 정면에서 보는 모양인데 사진에서처럼 후두부 밑 부분에서 시술을 하여 줄때에는 노란색의 화살표 방향으로 빗을 진행하면서 밑에서 위로 모발을 절삭을 하여올라가는데 빗의 자세는 수평적인 기조를 유지하면서 시술을 하여 줄때에는 포물선적인 기조로 시술을 한다는 것을 명심하자.

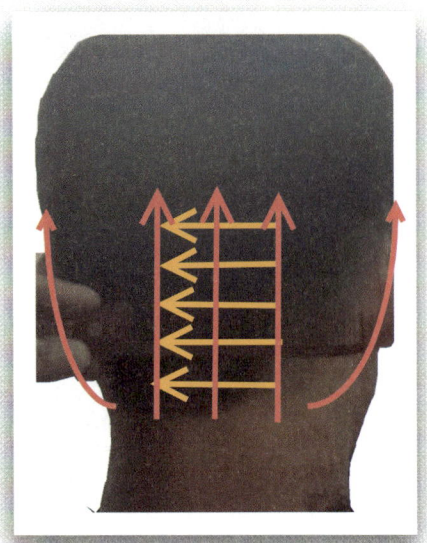

후두부 베이스라인에서 클리퍼나 가위의 시술을 시작하여 시수라인까지 시술을 하여주면 사진에서처럼 빗이 차분히 밑에서 모발을 절삭을 하면서 위로 올라가면서 위의 모발들을 절삭을 하기 위해서 빗이 수평적인 기조로 올라가야한다는 것을 명심하자.

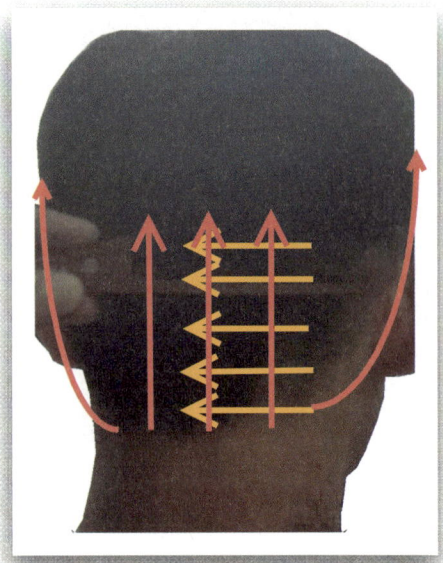

앞서의 사진의 빗의 위치와 위의 사진의 빗의 위치가 다른 이유는 앞서도 서술을 하였듯이 시술을 밑에서 시작하여 시술라인까지 올라가면서 모발을 절삭을 한다고 앞서도 서술을 하였었다.

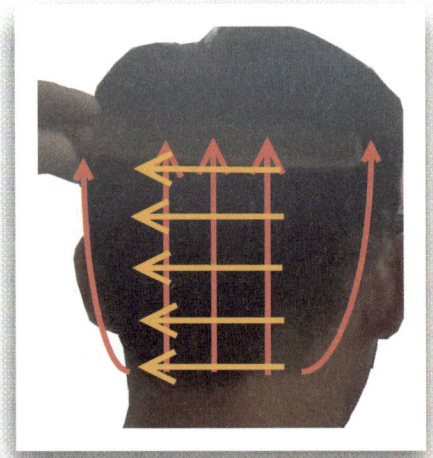

앞서의 사진의 빗의 위치와 지금의 사진의 빗의 위치는 형식적인 자세를 의미하는 것이니 의미를 두지 말고 밑 부분에서 클리퍼나 가위로 시술을 하여 올라오면 시술라인까지 클리퍼나 가위로 시술을 하여주면서 포물선적인 기조로 시술을 한다는 것을 명심하여 시술하여준다.

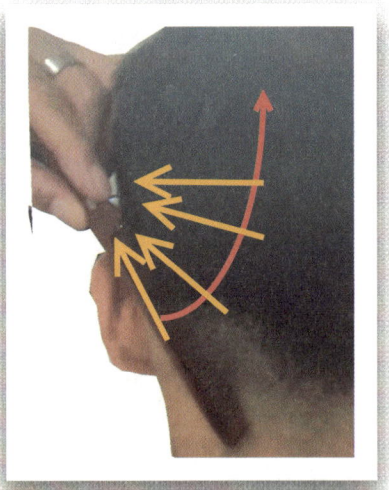

좌측 귀 뒤 사이드의 부분을 시술을 하여 줄때에는 사진에서처럼 빗을 잡은 손이 위의 부분에 위치하여 주고 빗발을 사이드부분의 베이스라인에 맞추어 빗발을 모발사이로 들어가면서 빗등은 베이스라인에 붙여주고 빗발을 세우면서 모발도 같이 세워주어 모발의 각도를 정각도로 하여준다.

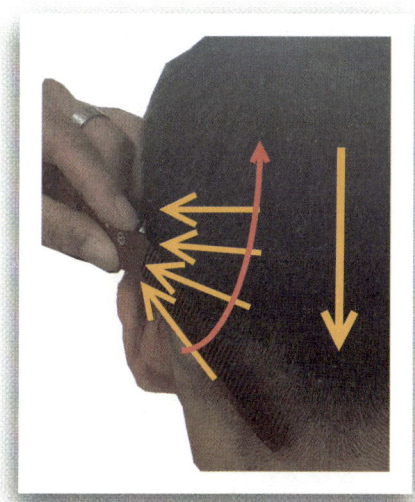

귀 뒤 사이드 부분에 빗을 붙여 빗발을 세워주면서 모발도 같이 세워 모발을 정각도로 세워주면서 노란색 화살표 방향으로 빗을 수평적인 기조로 만들어주면서 클리퍼나 가위의 시술을 하여 앞서 잘린 모발 길이에 잘리지 않은 모발을 같이 절삭을 하여 같은 길이의 모발을 만들어준다.

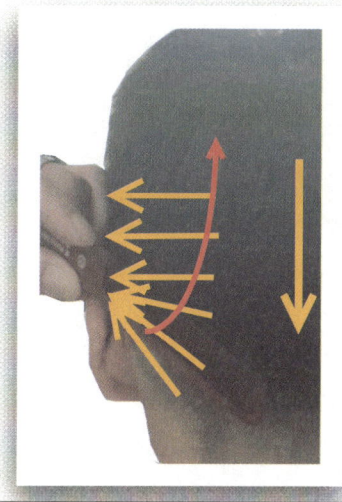

앞서도 서술하였지만 시술의 방법은 어느 곳이나 똑같다고 하였다. 단지 시술을 할 위치만 바뀐다고 하였는데 빗의 위치를 정확하게 베이스라인에 붙여주고 빗을 수평적인 기조로 만들어주면서 모발을 절삭하여 올라간다는 것은 모두 같은 방법의 시술을 유지하여준다.

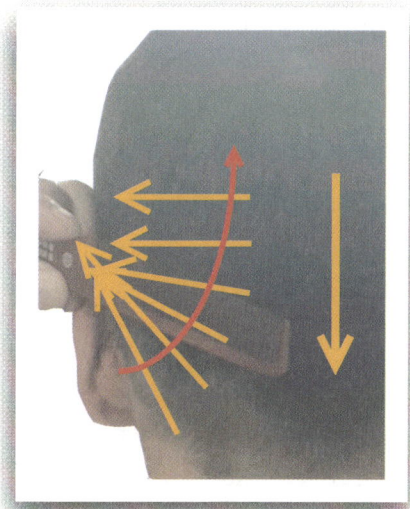

우측면에서 클리퍼나 가위의 시술을 하여 줄때에는 빗을 잡은 손의 위치가 밑에서 자리하여 순으로 빗을 들면서 시술을 하였다면 좌측면에서는 손이 위에 위치를 하고 빗으로 모발을 세워주면서 시술을 한다는 것이 다를 뿐이다.

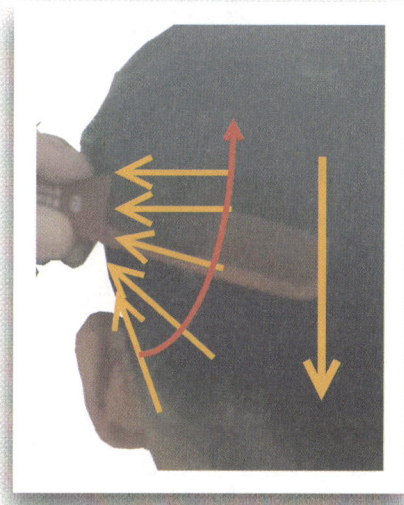

해서 클리퍼의 시술이나 가위로 싱글링 시술을 할 때에도 빗의 위치를 정확하게 하지 않으면 모발의 절삭이 제대로 이루어지지 않아 모발을 절삭을 하여도 지저분한 모양이 만들어진다. 해서 시술을 하여 줄때에는 모발을 정각도로 세워주면서 시술을 하여주어야 올바른 시술이 된다는 것을 명심하고 시술토록 한다.

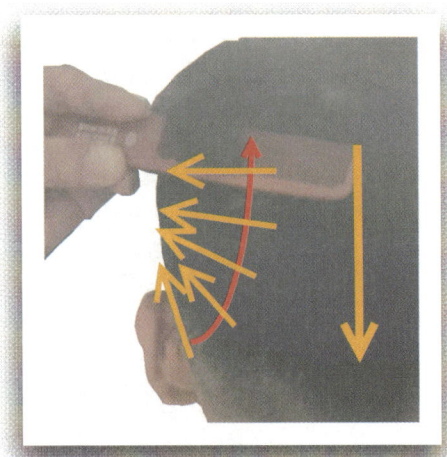

시술은 하기 전부터 형태의 모양과 모발의 흐름을 염두에 두고 시술을 하여주어야한다. 모발은 자르는 것이 능사가 아니고 무엇을 잘라서 연결을 어떻게 부드럽게 하여주느냐를 알면서 시술을 하여야 할 것이다.

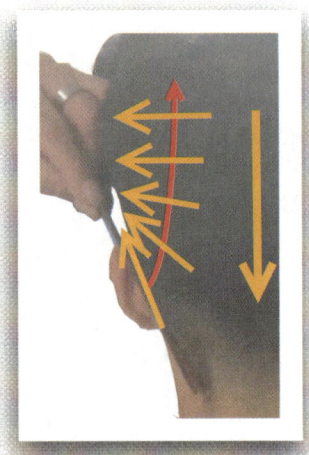

클리퍼나 가위의 시술 방법은 언제나 똑같다는 것이다. 빗이 사선으로 위치해있을 때에는 사선에서 시술을 같이 하여주고 빗이 수평에 위치해있을 때에는 수평적으로 시술을 하여주는데 빗과 클리퍼 빗과 가위는 하나의 가족처럼 움직여야한다는 것이다.

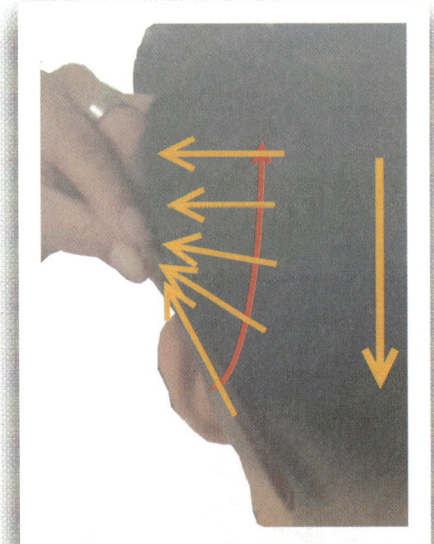

좌측면의 귀 뒤 부분에도 빗이 들어갈 때에도 빗은 사선적인 기조로 들어가면서 빗발을 모발사이로 집어넣어 빗면은 베이스라인에 붙여주고 빗발을 세워주면서 모발도 같이 정각도로 세워주어 클리퍼나 가위의 시술을 하여주는데 노란색 화살표의 방향으로 시술을 하여주면서 수평적인 기조로 빗의 위치를 잡아준다.

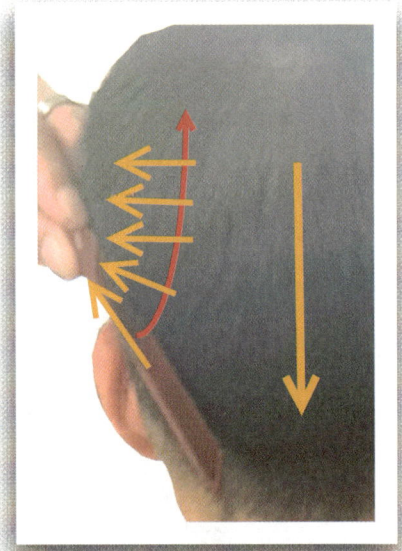

시술을 하여 줄때에는 베이스라인의 시술이 깨끗하게 시술이 되어있어야 산뜻한 마무리를 할 수 있다. 물론 위에서 아래로 내려오는 모발의 흐름이나 옆으로 흘러가는 면의 상태도 깨끗하게 모발이 절삭되어 자연스러운 모발의 흐름을 만들어 주어야 한다는 것도 당연한 시술의 결과물일 것이다.

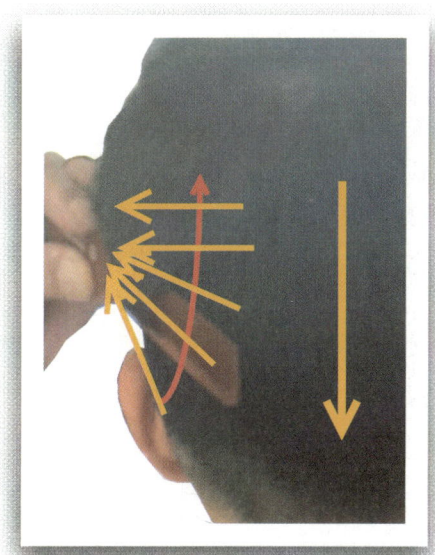

밑 부분의 모발을 시술을 하고나면 천천히 빗으로 모발을 잡아 세우면서 클리퍼나 가위의 시술을 하여주는데 모발을 빗발에 걸쳐 세워주면서 포물선적인 두상의 형상대로 시술을 하여주면서 모발을 절삭하여주어 자연스러운 그라데이션의 모양으로 시술하여 만들어준다.

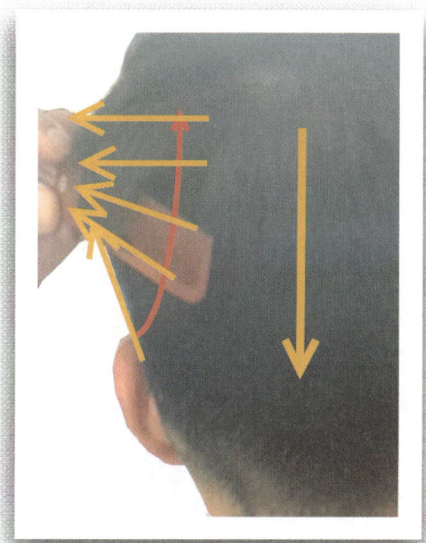

클리퍼나 가위의 시술을 하여 줄때에는 모발의 연결성을 보고 클리퍼나 가위로 부드럽고 천천히 모발을 절삭하여 주어야하고 모발의 흐름에 따라 모나지 않게 절삭을 하여 자연스러운 모발흐름을 만들어 시술을 한다는 것을 명심하여 시술토록 한다.

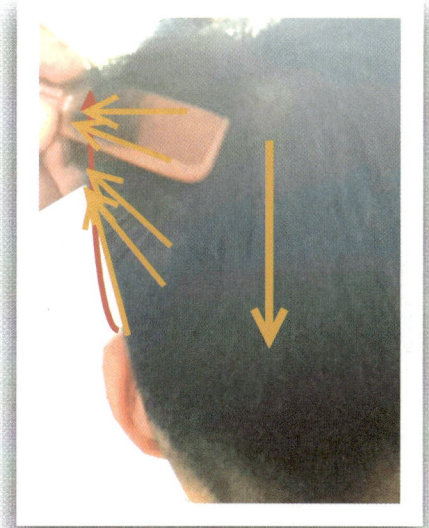

모발이 짧은 경우는 사진의 빗의 위치보다 더 높게 시술이 되는 경우도 생길 수 있다는 것이다. 일반적으로 손님의 모발이 천정부가 짧으면 아래 부분의 모발 길이는 더 짧다는 것을 명심하자.

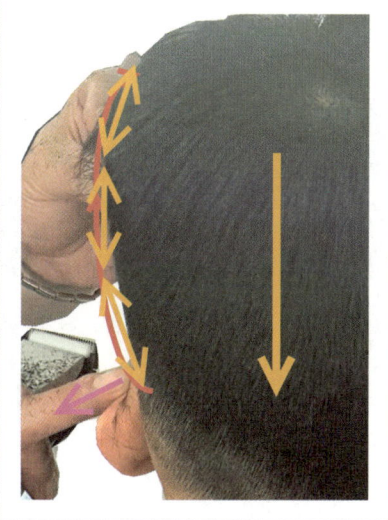

좌측면부의 귀 위의 부분도 빗은 귀 위 베이스라인에 붙여주고 빗발을 세워주면서 모발도 같이 세워 정각도로 만들어주면서 클리퍼나 가위의 시술을 하여도 사진의 화살표처럼 포물선적인 기조로 시술을 하여준다.

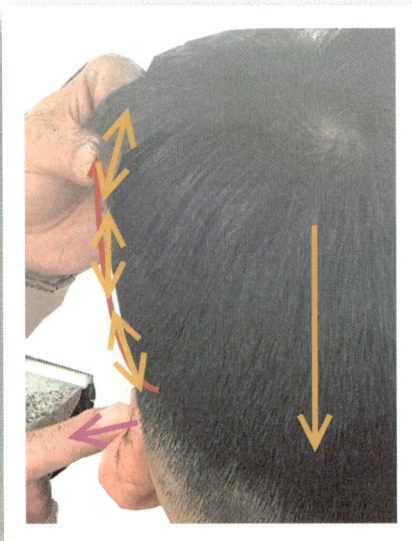
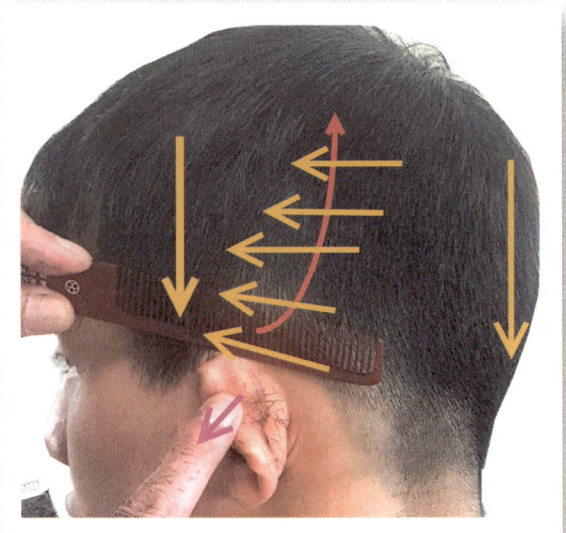

빗을 잡고 있는 왼손은 힘으로 빗을 잡으려고 하지 말고 부드럽게 빗을 잡아주어 클리퍼나 가위의 시술을 하게끔 모발을 절삭할 양을 정해주는데 클리퍼나 가위를 시술을 하여 줄때에는 빗에 때리듯이 하는 것이 아니고 스치듯이 하여주어야한다.

빗을 잡고 있는 손은 부드러움으로 잡고 있기 때문에 클리퍼나 가위의 시술을 하여 줄때에는 스치듯이 빗면에 대어주어야한다고 하였는데 이유는 모발을 빗발로 잡고 있어서 때리듯이 하면 모발의 면을 파먹을 수 있으니 조심하라는 의미라고 생각하면 될 것이다. 좌측 귀부분의 시술역시 왼손 손가락으로 귀를 내려 붙여주고 빗을 귀 부분의 베이스라인에 빗발을 넣어준다.

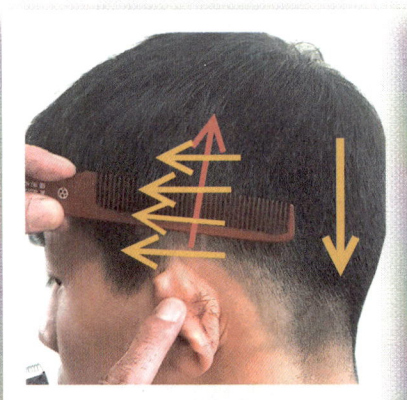
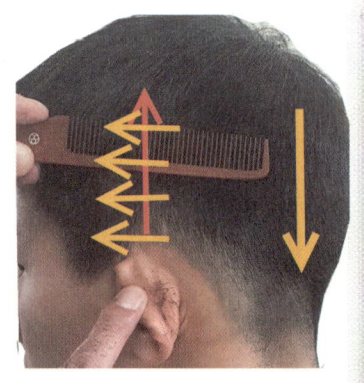
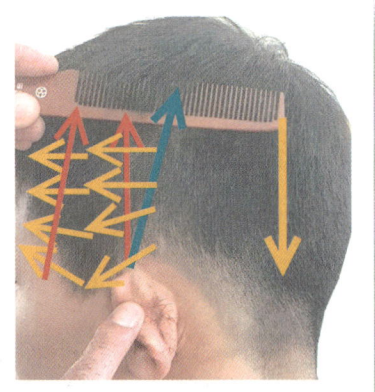

그런 후 빗발을 세워주면서 모발도 같이 세워 정각도로 만들어주면서 사진처럼 시술을 하여주는데 빗의 자세는 수평적인 기조를 유지하면서 두상의 형상인 포물선의 기조로 시술을 아래에서 위로 시술하여 올라간다.

귀 앞부분의 부분도 빗발을 세워주면서 모발도 같이 세워 정각도로 만들어주면서 사진처럼 시술을 하여주는데 빗의 자세는 수평적인 기조를 유지하면서 두상의 형상인 포물선의 기조로 시술을 아래에서 위로 시술하여 올라간다.

좌측면부 앞머리부분의 시술도 같은 방법인 빗발을 세워주면서 모발도 같이 세워 정각도로 만들어주면서 사진처럼 시술을 하여주는데 빗의 자세는 수평적인 기조를 유지하면서 두상의 형상인 포물선의 기조로 시술을 아래에서 위로 시술하여 올라간다.

* 클리퍼 시술 방법

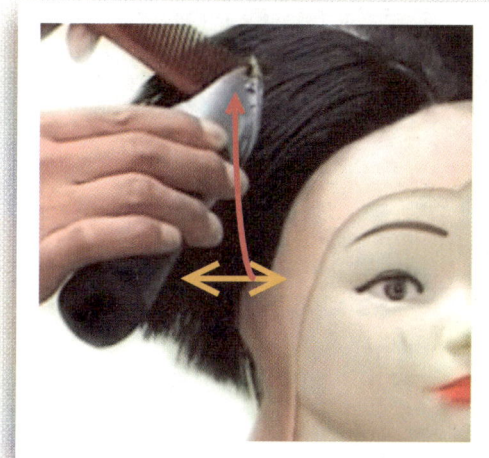

클리퍼 시술의 시작은 오른손잡이는 오른쪽에서 시술을 하여주는 것이 맞고 왼손잡이는 왼쪽에서 시술을 하여주는 것이 정석이다. 사진에서처럼 노란색 실선을 시작으로 클리퍼 시술을 시작하여 빨강색 화살표 방향으로 시술을 하여올라가는데 포물선의 기조로 시술을 하여 시술라인까지 올라간다.

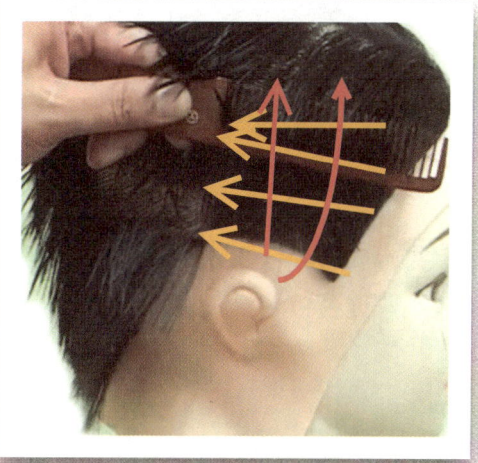

귀 위의 베이스라인으로 시술을 시작하여 사전으로 위치해있는 빗을 수평적인 기조로 만들어주면서 시술을 하여 올라가며 앞서도 서술하였듯이 포물선의 기조로 시술을 하여준다.

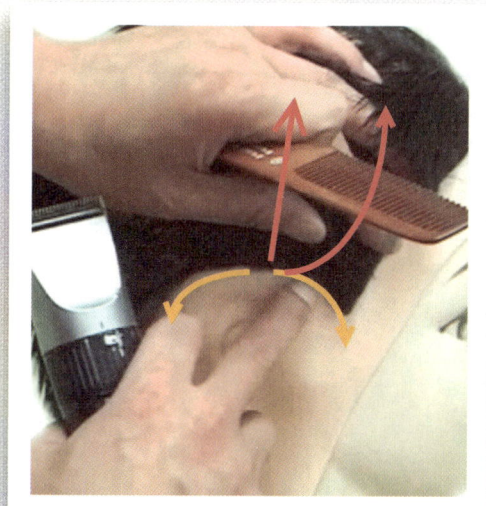

사진에서처럼 손이 위치해있는 귀 앞의 베이스라인 밑에 빗발과 빗 몸의 경계선부분을 붙여주고 빗발을 세워 모발을 정각도로 하여주면서 클리퍼의 시술을 하여준다.

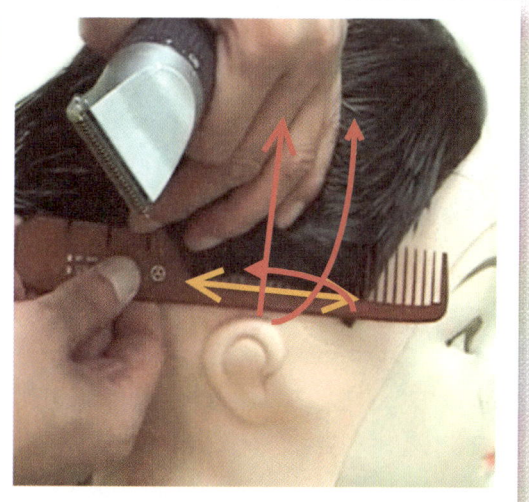

사진에서 보듯이 귀 위 부분의 베이스라인에 빗을 붙여주는데 빗등과 빗발 사이에 있는 경계선에 베이스라인의 모발을 빗발로 잡아내어 주는 것이 기본적인 베이스라인에 빗을 붙이는 방법이다.

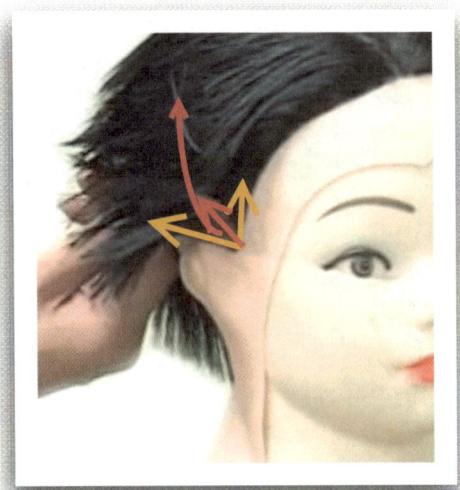

사진에서처럼 아래에 있는 노란색 화살표처럼 빗을 붙여주고 빨강색 실선 화살표처럼 세워주면서 모발도 같이 정각도로 세워주어 빨강색 화살표 방향으로 클리퍼 시술을 포물선적 기조로 시술하여준다.

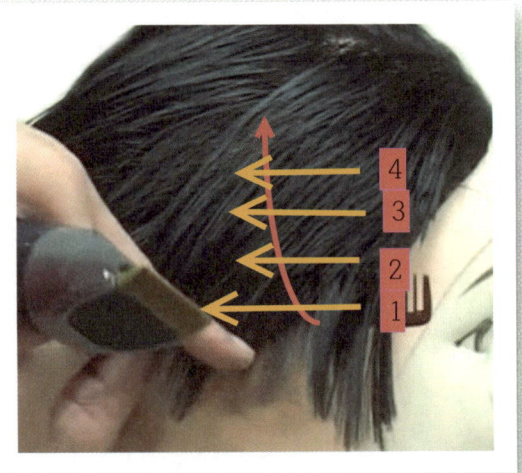

빗으로 모발을 잡아내어 시술하여 줄때에는 수평적인 기조로 만들어주는 것이 맞는 방법인데 빗이 사선적인 기조로 시술이 되어 진다면 수평적인 기조로 만들어서 시술을 해야 한다고 앞서도 서술을 하였었다. 클리퍼의 시술 시에는 사진의 순번대로 아래에서 위의 방향으로 시술을 하여 모발의 흐름을 자연스럽게 흘러내리는 흐름을 만들어준다.

해서 순번대로 클리퍼 시술을 끊어서 하여도 상관없겠지만 수평적인 기조에 맞추어 빗으로 모발을 뿌리에서부터 잡아내면서 시술을 하지 말고 빗이 평선에 맞게 하여 모발을 정각도로 세워주면서 클리퍼시술을 하여야 모발의 흐름을 자연스럽게 연출할 수 있다.

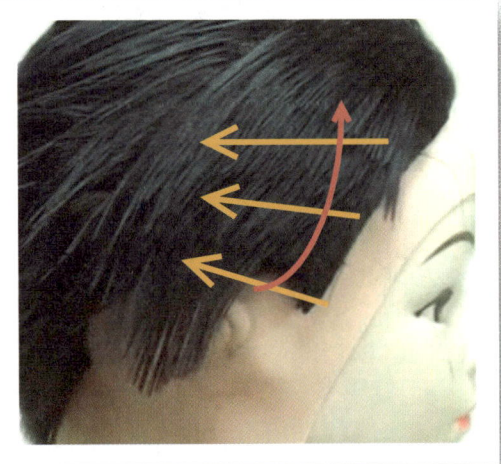

앞에서도 서술을 하였듯이 빗발로 모발을 뿌리에서부터 잡아내어 절삭을 하게 되면 모발이 단면으로 절삭이 되어 뜨는 현상을 만든다는 것이다. 모발을 절삭 할 때에는 포물선적 기조로 시술이 되어야 두상의 형상에 맞게 시술이 되는데 앞의 방식으로 시술이 되면 뜨는 현상을 만든다고 위에서도 서술하였다.

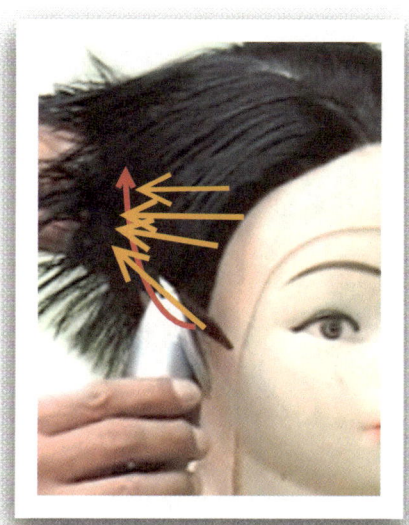

클리퍼 시술의 시작은 앞서도 서술하였듯이 베이스라인의 부분이라고 하였다. 시술은 시작을 하여야 마무리를 할 수 있는데 빗을 잡은 손은 홍시를 잡고 있다는 기분으로 빗을 부드럽게 잡아 모발라인을 따라 클리퍼 시술되어 올라가면 포물선적 기조로 시술된다는 것을 명심하자.

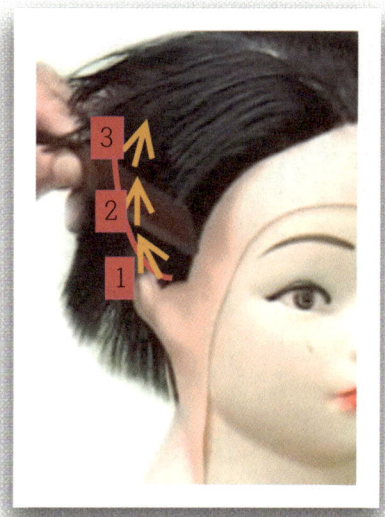

클리퍼의 시술을 시작하면 1번의 시술을 하고나면 빗이 올라가면서 2번의 모발부분을 절삭을 연결해서 하여주고 2번의 시술을 하고나면 3번 모발부분을 절삭을 연결해서 시술을 하여주는데 1번의 화살표는 좌측으로 사선이 되어있고 2번은 수직을 이루고 있다. 3번은 우측으로 사선이 되어있는데 이렇게 포물선적 기조로 모발을 절삭을 한다.

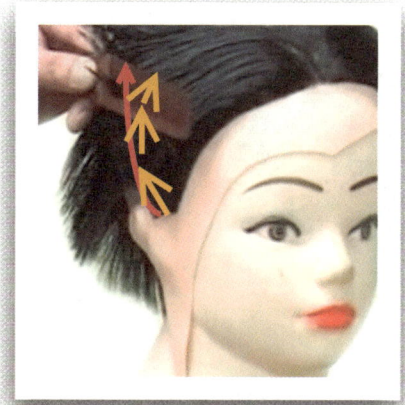

위의 사진은 빗이 2번 위치에 있는 장면인데 1번에 비해 2번은 시술자의 자세에서 수직인 빗이 평행을 이루고 있어야한다. 물론 클리퍼의 시술이 여러분들한테는 3~4번 정도의 시술로 하나의 면을 정리할 수 없겠지만 시술의 상황을 해설하는 것이니 이해하고 클리퍼의 시술 시에는 평균 6~7회 정도의 시술을 하여야 하나의 구획을 정리할 수 있다.

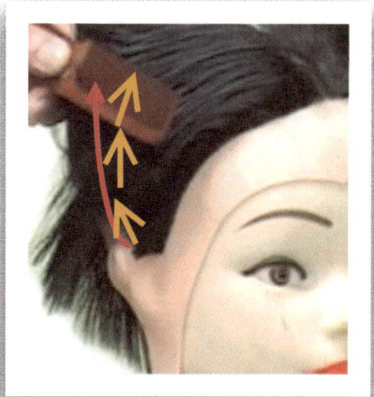

3번의 위치에 빗이 자리를 잡고 있는데 1번에 비해 빗의 위치가 반대의 형태를 가지고 있는 것을 볼 수 있다.이렇듯 클리퍼의 시술이나 가위의 시술도 아래 부분인 베이스라인에서 시술을 시작하여 위로 올라가면서 시술을 한다는 것을 명심하자.

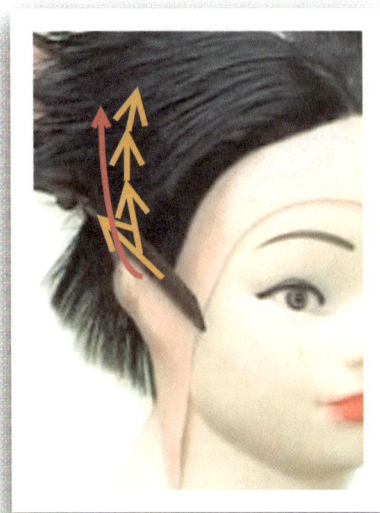

클리퍼 시술을 하여줄 때 밑의 모발부터 시술을 시작 할 때에는 사진의 빗 자세처럼 빗 몸은 베이스라인에 붙어있고 빗발만 세워져있는 것을 볼 수 있다. 빗발이 사지처럼 세워져있으면 베이스라인의 모발을 정확하게 한번 에 시술을 하여 깨끗하게 시술을 하여줄 수 있다.

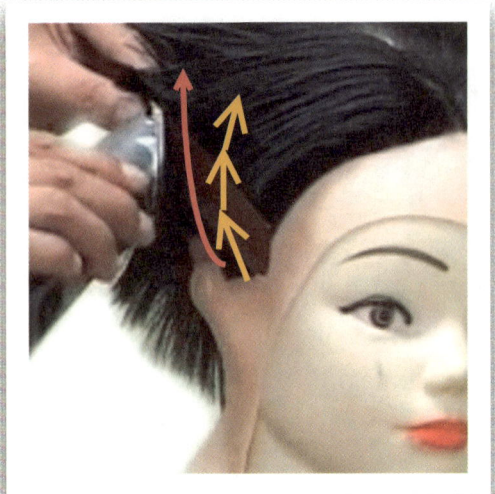

몇 장의 사진이지만 많은 사진을 삽입을 할 수 없어 여러 번에 걸쳐 해설을 하고 있지만 사각지대부분에서 베이스라인까지는 모든 사람들의 두상의 형상이 같은 모양을 가지고 있다는 것이다. 남자의 두상이나 여자의 두상이나 같은 형상을 가지고 있으며 같은 모발 구조를 가지고 있다는 것이다. 단 남자의 모발은 짧은 형이고 여자의 모발은 긴 형이라는 것이다.

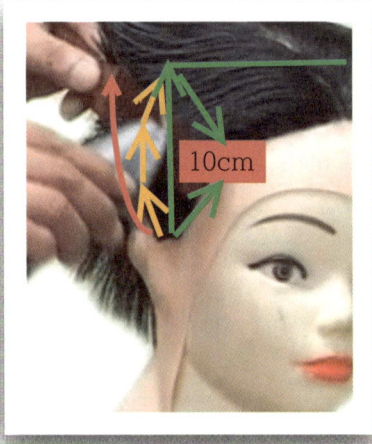

측면부의 구획은 밑에서부터 사각지대의 부분까지 10cm 정도의 폭을 가지고 있는데 1cm에 한번 씩 시술을 하여도 스포츠커트 같은 경우에는 10번의 클리퍼 시술을 하겠지만 기본커트 같은 경우에는 3~4번 정도의 시술을 하게 된다. 측면의 모발이 짧으면 짧을수록 클리퍼의 시술은 늘어나게 된다.

위의 사진은 빗발로 모발을 중간에서 시술라인을 잡아서 하는 방법인데 모발을 뿌리에서부터 모발을 잡아내어 절삭하는 방법이다. 이렇게 모발들이 절삭이 되면 앞서도 서술을 하였지만 턱이지는 모양으로 단면으로 모발들이 절삭이 된다는 것이다. 해서 뜨는 모발이 만들어지는 방식이니 올바른 방식이 아니라고 할 수 있다.

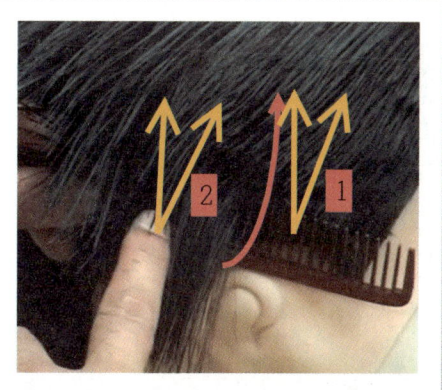

클리퍼 시술을 하여 1번 구획을 시술을 하고나면 2번의 구획으로 시술을 연결하여 클리퍼 시술하는데 1번 구획은 잘린 모발이고 2번 구획은 잘리지 않은 모발인데 빗발에 잘린 모발과 잘리지 않은 모발을 같이 잡아내어 잘리지 않은 모발을 잘린 모발과 같이 클리퍼로 절삭을 하면 잘린 모발과 잘리지 않은 모발이 같은 길이가 되는 형태로 시술하여준다.

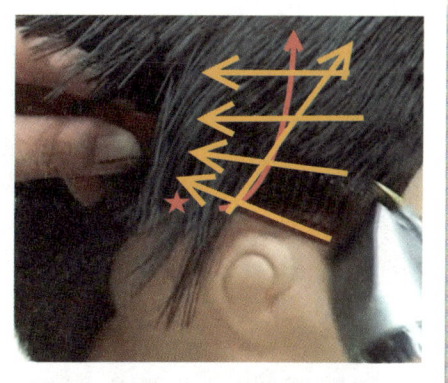

이때 주의 할 점은 빗발에 걸려나온 모발을 전부 절삭을 하는 것이 아니고 사진의 (*)표 부분인 살이 보이는 부분까지만 클리퍼 시술을 하여야 한다는 것이다. (*)표의 곳이 아닌 손이 있는 부분까지 시술을 하게 되면 귀 뒤의 부분을 파먹을 수 있으니 시술을 하여 줄때에는 안전함을 필요로 하여 시술토록 한다.

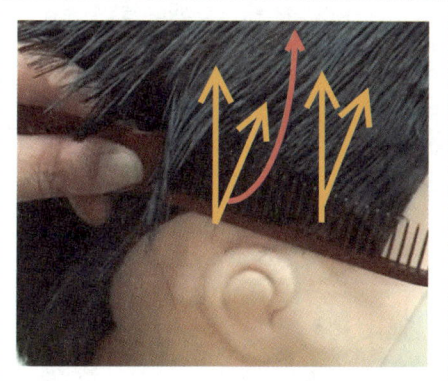

사진에서처럼 클리퍼의 시술을 하여 줄때에 살이 보이는 부분까지만 클리퍼의 시술을 하면 귀 귀의 모양을 연결해서 시술을 용이하게 할 수 있다.

앞 사진처럼 클리퍼의 시술을 포물선적 기조로 하고나면 사진의 노란색 화살표의 방향처럼 두상의 형상으로 모발들이 절삭이 되어 자연스러운 모발이 흐름을 만들 수 있다는 것이다.

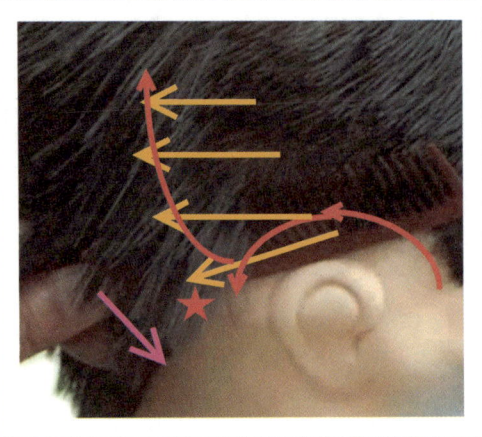 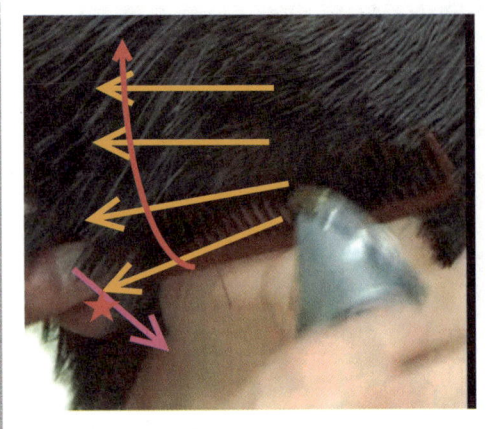

귀 위의 클리퍼 시술을 하고나면 귀 뒤의 부분으로 시술을 연결해서 하여주는데 베이스라인에 빗을 붙여 빗발을 세워주면서 베이스라인의 모발도 같이 정각도로 세워준다. 그런 후 클리퍼의 날을 빗면에 붙여 시술을 하여주는데 이때 (*)표의 부분인 살이 보이는 부분까지만 시술을 하여준다.

빗발은 베이스라인에 붙여준 상태에서 빗 손잡이를 자주색 화살표 방향으로 당기듯이 하여주면 귀 뒤의 모발들이 귀 앞으로 나오는데 이렇게 모발을 정각도로 잡아내어 절삭을 하면 모발의 연결성을 빨리 볼 수 있어서 시술을 하는데에 용이할 수 있다.

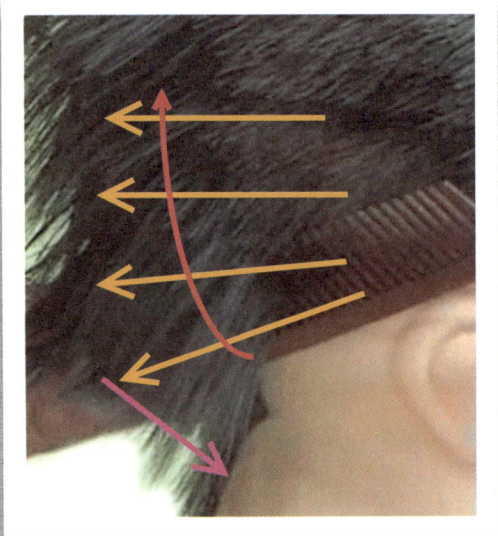 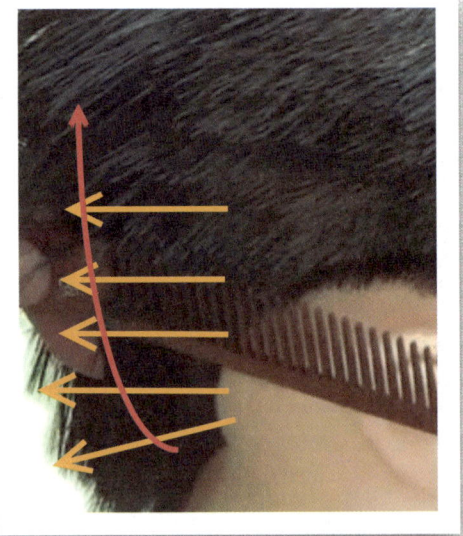

귀 뒤의 부분을 시술을 하고나면 귀 뒤 사이드 부분으로 시술을 연결해서 하여주는데 빗을 사이드 부분의 사선적인 요소로 붙여주어 모발을 절삭하여 사이드부분의 형태대로 라인을 시술하여준다.

귀 뒤 사이드부분의 시술을 하고나면 후두부 밑 부분으로 시술을 연결해서 하여주는데 앞서 서술하였던 것처럼 빗을 수평으로 만들어주어 빗과 클리퍼로 밑에서 위로 시술을 하여 올라가는데 포물선의 기조로 시술을 한다는 것을 잊지 말고 시술하여준다.

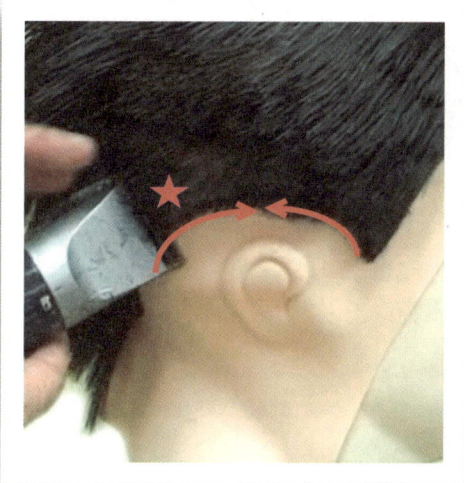

측면부의 시술을 끝나고 나면 클리퍼의 날로 베이스라인의 모양을 정리하여주는데 사진에서처럼 클리퍼의 날을 세워주어 **빨강색** 화살표 방향 따라 베이스라인의 형태를 정리하여주는데 포물선을 그리면서 라인을 정리하여준다.

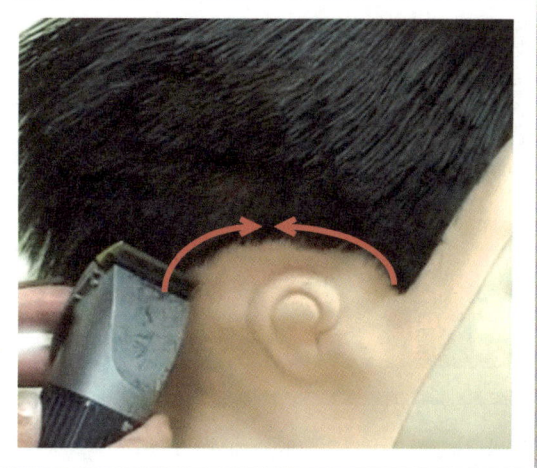

귀 뒤에서 시술을 하여 줄때에는 전 사진처럼 클리퍼의 날이 모발 속으로 들어가게 되면 측면의 베이스라인은 더 짧아지는 경우가 만들어질 수 있기 때문에 위의 사진처럼 클리퍼의 날을 밖으로 세워주면서 **빨강색** 화살표 방향으로 베이스라인의 잔털만 시술을 하여 깨끗하게 정리하여준다.

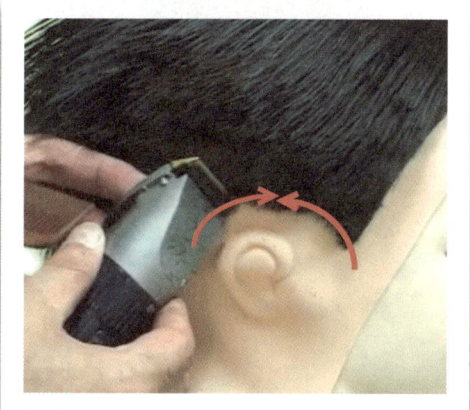

앞서도 서술하였지만 클리퍼의 날이 모발 속으로 들어가서 시술이 않된다고 하였다. 클리퍼의 날이 베이스라인에 맞추어 시술을 하여 정리를 하여주어야 깨끗한 모양을 만들 수 있다는 것을 명심하고 시술토록 한다.

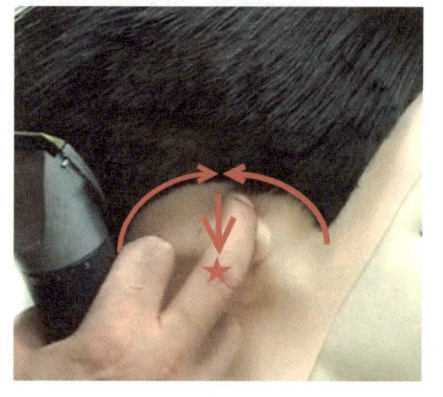

측면부의 베이스라인 정리를 클리퍼의 날로 시술을 하여 정리를 하면 모발의 흐름에 따라 잘리지 않고 남아있는 모발들이 있기 마련인데 (*)표의 부분인 귀를 기점으로 귀 뒤 부분에서는 귀 위로 시술을 하여주고 귀 앞에서는 귀 위로 클리퍼 날로 시술을 하여 베이스라인을 깨끗하게 정리하여준다.

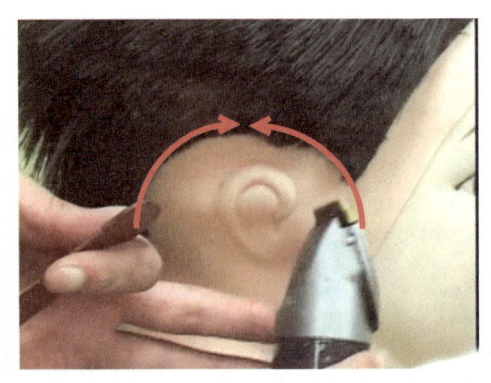

앞서 서술을 하였듯이 귀 앞에서 귀 위로 클리퍼의 날로 베이스라인의 정리를 하여 줄때에는 클리퍼의 날을 세워 시술 위치에 클리퍼의 날로 귀 앞에서 귀 위로 시술을 하여 베이스라인을 깨끗하게 정리하여준다.

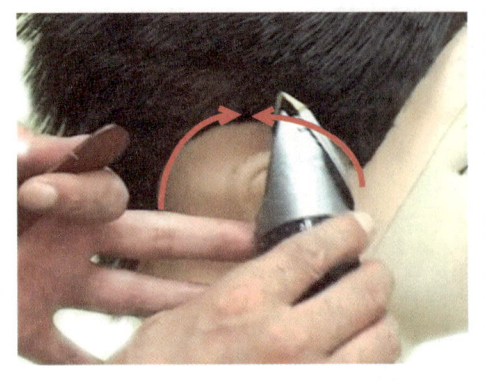

베이스라인의 정리를 하고나만 우측면부의 시술을 마무리하게 되는데 시술은 알고 나면 상당히 쉬운 것이다. 시술의 순서를 알고 시술의 방법을 알면 어떤 종류의 모발이라도 시술에 막히는 일은 없을 것이다. 단 시술의 순서나 방법을 언제나 머릿속으로 인지하면서 시술을 하여준다는 것을 명심하자.

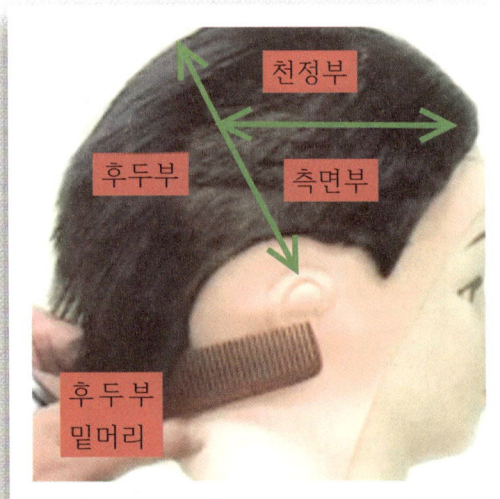

두상의 구획은 사진에서처럼 이어 포인트에서 골든 포인트까지 선을 그어놓고 측면부의 사각지대부분을 평선을 그어놓으면 밑에 부분은 측면부의 구획이고 위의 부분은 천정부의 구획이다. 그리고 후두부의 구획이 제일 큰 부분을 차지하는데 이 부분은 클리퍼나 가위의 시술을 하게 되더라도 시술을 안정적으로 할 수 있는 부분이라고 할 수 있다.

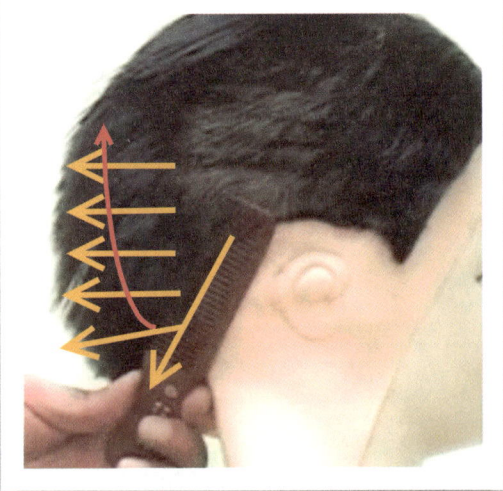

사실 시술은 귀의 부분이 제일 까다로움을 가지고 있다는 것이다. 귀는 요철을 가지고 있기 때문에 시술에 어려움을 많이 주게 된다. 그리고 귀 뒤의 부분에는 양쪽으로 요철을 가지고 있어서 이 부분의 시술이 잘못되면 그 부분 밑에는 전체적으로 더 짧아져야 하기 때문에 어려운 부분이 많다고 할 수 있다. 사진에서처럼 사이드의 부분은 빗을 베이스라인에 맞추어 한번에 절삭을 하면 깨끗하게 시술이 된다.

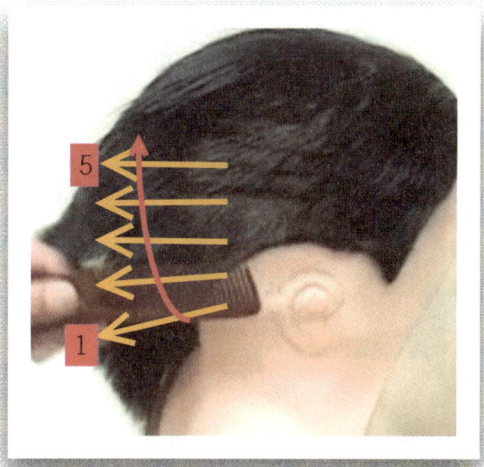

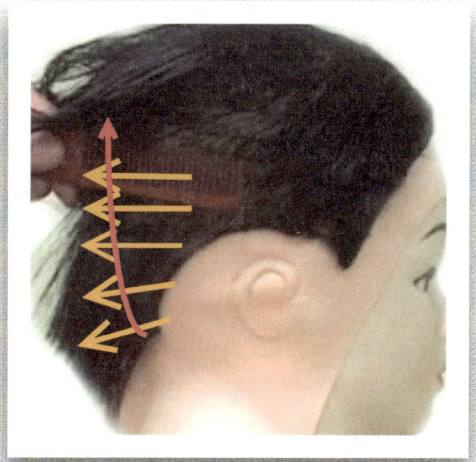

사진에서처럼 1번의 시술은 후두부 밑 부분에서 시술을 시작하여 위로 올라가는데 2번의 부분부터는 화살표 방향으로 클리퍼의 시술을 하여 5번까지 시술을 연결하여준다. 앞서도 서술을 하였지만 클리퍼의 시술은 한번이나 몇 번에 시술이 되는 것이 아니고 1cm에 한번 씩 시술을 한다고 하면 시술라인까지의 길이가 시술횟수가 될 수도 있으니 조심하여 천천히 시술하여준다.

후두부의 시술을 하여 줄때에는 모발의 절삭을 정각도에서 시술을 하여주어야한다는 것이 중요하다. 우측면부의 모발들은 대부분 후두부의 방향으로 쏠려있는 경우가 많다. 그럴 경우에는 빗으로 모발을 우측으로 밀듯이 하여 시술을 하여주면 모발이 절삭이 될 때에는 정각도에서 잘린다는 것이다.

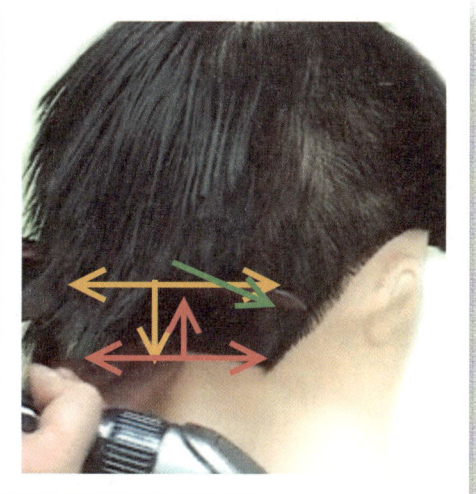

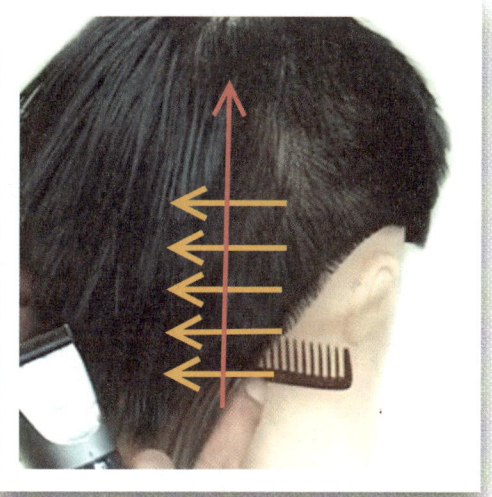

후두부의 클리퍼 시술을 하여 줄때에는 사진에서처럼 빗이 연두색 방향처럼 중앙에서 들어가 모발을 잡아 절삭이 되면서 노란색 화살표 방향으로 절삭이 되면 않된다고 앞서도 서술하였다. 모발을 절삭을 하여 줄때에는 빨강색 화살표처럼 밑에서 위로 시술을 하여 포물선의 기조로 시술이 되어야 모발의 흐름을 자연스럽게 할 수 있다고 하였다.

이렇듯 모발이 천정부에서 밑으로 흘러내리는 상황인데 빗이 모발사이로 들어가서 빗을 붙여주고 빗발을 세워주면서 모발도 같이 세워 정각도로 만들어준 후 천정부에서 흘러내려오는 시술라인에 빗발을 맞추어주면서 클리퍼로 빗면에 붙여 밑에서 위로 시술하여 올라가는데 포물선의 기조로 시술하여준다.

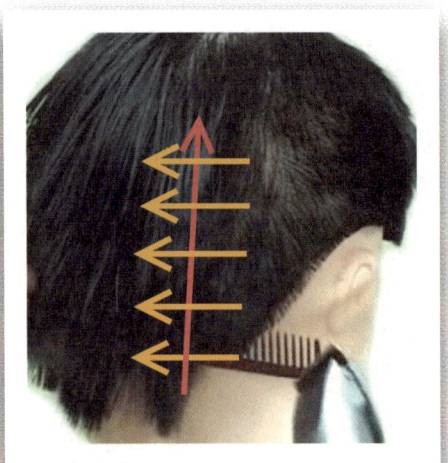

이렇듯 잘린 모발길이에 잘리지 않은 모발을 같이 절삭하여주면 서 후두부 밑 부분의 모발부터 빗으로 모발을 잡아내어 포물선을 그리면서 시술라인까지 시술하여 올라간다.

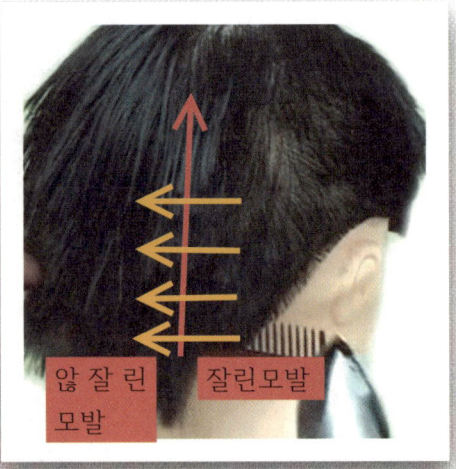

모발을 절삭 할 때에는 사진에서처럼 잘린 모발과 잘리지 않은 모발을 같이 절삭을 하여준다고 앞서도 서술을 하였었다. 모발을 절삭을 하여 줄때에는 모발의 연결성을 잘 보아 시술을 하여준다고 하였다. 시술이 온전히 이루어져야 모발의 흐름이 자연스러워 진다는 것을 인지하여 시술토록 한다.

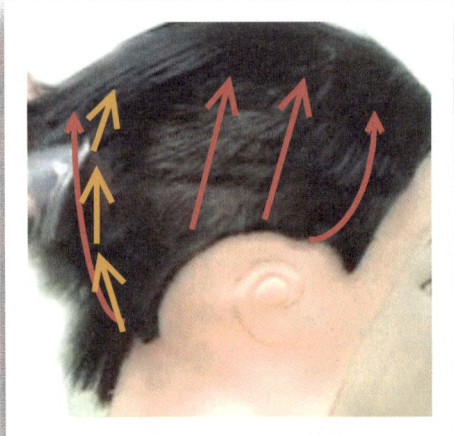

이렇듯 후두부의 절삭할 모발들을 사진에서처럼 밑머리부분에서 빗발을 세워 모발을 절삭을 시술라인까지 하면서 시술하여 올라가는데 면의 모양과 모발의 흐름 그리고 절삭을 무엇을 하는지 정확하게 보고 시술토록 한다.

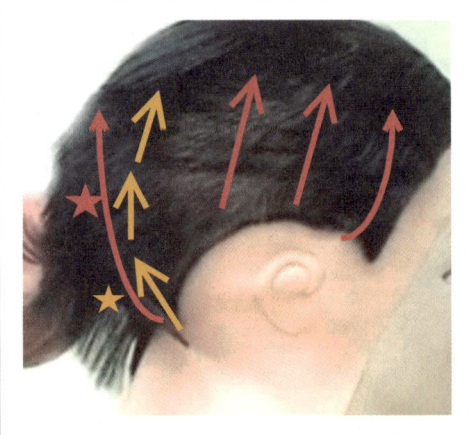

헤어스타일의 종류에 따라 빗이 포물선을 그리면서 올라가는 데에 있어서 긴 머리 형태의 스타일은 노란색의 (*)표 부분에서 시술라인이 마무리 할 수 있고 빨강색의 (*)표 부분에서 시술라인이 정해져 마무리가 될 수도 있다 하지만 이 두 부분(*)표의 부분 외에 위의 부분에서 시술라인이 정해지는 건 스포츠의 형태나 아주 짧은 숏 컷의 경우 말고는 없다고 보면 될 것이다.

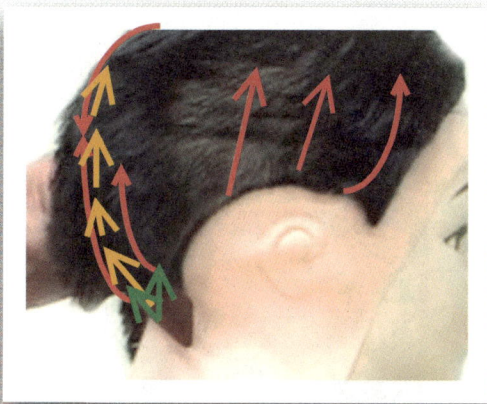

사진에서처럼 빗의 자세가 후두부 밑머리부분 베이스라인의 면에 붙어서 시술을 하게 되면 밑머리부분이 짧아지게 되어 전체적으로 짧은 형태의 스타일이 만들어지게 된다. 해서 짧은 형태의 스타일을 원하지 않는 손님이라면 이 부분에서 빗발을 세워 베이스라인부분을 절삭을 하여 스타일을 만들어야 안정적인 시술을 할 수 있다.

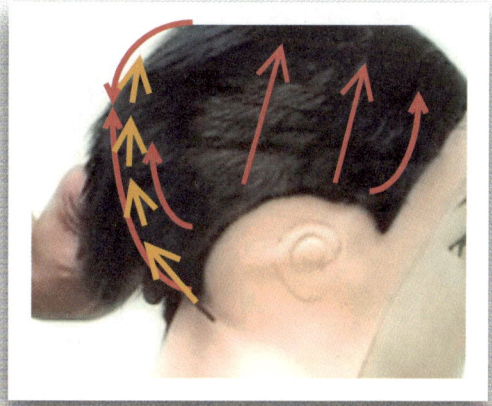

후두부 밑머리인 베이스라인에 빗이 사선에 붙어 있는 상태에서 빗발을 세워주면서 모발을 같이 세워 천정부에서 내려오는 전체라인을 보고 시술라인을 향해서 클리퍼 시술을 하여 올라가는데 빗을 진행하여 모발을 절삭을 하여 줄때에는 포물선을 그리면서 시술라인까지 시술하여간다는 것을 명심하자.

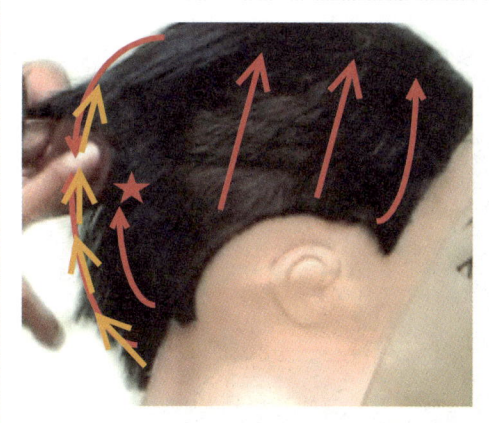

긴 상고형이나 기본 상고형의 후두부 중간부분의 (*)표 까지만 시술이 되는데 평균적으로 이곳이 시술라인을 형성을 한다. 후두부 베이스라인에서 이곳까지 시술을 하면 빗의 자세가 시술자와 같은 각도로 만들어지게 되는데 이때에는 정각도에서 10"정도 사진에서처럼 손님 쪽으로 돌려 올리면서 빗발에 걸려 나오는 모발을 절삭하여준다.

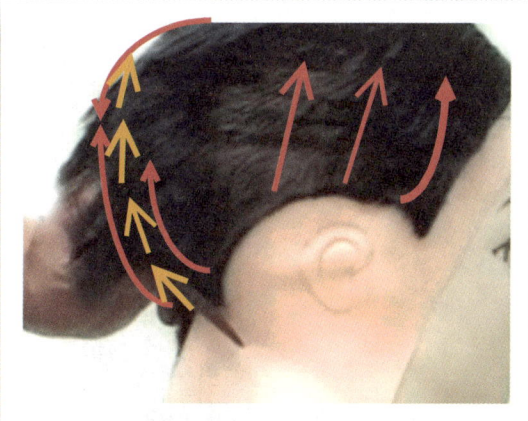

커트시술에서 기정커트 말고는 클리퍼의 시술이나 가위의 싱글링 시술이나 모든 시술은 밑 부분에서 위로 시술을 하여올라가는 것이 기본적인 커트의 정석이라고 할 수 있는데 그렇지 않고 위에서 아래로 시술을 하여주는 것은 여성커트에서는 할 수 있으나 남성커트에서는 모발이 짧은 형태이기 때문에 옳지 않은 방법이라고 할 수 있다.

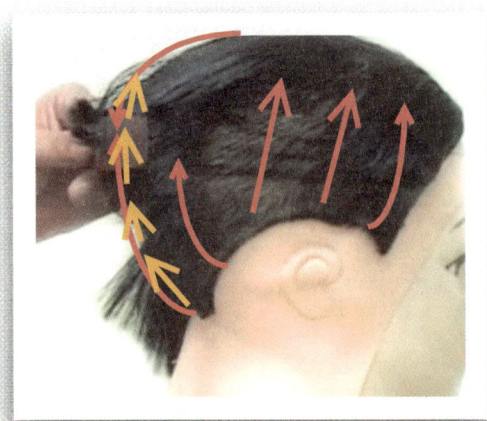

클리퍼 시술을 하여 줄때에는 밑머리부분에서 시술을 시작하여 시술라인까지 시술을 하여주는데 어디까지 시술을 하라고 저자가 정할 수는 없다. 손님들은 개개인의 취향이나 모질, 모류부분에 있어서 차이가 있기 때문에 시술자가 결정을 해서 시술을 하지 말고 손님의 의중대로 시술을 하여주어야 한다.

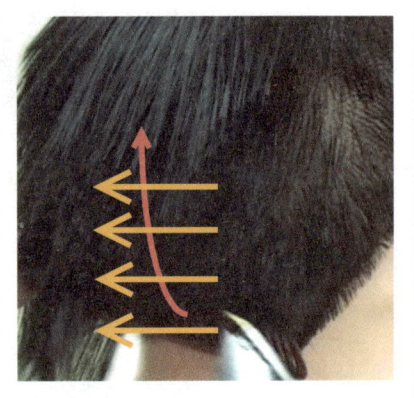

클리퍼의 시술을 하여 줄때에는 모발의 연결성이 중요하다고 앞서도 서술하였다. 잘린 모발에 길이에 잘리지 않은 모발을 같이 빗발에 걸쳐서 시술을 하여주면 같은 길이의 모발이 된다는 것을 명심하고 시술하여준다.

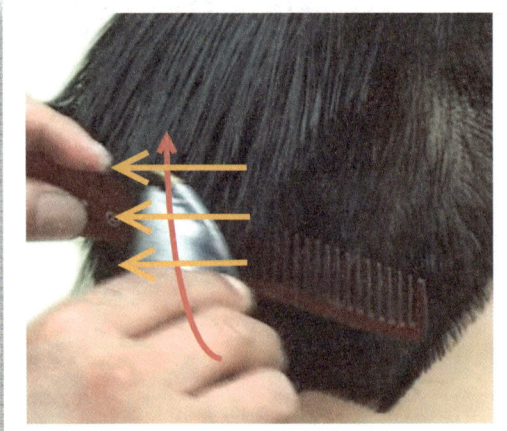

앞서도 서술을 하였듯이 클리퍼의 시술은 단순한 것 같으면서도 상당히 까다로운 시술 방법일수도 있다. 모발의 연결성을 본다는 것도 쉽지 않은 기술인데 쉽게 설명을 하자면 모발을 보는 방법은 세 가지의 방법이 있다. 한 가지는 면으로 보는 방법인데 시술을 하면 면의 명암으로 보는 방법이 한 가지고 두 번째는 라인으로 보는 방법인데 이건 모발이 천정부에서 흘러내려오는 모양으로 보는 것이다

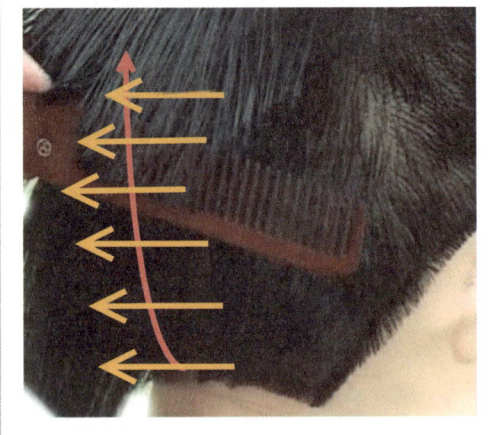

나머지 한 가지는 빛으로 보는 방법인데 이 부분은 빛의 밝기로 보아서 시술의 요점을 찾는 방법인데 초 고난도에 속하는 보는 기술이라 할 수 있다. 해서 시술은 보는 것을 잘 보아서 시술을 하여야 온전한 시술을 할 수 있다.

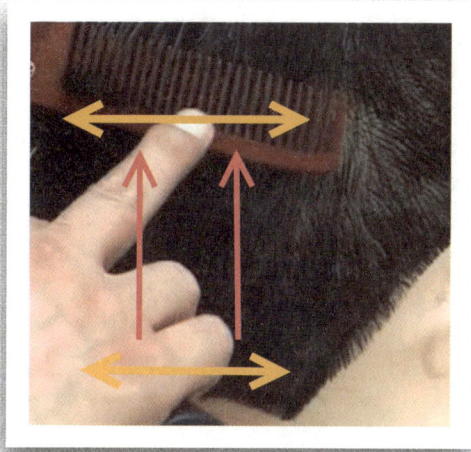

후두부는 클리퍼의 시술이나 가위의 싱글링의 시술시 빗의 진행 방향이 수평적인 기조로 시술이 되기 때문에 모발을 절삭하여 올라가는데 크게 어려움을 만들지 않는다. 하지만 모발의 연결성을 생각을 한다면 이 또한 어려운 부분인데 기술을 배우는 건 쉬우나 숙련까지는 상당한 시간이 소요된다.

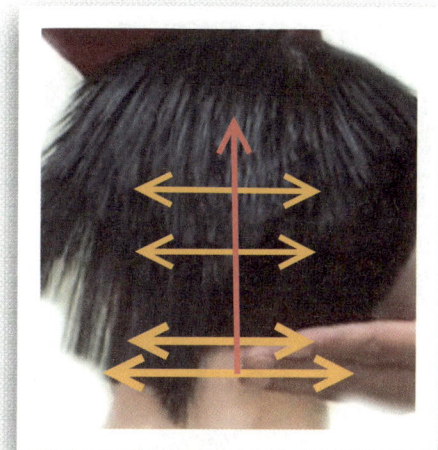

좌측 후두부 밑머리의 부분이나 우측 후두부 밑머리의 부분은 사진의 노란색 화살표처럼 평행적인 기조로 시술이 되어야한다. 모발을 절삭하기 위해서 빗이 모발 밑으로 들어갈 때에는 수평적인 기조로 들어가서 시술을 하여야 한다는 것을 명심하고 시술하여준다.

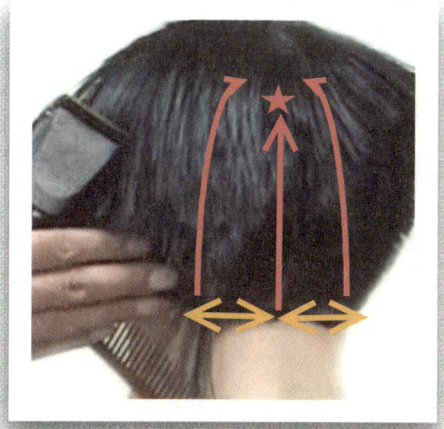

오른쪽 후두부 밑머리에서부터 시술을 하여 줄때에는 빗의 진해의 시작을 수평적인 기조를 시술을 한다고 앞서도 서술을 하였는데 (*)표의 부분은 가마를 향하여 빗을 진해시키면서 클리퍼의 시술을 하여준다. 그리고 왼쪽 후두부 밑머리에서 시술을 하여 빗을 진행할 때에도 (*)표의 부분을 향해서 시술을 진행하여준다.

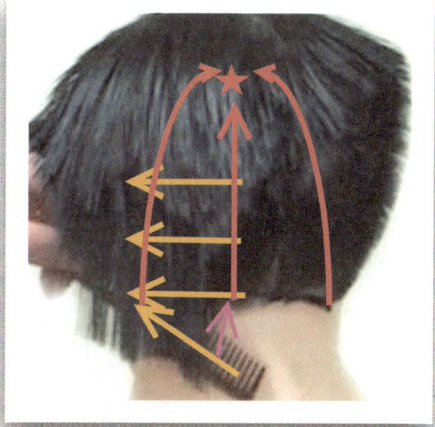

좌측 후두부 밑머리의 시술을 하여 줄때에는 사진에서처럼 빗이 모발 밑으로 들어가면서 수평으로 빗을 자세 잡아주고 우측의 잘린 모발 길이에 맞추어 클리퍼 시술을 하여주는데 시술을 하여 빗을 진행을 하여 줄때에는 사진에서 (*)표 부분으로 향해서 시술의 진행을 하며 두상의 형상인 포물선적인 기조로 시술을 하여준다.

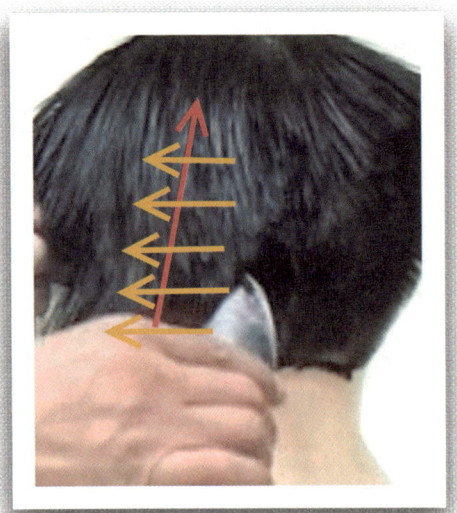

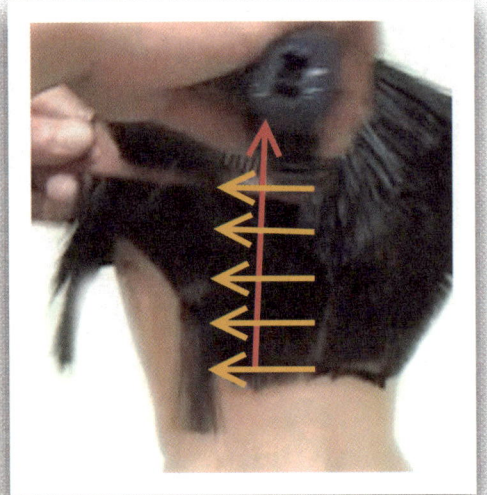

후두부의 클리퍼 시술을 하여 줄때에는 클리퍼와 빗의 운용이 자연스럽게 하지 못하면 좀 까다로운 작업이라 할 수 있다. 하지만 사진의 평선의 노란색 화살표 방향으로 클리퍼의 시술을 차분히 하여 주어 자연스러운 클리퍼의 시술을 할 수 있도록 연습을 하여 기술자의 모습을 가지기를 바란다.

클리퍼의 시술을 차분히 하여주어야 모발의 연결성을 보고 시술을 자연스럽게 할 수 있다. 모발은 각각의 객체를 띄고 있어서 모발 하나 하나에 신경을 써 주어야하고 모발의 연결이 부드럽게 시술이 되어야 전체의 조경이 자연스럽게 된다는 명심하여 시술토록 한다.

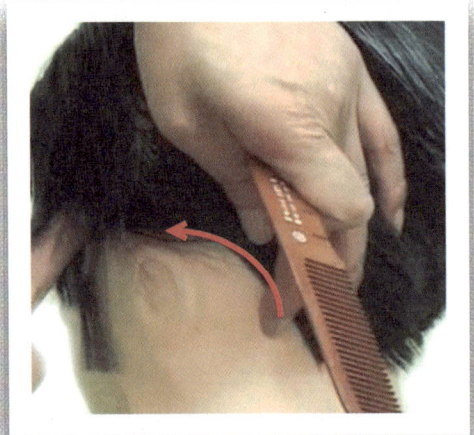

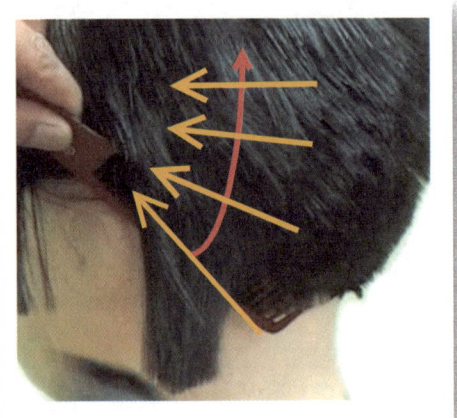

후두부의 시술을 마무리 하고나면 우측면부 귀 뒤 사이드 부분으로 시술을 연결해서 하는데 이곳은 우측에 비해 시술방법이 반대로 시술이 되는 곳이다. 사진에서 보면 시술의 면이 반대의 상황으로 변하게되지만 시술을 하는 방법은 변하는 것이 아니고 같은 방법으로 시술을 연결하여준다.

사진에서 보면 우측의 시술은 손이 밑으로 가서 모발을 잡아 시술을 하였는데 좌측의 부분은 빗을 잡고 있는 손이 위에서 빗을 아래로 내리면서 모발을 잡아 시술을 한다는 것만 바뀔 뿐이니 시술의 방법은 동일하게 시술을 한다고 앞서도 서술을 하였다.

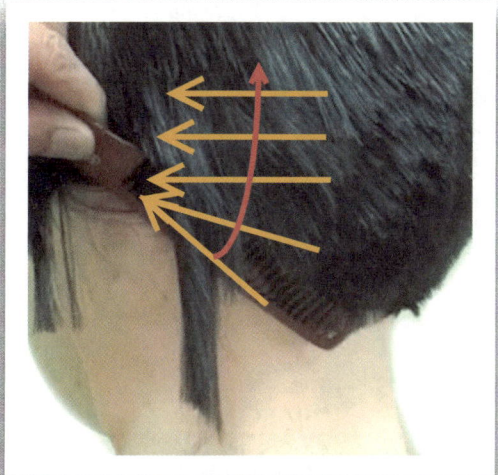
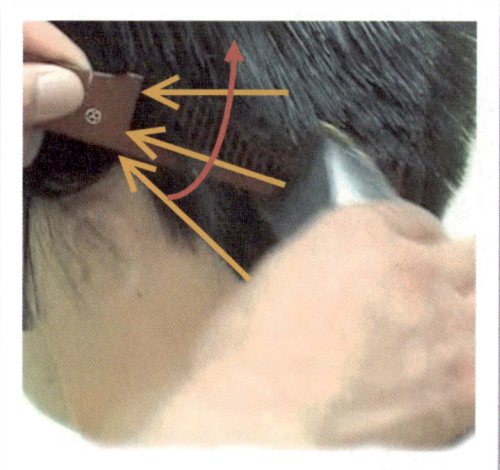

클리퍼 시술을 하여 줄때에는 이전의 해왔던 작업과 별반 다른 것은 없다. 우측면부에서 후두부의 시술을 연결해서 시술을 하여주고 그런 다음 좌측 귀 뒤의 부분까지 시술까지 하여왔다면 귀 뒤 부분의 사이드 부분의 시술을 하여주는데 사진에서처럼 빗이 사선의 베이스라인으로 들어가서 자리를 잡아주고 모발을 빗발로 세워 클리퍼의 날로 베이스라인을 한번 에 절삭을 하여준다.

그런 후 빗 을 잡고 있는 왼손의 손목으로 빗을 수평적인 기조로 만들어주면서 클리퍼의 날로 모발을 절삭을 하여 **빨강색 화살표** 방향으로 포물선적인 기조로 모발을 시술하여주는데 빗발에 걸린 잘린 모발길이에 잘리지 않은 모발을 같이 절삭을 하여 같은 길이의 모발 길이로 만들어주면서 시술을 한다는 것을 명심하자.

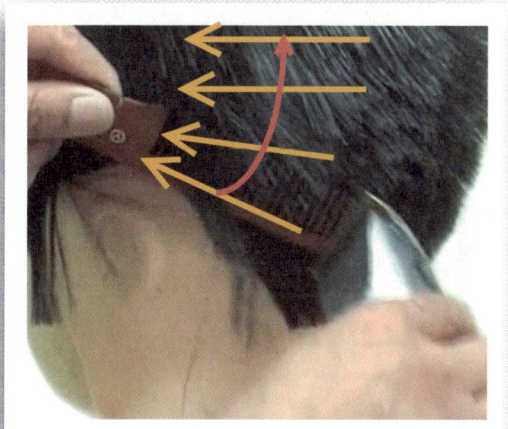
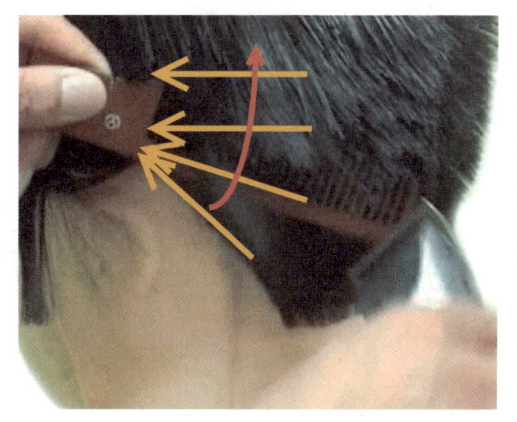

사진에서 보듯이 클리퍼의 위치는 모발을 절삭을 한곳인데 이곳부터 모발을 절삭을 하여오면서 클리퍼를 전진시켜 시술을 하면 잘린 모발은 절삭이 되지 않고 잘리지 않은 모발을 잘린 모발 길이에 맞추어 절삭이 되어 같은 길이의 모발 길이가 되어 시술의 연결성이 생긴다는 것이다. 빗발에 모발을 잡아내었다고 전부 절삭을 하면 모발이 단면으로 잘려 연결성이 없어진다고 앞서도 서술을 하였다.

빗발에 모발이 전부 걸려있다 하여 모두 절삭을 하면 단면의 라인이 생기기 때문에 하지 말아야 한다고 앞서도 서술을 하였다. 이유는 두상의 형상은 둥근 형상을 가지고 있는 것이 아니고 사각형의 기조에서 포물선적인 기조를 가지고 있기 때문에 클리퍼의 시술을 하여 줄때에는 2~3cm 정도로 시술을 하여 모발의 연결성을 자연스럽게 하여주어야한다.

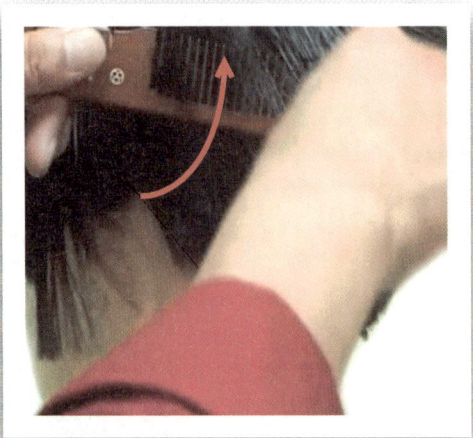
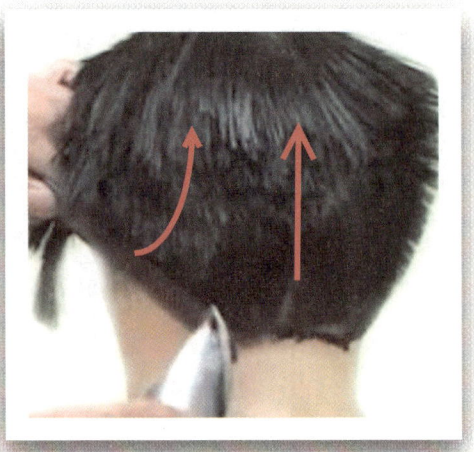

클리퍼의 시술을 하여 줄때에는 부드럽고 자연스럽게 시술을 하여주는데 잘린 모발에 맞추어 잘리지 않은 모발을 절삭을 하여주어 모발의 연결성을 찾아주어야 한다. 누누이 서술을 하지만 시술은 한번에 하나의 시술을 마무리를 해야 한다. 하나의 시술에 여러 번 시술을 하는 것은 기준을 모르기 때문이다. 시술은 시술방식이 있어서 그에 맞추어 시술을 하여준다.

빗으로 모발을 잡아낼 때에 모발을 잡아내는 양도 빗발에 모발을 다 들어오게 하여 잡는 것이 아니고 빗의 중간에서 중간부분으로 모발을 빗발로 잡아내거나 아니면 빗발의 중간에서 손잡이 부분까지 모발을 잡아 절삭을 하여야한다고 빗 잡는 방법에서 서술을 하였었다. 해서 모발을 잡는 양은 평균적으로 3~4cm 정도로 잡아주어 절삭은 1~2cm로 시술을 한다고 하였다.

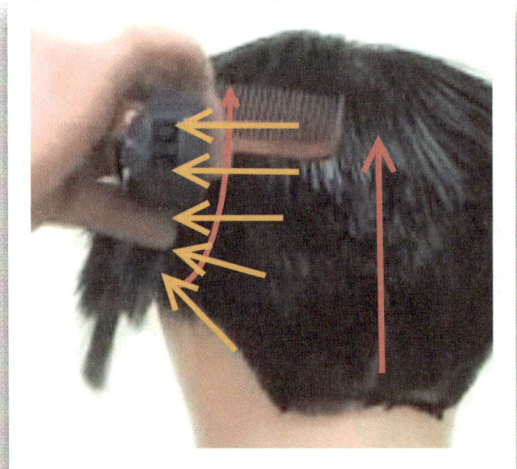
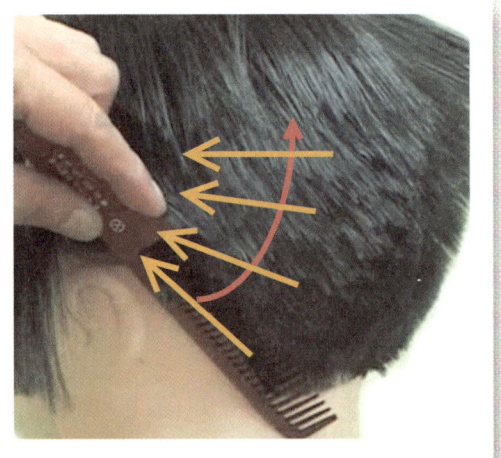

모발을 잡는 방법과 모발을 절삭을 하는 작업도 어디나 어떤 모발이나 같은 방법으로 저자는 시술을 한다. 여러분들이 알고 있는 상고형의 시술 방법과 숏 컷 형의 시술 방법은 형태의 시술을 하는 것인데 스타일을 배울 때에는 형태의 시술을 배우면 한가지의 스타일만 할 수 있지만 길이의 시술을 배우면 모든 스타일을 시술할 수 있다는 것이다.

사진에서처럼 빗발을 사이드부분의 베이스라인에 들어가면서 빗 몸은 베이스라인에 붙여주고 빗발만 세워주면서 모발도 같이 정각도로 세워주어 클리퍼의 시술을 하여주면서 사진의 빨강색 화살표처럼 포물선을 그리면서 모발을 절삭을 하여 우측의 시술라인과 맞추어 클리퍼 시술을 하여준다는 것을 명심하고 시술토록 한다.

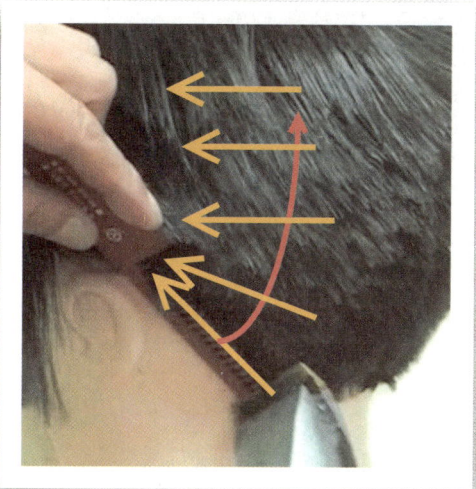

베이스라인에서 빗발을 세워주고 나서 클리퍼의 날이 빗면에 붙여 잘린 모발 길이에 따라 클리퍼를 전진을 시켜주면서 잘리지 않은 모발을 잘린 모발과 같이 절삭을 하여 같은 길이의 모발을 만들어주면서 시술을 한다.

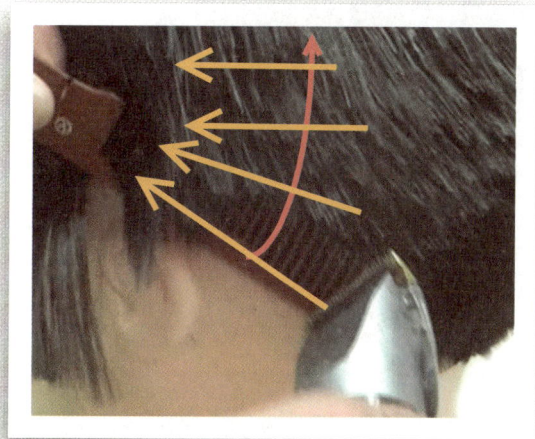

클리퍼의 시술을 하여 줄때에는 사진에서처럼 빗면에 클리퍼의 날을 붙여주고 앞으로 클리퍼의 날을 전진을 시켜주면서 모발을 절삭을 하는데 빗발의 각도와 클리퍼의 날이 어슷하게 교차시켜 시술을 하여주어야 안전하게 클리퍼의 시술을 하여준다는 것이다. 클리퍼의 날과 빗발이 같은 각도로 서있으면 클리퍼를 전진할 때 빗발을 긁게 되어 빗발을 잘라 먹을 수 있으니 조심하자.

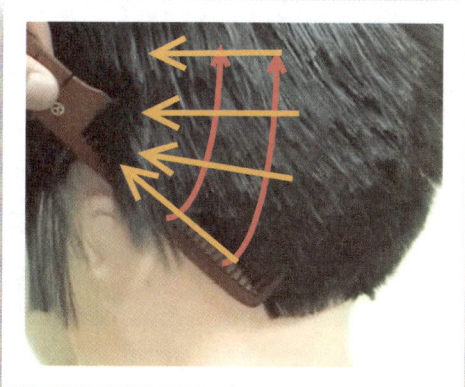

클리퍼의 시술을 하여 줄때에는 사진에서처럼 빗이 사선적인 기조로 모발사이로 들어가서 시술을 하게 될 때에는 빗의 자세를 수평적인 기조로 만들어주면서 시술을 하여야한다고 하였다. 사진의 노란색 화살표 방향처럼 빗발을 천천히 수평으로 만들어주면서 클리퍼의 시술을 하고 빨강색 화살표 방향처럼 포물선 기조로 시술을 하여준다.

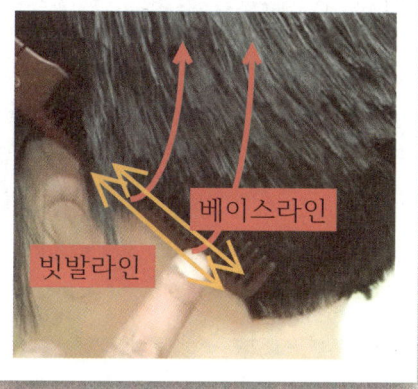

빗발을 사이드 부분 다른 곳의 베이스라인에 붙여 줄때에는 사진에서처럼 빗발의 경계선 바로 위에 베이스라인을 위치시켜주어야 베이스라인의 모발을 정각도로 세워줄 수 있다. 해서 베이스라인의 시술을 하여 줄때에는 빗의 몸이 두꺼운 걸로 시술을 하게 되면 베이스라인의 모발 두께가 두꺼워지니 빗의 몸이 얇은 2호 정도로 시술을 하여준다.

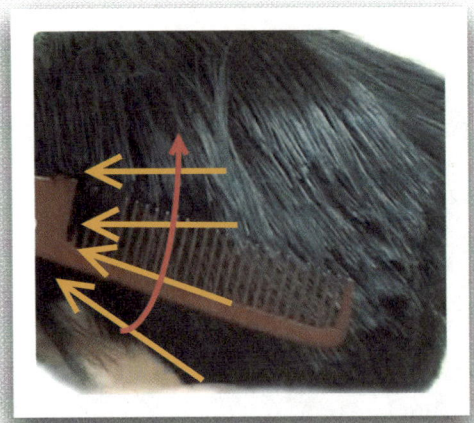

시술을 하여 줄 때 빗발로 잘릴 모발을 정한 다는 것을 아는 사람은 별로 없을 거라고 생각한다. 시술을 빗으로 모발을 잡아 클리퍼의 시술을 할 때 클리퍼는 자르는 성질밖에 없다. 얼마만큼을 절삭을 하는 것은 빗으로 그 양을 결정하는데 알고 보면 머리에서 이만큼하고 시술의 지시를 하는 것이라고 생각하여야한다.

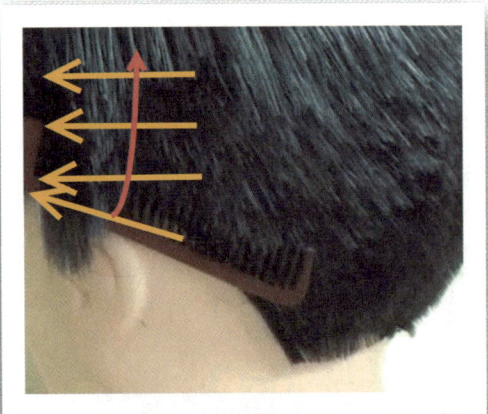

모발을 절삭을 하여 스타일을 만들어주는 작업은 머릿속으로 시술의 지시를 계속 인지를 하면서 시술을 하여야 정확한 시술을 할 수 있다는 것이다. 빗을 잡고 있는 왼손과 클리퍼의 시술을 하고 있는 오른손은 서로 다른 작업을 행하고 있으니 이 직업을 하려고 하는 사람은 멀티의 자세를 가지고 있으면 빠른 시간에 기술자가 될 수 있다.

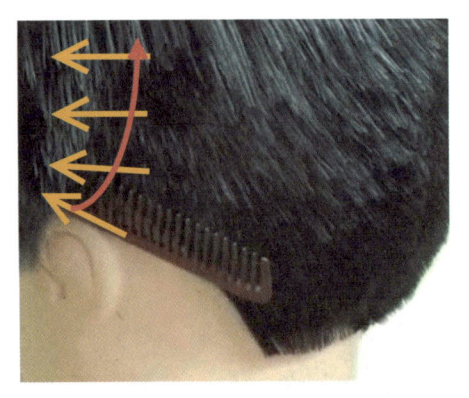

시술 연습을 할 때에는 마네킹으로 시술 연습을 하게 되는데 마네킹에는 귀라는 부분이 존재를 하지 않는다. 하지만 사람으로 시술 연습을 하면 귀라는 부분이 존재를 해서 시술을 빠른 시간에 배울 수 있다는 장점이 있다. 단점은 교육비가 비싸다는 것인데 기술이 쉽게 만들어지지 않는다는 것을 감안하면 그리 비싼 수업료도 아닐 것이다. 저자도 현장 교육을 하고 있으니 필요하면 연락하자.

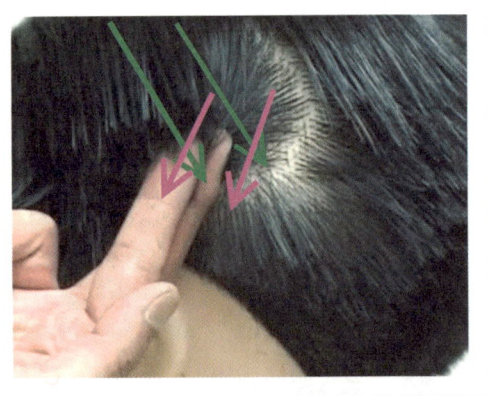

앞장의 사진에서 보면 모발의 흐름이 앞에서 뒤로 흘러나오는 것을 볼 수 있는데 이런 부분을 시술을 하여 줄때에는 빗으로 모발을 잡아서 모발을 당기듯이 시술을 하는데 모발을 정각도로 만들어주면서 시술을 하여야 모발의 절삭이 정확하게 된다는 것이다. 언제나 모발을 절삭을 하여 줄때에는 모발의 흐름을 보고 제자리에 갔다놓고 시술을 한다는 것을 명심하고 시술토록 한다.

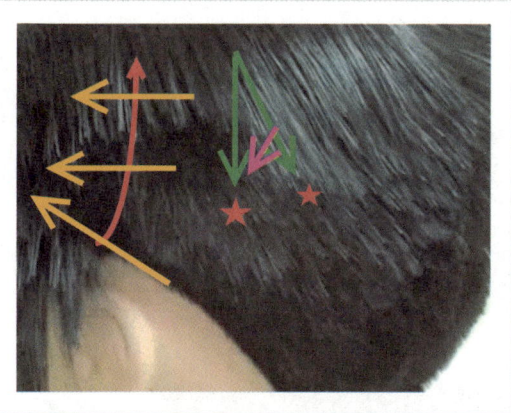

모발이 흘러나오는 부분이 모류라고 하는데 사진에서처럼 모발이 흘러나오는 부분을 (*)표인 연두색 화살표처럼 빗발로 모발을 당겨서 시술을 하여주는데 모발을 당기고 밀면서 한다는 것을 여러분들은 무슨 뜻인지 알 수도 있는 분들도 있고 알 수도 없는 분들도 있을 테니 이 부분은 동영상으로 확인하여 시술의 방법을 익히고 연습하기를 바란다.

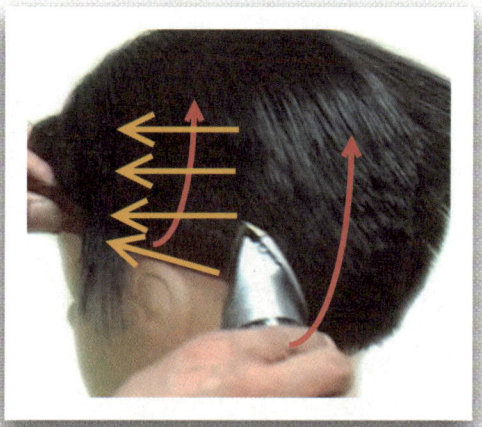

빗발로 절삭을 할 곳의 모발을 정각도로 세워주고 클리퍼의 날을 빗의 면에 붙여주어 빗발에 세워진 모발을 정각도에서 시술을 하여주어야한다. 모발이 있는 그 모습대로 빗으로 시술을 하면 모발은 절삭이 되지 않고 밀려만 가서 절삭이 되기 때문에 시술 후 절삭된 곳의 형태가 어그러지는 경우가 만들 수 있으니 모발의 흐름을 보면서 시술을 하려고 노력하자.

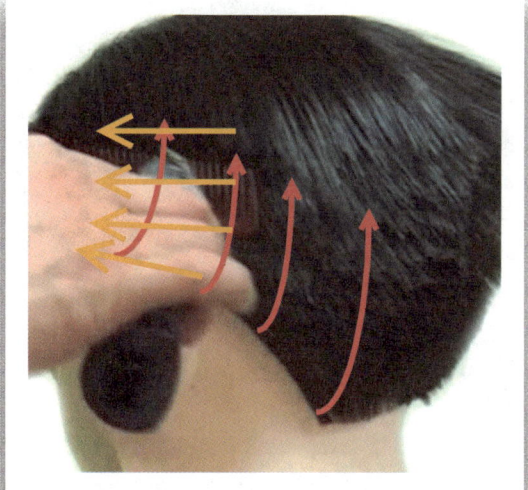

헤어 시술에는 여러 가지 수반되는 작업들이 있다는 것을 알아야 할 것이다. 단순히 자르는 것만 하는 작업이 아니고 한 가지 한가지의 특기를 가지고 있어서 한 무리의 단체 객체로 보는 것이 아니고 모발 하나하나의 객체로 보고 시술을 하여주어야 온전한 시술을 할 수 있다.

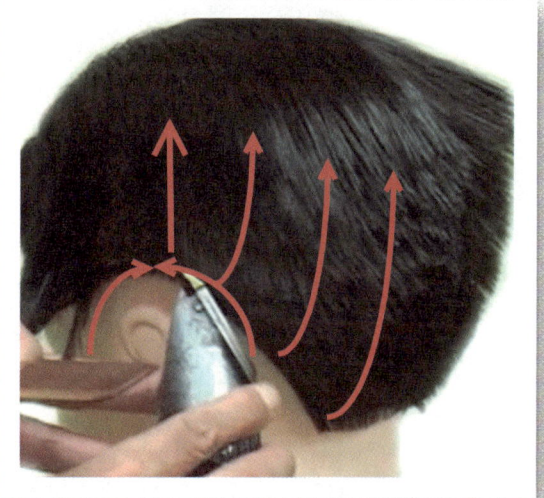

클리퍼의 시술을 귀 뒤 부분의 사이드부분을 하고 나면 사진에서처럼 귀 부분의 베이스라인의 시술을 연결해서 하여주는데 빨강색 화살표의 방향으로 클리퍼의 날을 세워주어 귀 부분의 베이스라인의 정리를 하여준다.

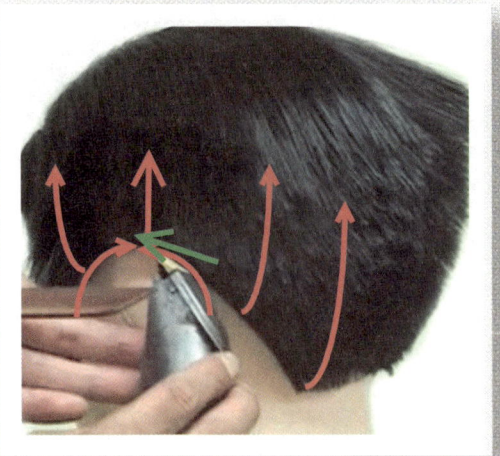

단순한 시술 작업 같겠지만 이곳의 시술 역시 상당한 까다로운 부분이 있다. 사진에서처럼 클리퍼의 날이 연두색 화살표처럼 직선적인 기조로 두피부분으로 시술을 하면 베이스라인의 부분은 의도치 않게 짧은 형태로 절삭이 되기 때문에 수습이 어려워진다. 모발은 한번 잘리면 복구가 불가능하기에 언제나 모발을 절삭을 하여 줄때에는 신중하게 시술을 하여야한다.

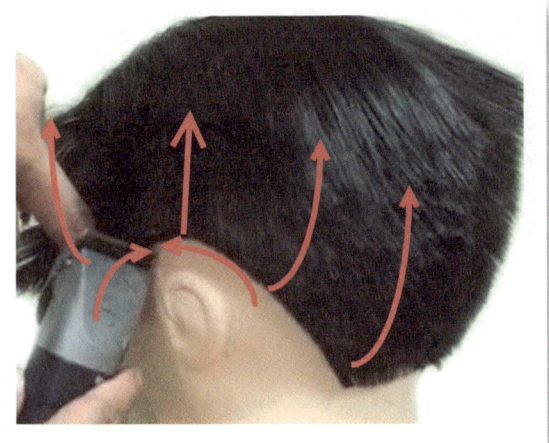

좌측면부 귀 부분의 베이스라인을 클리퍼의 날로 정리를 뒤에서 앞으로 하여주고 나면 사진에서처럼 귀 앞에서 귀 위로 앞서 시술을 하였던 방법으로 다시 시술을 하여주어 베이스라인의 잔 라인을 정리하여 깨끗한 베이스라인을 만들어준다.

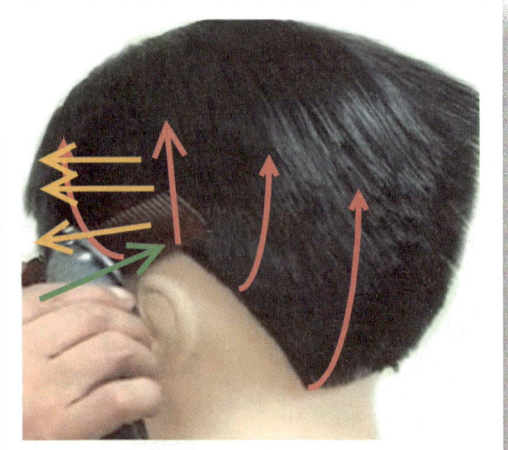

귀 앞부분의 구렛나루 부분의 시술을 하여 줄때에는 빗이 귀 앞부분에 사선으로 베이스라인에 들어가면서 빗 몸을 베이스라인에 붙여주고 빗발을 세워주면서 귀 앞부분의 베이스라인의 모발을 같이 정각도로 세워주는데 귀 위의 부분의 잘린 모발 길이에 맞추어 빗발을 세워 연두색 화살표 방향으로 좌측면부 앞머리부분에서 클리퍼를 빗면에 붙여 클리퍼 시술을 하여준다.

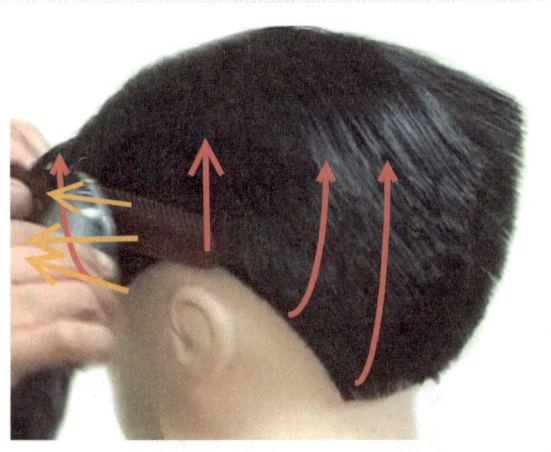

그런 후 사진에서처럼 클리퍼의 시술을 앞에서 하였던 방법으로 하여주어 좌측면 앞머리부분의 시술을 연결해서 모발의 흐름과 면을 깨끗하게 시술하여준다.

* 기장커트 각도

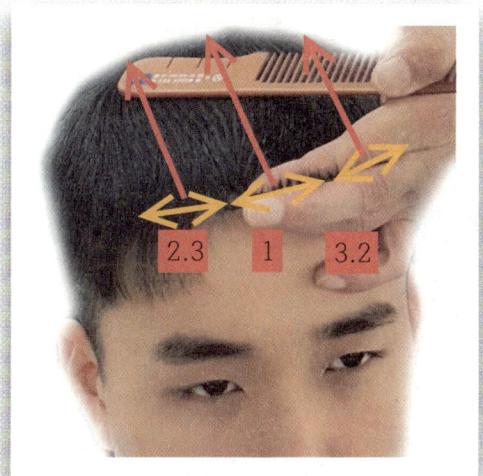

기장커트를 하여 줄때에는 3등분으로 나누어 시술을 하여주는데 코 부분의 1번이 중앙의 기준부의를 가진다. 그리고 양쪽의 눈 위 부분을 시술 구획으로 나누어 천정부의 가장 커트는 3번의 종합 시술을 하여준다는 것을 명심하자. 앞서 기본커트 도해도에서 시술의 방법을 정해놓았으니 자세한건 부설하지 않겠다. 사진처럼 앞머리의 시술은 시술자의 시술 각에서 90"로 잡아내어 시술을 한다.

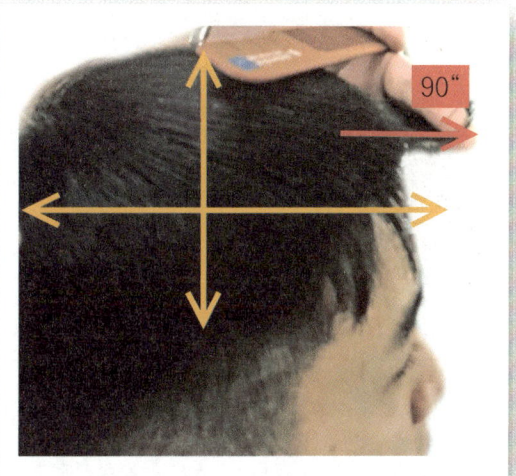

기장커트의 시술을 측면에서 보면 사진의 모습이 나오는데 두상의 형상에서 360"로 사선을 그어놓으면 사방위의 모양이 만들어진다. 해서 앞머리부분의 첫 번째 시술은 시선에서 모발을 90"의 각도로 잡아내어 모발의 절삭을 하여주는데 앞머리의 부분은 시술을 정확하게 하여주어야 다음의 모발을 절삭하기가 수월해진다는 것을 명심하여 시술토록 한다.

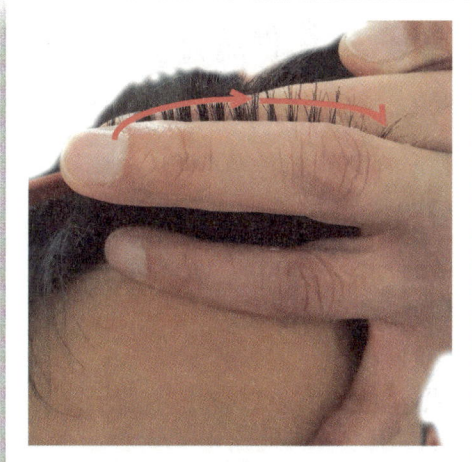

모발을 절삭하기 위해 뿌리에서부터 깨끗하게 잡아내어 줄 때에는 사진처럼 검지와 중지로 모발을 잡아내어주고 손가락의 자세는 빨강색 화살표처럼 만들어주어 같은 손가락의 자세와 같이 가위로 모발을 절삭을 하여준다. 앞서도 서술을 하였듯이 모발을 잡아 낼 때에는 힘으로 모발을 잡는 것이 아니고 자연스러움으로 모발을 잡아 절삭을 하여야 한다.

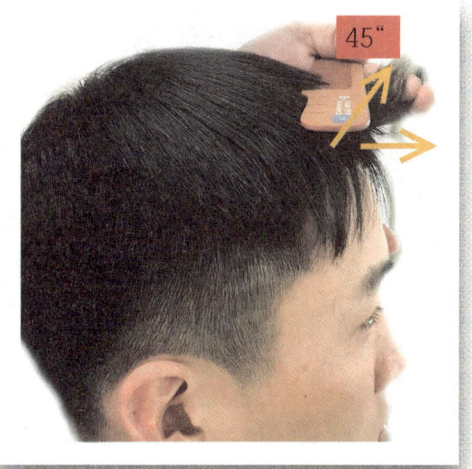

앞머리의 부분을 90"의 각도로 시술을 하고 나면 다음의 순서의 모발을 시술을 하여주는데 이때에는 45"의 각도로 모발을 뿌리에서부터 잡아내어 앞머리의 잘린 모발 길이에 맞추어 절삭을 하여주는데 이때에도 모발을 잡은 손가락의 자세는 포물선으로 만들어주고 가위로 모발을 절삭을 할 때에도 포물선의 기조로 시술하여준다.

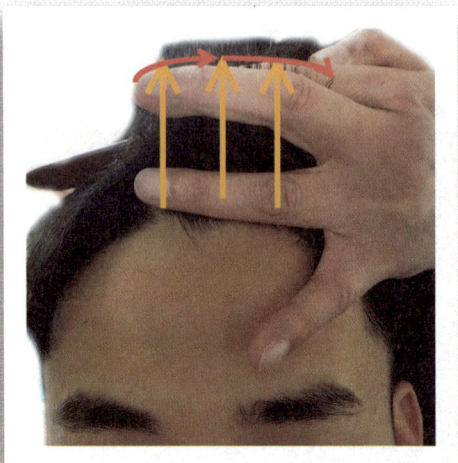 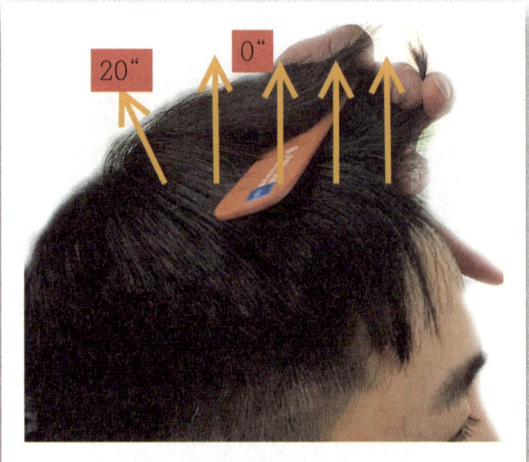

기준부위의 3번 구획부터는 모발을 뿌리에서부터 시술자의 자세와 같은 0"로 모발을 뿌리에서부터 깨끗하게 잡아 올려 앞에 잘린 모발 길이에 맞추어 절삭을 하여주는데 앞머리의 모발에 맞추는 것이 아니고 45"로 잘린 두 번째 모발 길이에 맞추어 시술을 하여주어 모발의 흐름을 자연스럽게 하여준다.

3번의 구획을 측면에서 보면 사진의 모습으로 보이게 되는데 모발은 앞서도 서술을 하였듯이 시술자와 같은 0"로 모발을 잡아 올려 두 번째 45"로 잘린 모발 길이에 맞추어 모발을 절삭하여주는데 모발을 잡은 손가락은 포물선의 형태를 유지하여 가위로 모발을 절삭을 할 때에도 포물선의 형태로 시술을 하여주어야 한다는 것을 명심하자.

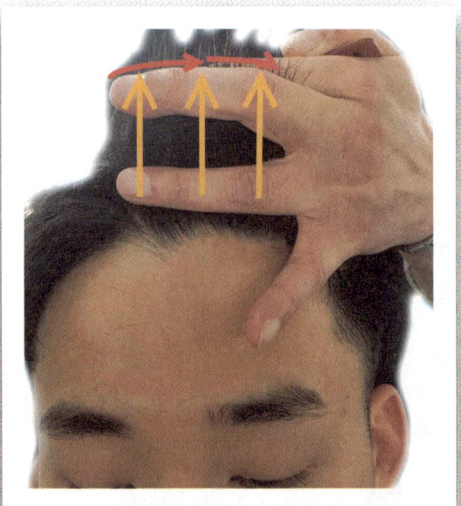 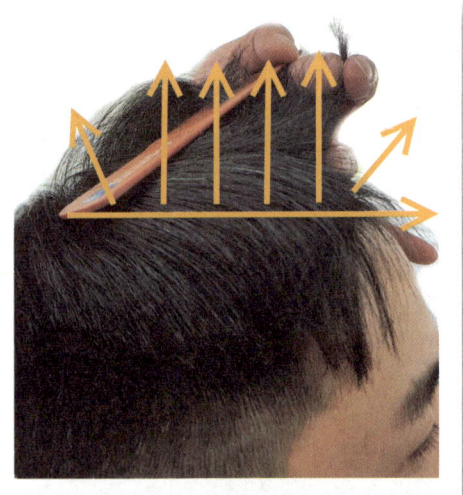

시술은 단순하게 이루어지는 것이 좋다. 복잡함의 시술은 모발의 상황을 엉크러지게 만드는 상황을 만드는 경우가 있으니 될 수 있으면 간단하게 시술을 하려고 노력하자. 사진에서 4번 구획의 시술을 하여 줄때에도 모발을 뿌리에서부터 0"로 깨끗하게 잡아 올려 3번 구획의 잘린 모발 길이에 맞추어 모발을 절삭을 하여주는데 방법은 앞의 방법과 동일하게 시술하여준다.

4번 구획의 시술을 측면에서 보면 사진과 같은 모습이 나오게 되는데 모발은 정확하게 0"로 잡아 올려주고 시술은 모발을 잡은 손가락의 자세도 두상의 형상대로 포물선 자세로 하여 잡아주어 손가락의 자세인 포물선의 형태대로 모발을 절삭을 하여주어야 모발과 모발의 흐름을 자연스럽게 한다는 것을 명심하자.

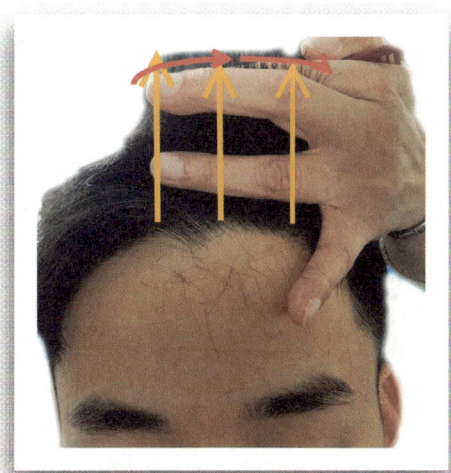

천정부의 기장커트 횟수를 정해주었는데 하나의 구역을 못 잘려도 5번의 시술을 하여준다고 하였다. 하지만 평균적으로 6~7번의 시술을 하여주어야 한다고 앞서도 서술을 하였듯이 이번 5번의 구획을 절삭을 할 때에도 앞서의 시술 방법과 동일하게 시술을 하여주어 모발의 흐름을 부드럽게 만들어주도록 한다.

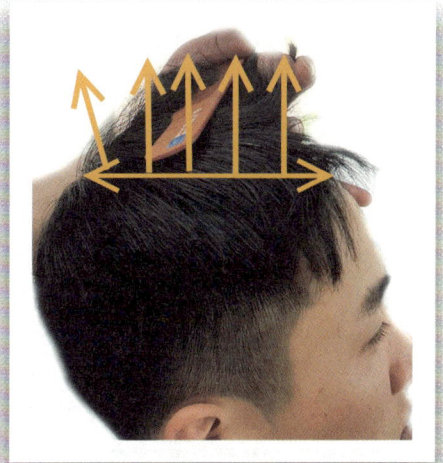

저자는 시술을 함에 있어서 추구하는 것은 하나뿐이다. 그것은 모발의 자연스러움을 추구를 하는데 세상에서 제일 이쁜 것은 자연스러움이라고 생각하기 때문이다. 측면에서 상황을 보면 모발은 뿌리에서부터 잡아 올려 줄때 0"의 각도가 되게 하여주어 모발을 절삭을 한다는 것을 잊지 말고 시술한다.

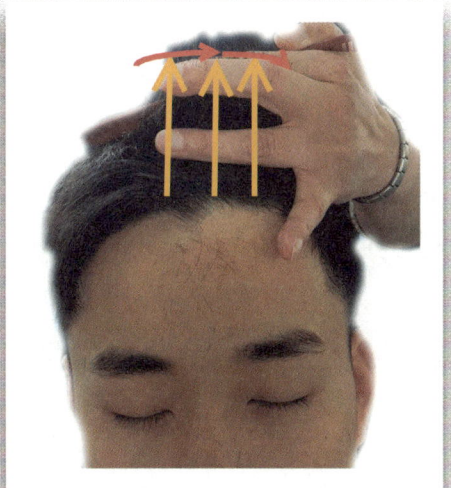

천정부 중앙부분 기준부위는 모발을 0"의 각도로 잡아 올려 시술을 하여준다고 앞서도 서술을 하였지만 이곳의 각도를 보는 것은 쉬운 일이 아니라고 할 수 있다. 모발을 잡아 올려 줄때에 왼손의 검지를 빗밑으로 집어넣어주면서 두피를 훑는다는 기분으로 하여 빗으로 모발을 올려줄 때 중지가 검지에 와서 모발을 같이 잡아 올려준다.

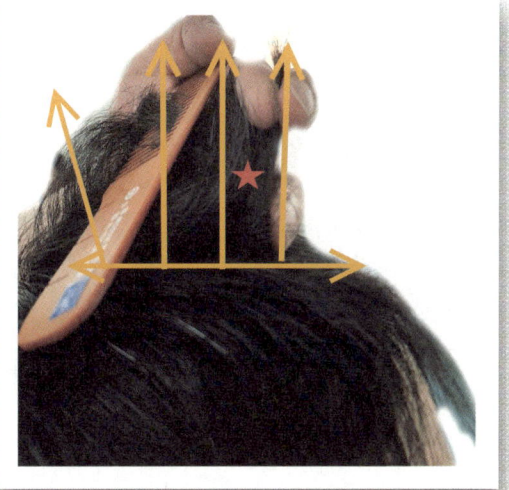

모발의 시술을 위해서 뿌리에서부터 빗으로 모발을 잡아내면서 사진의 (*)표 부분인 중간부분에서 모발을 잡아내는 경우가 많은데 이 경우는 모발을 뿌리에서부터 잡아 올리면 모발은 텐션을 가질 수 있다 하지만 중간부분에서 모발을 잡으면 모발 흐름에 텐션이 생기지 않아 모발을 절삭을 하여도 얼마가지 않아 모발흐름에 지저분함을 만들 수 있다.

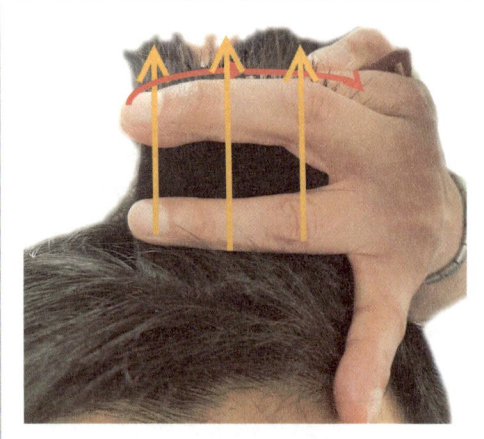

6번의 구획이든 7번의 구획이든 사진에서의 하고자 하는 의미는 모발을 절삭을 할 때에는 모발의 절삭을 횟수를 더 나누어서 시술을 하면 모발의 흐름은 더 촘촘하게 절삭이 되어 더 부드러운 모발의 흐름을 만들 수 있다는 뜻이고 시술을 하여 줄때에는 이런 방법으로 시술을 하여야 한다는 정의를 내리는 것이다.

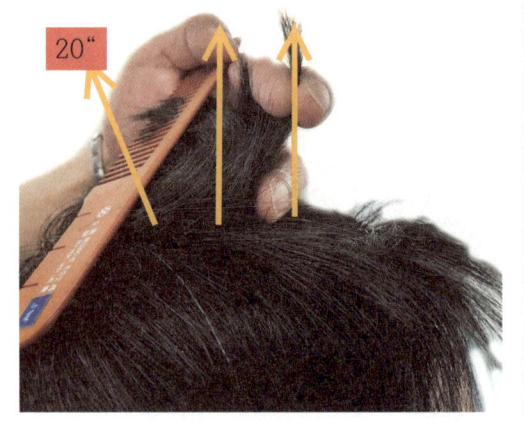

앞머리부분의 시술과 두 번째의 시술 그리고 마지막의 시술이 중요하다고 할 수 있다. 여태까지는 시술의 기본이 없었다고 할 수 있다. 그러면 이제라도 시술의 기본을 정하고 손님들의 모발을 자연스럽고 부드럽게 만들어주어야 하지 않을까? 단순히 자르는 의미로 시술을 하지 말고 손님의 모발을 생각하고 도움을 주어 자연스러운 이쁜 헤어스타일을 선물해드리도록 노력하자.

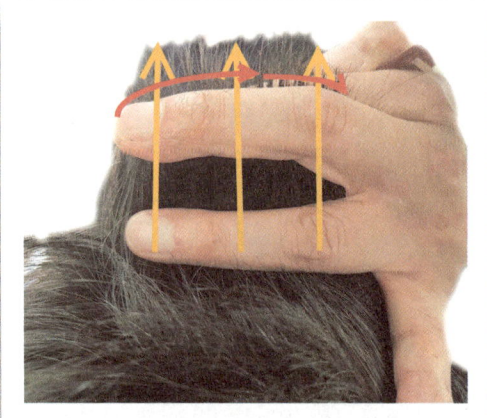

앞서도 서술을 하였지만 모발을 잡아 올려서 시술을 하여 줄때에는 모발을 뿌리에서부터 깨끗하게 잡아 올려서 시술을 하여주는데 모발을 잡은 손가락의 자세는 두상의 형상에 따라 포물선의 형태를 띄어야하고 모발을 절삭을 하여 줄때에는 손가락의 자세에 따라 절삭을 하여야하는데 이렇게 삼박자의 요소가 맞아야 정확한 시술을 할 수 있다는 것을 명심하여 시술토록하자.

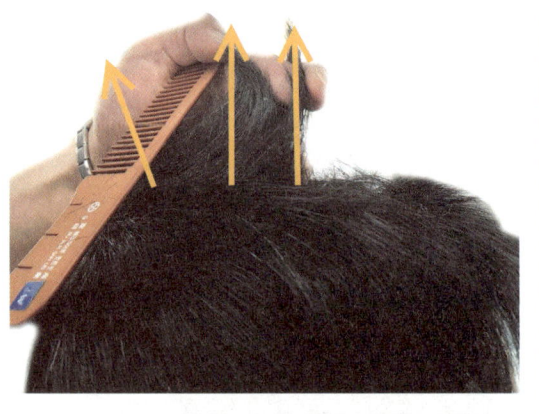

7번의 구획이든 8번의 구획이든 시술은 같은 방법으로 하여주는데 이곳의 시술이 정확해야하는 이유가 있다. 이곳의 시술은 전체의 형태를 잡아주는 중심점적인 부분에 해당 된다 이곳의 절삭된 모발 길이가 전체의 모발의 연결점이기 때문이다. 기준을 세우고 정의를 만들고 정석을 위해 저자는 무던히도 달려왔다. 시술의 기준점을 만들어주면 시술은 한없이 수월해진다. 여태까지 그것이 없었을 뿐이다. 해서 저자가 이런 기준을 만들어 열심히 여러분들에게 퍼트리는 이유이기도 하다.

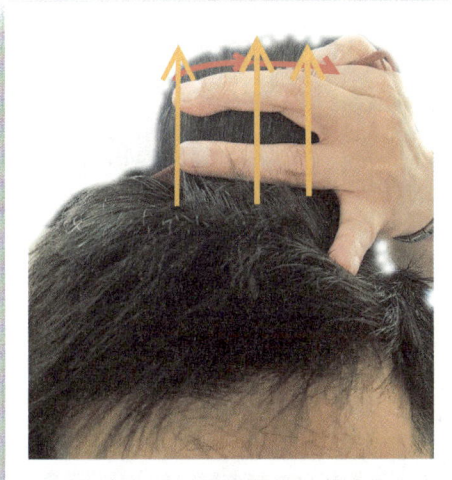

앞서도 서술을 하였지만 모발을 잡아 올려서 시술을 하여 줄때에는 모발을 뿌리에서부터 깨끗하게 잡아 올려서 시술을 하여주는데 모발을 잡은 손가락의 자세는 두상의 형상에 따라 포물선의 형태를 띄어야하고 모발을 절삭을 하여 줄때에는 손가락의 자세에 따라 절삭을 하여야하는데 이렇게 삼박자의 요소가 맞아야 정확한 시술을 할 수 있다는 것을 명심하여 시술토록 하자.

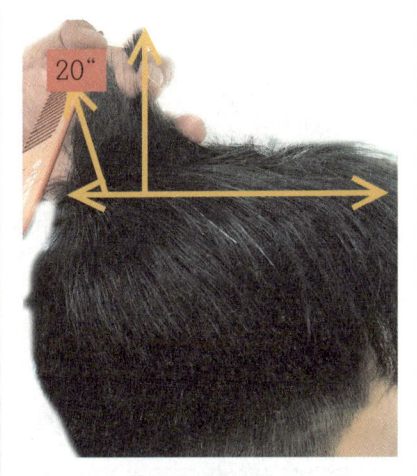

천정부 중앙부분 기준부위의 마지막 시술은 사진에서처럼 모발의 각도가 시술자의 방향으로 20"정도로 당겨서 모발을 뿌리에서부터 잡아내어 절삭을 하여주는데 이 부분을 0"로 잡아 올려 시술을 하여도 크게 무리는 없다 하겠다. 하지만 전체의 균형을 생각하여 시술을 하여준다면 20"를 당겨서 시술을 하는 것이 맞다.

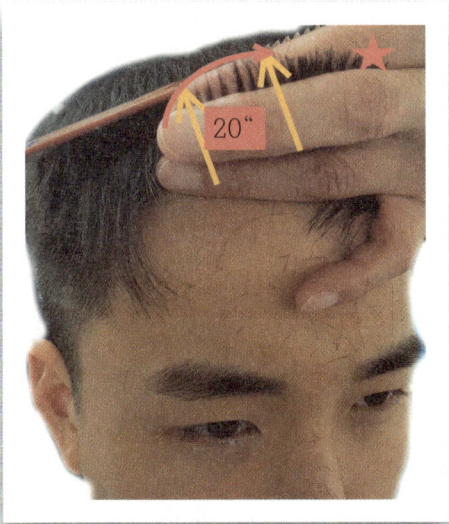

천정부 중앙부분 기준부위의 시술을 마무리를 하고나면 우측 눈 위 부분으로 시술을 연결해서 하여주는데 이곳의 시술은 기준부위와는 다르게 앞머리의 모발을 우측으로 20"정도 밀어서 시술을 하여주는데 사진의 (*)표의 기준부위의 절삭이 된 모발길이에 맞추어 모발을 절삭하여 같은 길이의 모발 길이로 만들어준다.

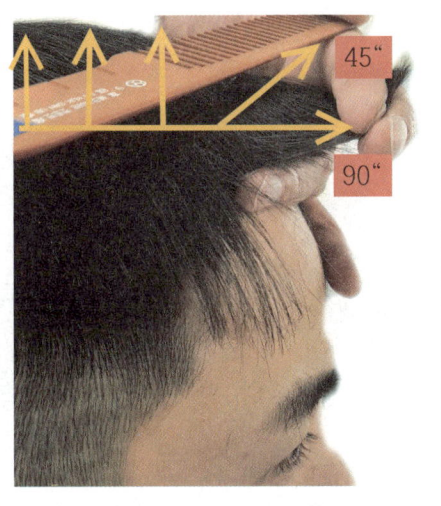

우측 눈 위부분의 시술을 측면에서 보면 사진의 모습이 나오는데 앞머리부분의 첫 번째 시술은 시술자의 시선에서 모발을 90"의 각도로 잡아내어 모발의 절삭을 하여주는데 앞머리의 부분은 시술을 정확하게 하여주어야 다음의 모발을 절삭하기가 수월해진다는 것을 명심하여 시술토록 한다.

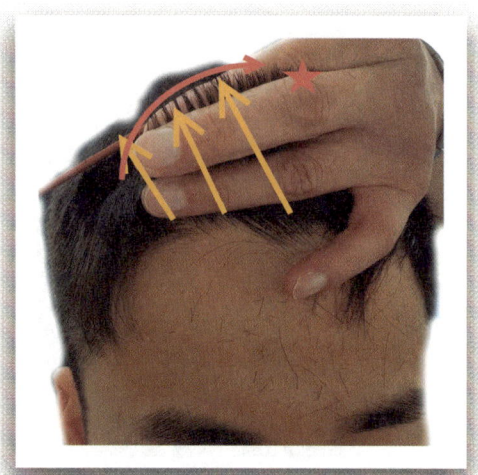

우측 눈 위 부분앞머리의 시술을 하고 나면 두 번째의 구획으로 시술을 연결해서 하여주는데 이곳 역시 모발을 20"정도 우측으로 밀어서 잡아주는데 모발을 가위로 손가락의 자세인 포물선의 모양대로 절삭을 하여주는데 사진의 (*)표의 기준부위의 절삭된 모발 길이에 맞추어 같은 모발 길이가 되게 시술을 하여준다.

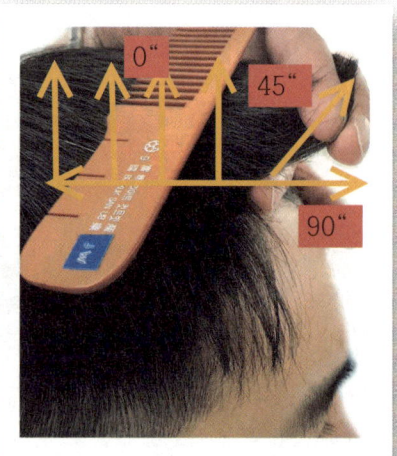

우측 눈 위부분의 두 번째 시술을 측면에서 보면 사진의 모습이 나오는데 우측 눈 위의 앞머리 부분의 두 번째 시술은 시술자의 시선에서 모발을 45"의 각도로 잡아내어 모발의 절삭을 하여주는데 앞머리의 부분의 절삭된 모발 길이에 맞추어 시술을 정확하게 하여주어야 다음의 모발을 절삭하기가 수월해진다는 것을 명심하여 시술토록 한다.

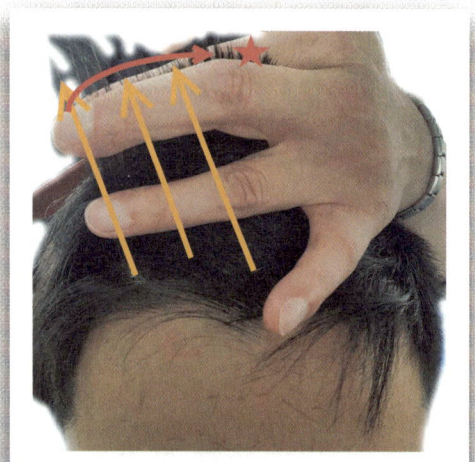

우측 눈 위 부분 두 번째의 구획의 시술을 하고 나면 세 번째의 구획으로 시술을 연결해서 하여주는데 이곳 역시 모발을 20"정도 우측으로 밀어서 잡아주어 모발을 가위로 손가락의 자세인 포물선의 모양대로 절삭을 하여주는데 사진의 (*)표의 기준부위의 절삭된 모발 길이에 맞추어 같은 모발 길이가 되게 시술을 하여준다.

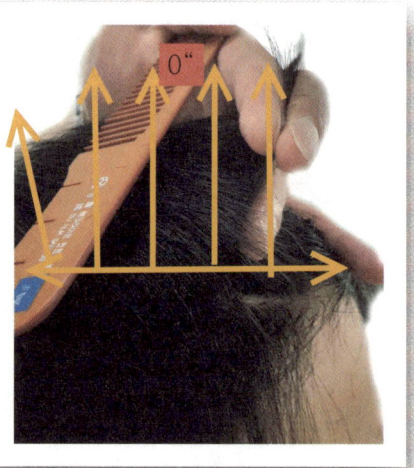

우측 눈 위부분의 시술을 측면에서 보면 사진의 모습이 나오는데 우측 눈 위의 머리 부분의 세 번째 시술은 시술자의 시선에서 모발을 0"의 각도로 잡아내어 두 번째 시술의 부분에 맞추어 시술을 정확하게 하여주어야 다음의 모발을 절삭하기가 수월해진다는 것을 명심하여 시술토록 한다.

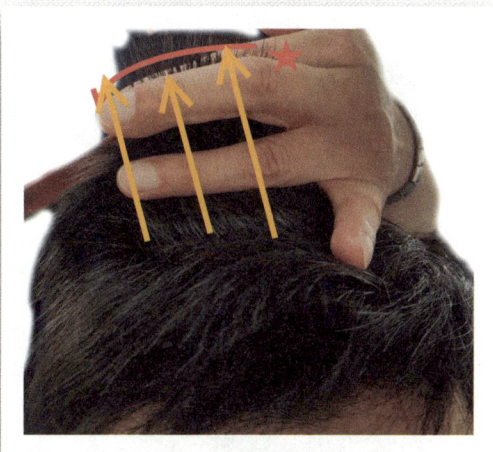

우측 눈 위 부분 세 번째의 구획의 시술을 하고 나면 네 번째의 구획으로 시술을 연결해서 하여 주는데 이곳 역시 모발을 20"정도 우측으로 당겨서 모발을 가위로 손가락의 자세인 포물선의 모양대로 절삭을 하여주는데 사진의 (*)표의 기준부위의 절삭된 모발 길이에 맞추어 같은 모발 길이가 되게 시술을 하여준다.

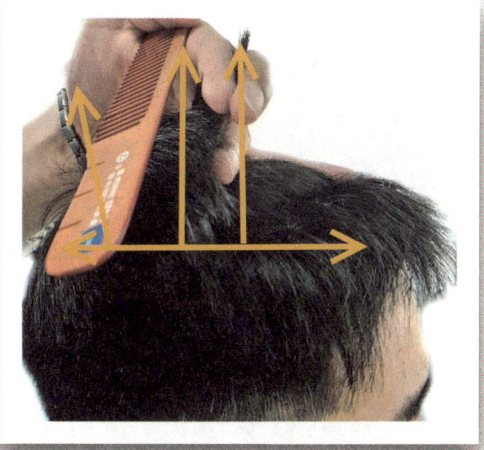

우측 눈 위부분의 시술을 측면에서 보면 사진의 모습이 나오는데 우측 눈 위의 머리 부분의 네 번째 시술은 시술자의 시선에서 모발을 0"의 각도로 잡아내어 모발의 절삭을 하여주는데 세 번째 절삭된 모발과 같은 길이로 모발을 정확하게 절삭하여주어야 다음의 모발을 절삭하기가 수월해진다는 것을 명심하여 시술토록 한다.

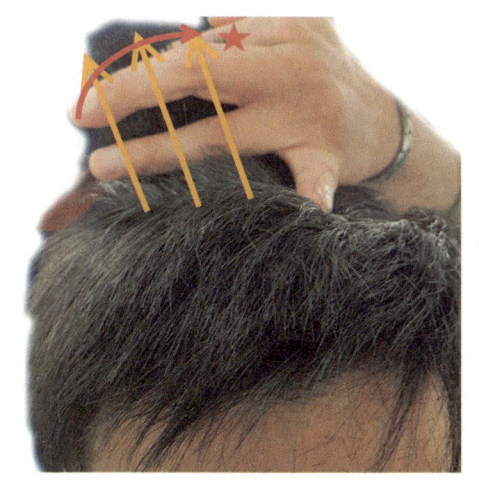

우측 눈 위 부분 네 번째의 구획의 시술을 하고 나면 다섯 번째의 구획으로 시술을 연결해서 하여주는데 이곳 역시 모발을 20"정도 시술자의 방향으로 모발을 당겨서 가위로 절삭을 하여주는데 손가락의 자세인 포물선의 모양대로 절삭을 하여주는데 사진의 (*)표의 기준부위의 절삭된 모발 길이에 맞추어 같은 모발 길이가 되게 시술을 하여준다.

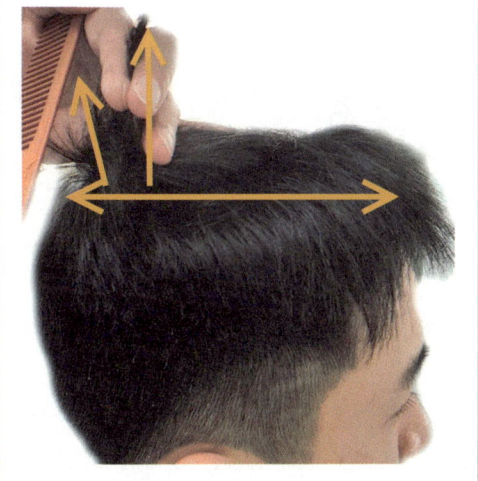

우측 눈 위부분의 시술을 측면에서 보면 사진의 모습이 나오는데 우측 눈 위의 머리 부분의 다섯 번째 시술은 시술자의 시선에서 모발을 0"의 각도로 잡아내어 네 번째의 절삭된 모발 길이에 맞추어 모발의 절삭을 하여주고 여섯 번째는 시술자의 방향으로 모발을 20"정도 당겨서 시술을 하여주어 우측 눈 위부분의 시술을 마무리한다.

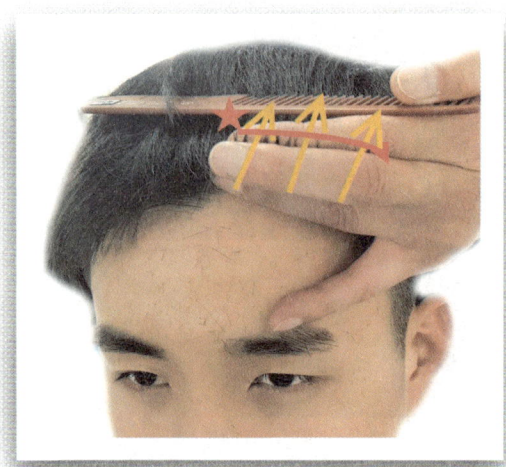

우측 눈 위 부분의 시술을 마무리하고 나면 연결해서 좌측 눈 위부분의 시술을 하여주는데 이곳의 시술은 우측 눈 위부분과는 다르게 앞머리의 모발을 좌측으로 20"정도 당겨서 시술을 하여주는데 사진의 (*)표의 기준부위의 절삭이 된 모발길이에 맞추어 모발을 절삭하여 같은 길이의 모발 길이로 만들어준다.

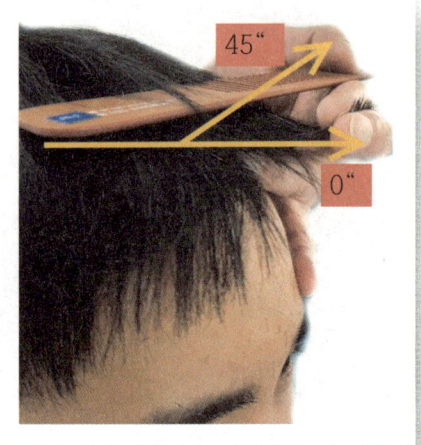

좌측 눈 위부분의 시술을 측면에서 보면 사진의 모습이 나오는데 앞머리부분의 첫번째 시술은 시술자의 시선에서 모발을 90"의 각도로 잡아내어 모발의 절삭을 하여주는데 앞머리의 부분은 시술을 정확하게 하여주어야 다음의 모발을 절삭하기가 수월해진다는 것을 명심하여 시술토록 한다.

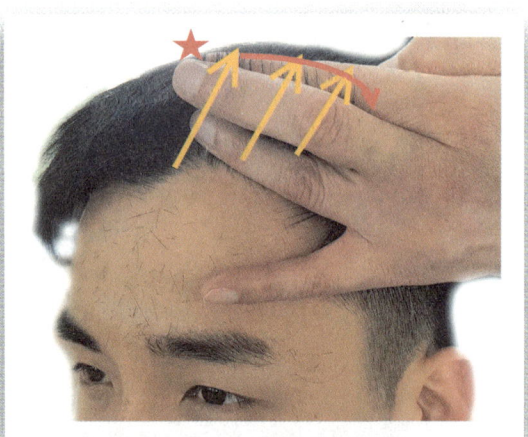

좌측 눈 위 부분앞머리의 시술을 하고 나면 두 번째의 구획으로 시술을 연결해서 하여주는데 이곳 역시 모발을 20"정도 좌측으로 당겨서 잡아주는데 모발을 가로로 손가락의 자세인 포물선의 모양대로 절삭을 하여주는데 사진의 (*)표의 기준부위의 절삭된 모발 길이에 맞추어 같은 모발 길이가 되게 시술을 하여준다.

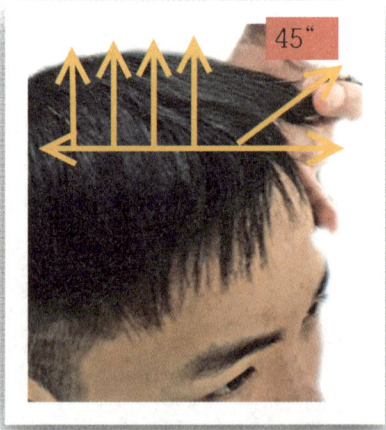

좌측 눈 위부분의 시술을 측면에서 보면 사진의 모습이 나오는데 좌측 눈 위 부분의 두 번째 시술은 시술자의 시선에서 모발을 45"의 각도로 잡아내어 모발의 절삭을 하여주는데 앞머리의 절삭된 모발 길이에 맞추어 시술을 정확하게 하여주어야 다음의 모발을 절삭하기가 수월해진다는 것을 명심하여 시술토록 한다.

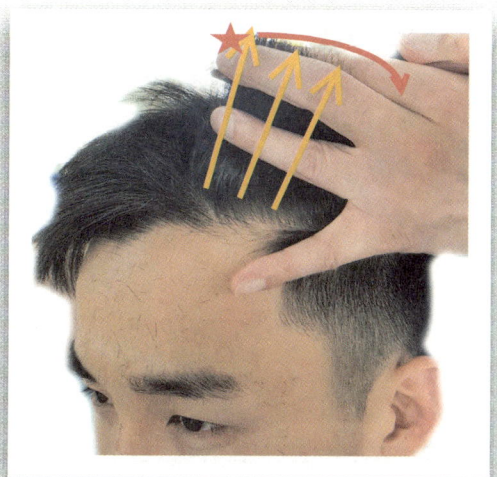

좌측 눈 위 부분 두 번째 머리의 시술을 하고 나면 세 번째의 구획으로 시술을 연결해서 하여주는데 이곳 역시 모발을 20°정도 좌측으로 당겨서 잡아주는데 모발을 가위로 손가락의 자세인 포물선의 모양대로 절삭을 하여주는데 사진의 (*)표의 기준부위의 절삭된 모발 길이에 맞추어 같은 모발 길이가 되게 시술을 하여준다.

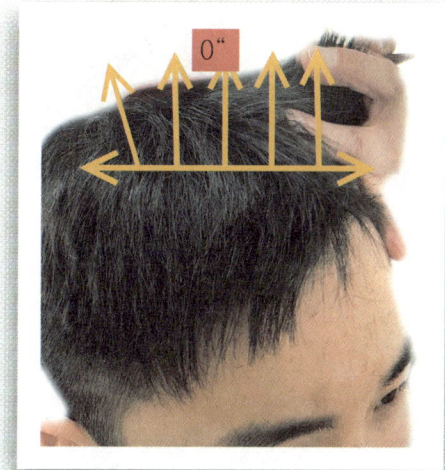

좌측 눈 위부분의 시술을 측면에서 보면 사진의 모습이 나오는데 좌측 눈 위의 머리 부분의 세 번째 시술은 시술자의 시선에서 모발을 0°의 각도로 잡아 올려 두 번째의 절삭된 모발 길이에 맞추어 절삭을 하여주는데 시술을 정확하게 하여주어야 다음의 모발을 절삭하기가 수월해진다는 것을 명심하여 시술토록 한다.

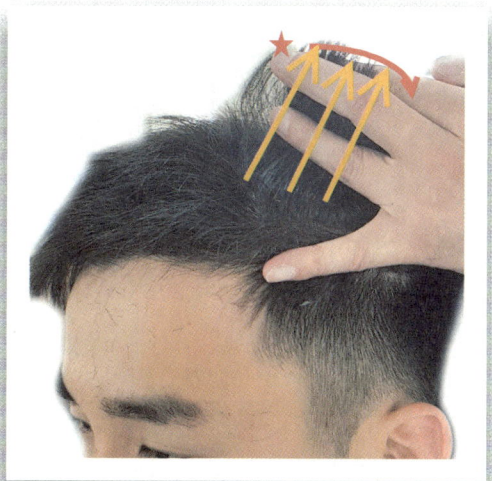

좌측 눈 위 부분 세 번째 머리의 시술을 하고 나면 네 번째의 구획으로 시술을 연결해서 하여주는데 이곳 역시 모발을 20°정도 좌측으로 당겨서 잡아주는데 모발을 가위로 손가락의 자세인 포물선의 모양대로 절삭을 하여주는데 사진의 (*)표의 기준부위의 절삭된 모발 길이에 맞추어 같은 모발 길이가 되게 시술을 하여준다.

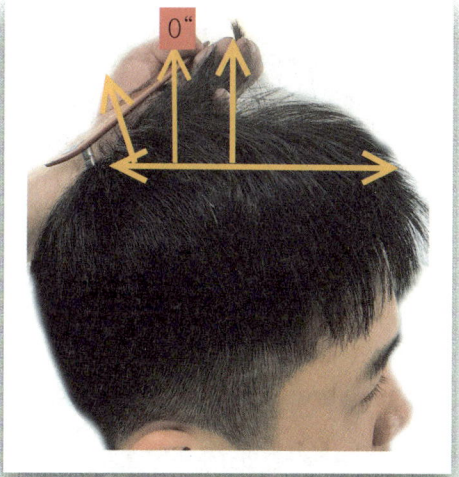

좌측 눈 위부분의 시술을 측면에서 보면 사진의 모습이 나오는데 좌측 눈 위의 머리 부분의 네 번째 시술은 시술자의 시선에서 모발을 0°의 각도로 잡아내어 모발의 절삭을 하여주는데 세 번째의 절삭된 모발 길이에 맞추어 시술을 정확하게 하여주어야 다음의 모발을 절삭하기가 수월해진다는 것을 명심하여 시술토록 한다.

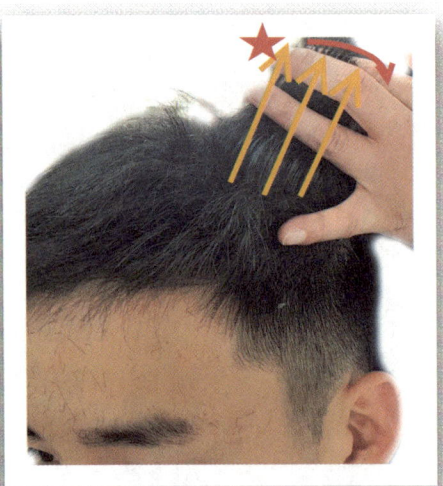 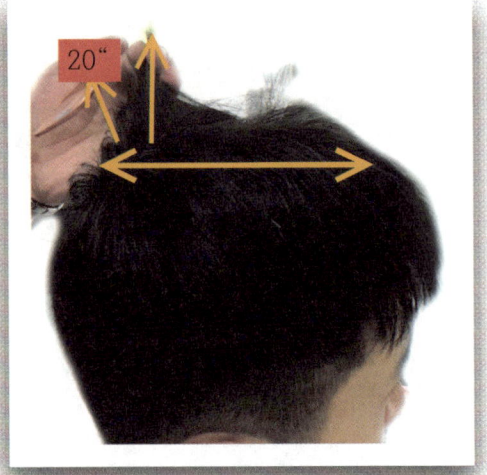

좌측 눈 위 부분 네 번째 머리의 시술을 하고 나면 다섯 번째의 구획으로 시술을 연결해서 하여주는데 이곳 역시 모발을 20°정도 좌측으로 당겨서 잡아주는데 모발을 가위로 손가락의 자세인 포물선의 모양대로 절삭을 하여주는데 사진의 (*)표의 기준부위의 절삭된 모발 길이에 맞추어 같은 모발 길이가 되게 시술을 하여준다.

좌측 눈 위부분의 시술을 측면에서 보면 사진의 모습이 나오는데 좌측 눈 위의 머리 부분의 다섯 번째 시술은 시술자의 시선에서 모발을 20°정도의 각도로 잡아당겨 모발의 절삭을 하여주는데 네 번째의 절삭된 모발 길이에 맞추어 시술을 정확하게 하여주어야 모발의 흐름을 부드럽고 자연스럽게 흘러내리도록 할 수 있다는 것을 명심하여 시술토록 한다.

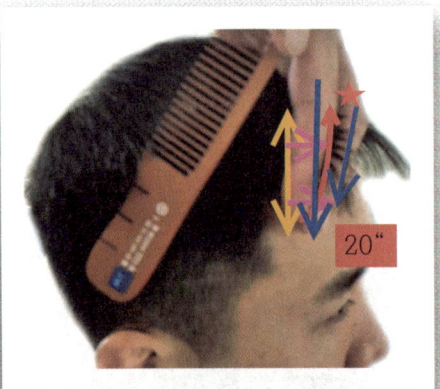 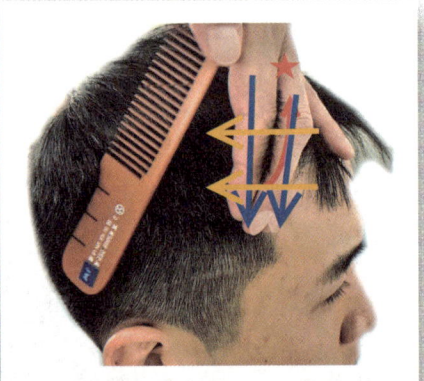

천정부의 기장커트 시술을 하고나면 우측면부로 기장커트를 연결해서 시술을 하여주는데 우측면부 앞머리의 부분은 사진에서처럼 노란색 화살표의 정각도로 모발을 잡아내어 시술을 하는 것이 아니고 자주색 화살표 방향으로 20°정도 모발을 앞으로 밀어서 잡아 절삭을 하여주어야한다. 이렇게 시술을 하는 이유는 두상의 형상 때문인데 이 부분의 시술이 정각도로 시술이 되면 측면부 앞머리는 무거운 형태를 가지게 된다. 해서 앞으로 20°정도 밀어서 시술을 하여준다.

측면부의 기장커트 시술은 천정부의 기장커트시술 방법과 동일하게 시술을 하는데 단지 다른 부분은 천정부는 모발의 절삭을 수평적인 부분으로 시술을 하였다면 측면부의 기장커트 시술은 수직적인 부분으로 시술을 하는 것만 바뀌어있을 뿐이다. 앞서도 서술을 하였지만 남성커트의 기조는 사각형의 기조로 시술을 한다고 하였다. 해서 천정 부는 수평적으로 측면부는 수직적으로 시술을 하여야한다는 정의를 인지하자.

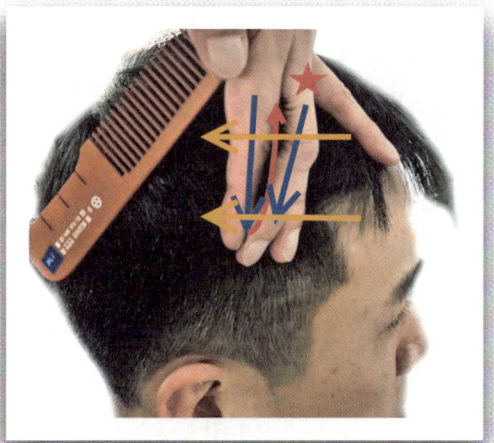

우측면부의 앞머리를 앞서의 사진처럼 시술을 하고나면 다음부분부터는 모발을 뿌리에서부터 정각도로 수평적인 요소로 잡아내어 모발을 절삭을 하여주는데 사진에서처럼 노란색 화살표처럼 빗으로 모발을 빗어 당기면서 파랑색 화살표처럼 손가락을 수직적인 요소로 모발의 뿌리부분으로 집어넣어 잡아내어 (*)표 부분의 천정부의 절삭된 모발 길이에 맞추어 빨강색 화살표처럼 시술하여준다.

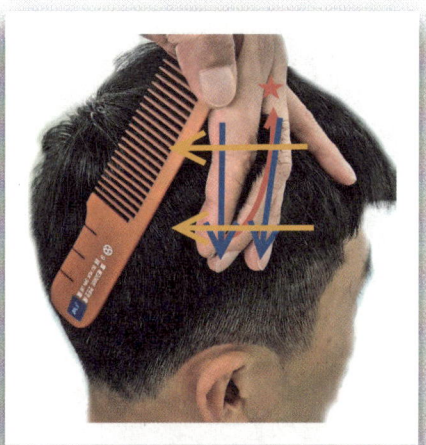

우측면부의 시술은 모발을 뿌리에서부터 정각도인 수평적인 요소로 잡아내어 모발을 절삭을 하여주는데 사진에서처럼 노란색 화살표처럼 빗으로 모발을 빗어 당기면서 파랑색 화살표처럼 손가락을 수직적인 요소로 모발의 뿌리부분으로 집어넣어 잡아내어 (*)표 부분의 천정부의 절삭된 모발 길이에 맞추어 빨강색 화살표처럼 시술하여준다.

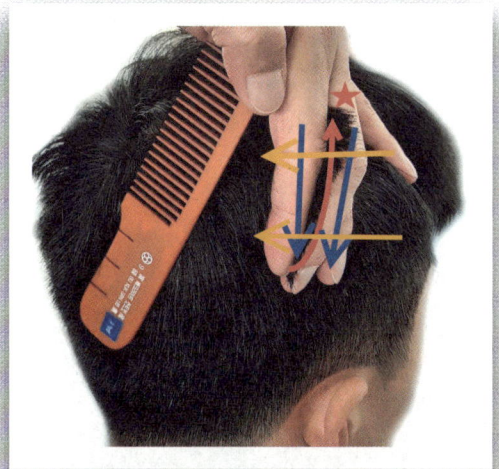

모발을 뿌리에서부터 정각도로 수평적인 요소로 잡아내어 모발을 절삭을 하여주는데 사진에서처럼 노란색 화살표처럼 빗으로 모발을 빗어 당기면서 파랑색 화살표처럼 손가락을 수직적인 요소로 모발의 뿌리부분으로 집어넣어 잡아내어 (*)표 부분의 천정부의 절삭된 모발 길이에 맞추어 빨강색 화살표처럼 시술하여준다.

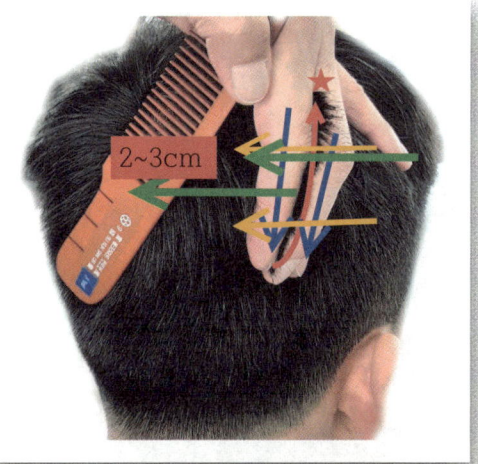

사진처럼 우측면의 기장커트 시술을 하고나면 앞머리 부분에서 같은 방법을 사용하여 시술을 하여왔는데 이다음부터는 모발을 잡아내는 위치가 변하게 된다는 것이다. 측면부의 시술부위는 하단부의 잡힐 모발이 없어서 연두색부의모발을 잡아 절삭을 하는 반면 후두부의 시술은 역시 연두색 화살표의방향인 2~3cm정도 내려서 가마 밑 부분의 모발을 절삭을 하는 것이지 가마부분의 모발을 시술하는 것이 아니다.

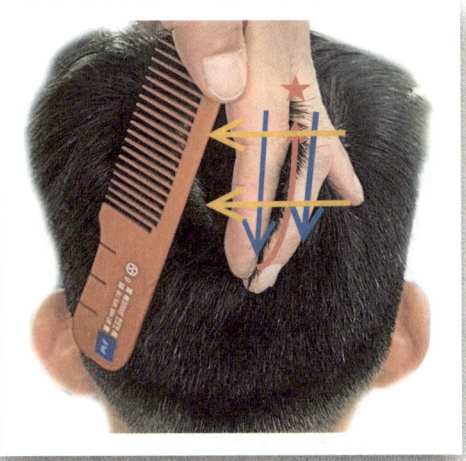

후두부의 시술 역시 모발을 뿌리에서부터 정각도로 수평적인 요소로 잡아내어 모발을 절삭을 하여주는데 사진에서처럼 노란색 화살표처럼 빗으로 모발을 빗어 당기면서 파랑색 화살표처럼 손가락을 수직적인 요소로 모발의 뿌리부분으로 집어넣어 모발을 잡아내어 (*)표 부분의 천정부의 절삭된 모발 길이에 맞추어 빨강색 화살표처럼 시술하여준다.

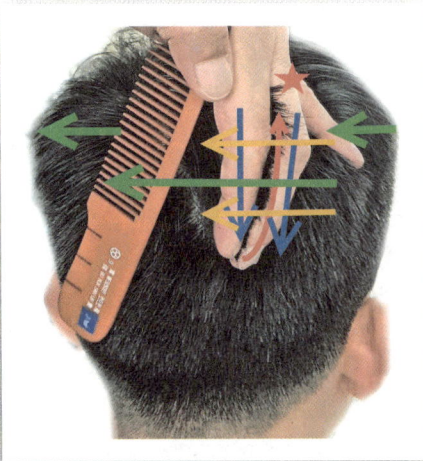

우측면부의 시술을 하고나면 후두부의 구역으로 시술을 연결해서 시술을 하여주는데 앞서도 서술을 하였듯이 측면부의 시술 구역보다 2~3cm 내려서 후두부의 시술을 한다고 하였다 사진에서처럼 연두색 화살표의 방향대로 시술을 연결해서 하여주는데 시술을 하여 줄때에는 모발을 잡는 구역의 부분을 동일하게 잡아내어 시술을 연결해서 하여주어야 모발의 흐름을 부드럽게 만들어줄 수 있다는 것을 명심하고 시술한다.

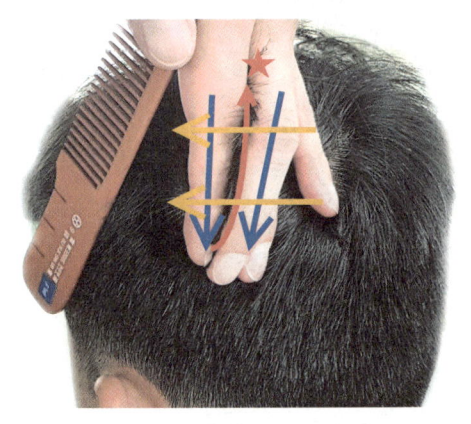

후두부의 시술을 앞에서처럼 절삭을 하고나면 다음 부분의 모발을 뿌리에서부터 정각도로 수평적인 요소로 잡아내어 모발을 절삭을 하여주는데 사진에서처럼 노란색 화살표처럼 빗으로 모발을 빗어 당기면서 파랑색 화살표처럼 손가락을 수직적인 요소로 모발의 뿌리부분으로 집어넣어 모발을 잡아내어 (*)표 부분의 천정부의 절삭된 모발 길이에 맞추어 빨강색 화살표처럼 시술하여준다.

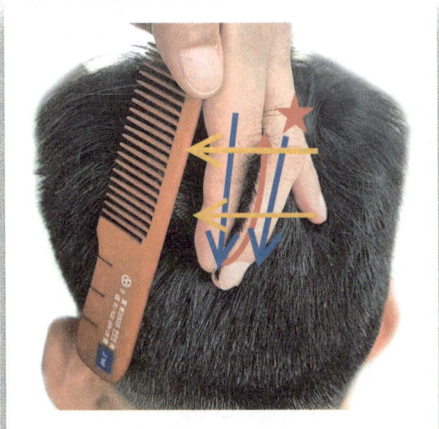

후두부의 시술을 앞에서처럼 절삭을 하고나면 다음 부분의 모발을 뿌리에서부터 정각도로 수평적인 요소로 잡아내어 모발을 절삭을 하여주는데 사진에서처럼 노란색 화살표처럼 빗으로 모발을 빗어 당기면서 파랑색 화살표처럼 손가락을 수직적인 요소로 모발의 뿌리부분으로 집어넣어 모발을 잡아내어 (*)표 부분의 천정부의 절삭된 모발 길이에 맞추어 빨강색 화살표처럼 시술하여준다.

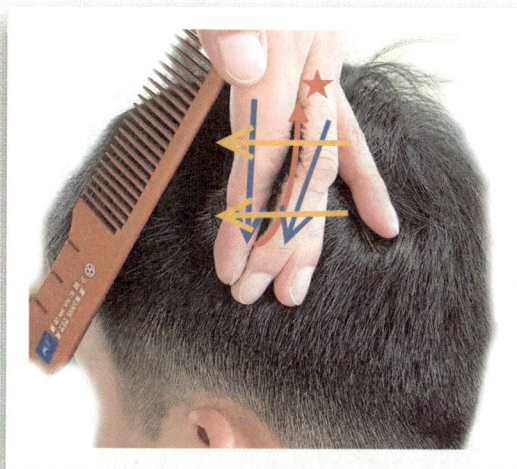

사진처럼 후두부의 기장커트 시술을 하고나면 앞머리 부분에서 같은 방법을 사용하여 시술을 하여왔는데 좌측면부의 시술부터는 모발을 잡아내는 위치가 변하게 된다는 것이다. 좌측면부의 시술은 역시 연두색 화살표의방향인 2~3cm정도 올려서 모발을 절삭을 하는데 이 부분의 해설을 저자는 세숫대야 이론이라고 명명하였다. 시술의 방법이 우측면 후두부 다시 좌측면부로 이어지는 시술 부분이 세숫대야 같아서 이렇게 명명한다.

좌측면부의 시술 역시 모발을 뿌리에서부터 정각도인 수평적인 요소로 잡아내어 모발을 절삭을 하여주는데 사진에서처럼 노란색 화살표처럼 빗으로 모발을 빗어 당기면서 파랑색 화살표처럼 손가락을 수직적인 요소로 모발의 뿌리부분으로 집어넣어 모발을 잡아내어 (*)표 부분의 천정부의 절삭된 모발 길이에 맞추어 빨강색 화살표처럼 시술하여준다.

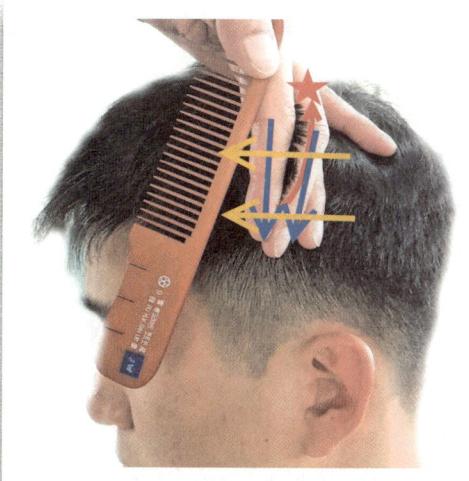

좌측면부의 시술 역시 모발을 뿌리에서부터 정각도인 수평적인 요소로 잡아내어 모발을 절삭을 하여주는데 사진에서처럼 노란색 화살표처럼 빗으로 모발을 빗어 당기면서 파랑색 화살표처럼 손가락을 수직적인 요소로 모발의 뿌리부분으로 집어넣어 모발을 잡아내어 (*)표 부분의 천정부의 절삭된 모발 길이에 맞추어 빨강색 화살표처럼 시술하여준다.

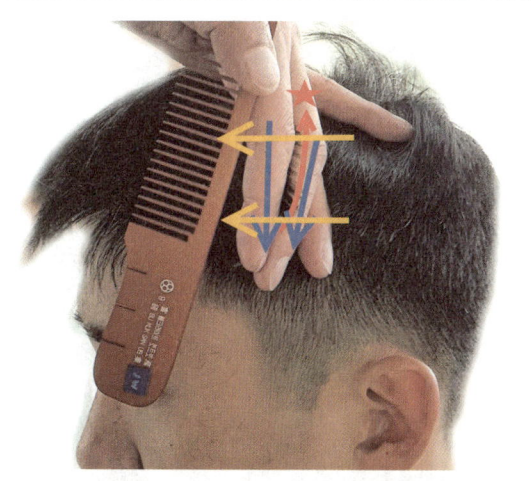

좌측면부의 시술 역시 모발을 뿌리에서부터 정각도인 수평적인 요소로 잡아내어 모발을 절삭을 하여주는데 사진에서처럼 노란색 화살표처럼 빗으로 모발을 빗어 당기면서 파랑색 화살표처럼 손가락을 수직적인 요소로 모발의 뿌리부분으로 집어넣어 모발을 잡아내어 (*)표 부분의 천정부의 절삭된 모발 길이에 맞추어 빨강색 화살표처럼 시술하여준다.

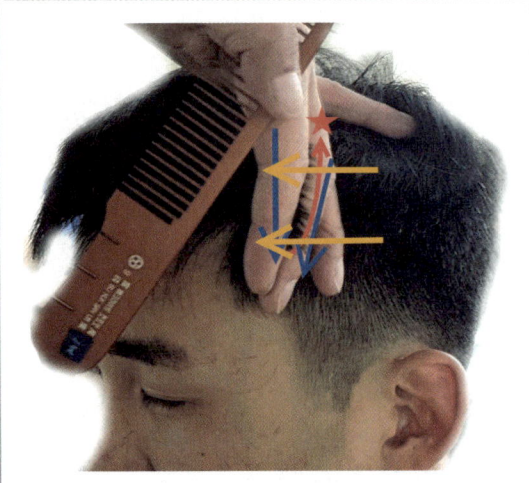

좌측면부의 시술 역시 모발을 뿌리에서부터 정각도인 수평적인 요소로 잡아내어 모발을 절삭을 하여주는데 사진에서처럼 노란색 화살표처럼 빗으로 모발을 빗어 당기면서 파랑색 화살표처럼 손가락을 수직적인 요소로 모발의 뿌리부분으로 집어넣어 모발을 잡아내어 (*)표 부분의 천정부의 절삭된 모발 길이에 맞추어 빨강색 화살표처럼 시술하여 준다.

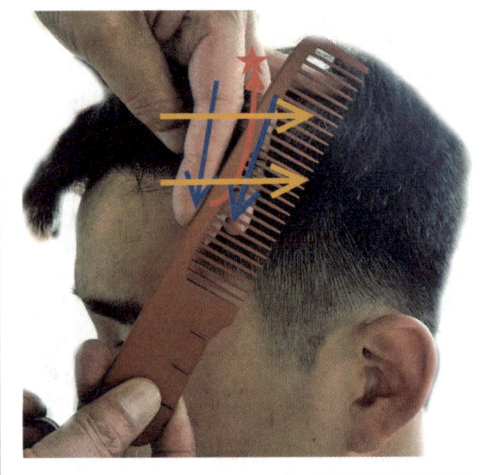

기장커트의 시술을 좌측면까지 하고 오면 좌측면을 시술을 하면서 약간의 문제점이 생기는데 시술을 하면 손님의 다리에 시술자의 다리가 부딪치게 되는 상황과 이전의 시술과 위치가 달라서 좌측면은 시술이 용이하지 않다는 것이 일반적이다. 해서 좌측면에서는 사진에서처럼 빗으로 모발을 밀듯 이하여 모발을 시술을 하는데 이전 방법과 동일하게 시술하여준다.

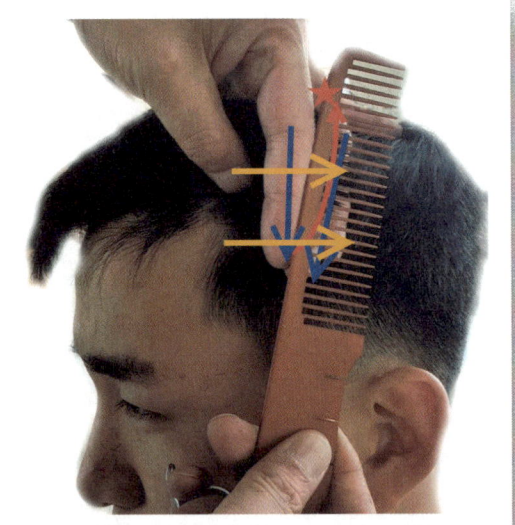

이렇게 시술을 하면서 3~4번 정도 시술을 하여주는데 빗을 사진처럼 밀면서 모발을 파랑색 화살표 방향처럼 수직으로 내려오면서 잡아주고 빨강색 화살표 방향으로 모발을 절삭을 하는데 (*)표의 부분인 천정부에서 내려오는 모발 길이에 맞추어 시술을 하여주어 모발의 흐름을 자연스럽게 하여준다.

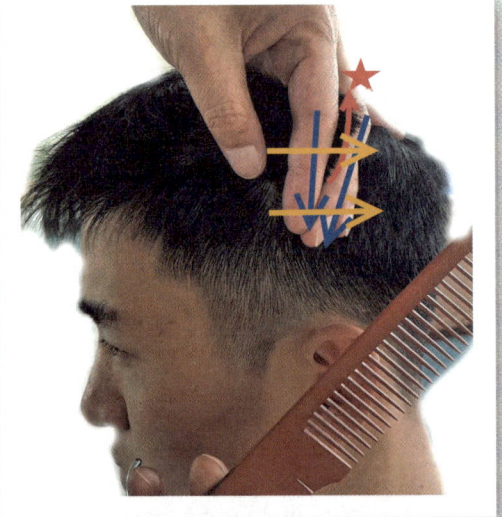

이렇게 좌측면부의 앞머리에서 되돌아 나오면서 시술을 하여 귀 뒤의 부분까지 기장커트를 시술하면 전체의 기장커트 시술이 마무리를 하게 된다. 시술은 어려운 것이 아니지만 방법의 순서를 알고 나면 그 어떤 머리의 헤어스타이도 쉽게 시술을 할 수 있다는 것을 명심하자.

빗 의 정의

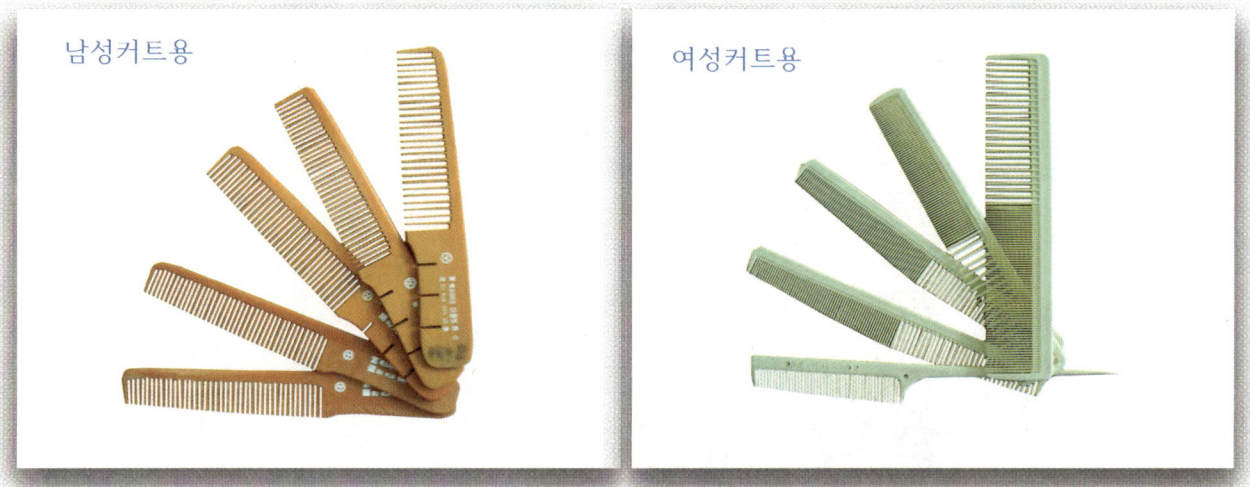

남성커트용   여성커트용

빗은 머리카락을 가지런히 빗거나 때나 먼지 비듬 등을 제거하는 생활용품 우리의 일상생활에 밀접한 관계를 맺고 있는 필요한 도구이다. 특히 우리의 조상들은 단정한 차림을 중시하여 아침의 첫 일과로 빗질로 모발을 청결히 하고 건강을 유지 하는 수단이라 하여 하루 50~100 여회에 걸쳐 빗질을 하였다. 이처럼 빗은 이. 미용과 더불어 건강적인 측면까지 쓰임새가 많았던 도구이다. 하지만 커트에서의 빗은 머리카락을 자르는 작업을 수행할 때 머리카락의 양을 조절 하는 도구이다. 클리퍼로 머리카락의 자르는 시술을 할 때나 가위로 머리카락을 시술할 때 에도 빗은 머리카락의 구획을 정하고 들어내는 중요한 역할을 하고 있다. 위의 오른쪽 사진에서 보듯 이 이용에서 쓰이는 커트 빗 왼손으로 잡을 수 있는 손잡이가 있다. 커트 시술 작업에 용이하게 되어있다. 빗의 종류로는 밑머리의 작업이 용이한 1호 2호부터 시작해서 15호 18호 까지 의 빗이 있는데 대체로 기장 커트나 숱(틴닝)처리 할 때 에는 10호나 12호 정도 크기의 빗이 좋고 클리퍼나 싱글링 을 할 때 에는 2호나 5호 정도의 얇은 빗 이 주로 사용 된다.
하지만 미용에서의 빗을 파마전용 꼬리 빗 을 빼고는 빗의 모양이 거의 비슷하고 몸통이 두껍다. 이 경우에는 여성커트의 자르는 의미에 커트는 가능하나 남성커트의 잔머리를 자르는 경우에는 적절하지 않기에 남성커트를 할 때 에는 위의 왼쪽 사진 중 2~5호 사이의 빗으로 잔머리를 정리 하여 주어야 마무리를 지을 수 있다. 미용 빗은 몸통자체가 두껍기 때문에 남성 헤어의 마무리 를 짖기 어렵기 때문에 헤어를 하는 이라면 도구를 적재적소에 쓸 수 있어야 한다고 필자는 생각한다.

* 빗의 구조와 기능

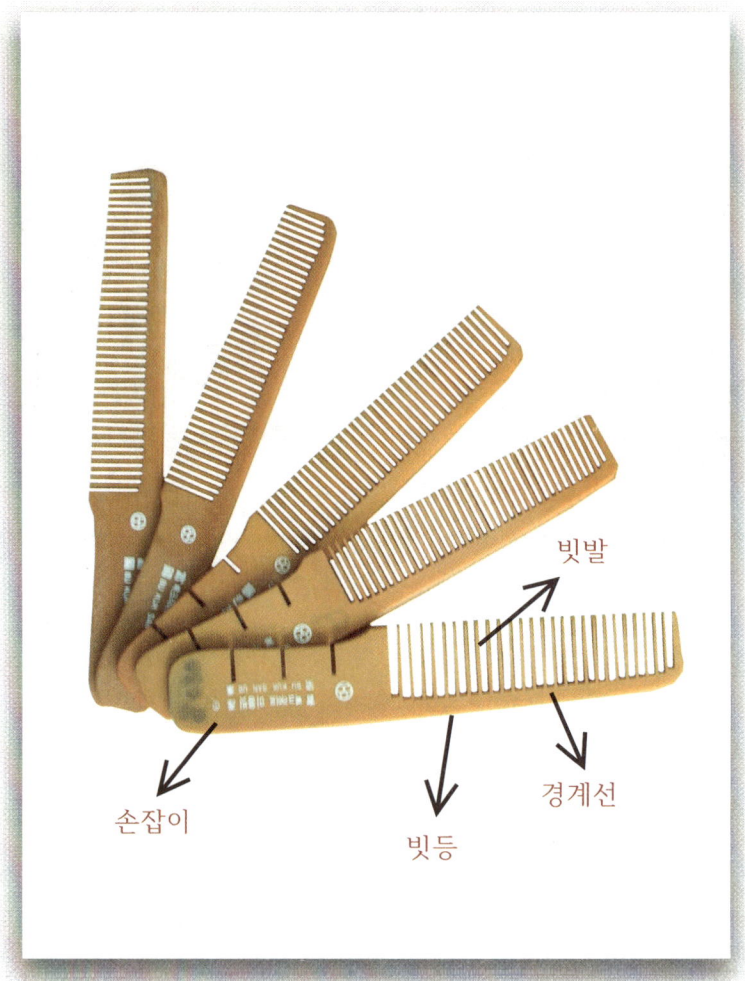

빗은 손잡이와 빗발 그리고 빗 몸으로 3박자의 요소를 가지고 있다. 기능으로는 손잡이는 당연히 손가락으로 손잡이를 잡아주고 빗발은 모발을 잡아 올리고 빗어 내리는 역할을 하고 있다. 빗 몸 은 빗발이 모발을 잡아 올릴 때 모발을 모아놓는 역할을 하고 있다.
모발을 자르는데 있어서 중추적인 역할을 하고 있는 것이 빗이다. 모발을 자르기 위해서 손가락으로 모발을 잡지만 빗이 모발을 잡아내지 않는다면 모발은 깨끗하게 잡지 못한다.
이렇듯 빗은 커트에 있어서 중요한 역할을 하기 에 소홀하게 대하면 안 될 것이다.
일반적으로 빗을 단순히 자르는 도구라고만 생각하는 사람들이 많다.
빗은 그냥 자르는 데에 필요한 도구가 아니고 모발의 잘릴 양을 정하는 매우 중요한 일을 하는 중요한 도구이다. 가위나 바리깡은 자르는 역할만 하는 것이다.
빗 이라는 존재는 결코 쉽게 생각할 수 없다는 것을 명심해야할 것이다.
사진에서 경계선에 있는 모발을 빗으로 잡아서 절삭을 하기 에 잘릴 양을 정하는 것이 빗이라는 것을 명심하자.

* 가위의 역사

신라시대 금동가위

고려시대 가위

가장 오래된 유물은 B.C 1000년경 그리스에서 만들어진 철제 가위이다. 원지점형의 쥐는 가위와 같은 모양의 것으로 양털을 깎는데 주로 사용되었다. 로마시대 B.C 27년경의 철제 가위는 중간 지점 형으로 서양 가위의 전형적인 모양이다. 중국의 가위는 뤄양[洛陽] 부근의 전환시대(前漢時代)의 무덤에서 출토된 것이 최초의 것이다. 그리스 가위와 모양이 같은 것은 쓰촨성[四川省]의 6조 시대(3세기 초~6세기말)전반의 무덤에서 출토된 예가 하나 알려져 있을 뿐이다. 당대(唐代:618~707)에 들어서면서 중간지점형의 가위가 등장하였다.
한국의 가위는 분황사(芬皇寺) 석탑에서 나온 신라시대의 원시 형 가위가 최초의 것이다. 형태는 ∝형으로 손잡이는 없고 날을 엇갈리게 하기 위해 밑 부분을 가늘게 둥글렸다. 이것은 양날 부분에 옷감을 넣고 가위의 등을 누르는 방법을 사용하였다고 짐작된다.
고려시대의 유물은 철제와 동제(銅製)등을 많이 볼 수 있는데 신라의 것과 같은 ∝형과 현재의 ×형과 같은 가위로 손잡이가 매우 다양하다. ∝형의 하나인 동제 가위는 길이 12.7㎝의 작은 것 인데 날 부분이 약간 긴 세모꼴이고 그 위에 누금세공(鏤金細工)과 같은 기법으로 당초문이 새겨져 있으며 손잡이는 없다 다른 하나는 길이 29㎝의 철제 가위로 날 부분 이 긴 네모꼴이다. ×형은 같은 모양의 고리 형 손잡이가 달린 2개의 날을 서로 마주보게 엇갈려 놓고 교차점에 나사를 끼워 만들었다. 날은 뾰족하고 긴 세모꼴 또는 끝이 둥근 모양이고 날과 등의 중앙에 능선이 있는 것도 있다. 손잡이는 고리 형으로 그 크기는 다양하여 길이는 대개 19~24㎝이다. 조선시대의 가위는 고려의 것과 비슷한 ×형이 대부분인데 손잡이가 좌우로 넓어진 것이 특징이며 모양도 다양하다. 재료는 무쇠가 대부분이고 철과 백동(白銅)을 사용한 것도 있다. 조선 말기에는 오늘날의 가위와 사용법이나 형태가 유사한 것이 등장하였다.

* 가위의 분류

1. 일반적인분류

- 커트용 가위: 두발을 자르고 지간을 잡고 싱글링을 하는데 쓰인다.

- 숱 가위: 모발의 양을 감소시키는데 사용 예전에는 30. 35. 40. 45목
  정도의 가위를 사용하였는데 현재에는 발수의 양으로 바뀌었음.
  제일 많이 쓰이는 것은 26발 27발 28발 정도이고
  절삭량은 15%~25%정도의 양을 주로 사용한다.
- 리버스 가위: 레자의 날을 끼워 사용한다.

2. 생산방식의 의한 제조 분류

- 주물 가위: 모양의 틀을 쇳물을 부어서 만들어낸 가위.

- 단조 가위: 대장간 방식으로 쇠를 달구어 망치로 두들겨 만든 가위.

- 포징 가위: 쇠를 젤 상태로 만들어 가위 모양의 틀을 이용.

- 연마 가위: 철판을 연마하여 만드는 가위.

3. 생산 방식에 의한 분류

- 착강 가위: 협신부와 날의 부분이 서로 다른 재료로 되어있으며 양쪽의 강철을 연결시켜
  용접해서 만듬.
- 전강 가위: 전체가 특수강으로 만듬.

4. 소지걸이의 유무에 의한 분류

- 고정형: 손잡이와 소지 걸이가 일체형으로 고정되어 있음.
- 탈착형: 손잡이와 소지걸이를 분리됨.

* 가위의 정의

가위의 정의는 머리카락을 자르고 정리한다는 의미가 있다. 일반적인 구분으로는 커팅가위. 미니가위. 숱 가위로 나뉜다. 앞서 가위의 종류를 열거 했는데 이런 종류의 가위가 있다.

미니 가위

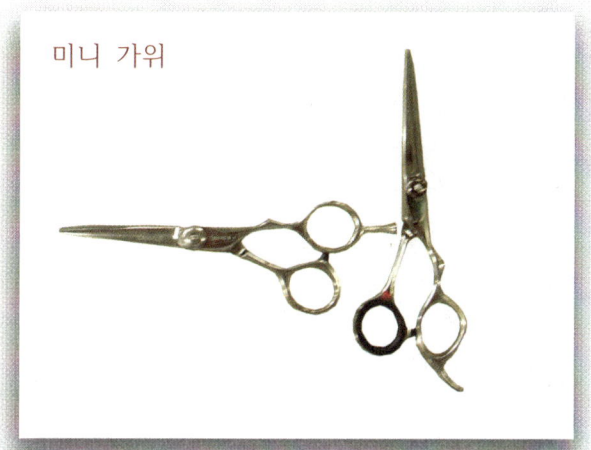

일명 미니 가위 라고도 불리는 미용 가위는 손안에 들어오기 때문에 손이 작은 여성들에게 어울리며 섬세한 모양의 시술이 용이하다. 길이는 4.0"~6.0"의 길이가 대부분이다.

장 가위

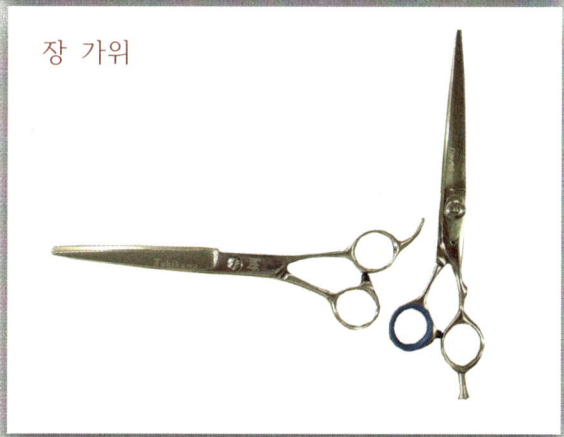

커팅 가위는 이용 가위 라고도 불린다. 이용사들이 주로 사용해서 그런 것인데 남자들의 손이 크기 때문에 미용 가위는 꺼리는 편이지만 절삭력이 상당하고 힘 있는 시술을 할 때 좋다. 길이로는 6.25"~이상의 길이가 대부분이다.

숱 가위

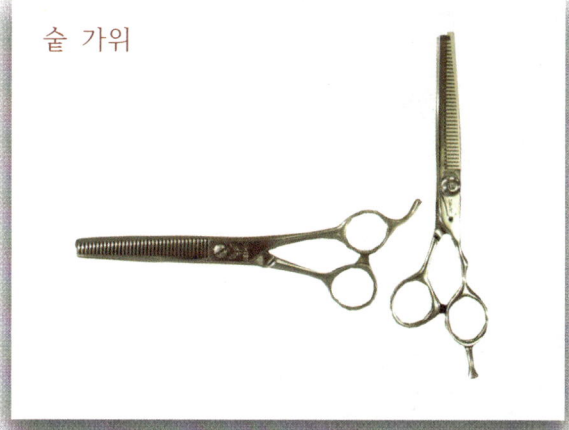

숱(틴닝)가위는 숱을 정리하는 개념인데 분류로는 앞에서 이야기 했듯 목 에 의한 분류. 날의 의한 분류. 그리고 홈 에 의한 분류 등 있다.

* 가위의 구조

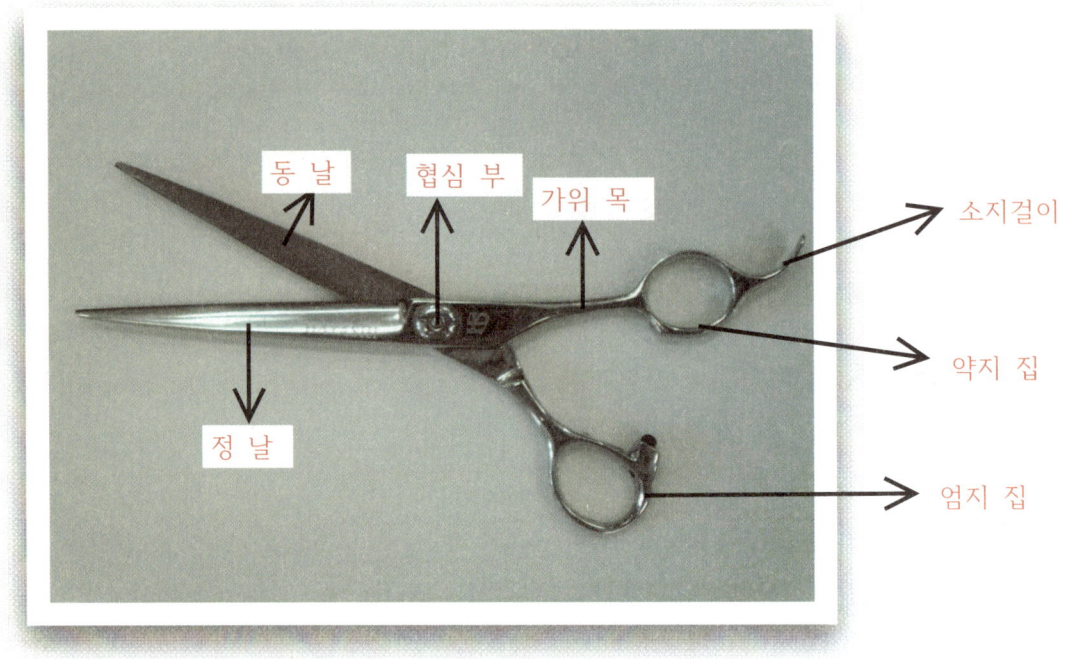

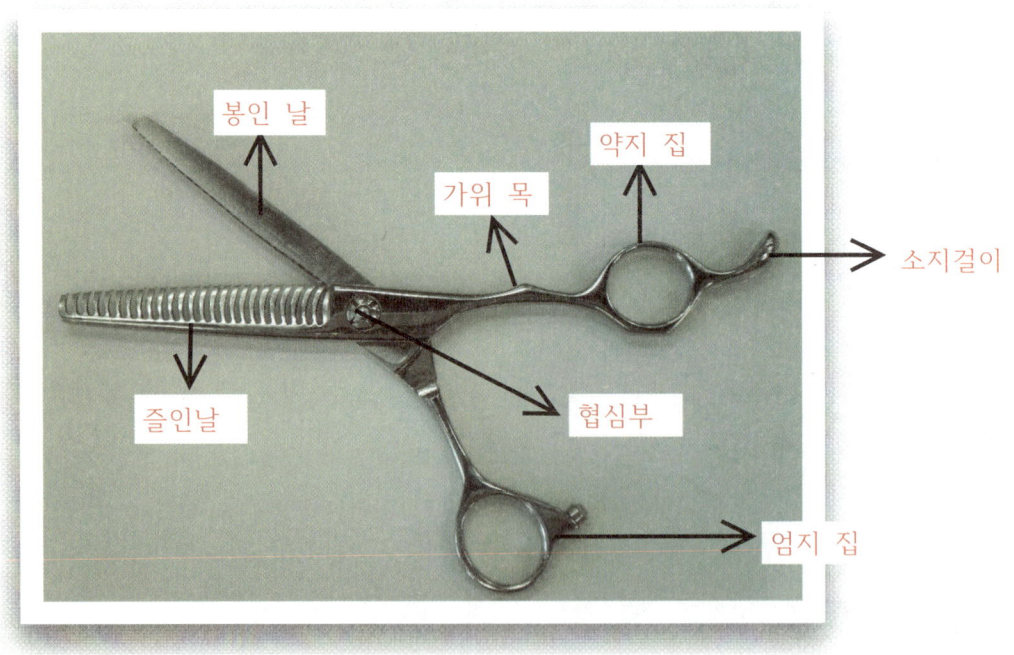

상고 커트

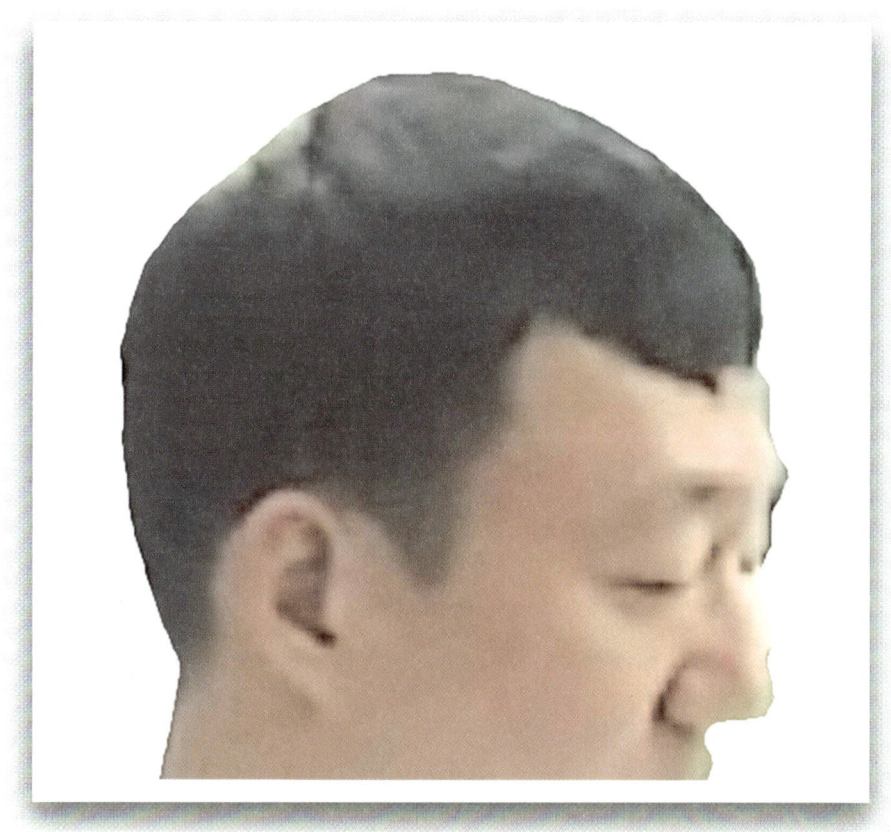

* 이번 장은 상고 커트의 시술 방법과 테크닉을 배워본다.

1. 상고 커트

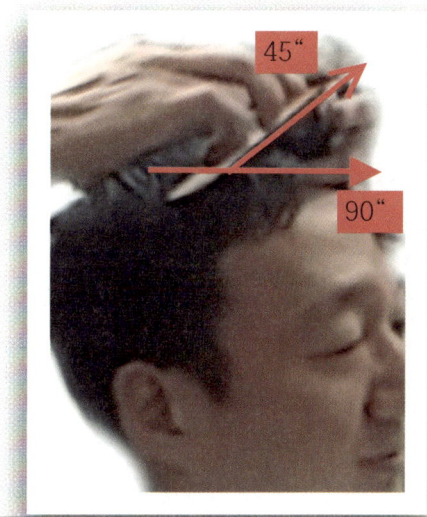

기장커트의 기준부위인 중앙부분을 못 잘라도 5번의 커트를 하여주는데 평균적으로 6~7번의 커트를 하여주는 것이 맞다. 물론 더 촘촘히 하여주면 모발의 모양이 더욱 자연스럽게 연출할 수 있다. 첫 번째 시술은 시술자의 각도에서 90"로 모발을 잡아 절삭을 하여주고 사진에서는 두 번째인데 이곳의 모발은 45"각도로 잡아 절삭을 하여준다.

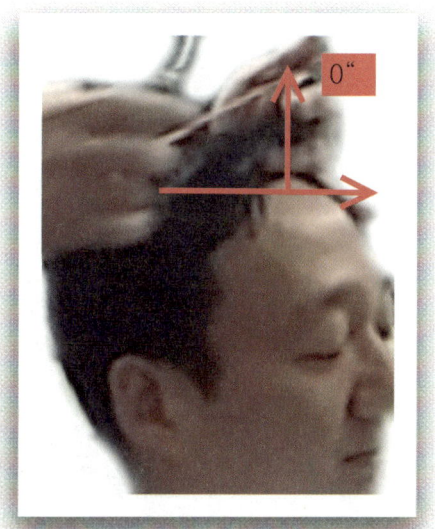

첫 번째와 두 번째의 시술시 모발을 잡아 절삭을 하고나면 3번째인 모발을 빗으로 모발 뿌리에서부터 잡아 검지와 중지의 손가락으로 모발을 잡아 0"로 올려 모발을 수평적인 요소로 맞추어 절삭하여준다.

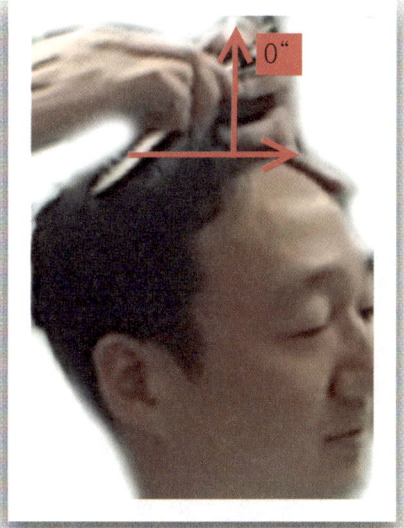

시술자의 모습에서 모발은 뿌리에서부터 깨끗이 잡아 올리는데 왼손 검지와 중지손가락으로 모발을 부드럽게 잡아 올리는데 빗을 검지손가락과 중지손가락에 붙여서 모발을 같이 잡아 올려서 절삭을 하여준다.

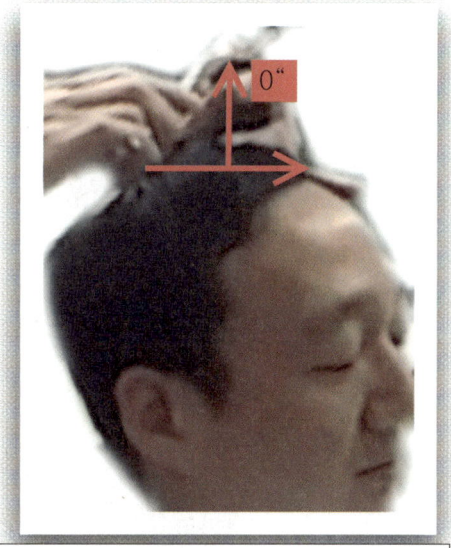

모발을 절삭을 할 때 에는 블런트의 커트 방법과 포인트 커트 방법 두 가지가 있는데 단정함을 원할 때 에는 블런트 방식으로 시술하여주고 스타일을 원할 때 에는 포인트 커트 방식으로 시술하여준다. 모발을 잡아 올렸을 때 에는 뿌리에서부터 모발을 잡아 올려 모발의 각도와 손가락의 수평적 기조를 정확히 이해해야 할 것이다.

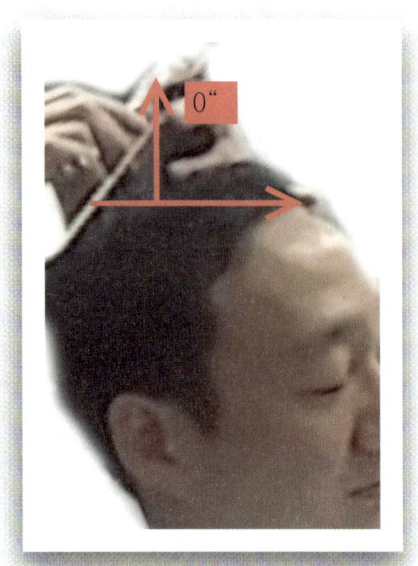

천정부 중앙의 모발을 자르는 데는 중앙이 기준의 요소를 가지고 있다. 이 기준부분이 전체 모양을 아우르게 되는데 이곳의 모발의 절삭이 정확해야 우측 눈 위 부위나 좌측 눈 위 부위의 모발을 절삭 할 때에 연결점을 찾아서 시술 할 수 있다는 것이다. 모발은 시술자의 각도에서 0"를 유지하여 모발을 잡아 올려 정확하게 수평적인 기조와 수직적인 기조로 절삭하여준다.

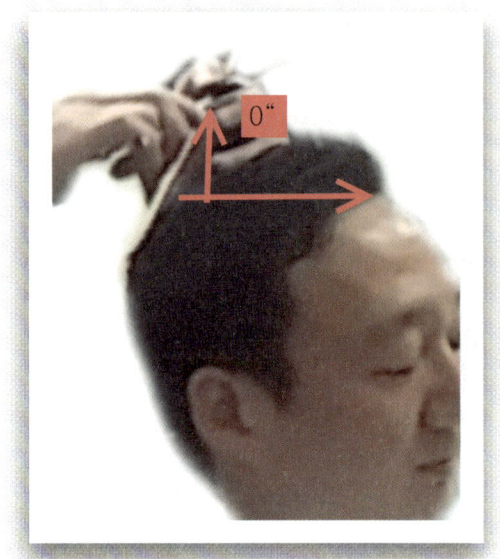

모발의 정확한 각도와 모발을 잡은 손가락의 각도가 일치하면 (+)십자가 모양인 크로스 형태가 만들어지는데 손가락에 걸려있는 모발을 한번에 절삭하여주어야 산뜻한 모양이 만들어진다. 여러 번에 걸쳐서 모발을 절삭하게 되면 끊어짐이 보여 자연스러운 형태를 만들지 못한다.

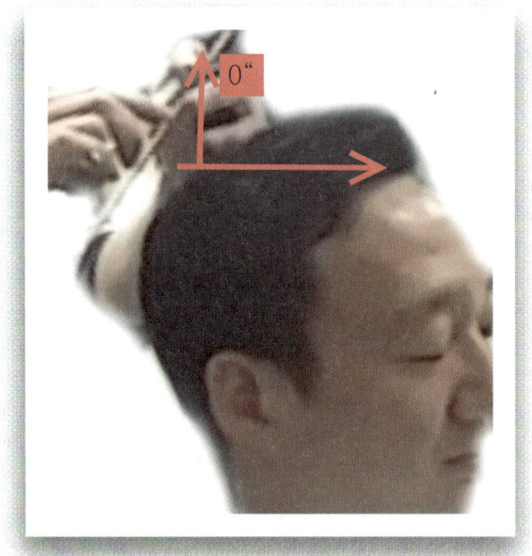

천정부 기준부위의 모발을 앞서도 서술하였지만 평균적으로 6~7번을 시술한다고 하였다. 하지만 더 촘촘하게 시술하기 위하여 시술 횟수를 늘려서 시술을 하여도 무방하다.

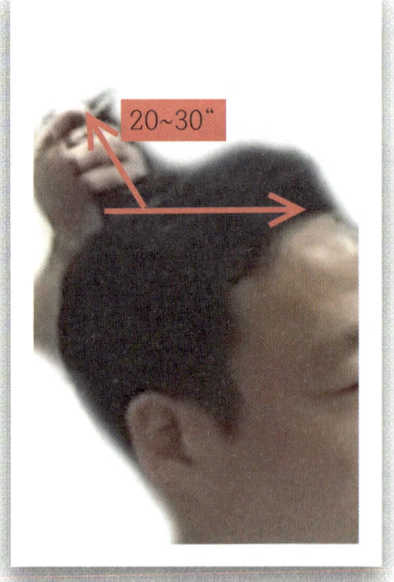

천정부 기준부위의 시술 마지막 장소인 가마부분의 시술인데 이곳의 모발은 20"정도로 시술자의 방향으로 잡아당겨 주고 나서 같은 방법으로 모발을 절삭하여준다.

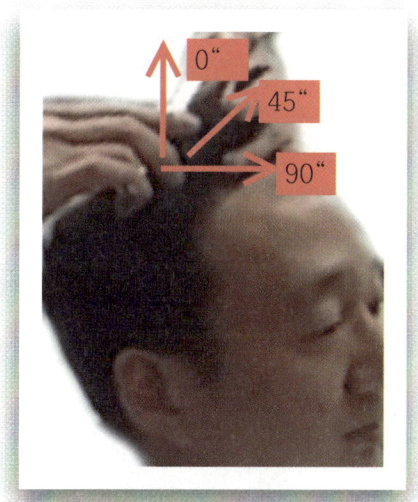

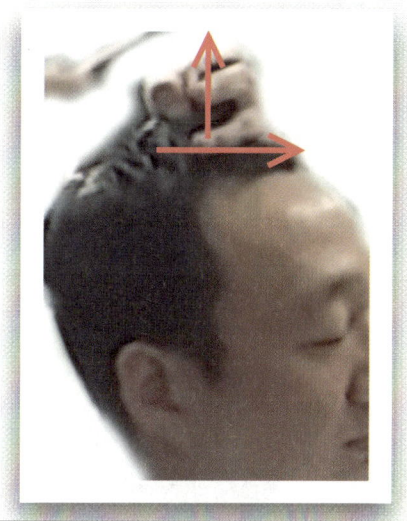

천정부 중앙부위의 시술을 하고나면 우측 눈 위 부분의 시술을 연결해서 시술을 하여 주는데 중앙의 기준부위에 맞추어 같이 모발들을 절삭을 하여 연결을 시켜준다. 이때 주의할 점은 손가락에 잡혀있는 모발들 중에 손가락 안쪽의 모발은 중앙부위의 모발 길이니 중앙모발 길이에 맞추어 절삭하여준다.

이곳의 모발을 시술할 때 에도 평균적으로 6~7번의 시술을 하여주는데 중앙부위의 모발 길이에 맞추어 절삭을 하여주는 것을 명심하고 시술하도록 한다.

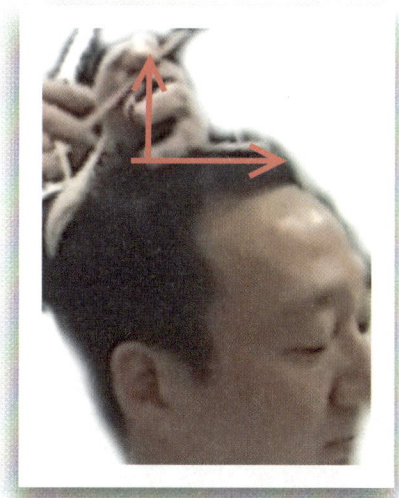

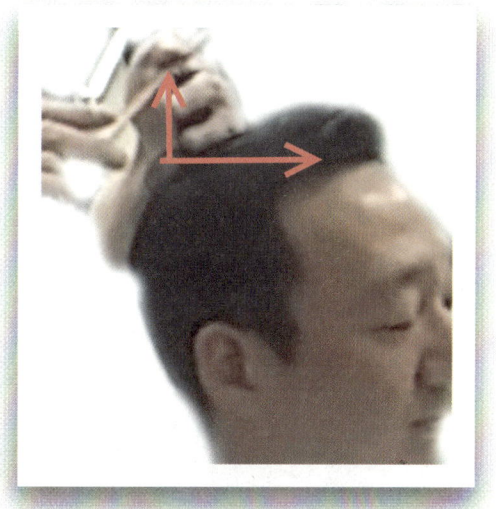

이곳도 앞머리의 시술은 90"로 두 번째의 시술을 45" 그리고 3번째의 구획부터는 0"로 모발을 잡아내어 시술을 하여주는데 두상의 형상에 따라서 모발을 잡아낼 때에 모발의 각도를 우측으로 20"정도 밀어서 모발을 절삭하여 주어야한다. 두상의 형상이 평을 이루지 못하고 두상 중앙의 요철에 의해서 곡선의 형상을 가지고 있다. 해서 우측 눈 위 부분을 시술할 때 에는 각도를 신경 써서 시술한다.

오른쪽 눈 위의 모발을 절삭을 하면서 정확한 각도에 의해서 모발을 절삭을 하여야 정확한 시술이 된다는 명심하자. 이때 중앙부위의 기준모발 길이에 맞추어 모발을 연결해서 시술한다는 것을 잊지 말고 시술토록 한다.

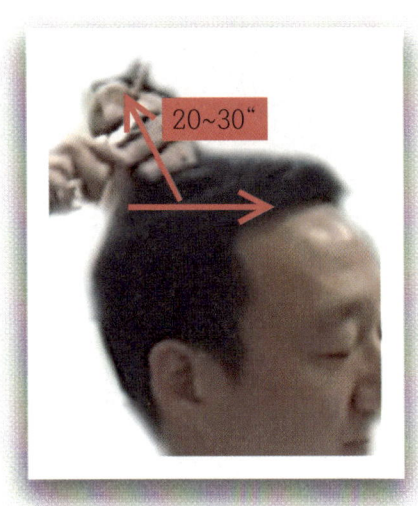

우측 눈 위 부분의 시술을 하고나면 가마부분의 모발 역시 시술자의 방향으로 20~30"정도 잡아 당겨서 시술을 하여준다. 가마부분의 모발을 당겨서 시술을 하는 이유는 모발을 수직으로 올려서 시술을 하게 되면 가마부분의 모발 흐름이 길게 되어 모발들이 뜨는 현상을 주게 된다는 것이다. 해서 모발의 뜨는 현상을 방지하기 위해서 가마부분으로 당겨서 시술을 하면 뜨는 현상을 방지할 수 있다.

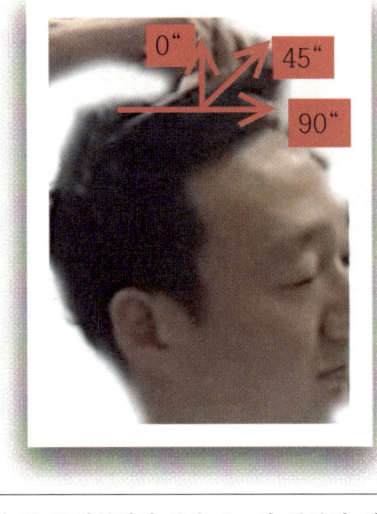

천정 부 중앙부위와 우측 눈 위 부분의 시술을 마무리 하면 좌측 눈 위 부분으로 시술을 연결해서 하여주는데 이곳도 이전에 시술했던 방식에 맞추어 앞머리는 90" 두 번째 구획은 45" 그리고 세 번째 구획부터는 0"로 모발을 뿌리에서부터 잡아내어 중앙부위의 기준 모발 길이에 맞추어 시술하여준다.

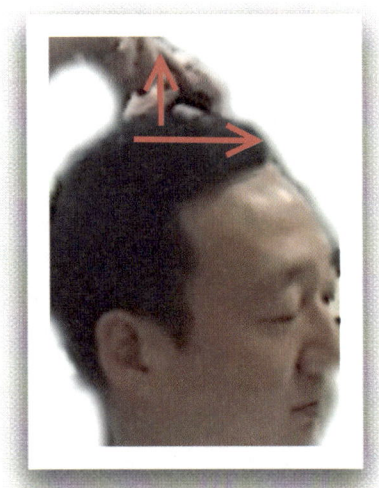

좌측 눈 위 부분도 6~7번의 모발을 앞머리에서 가마부분까지 시술을 하여주는데 중앙부위의 기준의 잘린 모발 길이에 맞추어 절삭을 하여준다. 이때에 우측 눈 위 부분의 시술은 우측으로 20"정도 밀어서 모발을 잡았다면 좌측 눈 위 부분은 좌측으로 20"정도 당겨서 모발을 잡고 시술하여준다.

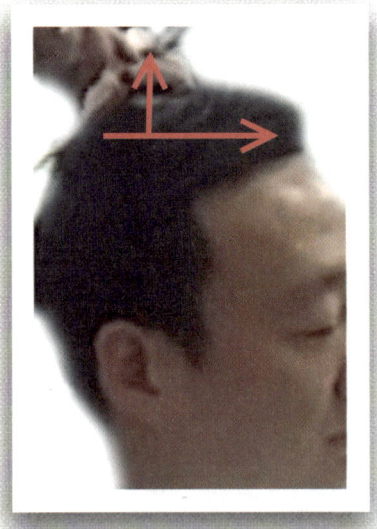

3번째 구획부터는 모발을 수직 각도인 0"로 모발을 잡아 올려 시술하여주면서 6번 구획까지의 모발까지 같은 방법으로 연속하여 시술하여준다. 모발을 절삭할 때 에는 중앙부분 기준의 절삭된 모발 길이에 맞추어 시술하여준다.

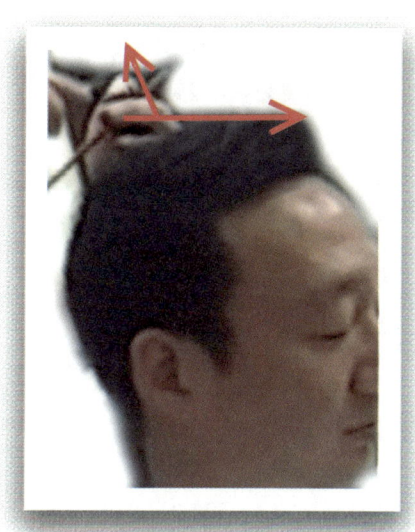

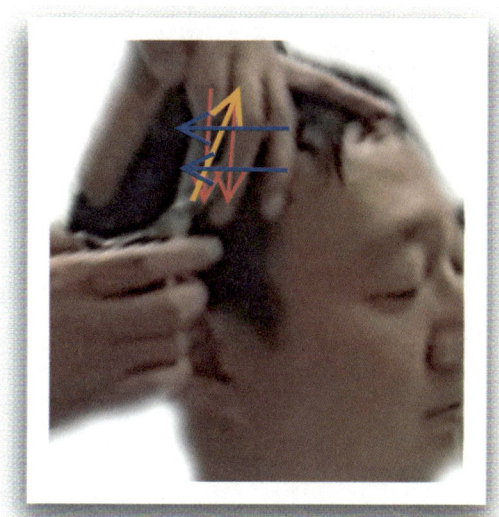

좌측 눈 위 부분의 시술을 하고나면 가마부분의 모발 역시 시술자의 방향으로 20~30°정도 잡아 당겨서 시술을 하여준다. 가마부분의 모발을 당겨서 시술을 하는 이유는 모발을 수직으로 올려서 시술을 하게 되면 가마부분의 모발 흐름이 길게 되어 모발들이 뜨는 현상을 주게 된다는 것이다. 해서 모발의 뜨는 현상을 방지하기 위해서 가마부분으로 당겨서 시술을 하면 뜨는 현상을 방지할 수 있다.

사진에서처럼 천정부의 기장커트 시술이 마무리되면 우측 면부의 기장커트를 연결하여 시술하여준다. 우측면부의 기장커트를 하여 줄때에는 모발을 잡을 왼손 검지와 중지 손가락을 천정부의 사각지대부분에서 수직으로 두피를 훑으면서 모발의 뿌리에서부터 깨끗하게 수평으로 잡아내어 수직적 기조로 모발을 절삭하여준다. 천정부를 절삭을 할 때에는 수직적 기조로 모발을 잡아내어 수평적 기조로 모발을 절삭하였지만 측면부를 절삭할 때에는 반대의 방법으로 시술하여준다.

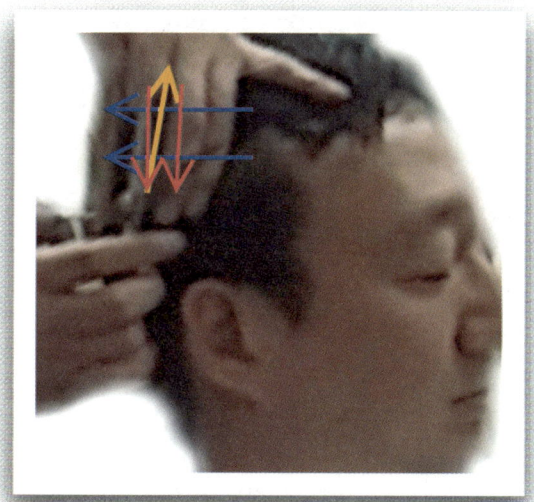

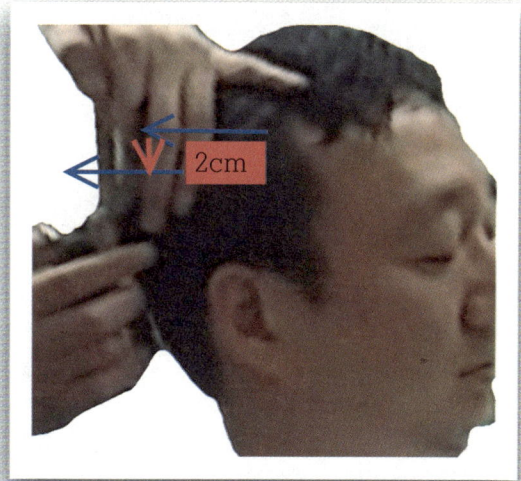

빨강색의 화살표는 모발을 잡는 손가락의 각도를 의미하고 노란색의 화살표는 모발을 절삭해야 하는 방향을 의미하며 파랑색의 화살표는 모발을 빗는 방향을 의미한다. 절삭을 하기 위해서 모발을 손가락으로 잡을 때에는 2cm정도의 양을 잡아서 절삭하여준다.

측면부 기장커트를 하면서 시술시 꼭 알아야 할 부분이 있다. 측면부의 시술을 하면서 후두부 구역으로 시술하여갈 때에는 측면부의 시술 구획보다 후두부의 시술구획이 2cm정도 내려서 시술을 하여야 한다. 후두부의 시술시 2cm 내려서 시술을 하는 이유는 측면부의 구획으로 시술을 하고 후두부로 계속 진행하면 가마부분이 절삭이 되기 때문이다.

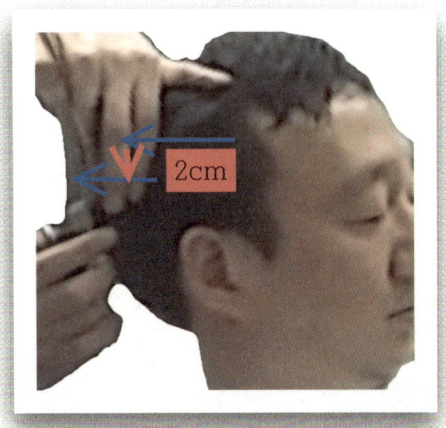

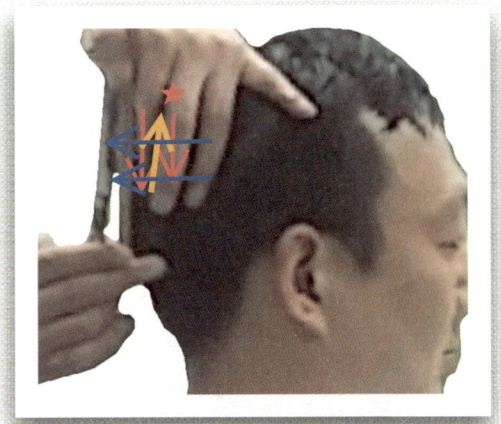

해서 이 부분의 이 부분에서 이론이 하나 나오는데 바로 세숫대야 이론이 만들어진다. 우측면부에서 시술을 시작하여 후두부에서 2cm내려서 시술을 하면서 좌측면부로 시술하여갈 때에는 2cm 올려서 시술을 하여주어야 시술의 연결성이 만들어진다는 것이다. 그래서 세숫대야 이론이라고 필자가 명명하였다.

귀 뒤 부분부터는 후두부의 구역인데 이곳의 모발을 절삭할 때에는 손의 정확한 각도와 모발의 정확한 각도가 맞아떨어져야 한다는 것을 명심하자. 후두부의 모발은 가마부분의 모발을 잡아내면 않되고 가마부분 밑에 있는 (*)표 부분의 모발을 잡아내어 절삭을 하여주어야 가마부분의 모발이 뜨는 현상을 막을 수 있다.

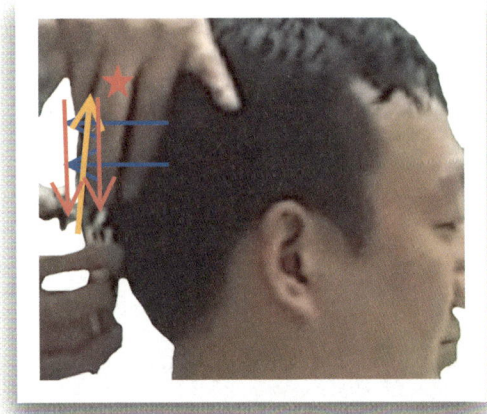

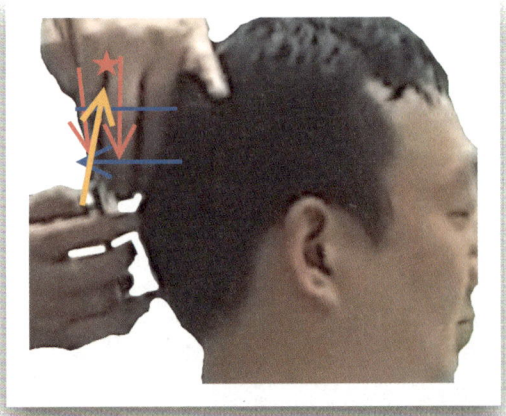

가마부분의 모발을 절삭하지 않아도 시술을 하다보면 자연스럽게 모발 끝 부분이 자연스럽게 잘려나가게 되어있으니 굳이 가마부분의 모발을 잡아서 절삭하는 일이 있어서는 않되겠다. 모발을 잘라야 하는 연결선은 손가락 안쪽의 (*)표 부분의 천정부의 잘린 모발 길이에 맞추어 수직으로 모발을 잘라내는데 손가락의 자세는 포물선을 그리고 있어야 한다.

모발의 절삭을 위해서 모발은 잡은 손가락은 모발뿌리에서부터 모발을 깨끗하게 잡아내어주면서 (*)표 부분의 천정부 잘린 모발 길이에 맞추어 모발을 손가락의 포물선에 맞추어 한번에 절삭을 하여준다. 모발을 절삭할 때에 여러번에 걸쳐서 절삭을 하게 되면 모발의 흐름이 자연스러워지지 않고 엉크러짐이 나오게 되니 명심해서 모발을 시술한다.

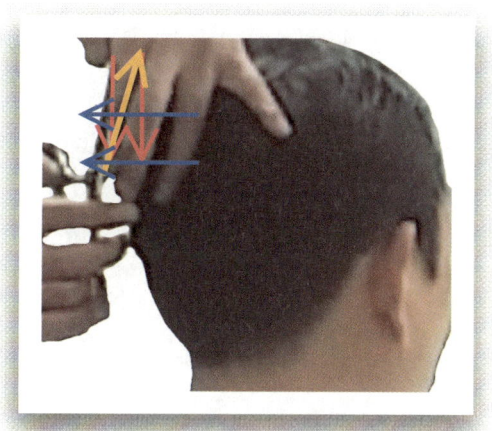

이렇게 후두부의 모발을 절삭하여나가면 후두부의 기장커트 과정은 끝나게 되는데 이곳의 모발은 포물선을 띈 수직이라고 하였다. 이유는 남성커트 헤어스타일은 후두부의 볼륨감을 준다는 이유로 남겨놓는 경우가 많은데 이때에는 모발이 자연스럽지가 않고 무거움을 만들게 된다.

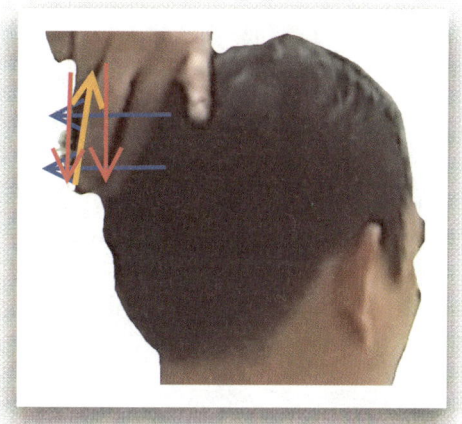

앞서도 서술하였듯이 후두부의 모발들을 볼륨감을 만든다면 뒷 모발 들을 무거움을 만든다고 하였다. 뒷머리 후두부의 모발의 형태는 무거움 보다는 가볍고 자연스러운 형태를 만들어주어야 모발이 자라날 때 자연스러움으로 모발들이 자라나 단정해지는 모양을 만들게 된다는 것을 명심하자.

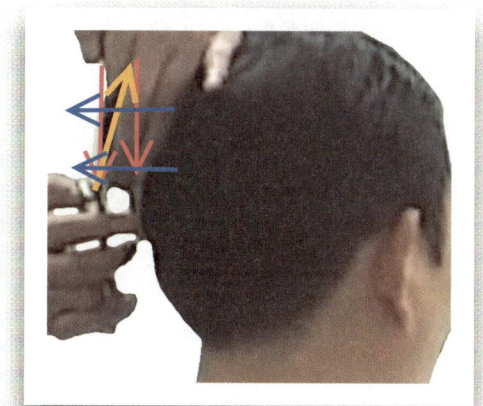

우측 후두부에서 좌측 후두부까지 모발을 절삭할 때는 파란색 화살표처럼 일정한곳의 위치한 모발들을 연결하듯이 시술을 하여주어야 한다. 그래야 잘린 모발들의 형태가 자연스럽게 흘러내려오는 모양을 만들 수 있다. 그렇지 않으면 끊어진 모양이 보여 모발 형태가 산만한 모양을 만들게 되니 명심하여 시술한다.

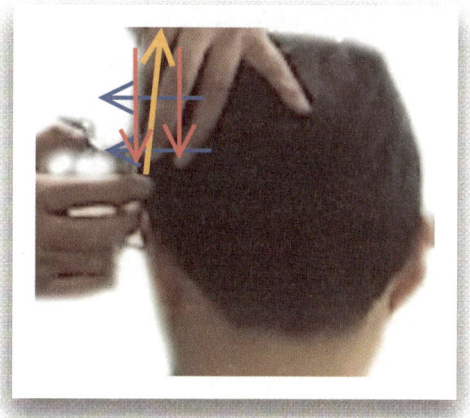

후두부의 모발을 절삭 하고나면 연결해서 사진에서처럼 좌측면부의 모발을 절삭을 하여나간다. 사진의 파랑색 화살표는 우측면부에서 좌측면부의 기장커트 시술시 모양을 잡아내는 일정의 모양을 만들어 놓은 건데 연결이 일정해야만 모발을 절삭하여도 형태가 두상 형상에 맞게 절삭이 되어 편안한 흐름을 만들어준다.

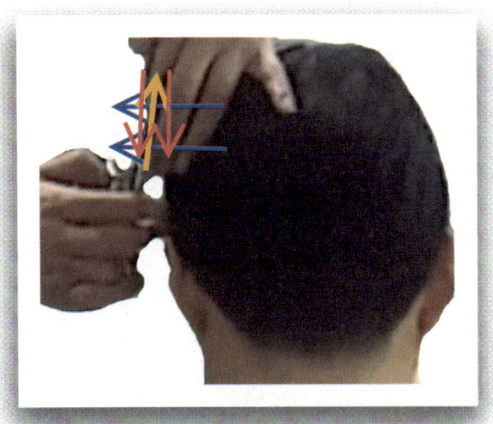

후두부의 모발이 좌측면부와 우측면부보다 2cm정도 낮은 이유는 후두부의 절삭 면적이 제일 넓은 이유도 있겠지만 후두부에는 가마라는 부분이 존재하기 때문에 일부러 모발을 절삭하게 되면 모발이 뜨는 현상을 만든다. 해서 미리 뜨는 모양을 만들지 않기 위해서 2cm 내려서 시술을 하여준다.

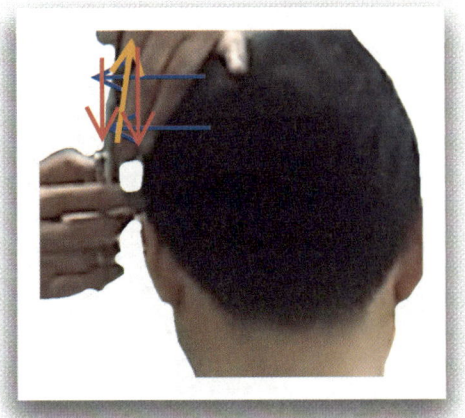

모발의 절삭 방법은 앞서 시술 하던 방법과 동일한 방법으로 시술하여주면서 우측에서 좌측으로 모발을 절삭하며 돌아간다. 모발을 절삭하기 위해 손가락에 잡힌 모발은 정확하게 절삭을 하기 위해서 정확한 자세와 시술 면을 정확히 보고 시술하자.

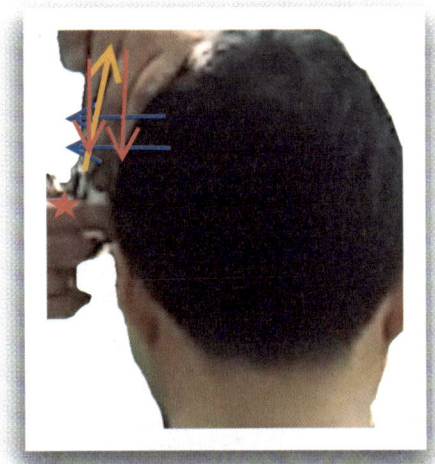

모발을 손가락으로 잡을 때 에는 왼손 검지와 중지로 모발을 잡지만 (*)인 손가락 끝부분에서 두 번째 마디 반까지만 모발을 잡아야 안전하게 모발을 절삭을 할 수 있다. 손가락에 모두 모발을 잡아서 절삭을 하게 되면 의도하지 않게 상처가 날수 있으니 안전하게 시술하도록 주의하자.

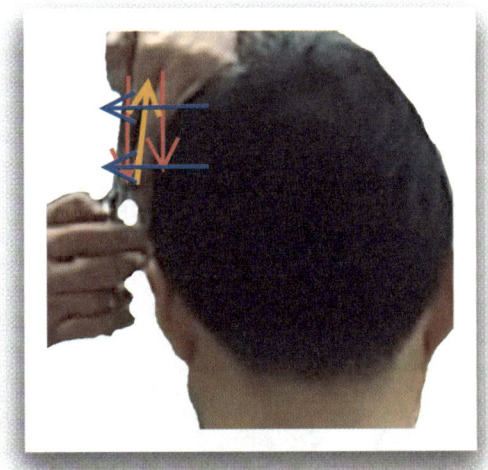

우측에서 시술을 시작하여 후두부를 돌아 좌측면까지 모발을 연결하듯이 절삭을 하면서 돌아온다. 하지만 좌측의 모발을 절삭할 때 에는 손님의 뒤에서 모발을 잡아 시술하면 형태가 어그러지게 된다. 해서 손님을 중심으로 시술자가 돌아가면서 시술을 하여주어야한다.

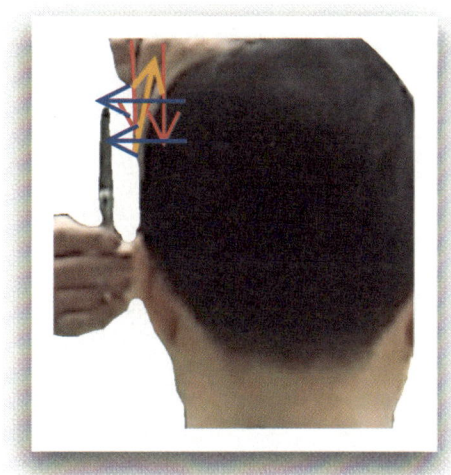

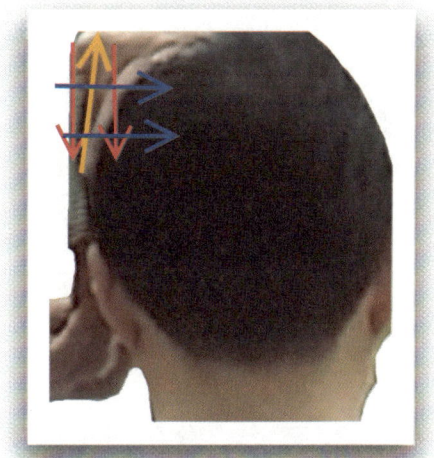

모발을 절삭하기 위해서 잡을 때 에는 손가락과 손등의 위치도 중요하다. 손바닥이 하늘은 향하는 상황에서 모발을 잡게 되면 두상 형상에 역행하는 모양이 나오게 된다. 해서 나오지 않아야 할 자세이고 손등이 하늘을 향하게 하여주어 모발을 잡아주어야 두상 형태로 모발이 절삭되기에 올바른 자세라 할 수 있다.

우측면에서 시술을 시작해서 후두부를 지나 좌측면까지 시술을 하여오면 좌측면이 우측면에 비해 긴 모양이 만들어진다. 시술시 자세가 올바르게 되지 못하는 상황이 나오기 때문인데 이때에는 시술시 시술자 방향으로 빗을 당기듯이 모발을 잡았다면 이번에는 사진의 파랑색 화살표처럼 빗을 밀듯이 모발을 잡아내어 시술을 하여주어야한다.

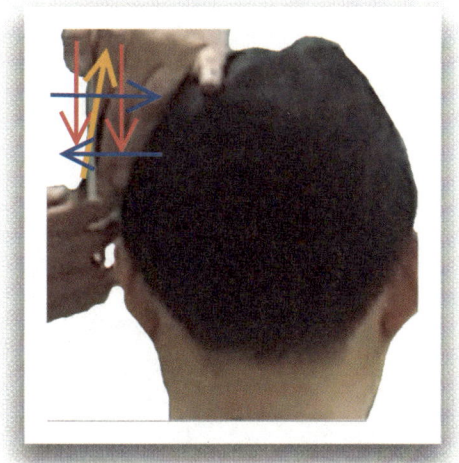

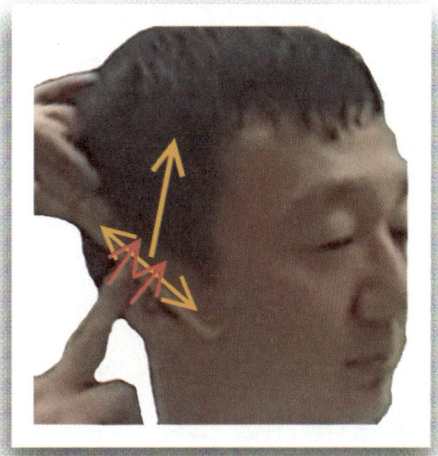

모발을 잡는 방법은 다르지만 빗을 밀면서 모발을 잡을 때 에는 왼손 중지가 빗밑으로 들어가서 검지와 같이 모발을 잡는다. 이전 시술시 에는 검지가 빗밑으로 집어넣어서 시술을 하였지만 빗을 밀면서 시술을 할 때 에는 중지가 빗밑으로 들어가서 시술을 하여준다. 이렇게 좌측면을 시술할 때 에는 좌측 앞머리에서 좌측 귀 뒤 부분까지 3~4회 정도 명심하고 시술하도록 한다.

기장커트를 마무리 하고나면 클리퍼 시술을 연결해서 하여주는데 오른손잡이는 오른편에서 시술을 시작하여주고 왼손잡이는 왼편에서 시술을 시작하는 것이 바른 자세라 할 수 있다. 해서 클리퍼 시술을 할 때 에는 사진의 노란색 화살표인 베이스라인에 빗을 붙여주어 클리퍼 시술을 시작하는데 빨강색 화살표방향에서 빗발을 모발 사이로 넣어주면서 빗 몸을 베이스라인에 붙여주고 시술한다.

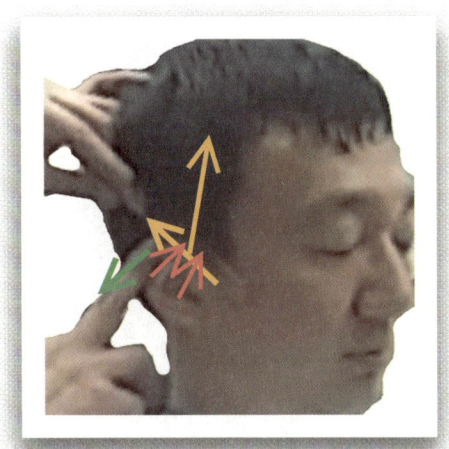

클리퍼 시술 시에는 귀 앞 베이스라인에 빗을 붙여주는데 이때에는 오른쪽 손가락으로 귀를 화살표방향으로 밀어 붙여주고 빗이 들어갈 수 있는 공간을 만들어준 후 빨강색 화살표처럼 모발 사이로 빗발을 집어넣으면서 빗 몸을 베이스라인에 붙여주고 빗발만 세워주면서 모발을 세워 정각도로 만들어준다.

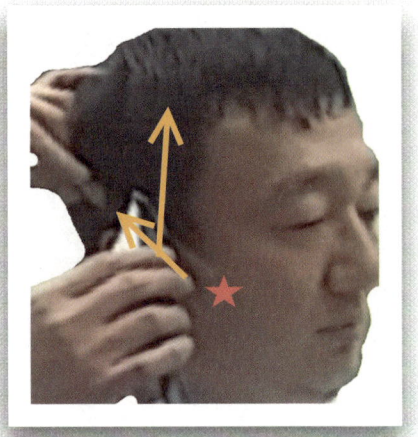

클리퍼의 날은 빗면에 붙여준 후 (*)표의 위치에서 빗발에 나온 모발을 절삭하여 화살표 방향으로 시술하여주는데 이때에는 모발에 걸려나온 모발을 전부 절삭하는 것이 아니고 귀 부분의 살이 보이는 화살표 끝부분까지만 절삭을 하여야 안전한 시술이 된다.

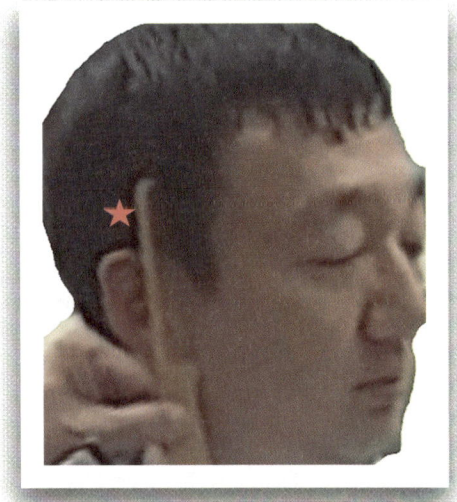

(*)표 부분의 밑 베이스라인까지는 귀 앞부분에서 곡선미를 가지고 돌아오고 있다. 이 부분의 클리퍼 시술을 앞 사진에서처럼 시술을 하면 사진의 상황이 바로 만들어지게 된다. 시술은 한번에 확실한 형태를 만들어주고 나서 마무리를 지어야하는 시술방법이 되어주어야 정확한 커트가 될 수 있다.

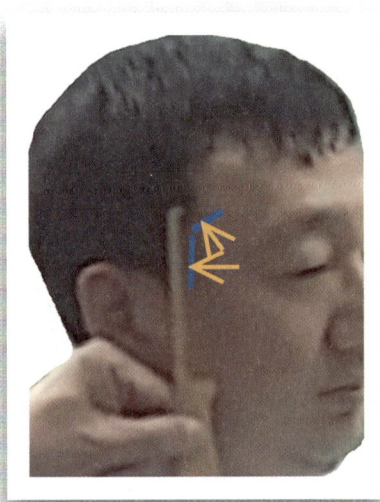

구렛나루 앞부분의 우측 앞머리의 형태는 사진에서처럼 파랑색 평선처럼 굴곡을 가지고 있다는 것이다. 사선의 굴곡을 가진 앞머리는 노란색 화살표처럼 사선적인 기조로 시술을 밑에서 위로 하여주고 구렛나루 앞 라인 부분은 노란색 평행 화살표처럼 수직적 기조로 시술을 하여준다.

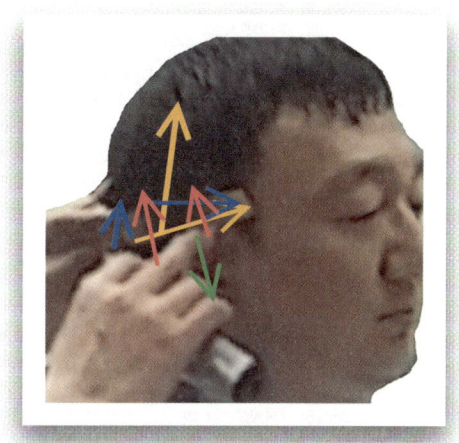

귀 앞부분을 정리하고 나면 귀 위의 부분을 정리하여주는데 사진처럼 연두색 화살표 방향으로 귀를 내리눌러 붙여준 후 빗을 귀 위의 모발 밑에서 빨강색 화살표 방향으로 빗발을 넣어주면서 빗 몸을 베이스라인에 붙여주고 빗발만 세워 모발은 세워준다. 그런 후 파랑색 화살표처럼 빗을 수평으로 만들어주면서 모발을 절삭하면서 시술하여준다.

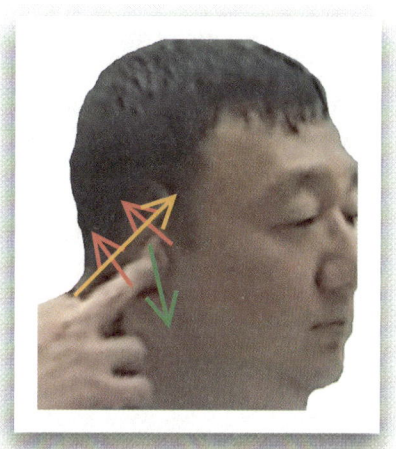

귀 위의 부분이 끝나고 나면 귀 뒤의 부분을 시술을 하는데 역시 귀를 오른손 검지나 중지로 내려 눌러 붙여준 후 빗을 귀와 모발사이에 집어넣은 후 빗으로 모발을 세워 절삭하여 시술하여준다.

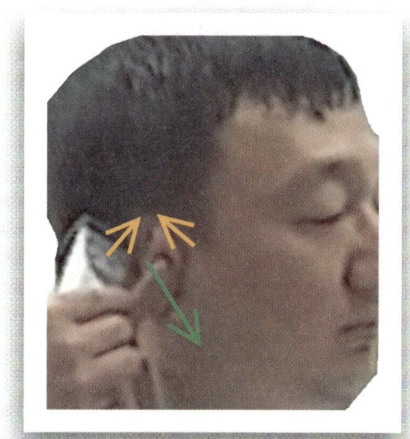

귀 위의 베이스라인을 시술을 하고나면 귀 위의 베이스라인의 라인을 깨끗하게 하여주어야한다. 이때에는 역시 귀를 내리눌러준 후 클리퍼의 날을 세워서 노란색 화살표를 따라서 귀 위의 베이스라인의 잔 모발을 깨끗하게 정리하여준다.

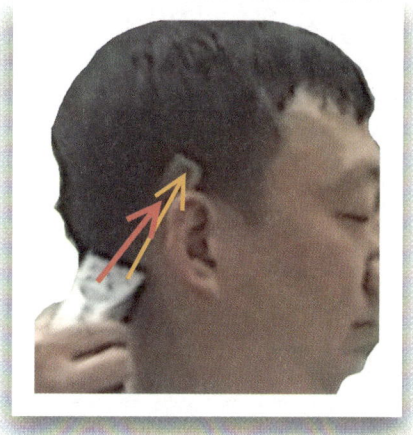

귀 뒤의 부분을 시술을 할 때 에는 사진처럼 빗을 귀 뒤의 사선라인인 베이스라인에 빗을 붙여주고 모발을 빗발사이로 잡아준 후 빨강색 화살표처럼 밑에서 클리퍼의 날을 빗면에 붙여준 후 한번에 귀 뒤 부분까지 절삭하여준다.

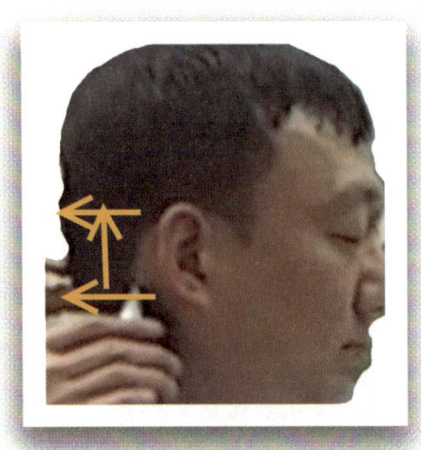

귀 뒤의 베이스라인을 정리하고 난 후에는 빗을 수평적인 기조로 만들어주고 클리퍼 역시 수평적인 기조를 유지하면서 후두부 베이스라인에서 시작하여 시술 라인까지 시술을 하여주는데 빗이 모발을 잡아 절삭하며 올라갈 때에는 두상라인 따라서 곡선적인 기조로 시술하여 준다.

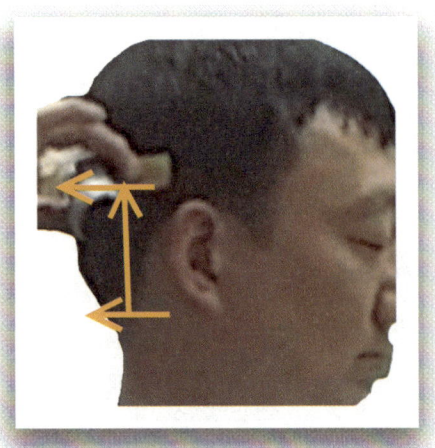

클리퍼를 시술하여 후두부를 시술할 때에는 가마부분까지 시술하는 것이 아니고 후두부의 중앙부분인 화살표의 위치까지만 시술을 하여주는데 짧은 형태인 숏 컷의 경우는 가마부분까지 시술하여줄 때도 있으나 상고 형태의 경우는 후두부 중앙에서 시술이 마무리 되는 경우가 많다.

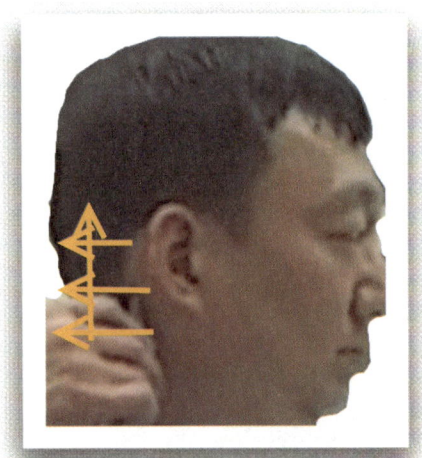

앞서 서술한 것과 같이 귀 뒤의 부분의 시술을 하며 목 부분인 후두부 베이스라인으로 시술이 연결되는데 귀 뒤에서 후두부로 연결되어 나오는 모발의 흐름을 보고 모발에 흐름에 따라서 모발을 정각도로 당겨서 시술을 하여준다.

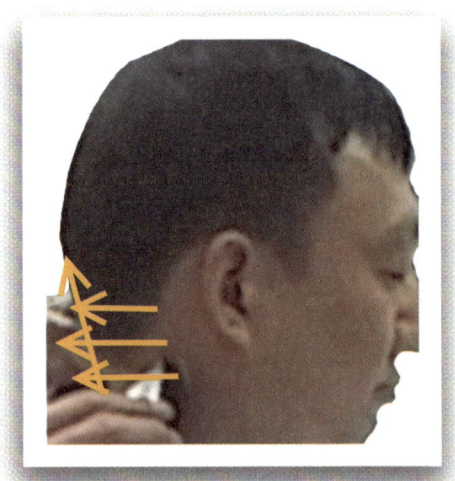

앞서 서술하였듯이 수평적 기조와 곡선적 기조가 나왔는데 모발을 절삭할 때에는 (---) 수평적 기조로 모발이 절삭되어야하고 곡선적 기조는 두상의 형태에 따라서 시술이 되어야 한다는 것을 명심하고 시술토록 한다.

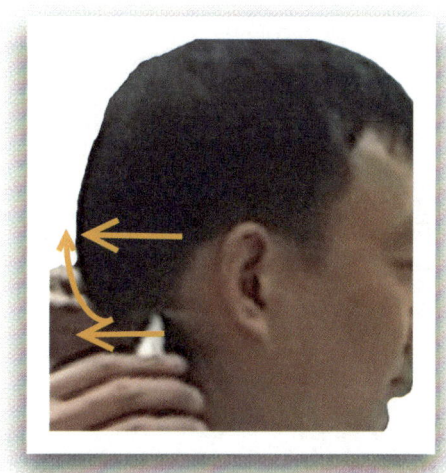 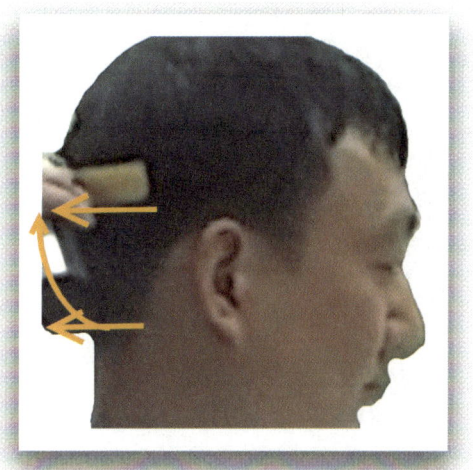

모든 모발을 가진 두상은 두상의 형태가 여성이라고 해서 아니면 남성이라고 해서 상황이 틀리지 않는다. 단지 남성과 여성의 형태는 모발의 길이 차이 일뿐이라는 것 이다. 누구나 두상에는 6개의 요철을 가지고 있고 누구나 두상은 곡선적 기조를 가지고 있다는 것이다.

모발을 클리퍼커트방식이나 가위커트 방식이나 위에서 아래로 시술을 하여내려오는 것이 아니고 아래에서 시술을 시작하여 위로 올라가는 방법이여야 한다. 이유는 모발은 중력의 영향으로 위에서 아래로 내려오기 때문이고 모발의 성질상 중간에 잘리게 되면 모발이 터지는 현상이 생기게 된다.

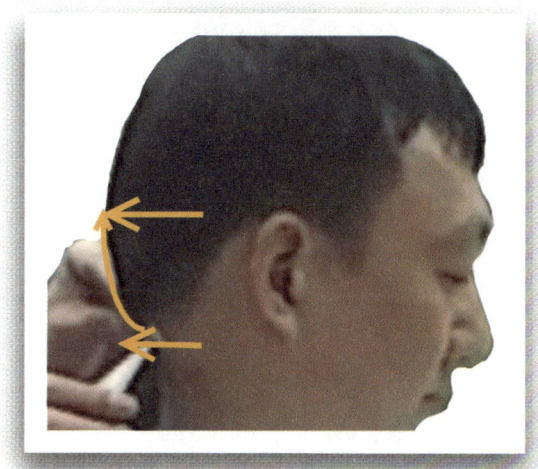 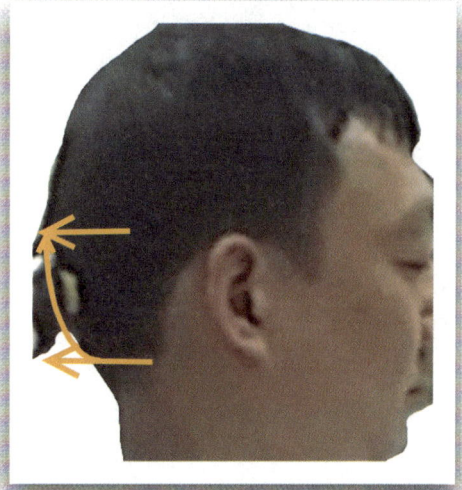

해서 모발을 자를 때에는 밑에서 시술을 시작하여 위의 모발을 절삭하는 것이 모발에 이로움을 주면서 화살표처럼 시술 면이 곡선적인 기조로 시술이 되어야 두상 중간에 두터운 층이 생기지 않는다. 후두부 베이스라인에서 시술을 시작할 때에는 빗면을 베이스라인에 붙인 후 빗발만 세워서 곡선적인 기고로 시술하여준다.

화살표의 방식으로 곡선적인 기고를 가지고 모발을 절삭하고 빗은 수평적인 기조로 맞추어서 시술되어 올라가야 그라데이션이 부드럽게 만들어진다.

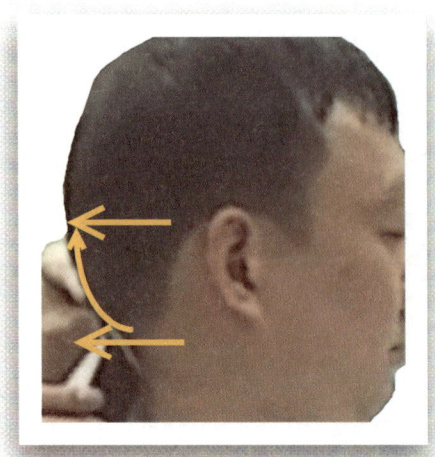

언제나 빗은 수평적인 기조로 유지하여야 하는데 사선으로 빗이 위치하고 있을 때 에는 수평적인 기조로 자세를 잡아야한다는 것을 명심하자. 후두부나 측면부나 빗이 사선으로 계속 유지가 되면 두상의 면이 단면으로 절삭이 되기 때문에 두상형으로 시술이 되지 않고 단면각으로 시술이 되기 때문에 두상형태가 뜨는 현상을 만들게 된다.

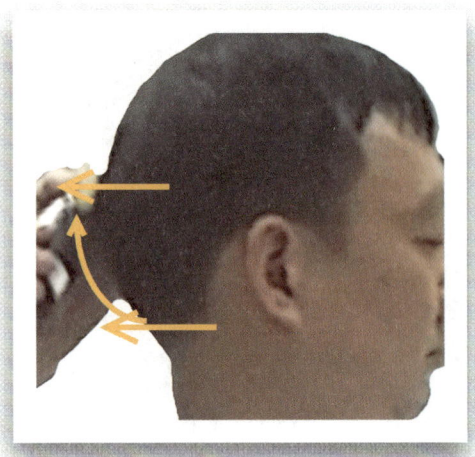

후두부 베이스라인에서 시술을 시작할 때 에는 빗을 베이스라인에 붙인 후 빗발만 세워야 한다고 하였다. 이 경우는 빗발 사이로 모발을 잡아내려는 테크닉적인 요소가 같이 있다. 빗발에 모발을 확실하게 잡아내어주고 절삭을 하여야 한다.

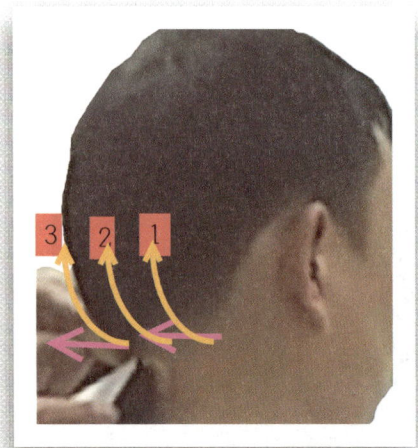

후두부 밑 라인 우측에서부터 후두부의 클리퍼 시술을 시작할 때 에는 자주색 화살표처럼 좌측으로 시술을 하면서 가는 경우도 있는데 이 경우에는 빗을 수평적 기조를 잊어서는 않될 것이다. 해서 될 수 있으면 사진속의 순번의 화살표처럼 한곳의 모양을 절삭을 하고 난후 다음 순번으로 연결해가면서 시술을 하여주는 것이 연결성을 보기 좋다.

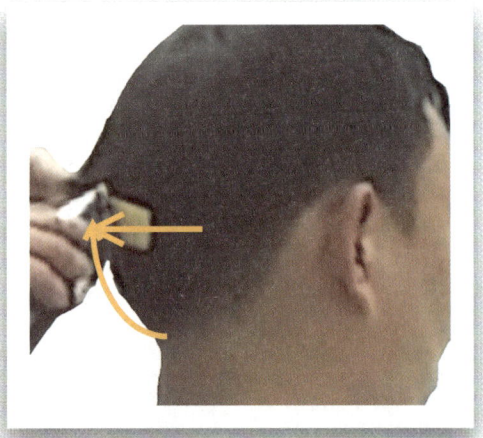

순번에 의해서 절삭을 하면 먼저 순번은 잘린 순번이고 다음 순번은 잘릴 순번인데 자른 모발과 않자른 모발을 같이 빗으로 잡아내어 절삭을 하여주면 같은 길이의 모발이 되기 때문에 연결성을 바로 볼 수 있다. 해서 모발을 절삭하기 위해서 빗으로 모발을 잡을 때 에는 많은 양의 모발을 절삭하려고 하지 말고 1~2cm 정도의 모발을 절삭하려고 하여야 한다.

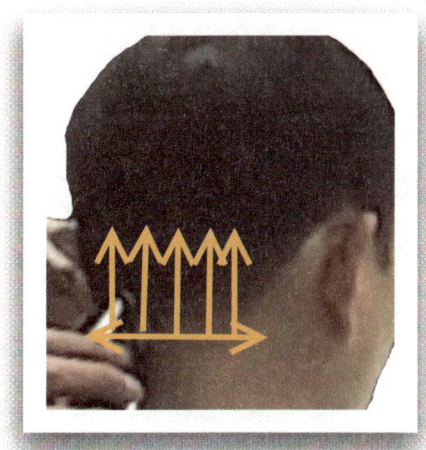

그렇게 잘린 모발과 않잘린 모발을 연결해서 시술을 하게 되면 모발을 시술의 연결성을 쉽게 볼 수 있기 때문에 커트가 쉬워진다는 것이다. 모발은 새롭게 자르는 것이 아니고 이전에 잘린 형태의 스타일을 만들기 위해서 시술을 하는 것이니 모발의 연결성을 잊지 말고 시술토록 한다.

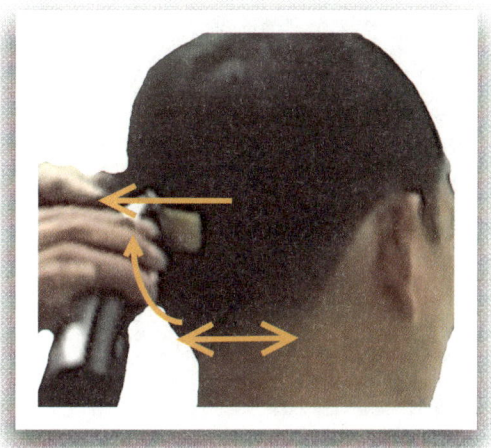

후두부의 밑 부분의 모발을 절삭하고 나면 연결성을 찾기는 쉽지만 좌측 귀 뒤로 오면서 까다로운 형태의 모양이 만들어지게 된다. 우측 귀 뒤의 형태나 좌측 귀 뒤의 형태는 같은 모양을 가지고 있다. 단지 빗이 모발 속으로 들어가는 위치가 다를 뿐인데 이 부분의 시술 역시 연결성을 찾으면 시술이 자연스러워 진다.

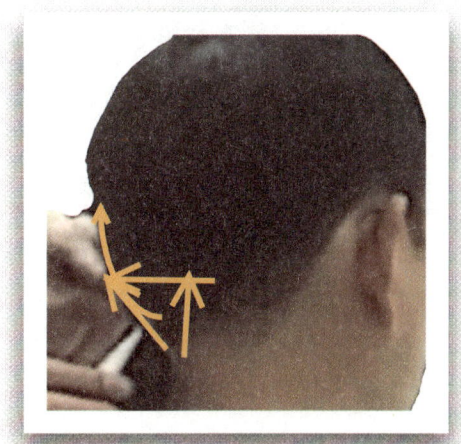

우측 귀 뒤에서 후두부 밑 부분의 모발을 시술하고 좌측 귀 뒤의 부분으로 시술 장면이 오게 되는데 빗은 언제나 수평적인 기조로 만들어 시술하여야 한다고 앞서도 서술하였다. 빗이 사진에서처럼 사전적인 기조로 되어있을 때 에는 빗 끝을 수직으로 세워주면서 빗이 수평이 되게 하여주고 시술을 할 때 에는 곡선적인 기조로 두상의 형상에 맞게 시술하여 주어야 한다.

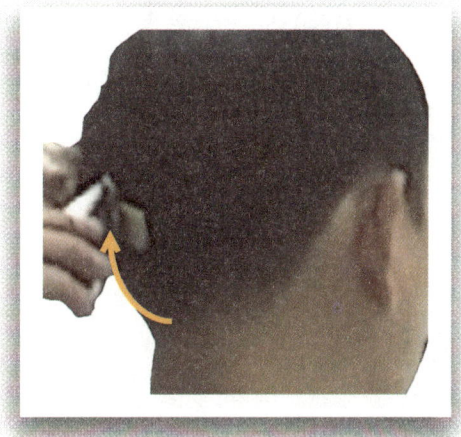

모발을 절삭하다보면 예기치 않은 상황들이 나오게 된다는 것이다. 수평적인 기조로 시술이 되어 올라가면서 곡선적인 기조로 시술을 하는 것이 기본적인 시술 방법인데 자르는 부분에 치중하다보면 사선적인 모양이 만들어지면서 시술을 하게 된다. 이 부분은 유의해야 할 부분이다. 빗의 자세가 사선적인 기조가 되어있으면 수평적인 기조로 만들어 시술하여주도록 한다.

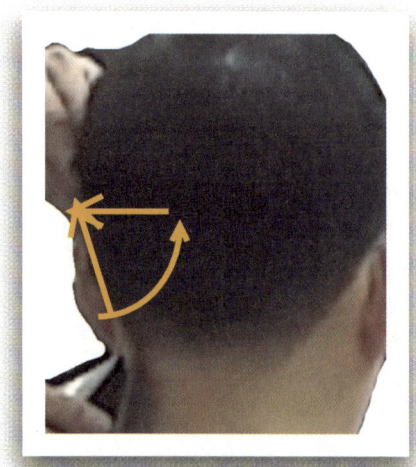

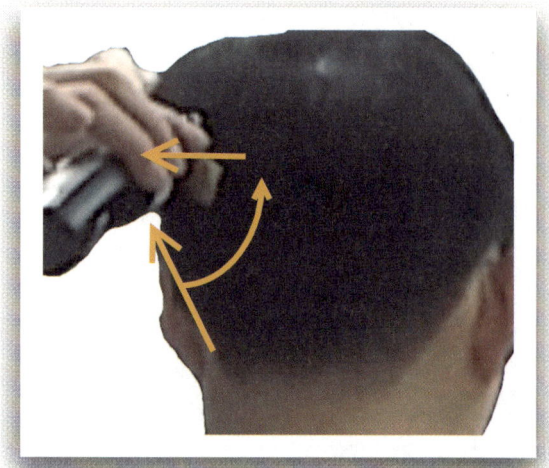

앞서 서술하였듯이 후두부의 시술을 하고나면 좌측 귀 뒤 부분의 시술 장소로 오게 되는데 이곳에서는 시술 시에 빗의 자세가 사선에 위치하게 된다. 이때에 빗과 클리퍼 시술을 하면서 사선에 위치해있어서 사선으로 시술이 되면 후두부의 모양이 일그러지게 되니 꼭 산선에 자리하고 있는 빗의 자세를 수평적인 기조로 맞추어 시술토록 한다.

사진에서 보면 빗은 사선으로 좌측 귀 뒤 부분에서 시술을 시작하여 수평적인 기조로 자세를 잡고 있다. 빗의 자세는 사선적인 기조에서는 수평적인 기조로 시술이 되어야 후두부의 전체 라인이 자연스러운 볼륨감을 만들어줄 수 있다. 빗은 어느 곳에서나 사선적인 기조로 시술을 시작해도 상관없겠지만 시술 중에는 꼭 수평적인 기조로 빗의 자세를 만들어 시술한다.

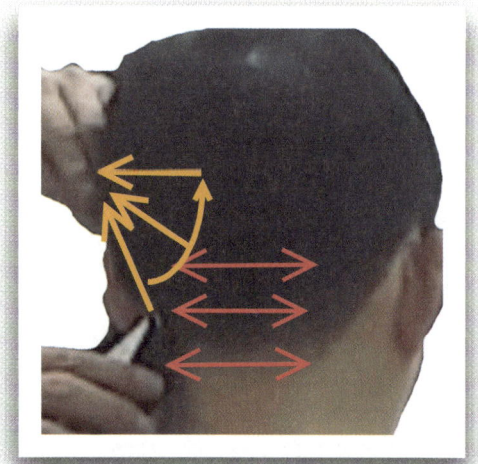

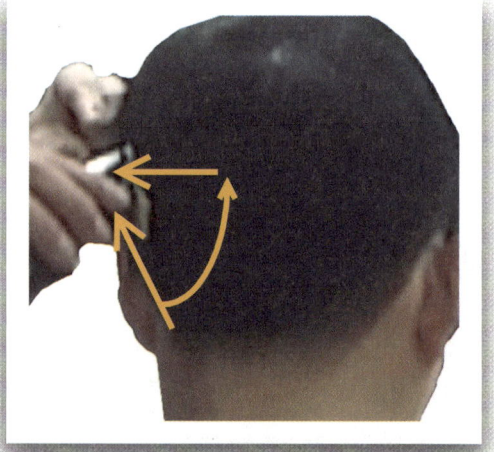

이유는 세상의 모든 물체는 수평적인 요소로 이루어져있는 것 들이 많다. 일례로 책상이나 의자 같은 것은 다리 하나가 빠지면 어떻게 될까? 바로 넘어진다는 것이다. 해서 두상에서도 후두부 베이스라인은 수평적인 요소로 시술이 되어 주어야 안정감이 만들어진다. 해서 사진의 빨강색 화살표처럼 좌측과 우측의 연결은 수평적인 요소로 어우러져 있어서 시술 시에도 수평적인 기조로 시술을 하여준다.

사진에서처럼 빗이 사선으로 모발사이로 들어가지만 두피에 빗 몸은 붙여주고 빗발만 세워준다 라는 생각으로 빗을 수평으로 만들어 시술이 되어야 귀 뒤의 부분이 자연스럽고 편안하게 모발들이 연결되듯 시술이 된다. 그리되면 자연스럽고 산뜻한 모발의 흐름을 만들 수 있다.

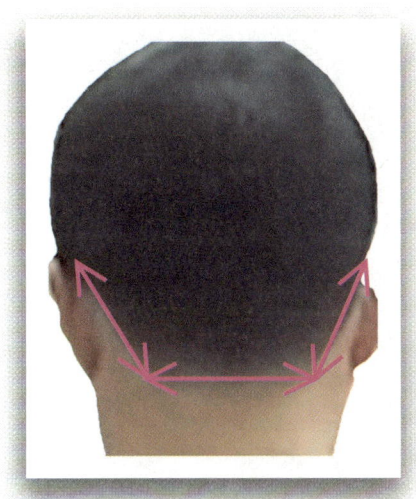

우측 귀 뒤에서 좌측 귀 뒤까지 시술을 하고나면 후두부 밑 부분의 모발들은 산뜻한 형태의 모양이 만들어져야 제대로 된 시술이라 할 수 있다. 후두부 밑 부분의 형태는 일명 양동이형태라고 해서 사이드 부분의 형태와 후두부 베이스라인의 모양이 양동이처럼 모양이 만들어져야 한다. 모든 스타일은 이 양동이 모양이 만들어져야 올바른 시술이라 할 수 있다.

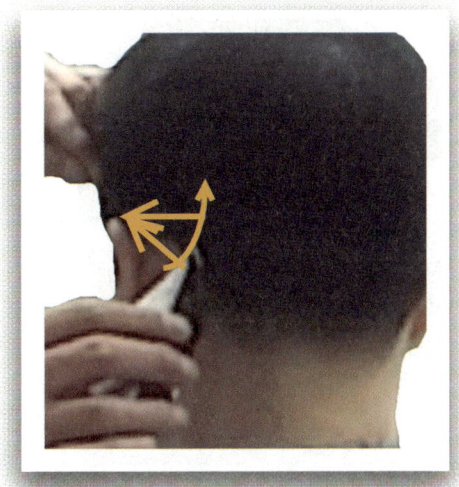

좌측 귀 뒤의 시술이 마무리되면 좌측 귀 위의 부분의 시술을 연결해서 하게 되는데 이곳 역시 빗은 사선으로 모발 사이로 들어가게 된다. 빗은 사선으로 들어가지만 수평적인 기조로 만들어주면서 모발을 절삭한다. 이때 귀 뒤의 부분의 모발은 잘려있고 귀 위의 모발은 않잘려 있으니 빗발로 모발을 같이 잡아내어 모발을 절삭하여준다.

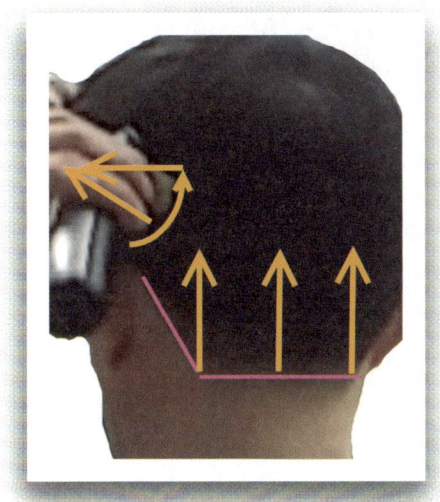

후두부 밑 부분의 형태는 수평적인 요소라고 하였고 좌측 귀 뒤 부분은 사선적인 요소라고 하였다. 후두부 밑 부분은 수평적인 요소로 시술되어 오기는 쉽지만 좌측 귀 뒤의 부분은 사선적인 기조에서 수평적인 기조로 시술을 하기 에는 쉽지 않은 부분이다. 해서 많은 연습이 필요한 부분이니 동영상도 많이 보도록 하고 노력하여 멋있는 기술자가 되길 바란다.

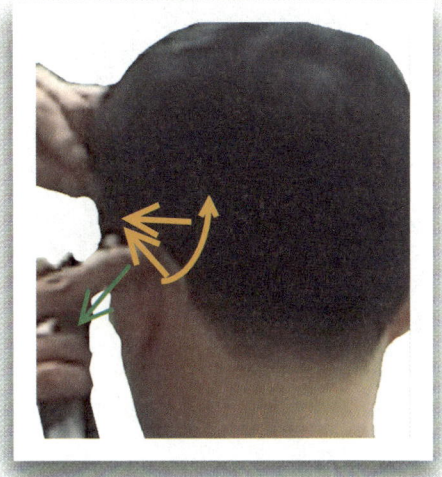

오른손 검지나 중지의 손가락으로 귀를 자연스럽게 내리 눌러 붙여주면서 빗을 귀 위의 모발 사이로 집어넣어 시술하기 위해서 빗이 들어갈 공간을 자연스럽게 만들어주고 빗을 귀 위 베이스라인에 붙여준 후 빗발을 세워 빗발 사이로 모발을 깨끗하게 잡아내어 주는 것이 베이스라인의 시술시 요점이라 하겠다.

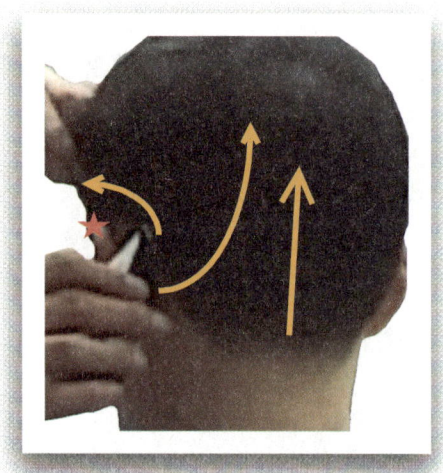

빗을 귀 위의 베이스라인에 붙이고 나면 클리퍼는 빗면에 붙여주고 빗발에 걸려있는 모발들을 한번에 절삭하여주는데 이때에는 (*)표 부분까지만 시술을 하여주어 모발 흐름을 안전하게 하여주어야 한다. 클리퍼 시술 시에는 클리퍼의 날로 빗을 때리듯이 시술을 하게 되면 모발을 파먹을 수 있으니 클리퍼를 빗면에 스치듯이 하여 절삭에 안정감을 더해서 시술토록 한다.

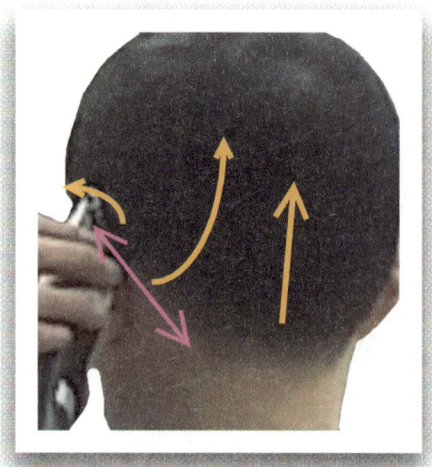

귀 뒤의 부분은 사선으로 이루어져 있어서 빗 몸을 베이스 라인에 붙여 빗발만을 세워 모발을 한번에 절삭하여야 정확한 커팅이 된다. 하지만 귀 위의 부분을 곡선으로 이루어져있어서 한번에 절삭을 할 수 있는 부분이 않되고 3~4번 정도의 횟수를 나누어서 시술하여야 안전하게 시술할 수 있다.

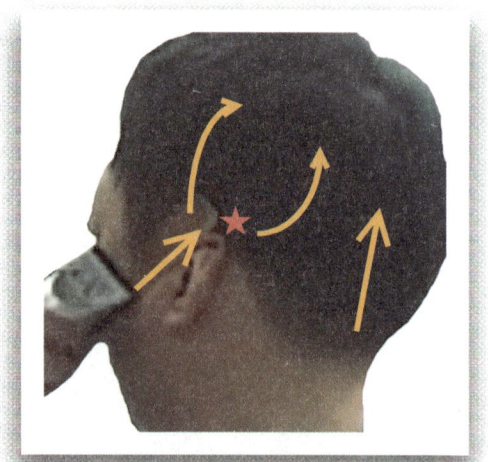

귀 위의 시술이 끝나고 나면 귀 앞의 부분으로 시술하여오게 되는데 사진에서처럼 빗 몸을 구렛나루 부분의 귀 앞부분에 붙여주고 빗발을 세워서 모발을 정각도로 세워준다. 그리고 나서 (*)표 부분의 곳 까지 클리퍼로 빗발에 걸려있는 모빌들을 한번에 베이스라인 따라 시술하여준다.

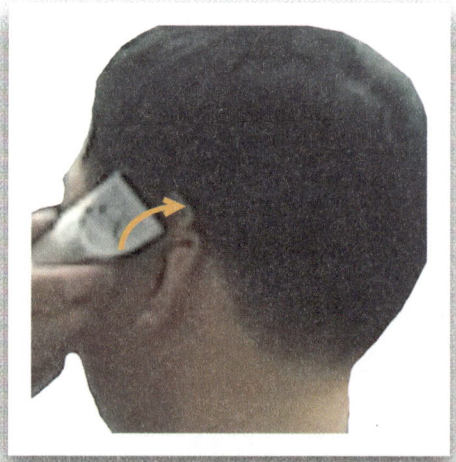

이렇게 귀 앞부분과 구렛나루 부분의 모발을 한번에 정확히 시술하고 나면 귀 앞의 베이스라인의 모양을 정리하여주는데 클리퍼의 날을 빗면에 붙여주고 사진의 화살표 방향으로 클리퍼의 날을 돌리면서 좌측 귀 앞부분의 베이스라인을 시술하여준다.

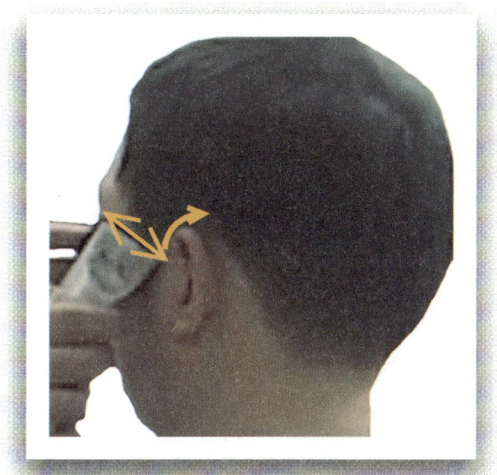

귀 앞부분에 있는 모발들을 시술하고 나면 사진에서처럼 클리퍼의 앞날을 이용하여 귀 앞부분과 귀 위부분의 베이스라인에 남아있는 잔 모발을 정리하여주어 깨끗하게 라인을 만들어준다. 이때에는 클리퍼의 날을 세워주고 귀 앞부분에서 귀 위의 부분까지 화살표를 따라 클리퍼 시술하여 깨끗이 하여준다.

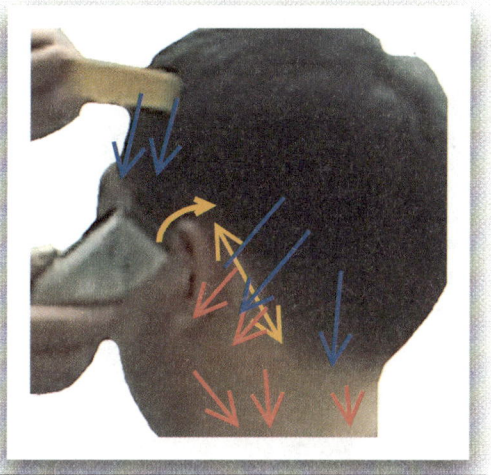

귀 위의 부분의 베이스라인의 정리를 하고나면 빨강색 화살표 방향으로 클리퍼의 날로 귀 뒤의 사이드부분을 깨끗이 라인을 정리하여준 후 목 부분의 잔털까지 깨끗하게 정리하여준다. 그리고 파랑색 화살표 방향으로 모발을 빗으로 깨끗이 내려주면서 시술된 면을 확인하여주고 재 시술의 부분이 있으면 재 시술하여 주도록 한다.

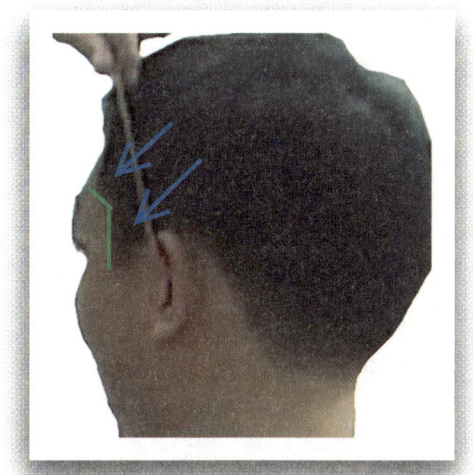

좌측면 앞머리부분의 모발은 파랑색 화살표처럼 모발을 빗어 내려주고 연두색 화살표의 평선 처럼 앞 라인을 깨끗하게 시술하여주어 모양의 자연스러움을 만들어주도록 한다.

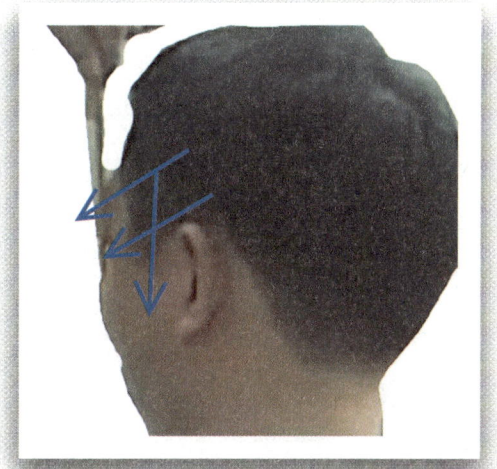

헤어커트의 시술은 한번에 시술이 이루어지면 좋겠으나 모발의 특징인 각각의 객체적인 요소이기 때문에 연결성을 잘 보아야 한다고 앞서도 서술하였다. 해서 모발은 많이 빗어서 자연스럽게 흘러내리는 모양을 의도적으로 만들어줄 필요가 있다. 모발은 빗어도 숨어있는 모발들이 있으니 명심하여 시술하자.

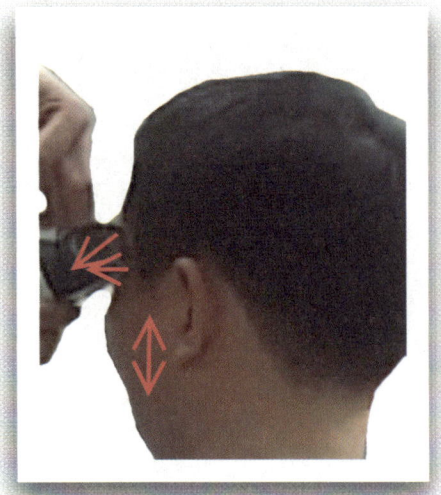

사진에서처럼 좌측 앞머리부분의 정리를 할 때에는 클리퍼의 날 부분을 사진처럼 거꾸로 돌려서 앞머리 라인에 따라 정리하여주는데 화살표의 방향대로 서선은 사선의 모양대로 구렛나루 앞부분은 직선의 기조로 앞머리의 라인을 정리하여주고 구렛나루 밑의 부분은 화살표대로 위로 올려 정리하거나 아래로 내리면서 정리하여 준다.

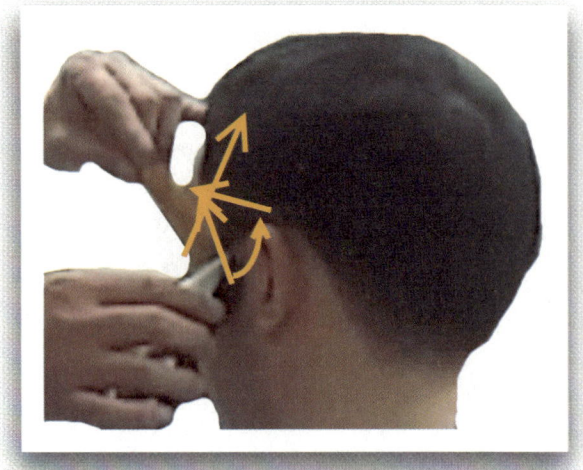

좌측 앞부분이 두피라인 데로 시술이 되어 지면 모발이 잘린 곳은 가벼움을 가지게 되지만 잘리지 않고 남아있는 부분은 무거움이 남게 된다. 이 경우에는 사진처럼 빗발로 무거운 모발을 잡아내어 무거움만 절삭하여주는데 이경우가 미세함을 절삭하는 것이기 때문에 극도의 조심함으로 시술을 하여주어야한다.

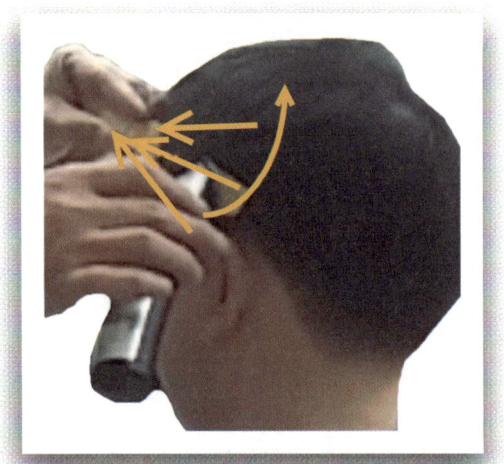

무거움을 가지고 있는 모발을 시술할 때 에는 빗을 수평적 기조로 올라가면서 곡선적인 기조로 무거움만 시술을 하여주는데 앞서도 서술했듯이 미세함의 싸움이 되는 곳이라 하였다. 빗으로 모발을 들어 올리면서 무거운 부분만 절삭을 하여주어 모발의 흐름을 자연스럽게 하여준다.

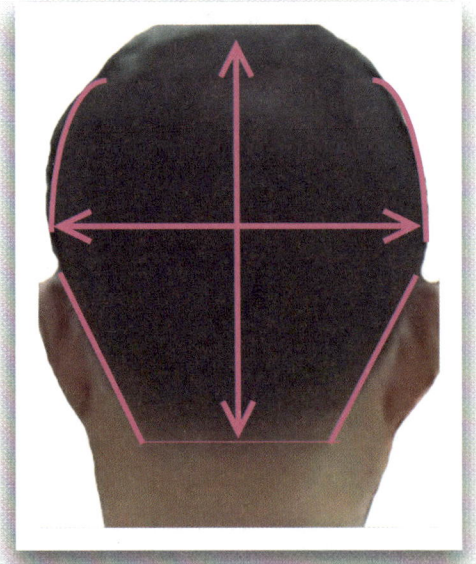

기장커트와 클리퍼커트를 마무리하면 사진에서처럼 전체의 형태가 자연스럽게 연결이 되듯이 편안한 형상을 만들게 된다. 상측과 하측 그리고 좌측과 우측의 형상이 자연스러움을 만들어준다. 해서 이제 커트도 균형이 있는 커트를 해야 할 것이다.

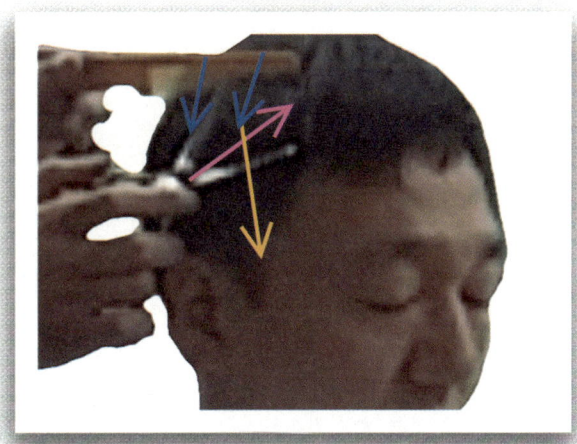 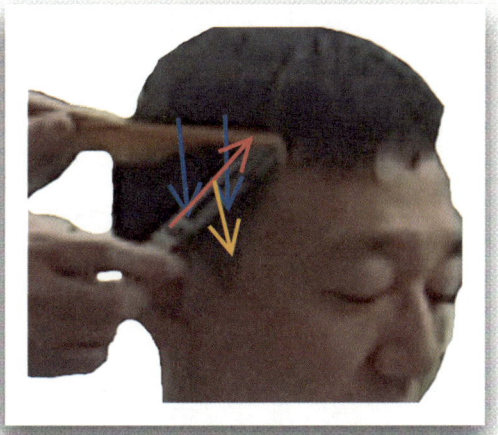

시술이 마무리가 되면 사진에서처럼 틴닝으로 모발의 모양을 장리하여주는데 주황색 화살표처럼 틴닝을 벌려 정날은 모발사이에 사선으로 넣어주면서 모발을 절삭을 하고 노란색 화살표 방향으로 틴닝을 빼내려간다. 이때 틴닝의 절삭력은 10~15%대의 틴닝으로 시술을 하여주어 모량만 정리를 하여준다.

틴닝으로 모발의 모양을 절삭할 때 에는 무리하게 한곳의장소를 무리하게 틴닝 처리를 하게 되면 시술이 된 곳은 모발들이 들쳐 일어나는 현상을 만들게 된다 해서 틴닝의 절삭력이 낮아지면 틴닝을 무리하게 들어가더라도 .안전함을 만들어줄 수 있다.

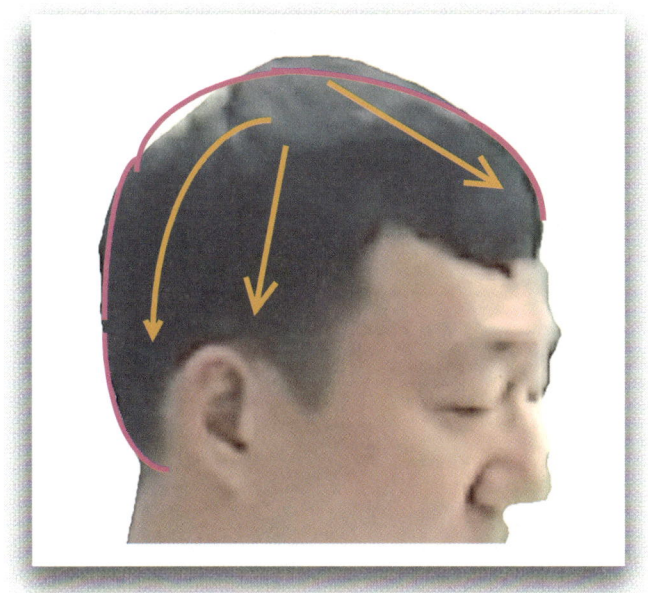

모발에 틴닝 시술을 할 때 에는 모발 길이에서 40넘게 시술을 하게 되면 모발 자체가 탄력이 생기기 때문에 잘려나간 모발이 자라나면서 않 잘린 모발들을 밀쳐내는 현상을 만들어주게 된다. 해서 틴닝 시술은 조심을 해서 시술을 하여 주고 숱을 친다는 개념보다는 숱을 고른다는 개념으로 틴닝 시술을 하길 바란다.

숏 커트

* 이번 장은 숏커트의 시술 방법과 테크닉을 배워본다.

2. 숏 커트

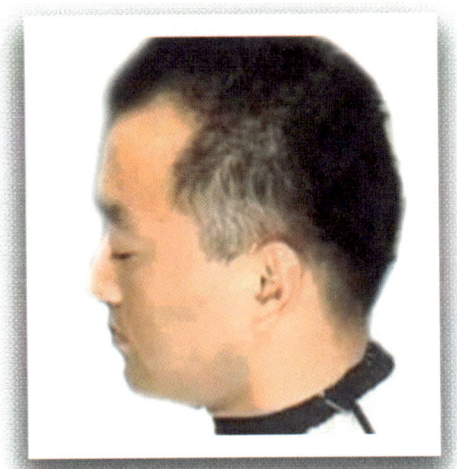

숏 커트의 형태는 보다 더 정교한 커트를 요한다. 모발의 길이가 짧기 때문이기도 하지만 빗의 정확한 각도와 모발을 빗으로 잡아내는 방법이 자연스럽고 편안하게 시술이 되어야 하는 커트인 것이다.

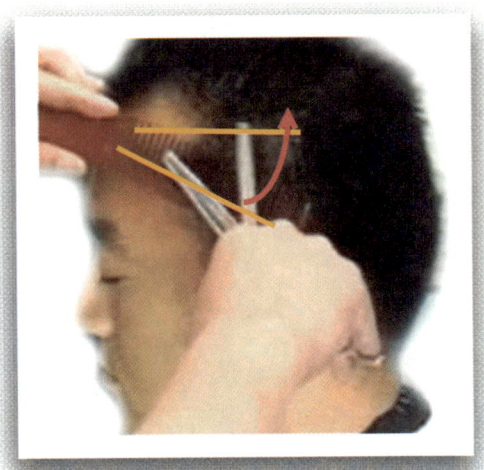

숏 커트를 시술할 때에는 모질을 먼저 선별하여 주어야한다. 위의 사진의 모질은 파상모의 모질인데 곱슬끼가 상당히 많은 모질이다. 곱슬끼가 많은 모질은 틴닝으로 먼저 무거움과 꼬여있는 부분을 모량과 모류를 시술하면서 무거움과 잘못 흘러나오는 모발들을 정리를 먼저 시술하여 자연스러운 형태를 만들어준다. 가르마가 적은쪽부터 틴닝을 시술하여주면서 반대방향까지 시술하여간다.

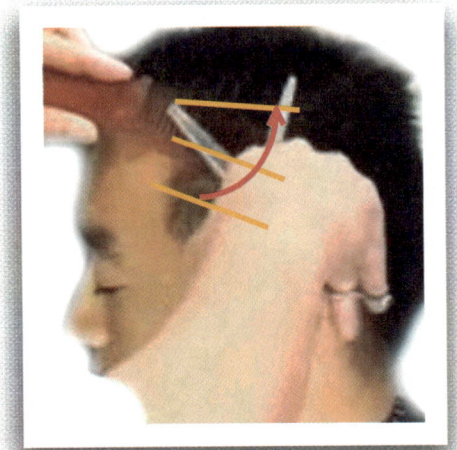

틴닝으로 모량을 조절할 때에는 시술방법이 두 가지가 있는데 한 가지는 싱글링 방식으로 시술을 하는 방법이 하나고 다른 한 가지는 필자가 주로 사용하는 방법인 사선 틴닝 방법이 그 하나이다. 빗으로 모발을 정확하게 세워주면서 두상의 형태에 따라 틴닝 시술을 하면서 밑에서 위로 올라가면서 시술하여준다. 많은 양을 시술하기보다는 화살표 따라서 차분히 시술하여준다.

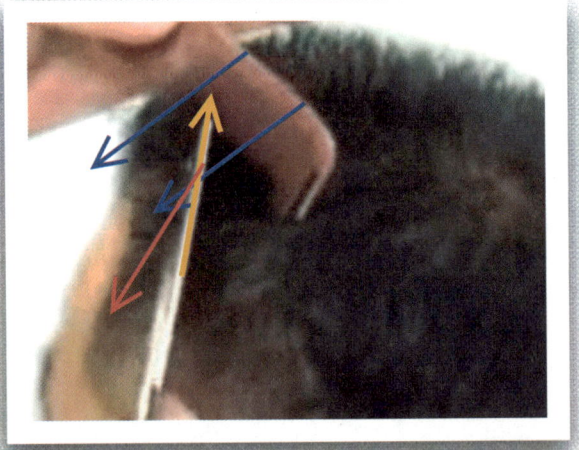

천정부와 측면 부를 나누는 경계인 사각지대부분의 모발에 틴닝을 노란색 화살표처럼 모발사이에 넣어주고 빨강색 화살표 방향으로 모발을 절삭하고 틴닝을 빼내어준다. 그러면서 파랑색 화살표의 빗은 시술된 모발을 빗어 내려주어 모발의 끊김을 확인하고 시술이 않된 곳이 있으면 재 시술을 하는 확인이 필요하다.

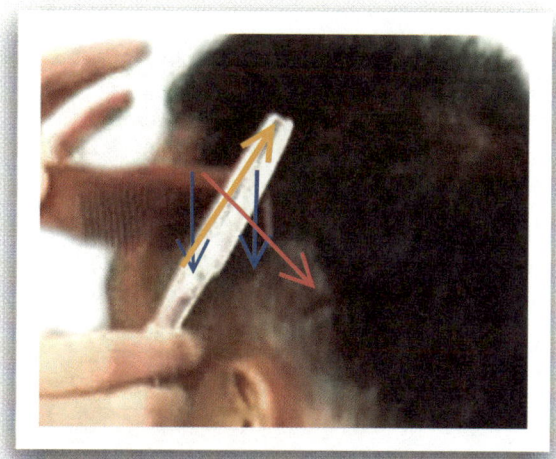

측면부의 모발 길이는 짧은 형태이고 천정부의 모발 길이는 측면보다는 긴 모양을 가지고 있는 형태인데 천정부와 측면부가 만나는 중간부분이 도드라지는 경우가 많을 것이다. 빗은 모빌을 빗어내려 주면서 틴닝의 정날이 사선으로 모발 속으로 들어가서 모발을 절삭하고 파랑색 화살표 방향으로 틴닝을 빼내어 주면서 시술을 하여준다.

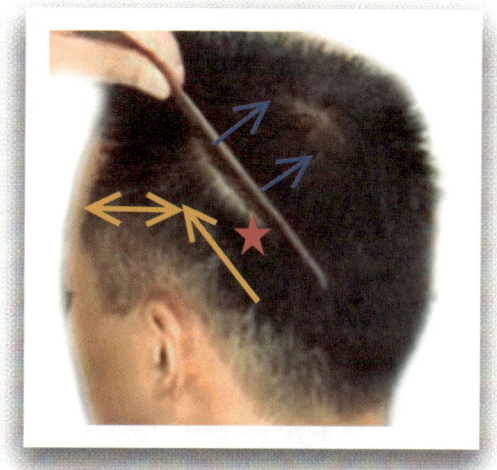

대부분의 손님들이 모발이 사진처럼 측면부에 턱을 가지고 있는 이유는 아래 모발은 짧고 중간부분 모발과 형태의 균형을 가지지 못한 경우라 할 수 있다. 해서 빗으로 상측면부의 모발을 빗으로 모발을 밀어 올려 갈라주고 턱이 지는 부분만 틴닝의 날 끝으로 시술하여준다.

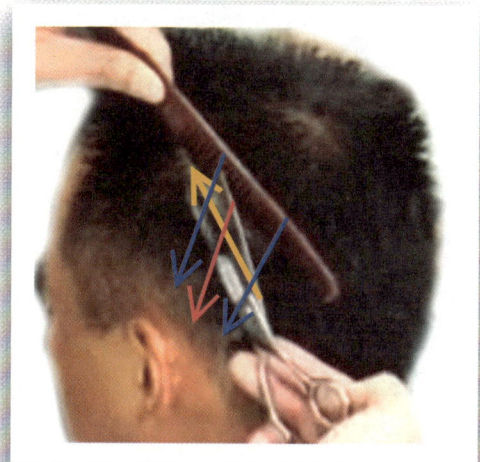

앞의 사진과 이번 사진을 연결해서 나온 장면인데 턱이지는 부분인 (*)표 부분을 사선 틴닝 방법으로 뭉쳐있는 부분에 틴닝 가위의 끝 날로만 시술을 하여 파랑색 화살표 방향으로 틴닝을 빼내어주면서 무거움을 감소시켜 모발의 모양을 자연스럽게 시술하여준다.

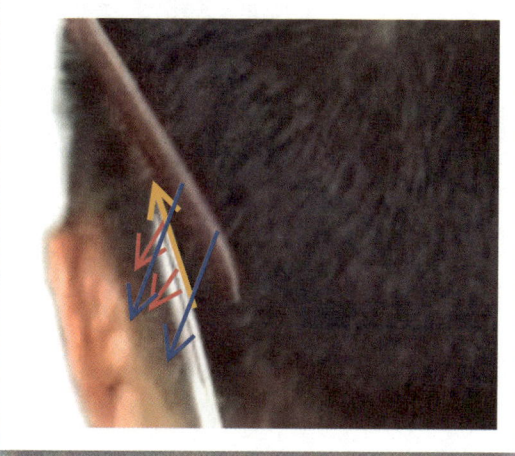

틴닝 시술을 할 때 에는 모량조절을 하는 방법과 모류를 교정하는 방법. 이렇게 두 가지의 틴닝 시술 방법이 있는데 따로 시술이 될 수도 있고 같이 시술을 병행해서 하는 방법도 있다. 사진에서의 장면은 모량 조절만 하는 장면이다. 틴닝으로 모량을 조절하고 나면 빗으로 모발들을 빗어내려 모발의 흐름을 확인한다.

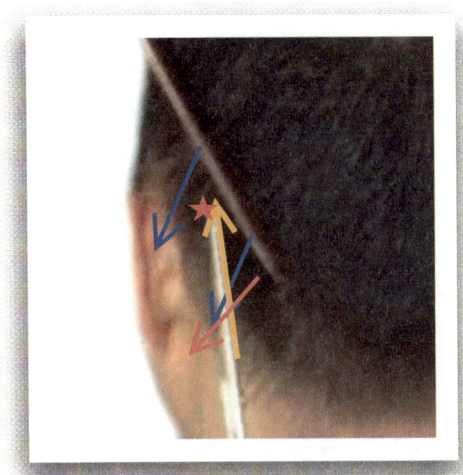

틴닝을 시술 할 때에는 틴닝의 끝 날로만 시술을 하는 방법, 틴닝날의 중간으로 시술을 하는 방법. 그리고 틴닝날의 안쪽 날로 시술 하는 방법이 있는데 모발이 짧을 때에는 틴닝날의 끝부분으로 시술을 하여주는 것이 안정감이 생긴다. 단 이 시술은 날이 좋지 않으면 뜯기는 경향이 생길 수 있으니 조심해서 시술하자.

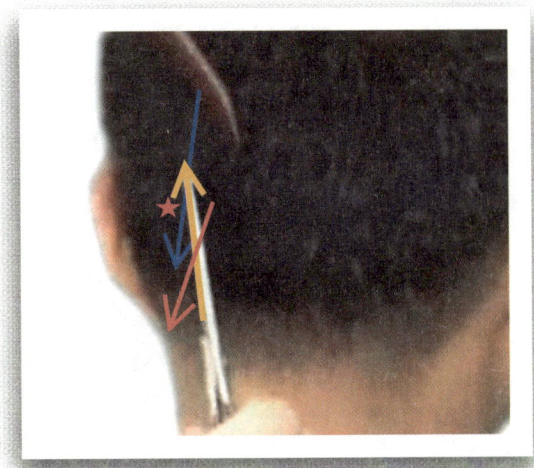

사진에서 (*)표의 표식이 있는 부분에 틴닝의 앞 날로 모발 사이로 들어가 시술되어야할 곳에 안착을 하고 나면 모발을 절삭을 하고 빨강색 화살표 방향으로 틴닝을 내리면서 빼내어준다. 턱이 져있다는 것은 모발이 덜 잘렸다는 것을 의미하니 정확하게 틴닝 시술하여 무거움을 빼내어준다.

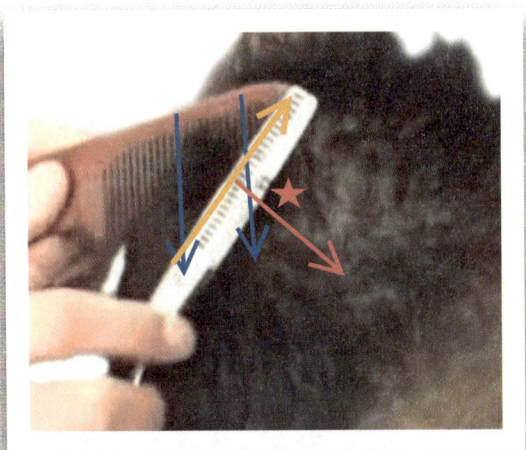

후두부 가마부분 밑 부분은 베이스라인에 모발보다 모량의 양과 모발의 길이가 충분하다 하겠다. 해서 틴닝으로 사진처럼 시술자 쪽으로 누이듯이 하여 사선으로 가마부분이 아니라 가마 바로 밑에 있는 후두부의 모발에 틴닝을 사선으로 모발사이로 집어넣어주고 모량조절을 하면서 틴닝 시술하여준다.

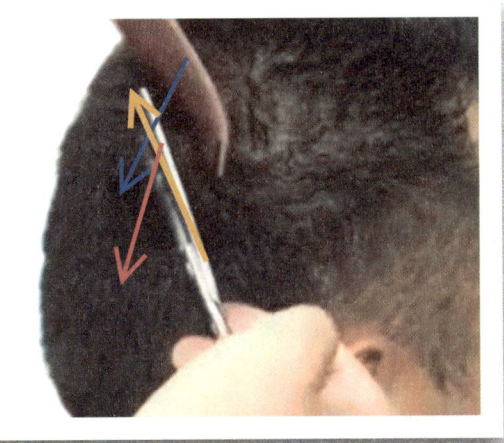

앞 사진에서는 틴닝 가위를 누이듯이 시술을 하는 방법과 위의 사진처럼 세워서 하는 방법. 그리고 젖혀서 하는 방법이 있는데 틴닝 시술을 할 때에는 적정한 시술방법을 찾아서 모발에 영향을 않주면서 시술을 하여주어야한다.

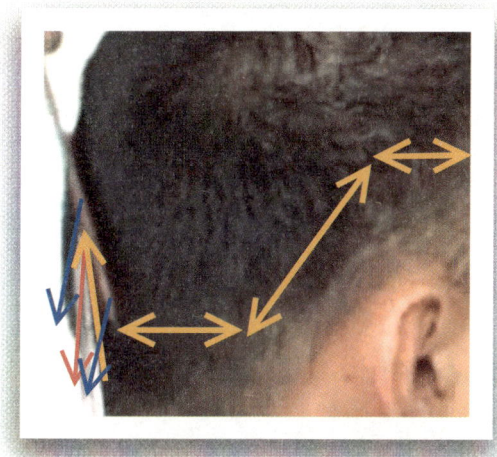

틴닝 처리시술을 할 때에는 특정한곳만 시술을 하는 경우가 있겠지만 전체의 형태를 고르게 만들어 주면서 모발의 자연스러운 흐름을 찾는 것이 맞다고 할 수 있다. 틴닝 시술은 이제까지는 숱을 치는 개념의 틴닝 시술법이었지만 현재는 숱을 쳐내는 방식보다는 숱을 골라내는 방식으로 시술 방법이 바뀌어야할 것이다.

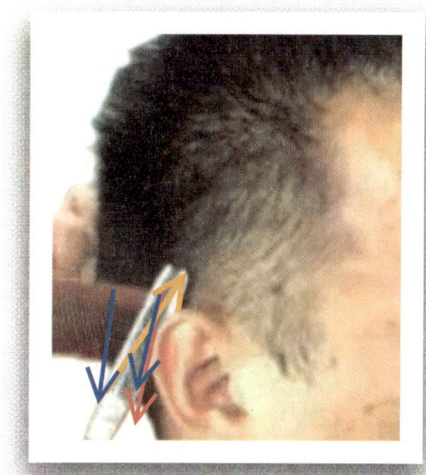

귀 뒤 부분의 틴닝 시술은 틴닝을 수평적 요소로 넣어서 시술을 하면 귀 부분에 위험 요소를 줄 수 있다. 해서 틴닝의 날을 귀 뒤 부분에서 틴닝의 날을 모발사이에 넣어 주면서 모발을 절삭을 하면서 파랑색 화살표 방향으로 틴닝 시술 후 빼내어 준다.

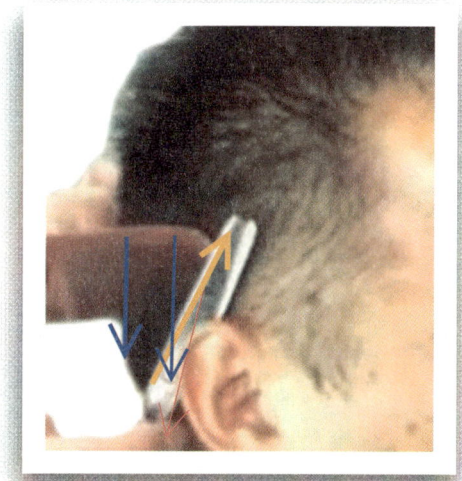

귀 뒤 부분의 틴닝 시술을 할 때에는 노란색 화살표 방향으로 틴닝의 날을 모발사이로 넣어주면서 모발을 절삭을 하고 빨강색 화살표 방향으로 틴닝의 날을 빼내어 주어야 귀의 위험요소를 감수할 수 있다. 틴닝을 빼내어 주면서 파랑색 화살표의 빗을 모발을 빗어 내려주어 모발의 흐름을 확인을 하여준다.

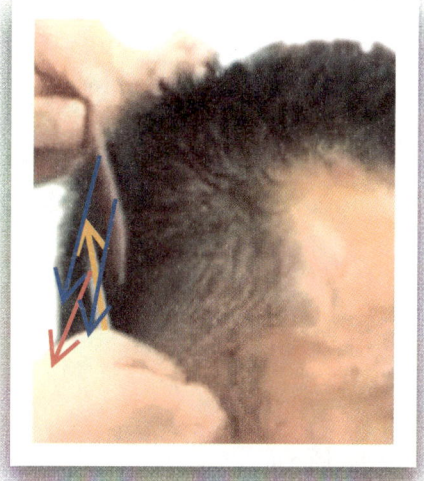

좌측면에서 틴닝 시술을 시작하여 후두부를 지나 우측면부로 시술 장소가 넘어오는데 틴닝 시술의 방식은 위치마다 틴닝날의 각도가 다르게 작용을 하여야 한다. 그리고 틴닝을 세울 것이냐? 누일 것이냐? 젖힐 것이냐? 등 여러 가지의 틴닝 시술의 방법들이 바뀌어 시술된다.

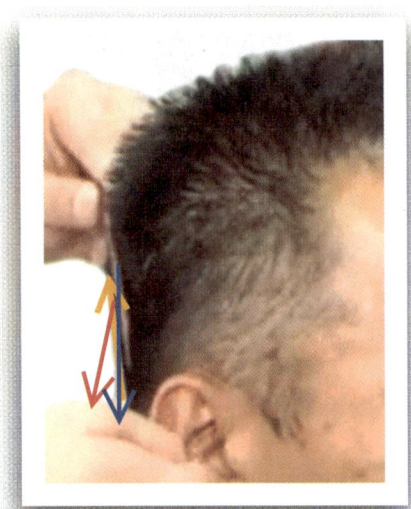

빗으로 모발을 빗어내려 주면서 중앙부분의 턱이 진 부분을 틴닝으로 모량 조절 하는 부분은 모발의 차분함과 자연스러움을 찾는 것이라 하였다. 모발들이 편하게 위에서 아래로 흘러내려주어야 클리퍼 시술을 할 때에 시술의 용이함을 가질 수 있기 때문이다.

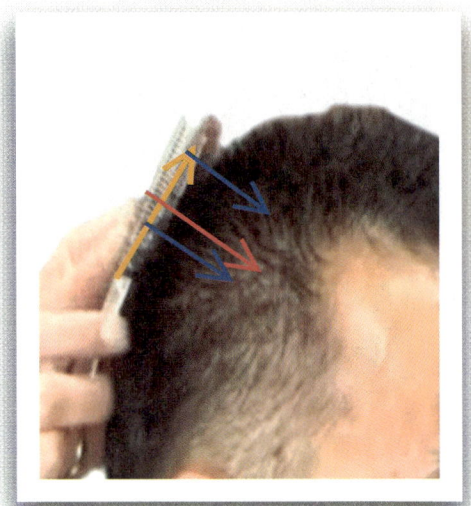

모발들이 후두부 쪽으로 흘리듯이 넘어가는 모발들은 모류교정을 하여주어 모발들이 제자리에서 자라나서 흐르게끔 하여주어야 하는데 사진의 빨강색 화살표처럼 틴닝 시술을 하여주면서 모발을 밀면서 시술을 하여 주게 되면 뒤로 흐르는 모발들이 제자리로 돌아오게 하는 효과를 줄 수 있다.

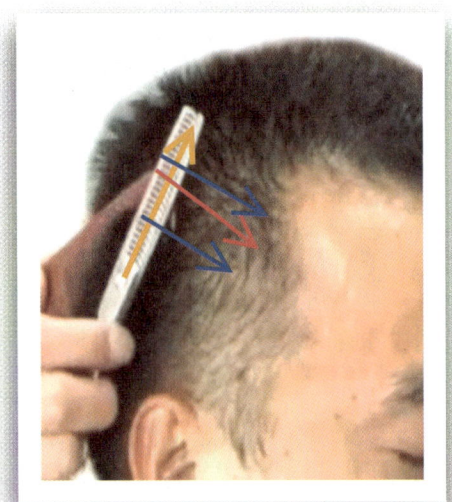

물론 한번의 시술로 만들어지는 경우도 있고 몇 번에 걸쳐서 시술을 하여야 하는 경우도 있지만 위의 경우는 장기간의 시술을 요하는 모델이다. 두피라인과 틴닝이 같은 위치에 있으면 0″를 만들게 되는데 이때에 빨강색 화살표 방향으로 틴닝을 밀듯이 시술하여준다.

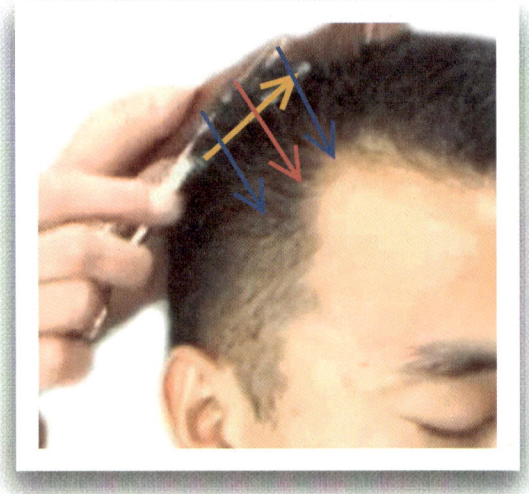

사각지대의 부분역시 두상 각으로 틴닝의 날을 모발사이로 집어넣어주면서 모발을 절삭을 하면서 빨강색 화살표 방향으로 틴닝을 빼내어주면서 파랑색 화살표 방향으로 빗으로 모발을 빗어내려 주어 모발의 절삭된 면을 확인하여주어 재 시술을 판단하여야한다.

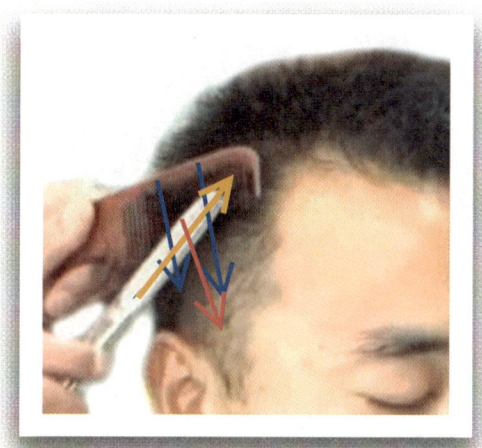

틴닝 시술을 하고나면 빗은 모발을 빗어내려 주는데 틴닝은 모량만 정리하여준다는 마음으로 시술을 하여야할 것이다. 틴닝을 빨강색 화살표 방향으로 밀듯이 시술하여 모발을 안정적으로 만들어주도록 한다.

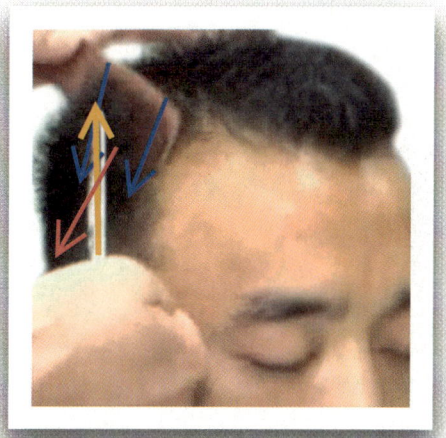

틴닝 시술 시에는 순행을 해야 하는 경우도 있지만 역행을 하면서 모발을 당길 것인지 밀 것인지 아니면 내릴 것인지를 판단해야하는데 그것은 모발에 흐름에 따라서 방향이 설정된다는 것이다. 해서 모발을 보는 방법을 알면 시술이 더욱 용이해질 수 있다. 모발의 흐름을 정확히 보고 시술토록 한다.

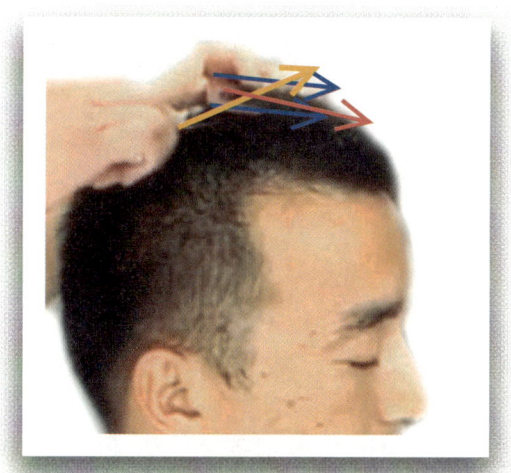

천정부의 모량조정은 무거운 부분을 가볍게 하여주어 자연스럽게 모발의 흐름을 단정하게 해야 한다. 모발이 가벼운 부분은 정돈만 한다는 기분으로 시술을 하여주고 무거운 부분은 모량을 정리하여 가벼운 부분과 어울려 놀게끔 틴닝으로 모량조절을 하여 준다.

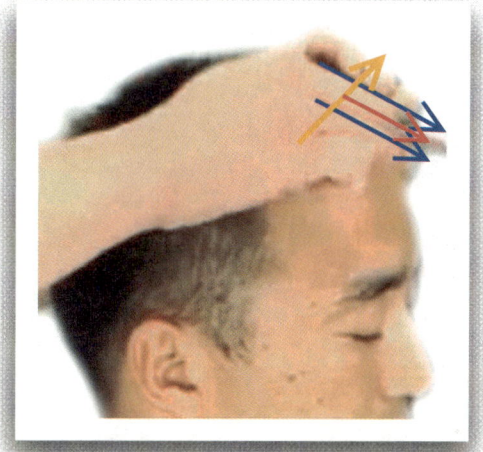

사진에는 빗의 자세가 보이지는 않지만 빨강색 화살표처럼 밀어주면서 모발을 정리하여주고 노란색 화살표처럼 틴닝을 모발사이로 집어넣어 모발을 절삭하면서 모량조절을 하여준다. 이후 파랑색 화살표방향으로 틴닝이 시술을 하고나면 빗으로 빗어주는 이때에는 앞 얼굴 쪽으로 빗을 밀면서 시술하여준다.

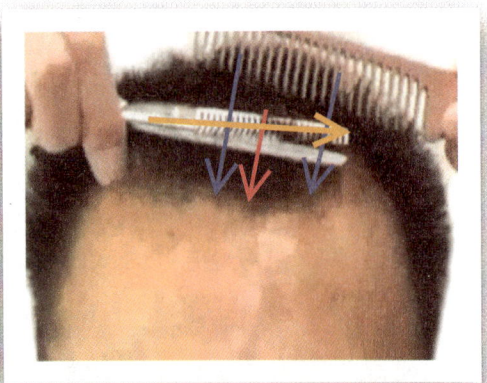

틴닝 시술시 앞머리 부분은 손님의 앞에서 시술을 하는 경우도 있으나 모발이 짧은 형태이고 모발의 흐름이 뒤로 흘러가는 경우에는 뒤에서 앞으로 밀 듯이 틴닝 시술을 하여주어 모발의 흐름을 잡아야 하는 경우가 더 많다. 틴닝을 천정부 중앙부분에서 모발 속으로 집어넣어 빨강색 화살표 방향으로 밀 듯이 틴닝 시술하여 주면서 빗으로 시술되어진 모발들을 빗으로 빗어주면서 모발의 흐름을 확인한다.

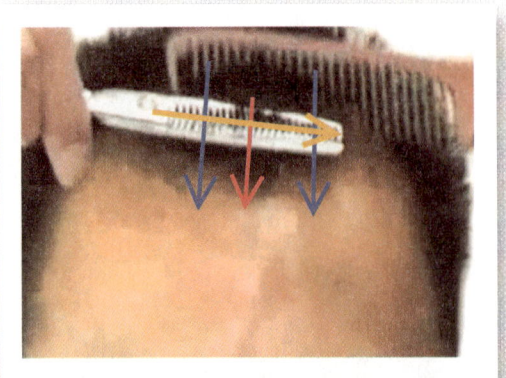

틴닝을 앞으로 밀면서 모발을 시술하여주면서 시술이 된 모발을 빗으로 파랑색 화살표 방향으로 빗으로 주면서 모발의 흐름을 확인하고 재 시술을 향방을 체크해야하다고 하였다. 모발의 끊어짐이나 도드라짐이 있는지 확인하고 모발의 연결성을 확인하면서 틴닝 시술토록 한다.

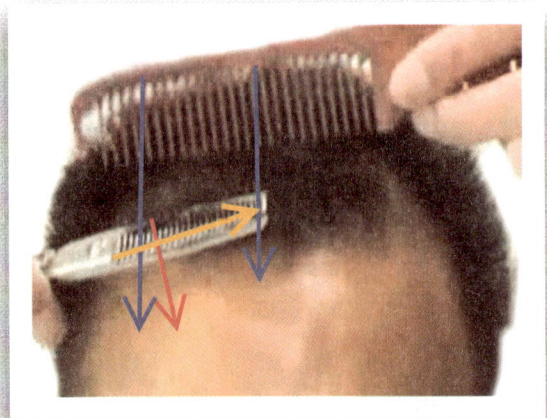

앞머리 부분의 틴닝 시술을 뒷부분에서 하여줄 때에는 틴닝을 사진의 노란색 화살표처럼 모발 속으로 집어넣으면서 모발을 절삭하여 **빨강색 화살표** 방향으로 밀면서 시술을 하여주는데 시술을 진행하면서 파랑색 화살표처럼 빗으로 모발을 같이 빗어주어 시술이 온전하게 이루어졌는지 확인을 하여주고 재 시술을 확인하여준다.

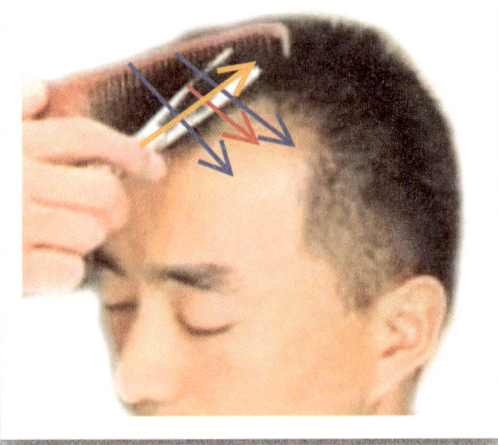

손님의 뒤에서 앞쪽으로 틴닝 시술을 하고나면 손님의 앞으로 돌아와서 앞머리 부분을 사선으로 틴닝을 모발사이에 집어넣어 시술을 하여주는데 이 경우는 모발이 뒤로 흘러가는 모발흐름이지만 옆으로 흘러내리는 모발도 존재한다는 것이다. 해서 앞에서 틴닝 시술을 사선으로 시술해야 할 것이 있는지 확인해보고 있다면 사선으로 틴닝 시술하여준다.

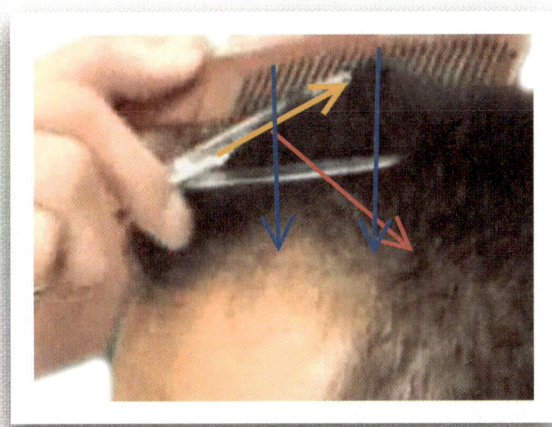
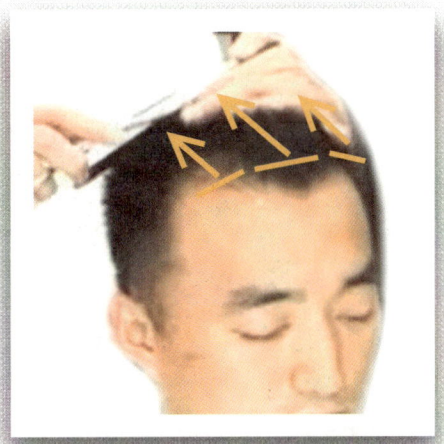

천정부 앞부분의 모발들을 틴닝 시술을 하면서 무거운 부분만 시술을 하여주는데 사실 짧은 형태에서는 무거움을 본다는 것은 어려운 일이고 보기가 힘들다. 하지만 모발의 흐름에서 무거움이 보여 지는데 이때에는 모발 끝 길이에서 40%이상 틴닝이 들어가서 모량만 절삭하여야한다. 정해진 양의 길이에서 깊이 틴닝이 들어가서 모발을 절삭을 하게 되면 모발을 들쳐 일어나는 현상을 만드니 조심하여 시술하여준다.

틴닝으로 모발의 흐름을 정리를 하고나면 천정부 부분의 기장커트를 하여 주는데 숏 커트는 짧은 형태의 스타일이기에 측면부를 기장커트를 하지 않아도 상관없다. 천정부의 기장커트는 3번에 걸쳐서 시술을 하여야 한다고 앞서도 서술하였었다. 해서 코 위 부분의 중앙부위를 시작하여 양쪽 눈 위 부분의 기장커트를 하여 천정부에 균형을 만들어준다.

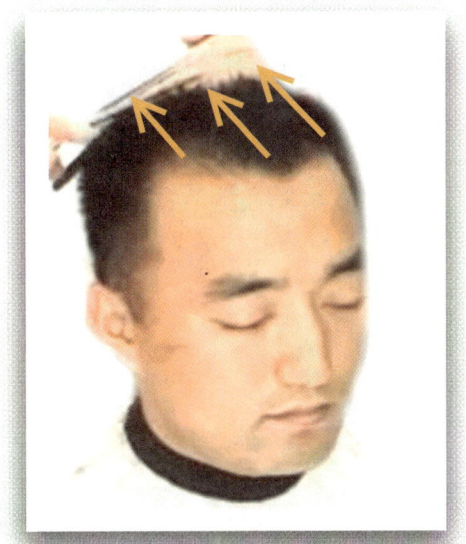
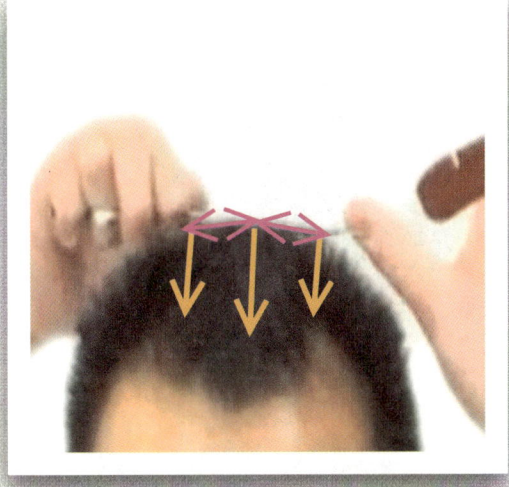

코 위 부분의 중앙부위의 부분부터 기장커트를 못 잘려도 5번의 앞머리에서 가마부분까지 시술을 하여 양쪽 눈 위부분도 5번씩의 기장커트를 하여주면 천정부는 균형을 이루어 모발의 흐름이 자연스럽게 만들 수 있다는 것이다. 평균적으로 천정부의 시술횟수는 15번 정도 시술이 되어야 균형이 생겨 모발의 흐름이 차분하게 만들 수 있다.

천정부의 기장커트를 시술 하고나면 측면부는 모발이 짧은 관계로 기장커트를 하지 않아도 된다 하였다. 하지만 천정부는 자주색 화살표처럼 두상의 형상에 맞추어 라인이 깨끗하게 라운드 형상으로 만들어 주고 노란색 화살표 따라서 옆 가위질을 하여 천정부의 면을 자연스러운 라운드의 형태로 정리하여준다.

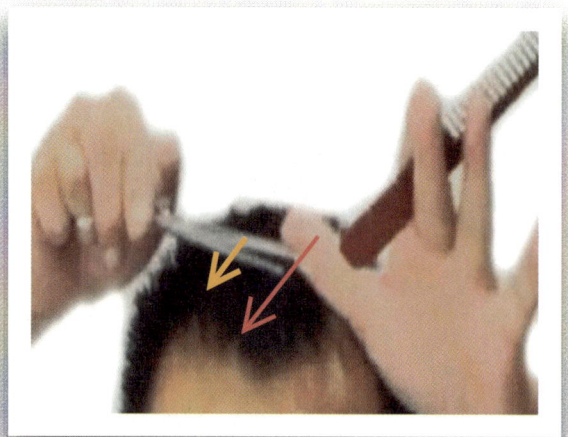

천정부에 옆 가위질을 하여 줄때에는 가위의 평적인 요소나 가위 원활한 진행 방향 그리고 시술 시에 안정감이 있어주어야 시술을 할 때에 안정감이 먼저 수반이 되어야 시술이 편하게 된다. 시술을 하여 줄때에는 가위의 바른 자세가 이루어져야하는데 사진에서처럼 가위의 정 날은 엄지에 걸쳐주어 두상의 라인에 따라 시술을 하면서 엄지를 밀면서 시술을 하여준다.

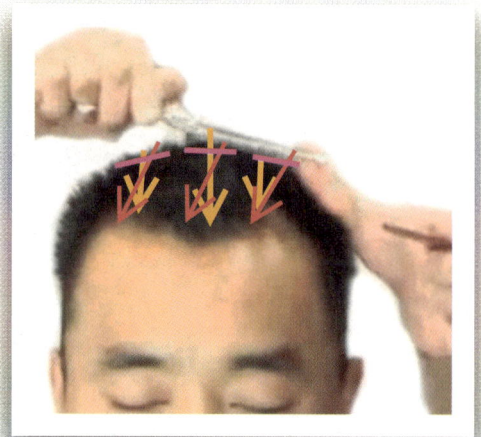

천정부의 두상의 현태는 평행을 이루고 있지 않고 곡선적인 기조를 가지고 있다. 해서 옆 가위질 시술할 때에도 기장커트 방식처럼 3번에 나누어서 천정부를 옆 가위질하여 두상라인을 깨끗하게 정리하여 주어야한다. 사진의 화살표처럼 중앙부분의 모발을 두상라인으로 시술을 한 후 오른쪽 눈 위부분이나 왼쪽 눈 위 부분 어느 쪽을 시술하여도 상관없지만 중앙부위의 기준에 맞추어 두상 라인을 시술하여준다.

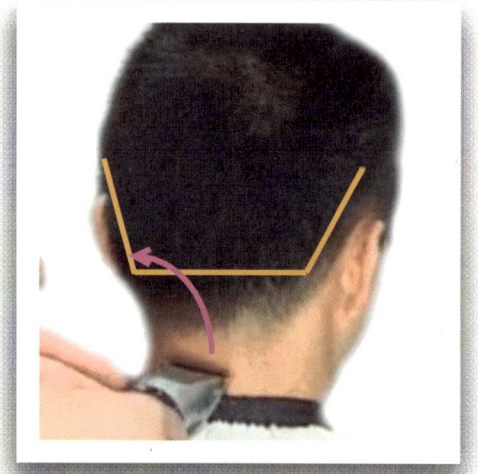

천정부의 옆 가위질의 시술이 마무리되면 후두부 밑 부분으로 와서 클리퍼 시술을 시작하는데 클리퍼 시술을 할 때에는 후두부의 베이스라인을 정해서 시술라인을 먼저 설정해야하겠다. 사진에서처럼 베이스라인을 어느 곳에 정하는지는 손님의 의중에 달렸으니 손님의 의중대로 시술을 하여 주어야 한다. 숏커트 에서는 평균적으로 5cm 정도의 밑 라인을 설정한다.

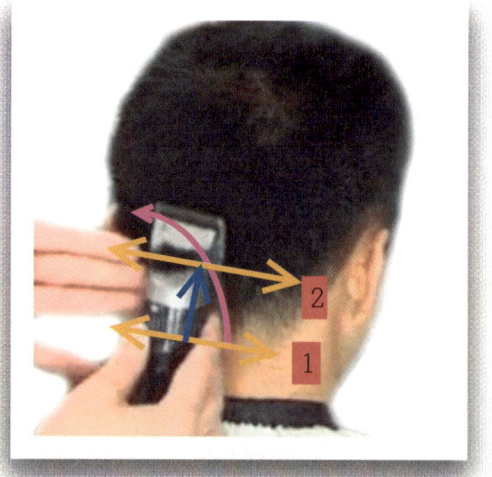

5cm의 높이를 설정하기 위해 시술을 시작할 때에는 클리퍼의 날을 1번에 붙여주고 2번까지 한번 에 시술을 하여 올라가는데 이때에는 c 컬 방법으로 자주색 화살표처럼 시술을 하여주어야 자연스러운 그라데이션의 시술 라인을 만들 수 있다. 파랑색 화살표처럼 단면으로 클리퍼 시술을 하게 되면 시술 라인에 층이 생겨 마무리 시술이 어려운 상황을 만들 수 있으니 시술하는 데에 있어서 신경 쓰고 시술토록 한다.

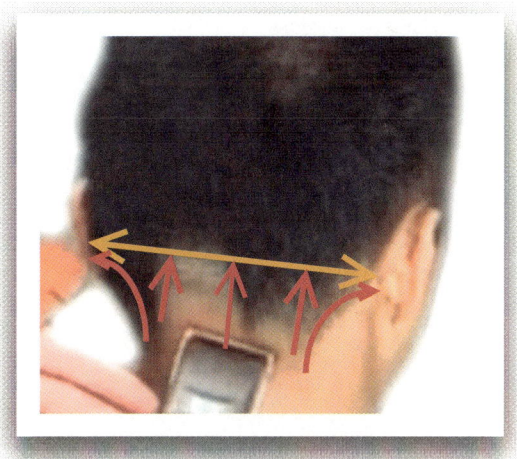

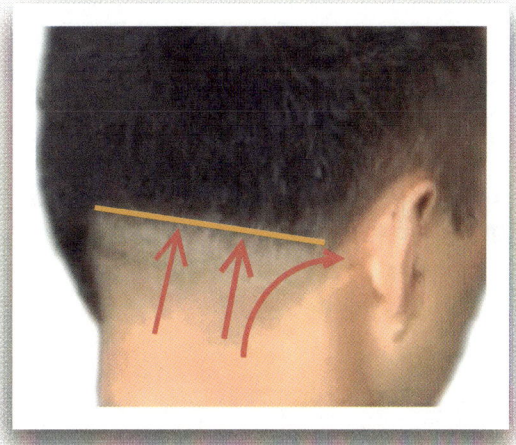

후두부 밑머리 베이스라인에서 시술라인을 정할 때에는 중앙부위에서 먼저 기준을 정하여 시술을 하여준다. 그런 후 좌측으로 시술을 하여도 되고 우측으로 시술을 연결해서 해도 되는데 후두부의 시술라인을 먼저 정해야한다. 양 귀 뒤의 모양을 시술할 때에는 화살표처럼 클리퍼의 날을 돌려서 시술을 하여 시술라인을 정확한 수평 형태로 만들어준다.

좌측을 먼저 시술하든 우측을 먼저 시술을 해도 된다 하였다. 사진에서처럼 후두부 밑 부분 우측으로 시술을 할 때에는 중앙의 잘린 모발에 클리퍼의 날을 반쯤 붙여주고 잘린 모발과 않잘린 모발을 같이 시술하여주면서 시술라인까지 c 컬로 시술하여준다. 그리고 우측 귀 뒤 부분까지 시술을 하여주는데 이때에는 곡선의 화살표 방향으로 클리퍼의 날을 돌리면서 시술한다.

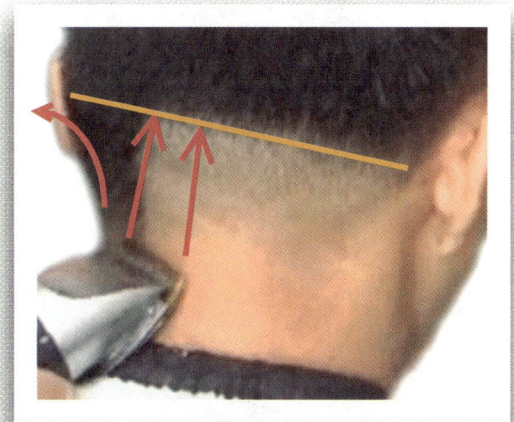

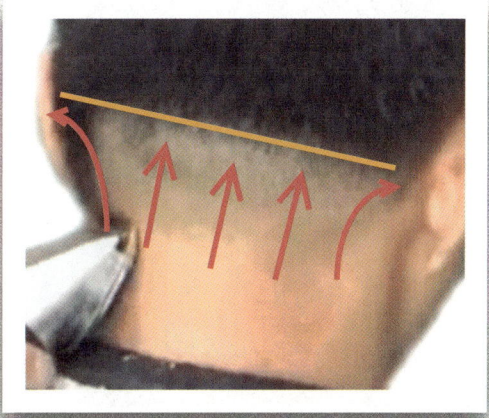

후두부 밑 부분의 우측의 시술라인을 시술하고 나면 후두부 밑머리 좌측으로 시술을 하여주는데 수평라인은 앞서 시술한 방법으로 시술하여주고 좌측 귀 뒤 부분의 시술을 곡선의 화살표 방향으로 클리퍼의 날을 좌측으로 돌리면서 시술라인을 정확한 수평으로 만들어주며 시술하여주는데 시술라인이 정확한 수평적인 요소로 시술되어 있어야 후두부의 베이스라인이 정리가 되는 것이다.

사진에서처럼 클리퍼로 시술라인을 시술할 때에는 잘린 모발과 않잘린 모발을 반반씩 잡아서 시술을 하여주어야 시술라인을 수평으로 빨리 만들 수 있다. 숏 커트를 시술할 때에는 후두부 베이스라인에서 시술라인을 먼저 시술을 하여야 양 측면의 시술라인을 시술하기가 용이해진다. 전체의 시술라인이 정해지면 클리퍼의 시술은 훨씬 쉬워진다.

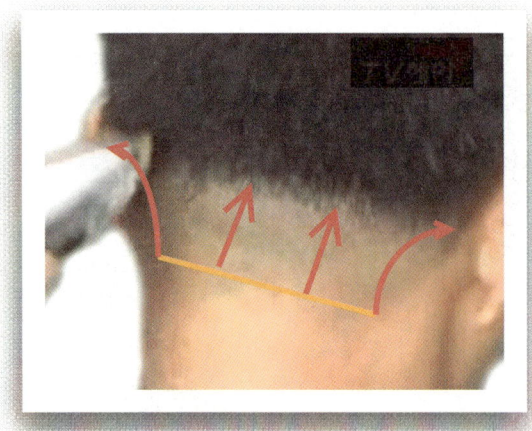

좌측 귀 뒤 부분에서 우측 귀 뒤 부분의 시술라인이 설정되면 시술라인은 수평적 기조의 형태로 만들어지는데 시술라인이 깨끗하게 수평으로 시술이 되어있어야 하며 클리퍼 시술을 하여 전체의 조경을 안정감 있게 시술을 할 수 있다.

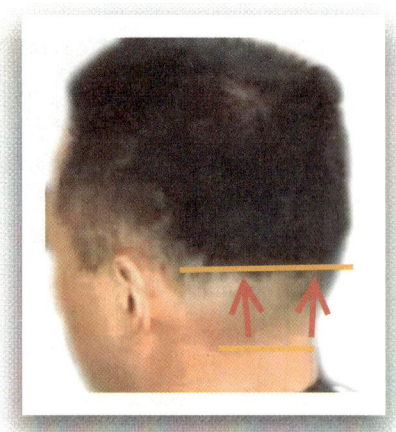

후두부 밑 라인에서 시술 라인까지 간격을 5cm로 정할 때에는 시술자의 입장에서 시술라인을 정하는 것이 아니고 손님의 의중으로 시술라인을 정해야 한다는 것이다. 하지만 사진은 필자가 기술을 논하니 숏 커트의 경우는 5cm정도로 베이스라인에서 시술라인을 설정토록 한다.

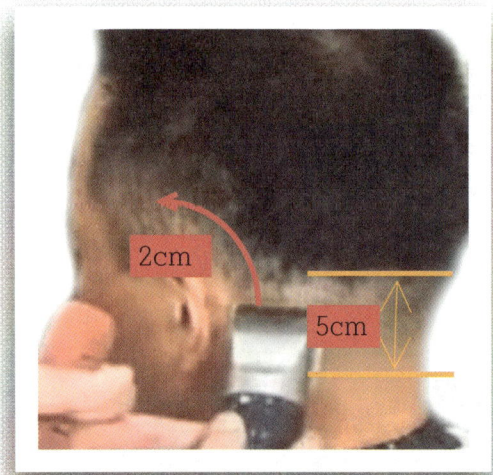

후두부의 시술라인을 5cm로 설정하여 시술을 하고나면 좌측면부의 귀 뒤에서 귀 위의 부분에 시술을 하여주는데 이곳의 시술간격은 2cm로 정하여 시술하여준다. 측면부의 간격과 후두부의 간격이 1:2비율로 두상의 형상이 이루어져있다. 하지만 후두부의 간격이 1cm가 더 짧은 형태를 이루고 있어야 전체적으로 안정감이 확실하게 보여줄 수 있다.

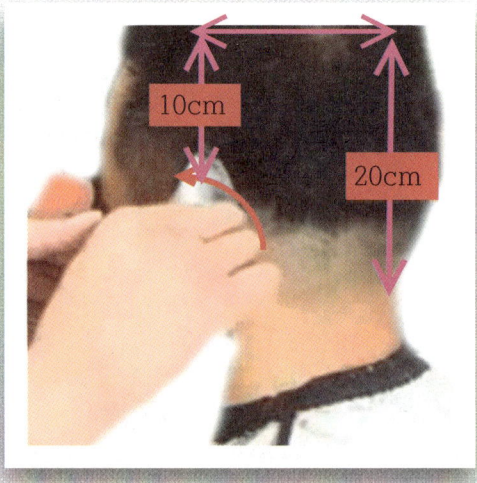

측면부의 길이와 후두부의 길이차이가 1:2 비율이라고 앞서도 서술하였는데 후두부의 전체길이가 20cm라면 측면부의 전체 길이는 10cm로 정해져있다. 해서 후두부의 시술아인을 5cm로 시술을 하면 측면부의 시술은 2cm 로 시술을 하여준다. 후두부가 1cm가 짧아져야 기본헤어스타일에서 가장 이상적인 형태가 만들어진다.

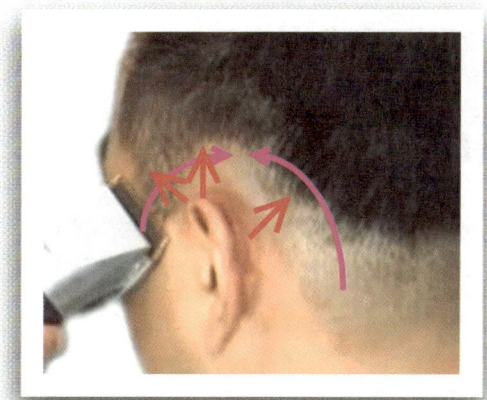

후두부에서 귀 뒤 부분까지 클리퍼의 날로 시술라인을 시술하고 나면 사진에서처럼 귀 앞부분에서 귀 위의부분까지 클리퍼의 날로 시술라인을 귀 뒤에서 넘어오는 라인과 똑같은 모양으로 시술을 하여준다. 빨강색 화살표처럼 귀 뒤의 시술라인의 길이와 귀 위의 시술라인 그리고 귀 앞의 시술라인이 같은 길이로 되어주어야 형태의 모양이 어우러진다.

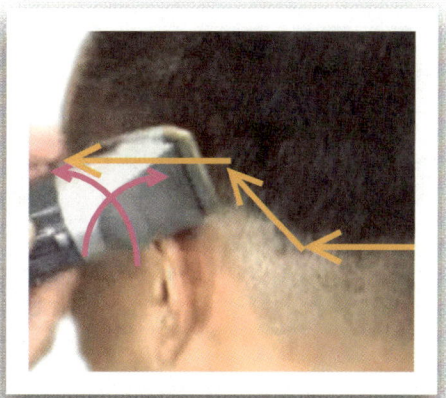

귀 앞부분의 시술라인을 시술하고 나면 자주색 화살표처럼 앞머리 쪽으로 클리퍼의 날로 앞머리 라인을 시술하여주는데 노란색 화살표처럼 좌측면의 시술라인은 수평적인 요소로 시술이 되어주어야 옆에서 보았을 때 안정감이 생기게 되기 때문에 이미지에 상당한 영향을 줄 수 있다.

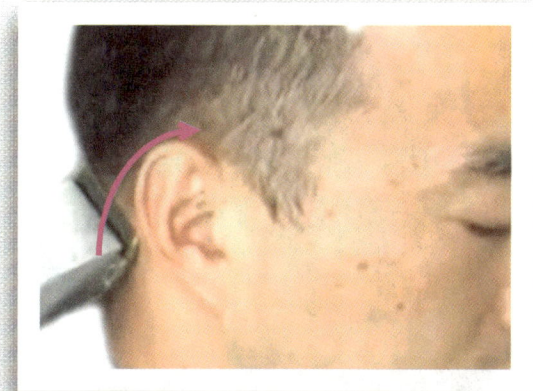

후두부에서 좌측면의 시술라인의 시술을 마무리하고 나면 우측으로 돌아와서 우측 귀 뒤 부분에서 귀 위 부분의 시술라인의 클리퍼의 날로 시술을 하여주는데 좌측과 같이 자주색 화살표처럼 귀 위 부분까지 시술하여주어 좌측의 시술 면과 같은 면이 되게끔 시술을 하여주어 대칭의 모양이 될 수 있게 하여준다.

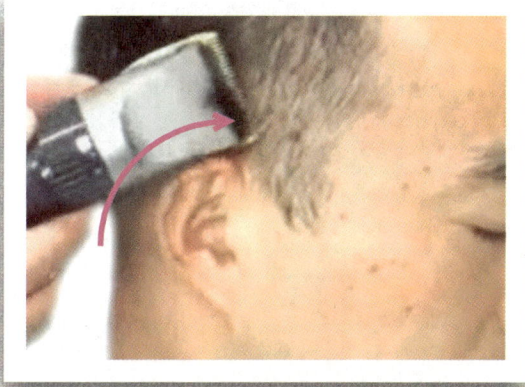

사진에서처럼 클리퍼의 날로 우측면의 시술라인에 시술을 하여 좌측면과 대칭으로 시술을 하여야한다고 하였다. 우측과 좌측의 시술라인이 대칭을 이루고 있어야 뒤에서 봤을 때 안정감이 생겨 편안한 형태를 만들어줄 수 있다.

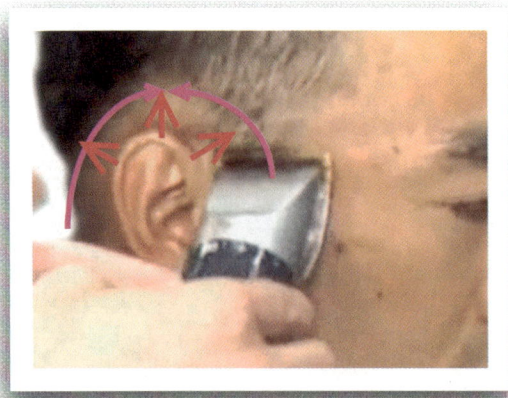

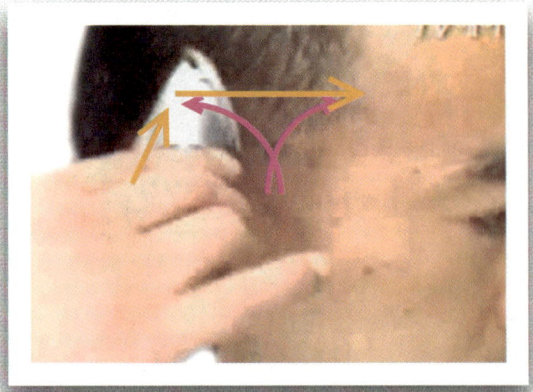

우측 귀 뒤 부분의 시술라인을 클리퍼의 날로 시술을 하고 나면 귀 앞에서 귀 위 부분으로 시술라인을 시술하여준다. 귀 뒤의 라인의 간격과 귀 위의 간격 그리고 귀 앞의 간격이 일정하게 이루어져야한다. 간격이 동일하게 유지되어 시술라인이 이루어져 있어야 클리퍼의 시술이 원활하게 시술될 수 있다.

귀 앞부분의 시술라인을 시술하고 나면 자주색 화살표처럼 앞머리 쪽으로 클리퍼의 날로 우측면을 수평적기조의 형태로 시술을 하여준다. 이 방법은 좌측면의 시술방법과 동일하게 하여준다. 측면의 형태는 수평적인 기조로 시술이 되어야하고 후두부의 밑머리부분도 수평적 기조를 유지하게끔 시술하여준다.

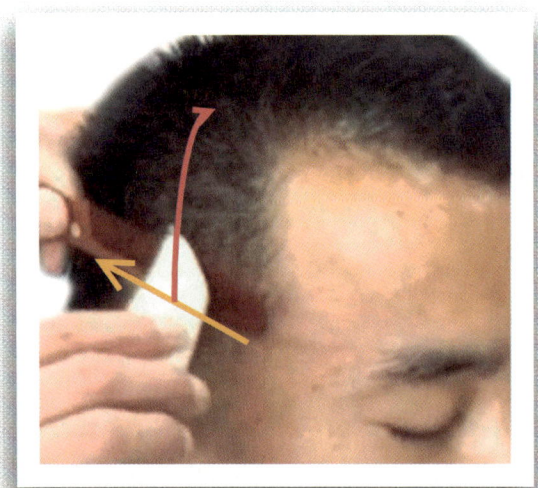

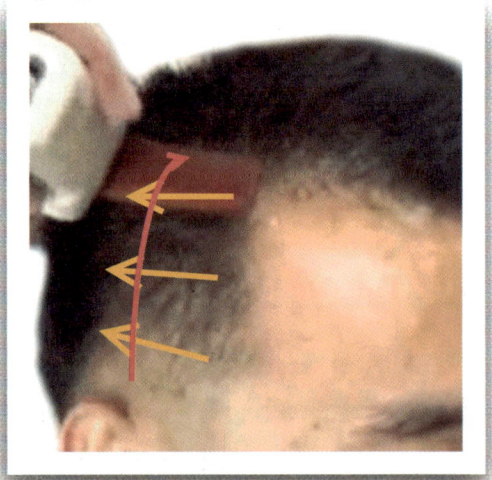

후두부의 시술라인 시술을 시작으로 좌측면을 거쳐 우측면까지 시술라인의 시술을 하고나면 클리퍼의 시술로 면을 시술하여 자연스럽고 부드러운 형태로 만들어 주기 위해 시술을 시작하는데 우측면의 시술라인의 빗을 붙여주고 빗발만 세워 우측면부 사각지대 부분까지 클리퍼 시술을 하여준다.

시술라인에 빗을 붙여준 상태에서 빗발만 세워 클리퍼의 시술을 할 때 에는 수평적 화살표처럼 밑에서 위로 천천히 시술을 하여주는데 이때에는 단계적으로 빗이 올라가면서 클리퍼 날을 빗면에 붙여 시술을 하면서 사각지대 부분까지 두상라인 따라 시술하여준다.

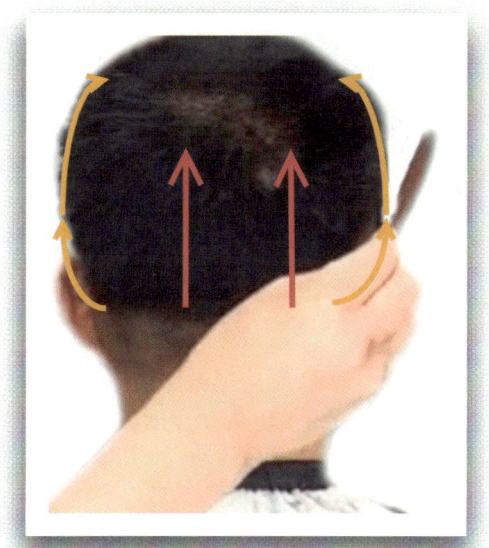

두상의 전체 형태의모양은 사진에서처럼 곡선의 미를 가지고 있다는 것이다. 그렇다면 시술 역시 두상 형태에 맞추어 곡선적인 기조로 클리퍼 시술을 하여야 한다. 하지만 그렇지 않고 직선적인 기조로 시술을 하면 시술 후에 두상의 면이 단면으로 시술이 되어 뜨는 현상을 만들 수 있으니 클리퍼 시술을 할 때에는 곡선적인 기조로 시술하자

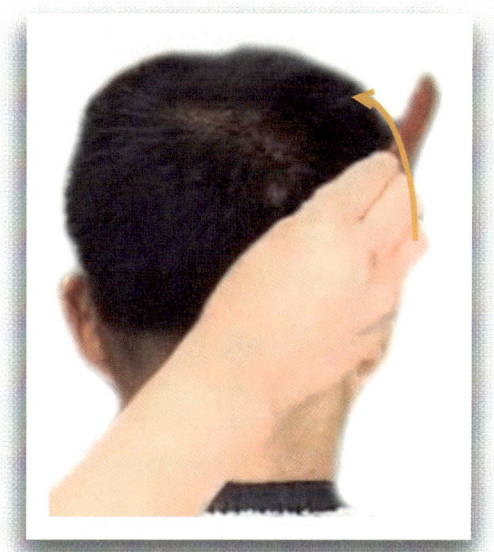

오른손잡이는 오른편에서 시술을 시작하는 것이 맞고 왼손잡이는 왼편에서 시술을 하는 것이 맞다. 시술은 한번에 완성도를 높이려고 노력해야 할 것이다. 사진에서 보면 측면의 형태를 볼 수 있는데 천정부에서 귀 위까지 포물선처럼 곡선을 이루고 흘러내리고 있다. 커트를 할 때에는 두상 형태에 맞추어 시술을 하여주어 자연스러운 형태를 만들어 주자.

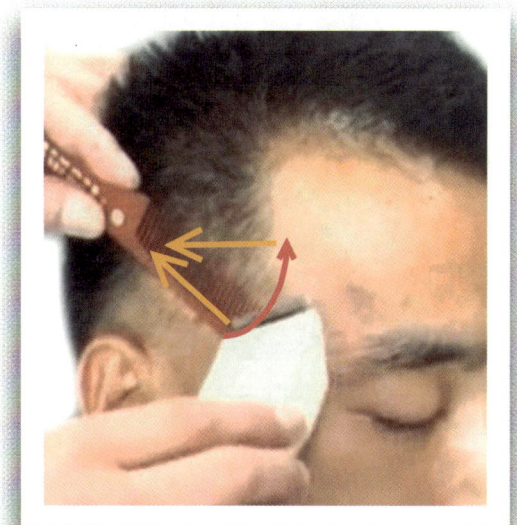

클리퍼의 시술시 시술라인에 빗이 붙을 때에 사선으로 빗이 붙는 경우가 많다. 하지만 연속적으로 빗이 사선으로 시술이 되어서는 않되고 시술시 빗이 사선으로 위치하게 되면 수평적인 기조로 빗을 위치를 조절하여 모발을 절삭하며 시술하여준다.

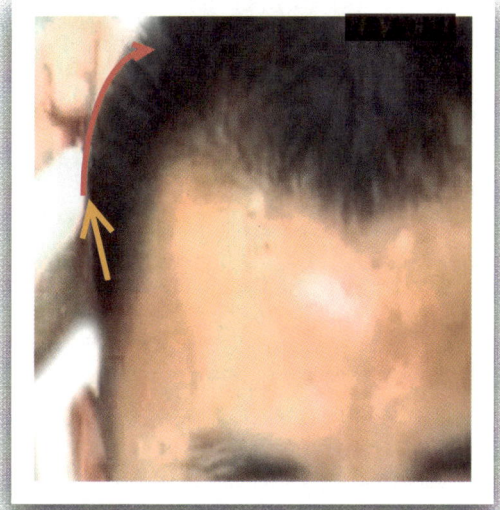

앞서도 서술하였듯이 시술라인에 빗을 붙여주고 빗발을 세워 모발을 빗발사이로 나오게 하여 세워준 후 클리퍼시술을 하면서 두상의 형태에 맞추어 빗을 곡선적인 기조로 시술을 하면서 올라간다. 연결을 시키면서 시술이 어려울 때에는 클리퍼 시술을 단계로 시술하여 주도록 한다.

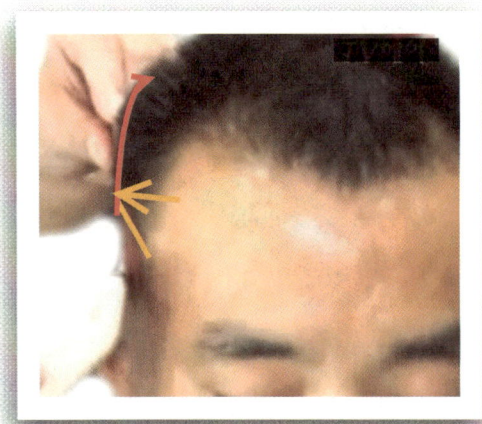

빗이 시술라인에 붙이고 빗발을 세워주는 시점에서 빗의 진행방향은 화살표처럼 두상의 형태에 맞추어 곡선적인 기조로 시술을 하려고 생각하고 있어야 한다. 시술을 하면서 면의 편안함과 두상라인의 연결성이 자연스럽게 어우러져야 올바른 시술이라 할 수 있다.

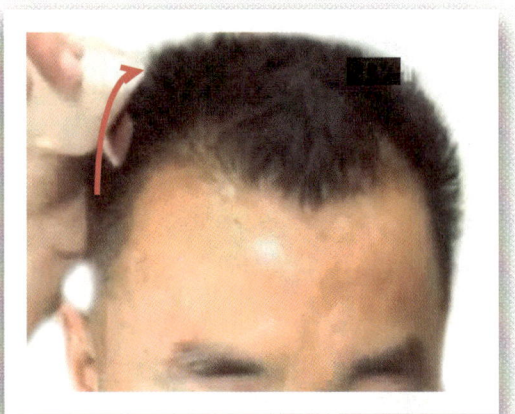

시술라인이 베이스라인에 위치하고 있든 아니면 숏 커트처럼 시술라인을 정하면 그곳이 베이스라인이 되는데 이곳에서 클리퍼로 시술을 하든지 아니면 가위로 시술을 하든지 어떤 방식의 시술을 하더라도 시술의 방법은 바뀔 수가 없는 것이 기본적인 요소이다. 해서 기본을 정확히 인지하고 시술하기를 바란다.

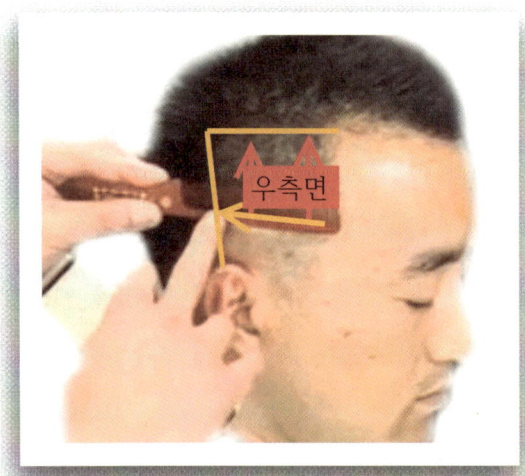

귀 위의 이어 포인트에서 가마부분까지 선을 그어주고 천정부의 경계선인 사각지대에서 일자로 선을 그어놓으면 그 밑 부분은 측면부의 구획이 된다. 이곳을 시술을 할 때에는 빗이 위치한 시술라인에서 빗을 수평적인 기조로 시술하면서 사각지대까지 곡선적인 기조로 올라간다.

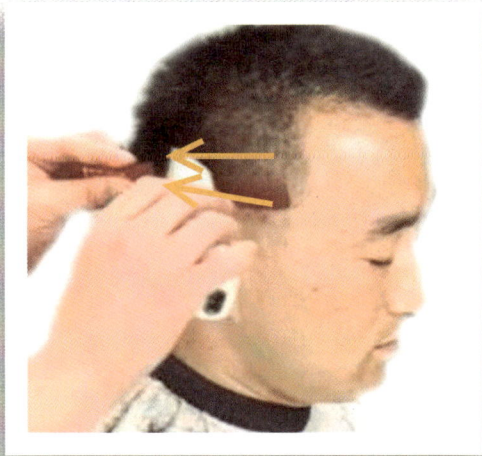

빗이 시술라인에 붙여주고 빗발을 세워 빗발 사이로 모발을 잡아내어 클리퍼의 날을 빗면에 붙여서 사진의 화살표 방향으로 모발을 절삭하면서 빗은 사각지대부분까지 수평적인 기조를 유지하면서 시술하여 올라간다.

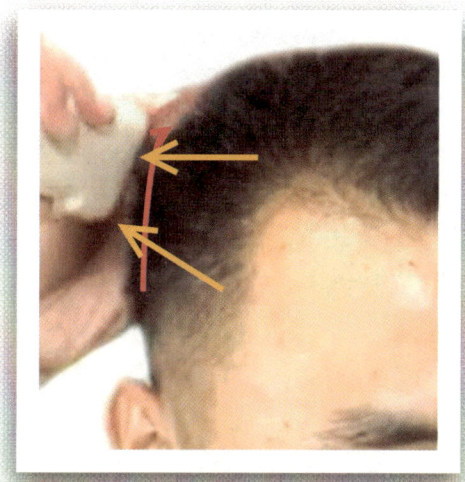

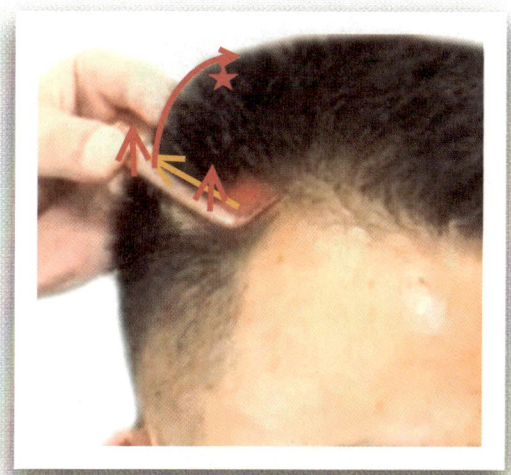

클리퍼 시술시 에는 여러 가지의 방법과 테크닉이 있는데 결국은 한가지로 귀결된다는 것이다. 모발의 편안함과 자연스러움인데 그렇게 시술이 되려면 모발의 흐름이나 모양을 확인해서 시술을 하여야한다. 물론 쉽지는 않겠지만 하나의 헤어스타일을 시술해서 작품을 만드는데 어려운 부분들이 많다.

해서 모발의 흐름과 모량의 상황을 정확히 알기 위해서는 볼 줄 아는 자세가 필요하다. 우측면의 클리퍼 시술을 하고나면 시술라인에서 시작하여 사각지대부분까지 의 연결선상에서 끊어짐의 현상이 생기게 된다. 이 연결선을 부드럽게 하여주기 위해서는 사진의 빗을 빨강색 화살표방향으로 세워주면서 모발을 세워 (*)표 부분의 천정부 라인에 맞추어 시술하여준다.

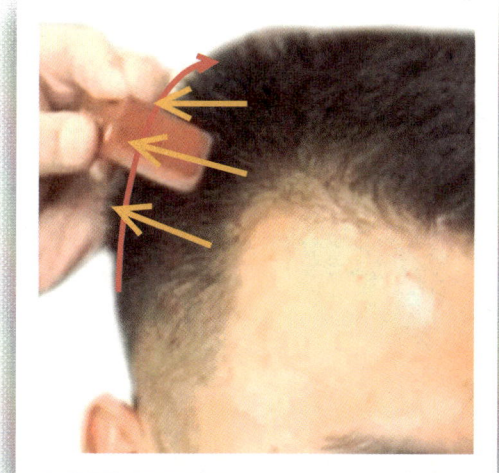

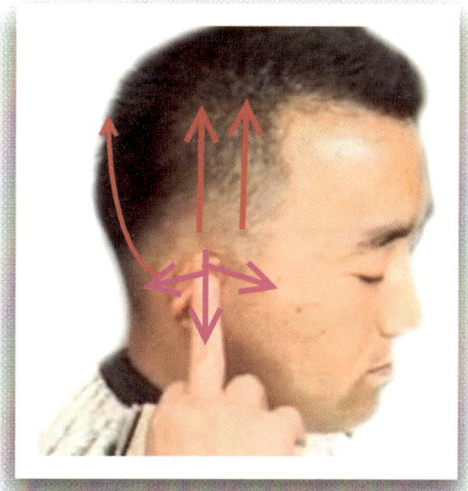

사진에서처럼 빗이 시술을 할 때에는 두상라인 따라서 시술되어 올라가는데 빗이 모발들을 정각도로 만들어서 모발을 절삭하는 방법이다. 모발을 절삭할 때에는 모발이 들려서 절삭이 되면 않되고 모발이 쳐져서 절삭이 되어서는 않된다. 모발을 절삭할 때에는 모발각도인 정각도로 모발을 잡아내어 절삭을 하여주어한다.

여담이겠지만 귀 부분의 시술을 하여 줄때에는 귀의 존재를 명확하게 하길 바란다. 대부분은 귀의 존재를 배우지를 못해서 귀의 요철부분을 정리를 하지 못하는 부분을 많이 보았다. 귀의 시술이 오게 되면 앞에서 시술을 할 때에는 귀를 뒤로 밀어붙여주고 뒤의 시술을 할 때에는 귀를 앞으로 당겨 붙여준다. 귀 위를 시술할 때에는 귀를 내려 붙여주고 나서 시술을 연결하여한다.

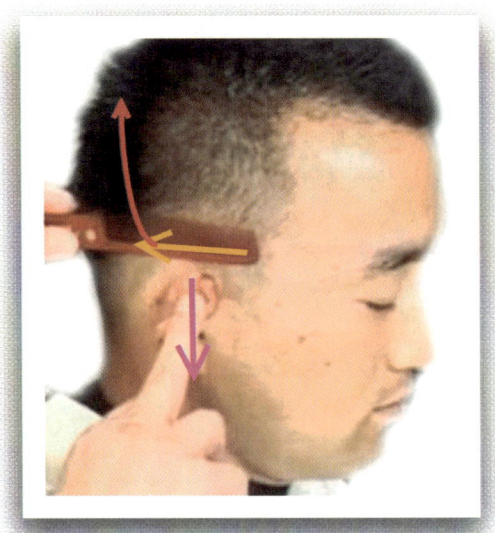

앞서도 서술을 하였듯이 귀 부분의 시술을 할 때에는 귀를 오른손 중지로 내려 눌러 붙여주고 나서 빗을 귀 위의 시술라인에 붙여준다. 그런 후 빗발을 세워주면서 빗 발속에 모발들을 정각도로 세워주고 노란색 화살표 방향으로 후두부의 시술을 하여주는데 두상형태에 맞게 곡선적 기조로 시술하여준다.

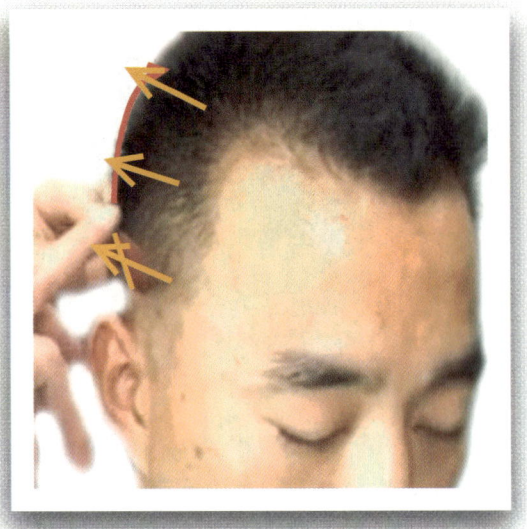

빗을 시술라인에 붙여주면 모발들이 빗 발안에 들어오게 되는데 이때 빗발을 세워주면 모발들이 정각도로 세워지게 된다. 이렇게 빗발로 모발들을 정각도로 세워주고 클리퍼의 날을 빗면에 붙여 모발들을 절삭하면서 가마부분까지 시술하여 올라간다.

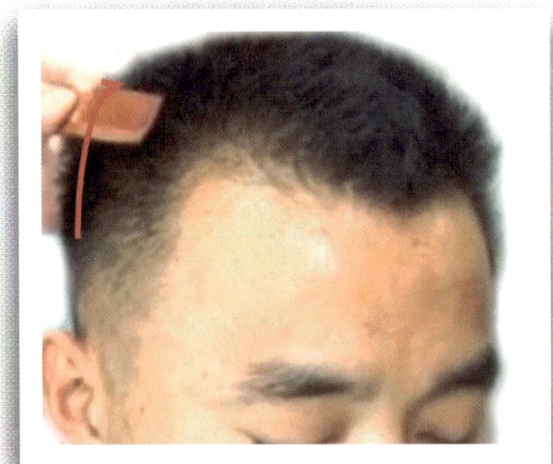

헤어시술에서는 시작점이 있으면 끝나는 점이 있다는 것이다. 측면부에 클리퍼의 시술시 베이스라인에서 시술을 시작하면 사각지대 부분이나 측면 중앙부분에서 시술이 끝나고 우측면에서 시술을 시작하면 좌측면에서 시술이 종료를 해야 한다는 것이다. 두서없이 시술을 하는 것처럼 나쁜 것은 없을 것이다. 기본이란 매우 중요한 부분을 차지한다. 모든 기술은 기본에 충실하면 된다.

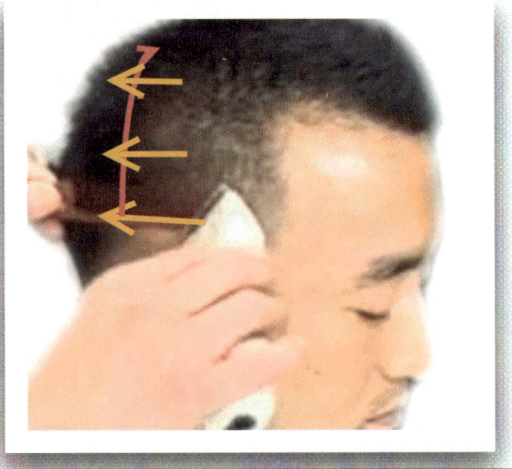

클리퍼의 날은 사진에서처럼 빗이 수평적인 기조로 있을 때나 사선적인 기조로 있을 때에도 빗발과 같은 일자가되어서는 않고 빗발과 어슷한 모양으로 클리퍼 날의 자세가 되어주어야 한다. 그래야 클리퍼의 날이 빗발을 끊어먹는 일을 방지할 수 있다. 클리퍼 시술을 할 때에는 힘 조절을 하여 빗이 밀리면서 절삭이 되지 않도록 시술하여준다.

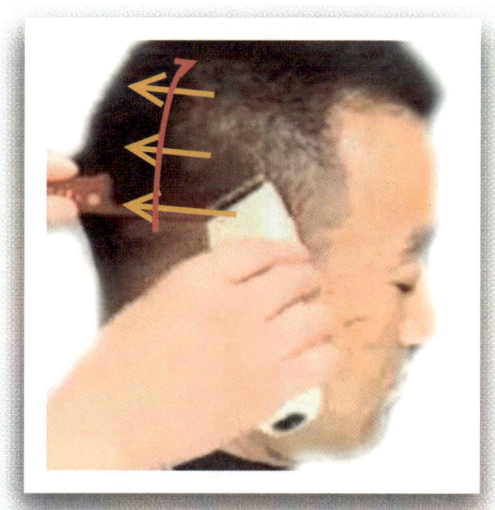 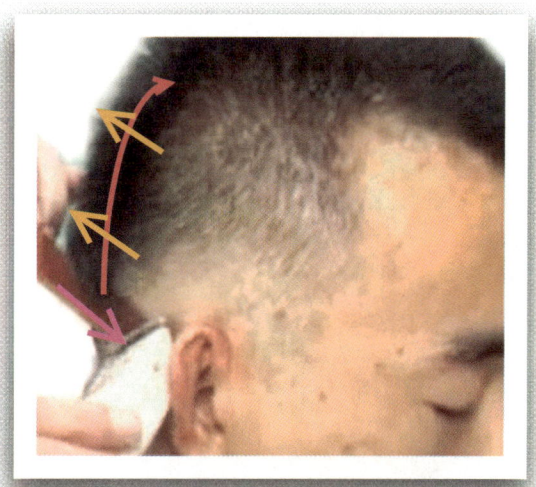

측면부의 클리퍼 시술을 하고나면 연결해서 후두부로 시술을 하여주는데 오른쪽의 잘린 모발과 왼쪽의 않잘린 모발을 같이 빗발로 잡아내어 모발을 절삭을 하여주는데 너무 많은 양을 절삭하려 하지 말고 1~2cm정도의 모발을 절삭한다고 생각하고 잘린 모발 길이에 맞추어 시술하여준다.

빗의 위치에 따라서 빗이 시술되어 올라가는 방법이 다르게 된다. 옆에 사진은 빗이 수평적이 기조로 되어있어서 모발을 시술하여 올라갈 때에는 수평적인 기조로 시술되어 올라가는데 위의 사진은 빗이 귀 뒤에서 시술되어 올라갈 때에는 모발을 자주색 방향으로 밀면서 시술하여 올라가는데 모발의 흐름 중에 우측 귀 뒤 모발들은 후두부로 밀리듯이 내려오는 경우가 많기 때문이다.

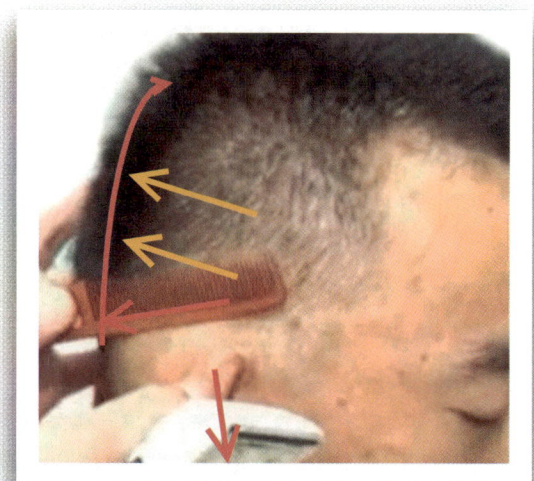 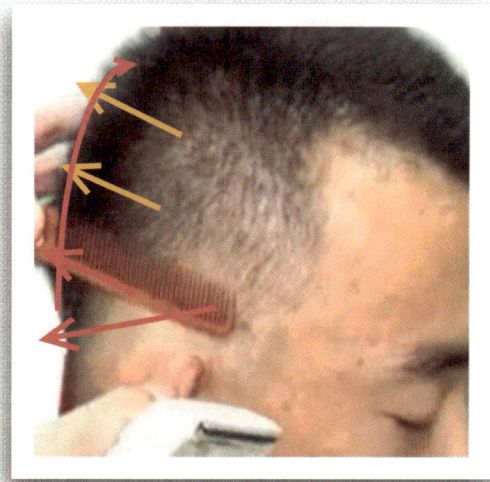

귀 위부분에서 클리퍼를 시술하여 줄때에는 귀를 오른손가락으로 귀를 내려붙여놓고 빗을 시술라인에 붙여준 후 빗발을 세워 시술을 하는데 빗이 사선으로 되어 있을 때에는 수평적인 자세가 되도록 시술을 하면서 사각지대부분까지 클리퍼 시술하며 올라간다.

빨강색 평선 은 옆의 사진에서 처음에 빗이 있었던 위치를 뜻하는데 같은 위치에서 빗을 수평으로 만들어서 시술을 하여도 좋고 아니면 빗으로 모발을 시술해 올라가면서 빗을 수평으로 만들어주어도 좋다고 하겠다.

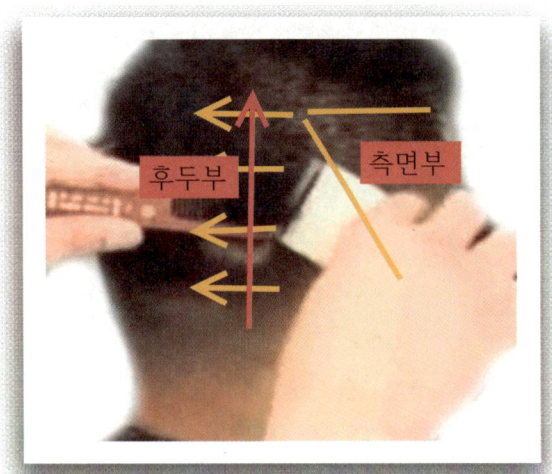

귀 뒤 부분에서 후두부로 시술을 연결해서 할 때에는 이어 포인트에서 골든 포인트까지 선을 그어놓으면 앞부분은 측면부의 영역이고 뒷부분은 후두부의 영역으로 구획이 갈린다. 측면부의 시술이나 후두부의 시술이나 수평적인 기조를 시술이 되어 올라가는 것은 같지만 후두부의 시술 진행 방향은 가마를 향해서 시술하여준다.

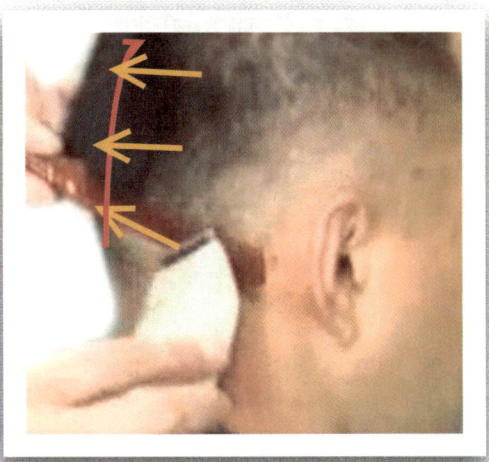

시술라인에서 빗을 붙여주고 빗발을 세워 모발을 절삭을 하면서 가마부분까지 시술을 하여주는데 이때에 주의 할 점은 모발의 흐름을 보면서 시술을 하여야 한다는 것이다. 모발이 흘러가는 모발은 당겨서 시술하여주고 모발이 쏠려오면 밀어가면서 시술하여준다(동영상 참조)

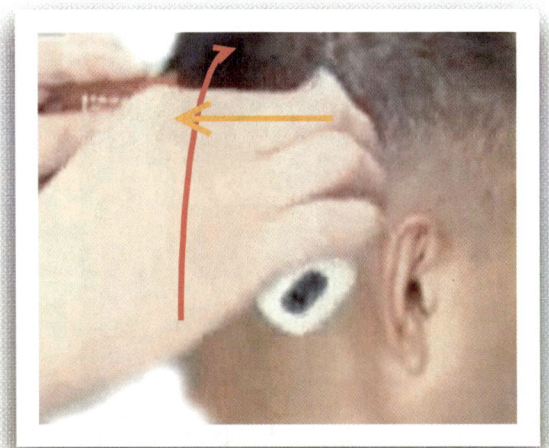

모발의 흐름을 보다는 것은 쉬운 일이 아니다. 자르기도 바쁜데 그걸 언제 보냐고 하는 경우도 있겠지만 헤어를 하는 사람이라면 배울 때부터 이런 부분을 배우고 연습을 해야 한다. 필자가 늘 강조하는 부분이지만 모발을 밀면서 절삭을 할 것인지? 아니면 당기면서 시술을 할 건지 판단이 정확해야 한다는 것이다. 모발은 자르는 것이 다가아니다.

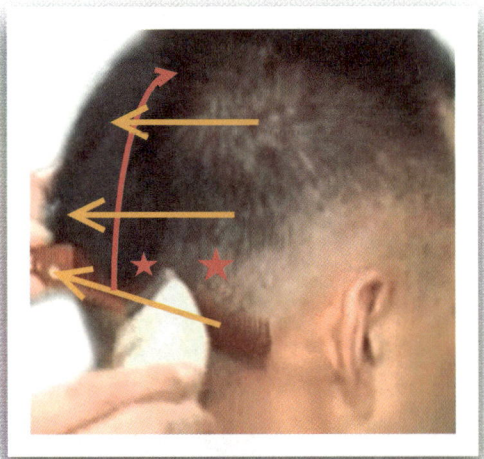

빗발 안에 모발을 잡아줄 때 오른쪽은 잘린 모발 왼쪽에는 않잘린 모발을 같이 잡아내어 절삭을 하여주는데 이렇게 모발을 절삭을 하면 같은 길이가 되어 모발의 연결성이 좋아진다. 그리고 모발은 한 번에 너무 많은 양을 절삭하지 않아야 하며 (*)표 부분처럼 모발의 연결이 자연스러워야 흐름도 부드러워진다는 것이다.

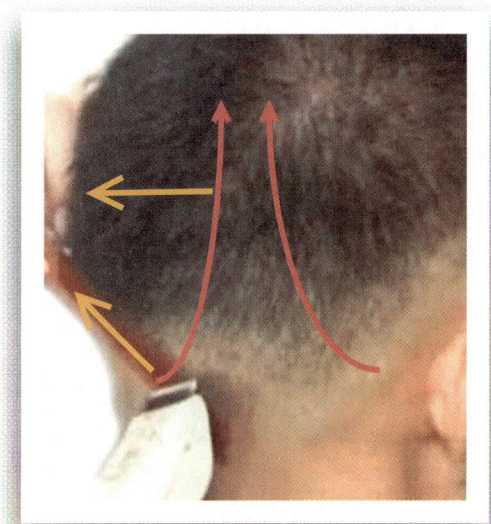

시술을 할 때에 빗이 시술라인에서 사선으로 있을 때에는 빗발에 잡힌 모발들을 절삭을 하여주는데 빗은 사선에서 수평적인 기조로 만들어주고 중앙에 있는 가마부분을 향해서 모발을 절삭하여 올라가며 시술하는 것이 후두부 시술 시에 요점이라 하겠다. 그러면 우측 귀 뒤 부분의 시술 역시 중앙의 가마부분을 향해서 시술되어 올라와야 한다.

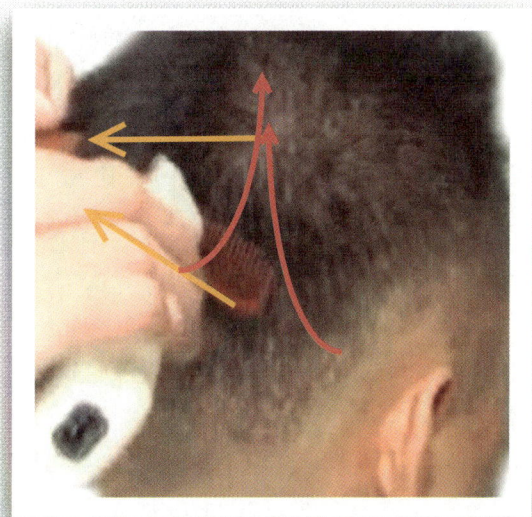

클리퍼 시술할 때에는 두상의 형태에 맞게 절삭하지만 밑머리는 위의 모발에 비해 모발 길이가 짧은 길이라는 것을 명심하자. 맨 처음 틴닝으로 모질을 부드럽게 하고 모류를 시술하고 왔기에 그리고 천정부의 기장커트를 시술하였기에 천정부를 보고 시술하는 것이 아니고 가마 바로 밑의 부분까지만 시술을 하여준다.

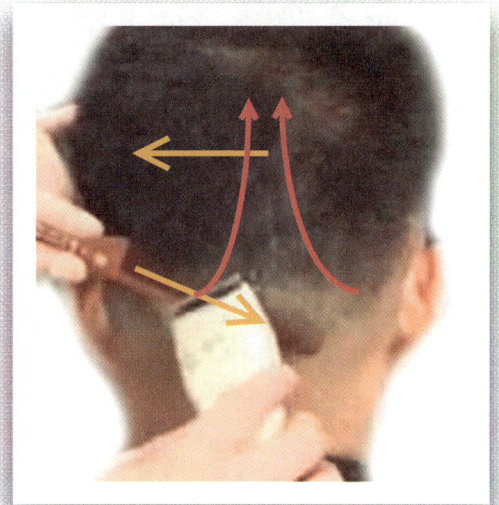

후두부 시술라인에 빗을 붙여 줄때에 사선으로 빗이 붙여질 때에는 시술을 하면서 빗을 수평적인 기조로 시술을 하여야 한다고 앞서도 서술하였었다. 단순한 주문이지만 이 시술을 하면은 손의 자세에 신경을 쓰면 클리퍼 시술이 않되고 클리퍼에 신경 쓰면 빗의 자세가 원활하세 나오지 않으니 신경 써서 시술토록 한다.

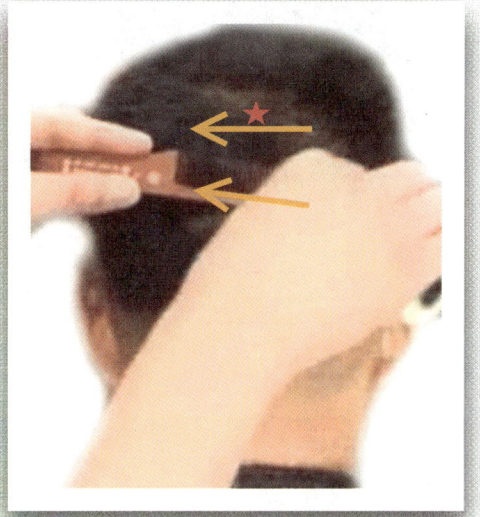

이렇게 베이스라인의 클리퍼 시술을 하여 시술라인을 만들어준 후 시술라인에서 가마부분 밑에 부분까지 클리퍼 시술을 자연스럽게 시술하여주고 빗발로 잡아 올린 모발들을 전에 잘린 우측모발 길이에 맞추어 않잘린 좌측의 모발들을 같이 절삭하여 같은 길이로 모양을 만들어준다.

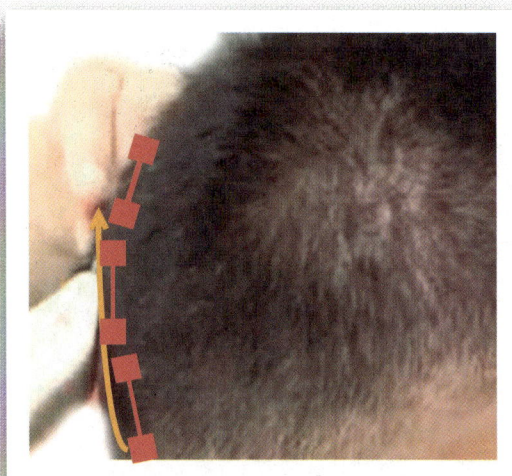

클리퍼를 시술함에 있어서 클리퍼는 자르는 성질밖에 없기 때문에 빗으로 자르는 양을 정하게 된다. 그래서 빗의 역할이 중요하다 할 것이다. 빗의 시술 시작은 빗이 시술라인에 붙이는 것을 시작으로 두상라인에 따라서 돌리고 준비를 하고 시술이 되어 올라가면서 화살표 따라서 곡선적인 기조로 올라가면 시술되어야한다.

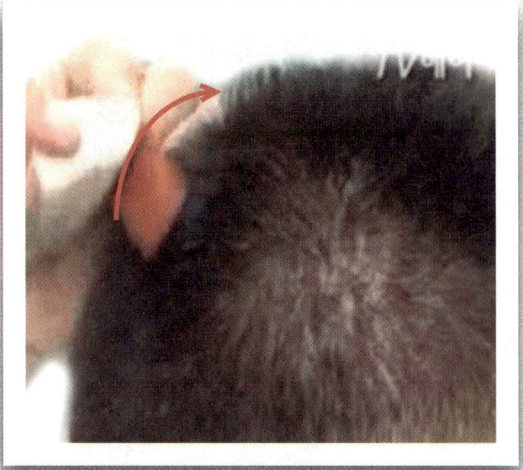

이렇게 빗의 위치도 중요하지만 빗으로 모발을 잡아낼 때 무엇을 잘라야하는지 하는 것을 보아야 할 것이다. 후두부의 구획의 시술하고 나면 사직지대 부분을 사진에서처럼 빗으로 모발의 끝부분을 정리하여주는데 천정부에서 흘러오는 모양새에서 튀어나온 안테나부분을 시술하여 정리한다.

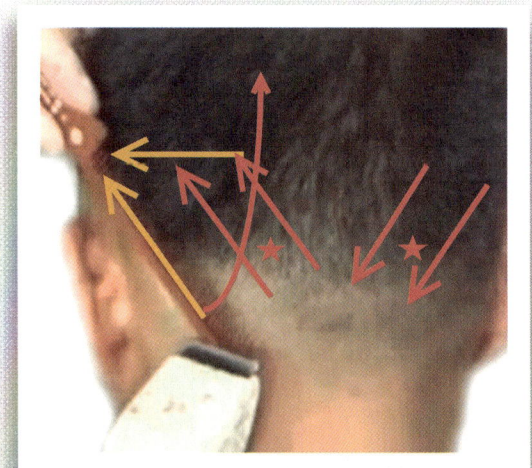

후두부위 영역을 시술하고 나면 좌측 귀 뒤 부분으로 시술방향이 오게 되는데 사진처럼 좌측 귀 뒤 부분은 사선으로 빗이 모발사이로 들어가게 되는데 우측 귀 뒤 부분의 시술과 같지만 빗을 잡고 있는 손의 위치만 바뀔 뿐이다. 이곳에서도 우측 시술과 마찬가지로 서선으로 준비된 빗의 시술시 수평적인 기조로 시술하여준다.

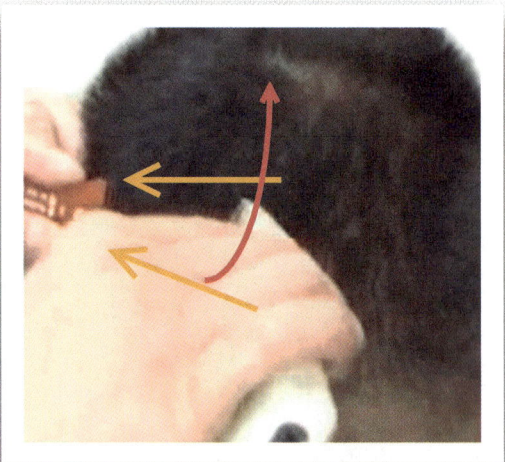

클리퍼 시술을 하여줄 시에는 사선적인 기고에서 수평적인 기조로 시술을 하여준다. 옆 사진의 사선의 선대로 시술이 되어 가면 (*)표 부분의 빨강색 화살표처럼 후두부의 형태가 양동이 형태가 되지 않고 화살촉처럼 모이는 영향을 주기 때문에 사선으로 계속 시술이 되어서는 않되고 수평적인 기조로 시술이 되어야 안정감을 만들 수 있다.

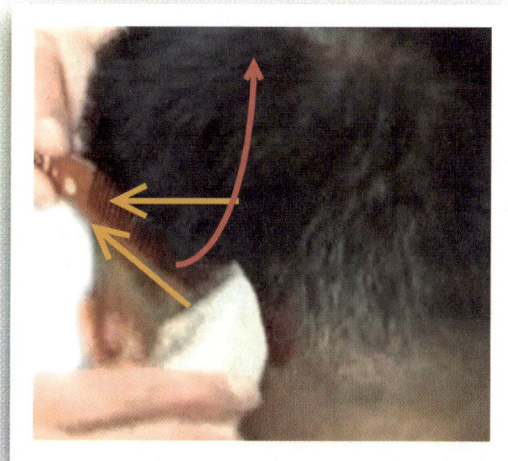 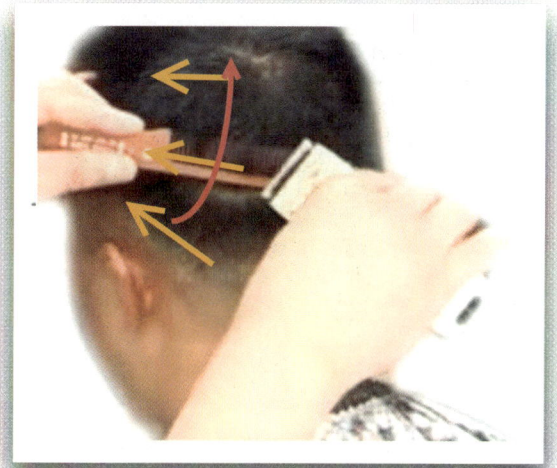

클리퍼 시술을 하여줄 때에 후두부 쪽에서 빗발에 올라오는 모발을 절삭이 되어있는 모발이고 귀 뒤 부분에서 빗발에 골려 올라오는 모발을 않잘린 모발이다. 이때 같이 모발을 절삭을 하면 잘린 모발은 절삭이 되지 않고 않잘린 모발은 절삭이 되기 때문에 모발의 길이가 같은 길이의 모발 길이가 된다는 것이다.

좌측 귀 뒤의 시술은 시술라인에 빗이 사선으로 시술을 시작해서 수평적인 기조로 빗의 자세를 만들면서 가마 밑 부분까지 시술을 하여올라간다. 클리퍼의 날을 빗면에 붙여주고 잘린 모발과 않잘린 모발을 같이 절삭하여주면서 시술하여주는 빗의 정확한 자세에 맞추어져서 모발들을 시술하여야 모발의 흐름이 자연스러워진다.

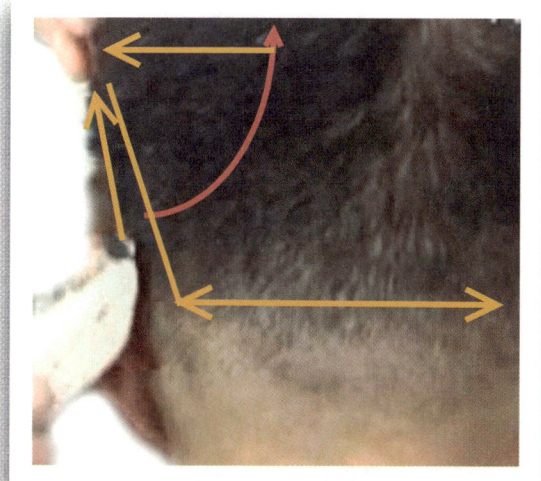 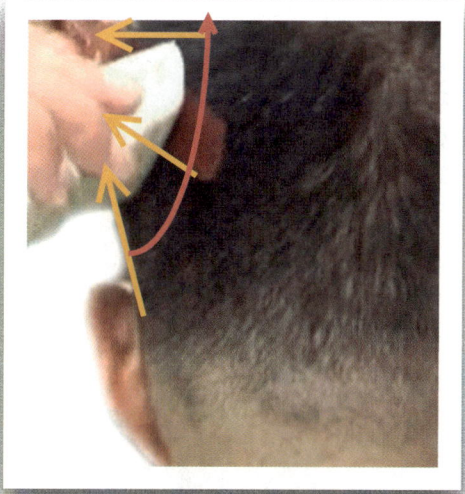

빗을 좌측 귀 뒤 부분에 시술라인에 붙여주고 빗발을 세워 모발을 절삭을 하는데 가마부분 밑에까지 차분히 시술을 하여올라가면서 곡선적인 기조로 시술을 하여준다. 클리퍼의 시술은 까딱하면 파먹는 경향이 수시로 만들어 질수 있으니 극도의 조심함으로 시술을 하여주어야 할 것이다. 그렇게 시술을 하면서 시술이 된 곳이 두상라인에 따라서 형태를 만들어준다.

이렇게 귀 뒤 부분이나 후두부의 부분이나 사선적인 기조로 시술라인에 빗이 붙어 시술을 할 때에는 빗을 먼저 수평적인 기조로 먼저 만들어놓고 시술을 하는 방법이 하나고 시술을 하여주면서 빗을 수평으로 만들어주는 방법이 또 한 반가지 방법 해서 두 가지의 방법이 있는데 어느 방법을 선택해서 시술을 하여도 무방하다.

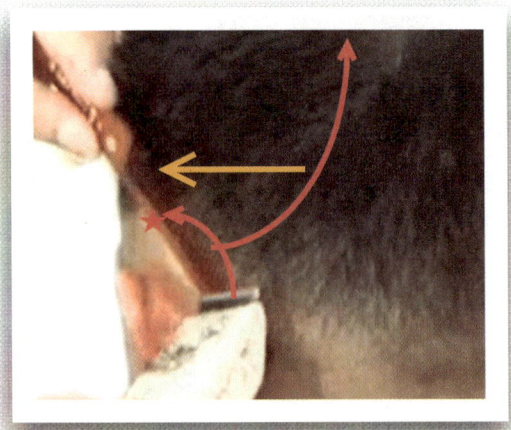

귀 뒤의 부분을 시술라인에서 시술을 시작할 때에는 빨강색 화살표처럼 귀 뒤에서 귀 위로 돌아오는 부분을 곡선적인 기조로 귀 위의 형태처럼 시술을 하여주어 베이스라인의 모양을 먼저 시술을 하여주는데 (*)표 부분의 살이 보이는 곳 까지만 시술을 하여주고 나서 빗을 수평적인 기조에 맞추어 가마부분까지 클리퍼 시술하여준다.

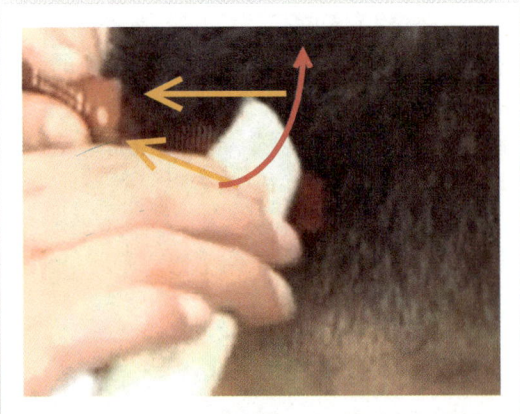

그런 후 잘린 모발 위의 모발들을 연속해서 시술하여 가는데 끊어서 시술을 하여도 상관없지만 될 수 있으면 시술을 하여 줄때에는 연결성이 좋아야하니 연결해서 위의 모발을 절삭을 하려고 노력하여야 할 것이다.

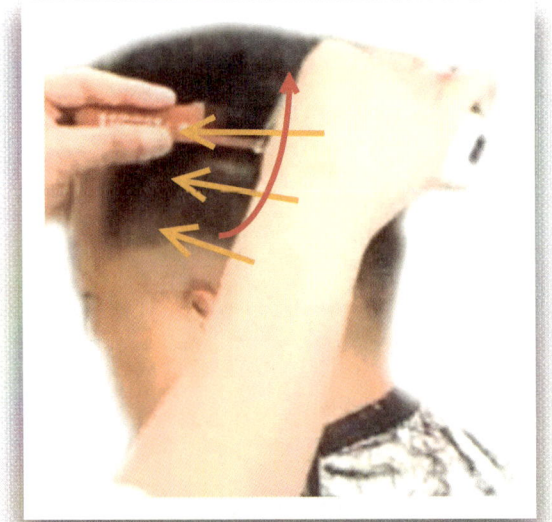

그런 후 시술을 하면서 모발의 연결성을 가지고 시술이 되어주어야 모발의 흐름이 자연스럽게 만들어지며 형태 또한 편안하게 흘러내리는 모양을 연출 할 수 있다. 모발을 자른다는 것은 결코 쉬운 작업이 아니라는 것이다. 숙달된 기술만이 하나의 작품을 만들어내고 한명의 이미지를 만들어 주는 일이 결코 쉬울까? 어려고 힘들 일이다. 하니 않된다고 투덜거리지 말고 연습을 배가시켜 노력하길 바란다.

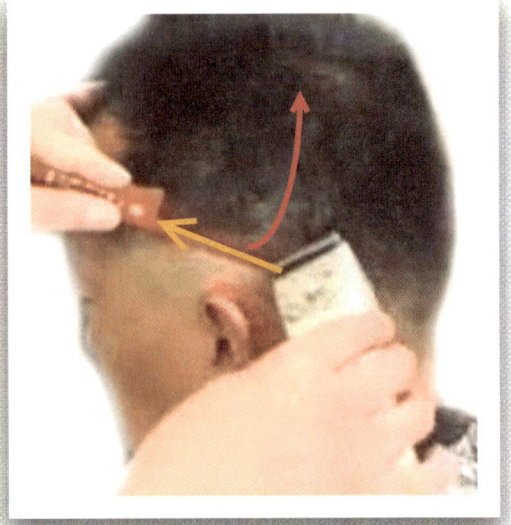

빗으로 모발을 잡아내어 잘린 모발과 않잘린 모발을 연결해서 절삭을 하면서 빗을 가마부분까지 진행하면서 시술을 한다는 것은 앞서도 쉽지 않은 작업이라고 하였다. 모발의 연결성을 보고 전체 형태를 조경을 하고 시술을 연결해서 한다는 것!! 하지만 연습만이 여러분들을 바꾸어 놓을 것이다. 내 모발이라는 마인드를 마음속에 넣어놓길 바란다. 그러면 최소한 망하는 시술은 하지 않을 것이다.

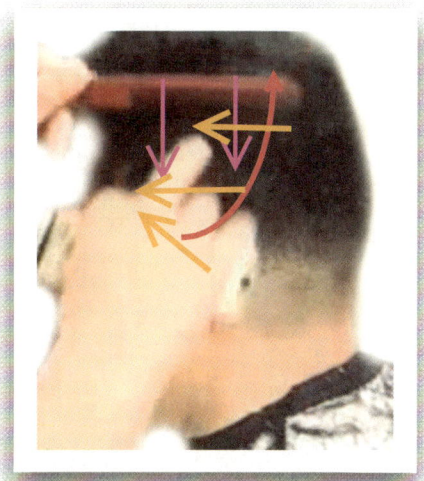

여담으로 노란색 화살표처럼 모발을 빗과 클리퍼로 시술을 하여 올라갔을 때에는 자주색 화살표처럼 꼭 빗으로 모발들을 빗어 내려 시술의 확인을 하여주어야한다. 빗으로 모발을 시술하여 올라가면 모발들은 엉크러져 있어서 시술후의 확인이 불가능하니 모발을 빗으로 빗어 내려주어 시술의 이상 유무를 확인하여 주도록 한다.

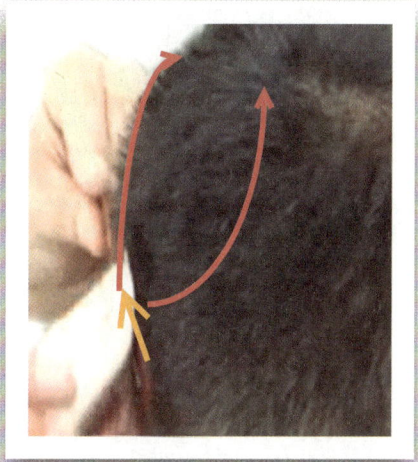

시술라인에서 사각지대 부분의 측면부 라인의 시술은 쉬운듯하지만 아주 까다로운 작업에 속한다. 긴 모발을 짧은 모발의 형태로 만드는 작업은 쉬우나 짧은 모발을 다듬는 일은 더 어려운법이기 때문에 신경을 써서 조심히 시술하여 전체의 조경을 단정하게 시술하여준다.

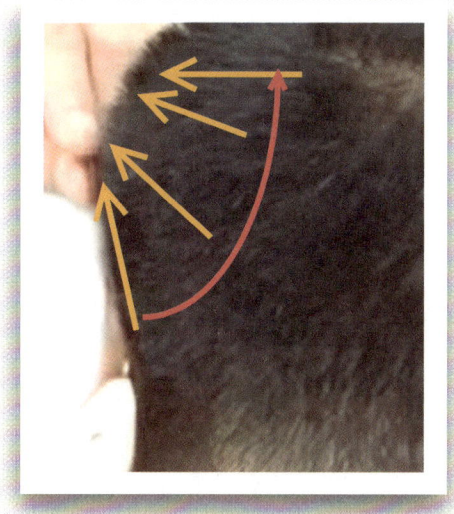

빗이 사선에서 시술을 할 때에는 빗을 수평적인 기조로 만들어야 한다고 앞서도 서술하였다. 이때에 시술을 하고 있는 클리퍼의 날도 빗면에 맞추어 수평으로 만들어주면서 모발을 절삭하여주어야 올바른 시술 방법이라 하겠다.

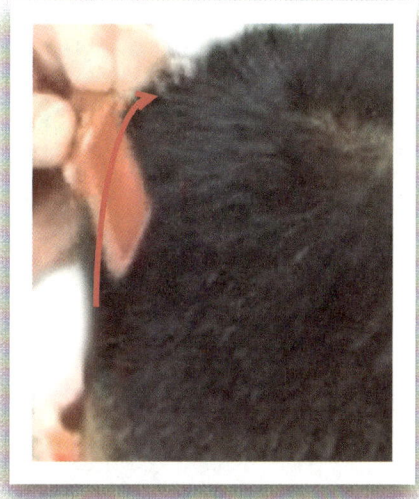

클리퍼 시술을 하다보면 시술라인에서 시술을 하여 올라가다보면 사각지대부분에서 빗의 처리가 자연스럽지 못한 경우가 많다. 사진에서처럼 빗이 밑 부분에서 시술을 하여올라오다가 사각지대 부분에서 연속해서 화살표방향으로 시술을 진행을 하여야하는데 그러지 못하고 끊어져서 시술을 하는 경우가 있어서 자연스럽게 만들어지지 못하는 경우가 있다.

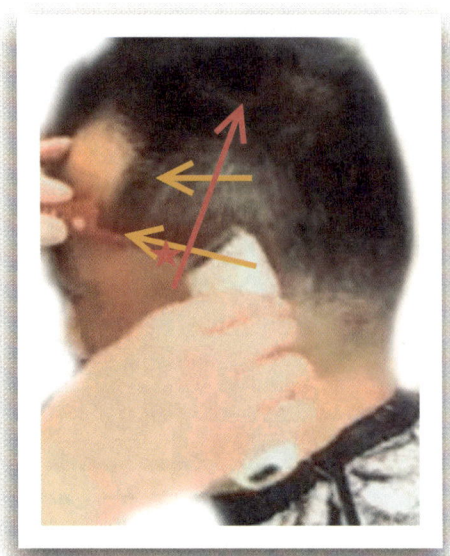

귀 뒤의 부분의 시술이 마무리되면 귀 위의 부분으로 시술을 연결해서 하여주는데 사진에서 보면 미리 귀를 오른손 중지로 내려주면서 클리퍼의 날을 귀 위에 올려주고 빗을 시술라인에 붙여 빗발을 세워 모발을 정각도로 세워준 후 클리퍼의 날을 빗면에 붙여준 후 모발을 절삭하면서 시술하여준다. 이때에 좌측면 앞까지 시술을 하면 않되고 (*)표의 살이 보이는 부분까지만 시술을 하여준다.

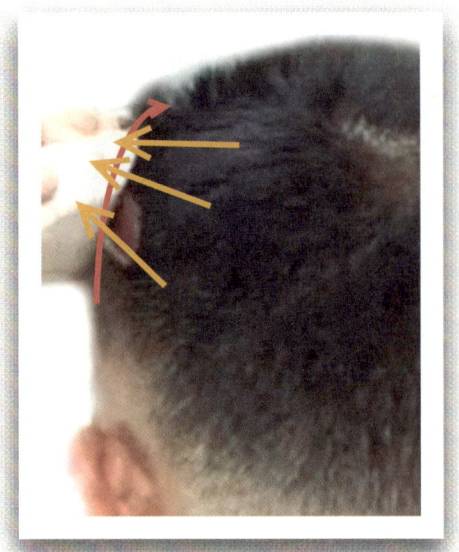

귀 위의 부분 역시 사진에서처럼 빗의 진행방향은 두상라인에 따라 포물선의 형태로 클리퍼 시술을 하여주고 시술이 된 면의 모양과 두상의 형태에 따라 클리퍼 시술을 하여주어 자연스러움을 만들어준다.

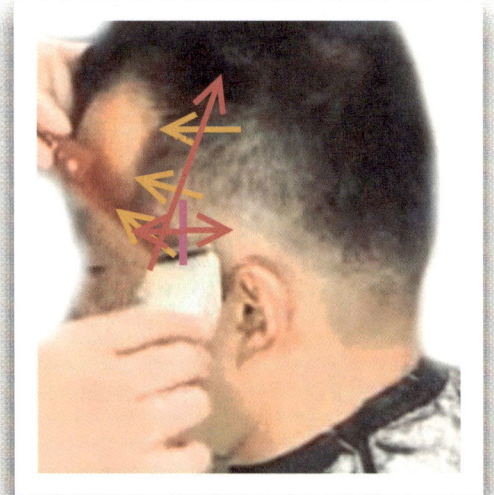

귀 앞부분의 시술이 마무리가 되면 연결해서 좌측면부 앞머리의 시술을 연결해서 하는데 사진에서처럼 빗을 좌측면부 앞머리 시술라인에 사선으로 붙여주고 빨강색 화살표 따라 잘린 모발과 않잘린 모발을 같이 절삭하여 사각지대부분까지 시술하며 올라간다. 클리퍼 시술을 하면서 사각지대까지 올라갈 때에는 모발의 흐름을 보고 시술하여준다.

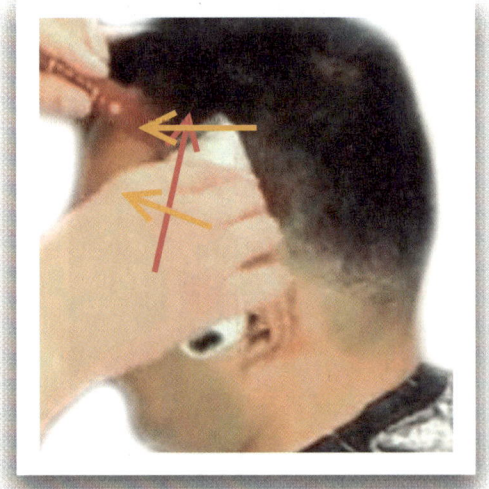

클리퍼 시술을 하여 사각지대 부분까지 올라갈 때에는 잘린 모발 위의 모발을 연결해서 절삭하려고 하여야한다. 클리퍼시술을 하는데 밑 모발 위에 잘려야 모발의 간격이 많이 나면 모발과 모발 사이에 층이 나서 수습에 어려움이 생길 수 있으니 시술을 할 때에는 차분히 모발을 절삭을 하면서 하려고 노력을 하길 바란다.

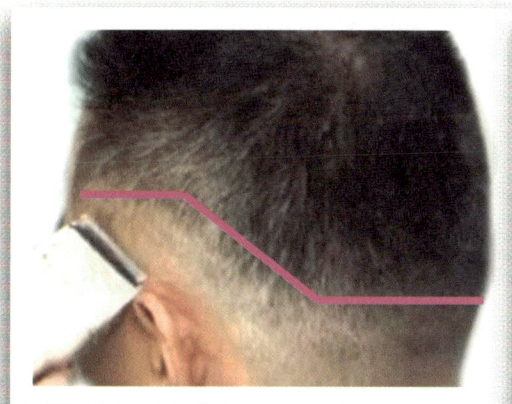

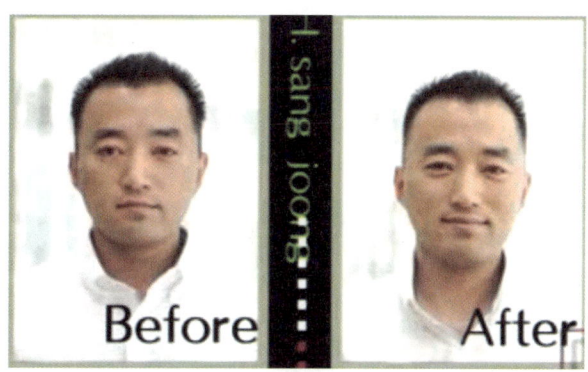

이렇게 모든 시술을 하고나면 뒷모습의 형태는 자연스러운 양동이 형태의 모양이 만들어져 안정감이 있게 시술하여야한다.

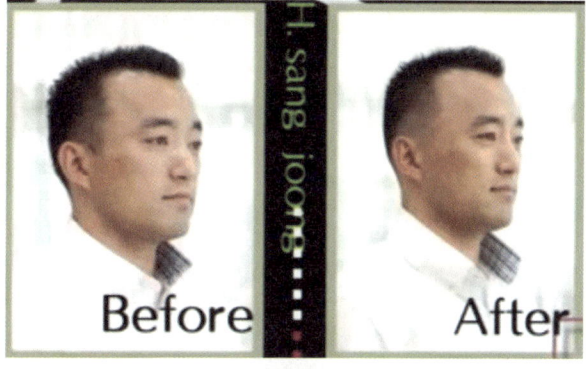

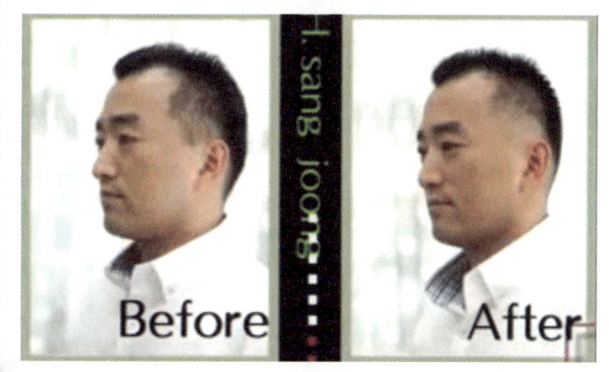

SHORT CUT

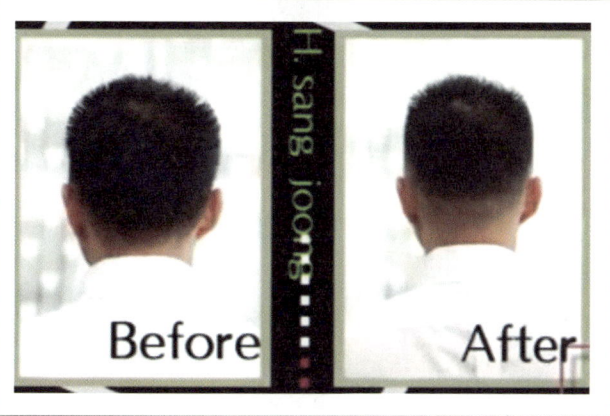

스포츠 커트

* 이번 장은 스포츠 커트의 시술 방법과 테크닉을 배워본다.

3. 스포츠 커트

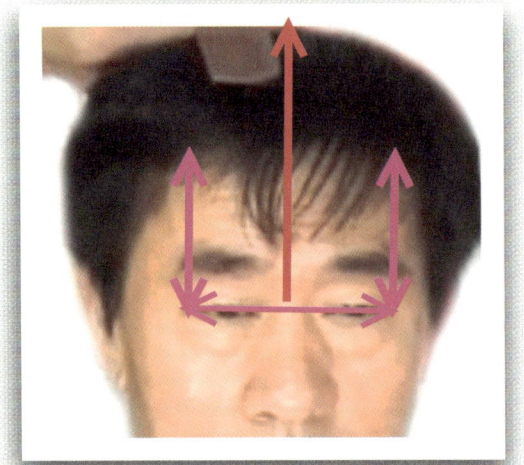

스포츠커트에서는 일반 숏 커트와는 다른 부분이 하나있다. 그건 바로 천정부의 형태가 수평적인 기조로 시술이 되어야 한다는 것인데 왼쪽 눈꼬리 끝에서 오른쪽 눈꼬리 끝까지의 곳을 자주색 화살표처럼 수직으로 올리면 사각지대 부분인데 이 부분이 천정부와 측면부로 그 구획이 갈리는 곳이라고 앞서도 서술하였다. 이곳의 형태는 수평적인 기조로 시술이 되어야한다. 사진에서처럼 중앙부분의 화살표는 가마를 향해서 빗을 수평으로 모발을 잡아 시술한다.

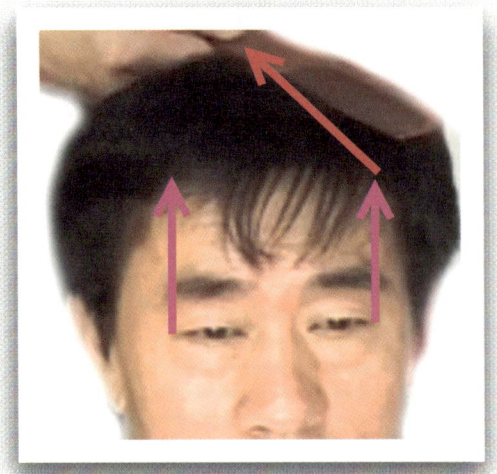

좌측 눈 위부분의 시술의 방법은 화살표 방향으로 빗으로 모발을 잡아내면서 빗을 수평으로 맞추어주고 빗발에 중앙부위의 잘린 모발과 눈 위부분의 않잘린 모발을 같이 잡아 올려 수평적인 기조가 되어 가마부분까지 빗과 클리퍼로 모발을 절삭을 하면서 진행하여 중앙부분과 좌측 눈 위 부분의 형태가 수평이 만들어지도록 시술하여야 한다.

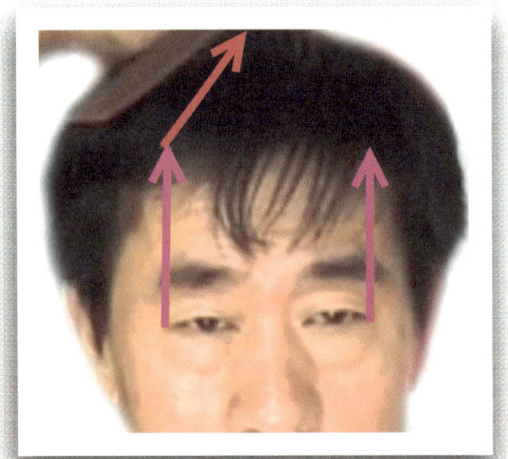

천정부를 클리퍼 시술하여 수평적인 기조로 할 때에는 코 위부분인 중앙의 부분을 기장커트와 같은 방법으로 시술을 먼저 하여 기준을 잡아야한다. 이후 오른쪽 눈 위부분이나 왼쪽 눈 위 부분 어느 쪽을 먼저 시술을 하여도 상관은 없겠다. 하지만 양 눈 위 부분을 할 때에는 중앙 부분의 잘린 모발 길이에 맞추어 시술을 하여야 하는데 이때 빗은 수평적인 기조가 되게끔 시술토록 한다.

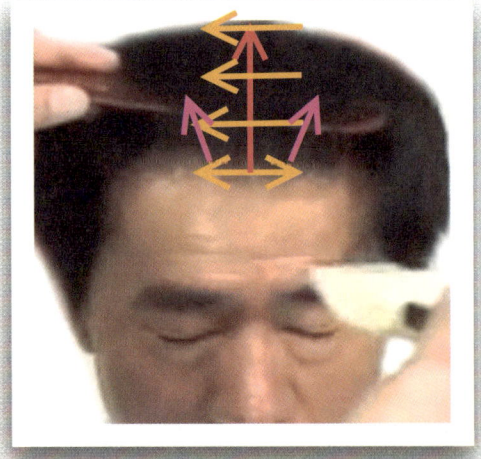

천정부 중앙부분의 시술을 시작할 때에는 빗발을 노란색 화살표 앞머리 뿌리에 넣어주면서 빗등을 자주색 화살표처럼 세워주는데 시술을 할 양 만큼만 빗등을 세워주고 클리퍼의 날을 빗등에 붙여 가마까지 일률적으로인 자세가 되도록 하여 시술하여준다. 스포츠커트에서는 기장커트를 하지를 않지만 클리퍼의 시술로 기장커트 방식으로 시술이 된다. 단 (*)표인 가마를 향하여 시술을 하는 것이 다를 뿐이다.

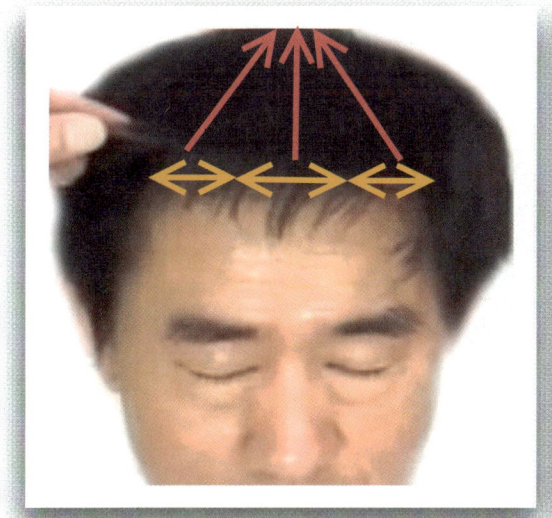

빗을 천정부 중앙부분에 자리를 잡아놓고 빗발을 앞머리 뿌리부분에 들어가면서 빗발은 두피에 붙여놓은 상태에서 빗등을 세워준다. 이때 절삭을 할 양이 얼마큼인지는 손님의 의중을 알고 나서 손님의 원하는 양으로 빗등을 세워주어 모발을 절삭하며 가마까지 시술하여준다. 사진에서 보면 시술을 하면서 모발의 흐름이 우측으로 흐르면 빗으로 모발을 왼쪽으로 밀어주면서 모발을 정각도에 맞추어 놓고 시술한다.

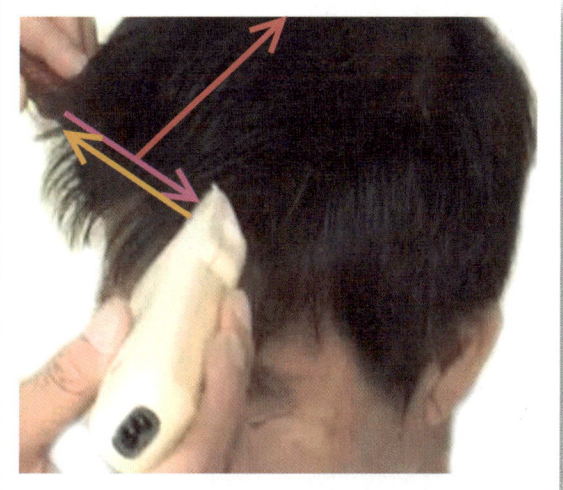

모발의 흐름을 인지를 하고 있어야 모발을 절삭을 할 때에 정확한 커트를 할 수 있는데 모발을 정각도에 세우는 것은 당연히 시술을 하면서 필요한부분의 작업이겠다. 기본 커트의 기장커트 방법은 앞머리에서 가마 전까지의 모발이 일률적으로 같은 길이의 모발길이지만 스포츠커트에서는 앞머리에 비해 가마부분의 모발이 1cm 정도 짧은 형태를 가져야한다. 스포츠커트의 형태는 정확한 사각형의 기조로 커트가 돼야한다.

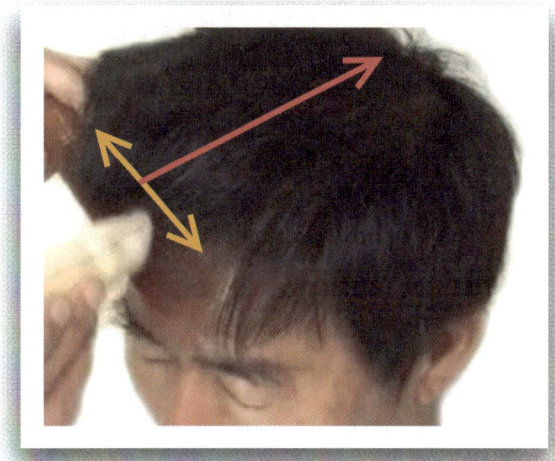

앞서도 서술을 하였지만 모발이 우측으로 흘러가는 모발을 사진처럼 빗으로 모발을 정각도로 밀어주면 중앙부위의 모발들의 흐름은 가마에서부터 앞머리까지 자연스럽게 흘러나오는 모양이 된다. 이렇게 모발을 시술자의 입장에서 빗으로 밀어서 모발의 흐름을 연결시켜놓으면서 가마까지 클리퍼와 빗으로 시술하여준다.

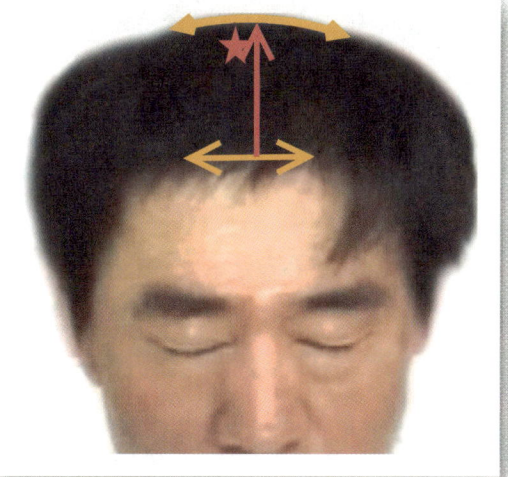

앞서 서술한 방법으로 모발을 정각도로 잡아주고 클리퍼와 빗으로 시술을 하고나면 사진에서처럼 천정부 중앙부분의 (*)표 부분의 모발들이 자연스러운 포물선의 형태로 시술이 되어 진다. 중앙의 부분의 형태가 그려지는 이유는 두상의 모양이 약간의 포물선으로 되어있기에 두상형태의 모양으로 시술이 되는 것이다.

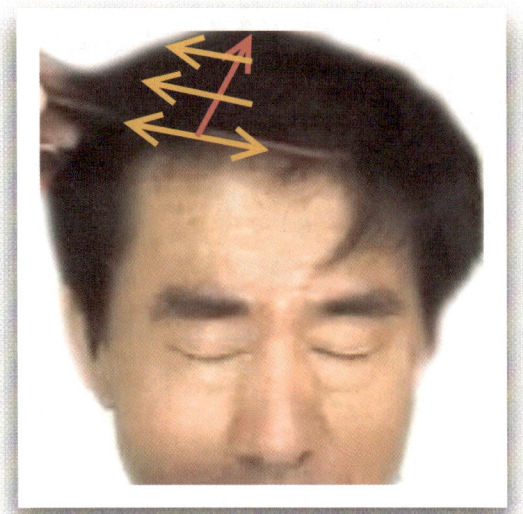

천정부의 중앙부분의 시술을 하고나면 오른쪽 눈 위 부분의 시술을 연결해서 시술하여주는데 중앙부분의 자세와 같이 빗발을 앞머리 뿌리부분에 넣어주면서 빗등을 사진에서처럼 20"정도 세워서 모발을 중앙부분의 잘린 모발 길이에 맞추어 시술하여야 하며 빗을 20"정도 세워서 시술 하는 경우는 사각지대 부분의 모발들이 두상 각에 의해서 내려왔기 때문에 확실한 커트를 위해서이다.

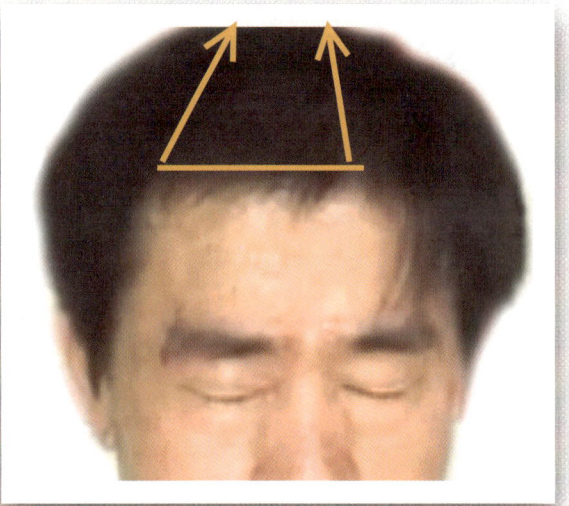

천정부의 모든 시술을 마무리하지 않더라도 한번 시술을 하게 되면 빗으로 모발들을 한번 빗어 내려주어 모발의 흐름을 보고 재 시술을 할 것인지? 아니면 다음 시술로 넘어갈 건지를 확인을 꼭 하고 나서 다음의 유. 무를 판단해야 할 것이다. 빗으로 모발을 빗어 내렸을 때 단정하지 않고 거친 모양이 보인다면 같은 방법으로 다시 한 번 시술하여 모발의 흐름이 단정해지도록 시술하여준다.

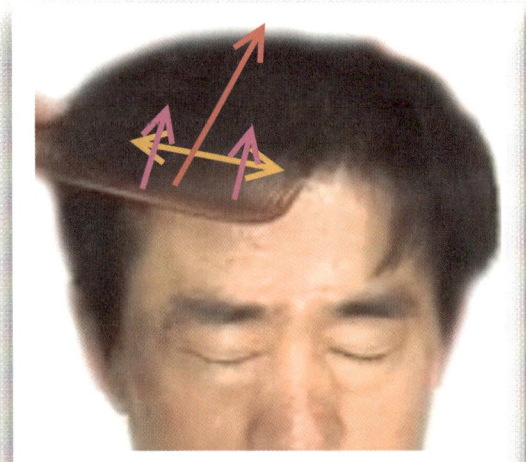

재 시술을 해야 한다고 판단해서 재 시술을 할 때에도 사진처럼 빗발이 모발 뿌리부분에 들어가면서 자주색 화살표 방향처럼 빗등으로 모발을 세우면서 빗들의 라인을 중앙부분의 잘린 모발길이에 맞추어주고 중앙부분의 자리에서 오른쪽 눈 위 부분의 모발을 같이 절삭을 하여준다. 중앙부분의 모발길이가 전체 형태를 조경하는데 구심적인 역할을 하고 있으니 이 부분의 모발들을 단정히 시술하여 기준을 잡아준다.

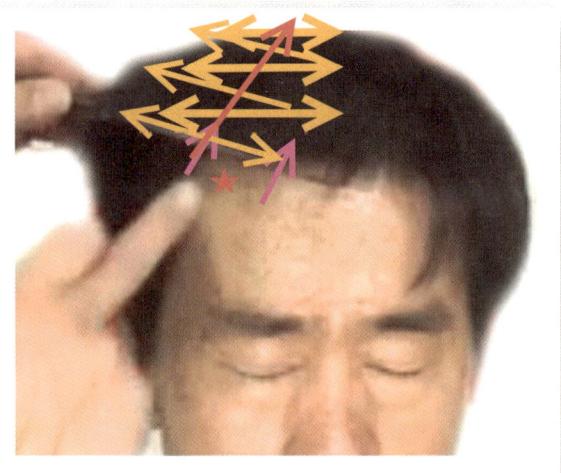

빗발을 우측 눈 위 부분에 집어넣으면서 빗등을 세워주는데 이때 이마 가장자리부분의 (*)표 부분의 꺾인 부분인 사각지대부분까지 이곳까지 빗으로 모발을 들어 올려 클리퍼를 빗등에 대고 모발을 절삭을 하면서 가마까지 밀면서 시술하여준다. 앞서도 서술하였듯이 천정부의 구획은 (*)표의 부분인 우측 이마끝부분에서 좌측 이마끝부분까지가 천정부의 구획이니 시술을 할 때 정확한 위치의 구획만 시술을 하여주어야한다.

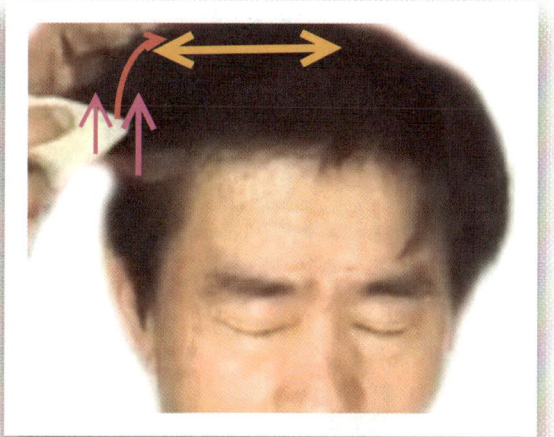 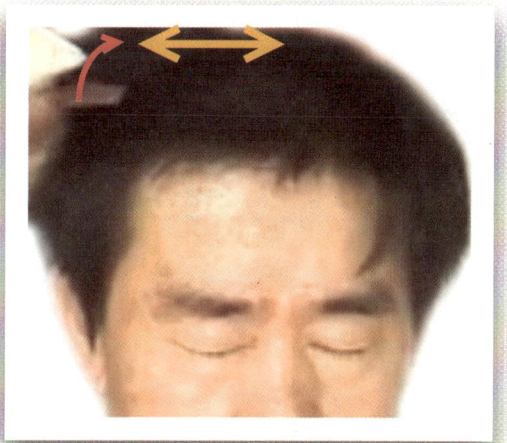

우측 눈 위부분의 시술을 하고나면 좌측으로 돌아가서 눈 위 부분으로 가서 시술을 하여도 무방하다. 하지만 영상에서는 우측 눈 위의 시술을 하고 바로 우측면부의 시술을 하니 그대로 설명을 하도록 하겠다.(동영상 참조) 우측면을 할 때에는 베이스라인에서 시술을 시작하지 말고 사진에서처럼 사각지대부분을 먼저 각을 만들어주고 나서 후두부의 가마부분을 절삭하고 그리고 나서 좌측으로 돌아가 좌측 눈 위 부분을 시술하고 좌측의 사각지대부분의 각을 만들고 나서 베이스라인을 시술한다.

옆의 사진을 보면 빗발이 사각지대부분 밑으로 들어가서 자주색 화살표처럼 빗등으로 모발을 밀어 세워주고 빨강색 화살표를 따라 클리퍼 시술을 하여 사각지대부분의 각의 형태를 만들어준다. 천정부의 노란색 화살표에 맞게 빗으로 모발을 밀어 천정부의 길이에 맞추어 모발을 절삭하여 주는데 사진에서 빨강색 화살표처럼 사각지대부분의 모양이 만들어져야 바른 커트라 할 수 있다.

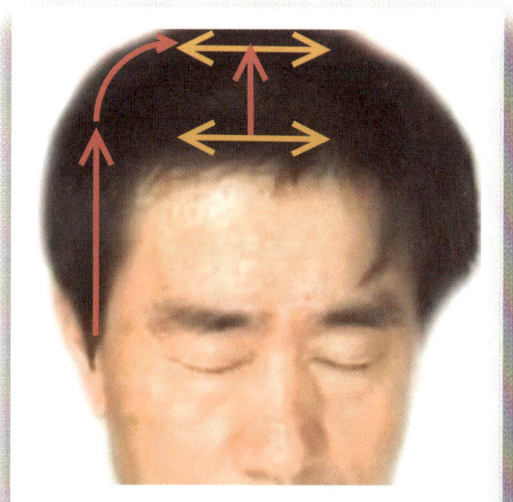 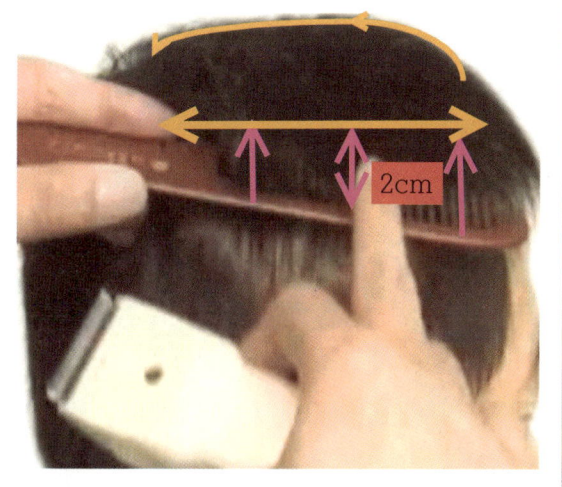

이렇게 천정부는 수평적인 기조에 맞추어 모발을 절삭하여주고 사각지대 부분은 빨강색 화살표처럼 각의 형태가 만들어지고 베이스라인의 시술을 뒤에 또 서술하겠지만 밑머리에서 빨강색 수직선처럼 일자로 시술되어 올라와서 측면의 형태를 일명 깍두기 형태인 사각형의 형태를 만들어주어야 한다. 시술을 단순하고 쉬운 작업이지만 면을 깨끗이 시술을 하여주어야한다.

우측면의 사각지대를 시술을 할 때에는 사진에서처럼 빗이 사각지대부분에서 2cm정도 내려서 빗발을 모발사이에 넣어주고 자주색 화살표처럼 빗을 들어 올려 모발들을 노란색 화살표인 사각지대 부분까지 세워준다. 그런 후 천정부 중앙부분 길이에 빗등을 맞추어 모발을 천정부 중앙부위의 길이에 맞추어 절삭하며 시술하여준다. 이 부분이 시술에서 중요한 부분을 차지하고 있으니 신경 써서 시술을 하여 모발의 흐름을 자연스럽게 하여준다.

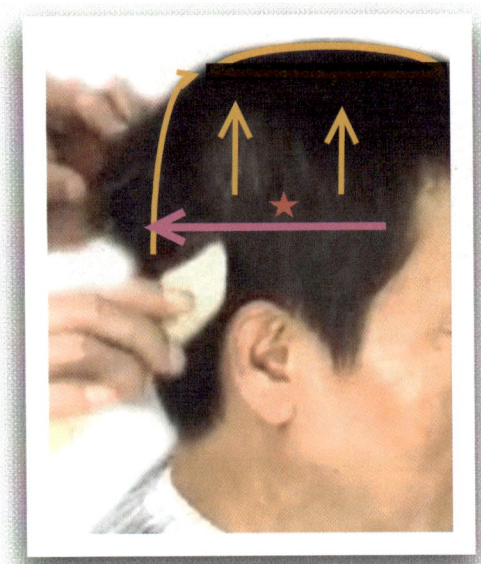

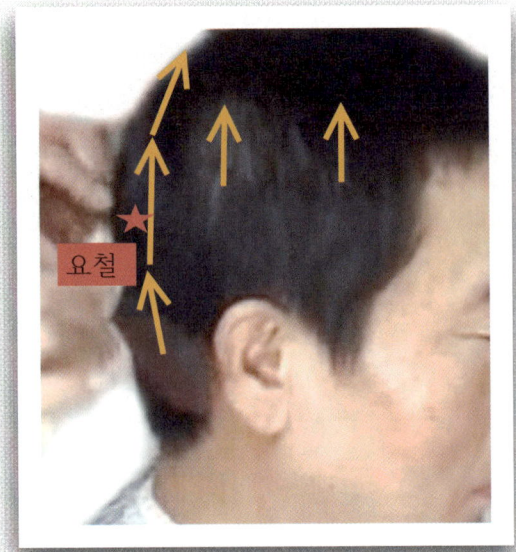

이렇게 우측면부의 사각지대부분의 시술을 하고 나면 후두부의 구획으로 시술 장소로 넘어가는데 스포츠커트에서는 천정부의 시술을 수평적인 기조로 시술을 하였다면 측면부의 시술은 밑머리 베이스라인에서 시작을 해도 되지만 사각지대부분을 먼저 시술을 하면 베이스라인의 시술은 쉬워진다.

우측면부의 사각지대 시술을 할 때 앞 사진의 자주색 화살표인 측면부 중앙부분의 위치에서 사각지대의 시술을 하여주면서 후두부의 상 부분을 시술을 하는데 이때 주의할 점은 후두부의 중앙부분은 요철을 가지고 있어서 시술을 조심스럽게 하여야한다. 급격하게 시술을 하게 되면 요철부분이 하얗게 나오는 경우가 있으니 조심해서 화살표의 방향으로 클리퍼 시술하여 준다.

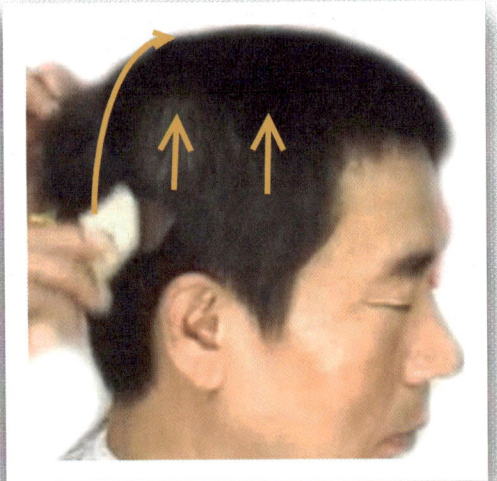

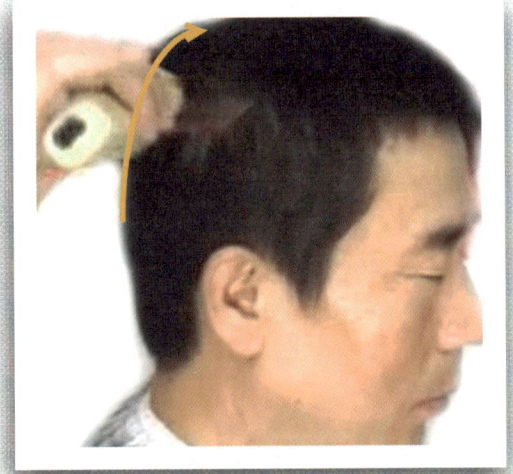

클리퍼 시술을 할 때에는 위에서 시술을 하여 내려오는 것이 아니고 밑에서 시술을 하면서 모발을 자연스럽게 빗 발안에 잡아주면서 시술을 하여올라가야 모발이 안정적으로 절삭이 된다. 그리고 성급하게 시술을 하기 보다는 하나의 작업을 마무리하고 다음 시술 작업으로 연결해서 시술을 하여주도록 노력하길 바란다. 모발은 각자의 객체의 성질을 가지고 있기 때문에 시술에 만전을 기할수록 좋다.

사진처럼 클리퍼의 시술을 후두부에 할 때에는 후두부 중앙부분인 요철부분에서 시술을 시작하면서 가까까지 시술을 하여올라가는데 빗발에 걸려나온 모발을 잘린 모발과 않잘린 모발을 클리퍼로 절삭을 하여주는데 먼저 잘린 오른쪽 모발 길이에 맞추어 절삭을 하여주어야 같은 모발길이가 되어 연결성이 잘 보이게 된다. 시술을 할 때에는 모발의 연결성을 빨리 볼 수 있어야 시술이 편해진다.

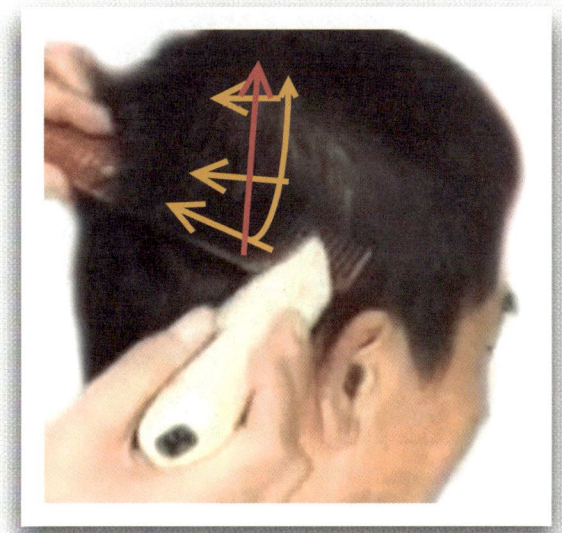
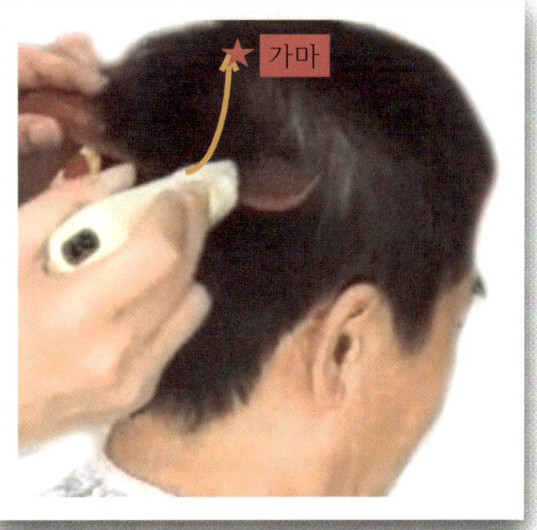

클리퍼 시술을 할 때에는 빗이 사선으로 시술라인에 붙여 시술을 하면 빗을 수평적인 기조로 만들어주어 시술을 하여야한다. 사진에서 보면 클리퍼 잡는 자세가 역행을 이루고 있는데 후두부 가마부분의 시술을 할 때에는 바른 자세로 시술을 하면 팔이 무리하게 올라가기 때문에 가마부분을 시술을 할 때에만 클리퍼를 역행 자세로 잡아서 시술을 하여도 무방하다. 클리퍼를 시술하든지 아니면 가위를 시술하든지간에 올바른 자세를 유지한다.

후두부 중앙부분인 요철부분에서 클리퍼의 시술을 시작하여 가마까지 시술을 연속적으로 하여주는데 클리퍼 시술을 하여올라가면서 모발의 흐름을 보고 시술을 하여야 하다. 모발이 흘러가는지 아니면 쏠려오는지를 보아주고 빗으로 모발을 밀어서 시술을 할 것인지 아니면 모발을 빗으로 당기면서 시술을 할 것인지 정확한 시술자의 판단을 하고 시술을 하여야 모발의 흐름을 안정적으로 하여주어야 모발을 이롭게 시술이 된다.

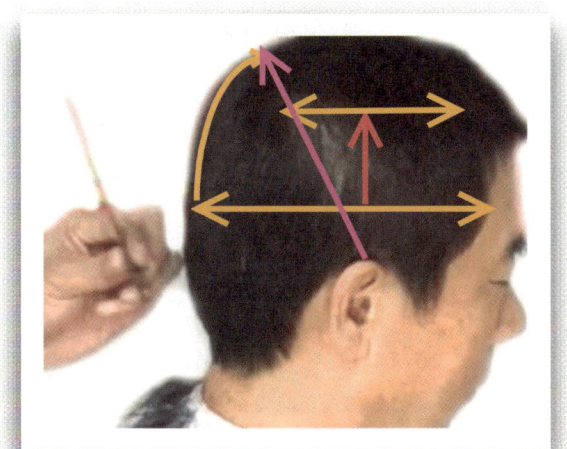
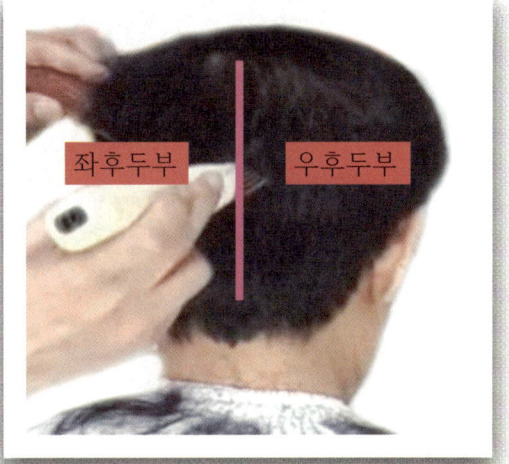

천정부의 형태와 우측면부의 시술을 하고나면 사진에서처럼 모발이 흐름과 전체 형태의 모양이 나오게 된다. 자주색 화살표는 측면부와 후두부의 경계를 나타내는데 후두부의 구획이 제일 크지만 전체가 수평적인 기조로 잘리게 되니 그리 어려운 곳은 아니고 시술이 편한 곳이다. 시술이 어려운 곳은 귀부분이겠는데 귀는 요철적인 돌출된 귀가 있는 곳이므로 조심하여 시술을 하여야한다.

후두부의 경계도 좌 후두부 우후두부로 나뉘게 되는데 앞서도 서술하였지만 시술이 대부분 쉬운 곳이라고 하였다. 오른손잡이는 우측면에서 시술을 시작하여야한다고 앞서도 서술하였지만 시술을 할 때에는 시술 순서를 시술자가 정해야한다. 순번을 정해서 시술을 하여야 시술 시간을 단축시킬 수가 있고 시술시 잘못된 시술을 보기가 쉽다.

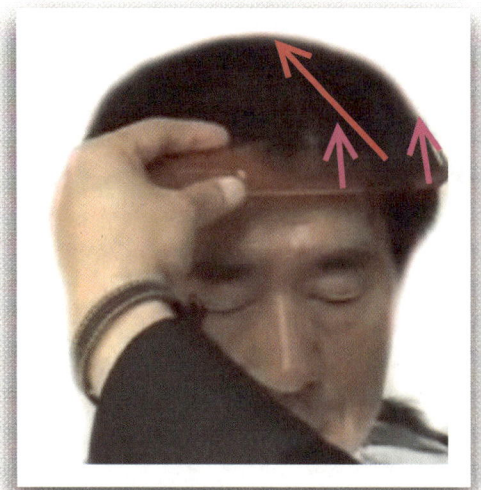

물론 천정부의 구획을 전체 시술을 하고나서 측면부로 시술을 연결해서가는 경우도 있지만 시술을 할 줄 알게 되면 어떻게 시술을 하여도 무방하다. 후두부까지 어느 정도 시술을 하고나면 다시 앞머리로 돌아와서 좌측 눈 위 부분의 천정부 시술을 연결해서 하여주는데 사진에서처럼 빗발을 앞머리 모발뿌리에 넣어주면서 빗등을 세워 앞머리의 모발을 천정부의 절삭된 시술라인에 빗등을 맞추어준다.

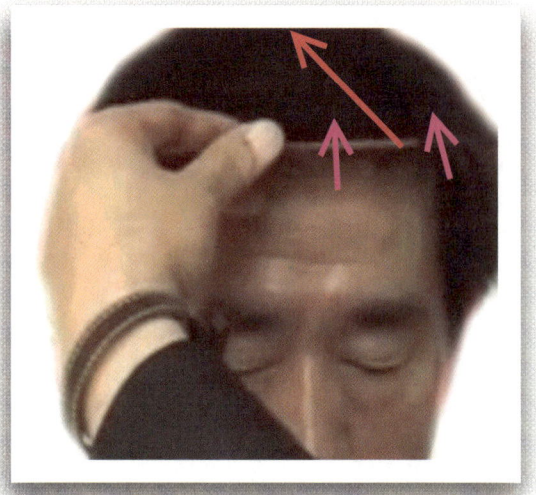

빗등에 나온 모발을 절삭하기 위해서 빗등을 절삭된 모발길이에 맞추어주고 클리퍼의 날로 시술을 하여주면서 빗의 진행방향을 가마까지 시술하여간다. 물론 한번에 시술을 하여야 조경이 만들어지면 다행이겠으나 시술은 한번에 이루어지는 경우가 별로 없다. 시술을 하여줄 때에는 우측 눈 위 부분을 시술할 때처럼 빗을 수평적인 요소로 만들어주면서 클리퍼 시술을 하여 천정부의 형태를 수평적인 기조로 시술하여준다.

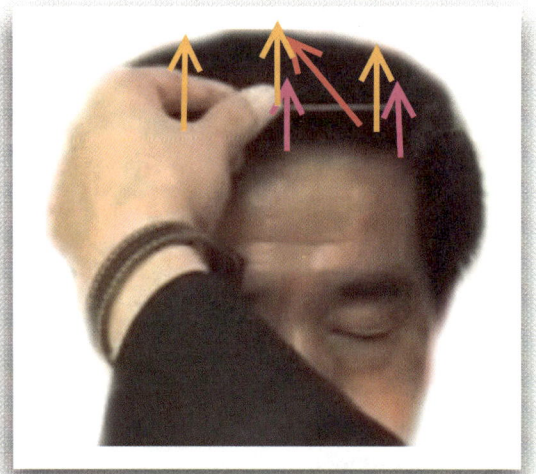

스포츠커트에서 천정부는 기장커트와 요소는 같지만 시술의 진행 방향이 다르다는 것을 알 것이다. 사진에서 노란색 화살표방향으로 기장커트 방식이지만 스포츠커트의 방법은 가마부분으로 빗이 진행해야한다. 이유는 앞에서 보았을 때 측면부와 천정부의 모양이 사각형의 형태를 띄고 있어야 스포츠커트의 모양이 만들어지는 것이다.

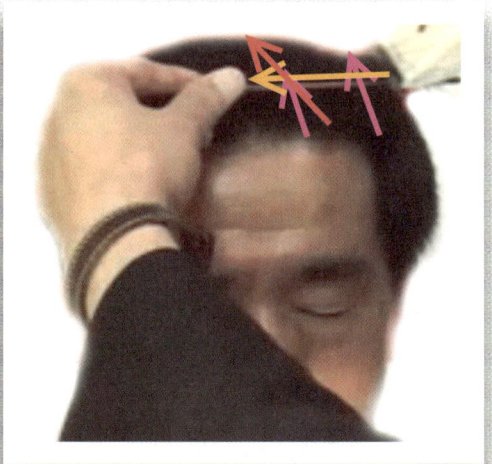

천정부 좌측 눈 위 부분을 시술을 할 때에는 빗을 수평적인 기조로 유지하여 좌측 사각지대부분의 모발까지 같이 빗발로 잡아 올려 시술하여준다. 앞서도 서술하였듯이 시술을 한번에 되는 것이 아니기 때문에 여러 번에 나누어 시술을 하여 천정부의 형태를 고르게 만들어준다.

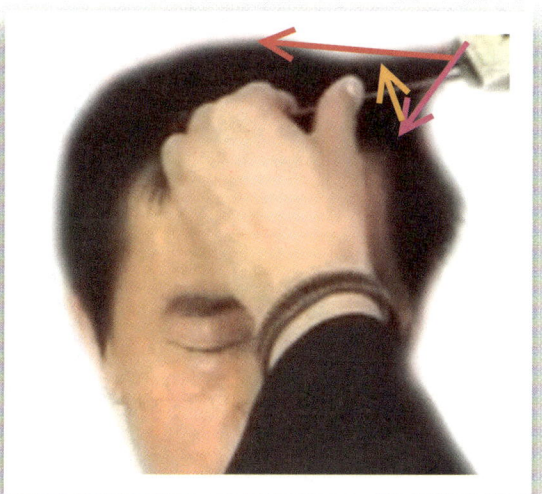 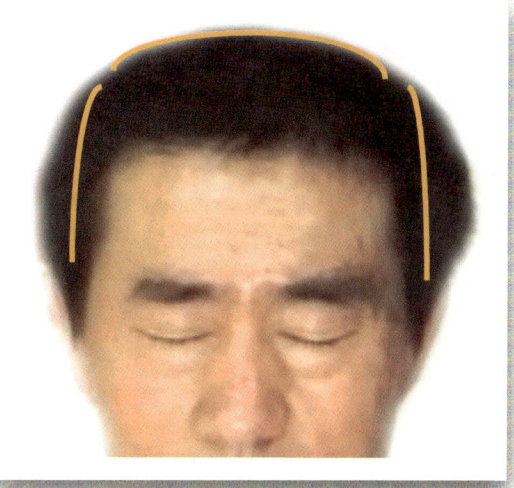

사진에서 보면 자주색 화살표의 방향이 사각지대부분의 2cm정도 밑에 빗발을 모발사이로 집어넣어주고 노란색 화살표 방향으로 빗등을 세워서 빗등을 천정부 중앙부분의 잘린 모발 길이에 맞추어주면서 빨강색 화살표 방향으로 클리퍼로 모발을 절삭을 하면서 가마까지 시술하여준다.

천정부와 양 측면부의 상측면부의 시술을 하고 나면 형태는 사각형의 모양이 만들어져야 할 것이다. 시술은 쉬우나 무엇을 자르고 무엇과 연결을 시켜서 모발의 흐름을 조화롭게 하는 것이 어렵다. 단순히 자르는 작업이 아니고 사람의 이미지를 만들어주는 일이니 조심하여 시술을 하여 손님의 이미지를 차분하게 만들어 줄 수 있어야 할 것이다.

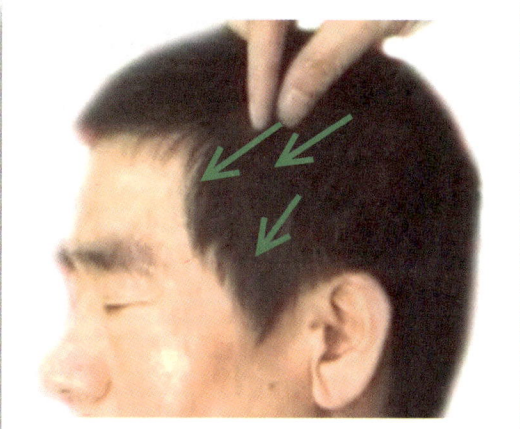 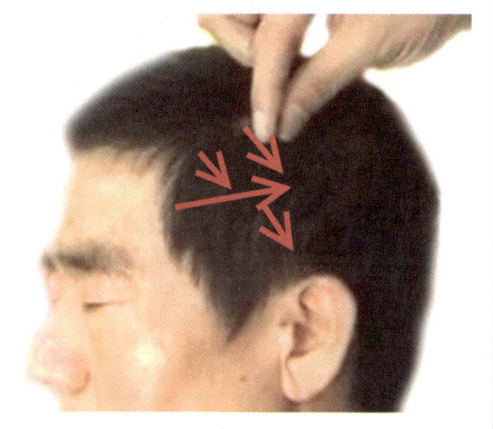

모발을 절삭을 할 때에는 모발의 흐름을 보고 시술하여야한다고 앞서도 서술하였는데 사진에서처럼 연두색 화살표의 방향은 모발이 흘러가는 방향을 의미하는데 일반론적으로 남자들의 모발의 방향은 사진처럼 쏠려오는 부분이 자주 나타난다. 이유는 모발 길이가 짧기 때문에 나타나는 현상이니 신경을 많이 써야하는 부분이다. 모발이 흘러가면 모발을 밀면서 시술을 하여준다.

위의 사진은 모발이 앞으로 쏠려 내려오는 모발 흐름인데 이 경우는 모발을 밀면서 시술을 하라고 하였다. 빗을 잡고 있는 왼손을 화살표방양인 오른쪽으로 밀면서 모발을 모발각인 정각도에 놔두고 절삭을 하여야 모발이 자라날 때에 제자리로 모발이 흘러나오게 되어있다. 모발은 절삭되는 각도에 따라서 모발이 자라날 때 모발 흐름의 각도가 만들어진다.

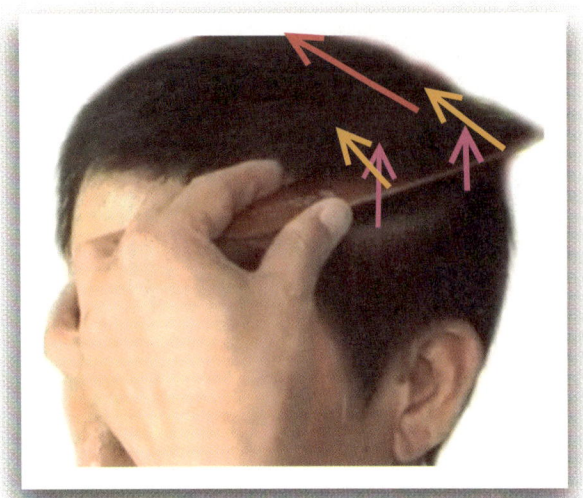

측면부의 시술을 할 때에는 빗발을 자주색 화살표의 시작인 뿌리부분에 넣어주고 나서 빗발이 두피에 붙여진 상태에서 빗등을 세워 모발을 밀어주면서 천정부 중앙부분의 절삭된 모발길이에 빗등을 일치시켜주고 나서 클리퍼의 날을 빗등에 붙여주어 모발을 절삭을 하면서 천정부 중앙부분까지 시술하여준다.

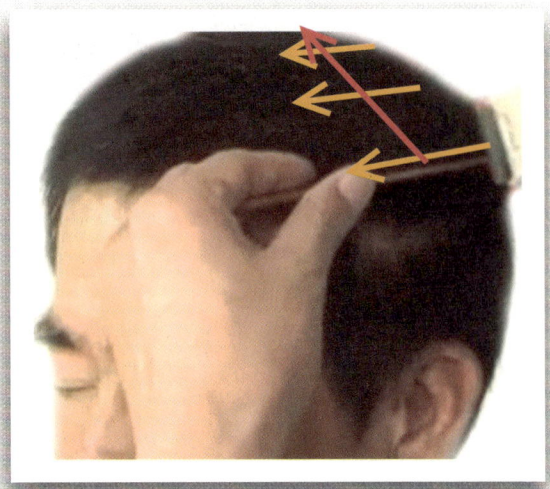

모발을 빗으로 밀어주어 천정부의 잘린 모발길이에 맞추어 시술이 되어야 천정부의 전체 형태가 올바르게 시술이 되어 진다. 어느 형태의 스타일이라도 천정부의 중앙부분이 전체 형태의 기준이 되는 부분이니 이 부분의 시술이 정확하고 확실하게 시술이 되어야 전체의 조경을 마무리 지을 수 있으니 명심하고 시술토록 한다.

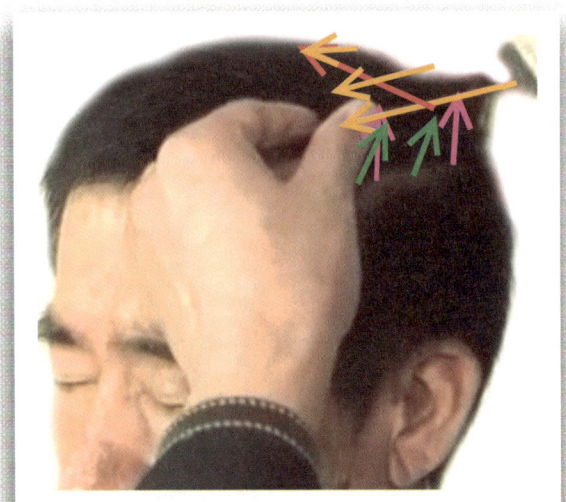

사진에서처럼 앞으로 쏠려 내려오는 모발을 연두색 방향으로 빗으로 모발을 밀면서 모발을 정각도에 위치하게 하여주고 클리퍼의 날을 빗등에 붙여주고 모발을 절삭을 하면서 가마부분까지 시술하여준다. 이때 주의 할 점은 쏠려 내려오는 모발을 먼저 빗발로 밀면서 모발의 제자리에 모발을 위치시켜주는 것이 무엇보다 중요하다.

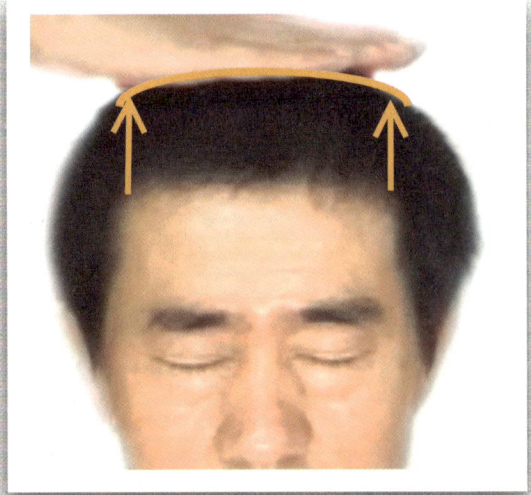

헤어스타일의 시술을 하다보면 의도치 않은 부분들이 나오게 되는데 그것은 바로 모발의 흐름인 모류부분이다. 헤어에는 수학이 들어있고 과학도 있으며 건축적인 요소도 들어와 있다. 단순히 자르는 작업이 아니고 전체의 조경을 보아야하고 모발들의 각 개체로서 이해를 하여야 하며 구획이 있고 각도가 존재를 한다. 쉬울 것 같지만 어려운부분이 헤어이다.

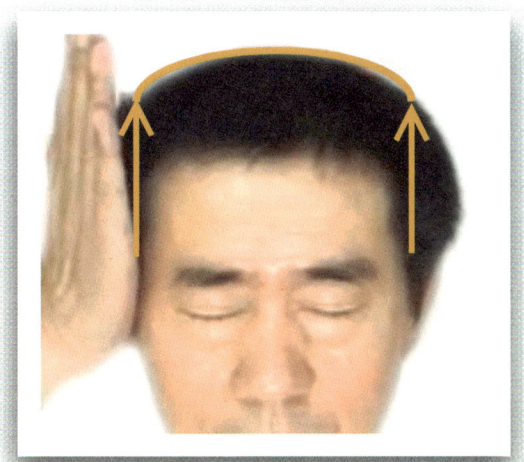

앞 사진에서 시술이 된 천정부의 형태는 손바닥을 기준으로 끝과 끝부분은 수평을 이루고 있어야하고 손바닥처럼 약간의 포물선적인 기조가 되어야하고 측면부 역시 손바닥을 펴서 끝과 끝은 수직적인 요소로 되어야하며 손바닥의 바닥처럼 약간의 포물선적인 요소가 만들어져야한다. 시술을 수직적인 요소로 하지만 모발을 절삭을 하고나면 두상 형에 맞는 포물선의 형태가 만들어진다.

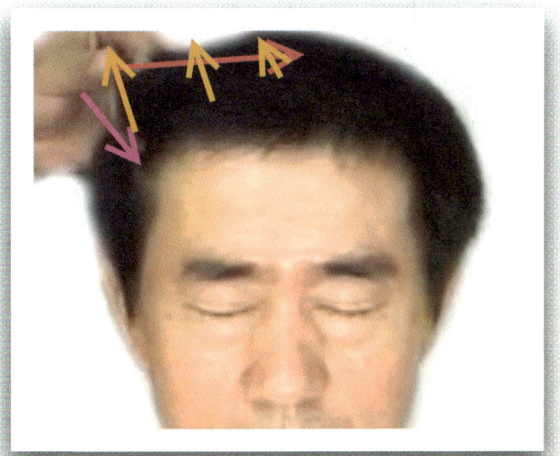

시술이 마무리되었다고 끝난 것은 아니고 다시 한 번 시술이 제대로 되어있는지 확인을 하여 재 시술이 필요하면 시술을 하여 형태의 모양을 정확하게 하여주어야한다. 빗발이 사각지대에서 들어갈 때에는 2cm정도 내려서 빗발을 모발사이에 넣어주고 빗을 밀면서 모발을 잡아내어 천정부의 잘린 모발길이에 맞추어 클리퍼 시술을 하여 천정부의 모발길이에 맞추어 사각지대 부분의 모발을 맞추어 주고 나서 시술하여준다.

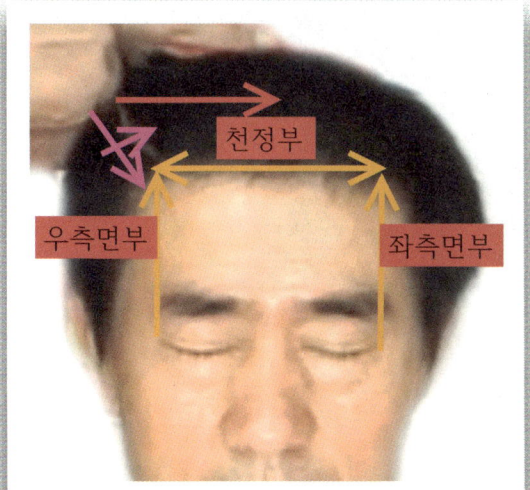

천정부와 측면부의 구획은 사진에서처럼 나누어진다. 천정부의 구획은 양 눈꼬리부분의 안에 위치한 부분으로 변할 수 없는 위치이고 측면부의 구획 역시 바뀔 수 없는 부분이다. 해서 사각지대의 시술을 할 때에는 빗발이 사각지대부분 2cm 아래에 빗발을 넣어주어 빗등을 천정부의 잘린 모발길이에 맞추어 시술을 하여주어야 안정적인 시술을 할 수 있다.

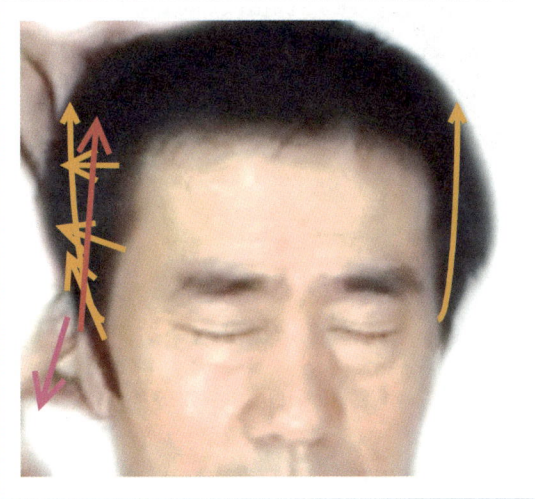

측면부의 시술은 오른손 검지로 귀를 화살표 방향으로 내려 붙여주면 빗발이 들어갈 공간이 나오게 되는 이때 빗발을 모발사이로 집어넣으면서 빗면을 베이스라인에 붙여주면서 모발을 빗발에 들어오게 한다. 그런 후 빗발을 세우면서 베이스라인의 모발을 정각도로 세워주고 클리퍼의 날을 빗면에 붙여 모발을 노란색 화살표처럼 절삭을 하여주며 사선에 있는 빗의 자세를 수평으로 만들어주면서 시술하여준다.

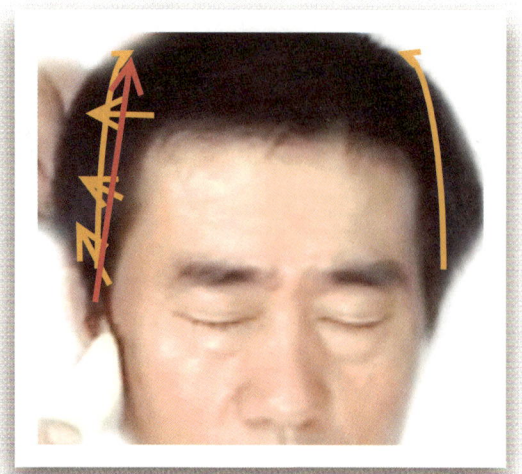

측면부의 클리퍼 시술을 하게 되면 오른손잡이는 우측에서 좌측으로 클리퍼의 시술을 하게 되는데 노란색의 화살표 방향으로 클리퍼의 날은 빗면에 붙여주고 모발을 절삭을 하면서 사각지대부분까지 시술하여 올라간다. 이때 빗의 진행은 수직적 요소로 시술을 하여주는데 두상의 형태에 있어서 시술을 하고나면 측면이 두상라인에 따라서 포물선의 기조로 시술이 된다.

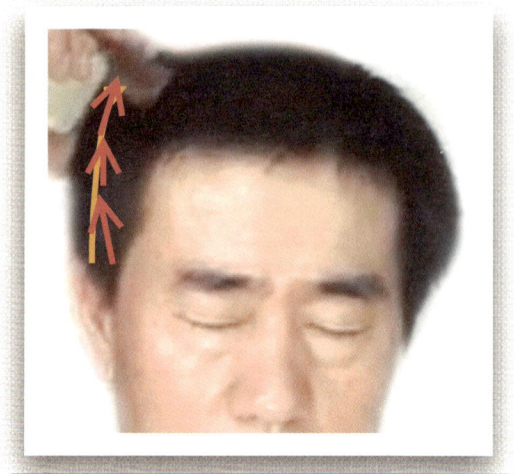

빗을 측면부 베이스라인에 붙여주고 사각지대부분까지 시술을 하여올라가는데 빗을 수직적 요소로 시술이 되어도 된다고 하였다. 그렇게 시술이 되면 빨강색 화살표처럼 측면의 두상라인이 약간의 포물선형태가 만들어진다. 하지만 빗이 사선으로 자리 잡고 시술이 되면 빗의 자세를 수평적인 기조로 만들어주면서 사각지대부분까지 시술하여 올라간다.

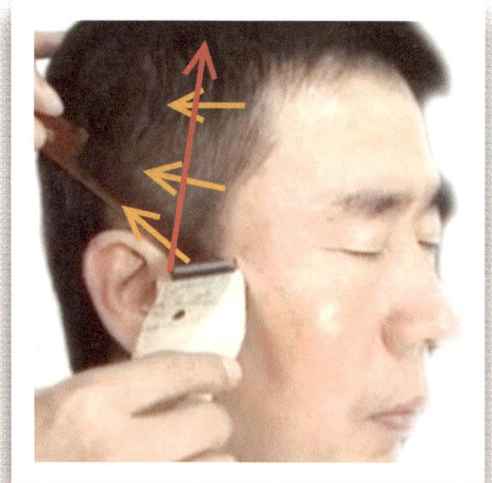

사진에서처럼 노란색 화살표의 방식으로 빗을 사선에서 수평으로 자리를 잡아주면서 측면부 앞머리의 부분을 시술하여주어 우측면부의 형태를 조경하여준다. 빗면에 클리퍼의 날을 붙여주고 빗발을 세워 모발을 절삭하면서 사각지대부분까지 시술하여 면을 깨끗하게 나올 수 있도록 시술에 신중을 기하여 시술한다.

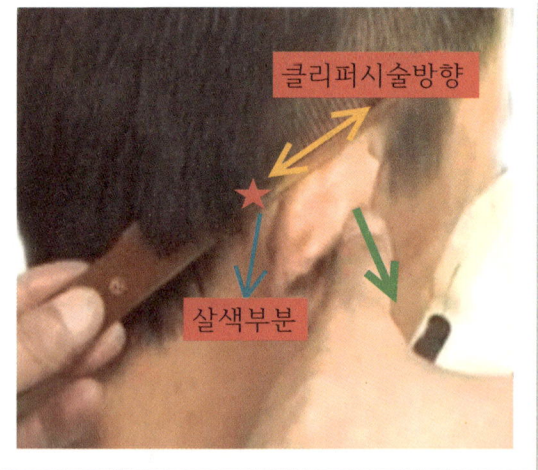

우측면의 시술을 하고나면 귀 뒤 부분의 시술을 연결해서 하는데 사진에서처럼 귀를 오른손 엄지로 내려 눌러주면서 빗을 베이스라인에 붙여준다. 그런 후 빗발을 세워주는데 빗발사이에 모발을 같이 세워주어 클리퍼 시술을 하는데 이때에는 노란색 화살표처럼 어느 쪽에서 시술을 하여도 좋지만 위에서 시술방향을 아래로 잡았을 때에는 (*)표까지인 살이 보이는 부분까지만 시술을 안정적으로 하여준다.

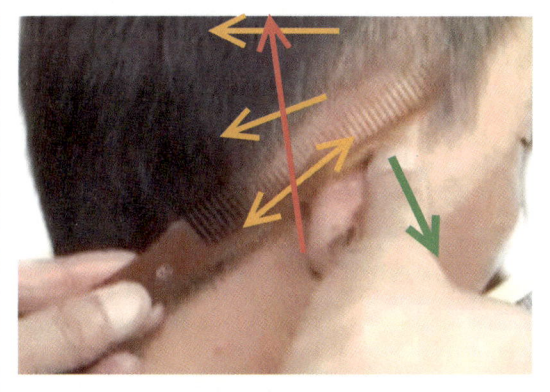

앞 사진에서도 서술하였지만 우측 귀 뒤 부분의 시술을 하고나면 사진처럼 베이스라인이 한번에 정리가 된다. 빗을 베이스라인에 정확하게 붙여주고 클리퍼의 날을 빗면에 붙인 후 한번에 모발들을 절삭하여주는데 귀 위에서 내려올 때는 (*)표 부분의 살이 보이는 곳까지만 시술을 하여주고 귀 뒤에서 시술을 하여올라갈 때에는 귀 위의 잘린 모발길이에 맞추어 시술을 하여주면 된다.

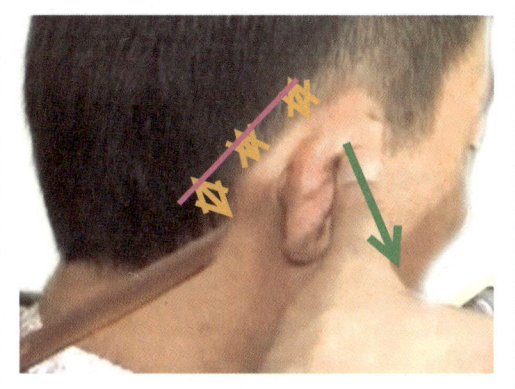

우측면의 귀 위부분과 귀 뒤 부분의 시술을 하고나면 노란색 화살표의 부분처럼 시술라인과 베이스라인의 간격이 일정하게 만들어진다. 귀 뒤 부분과 귀 위의 간격이 일정하게 이루어져야 3자가 보았을 때 가장 이상적인 형태가 만들어진다. 시술을 할 때에는 천정부와 하단부의 균형과 좌측과 우측의 균형이 어우러져야 전체의 조경이 완성되게 한다.

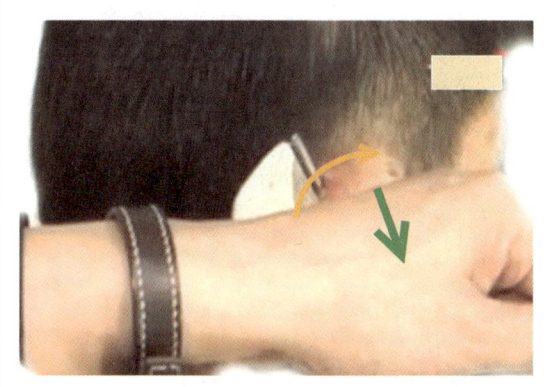

우측면의 귀 위부분과 귀 뒷부분을 시술을 하고나면 사진에서처럼 왼손으로 귀를 내리눌러주고 클리퍼의 날을 세워준 다음 노란색 화살표의 방향으로 베이스라인을 깨끗하게 정리하여주도록 한다. 물론 모든 시술이 끝나고 베이스라인을 정리를 하여도 무방하지만 시술을 하면서 마무리 짖고 가도 무방하다. 시술을 할 때에는 정확한 공식에 의해서 해야 하는 부분도 있지만 그렇지 않은 부분도 존재하니 시술시 시술자의 판단에 따라 시술하여준다.

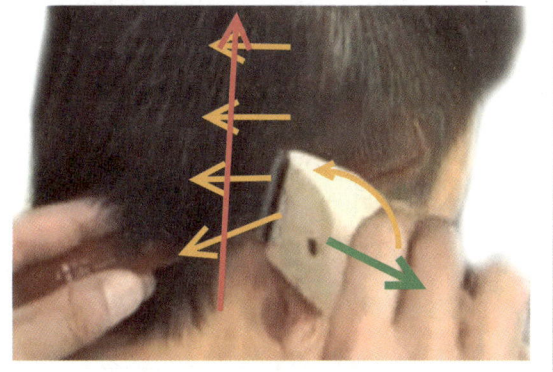

사진에서처럼 빗이 사선으로 모발사이에 들어가서 빗발을 세워주면서 모발을 정각도로 세워주고 클리퍼의 날을 빗면에 붙여서 시술하여 사각지대로 올라가는데 이때 빗은 사선적인 기조에서 수평적인 기조로 만들어주면서 두상라인인 수직라인으로 시술하여준다. 쉽게 시술을 할 수 있는 부분은 아니지만 클리퍼 시술 연습을 하면 그리 어려운 동작도 아니다. 클리퍼의 날이 빗면에 정확히 안착을 하면 다음 시술은 두상라인 따라서 시술하여주면 된다.

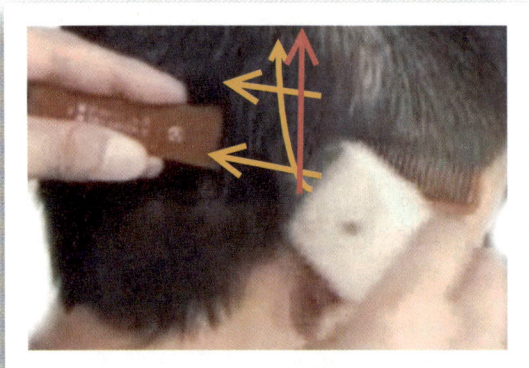
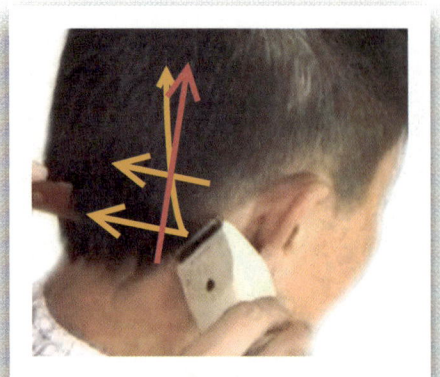

클리퍼를 시술할 때에는 사선적인 기조로 빗이 들어가면 수평적인 기조로 빗을 위치시켜주어야 하는데 모든 물체는 수평적인 기조를 가지고 있다는 것이다. 해서 사진에서처럼 잘린 모발과 않잘린 모발을 같이 빗발로 잡아내어 잘린 모발길이에 맞추어 않잘린 모발을 같이 절삭하여주면 같은 길이의 모발길이가 된다. 시술을 하여 빗의 진행방향은 가마를 향해서 시술하여준다.

빗발을 모발 사이로 집어넣어 시술을 할 때에는 빗발에서 중간부분을 안전하게 모발사이에 넣어주어 시술을 하여주면 시술 시에 안정감이 배가 될 수 있다. 하지만 빗발의 끝부분으로 시술을 하는 경우도 있지만 그때에는 조심히 시술을 하여야하고 클리퍼의 날이 모발을 파먹는 경우가 있을 수 있으니 조심히 시술해야한다는 것을 명심하자.

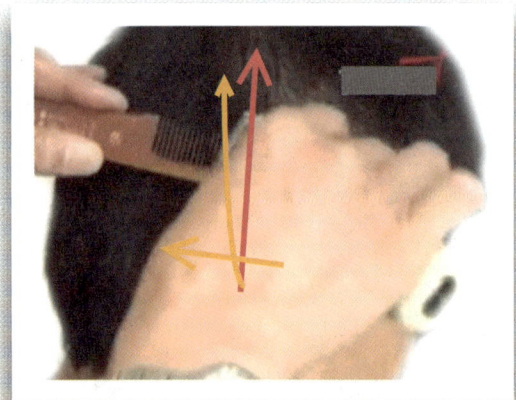
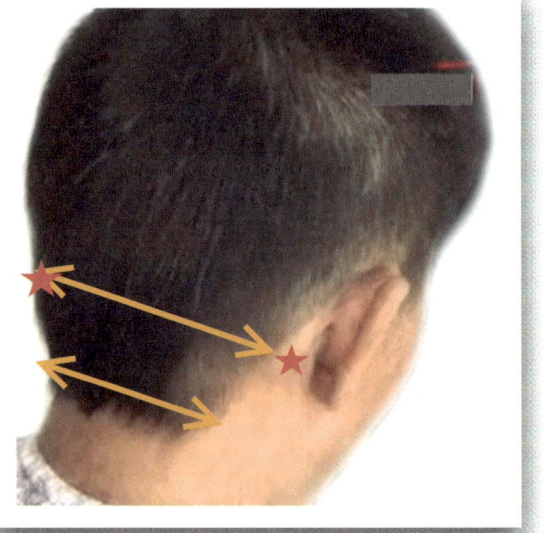

베이스라인에서 시술을 시작하는 경우도 있고 시술라인을 만들어놓고 시술을 하는 경우도 있지만 어디에서 시술을 시작해도 시술 방법은 변하지를 않는다. 베이스라인에서 빗발이 모발사이로 들어가서 빗의 면을 붙여주고 나서 빗 몸은 베이스라인에 붙어 있는 상태에서 빗발만 세워주면서 빗발사이에 모발을 같이 잡아내어 클리퍼의 날을 빗면에 붙여 모발을 절삭을 하는 것이 시술방법인데 이때 빗의 진행방향이 직선적으로 갈 것인지 아니면 곡선적으로 갈 것인지가 모발의 흐름에 따라서 바뀐다는 것을 명심하자.

이렇게 귀 뒤 부분의 시술을 평행라인처럼 시술을 하고나면 후두부 밑 부분의 모양을 시술을 연결해서 하는데 이때 밑 부분의 기준라인과 (*)표의 요철 라인이 있는데 헤어스타일이 상고 같은 기본커트의 경우에는 기준라인이 베이스라인이 되고 커트 같은 경우에는 요철라인이 베이스라인이 된다는 것을 명심하고 시술토록 한다.

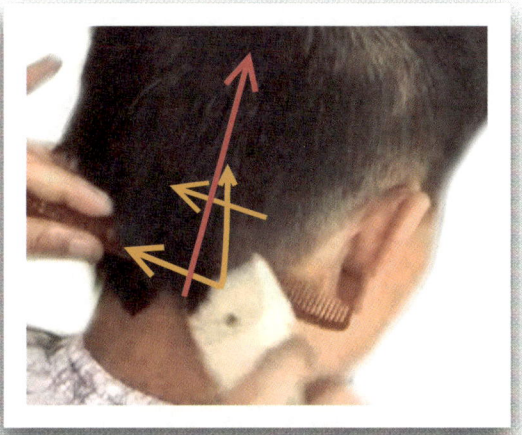

클리퍼 시술을 안정적인 기조로 시술을 하려면 사진에서처럼 빗발의 중간부분에 클리퍼의 날을 빗면에 붙여주고 중간에서 손잡이 쪽으로 안정적으로 시술을 하여주어야 위험요소를 배제시킬 수 있다. 귀 뒤 부분의 요철라인을 베이스라인으로 잡고 빗을 사선에서 수평이 되게 하여주고 빗발로 모발을 세워 빨강색 화살표 방향으로 모발을 절삭하여 올라가며 시술하여준다.

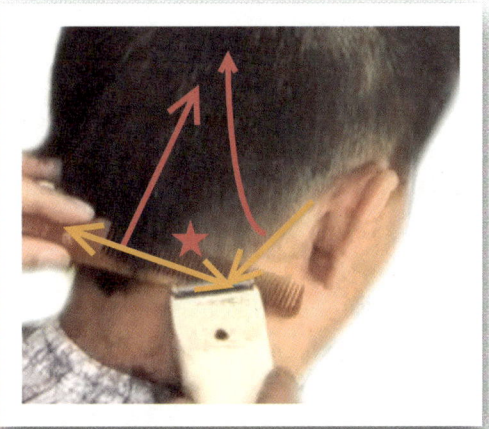

빗을 베이스라인에 붙일 때에는 (*)표 부분인 빗면의 중간부분을 베이스라인에 수평적인 요소로 붙여주고 빗발을 세워 클리퍼의 시술을 한다. 모발이 짧아서 시술이 용이하지 않다고 클리퍼의 날로 피부를 긁어 올리면서 시술을 하는 방법은 그리 좋은 방법은 아니라 하겠다. 많은 연습이 필요하겠지만 빗과 클리퍼만으로 손님의 피부에 위험요소를 만들지 않고 시술을 하였으면 한다.

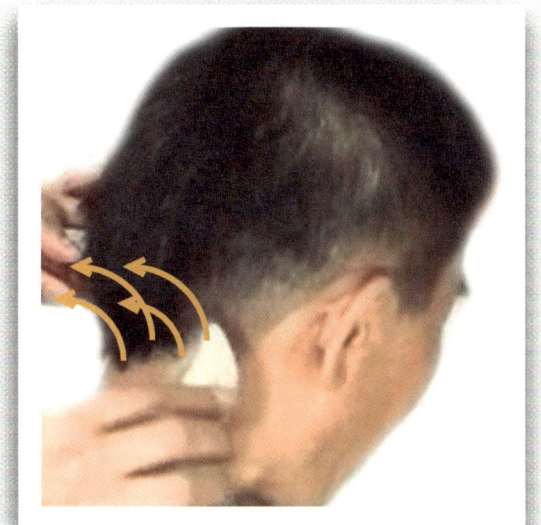

이유는 피부를 클리퍼의 날로 피부를 긁어 올리면서 모발을 절삭하는 시술을 하는 것은 시술 후에 모발이 자라면서 사진에서처럼 바깥으로 튕기는 현상을 만들게 되기 때문이고 또 모발이 뜨기는 현상이 생기게 되기 때문에 권할 커트 방법은 아니다. 모발을 자르고 스타일을 내는 시술자라면 고객의 모발 하나라도 아끼는 마음을 가져야한다.

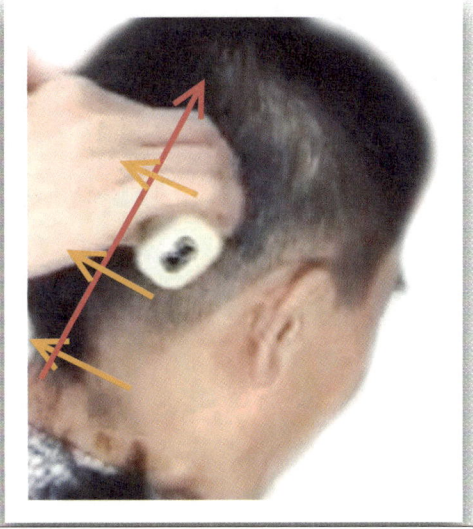

하지만 조분하게 시술을 하면서 높이 올리지 않고 밑머리의 한 단면만 시술을 한다면 필자는 괜찮다고 생각한다. 후두부 하단의 시술을 단계로 차분히 시술을 하고나면 베이스라인의 모양만 클리퍼의 날로 긁어내어 시술을 하는데 모발의 양이 많지 않고 잔털의 개념이니 조심스럽게 시술하여준다.

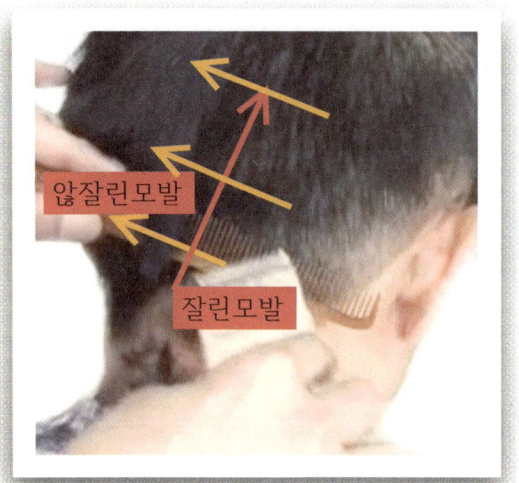

사진에서 노란색의 평선 에서 우측은 잘려있는 모발이고 좌측은 않잘려있는 모발인데 이곳을 빗면에 클리퍼의 날을 붙여 절삭을 하면 않잘린 모발은 잘린 모발 길이와 같은 길이가 되어 모발을 절삭하는 데에 연결성을 만들기가 쉬워진다. 시술을 할 때에는 쉬운 방법을 찾아서 연구하며 기술의 발전을 꾀할 수도 있어야한다.

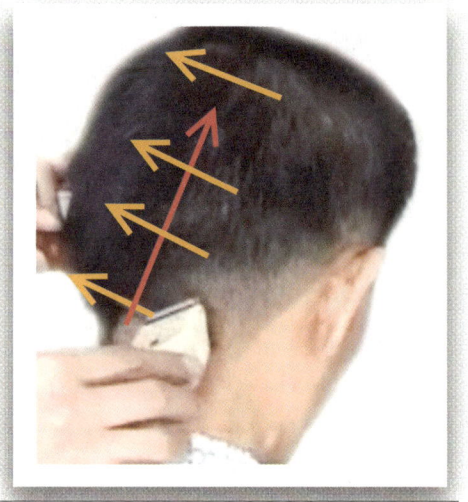

이렇듯 후두부 베이스라인에서 시술은 빗은 수평을 유지하여주고 가마부분까지 클리퍼 시술을 하여 올라가는데 두상의 형태에 따라 곡선적인 기조로 시술을 하여준다.

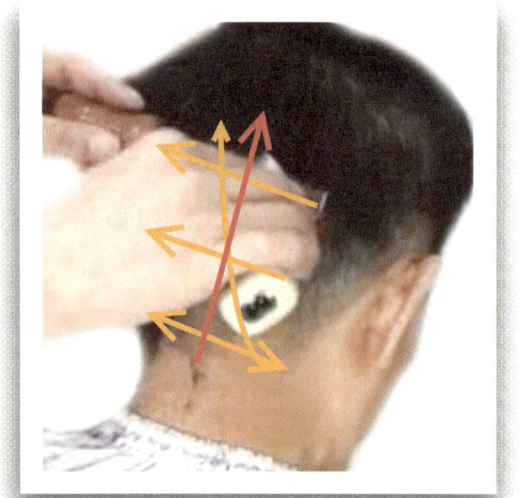

시술을 할 때의 요소는 상당히 간단한 공식의 의해서 시술을 하지만 시술을 하다보면 여러 가지의 복병을 만나게 되어 시술이 어려워질 때가 많다. 모량의 차이점에서 그리고 모발의 흐름에서인데 모발은 단순히 자르는 거에 그치게 되면 발전이라는 것이 둔화가 된다. 모발은 자르는 것이 중요한 것이 아니고 무엇을 잘라 무엇과 연결을 시켜야 하는가를 연구해야할 것이다.

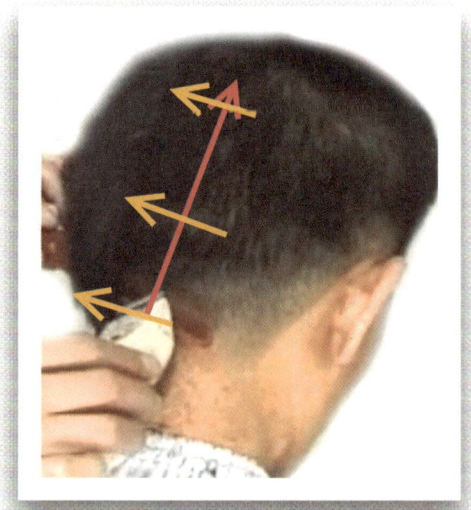

우측면이나 후두부나 좌측면이나 시술을 다 같은 방법으로 시술을 하지만 곳곳에서 시술시에 테크닉이 약간씩 바뀌게 되어있다. 후두부의 밑머리를 지나 좌측 귀 뒤 부분으로 오면 빗발로 모발을 잡아낼 때에 앞서도 서술하였듯이 모발을 밀어서 자를 것인지 아니면 모발을 당겨서 자를 것인지의 부분적 요소가 있으니 상황을 잘 보고 시술토록하자.

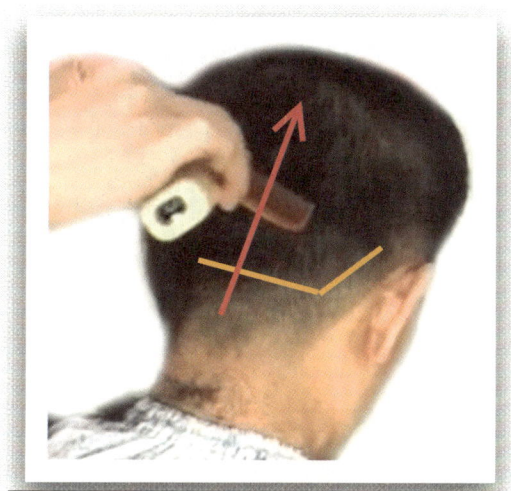

모발을 절삭하여 면을 부드럽게 하고 라인을 자연스럽게 흘러내리는 모양을 만드는 작업은 단순한 것 같으면서도 상당히 어려운 작업이라 하겠다. 이유는 모발은 하나의 객체이기 때문이기도 하겠지만 모발과 모발을 연결시켜서 시술을 하는 것이 쉬운 작업이 아니다. 사진에서처럼 후두부 베이스라인에서 시술을 시작하여 수평적 기조로 가마까지 시술하여준다.

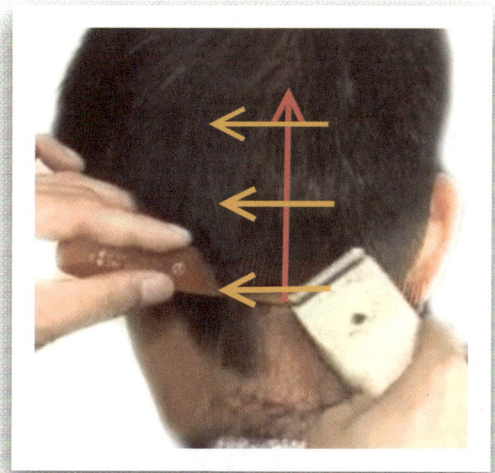

빗의 면을 베이스라인에 붙여주고 빗발을 세워주는데 이때 얼마큼이라고 정하려고 하지마라. 빗발이 세워질 때에는 천정부에서 내려오는 전체 조경의 그림을 볼 수 있어야 하는데 이 부분도 알지 못하면 보기가 어려운부분이다. 아무튼 베이스라인에서 클리퍼의 시술을 하면서 가마까지 시술을 하여주는데 많은 양의 모발을 절삭하려고 하지 말고 1~2cm 정도의모발양만 절삭하여 모발의 연결성을 보고 시술토록 한다.

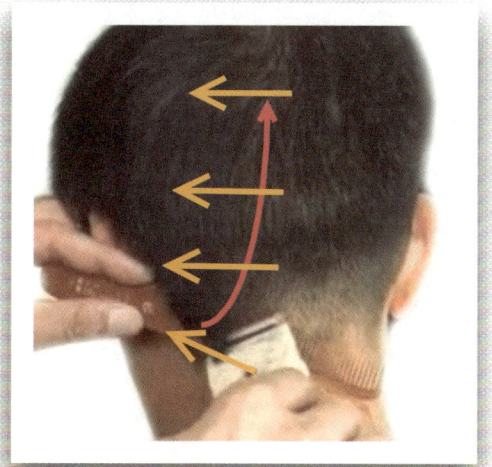

빗과 클리퍼로 시술을 하여줄 때에는 한번에 많은 양을 시술하지 말라고 앞서도 서술하였는데 모발의 양을 많이 잡아 절삭하려면 모발이 잘리지 않고 밀리거나 타는 현상이 생길 수 있다. 해서 많은 모발의 양을 잡아내기보다는 1~2cm정도의 모발양만 절삭하여 안전함을 만들어 시술하여야한다.

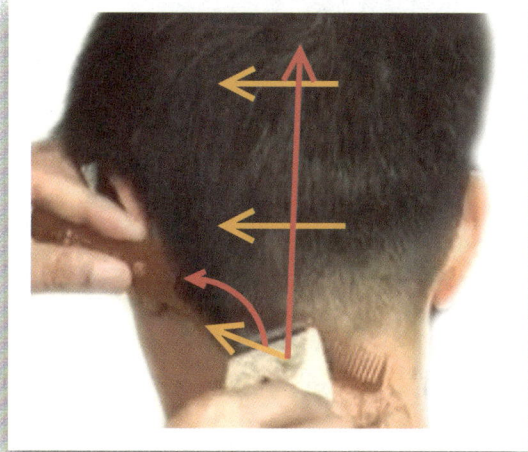

옆 사진에서 시술을 한번에 하지 않고 두 번 정도로 시술 횟수를 늘여서 시술을 하면 모발의 연결성을 볼 수 있다. 많은 양을 빗발로 잡아서 시술을 하면 모발을 터트리는 영향도 줄 수 있으니 적정량을 빗발로 잡아내어 시술하려고 노력하길 바란다.

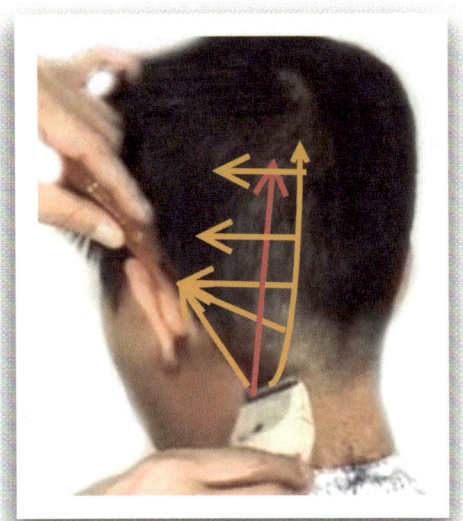

좌측 귀 뒤의 시술을 사진에서처럼 사선으로 들어가게 된다. 이때 클리퍼로 빗을 잡은 손잡이 부분까지 한번에 시술하며 올려도 무방하다. 사선적인 부분의 베이스라인은 직선으로 되어있기에 빗을 베이스라인에 붙인 후 한번에 절삭을 하여주고 화살표방향으로 시술하여 올라가는데 노란색 화살표처럼 한자리에서 수평을 만들어도 무방하다.

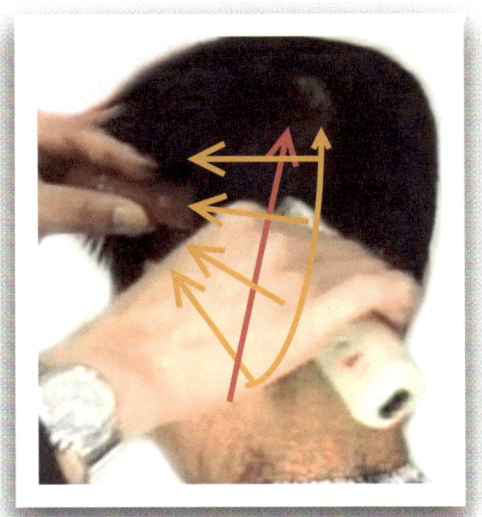

앞서도 서술하였지만 빗이 사선일 때에는 빗의 자세를 수평적인 기조로 만들어주면서 시술한다고 하였다. 옆 사진에서처럼 빗의 자세를 한 자리에서 수평으로 만들어 시술하여도 되고 위의 사진처럼 시술하여 올라가면서 수평으로 만들어도 무방하다. 여러분들이 시술을 해보면서 편한 방법으로 시술 방법을 찾아라.

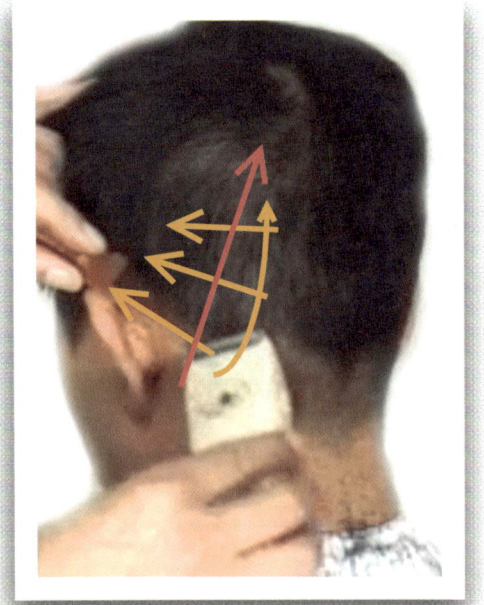

빗과 클리퍼로 시술을 할 때에는 한번에 많은 양의 모발을 시술하지 말아야 한다고 앞서도 서술하였지만 좌측 귀 뒤의 부분도 한번에 모든 것을 시술하려 하지 말고 3~4번 정도 구획을 나누어서 시술을 하여 모발의 연결성과 모발이 자연스럽게 흘러내려오는 모양으로 시술하려고 노력한다.

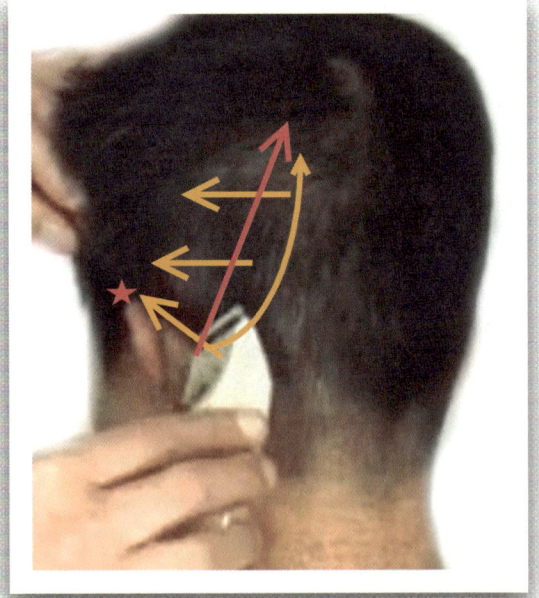

귀 바로 뒤의 부분을 시술할 때에는 클리퍼의 날을 빗면에 붙여주고 모발을 절삭하며 베이스라인을 따라 올라가는데 이때에 (*)표 부분의 살이 보이는 부분인 귀까지만 시술을 하여야한다. 이 부분을 넘어서 시술을 하게 되면 귀 위의 부분이 의도치 않게 짧아져서 수습에 어려움을 초래할 수 있으니 조심하여 시술하여준다.

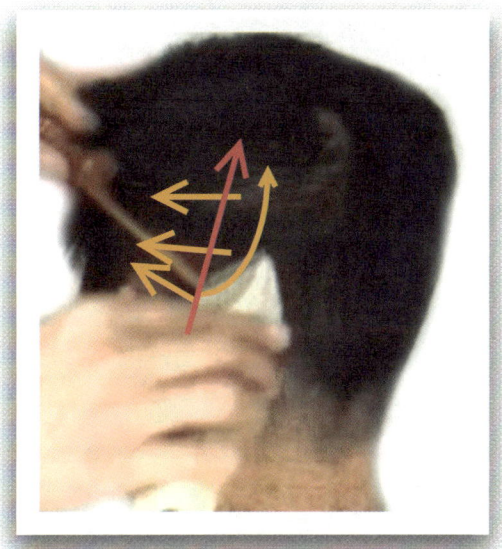

귀 바로 뒤의 베이스라인을 시술을 하고나면 연결해서 빗이 사선으로 되어있는 것을 화살표 방향으로 수평으로 만들어 시술을 하여주면서 빗과 클리퍼로 시술하면서 가마까지 진행하여 시술한다.

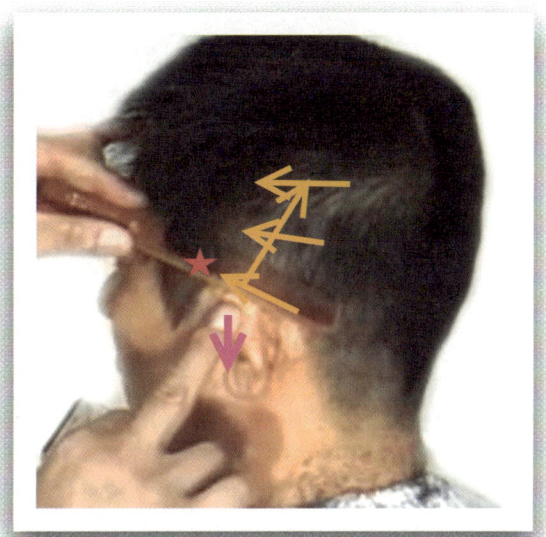

귀 위의 부분은 사진처럼 자주색 화살표 방향으로 귀를 내려 붙여주고 귀 위의 베이스라인에 빗을 모발사이에 넣어주면서 붙여주고 빗발을 세워 모발을 같이 잡아낸다. 그리고 클리퍼의 날을 빗면에 붙여 (*)표인 귀 앞으로 살이 보이는 부분까지만 시술하여준다.

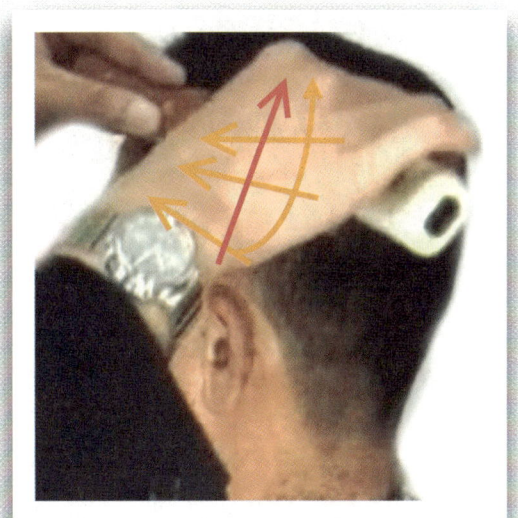

앞의 사진에서 베이스라인에 빗을 붙여주고 수평적인 기조처럼 빗을 수평으로 만들어주면서 클리퍼 시술을 하여주면서 노란색 화살표 방향으로 시술을 하여주면서 빗을 진행하는데 사각지대 부분까지 시술하여 올라간다.

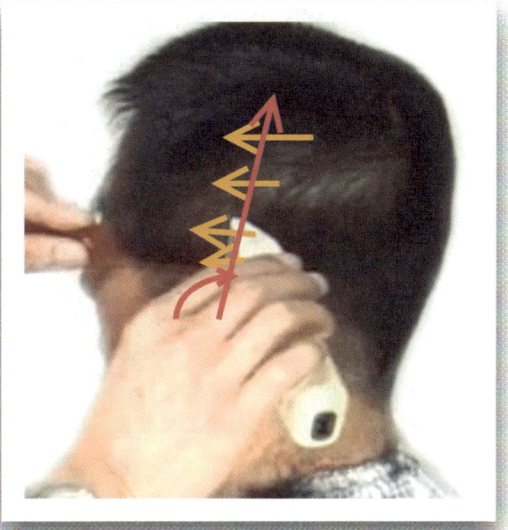

클리퍼의 진행방향은 전진을 하면 모발은 잘리고 귀 위에서 귀 앞으로 시술을 할 때에는 귀 앞에서 귀 위로 시술이 돌아오는 방법도 있으니 귀 앞 모발들을 전부 절삭하려 하지 말고 귀 앞으로 도는 부분인 곡선적인 요소까지만 시술을 하여준다.

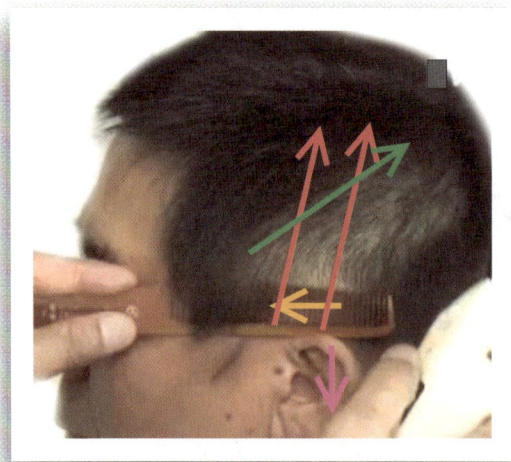
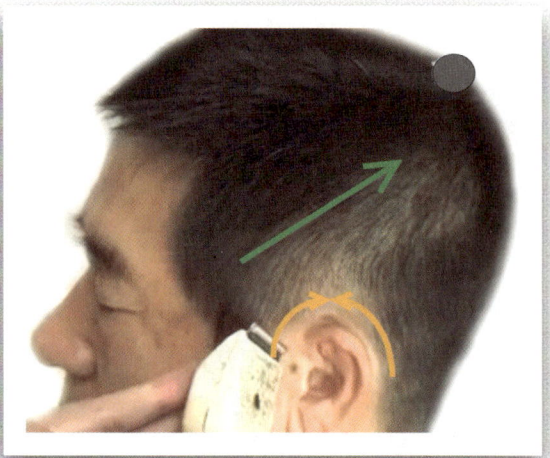

귀 위의 부분에 시술을 할 때에는 귀를 자주색 화살표 방향으로 내려 붙여주고 빗을 모발사이로 집어넣어줘야 빗이 수월하게 귀 위의 베이스라인에 안착을 쉽게 할 수 있다. 이때 빗의 시술 진행방향은 연두색 화살표방향인데 모발이 앞으로 쏠려 내려오기 때문이다. 이 역시 클리퍼의시술시 쏠려오는 모발을 밀면서 시술을 하여주는데 모발이 제자리에서 시술한다.

귀 위에서 귀 앞으로 넘어오는 부분을 시술하고 나면 클리퍼의 날로만 귀 위의 베이스라인을 정리하여 주어야한다. 사진에서처럼 클리퍼의 날을 세워주고 노란색 화살표 따라서 베이스라인을 따라서 곡선으로 돌려가면서 시술을 하여준다. 이곳을 시술할 때에는 귀 앞부분에서부터 시술을 시작하여 귀 위의 부분까지 하여주는데 귀 뒤로 까지는 시술을 하지 않아도 된다.

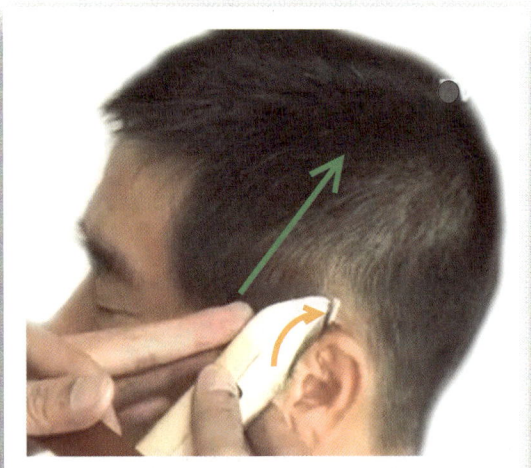
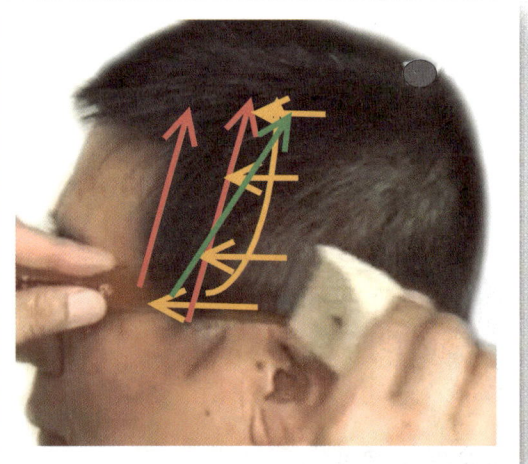

앞 사진에서 화살표의 방향대로 시술을 하면 위의 사진처럼 모양이 나오게 된다. 이때 귀 뒤의 베이스라인은 사진의 클리퍼 방향으로 시술을 하는 것이 아니고 귀 뒤 부분에서 시술을 해 와야 하는 부분이니 귀 위에서 귀 뒤로의 시술은 하지 않는 것 이 좋다.

이렇게 귀 위의 부분을 시술을 하고나면 귀 앞부분의 시술이 않된 부분을 시술하여주는데 평선 까지만 시술을 하여주고 빗으로 모발을 절삭하기 위해서 정각도로 세워주면서 연두색 화살표 방향으로 모발을 밀면서 시술을 하여준다.

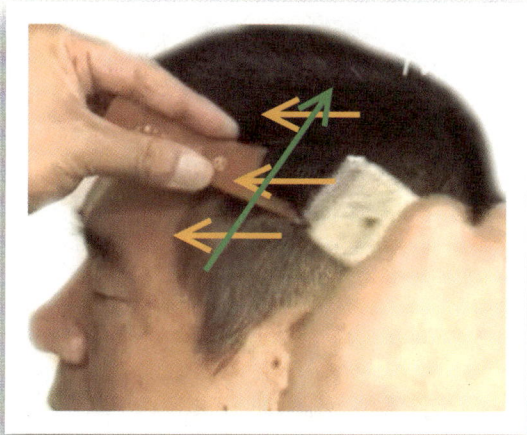

이렇게 클리퍼의 시술을 하면서 빗을 가마까지 시술을 하면서 빗으로 모발을 세워주어 모발이 정각도로 되게끔 하여 연두색 방향으로 밀면서 시술을 하여준다. 이 룰 때에 사선적인 요소로 시술이 되어야하고 빗 수평적인 기조로 시술을 하여준다. 그리고 모발을 절삭을 할 때에는 모발의 연결성도 염두에 두고 시술토록 한다.

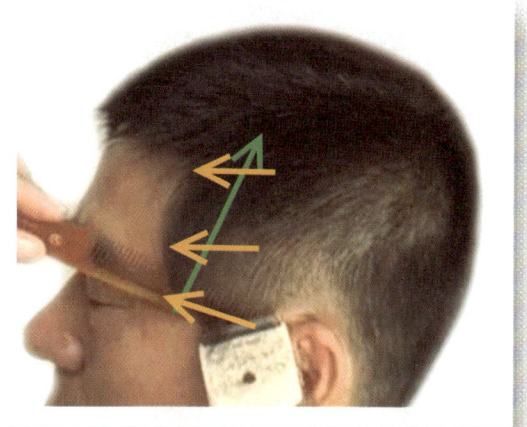

좌측면부의 앞머리부분은 빗으로 모발을 잡아내어 노란색 화살표 방향으로 시술을 하여주면서 연두색 화살표 방향으로 모발을 빗으로 밀면서 클리퍼 시술하여준다.

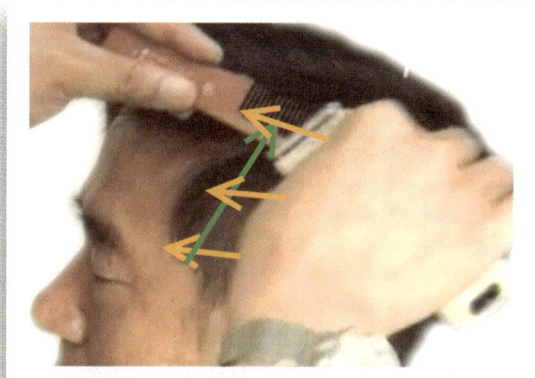

이전의 사진에도 빗으로 모발을 밀면서 모발을 정각도로 만들어주면서 사각지대부분까지 시술을 하여주어 모발의 흐름을 자연스럽게 하여주고 왼쪽의 않잘린 모발 길이를 오른쪽의 잘린 모발 길이에 맞추어 절삭을 하여주면 같은 길이의 모발이 되니 모발이 자연스럽게 되게 하여주고 모발을 절삭을 할 때에는 모발의 연결성을 염두에 두고 시술토록 한다.

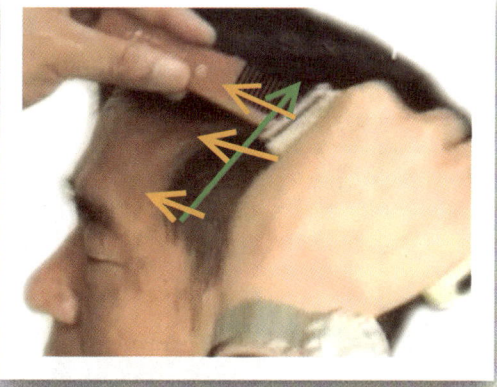

좌측면부의 클리퍼 시술을 하면서 빗의 진행방향에 신경을 써서 모발의 흐름대로 시술을 하는데 모발은 본래 위에서 아래로 내려와야 하는 과학적 기조가 들어있어 역행을 하고 있으면 모발을 절삭을 할 때 사진의 연두색 방향으로 모발을 밀면서 시술을 하여 모발의 흐름을 자연스럽게 하여준다.

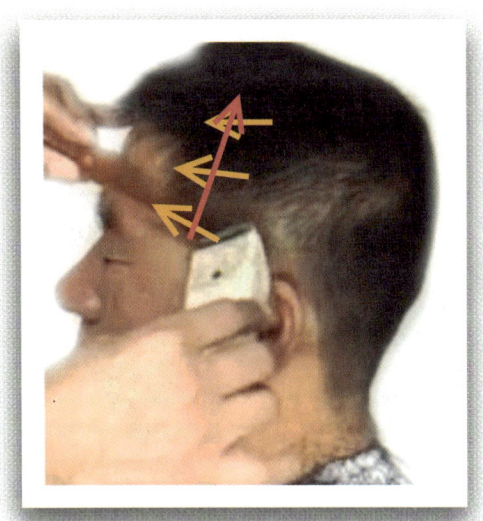

좌측면부의시술을 보면 대부분이 두텁게 시술이 되는 경우가 많은데 이곳의 부분을 측면부의 형태는 곡선형으로 앞머리부분까지 돌아오는 형태로 이루어져있다. 해서 빗으로 모발을 잡아내어 시술을 할 때에는 빨강색 화살표 방향으로 밀어 모발을 정각도로 세워놓고 클리퍼와 빗으로 시술하여준다.

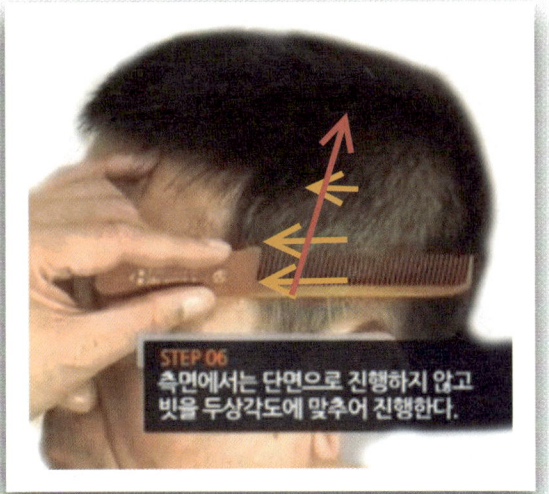

빗만 두피에 붙여놓은 장면의 사진인데 이곳 역시 빗은 수평적인 기조로 붙여 줄 수도 있고 사선으로 붙여 줄 수도 있다. 모발의 흐름상황에 맞추어 빗의 진행방향이 바뀌게 된다. 베이스라인에서 시술을 시작하여 빗의 진행방향은 가마부분을 향해서 모발을 정각도로 만들어주면서 시술하여준다.

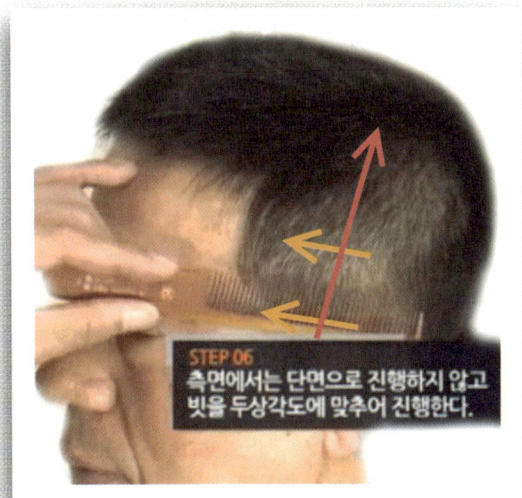

빗만 두피에 붙여놓은 장면의사진인데 이곳 역시 빗은 수평적인 기조로 붙여 줄 수도 있고 사선으로 붙여 줄 수도 있다. 모발의 흐름상황에 맞추어 빗의 진행방향이 바뀌게 된다. 베이스라인에서 시술을 시작하여 빗의 진행방향은 가마부분을 향해서 모발을 정각도로 만들어주면서 시술하여준다.

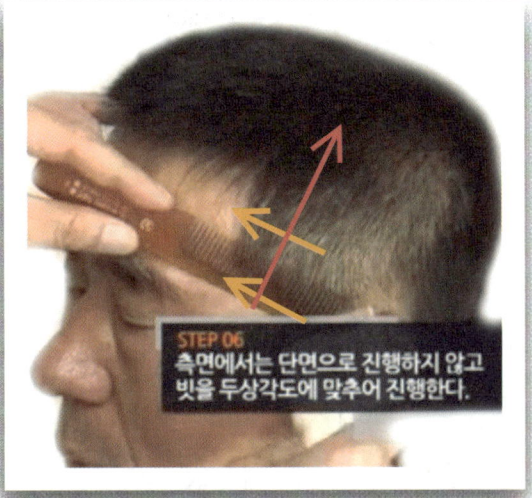

빗만 두피에 붙여놓은 장면의 사진인데 이곳 역시 빗은 수평적인 기조로 붙여 줄 수도 있고 사선으로 붙여 줄 수도 있다. 모발의 흐름상황에 맞추어 빗의 진행방향이 바뀌게 된다. 베이스라인에서 시술을 시작하여 빗의 진행방향은 가마부분을 향해서 모발을 정각도로 만들어주면서 시술하여준다.

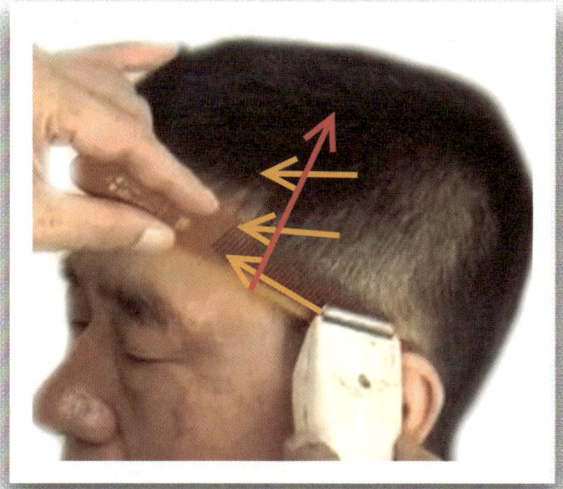

귀 앞의 머리를 베이스라인에서 클리퍼의 덧날을 이용해서 시술을 할 수도 있겠지만 기술인이라면 빗과 클리퍼만으로 시술을 하여주어야한다. 시술의 기본은 클리퍼를 가위로 시술한 것처럼 시술을 하여주는 것이 올바른 시술이라 하겠다.

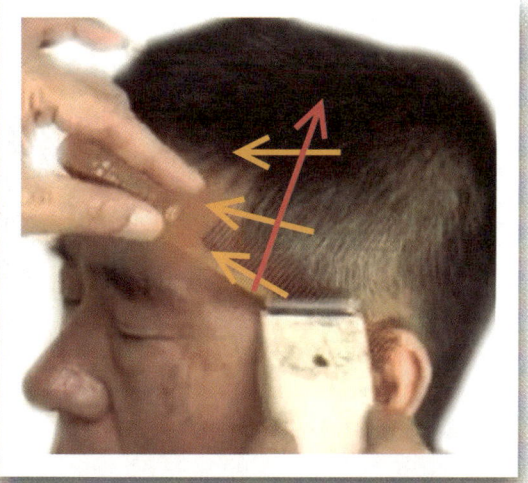

빗은 좌측 앞머리 부분에서 베이스라인에 빗면을 붙여주고 빗발을 세워 **빨강색 화살표** 방향으로 시술을 하여올라가는데 빗으로 모발을 정각도로 밀면서 모발을 제자리에 가져다 놓고 나서 시술을 하여야 올바른 시술이라 할 수 있다.

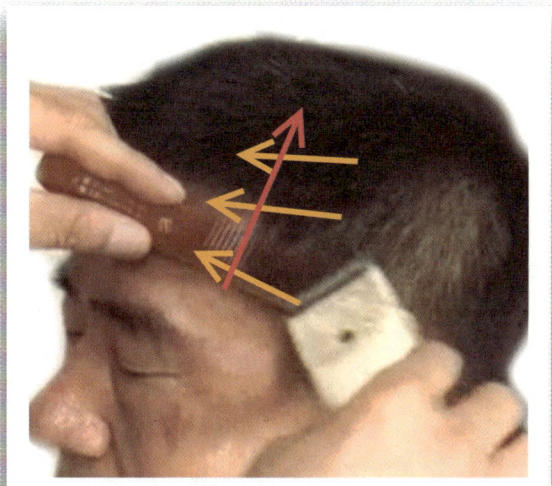

오른쪽의 잘린 모발길이에 왼쪽의 않잘린 모발을 빗발에 세워주고 클리퍼의 날을 빗면에 붙여 모발을 절삭을 한다. 그러면 잘린 모발 길이에 맞게 않잘린 모발은 같은 길이가 된다.

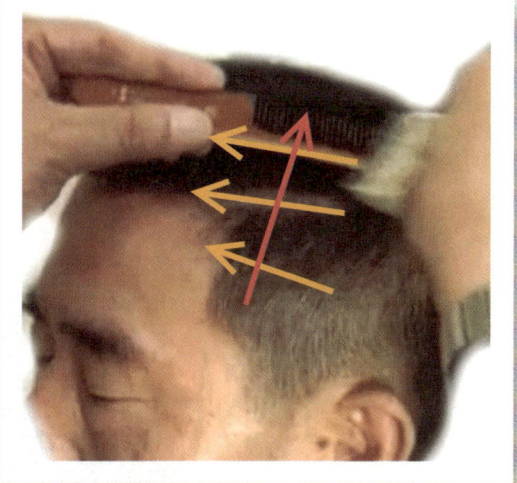

측면부 베이스라인에서 클리퍼와 빗으로 시술을 시작하여 사각지대부분까지 시술을 하여주는데 모발의 흐름을 보고 모발을 정각도에 세워주어 시술을 하여 면의 흐름과 모발이 떨어져 내려오는 자연스러움을 만들려 노력하길 바란다.

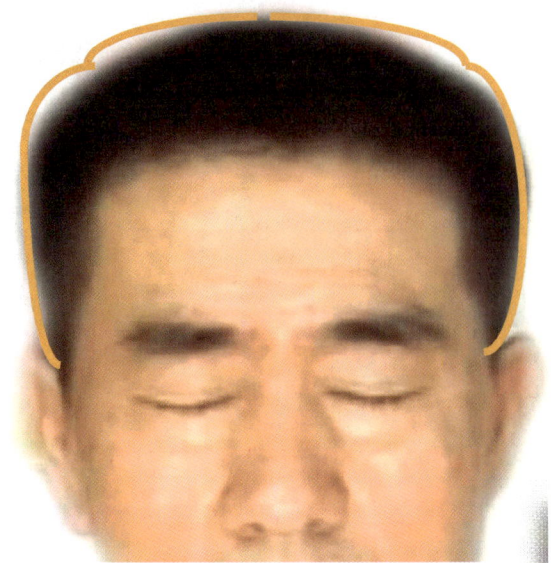

사진에서처럼 스포츠커트는 천정부와 측면부의 시수라인이 사각형의 형태가 나와야 스포츠커트의 완성이라 할 수 있다.

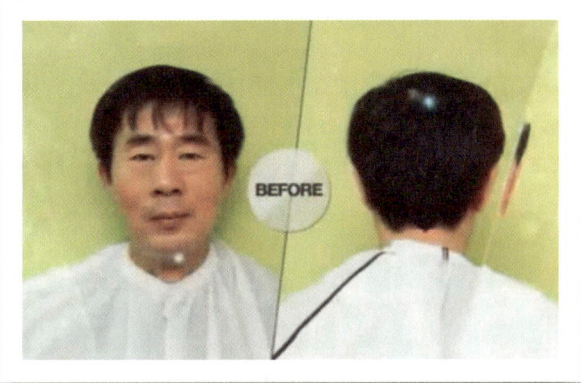

Sports Style
Hah Sang Joong

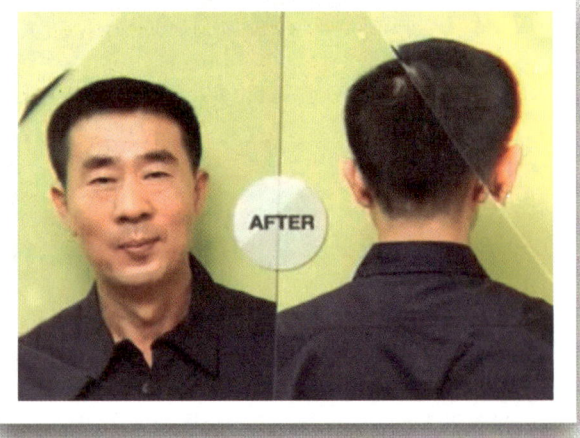

곱슬머리 커트

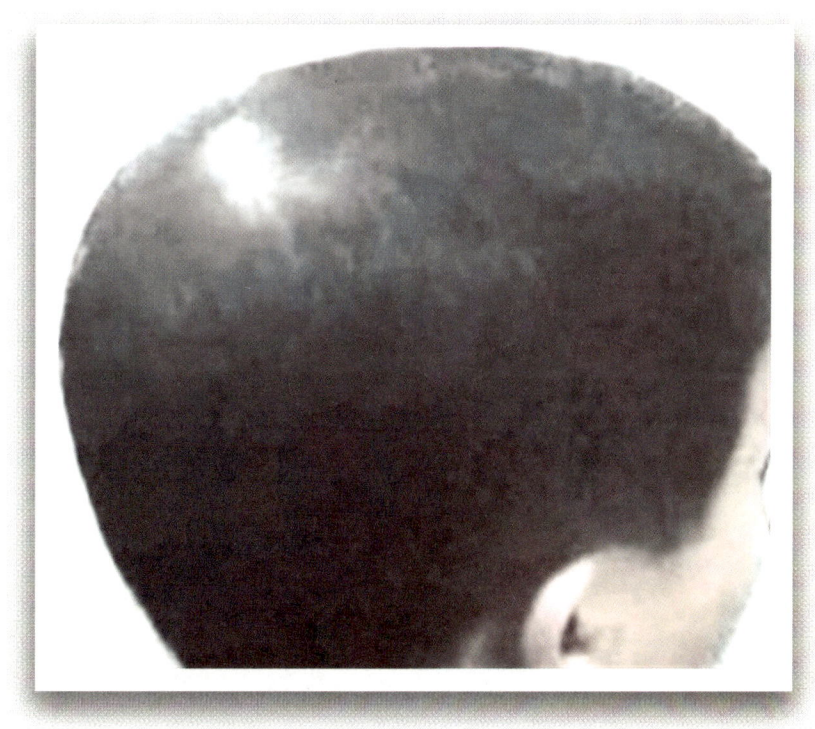

* 이번 장은 곱슬머리 커트의 시술 방법과 테크닉을 배워 본다.

* 곱슬머리 커트

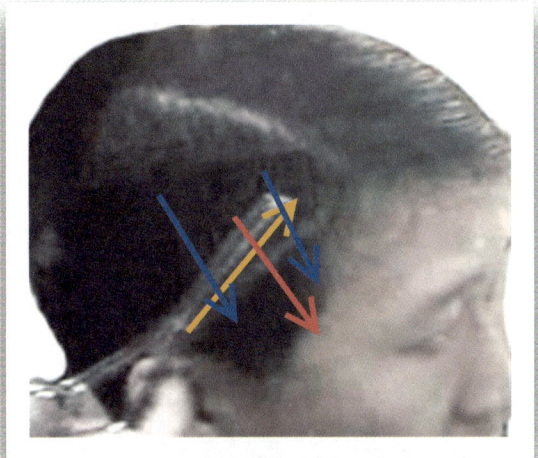

곱슬끼를 가지고 있는 모발은 절삭을 하기가 용이하지 않다. 초보자들한테는 절삭하기 쉬운 모발일수도 있지만 모발을 자를 줄 알게 되면 상당히 어려운 모발이다. 해서 클리퍼를 먼저 시술을 하기 보다는 틴닝으로 모량을 조절을 하여주고 모류를 정리를 하여주어 모발의 흐름을 먼저 안정적으로 만들어주어야 한다. 틴닝의 시술은 사진에서처럼 노란색 화살표 방향으로 시술을 하여주어 빨강색 화살표 방향으로 틴닝을 빼내어준다.

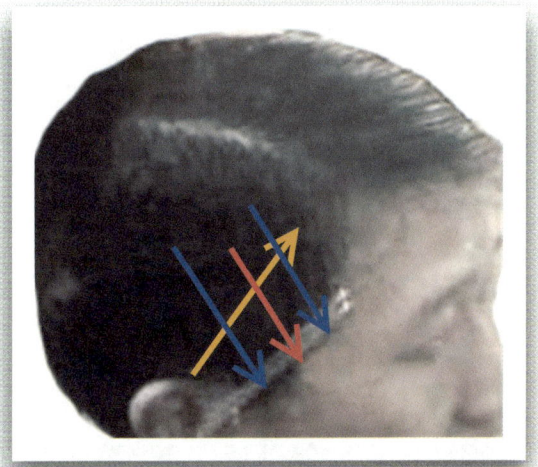

틴닝을 시술을 하여 줄때에는 숱을 치는 개념의 시술이 아니고 숱을 골라내는 개념으로 시술을 하여주어야 한다. 현대인들은 공해나 인스턴트. 스트레스 등 많은 요소에 의해서 모발의 양이 현저하게 감소하고 있다. 해서 숱을 치면 않그래도 없는 숱에 더 없어지는 시술을 원하는 손님들이 숱가위의 시술을 반대하는 경향이 강하게 나타나고 있다는 것이다.

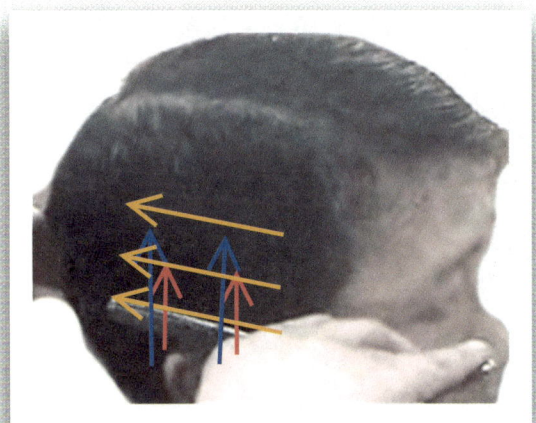

사진에서의 싱글링 틴닝 방법은 기본적인 틴닝 시술방법이다. 물론 싱글링 방식에서 틴닝으로 가위만 바뀌어 있을 뿐이다. 저자는 사선 틴닝방식으로 시술을 하기에 저자의 방식으로 해설을 하겠다. 비본적인 틴닝방식은 모량을 절삭을 하는 방식으로 진행이 되어 사실 구 버전이라고 할 수 있다.

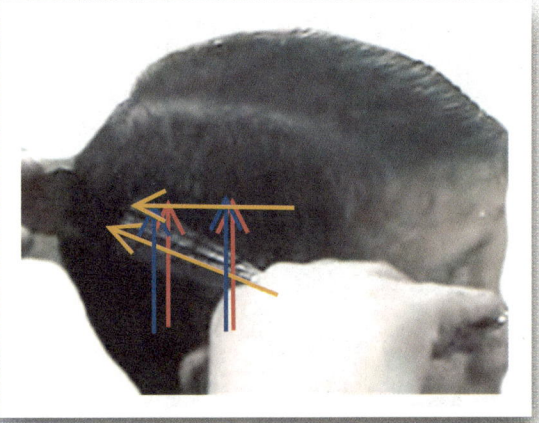

하지만 필요한 부분이 있을 수도 있겠지만 현실에는 맞지 않는 시술 방식이다. 하지만 사진은 저자가 2004년에 작업을 하였던 모델이라서 이 방식을 사용하던 때이니 이 작업이 들어와 있는 것이다. 사진처럼 싱글링 틴닝 시술을 하여 줄때에는 빗으로 모발을 세워서 시술을 하여주는 것이 기본적으로 시술 방법이라 하겠다.

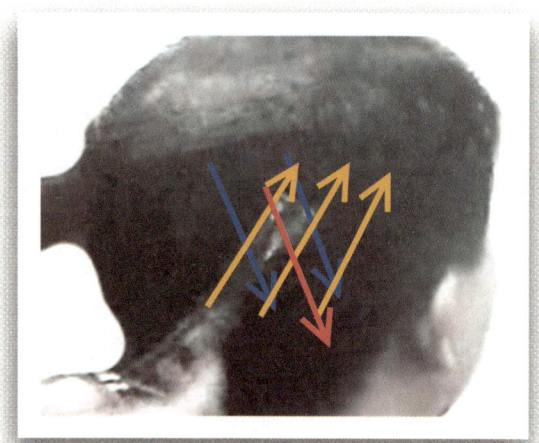

틴닝 시술을 하여 줄때에는 가르마를 갈라놓은 작은 면부터 시술을 시작하여주는 것이 전체의 시술에서 용이하다고 할 수 있다. 해서 우측면부에서 틴닝 시술을 시작을 하여주는데 앞 장의 사진에서 측면의 시술을 화살표방향으로 시술을 하여주어 모발의 흐름을 자연스럽게 하여준다.

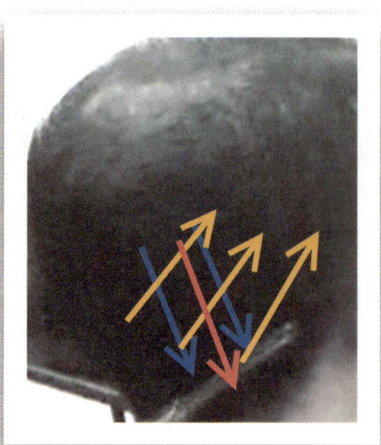

우측 귀 뒤 사이드부분은 사선 틴닝 방법으로 시술을 하여야 모발의 흐름을 안정적으로 할 수 있다. 이 부분은 귀라는 위험 요소가 있어서 대부분 시술을 진행을 하면 귀볼 안으로 틴닝의 날을 집어넣지 못해 시술이 않되는 곳 이기도 하다.

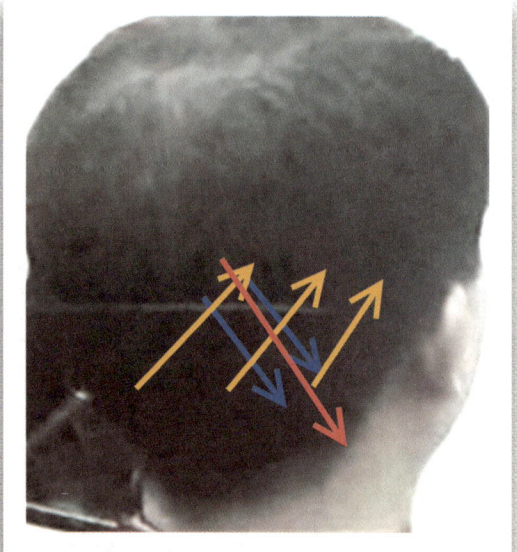

해서 시술을 하여 줄때에는 틴닝의 날을 세워주고 노란색 화살표 방향으로 틴닝을 집어넣어주고 빨강색 화살표 방향으로 틴닝을 빼내어주면서 시술을 하여준다. 그리고 파랑색 화살표 방향으로 빗으로 모발을 빗어주어 시술이 올바르게 되었는지 확인을 하여준다.

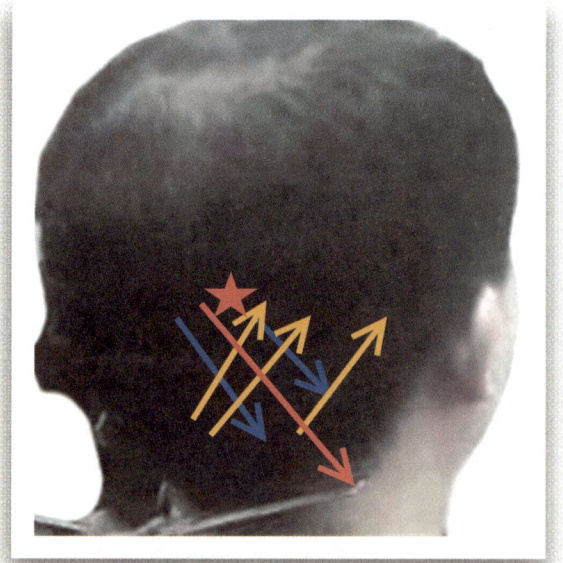

사진에서 (*)표의 부분은 후두부에 있는 요철부분인데 이곳을 기점으로 우측 후두부는 우측으로 틴닝 시술을 하여주고 좌측 후두부는 좌측 방향으로 시술을 하여주는 것이 일반적인 시술 방법이라고 할 수 있다. 하지만 모류의 흐름에 의해서 역행으로 시술을 진행 할 수 있다는 것을 명심하자.

(*)표 부분에 많은 모량이 모여 있는 경우가 많다. 그런 경우는 후두부에 볼륨감을 준다고 모발의 길이가 길어서 모여 있는 경우가 다반사다. 해서 저자는 지금은 쓰지 않는 시술이지만 싱글링 틴닝 방법으로 (*)표 부분을 시술 하여도 상관없다.

싱글링 틴닝 방법으로 시술을 하여 모발의 흐름을 자연스럽게 하여주어도 상관없다고 하였다. 시술을 알고 모발의 흐름을 볼 줄 알면 시술은 본인이 편한 방법으로 하여도 상관없다. 하지만 시술에서 기초적인 부분은 언제나 일관적으로 하여야할 것이다. 그래서 시술을 하는 데에 있어서 아래 부분에서 위의 부분까지 차분하게 시술을 하여준다.

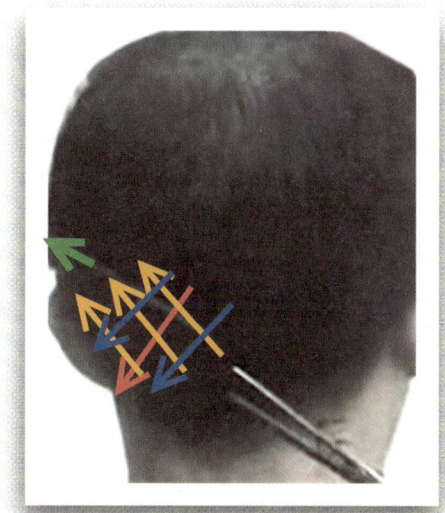

후두부 밑머리의 사선 틴닝처리를 하여 줄 때에는 사진에서 연두색 화살표 방향으로 빗발로 잘려야 할 모발 위의 모발들을 걷어내어 잘릴 부분을 보면서 틴닝 시술을 하여주는데 이곳은 제비초리가 있기 때문에 모발 흐름 반대로 시술을 하여 모발의 흐름을 바꾸어줘야 한다.

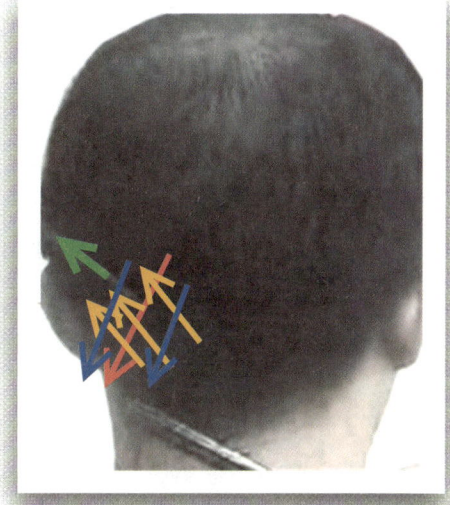

앞서도 서술하였듯이 모발을 빗발로 걷어내어 시술부분을 보면서 노란색 화살표 방향처럼 아래에서 위로 틴닝 시술을 하여 준다. 쉬운 방법이라 생각하겠지만 모발을 흐름을 본다는 것은 그리 쉬운 작업이 아니니 주의하여 빨강색 화살표 방향으로 시술을 하여준다.

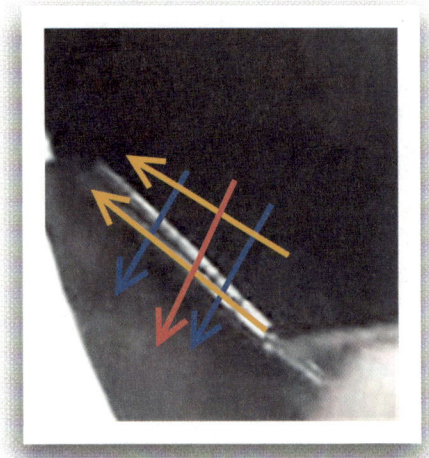

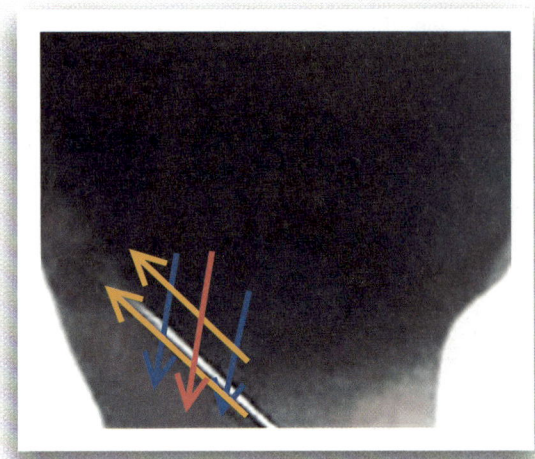

좌측 귀 뒤 부분도 틴닝 가위를 두피 쪽으로 젖혀서 사선으로 틴닝을 모발사이로 집어넣어 시술을 하여주는데 틴닝의 날이 두피 안쪽으로 들어가서는 않되고 사진에서처럼 틴닝의 날이 바깥으로 나와서 모발의 끝 부분을 시술하여야 한다. 틴닝의 날이 두피 속까지 들어가서 시술을 하게 되면 숱을 치는 개념으로 시술이 되기 때문에 시술이 되어서는 않된다.

틴닝의 절삭력이 높으면 모류교정이나 모량조절로 명칭이 되지 않고 그냥 숱을 치는 개념으로 바뀐다는 것이다 현대인들은 앞서도 서술을 하였지만 숱이 절대로 많은 경우가 별로 없다. 모발이 길어서 많아 보이는 경우가 더 많다고 할 수 있다. 하니 틴닝을 구입하려 할 때에는 신중하게 고르기를 바라고 절삭력이 높은 것보다는 절삭력이 낮은 것을 선택하기 바란다.

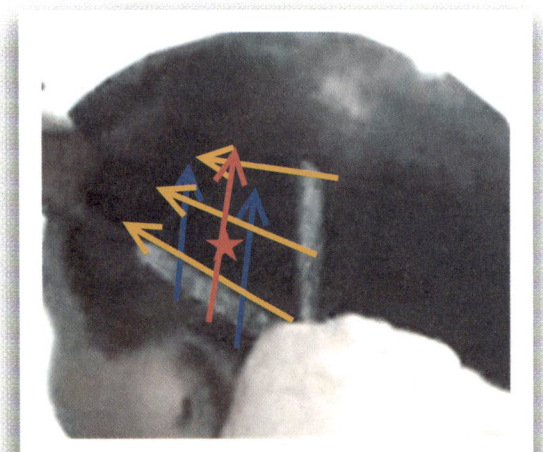

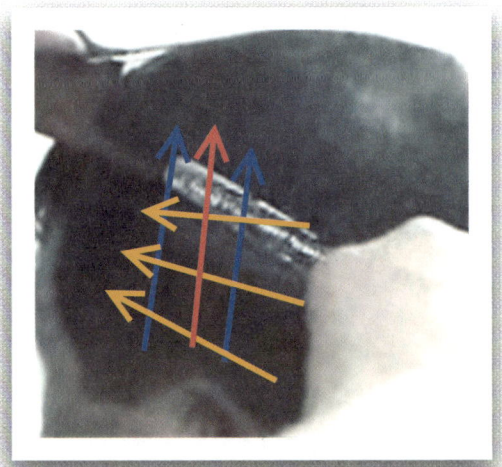

이곳의 중간 부분역시 모발이 길어서 모량이 모여 있다. 싱글링 커트 방법으로 틴닝 시술을 하여주어도 좋으니 속이 보일 때까지 틴닝 시술을 하지 말고 무거움만 없애는 정도로 시술을 하여 모발의 흐름을 자연스럽게 하여준다.

틴닝 가위와 빗을 합작하여 빗발로는 모발을 잡아내어주고 틴닝 가위로는 모발의 무거움만 절삭하는 방법으로 모량을 조절하여주는데 한곳에 시술을 너무 많이 하게 되면 시술된 곳이 휑하게 되는 경우가 있으니 시술을 하여 줄때에는 시술이 된 곳의 옆이나 위 아래로 시술을 하여 주도록 신경 써서 하여준다.

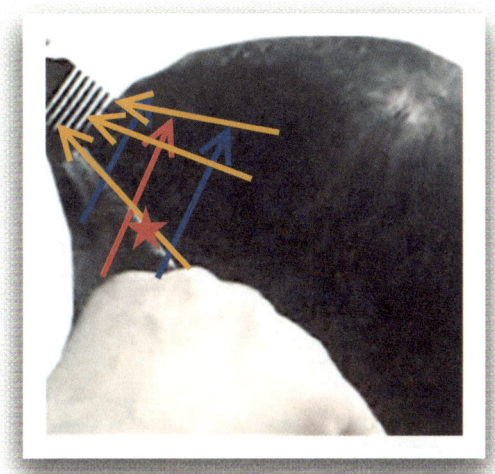

좌측면부 앞머리 부분에서는 (*)표의 부분이 모발의 양이 많아 보이면 사선 틴닝 방법이나 싱글일 틴닝 방법으로 모발의 무거움을 먼저 시술을 하여 모발의 흐름을 가볍게 만들어 지도록 시술하여주는 것이 시술의 첫 번째일 것이다.

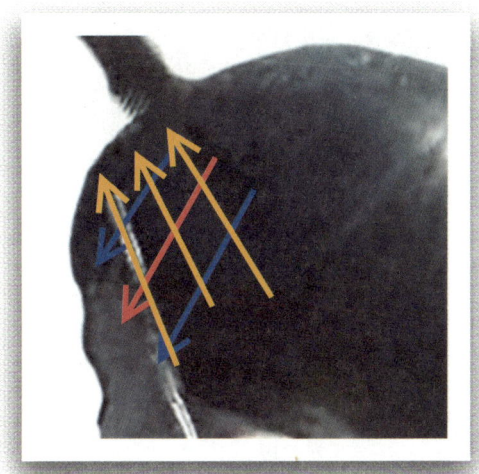

모량의 무거움을 시술을 하고나면 사진에서처럼 틴닝을 사선으로 모발사이로 집어넣어 시술을 하여주는 데 사진에서처럼 노란색 화살표 방향으로 틴닝의 날을 넣어주고 빨강색 화살표 방향으로 틴닝으로 모발을 절삭하고 나서 빼내어준다.

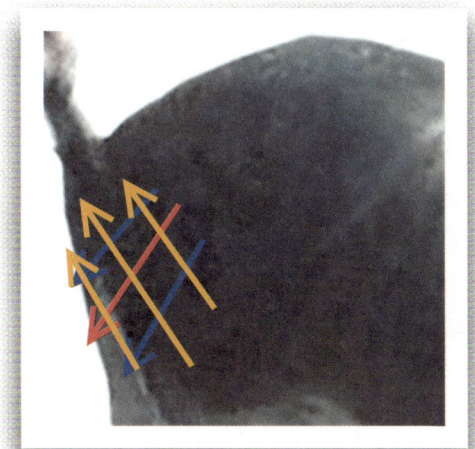

사선 틴닝 방법을 시술 하여 줄때에는 시술되어진 모발의 흐름을 볼 수 있어야 한다. 그래야 올바른 시술이 되엇나 확인을 하여주어야 한다. 그렇지 않은 경우에는 재 시술을 하여주어 모발의 흐름을 자연스럽게 내려오도록 다시 시술을 하여준다. 모발을 위에서 아래로 흐르는 중력의 영향으로 모발의 흐름을 자연스럽게 시술을 하여주어야한다.

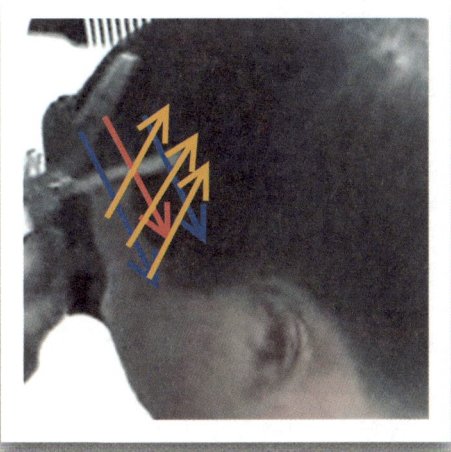

좌측면부 앞머리 부분을 틴닝 시술을 하여 줄 때에는 좌측면부의 구획과 천정부의 구획을 정확하게 나누어서 시술을 하여주어야한다. 대부분이 이곳의 시술을 할 때 클립으로 모발을 걷어 올려놓고 시술을 하는데 시술을 하면 무거움이 내려오기 때문에 시술이 올바르지 않다고 서술할 수 있다.

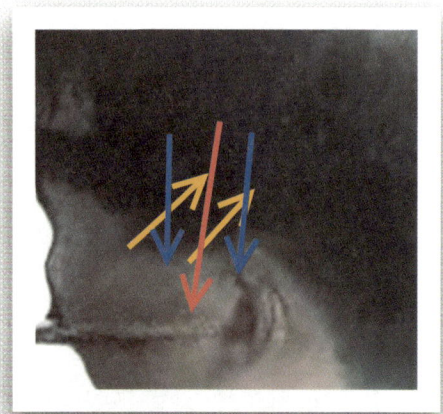

틴닝 시술을 하게 되면 시술을 하고난 후 틴닝의 진행방향이 정해져있다. 모발의 흐름을 앞서도 서술하였지만 위에서 아래로 흘러내리게 시술을 하여야 한다고 하였다. 틴닝이 사선으로 시술을 하면 노란색의 화살표 방향으로 시술이 되어 빨강색 화살표 방향으로 틴닝을 빼내는 것이 모발의 흐름을 만들어주는 시술이다.

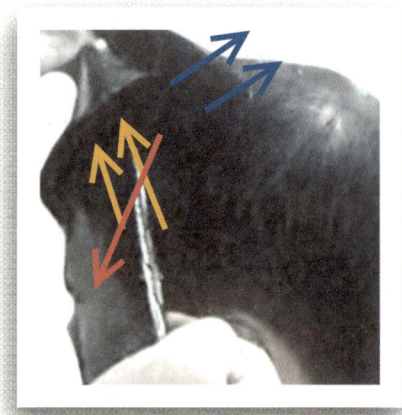

측면부와 후두부의 틴닝 시술을 하고나면 앞머리의 부분을 시술을 하여주는데 이곳에서도 모발의 흐름을 빗으로 빗어 내리면서 확인을 하여 모발이 정상적으로 아래로 흘러내린다면 시술은 모량 조절로만 하여주고 모발의 흐름이 정상적이지 않다면 모발 흐름의 반대방향으로 시술을 하여 아래로 내려준다.

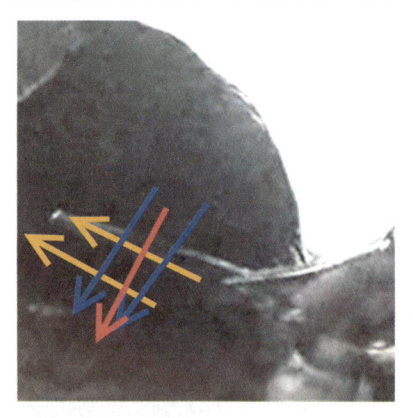

노란색의 화살표 방향이 모발의 흐름이 나오는 곳인데 이 부분을 시술을 하여주면서 빨강색 화살표 방향으로 밀면서 틴닝 시술을 하여주면 모발의 흐름이 아래로 내려오는 영향을 줄 수 있다는 것이다. 언제나 틴닝 시술을 하여 줄때에는 모발의 흐름이 순류로 흘러내리면 모량만 조절을 한다고 생각하고 모발의 흐름이 심하면 역행을 하여 시술한다는 것을 명심하여 시술한다.

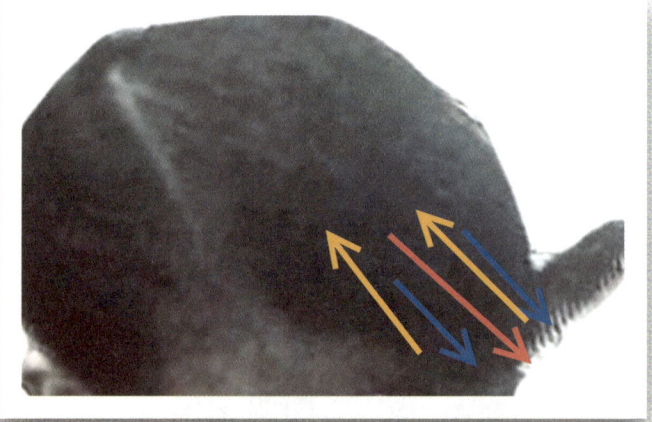

앞서도 서술을 하였지만 틴닝의 시술을 할 때에는 절삭이 낮은 것을 선택하여 시술을 하여준다고 하였다. 사진에서처럼 앞머리 부분의 시술을 하게 되면 절삭력이 높으면 시술의 부담감을 가지게 된다. 해서 절삭력이 낮으면 시술의 용이함이 생겨 자신감이 생기고 시술에 확실성을 가질 수 있으니 절삭력이 낮은 도구를 선택하여 시술하도록 한다.

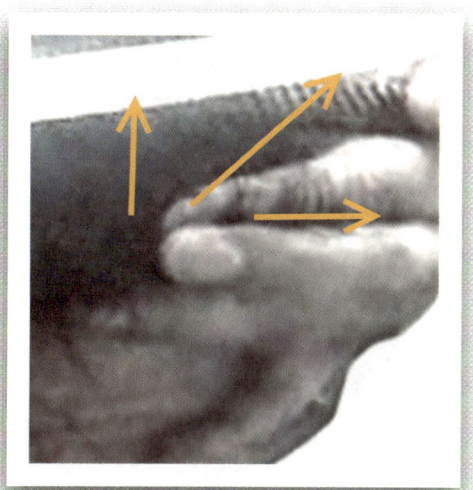

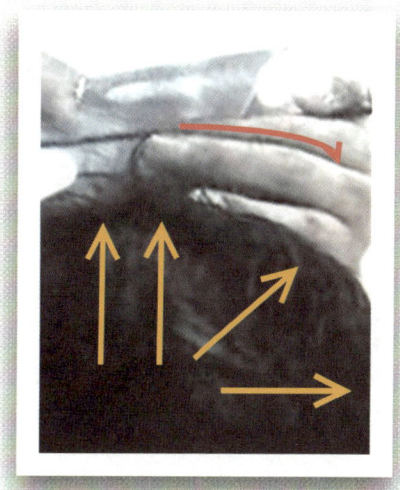

기장커트를 할 때에는 천정부의 모발들을 3번의 구획으로 나누어서 시술을 한다고 앞서도 서술하였다. 천정부의 중앙부위부분을 시술자의 위치에서 모발을 노란색 화살표 방향인 90"로 모발을 잡아내어 시술을 하여준다. 처음의 시술이 안정적으로 이루어져야 다음 모발도 안정적으로 시술을 연결해서 할 수 있으니 차분하게 시술토록 한다.

한번의 시술이 정확성이 있게 시술이 되어야 다음의 시술이 연결성으로 시술을 한다고 하였는데 모발을 뿌리에서부터 깨끗하게 잡아 올려주면서 잘릴 부분에서 멈추어 모발을 잡은 손가락의 모양에 맞추어 모발을 포물선의 기조로 모발을 절삭을 하여주는 것이 하나의 시술방법인데 이 하나의 방법을 자연스럽게 할 수 있을 때까지 연습을 하여 자세를 숙지하여준다.

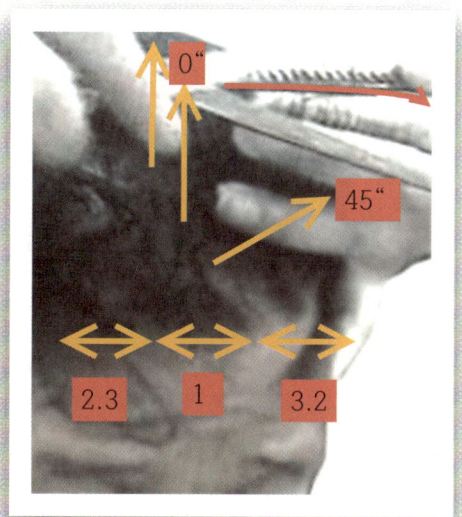

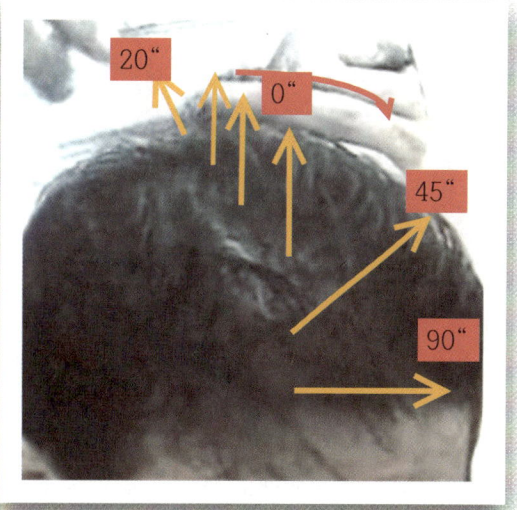

그렇게 중앙부분의 기준의 모발을 절삭을 하고나면 두 번째의 부분으로 시술을 연결하여주는데 사진에서처럼 중앙부분을 시술을 하고 옆으로 가서 시술을 하는 것이 아니고 중앙부분의 모발들을 가마부분까지 시술을 하고나서 양 눈 쪽 부분으로 시술의 위치를 바꾸어 시술을 하여준다.

해서 앞머리에서 가마부분까지 시술을 못 잘려도 5번 평균적으로 6~7번의 시술을 하여주는데 사진처럼 모발의 각도대로 시술을 하여주어 모발의 기준을 세워준다. 이 부분에서 기준이 정해져서 시술이 되면 다른 모발은 이 기준의 모발 길이에 맞추어 시술을 연결하여주어 전체의 조경을 할 수 있다.

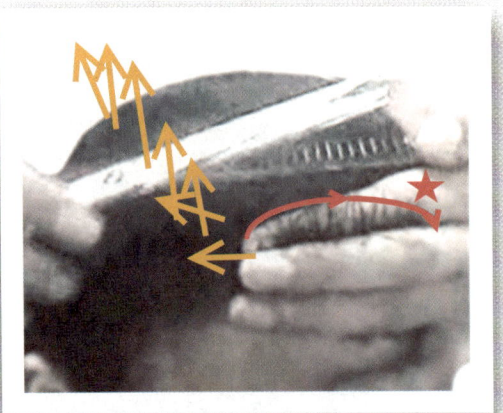

모발의 절삭을 할 때에는 사진에서처럼 모발을 잡고 있는 손가락의 기조처럼 포물선의 형태로 시술을 하여주는데 두상의 형상이 천정부든 측면부든 전부 포물선의 곡선을 가지고 있는 것이 두상의 형상인데 이 형상대로 시술을 하여주어야 안전하고 단정하게 시술이 된다는 것이다.

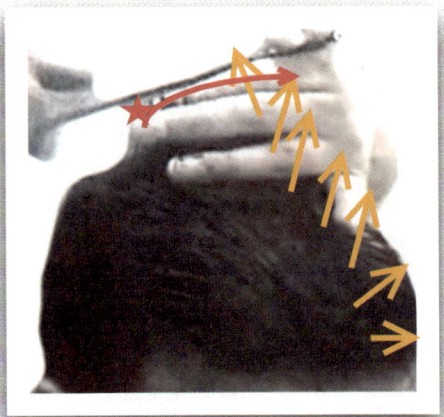

해서 천정부의 전체시술을 하면 천정부만 못 잘려도 15번의 시술과 평균적으로 18~21번의 시술을 하게 되어 전체 형태의 균형이 만들어지는 것 이라고 생각하면 될 것이다. 해서 순서에 입각하여 시술을 하여주고 연결성을 보아 모발의 흐름을 만들어주는 것을 잊지 말고 시술하자.

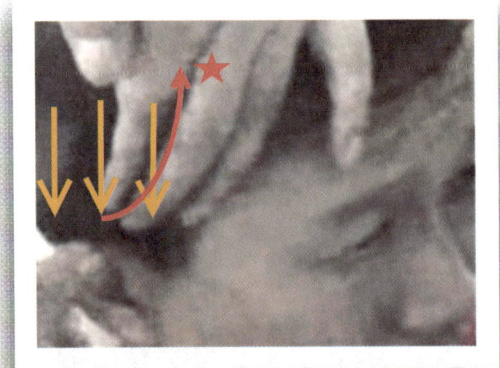

천정부의 시술을 마무리하고 나면 사진에서처럼 우측면의 기장커트를 연결해서 시술을 하여주는데 기장커트를 할 때에는 천정부는 모발을 잡아낼 때 수직적인 기조로 모발을 잡아내어 시술을 하지만 측면부는 모발의 각도가 수평각도로 이루어져서 시술이 되어야 사각형의 기조로 모발이 절삭이 되어야한다는 것이다. 앞서도 서술을 하였지만 남성커트의 기조는 여성커트의 기조와 틀리기 때문에 사각형의 기조로 시술이 되어야한다고 도해도와 남성커트의 정의에서도 서술을 하였었다.

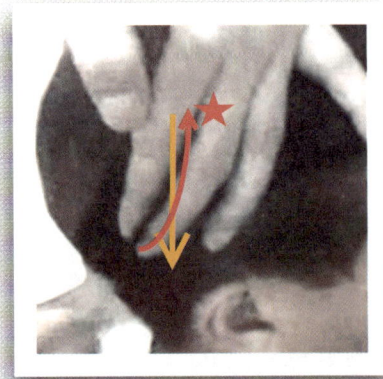

사진에서처럼 모발을 잡아내어서 절삭을 하여줄 때에는 검지와 중지의 손가락이 노란색 화살표처럼 위에서 아래로 들어오면서 모발을 뿌리에서부터 잡아내어 절삭을 하는데 이때 연결성은 (*)표 부분의 잘린 모발 길이에 맞추어 절삭을 하여준다. 이 (*)의 부분이 천정부의 시술을 한 중앙부분 기준부위의 모발인데 앞서도 서술을 하였지만 모발을 절삭을 하여줄 때에는 연결성을 찾아서 시술을 한다고 하였다.

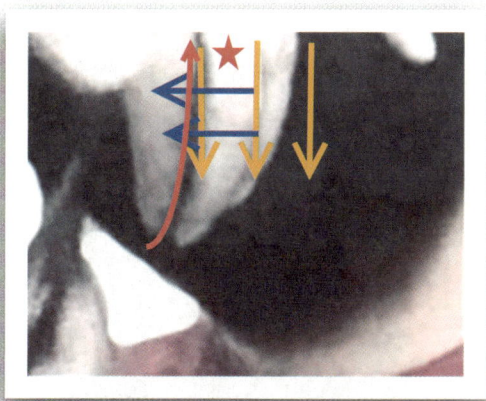

그렇게 측면부의 기장커트를 연결해서 시술을 하여주면 후두부로 시술이 연결이 되어 가는데 사진에서처럼 (*)표의 부분의 잘린 모발 길이에 맞추어 모발을 절삭을 하여주는데 손가락의 포물선 기조로 모발을 절삭을 하여야 두상 형상에 맞추어 시술이 된다고 하였다. 이렇게 측면부에서 후두부로 시술을 연결하여 시술한다.

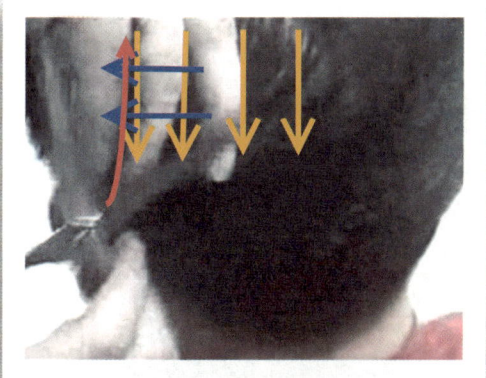

시술은 같은 방법으로 동일하게 하여주는데 모발의 잡을 때에는 빗으로 모발을 들어서 잡으려고 하지 말고 빗으로 모발을 빗는 중에 검지 손가락이 두피 쪽으로 집어넣어주면서 모발을 잡아 올려야 모발이 깨끗하게 잡힌다는 것을 명심하고 그렇게 잡힌 모발을 중지 손가락으로 같이 잡아서 (*)표 부분의 잘린 모발길이에 위치시켜 모발을 같은 형태로 시술하여준다.

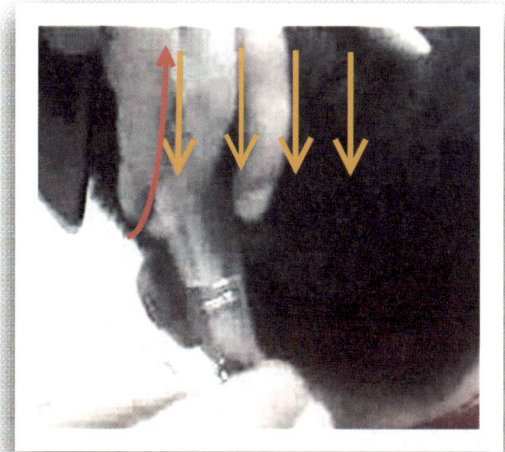

우측면부에서 기장커트를 시작하여 후두부를 지나 좌측면으로 돌아오기까지 많은 기장커트를 하지만 전부 같은 방법으로 시술을 하여주어야 모발의 흐름을 볼 수 있다. 모발은 자르는 것이 능사가 아니고 무엇을 잘라서 어느 부분과 연결을 자연스럽게 하는지를 보면서 시술을 하여주어야 올바른 커트 기술이라고 할 수 있다. 이때에 시술을 하는 곳의 위치를 다음 시술 때에도 연결을 하여 시술의 연속성을 가져야 할 것이다.

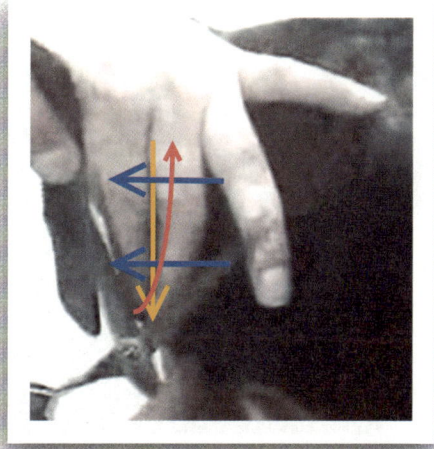

측면부의 기장커트를 시술하여줄 때에는 앞서도 서술을 하였지만 모발을 뿌리에서부터 깨끗이 잡아내어 절삭을 하는데 이때에 모발의 각도는 수평적인 기조인 90"의 각도를 유지시켜주고 손가락의 자세는 시술자의 각도에서 0"를 유지하면 십자가의 형태인 크로스가 만들어진다. 이때 손가락에 나온 모발을 절삭하여주는데 손가락의 각도역시 0"를 유지시켜주지만 손가락의 형태는 약간의 포물선을 만들어 시술하여준다.

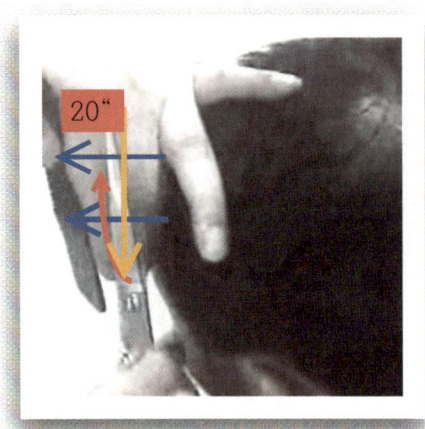

후두부에서 좌측면부로 시술을 연결하여주면 좌측면부 앞머리의 시술로 연결이 되어 진다. 우측면부 앞머리나 좌측면부의 앞머리 부분은 시술을 하여 줄때에는 각 측면의 앞머리부분을 각 방향으로 20˚정도 잡아당겨서 시술을 하여주어야 앞부분의 모발 형태가 자연스럽게 시술이 된다. 이 부분의 시술이 온전하게 되지 않으면 얼굴의 이미지가 갇히는 모양이 만들어지기 때문에 올바른 헤어스타일이 나오지 못하는 경향이 생길 수 있다.

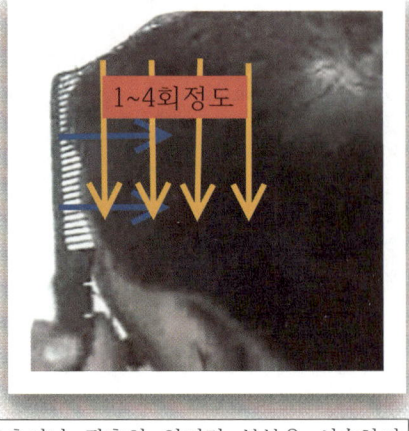

해서 우측이나 좌측의 앞머리 부분을 시술하여 줄때에는 꼭 앞부분의 모발을 20˚정도 잡아내어 시술하는 것을 명심하고 앞머리까지 시술을 연결해서 하고나면 사진에서처럼 모발을 이전의 방식과 비슷하지만 다른 방법인 되돌아 시술을 한다. 이때에는 앞서는 빗으로 모발을 당기듯이 하면서 시술을 하였다면 되돌아나가는 방법은 빗으로 모발을 밀듯이 하면서 시술을 연결해서 하여주는데 이때에는 귀 뒤 부분까지만 시술을 하여준다.

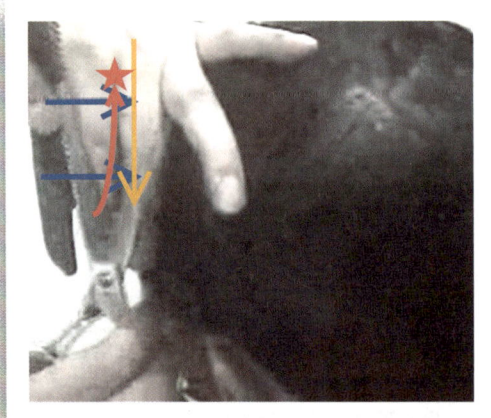

앞서 좌측면부까지 기장커트를 연결해서 시술을 하여왔다면 되돌아나가듯이 시술을 연결해서 하여주는데 귀 뒤의 부분까지 시술을 하여준다고 하였다. 이때에는 3~4회 정도 시술을 하여주는데 시술을 하다보면 예기치 않은 상황이 만들어져 시술의 연결성이 흐트러질 때도 있다. 그게 바로 좌측면에서의 상황이 만들어지는데 이곳을 시술을 하여줄 때에는 꼭 좌측면 앞머리에서 귀 뒤 부분까지 재 시술을 하여 (*)표 부분의 잘린 모발 길이에 맞추어 시술을 하여준다.

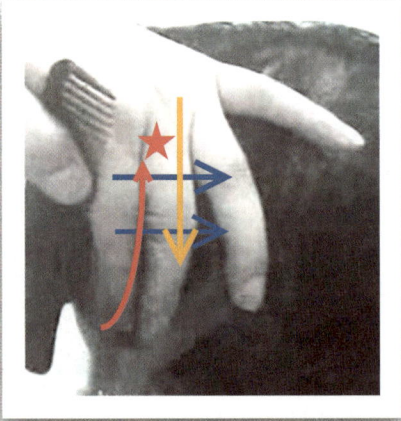

앞서도 서술을 하였지만 우측부터 시술을 하여올 때에는 빗발로 모발을 당기듯이 하면서 시술을 하였지만 되돌아 시술을 하여줄 때에는 빗발로 모발을 밀면서 중지가 모발사이로 들어가 뿌리에서부터 잡아내어 시술을 하여준다는 것을 명심하고 시술토록 한다. 이때에 시술 횟수는 3~4회 정도가 적당한데 더 촘촘히 시술을 나누어서 시술을 하여도 무방하다.

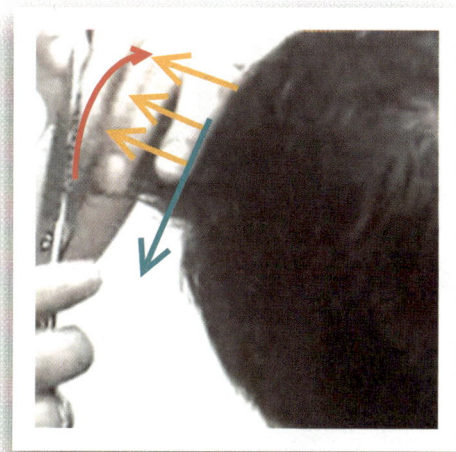

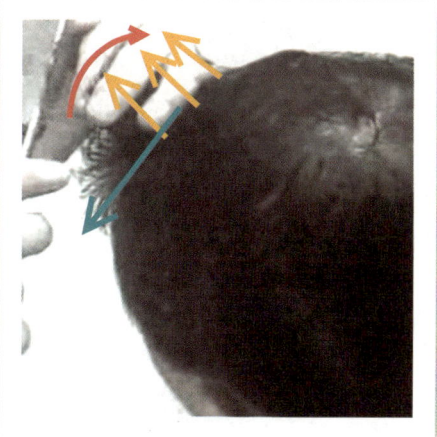

지금은 저자도 사용을 하지 않는 방법의 앞머리 시술인데 이 영상을 찍었을 때가 저자가 커트 교육을 시작한지 얼마 되지 않았을 때이라서 예전 기술을 썼다. 하니 이해하시길~ 사진에서처럼 모발을 앞에서 잡아서 손을 돌려서 모발을 잡은 모양이 사실은 산뜻하게 나오지 않는다는 것이다. 이 방법보다는 남색의 화살표처럼 앞머리를 0"로 잡아내려 시술을 하는 것이 좋다.

물론 지금 이 방법을 쓰고 있는 분들을 보게 된다. 이 방법은 모발이 긴 여성의 커트에서는 맞겠지만 모발이 짧은 남성의 커트에는 맞지 않겠다. 해서 모발을 앞으로 0"로 잡아내려 앞머리 형태에 맞추어 손님이 원하는 모양으로 시술을 하여주는데 중앙부분과 우측 눈 부분의 앞머리 좌측 눈 부분의 앞머리를 정각도로 내려서 시술하여준다는 것을 명심하고 시술한다.

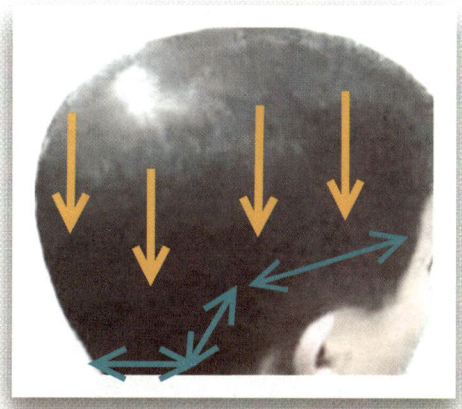

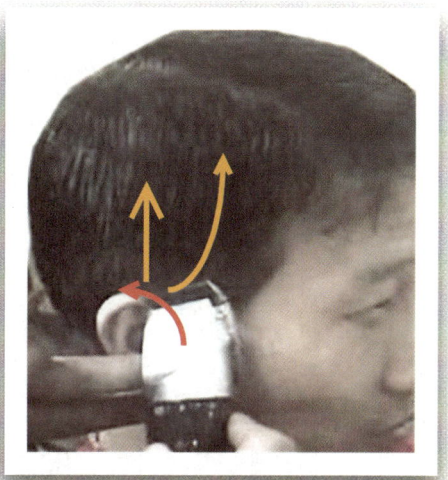

천정부와 측면부의 기장커트를 하고나면 사진에서처럼 모발이 자연스럽게 흘러내려야 올바른 커트를 한 것이다. 사진에서 남색의 화살표 밑 부분은 모발이 짧아서 기장커트 때 모발이 잡히지 않는다. 해서 이 부분은 클리퍼로 시술을 연결해서 하든 아니면 클리퍼로 시술을 결정하든지 해야 하는 부분이다. 저자는 클리퍼의 시술을 싱글링 시술 방법으로 만들어서 동일시시켰으니 클리퍼의 시술을 잘 하고자 한다면 싱글링의 자세를 연마하기 바란다.

사진에서처럼 클리퍼의 시술을 시작을 할 때에는 빗으로 베이스라인에 붙여서 시술을 하여도 좋고 사진에서처럼 클리퍼의 날로 베이스라인을 먼저 시술을 하여도 무방하다. 시술을 할 줄 알게 되면 시술의 방식을 자기식대로 바꾸어 시술을 하여도 무방하다. 하지만 모발을 자르고 시술을 하여 올라가는 방법은 바뀌지 않으니 유념하여 시술토록하자.

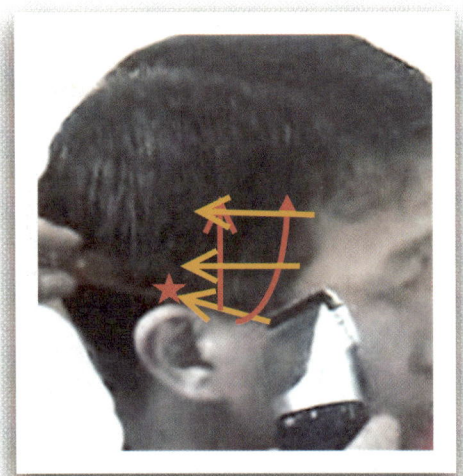

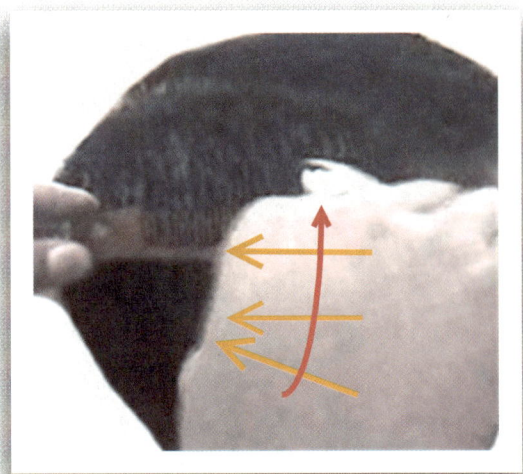

클리퍼로 귀 앞부분을 시술 할 때에는 클리퍼의 날을 빗면에 붙여주고 노란색 화살표 방향으로 시술하여준다. 이때에 클리퍼의 진행 방향이 사진에서(*)표 부분까지만 시술을 하여야 한다고 앞서도 서술하였었다. (*)표 부분의 뒷부분까지 시술을 하면 의도치 않은 모습의 짧은 현상이 생기게 된다.

해서 귀 부분의 살이 보이는 부분까지만 시술을 하여주고 사진에서처럼 클리퍼 시술을 하여주면서 빨강색 화살표 방향으로 빗을 진행하여 모발을 절삭하여주는데 사선에 빗이 위치하게 되면 꼭 수평적인 기조로 빗을 위치시켜주면서 모발을 시술하여준다는 것을 명심하고 시술한다.

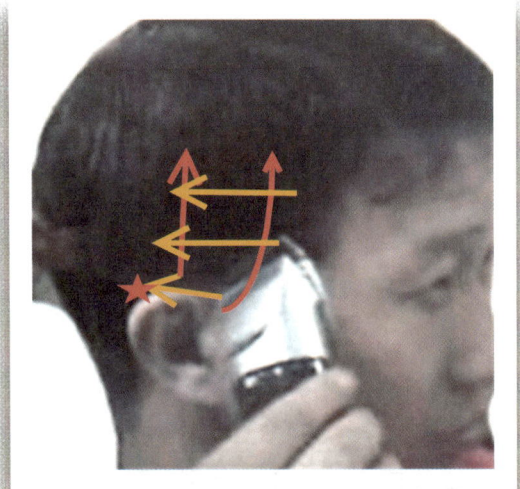

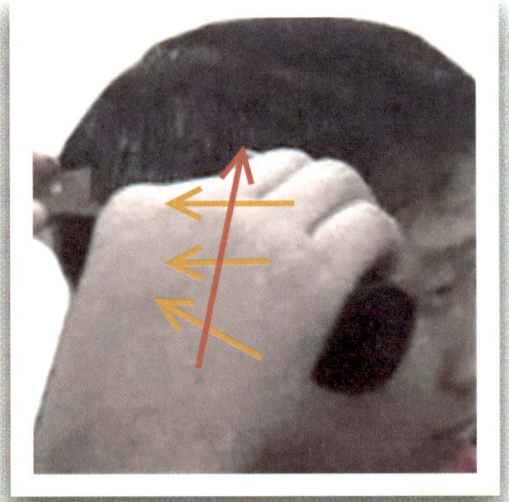

귀 위의 부분을 시술 할 때에는 귀 뒤의 부분이나 후두부의 영역을 시술하여서는 않되고 사진에서(*)표 부분의 앞까지 살이 보이는 부분까지만 시술을 하여주는데 베이스라인에 맞추어 시술을 하여 동일성으로 형태를 만들려고 시술하여야 한다. 이 부분에서 여러분들이 놓치는 부분이 많은데 이 부분의 형태를 여러분의 머릿속에 각인을 시켜서 시술토록하자.

앞 사진처럼 귀 위의 부분을 시술을 하고나면 그대로 연결을 해서 위의 모발을 클리퍼 시술을 하여주는데 이전의 클리퍼 시술 방식에 맞추어 시술한다.

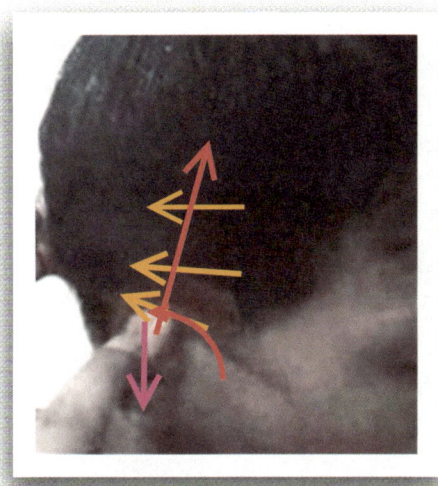

귀 위의 부분 베이스라인에 빗을 붙여 줄때에는 사진의 자주색 화살표처럼 귀 부분을 내려 눌러주면 빗이 들어갈 수 있는 공간이 만들어지게 된다. 이때 빗발을 모발사이로 집어넣으면서 빗면을 베이스라인에 붙여주면서 베이스라인의 모발을 빗발로 세워준다. 그런 후 클리퍼의 시술을 연결해서 시술을 하여준다.

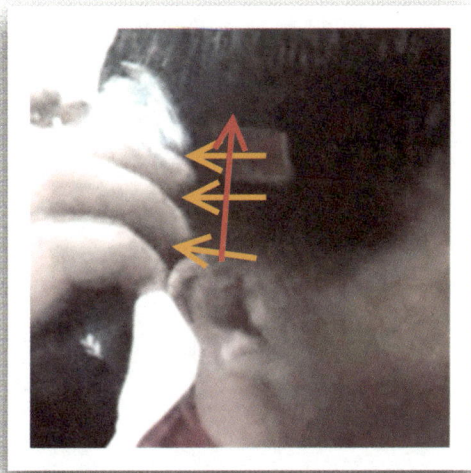

클리퍼의 시술을 하여 줄때에는 사진의 노란색 화살표 방향으로 클리퍼의 날을 빗면에 붙여 전진과 후진을 연결해서 모발을 절삭하여주면서 위의 모발을 절삭을 하면서 천정부에서 흘러내려오는 형태에 맞추어 시술을 하여주는데 짧은 모발 길이가 아닐 때에는 빗면을 두피라인에 맞추지 말고 모발 라인에 맞추어 시술을 하여준다.

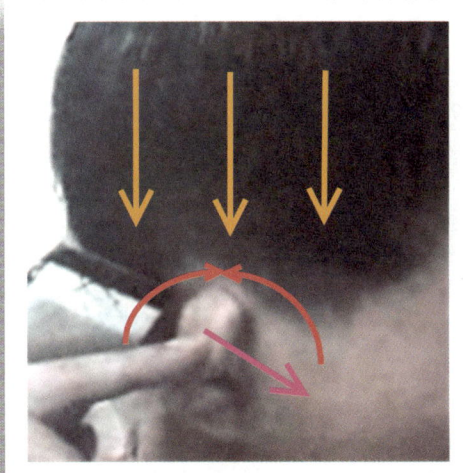

우측면부 귀 위의 시술을 하고나면 베이스라인을 정리하여주는데 사진에서처럼 검지나 중지로 귀를 내려 눌러주고 클리퍼의 날을 세워 **빨강색 화살표 방향으로 베이스라인의 잔털을 정리하여준다** 귀 뒤의 부분에서 시술이 되어오는 방법도 있고 귀 앞에서 시술을 하여 귀 위의 부분으로 시술이 되어도 좋다.

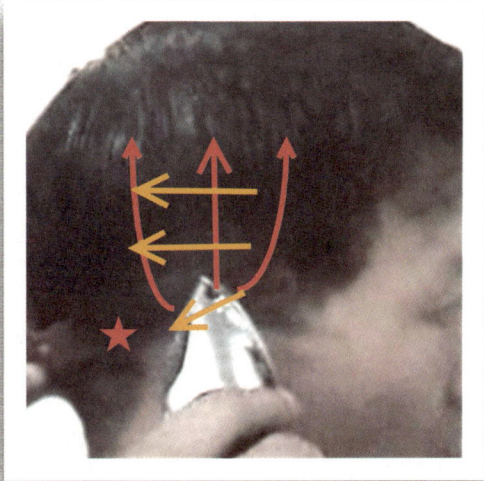

귀 위에서 귀 뒤로 베이스라인을 시술을 하여 줄때에는 사진의 (*)표 부분까지 시술을 하면 후두부의 모발이 절삭이 되어 의도치 않은 짧은 모발이 만들어져 더 짧아지기 때문에 (*)표 부분까지 시술을 하는 것이 아니고 클리퍼에 있는 화살표 끝까지만 시술을 하여주는데 이곳은 살이 보이는 부분까지만 시술을 하여야 안정적으로 시술을 할 수 있다.

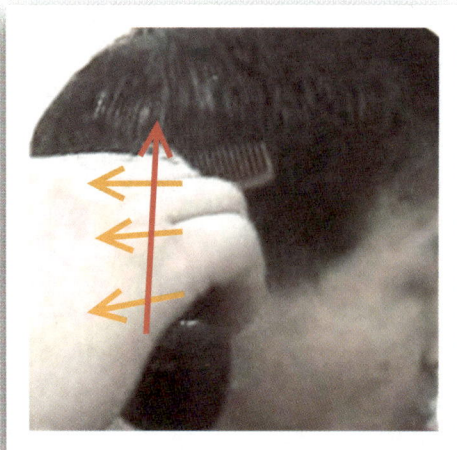
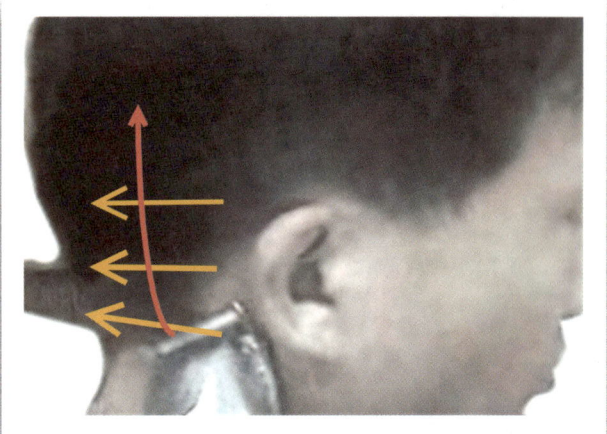

클리퍼의 시술을 하여 줄때에는 언제나 조심성을 가지고 모발을 절삭을 하여야한다. 모발은 각자의 객체를 띄고 있어서 잠깐 사이에 모발이 잘려 나갈 수 있으니 언제나 머릿속에 인지를 하고 시술을 하여야한다. 모발을 연결을 봐서 면을 고르게 만드는 작업이 결코 쉬운 것이 아니다 시술은 단순하지만 머릿속으로 인지를 하지 않고 시술을 하면 잠깐사이에 잘려나간다는 것을 명심하자.

귀 뒤의 부분의 시술을 하고나면 후두부의 시술로 연결하여 주는데 후두부의 구획은 보편적으로 시술이 용이하다 할 수 있다. 두상의 형상으로 후두부의 시술은 수평적인 요소로만 시술을 할 수 있어서 편한 시술이 된다. 하지만 이곳에서는 모류의 흐름이 상당히 많은 부분이 있어서 조심해야 할 부분도 많다. 일반적으로 후두부에는 제비초리라는 부분이 상당히 많다고 할 수 있다. 따로 모류 부분에서 제비초리에 부분에 대해서 서술을 하였으니 이 부분은 그곳에서 인지하기로 한다.

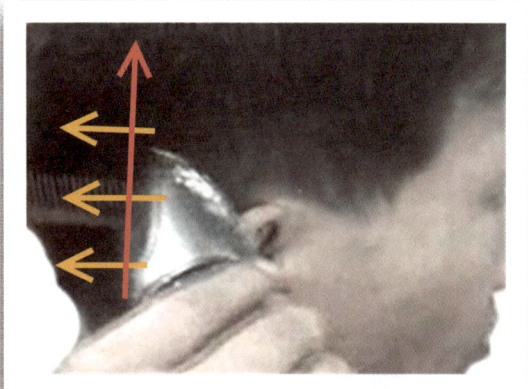
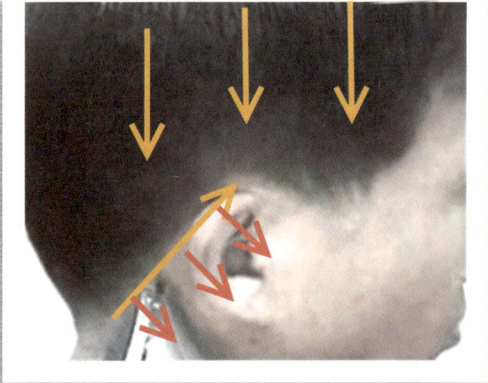

후두부 밑 부분의 라인을 정리하고 나면 그대로 빗발을 빨강색 화살표 방향으로 진행을 하면서 모발을 절삭하여 주는데 두상의 형상대로 포물선을 그리면서 시술한다. 이때 빗발에 걸려주는 모발은 우측은 잘린 모발과 좌측은 않잘린 모발을 같이 빗발로 잡아내어 클리퍼의 날로 같이 절삭을 하여 같은 길이의 모발 길이가 되도록 시술하여준다.

귀 뒤의 부분은 사진에서처럼 사선으로 이루어져 있다는 것을 알 것이다. 이 부분의 베이스라인의 시술은 사진의 노란색 화살표 부분에 클리퍼의 날을 붙여주면서 빨강색 화살표의 방향으로 시술을 하여주어 베이스라인의 부분을 깨끗하게 시술을 하면서 피부에 남아있는 잔털까지 깨끗하게 시술하여준다.

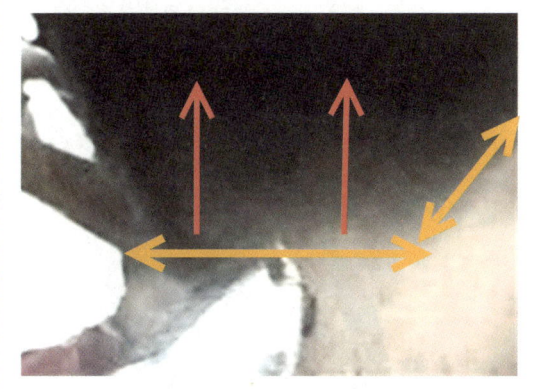
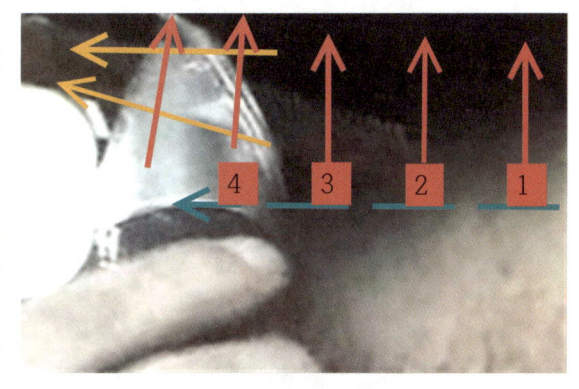

후두부의 밑 부분의 형태는 수평적인 요소로 이루어져있다. 모든 물체는 수평적인 요소로 이루어져있는데 두상의 밑머리부분은 좌측에서 우측까지 바닥의 베이스라인을 수평적인 기조로 하여주어 시술을 하여야 헤어스타일에서의 안정감이 만들어진다. 해서 사진의 노란색 화살표처럼 베이스라인을 수평적인 기조가 되어야하고 빨강색 화살표처럼 시술을 하여 줄때에도 시술 라인까지 수평적인 요소로 만들어져야한다.

모발들을 절삭을 하여 줄때에는 사진에서처럼 평선처럼 시술을 끝에서 끝까지 한번에 해서는 않되고 사진의 번호처럼 시술을 나누어서 시술을 하여주어 면을 깨끗하게 하여주고 라인의 흐름을 단정하게 하여주어야하는데 그러기 위해서는 면의 시술을 나누어서 해주어 앞서도 서술한데로 우측의 잘린 모발 길이에 맞추어 좌측의 않잘린 모발을 같이 절삭을 하여야한다고 하였다. 그렇게 시술을 하면 같은 길이의 모발 길이가 되서 연결성이 좋다고 하였다.

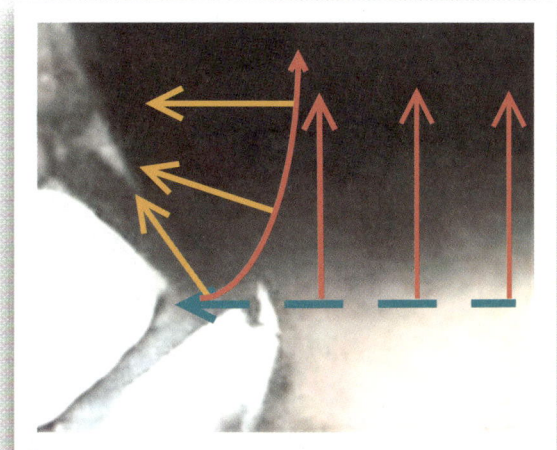
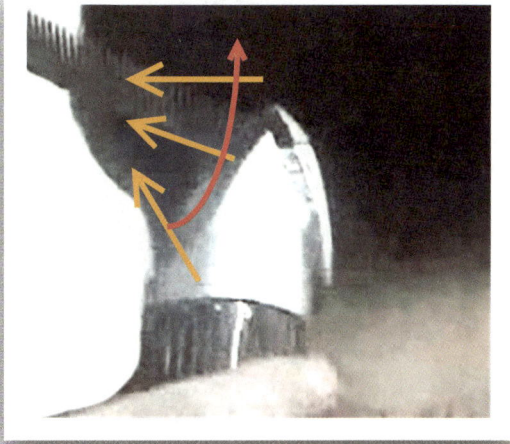

이렇게 오른손잡이는 오른편에서 시술을 시작하여 왼편에서 시술을 마무리 짖게 되는데 후두부의 시술을 깨끗하게 하지 못하게 되면 전체 모양을 이상한 형태로 만들어진다는 것이다. 해서 시술을 할 때에는 마무리 부분인 디테일이 되어있어야 한다고 저자는 언제나 강조하는 부분이다.

후두부의 베스라인부터 시술라인까지 시술을 하고나면 좌측 귀 뒤 부분의 시술을 연결해서 하여주는데 사진에서처럼 빗을 사이드부분의 사선으로 붙여주면서 빗발을 세워주면서 베이스라인에 있는 모발을 빗발로 세워 정각도로 만들어주면서 클리퍼 시술을 하여 베이스라인부터 시술을 시작으로 노란색 화살표 방향으로 빗을 수평적인 기조로 만들어주면서 시술하여준다.

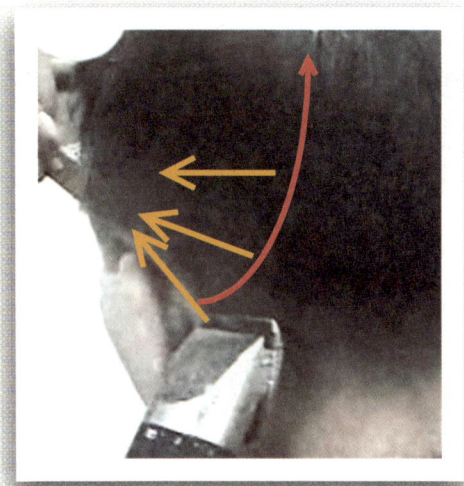
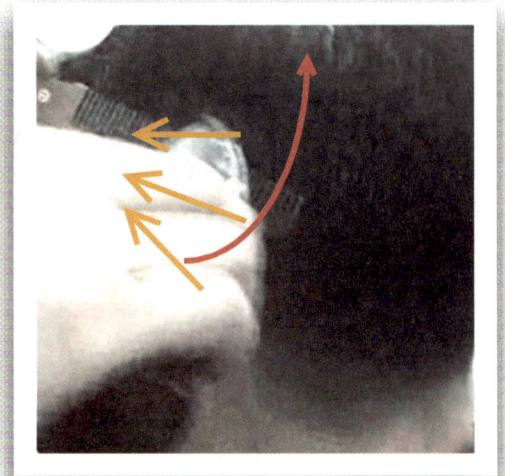

좌측 후두부의 모발들을 절삭하고 나면 좌측 귀 뒤 부분의 시술을 연결해서 하여주는데 우측 귀 뒤 부분과는 달리 빗이 밑으로 오고 빗을 잡은 손이 위에 위치하게 된다. 이때에 시술은 클리퍼 시술을 하여주면서 빗을 수평적인 기조로 만들어서 시술을 하여주는데 사진의 노란색 화살표처럼 차분히 밑에서부터 시술을 하여준다는 것을 명심하고 시술토록 한다.

시술을 할 때에는 왼손잡이는 왼편에서 시술을 시작을 하여주고 오른손잡이는 오른편에서 시술을 하는 것이라고 앞서도 서술을 하였었다. 시술을 하다 보면 순서를 잊는 경우가 많은데 언제나 시술을 하여 줄때에는 시술의 순서를 언제나 머릿속으로 인지를 하면서 시술을 하여주어야한다. 그렇지 않다면 시술은 산으로 가버릴 태니 말이다.

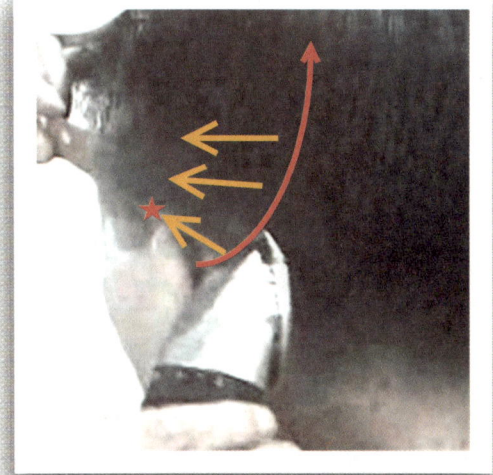
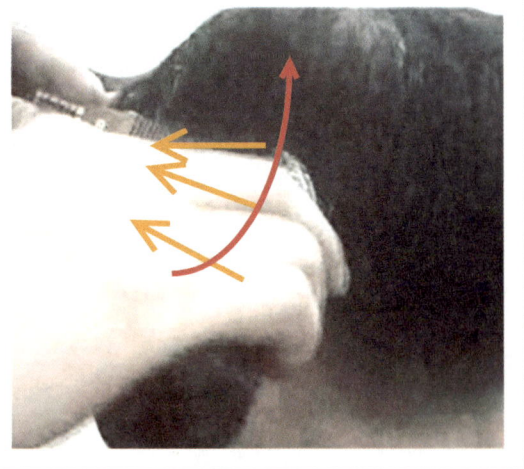

귀 뒤의 부분을 시술을 하고나면 귀 부분의 시술을 연결해서 시술을 하게 되는데 이때에 빗을 귀부분의 베이스라인에 붙여주고 클리퍼의 날을 빗면에 붙여 모발을 절삭을 하는데 이때에는 좌측 앞머리까지 시술을 하는 것이 아니고 사진의 (*)표 부분까지인 살이 보이는 부분까지만 시술을 하여주어야 안정적인 클리퍼 시술을 할 수 있다.

이 부분에서 클리퍼의 날이 (*)표의 부분 앞으로 넘어 들어와서 시술을 하게 되면 좌측면부 앞머리 부분이 짧아지게 된다는 것이다. 모발 부분의 어느 한 곳이 짧아지게 되면 그 밑에 있는 모발들은 전부 절삭을 해야 하는 상황이 만들어지기에 절대로 귀 부분에서 클리퍼 시술을 하여 줄때에는 신중을 기해서 시술을 하여 안정적으로 형태의 모양을 만들려고 노력을 해야 할 것이다.

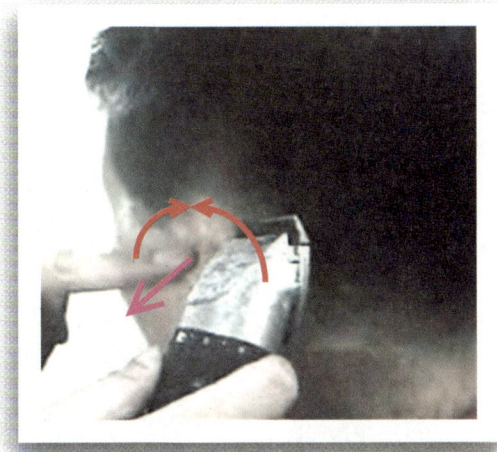 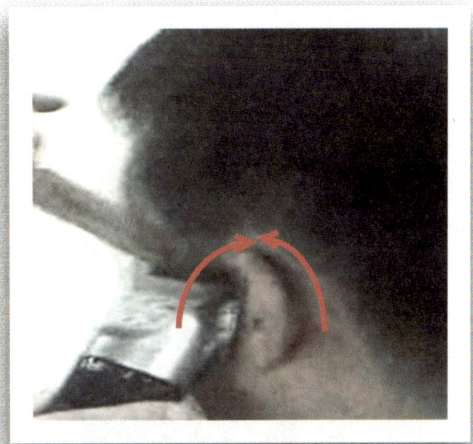

귀 부분을 시술을 하고나면 귀 부분의 베이스라인을 정리를 하여주는데 사진의 자주색 화살표처럼 귀 부분을 왼손가락으로 내려 눌러주고 클리퍼의 날을 세워 빨강색 화살표 방향으로 곡선 적으로 시술을 하여주는데 사진에서 보이는 베이스라인의 잔털을 정리하여주어 귀 부분을 깨끗하게 정리하여준다.

앞 사진에서 클리퍼의 날로 귀 부분의 베이스라인을 정리를 하는데 귀 뒤에서 시술을 하여 귀 위로 올라오고 사진처럼 귀 앞에서 귀 위로 베이스라인을 정리를 하면 시술이 용이해진다. 그런 후 사진에서처럼 빗을 귀 앞부분에 붙여주어 귀 위에서 앞머리로 넘어오는 라인을 잘린 모발 길이에 맞추어 절삭하여준다.

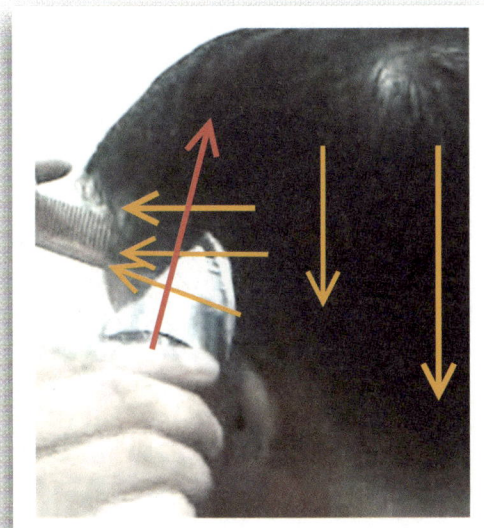 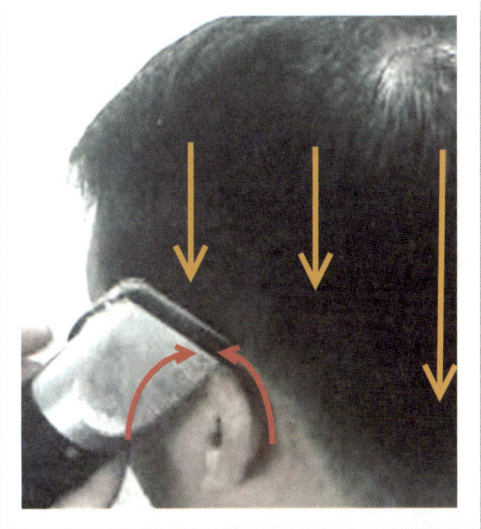

귀 앞부분의 모발을 절삭을 하고나면 사진에서처럼 노란색 화살표 방향으로 클리퍼의 시술을 하여주면서 사선에 위치해있는 빗의 자세를 수평적인 기조로 만들어주면서 시술을 면 부분과 라인이 어우러지게 시술을 하여 안정적으로 모발의 흐름을 만들어준다.

그리고 나서 귀 부분의 베이스라인에 잔털이 남아있으면 다시 사진에서처럼 클리퍼의 날을 세워 귀 부분의 베이스라인 잔털을 시술하여 깨끗한 모양으로 만들어준다는 것을 잊지 말고 시술한다.

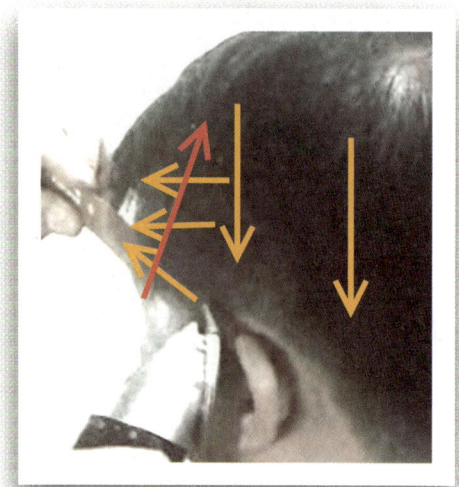

베이스라인을 시술을 하고나면 다시 좌측면부 앞머리부분의 시술을 연결해서 시술을 하여주는데 여태까지 시술을 하였던 방법으로 동일하게 시술을 하여준다. 앞머리 부분의 시술을 상당히 까다로운 모양을 가지고 있어서 잘못시술이 되면 엉뚱한 모양이 나올 수 있으니 조심해서 시술하여주어야 한다.

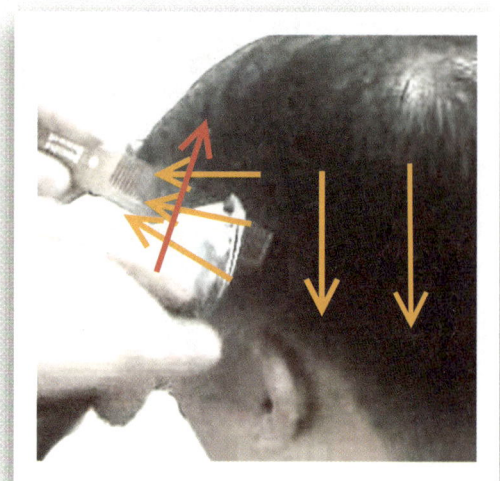

우측면부에서 시술을 시작하여 후두부를 돌아 좌측면까지 시술을 하고나면 클리퍼의 시술은 마무리가 나는데 모발을 빗발에 걸려 세워주면 우측의 잘린 모발 길이에 맞추어 좌측의 않잘린 모발을 같이 절삭을 하여 같은 길이로 만들면서 시술을 하여준다고 앞서도 서술을 하였었다.

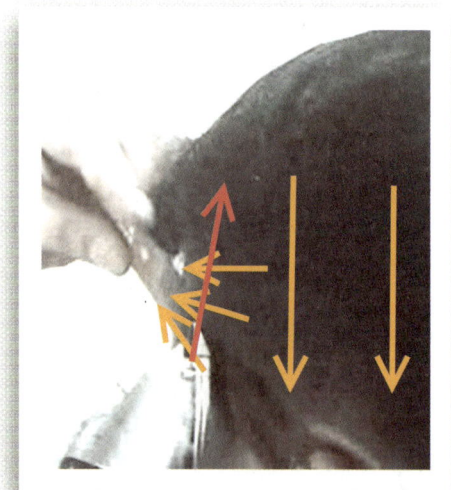

같은 방법의 시술을 반복해서 모양을 만드는 것이기 때문에 여러 가지의 방식의 시술은 사용이 되지 않는다는 것을 인지하여 시술을 하여야 한다. 해서 클리퍼의 정의는 자르는 성질밖에 없어서 빗으로 잘라야할 모발을 정하게 해야 시술이 용이하게 된다는 것을 알고 시술을 하도록 한다.

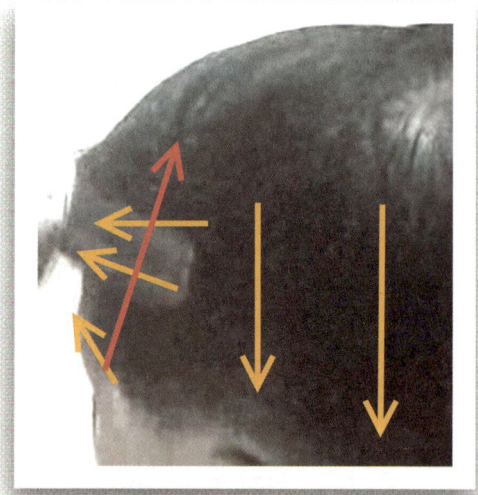

좌측 앞머리를 시술을 하여 줄때에도 빗발로 모발을 잡아내어 이전에 잘린 모발 길이에 맞추어 않잘린 모발을 같은 길이가 되게 절삭을 하여주어 모발이 편차가 생기지 않게 하여주면서 시술을 하여주어야 안정적인 시술이 된다는 것을 인지하자.

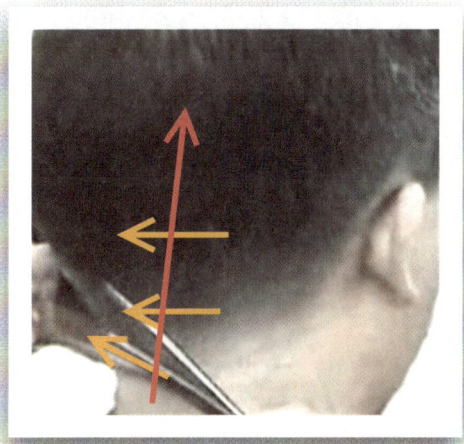

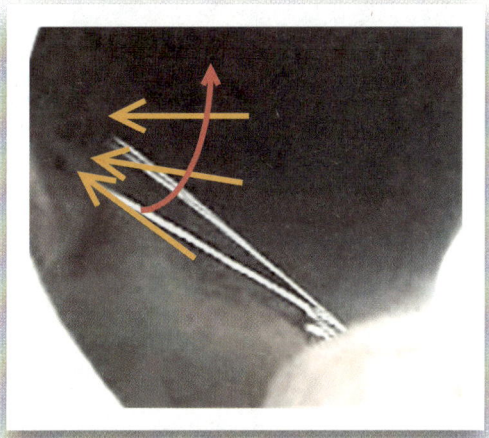

클리퍼의 시술을 하고나면 싱글링 의 시술을 연결해서 하여주는 것이 맞는 순서라고 할 수 있다. 지금의 저자는 싱글링 으로 마무리를 하지 않지만 사진의 모델 때에는 싱글링 으로 마무리를 하여 모든 공정을 시술의 정리를 하여서 영상대로 해설을 하여 마무리를 지어본다.

싱글일의 시술방법이나 클리퍼의 시술방법 어느 것이든지 같은 방법을 유지하면서 시술을 하는 것이 저자의 시술 방법인데 싱글링 으로 마무리를 지을 때에는 클리퍼의 시술 때처럼 우측에서 마무리를 시작하지 않고 후두부의 중앙부분에서 시술을 하여 좌측으로 넘어서 시술을 연결하면 다시 후두부로 돌아와서 우측면으로 넘어가면서 시술 방향을 정해야 수월하게 시술을 연결 할 수 있다.

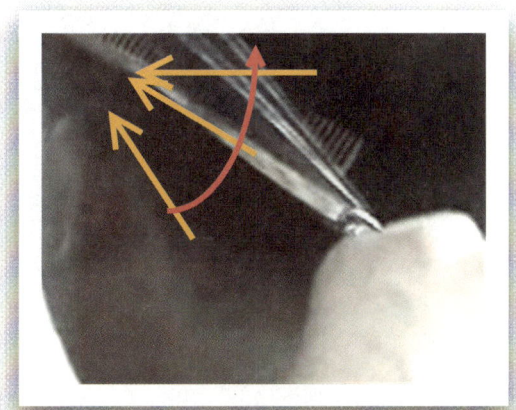

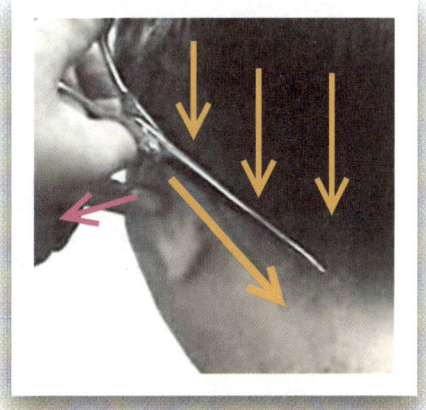

해서 사진에서처럼 후두부 밑 라인에서 시술을 시작하면 좌측 귀 뒤의 부분으로 시술을 연결을 하면서 시술을 하여주는데 클리퍼의 시술 방법과 동일한 방법으로 시술을 연결하여준다. 클리퍼는 시술 시간을 빠르게 진행을 해서 시술을 할 수 있다는 장점이 있는 반면 가위 싱글링 커트는 섬세함을 가지고 시술을 할 수 있다는 장점이 있다.

반면 가위 싱글링 커트는 빠르게 진행을 할 수 없다는 단점을 가지고 있고 클리퍼의 시술은 섬세함을 가지지 못하는 경우인데 저자한테는 사실 클리퍼의 단점이 상관없다는 것 이지만 여러분들한테는 이 부분을 알고 연습에 집중을 기하여 만전을 기하는 기술자가 되길 바란다. 사진에서처럼 후두부에서 싱글링 커트를 하여 면에 남아있는 잔털이나 안테나를 정리하였다면 가위 날을 이용하여 가위 밥을 베이스라인에 시술을 하여 깨끗한 라인으로 시술을 하여준다.

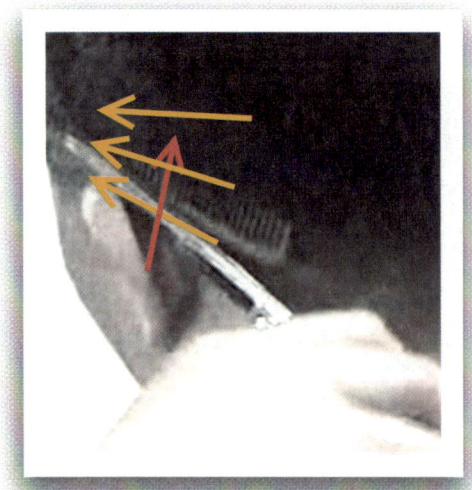

귀 뒤의 부분을 싱글링 시술을 하여 줄때에는 귀라는 위험요소가 있으니 귀를 내리눌러 주고 빗발을 베이스라인에서 모발사이로 들어가면서 빗면을 붙여주고 가위의 날을 빗면에 붙여준 후 싱글링 시술을 하여주는데 빗면에 붙은 가위의 날이 떨어져서는 않된다는 것을 명심하자.

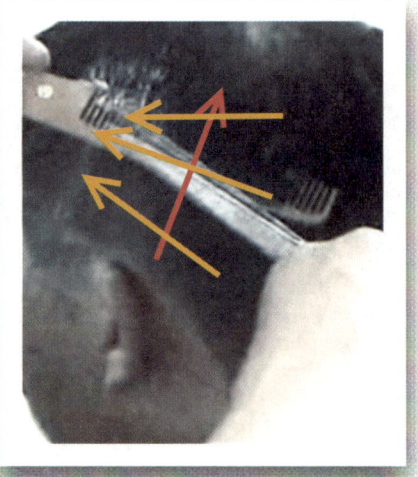

귀 부분에서는 클리퍼를 시술을 하여도 조심을 하여서 귀의 상처를 주어서는 않된다고 하였는데 그나마 클리퍼의 시술시의 상처는 대수롭지 않은 경우가 많다. 하지만 가위라면 상황이 달라지게된다. 가위의 날은 살아있는 생생한 날을 가지고 있어서 약간의 실수에도 큰 상처가 날수 있으니 조심해서 시술토록 한다.

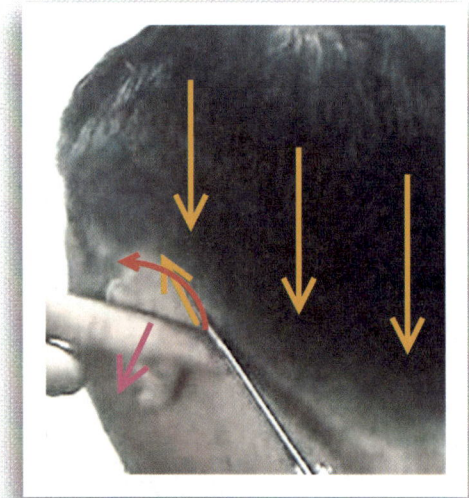

앞장에서 가위 밥을 귀 뒤에서 후두부의 방향으로 시술을 하였다면 다시 한번 귀 뒤 부분에서 귀 위로 가위 밥을 시술하여주는데 이때 주의 할 점은 가위의 날을 세우지 말고 사진처럼 두피 쪽으로 내려서 시술의 하여주는데 귀의 부분은 시술의 면이 확실하게 보이게끔 자주색 화살표 방향으로 내려 붙여주고 시술하여주어야 한다.

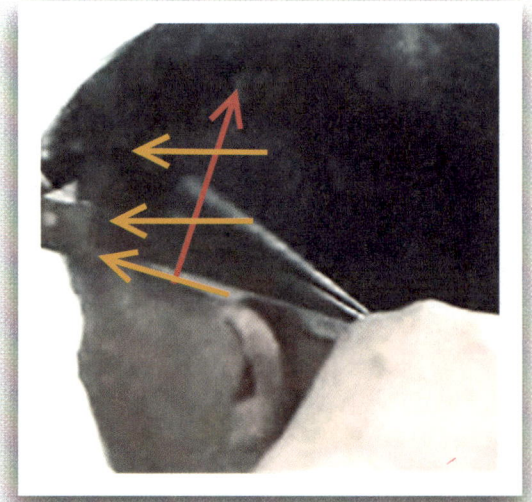

귀 부분의 시술을 하여 줄때에는 가위의 날이 시술을 하는 것이기 때문에 가위로 싱글링 을 시술할 때 귀의 안전을 먼저 염두에 두어서 시술을 하도록 한다. 쉬운 방법일 것 같으나 귀의 부분은 빗으로나 가위로나 아니면 손가락으로도 밀리고 당겨 질수 있으니 극히 조심하여 시술토록 한다. 안전이 먼저임을 명심하자.

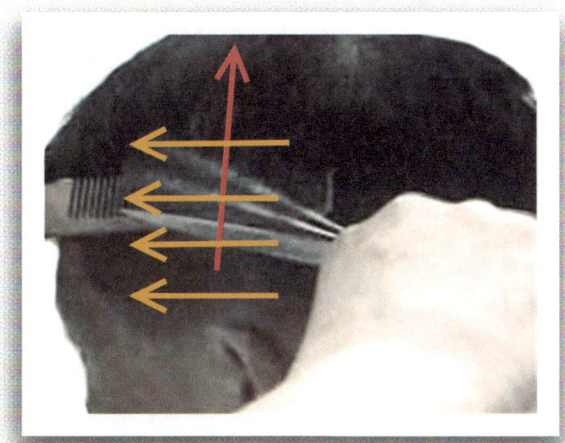
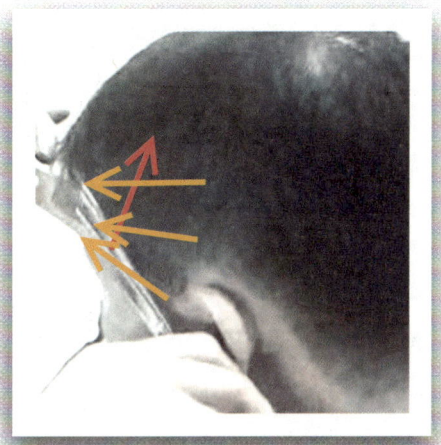

귀 부분의 싱글링 커트를 하고나며 좌측면의 앞머리 부분의 싱글링 커트를 이어서 시술을 하여주는데 이전의 시술 방법과 동일하게 하여 시술한다. 싱글링 커트의 시술을 하여 줄때에는 시술되어진 부분 바로 위의 모발을 연결해서 시술을 하는 것이기 때문에 상당히 정밀한 작업을 요하는 시술이라 할 수 있다. 해서 싱글링 커트를 시술하여야 할 때에는 성급함보다는 조심함과 어전함을 그리고 자세의 완벽성을 가지고 시술을 하여야한다.

빗의 시술이 시작 할 때에는 빗을 사선적인 기조에서 수평적인 기조로 만들어주면서 시술을 하여야한다고 앞서도 서술을 하였다. 언제나 어디서나 빗의 자세가 사선적인 요소로 되어있을 때에는 수평적인 기조로 만들어 주면서 시술을 한다는 것을 명심하도록 하자.

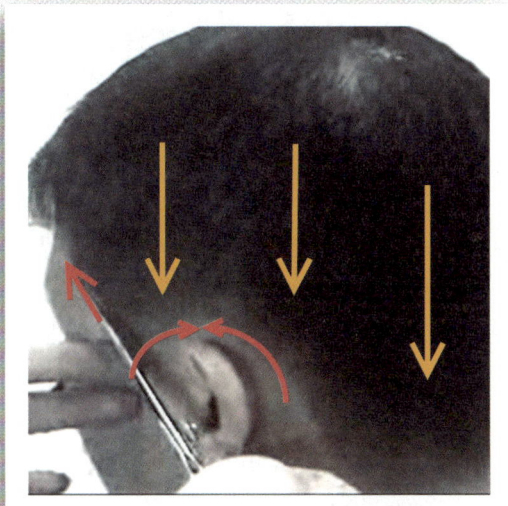
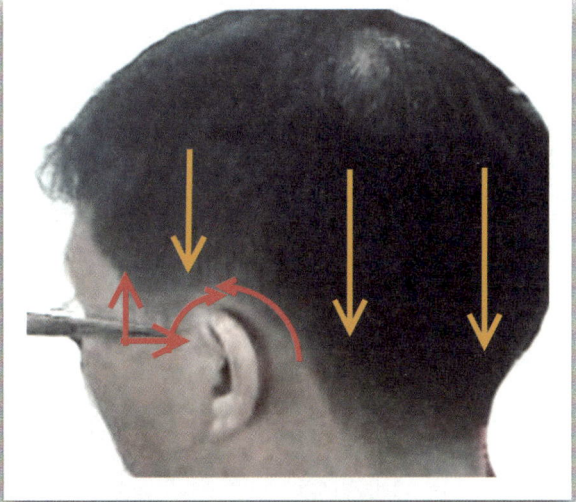

귀 위의 부분과 귀 앞의 부분을 가위 밥 시술을 하여 줄때에는 사진에서처럼 베이스라인을 깨끗하게 시술을 하여주는 것을 잊지말아야하며 앞머리의 라인에 따라서 가위 밥을 주어 앞머리의 형태에 맞는 모양을 만들어주면서 시술토록 한다.

사진에서처럼 가위 밥을 주는 방법을 베이스라인의 형태에 따라서 모양과 시술의 방법이 바뀌게 되는데 시술을 하여줄 때 가위를 정확하게 잡고 시술을 하여야 안전한 시술을 할 수 있다. 그리고 구렛나루 부분에 가위 밥을 줄 때에는 사진에서처럼 가위의 날을 역행으로 잡아서 시술을 하여주는데 가위의 아랫날이 수평으로 들어오면서 시술을 하여준다.

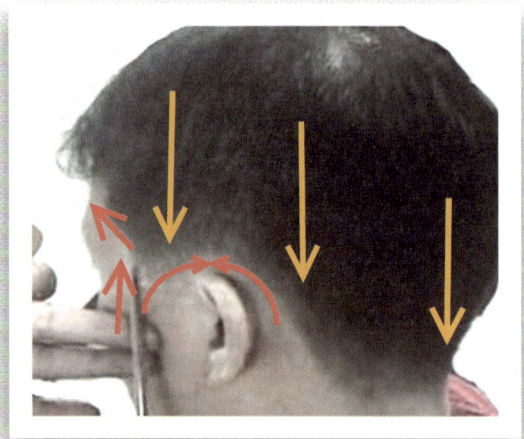

귀 위의 부분과 귀 앞의 부분을 가위 밥 시술을 하여 줄때에는 사진에서처럼 베이스라인을 깨끗하게 시술을 하여주는 것을 잊지말아야하며 앞머리의 라인에 따라서 가위 밥을 주어 앞머리의 형태에 맞는 모양을 만들어주면서 시술토록 한다.

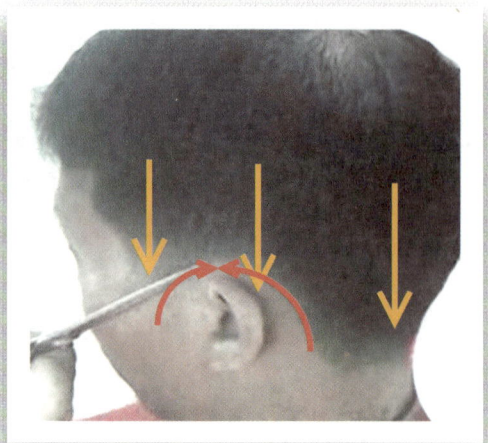

사진에서처럼 가위 밥을 주는 방법을 베이스라인의 형태에 따라서 모양과 시술의 방법이 바뀌게 되는데 시술을 하여줄 때 가위를 정확하게 잡고 시술을 하여야 안전한 시술을 할 수 있다. 그리고 구렛나루 부분에 가위 밥을 줄때에는 사진에서처럼 가위의 날을 역행으로 잡아서 시술을 하여주는데 가위의 아랫날이 수평으로 들어오면서 시술을 하여준다.

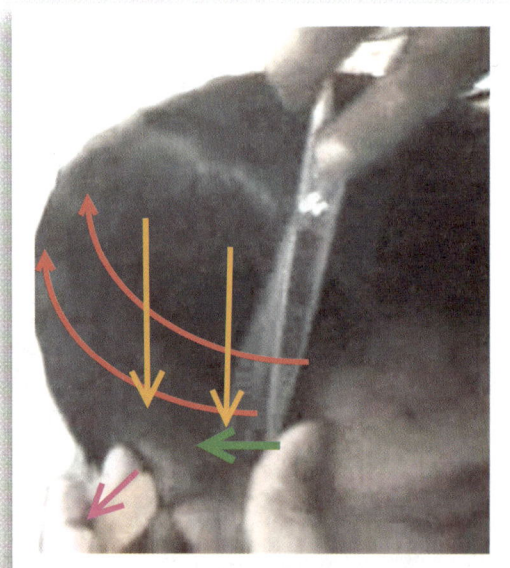

옆 가위질 즉 트리밍을 시술하는 것은 사진에서처럼 두상의 형상을 따라서 시술을 하여주어야 하는 것이 첫 번째 요건이 되겠다. 해서 가위를 받치고 있는 왼손의 자세가 정확해야하는데 사진에서처럼 왼손 중지로 귀를 자주색 화살표 방향으로 밀어붙여주고 가위의 날을 엄지에 세워서 걸쳐준다.

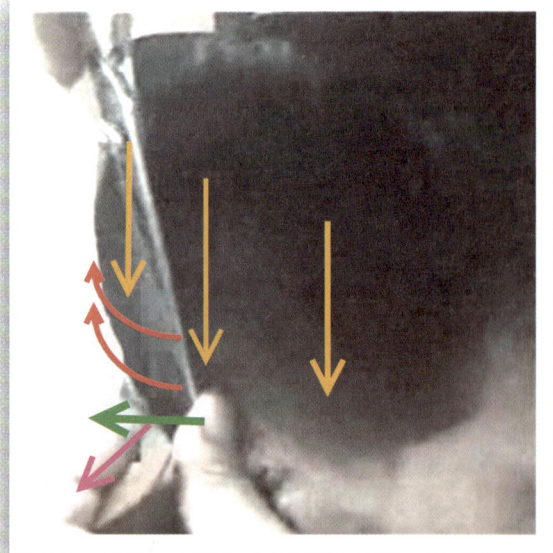

그러면서 귀를 누르고 있는 왼손 중지는 그 자리에 있으면서 가위의 날을 붙여준 엄지를 밀면서 시술을 빨강색 화살표처럼 두상 따라 시술을 하여주는데 왼손의 중지와 오른손의 엄지가 모일 때까지 트리밍 시술을 하여주어 면의 안테나부분이나 잔털을 정리하여 시술하여준다.

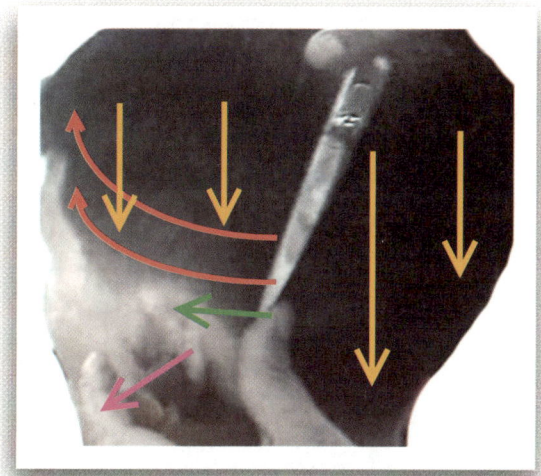

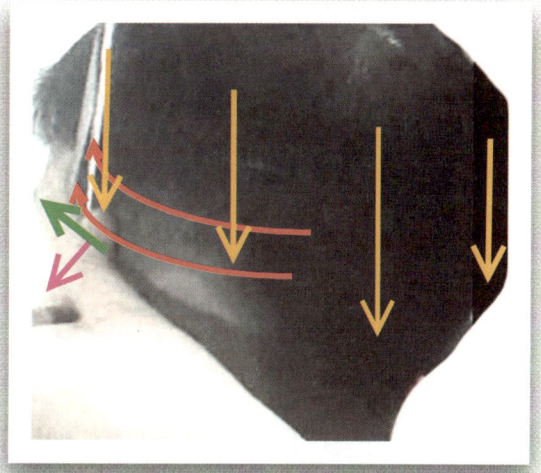

옆 가위질 즉 트리밍을 시술하는 것은 사진에서처럼 두상의 형상을 따라서 시술을 하여주어야 하는 것이 첫 번째 요건이 되겠다. 해서 가위를 받치고 있는 왼손의 자세가 정확해야하는데 사진에서처럼 왼손 중지로 귀를 자주색 화살표 방향으로 밀어붙여주고 가위의 날을 엄지에 세워서 걸쳐준다.

그러면서 귀를 누르고 있는 왼손 중지는 그 자리에 있으면서 가위의 날을 붙여준 엄지를 밀면서 시술을 빨강색 화살표처럼 두상 따라 시술을 하여주는데 왼손의 중지와 오른손의 엄지가 모일 때까지 트리밍 시술을 하여주어 면의 안테나부분이나 잔털을 정리하여 시술하여준다.

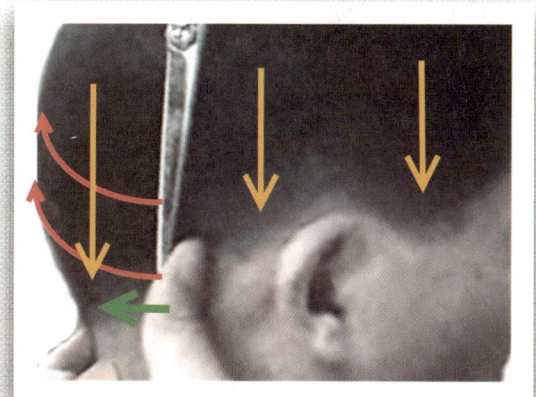

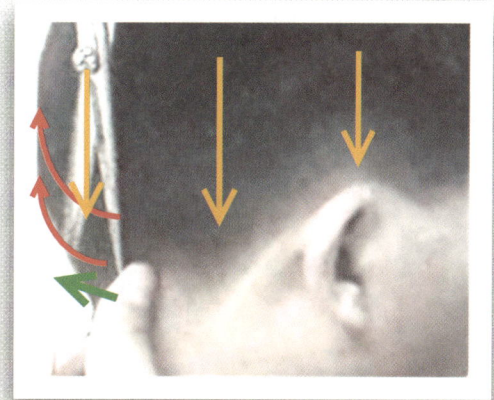

후두부를 트리밍 시술을 하여 줄때에는 사진에서처럼 손님의 오른편에서서 시술을 하여주는데 가위 날을 걸치고 있는 연두색 화살표 방향에서 시술 장면을 보면서 시술을 하여주어야 가위의 날이 어떤 형식으로 모발의 면 절삭하는지를 볼 수 있어서 시술에 용이함을 가지고 올 수 있다는 것이다. 해서 트리밍 시술을 하여 줄때에는 두상의 면을 보고 시술을 하는 것이 아니고 두상의 라인을 보고 시술을 하여야 안전한 트리밍의 자세가 된다.

그렇게 두상의 라인을 보고 트리밍을 시술을 하주면 시술의 용이함이 생긴다고 앞서도 서술하였다. 그런 방법으로 시술을 하면서 가위 날을 걸치고 있는 엄지를 밀면서 시술을 하여 두상을 받치고 있는 왼손의 중지까지 밀어주면서 시술한다.

어린이 커트

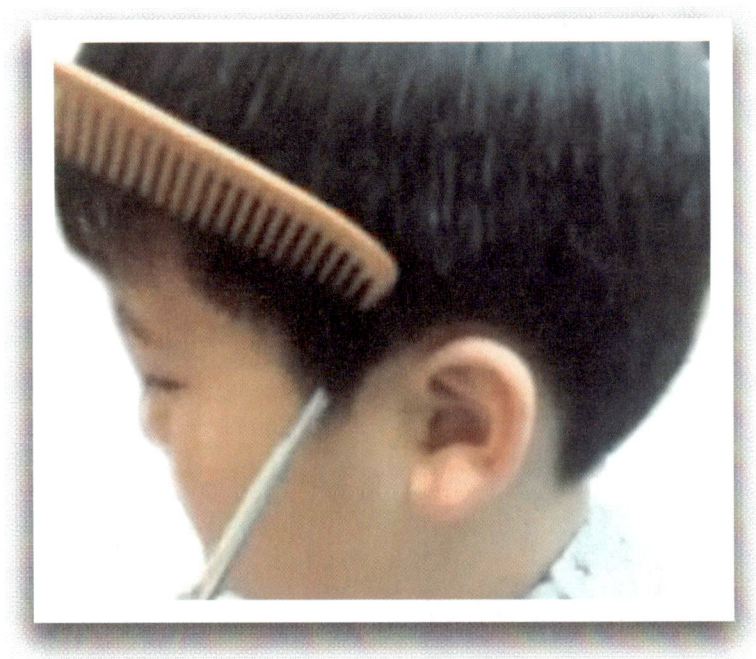

* 이번 장은 어린이 커트의 시술 방법과 테크닉을 배워 본다.

* 어린이 커트

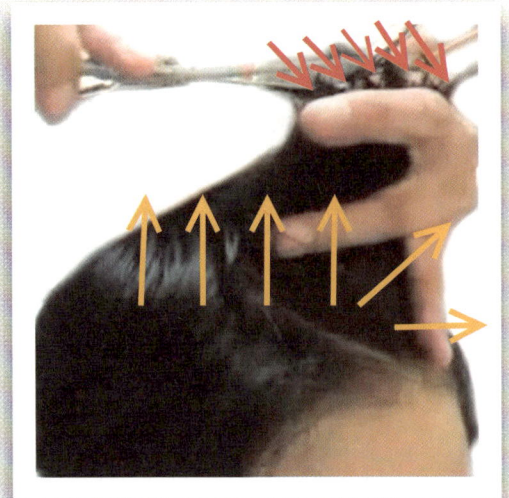

모발을 절삭을 할 때에는 두 가지의 커트 기법이 있는데 하나는 무겁게 자르는 블런트 커트 기법이 하나고 다른 한 가지는 모양을 주는 방법인 포인트 커트 기법이 하나 해서 두 가지의 커트 기법이 있다. 사진의 방법은 포인트 커트 방법을 사용해서 시술을 하는 것인데 모발을 잡은 손가락은 수평이 되게 하여주고 빨강색 화살표처럼 가위 끝을 검지에 걸쳐서 시술을 수평적인 기조로 하여준다.

위의 사진의 커트 방법은 가위의 정날을 검지에 붙여주고 손가락의 라인에 따라서 한번에 절삭을 하는 블런트 커트방법이다. 커트를 하여 모발을 절삭을 할 때 제일 많이 사용하는 방법인데 헤어스타일을 단정하게 원하거나 다듬는 정도의 스타일을 시술할 때 사용하여 모발을 절삭을 하는 방법이니 정확히 인지하여 시술토록 하자.

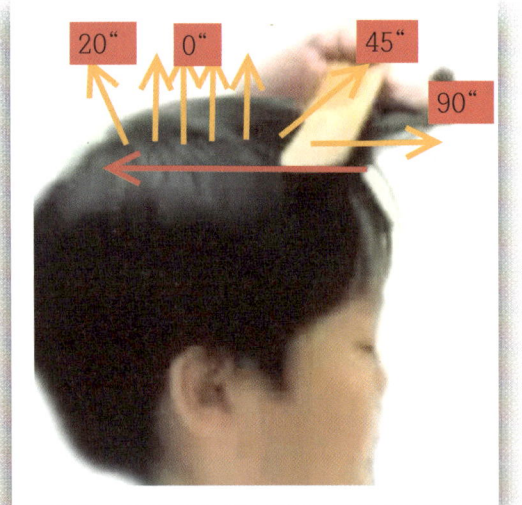

천정부 기장커트를 할 때에는 구획을 세 구획으로 나누어서 시술을 한다고 앞서도 서술을 하였는데 중앙부분인 코 위부분이 먼저 시술을 하고 나머지 눈 위의 부분을 시술을 한다고 하였다. 모발의 절삭을 하 때에는 중앙부분의 모발을 절삭을 하여 놓고 나서 오른쪽 눈 위 부분을 시술을 하던 왼쪽 눈 위 부분을 시술을 하던지 어느 부분을 먼저 해도 상관이 없다고 하였다

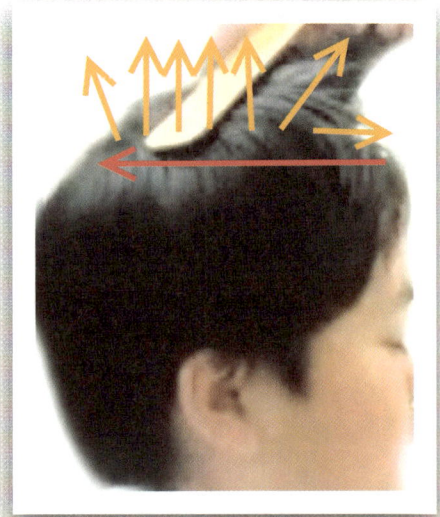

천정부를 시술을 할 때 3구획으로 나누어서 시술을 하는 이유는 기준점을 천정부 중앙에서 잡아줘야 기준부위의 모발 길이에 맞추어 전체의 형태가 결정이 나기 때문이다. 그리고 기장커트를 시술할 때에는 빨강색의 화살표 방향으로 앞머리에서 가마부분까지 시술을 순서대로 연결하여주면서 잘린 앞 모발 길이에 맞추어 잘릴 모발의 길이를 맞추어 절삭을 하여 같은 길이의 모발 길이로 만들어주면서 시술하여준다

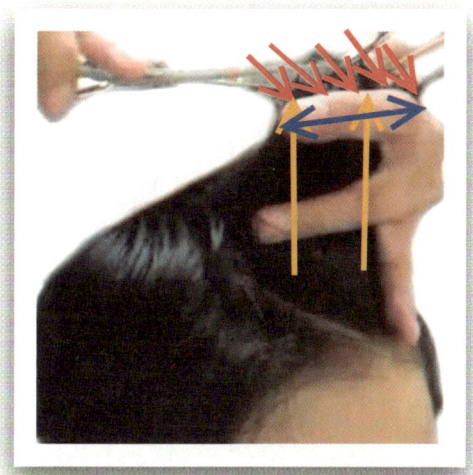

포인트 커트를 시술할 때에는 가위의 정날은 모발을 잡고 있는 왼손의 검지위에 가위의 끝부분을 걸쳐주면서 사진의 빨강색 사선 화살표처럼 가위 날도 사선으로 하여주면서 파란색 화살표처럼 손가락 끝에서 시술을 하여들어가도 되고 손등 쪽에서 시술을 하여나오면서 손가락 끝부분으로 나오면서 시술을 하여도 무방하다.

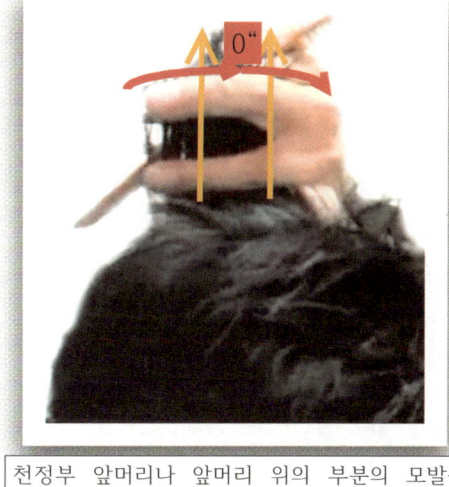

천정부 앞머리나 앞머리 위의 부분의 모발을 절삭을 할 때에는 사진에서처럼 모발의 각도를 시술자와 같은 0"로 맞추어 모발을 세워서 시술을 하여주는데 포인트 커트나 블런트 커트를 하여주는데 스타일을 자주 만드는 손님의 경우에는 포인트 커트 방식으로 시술을 하여주고 단정한 걸 원하는 손님은 블런트 커트 방법으로 시술하여준다.

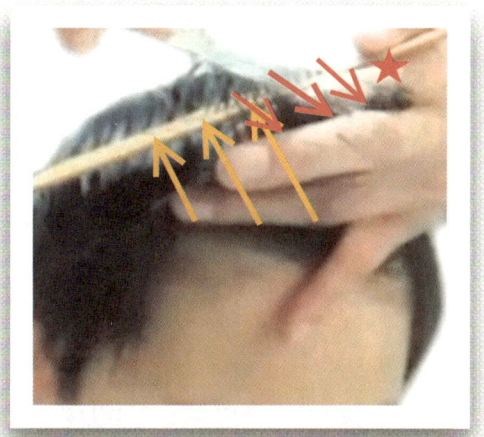

천정부 기준부위인 중앙부분의 커트를 시술을 하고나면 사진에서처럼 오른쪽 눈 위부분의 시술을 연결해서 시술을 하는데 이때에는 사진의 (*)표 부분인 중앙부분의 잘린 모발 길이에 맞추어 오른쪽 눈 위부분의 모발이 같은 길이가 되도록 같이 모발을 절삭을 하여주는데 이때에는 사진에서처럼 손가락을 20"정도 내려서 두상각의 형태대로 모발을 절삭해 주어야한다.

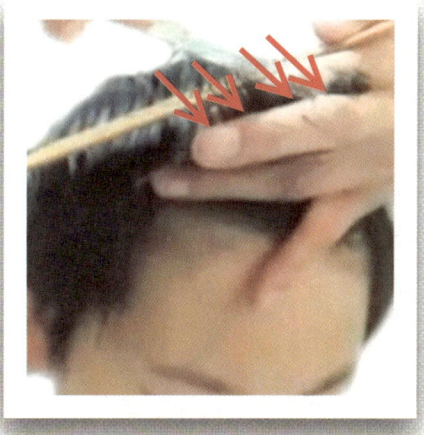

천정부 기장커트의 시술 방법은 모든 헤어스타일의 시술되는 기본 중에 기본의 형식을 가지고 있다. 숏커트 형. 상고형. 댄디형. 스타일 커트형 등 어느 헤어스타일에나 똑같이 통용되는 방법이니 무조건 익혀 자연스럽게 시술을 할 수 있도록 기술을 연마하여 하기 바란다.

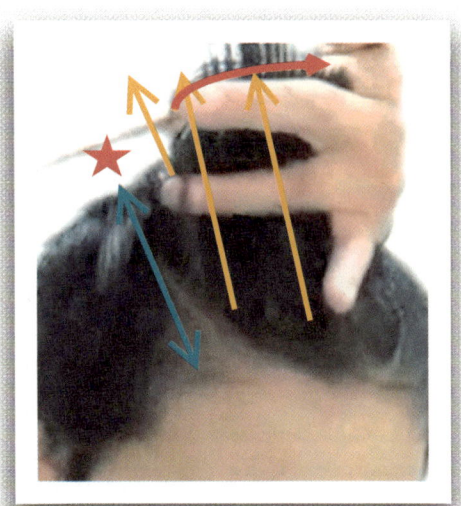

우측 눈 위부분의 시술을 할 때에도 모발을 잡는 방법은 똑같다. 다만 모발을 잡아 올릴 때 손가락이 중앙부분에 들어가서 우측 사각지대부분까지만 손가락으로 모발을 잡아 올려서 절삭을 하여야한다. 천정부를 3구획으로 나누어서 절삭을 하게 되면 천정부의 시술이 못 잘려도 15번의 시술과 평균적으로 18~21번의 시술이 되기 때문에 균형을 이루는 요건이라 하겠다.

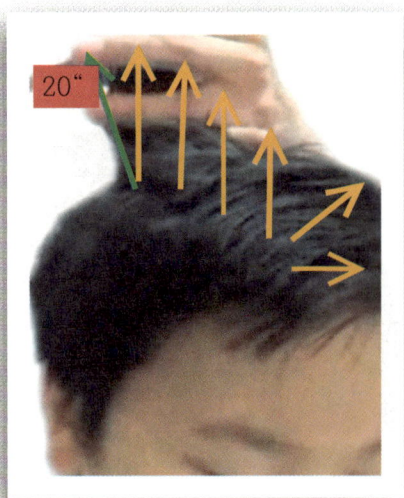

천정부 우측 눈 위부분의 시술을 앞머리에서 시술을 시작하여 가마부분까지 시술을 하면 가마부분의 모발은 사진의 연두색 화살표 방향으로 20˝정도 시술자의 방향으로 당기면서 시술을 하여준다. 이유는 가마부분은 회오리의 형태를 이루고 있기 때문에 짧게 잘리게 되면 모발들이 살아나서 뜨는 현상이 생기기 때문에 시술자의 방향으로 20˝정도 당겨서 시술을 하여야 안전하게 모양을 만들 수 있다.

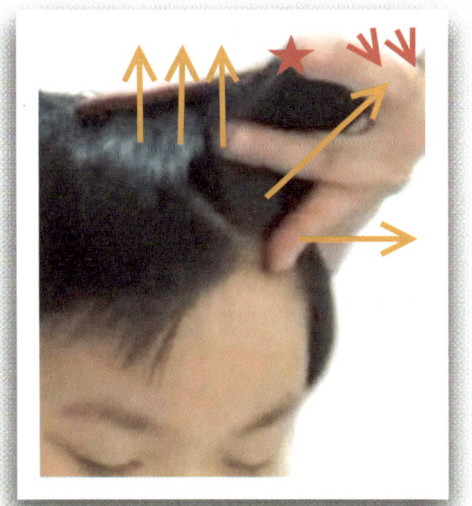

우측 눈 위의 기장커트 시술을 순서에 맞추어 시술을 하고나면 왼쪽 눈 위 부분을 기장커트 하여준다. 방법은 천정부의 시술방법과 동일하나 우측부분의 시술은 20˝를 손가락을 내리고 모발을 우측으로 20˝밀면서 시술을 하였다면 좌측 눈 위 부분의 시술은 20˝를 왼편으로 모발을 당기면서 모발을 잡은 손가락은 20˝ 세워서 시술을 하여준다.

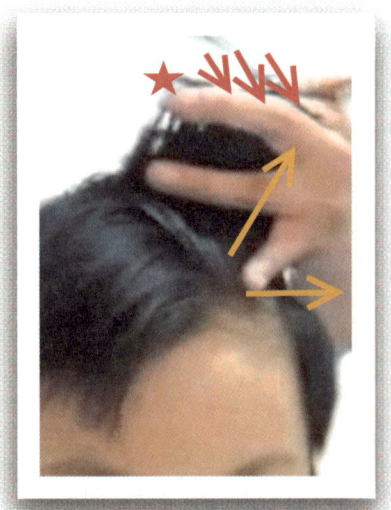

천정부의 시술은 왼쪽의 시술이나 오른쪽의 시술이나 방향성은 모두 다 똑같다. 하지만 양쪽 눈 위 부분에서 손가락과 모발의 각도가 약간 다를 뿐인데 두상의 형상을 이해하면 그리 어렵게 시술이 되는 것도 아닐 것이다. 단지 시술을 배울 때에 두상의 형상이나 요철이나 구획을 배웠더라면 이해가 더욱 빨리되어 시술이 용이해졌을 텐데 자르는 것 만 배워서 그런 부분이 좀 아쉬운 것이 교육의 현실인 것이다.

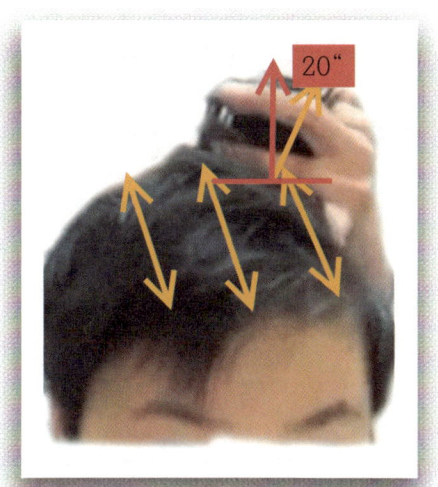

천정부의 기장커트는 3구획으로 하여주어야 전체의 조경을 만들 수 있다. 라고 하였다. 자르는 일은 쉬운 일이나 무엇을 잘라서 어디를 연결시켜야 하는지의 연결성을 잘 찾아주어야 한다. 모발을 뿌리에서부터 잡아 올릴 때에는 깨끗하고 산뜻하게 모발을 잡아 올려서 절삭을 하여야 한다는 명심하자.

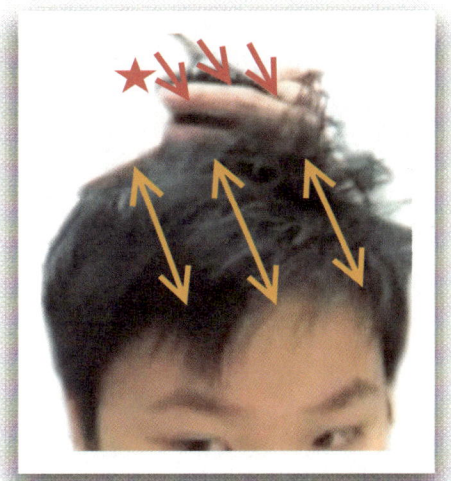

좌측 눈 위부분의 기장커트를 시술하여줄 때에 가마부분의 시술을 하여줄 때에는 이전의 중앙부분이나 우측 눈 위 부분의 시술을 했던 방법처럼 모발을 시술자의 방향으로 20"정도로 모발을 당기면서 시술을 하여준다. 여기까지 시술을 하면 천정부의 시술이 마무리가 되는데 앞머리의 정리를 마저 알아본다.

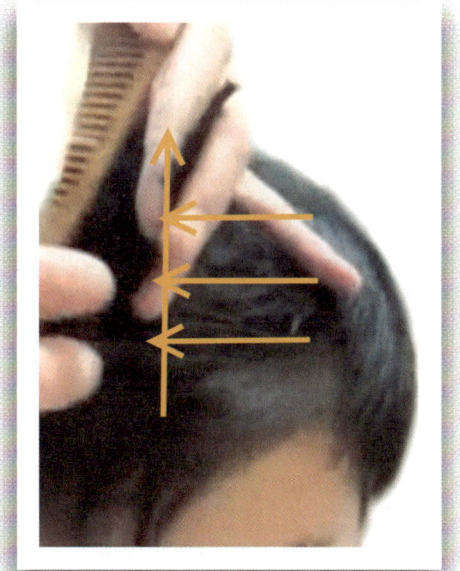

천정부의 3구획의 시술이 마무리 되고나면 경력이 있는 분들은 굳이 시술을 하지 않아도 되지만 초보자를 위해서 남겨본다. 여기에서 체크포인트부분이 남는데 손님의 우측에서서 앞머리 부분은 세로로 모발을 수평적으로 잡아오려주고 손가락은 수평의 각도를 유지하여 정리하여준다.

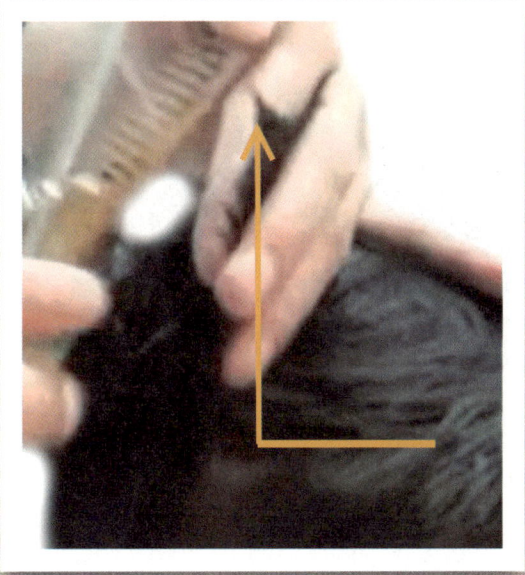

이렇게 앞머리부분에서 한번을 시술하여주고 중간부분에서 한번. 그리고 가마부분에서 한번을 모발을 잡아 올려서 모발이 길고 짧은가를 확인하여 길게 남아있는 모발을 정리하여 천정부의 기장커트를 마무리하여준다.

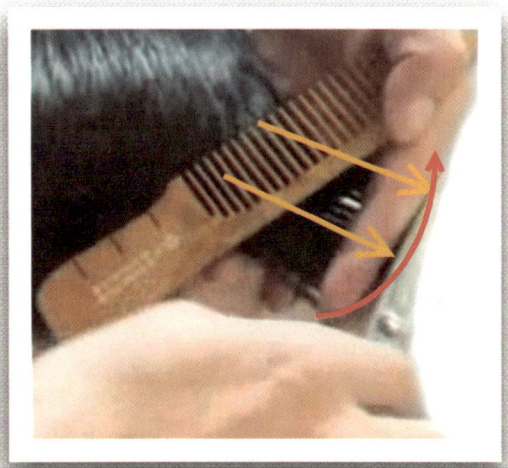

천정부의 체크포인트 부분을 정리하고 나면 앞머리 부분의 정리가 남아있는데 이 부분을 정리를 하여도 되고 않해주어도 괜찮지만 필자는 언제나 시술을 하여 마무리를 짓는 부분이라서 서술하여본다. 앞머리의 모발을 평행적으로 잡아내어 모발을 잡고 있는 손가락은 45"의 각도를 유지하여 모발의 끝부분을 정리하여주는데 동영상에 있는 방법으로 자세를 유지하여 시술하여준다.

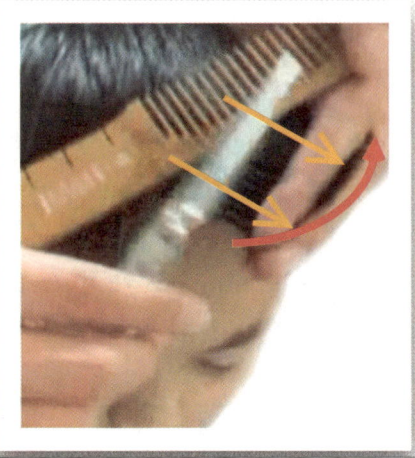

사진의 모양은 자세의 확인이 좀 아쉬운 부분이 있지만 동영으로 같이 보면서 해설을 읽으면 충분히 인지할 수 있을 거라 생각한다. 모발의 각도는 아래로 90"를 유지하여 뿌리에서부터 잡아내어주고 손가락은 45" 각도를 유지하여 모발의 편차가 있으면 모발을 절삭하여 시술하여준다.

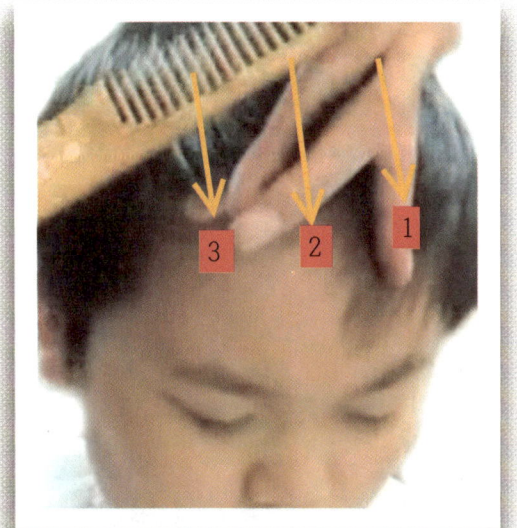

앞머리의 모발을 사진에서처럼 90"의 각도로 잡아내는 것은 시술자인 저자의 시선에서이니 여러분들은 손님의 우측에서서 손님의 얼굴이 거울에 비쳐지는지 확인을 한 후 모발의 각도와 손의 각도를 정확하게 하여준 후 시술하여준다. 이렇게 앞머리의 정리를 하는데 사진에서처럼 3번의 시술을 하면 앞머리의 부분과 천정부의 전체적인 기강커트가 마무리를 짓게 된다.

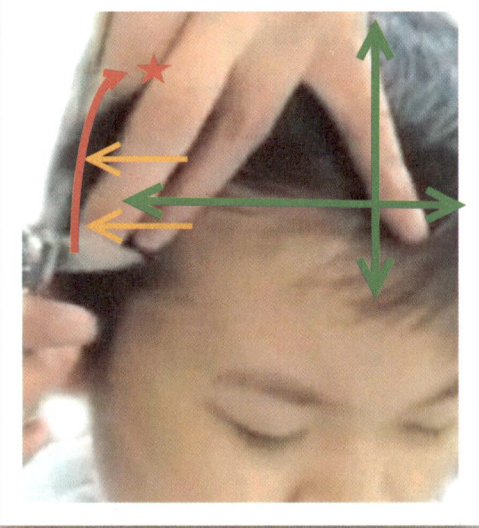

천정부의 시술을 마무리 하고나면 측면부의 기장커트 시술을 연결해서 하여주는데 측면부의 두상의 형상은 둥그런 형상을 가지고 있는 것이 아니고 약간의 포물선적인 모양을 가지고 있다는 것이다. 두상의 형태를 360"의 형상이라고 본다면 측면부 귀 위에서부터 사각지대부분까지 0"의 모양으로 보아야한다. 해서 모발을 잡아내어 절삭을 하여줄 때에도 모방을 수평적인 요소로 모발을 잡아내어 시술하여준다.

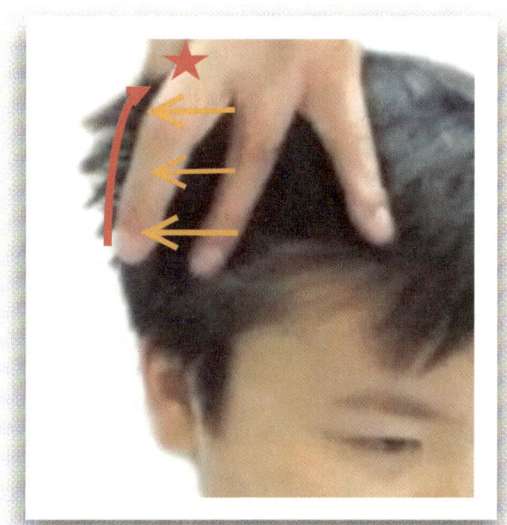

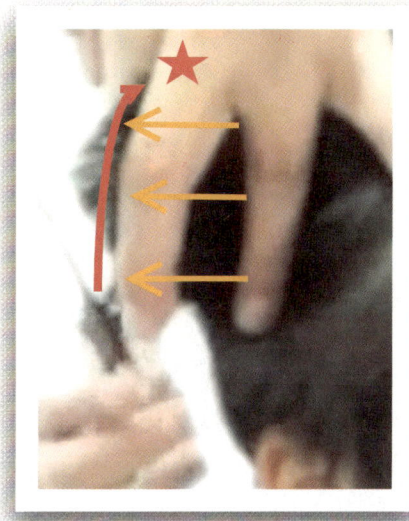

모발을 잡아낼 때에는 앞서도 서술하였듯이 모발의 각고는 수평적인 요소인 90°의 각도로 잡아내어주는데 뿌리에서부터 잡아내어야 모발의 텐션이 생기게 된다. 그리고 손가락은 시술자와 같은 각도인 0°로 자세가 수직적인 요소로 자세가 되어있어야 한다. 그래야 남성커트의 기조인 사각형의 기조로 시술이 되어주어야 한다. 남성의 헤어는 짧은 형태의 모발 길이를 가지고 있어서 사각형의 기조로 시술을 하는 것이 기본적인 요소이다.

앞서의 방식으로 시술을 하면서 시술하여진 부분의 다음부분을 연결하듯이 시술을 하여주는데 우측 앞머리 부분에서 시술을 시작하여 측면부로 그리고 후두부의 구획까지 차분하게 시술하며 돌아간다. 한번의 시술을 하면서 모발을 잡는 양으로는 사람의 손으로 하는 일이라서 정할 수는 없지만 2cm정도의 모발 섹션을 잡아내면서 시술을 하여준다.

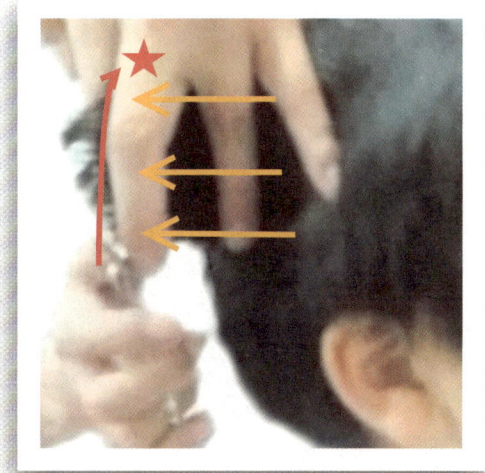

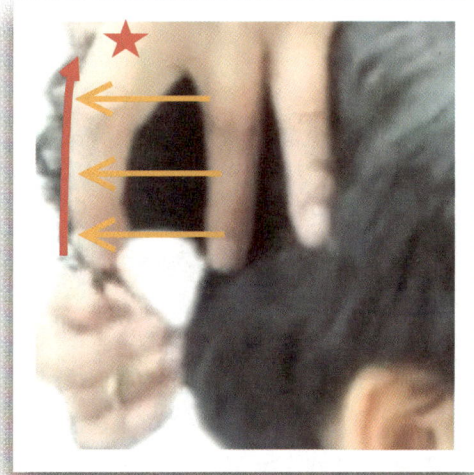

우측 측면부 앞머리부분에서 시술할 때에 사진에서 보면 (*)표의 부분이 있는데 이 부분의 모발길이의 짧은 모발길이에 맞추어 측면부의 모발을 절삭하여 주어야한다. 이 부분의 모발은 천정부 중앙부분의 기준부위 모발로 앞서도 서술을 하였듯이 천정부 중앙부분이 전체의 형태를 결정짓는 기준부위라 하였다. 해서 (*)표 부분의 모발길이에 맞추어 측면부의 모발을 절삭하여준다.

측면부의 두상은 둥그런 형태가 아니라고 앞서도 서술을 하였다. 약간의 포물선적인 구조를 가지고 있는 것이 측면부의 형태를 가지고 있기 때문에 손가락의 자세도 수직적인 요소로 만들어 주는데 사진에서처럼 손가락의 끝과 끝의 모양은 약간의 포물선을 그려서 모발을 잡아주어야 두상 형태에 맞게 시술이 되어 모발이 자연스럽게 연결하듯이 흘러내리는 모양의 시술을 할 수 있는 것 이다.

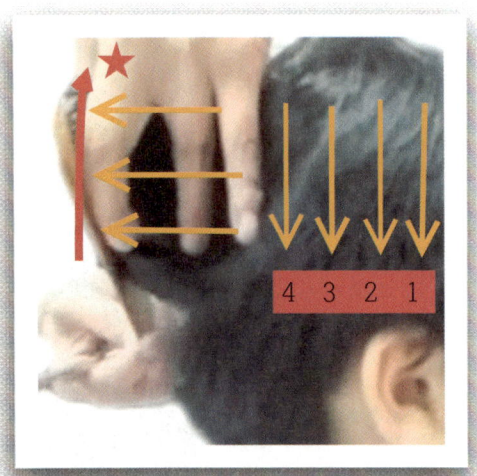

사진에서처럼 측면부의 시술을 하여 줄때에는 실선의 수직선처럼 앞에서부터 순서대로 모발을 절삭하면서 연결하듯이 시술을 하여준다. 실선의 수직선이 사선적인 모양으로 시술이 되어도 좋겠지만 시술의 완벽함을 가지려면 수직선의 화살표 방향으로 모발을 뿌리에서부터 잡아내어 모발을 절삭을 하여주어야 완벽한 시술을 할 수 있다는 것이다.

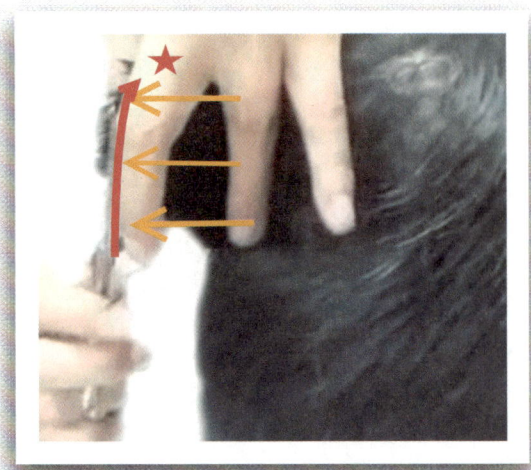

모발을 시술하여 줄때에는 두피부분인 뿌리부분에서부터 모발을 검지와 중지로 잡아내어주어야 모발이 깨끗하게 잡아낼 수 있다. 그렇게 모발을 뿌리부분에서부터 잡아내어주다가 사진의 (*)표 부분이 보이는 곳에서 모발을 잡아내는 것을 멈추어주고 가위를 개폐하여 모발을 (*)표 부분 길이에 맞추어 절삭하며 시술하여 준다.

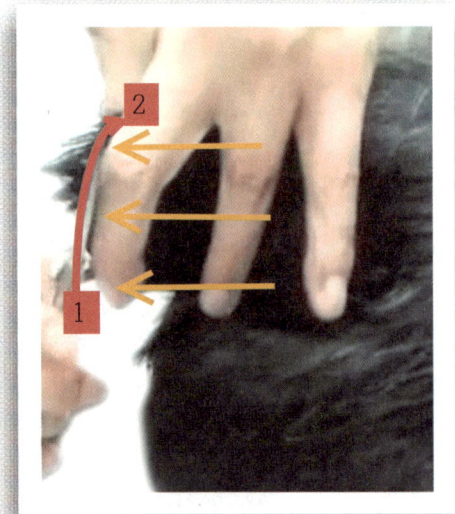

가위를 개폐하여 모발을 절삭을 할 때에는 가위의 정날의 안쪽 끝부분을 사진에서처럼 1번에 붙여주고 손가락의 형태에 따라 가위의 동날을 개폐하면서 가위의 끝부분이 2번에 붙어 모발을 시술하여주어야 두상의 형태에 따라 모발이 절삭되어 자연스럽게 모발이 흘러내리는 모양을 만들 수 있다.

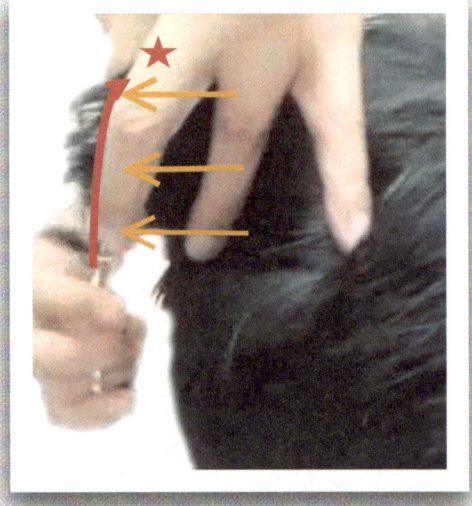

우측면에서 기장커트를 시작해서 귀 위 부분과 귀 뒤 부분의 시술을 연결해서 시술을 하고나면 후두부의 구획으로 오게 되는데 이곳의 시술을 할 때에는 측면부의 시술을 하는 방법에서 2~3cm정도 시술 위치를 내려서 시술을 하여야한다. 이유는 그대로 우측면에서 시술을 연결해서 하다보면 가마부분의 모발이 잘려서 의도치 않게 짧게 되는 경향이 생기게 된다.

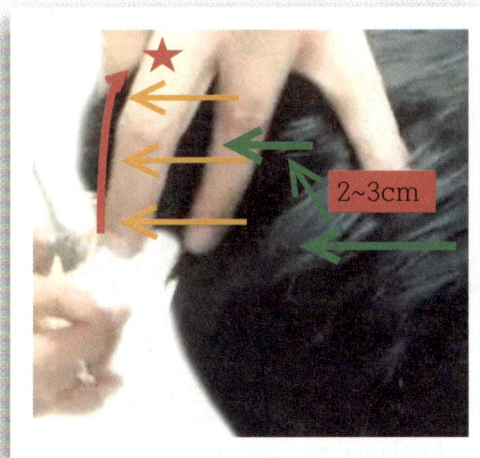 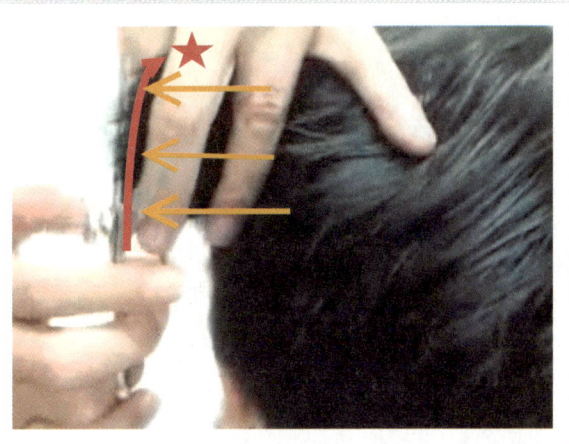

해서 후두부의 시술을 하여 줄때에는 측면부의 시술 위치보다 2~3cm정도의 위치를 내려서 시술을 하여야 가마부분의 시술이 되지 않고 끝 부분만 정리가 되어 뜨는 현상을 만들지 않게 된다는 것이다. 대부분의 뜨는 머리 모양은 손님의 모발이 원래 뜨는 것이 아니고 시술이 잘못되어서 뜨는 현상을 만든다는 것을 알아야할 것이다.

후두부의 시술을 하여주다가 좌측면부의 위치로 오게 되면 다시 모발을 잡는 위치를 2~3cm 올려서 시술을 하여주어야 우측과 좌측의 모양의 시술이 대칭이 된다는 것이다. 이 부분의 시술적인 용어는 세숫대야 이론이라고 해서 측면이 세숫대야의 손잡이를 뜻하고 후두부의 모양이 물을 받는 부분이라 해서 세숫대야 이론이라고 저자가 만들었다.

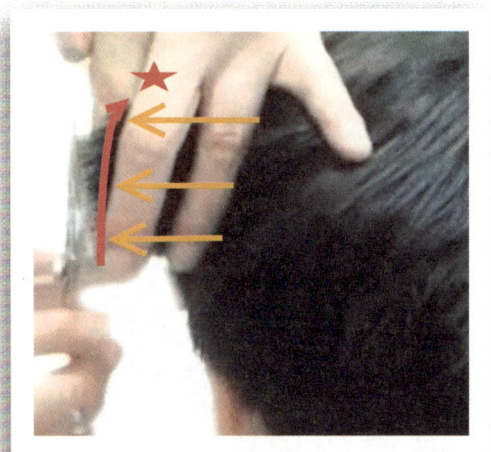 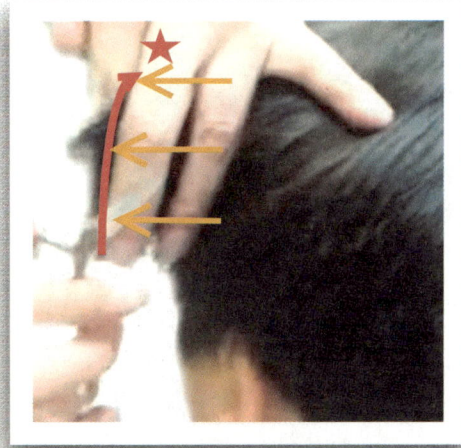

2~3cm를 시술위치를 올려서 좌측면의 시술을 연결해서 하면 우측면과 대칭이 된다고 앞서도 서술을 하였는데 시술을 하면서 방법이 틀리는 이유는 시술의 위치를 정확하게 인지하고 있어야 한다는 것이다. 하지만 대부분의 커트교육이 기본적인 요소는 없고 자르는 부분만 가르쳐주는 것 같다. 두상의 형상이나 요철. 모질. 모류. 등 여러 가지의 기본적인 요소가 있다는 것을 알고 시술하도록 노력하기를 바란다.

커트를 시술하여 줄때에는 천정부는 수직적으로 모발을 잡아 올려 수평적인 요소로 시술이 되어야 하고 측면부의 시술은 수평적인 요소로 모발을 잡아내어 수직적인 기조로 모발을 절삭을 하여야한다는 것을 명심하여야 한다. 이것은 시술의 정석이기도 하지만 바뀔 수 없는 불문율적인 기술의 방법이다. 사진의 (*)표 부분의 모발은 천정부에서 내려오는 모발의 길이이니 이 길이에 맞추어 측면부의 모발길이를 맞추어 절삭하여 시술하여 준다.

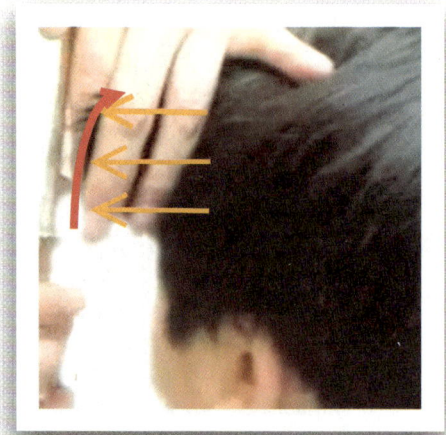

후두부의 시술을 하고 귀 뒤 부분의 시술을 하고나면 측면부의 시술을 연결해서 하는데 이 부분의 시술 역시 앞에서 시술 방법을 따라서 연결하듯이 시술을 하여준다. 이때 주의할 점은 이정도의 위치에 시술을 해오게 되면 손님의 다리에 시술자의 다리가 부딪히는 상황이 나오게 된다는 것이다.

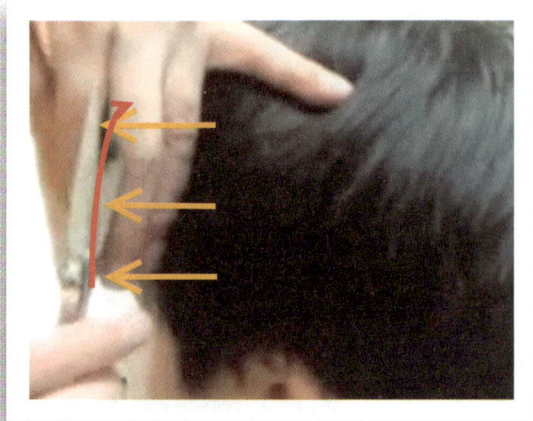

물론 생각이 있는 손님은 다리를 오므려주어 시술의 원활함을 주겠지만 대부분의 손님은 그렇지 못하다는 것이다. 해서 좌측 앞부분까지 시술을 하면 마무리가 되어야 하지만 그렇지 못한 상황이 된다는 것이다. 해서 좌측면의 시술을 하고나면 끝나지 못하고 다시 시술을 돌려 나오면서 시술을 하여야하는 상황이 만들어진다.

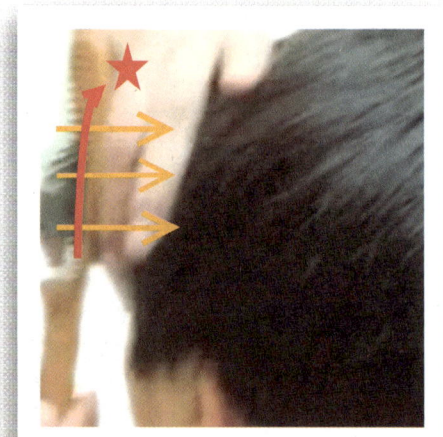

앞서도 서술을 하였지만 상황이 만들어져서 시술의 용이함이 만들어지지 않으면 다시 재 시술을 하여야한다는 것이다. 이럴 때에는 사진의 화살표 방향으로 모발을 빗으로 밀면서 잡아내어 시술을 하여주어야하는데 이전의 방식은 시술을 하면서 빗으로 모발을 당기듯이 하면서 잡았다면 재 시술을 할 때에는 빗으로 모발을 밀듯이 하면서 모발을 뿌리에서부터 잡아내어 절삭을 하여야한다.

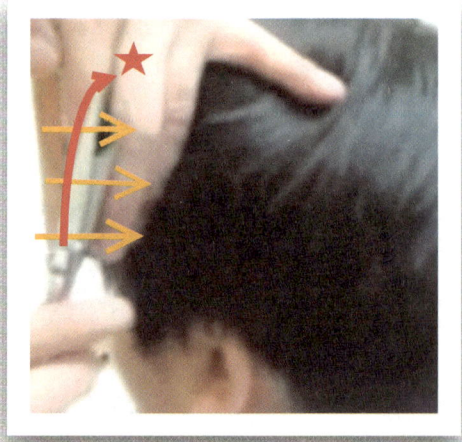

앞서의 절삭을 하는 방법은 같은 방법이지만 당기듯이 하는 것과 밀듯이 하는 것은 별반 차이가 없는 것이지만 미묘한 차이가 있다는 것이다. 앞서의 방식은 모발을 잡아 낼 때에 검지가 빗 밑으로 들어가서 모발의 뿌리를 중지가 와서 잡았지만 이때에는 중지가 빗발 밑으로 들어가서 검지가 와서 모발을 잡아서 시술을 하여야한다는 것이다.

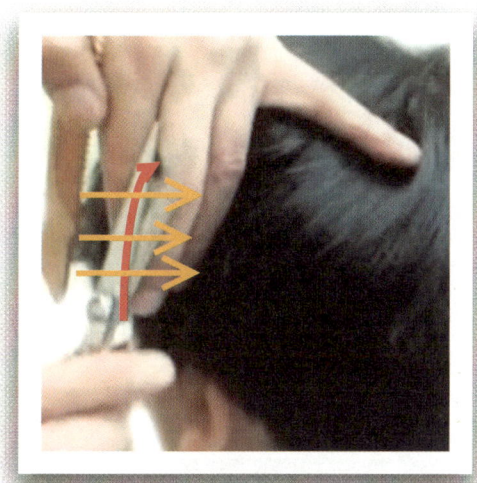

언제나 기장커트를 시술을 할 때에는 빗이 모발 밑으로 들어가서 모발의 뿌리를 빗발로 세워준 후에 검지의 손가락이 두피를 훑듯이 하여 모발의 뿌리에 들어가서 중지로 모발을 검지와 같이 잡은 후 뿌리에서부터 모발을 잡아내어주면서 절삭을 하여야 하는 부분에 와서 멈추어준 후 모발을 연결성을 보고 연결해서 시술을 하여야한다는 것을 명심하자.

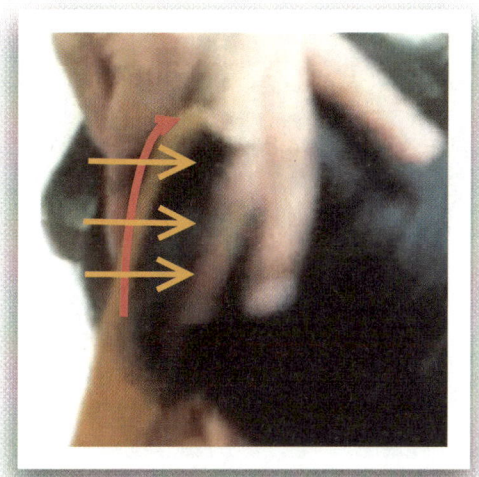

이렇게 시술을 좌측면부 앞머리에서 시술을 시작을 하여 귀 뒤 부분까지 재 시술을 하여주는데 앞머리에서 귀 뒤 부분까지 3~4회 정도의 시술을 하여주면 시술이 기본커트에서는 마무리가 되는데 이 모델의 경우에는 밑 부분의 모발이 긴 형태를 가지고 있어서 다시 재 시술을 하게 되는데 그 부분은 다시 뒤에 해설을 연결해서 하겠지만 3~4회까지만 재 시술을 연결해서 한다는 것을 명심하자.

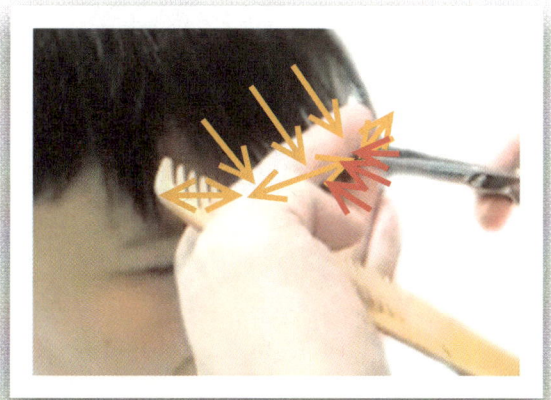

상측면부의 시술을 마치고나면 마무리는 앞머리부분의 정리를 하는 것이 연결성으로는 맞다. 사진에서처럼 앞머리 중앙부분의 모발은 두상 각으로 모발을 잡아내려주고 손가락은 수평을 만들어 모발의 끝부분의 모양만 정리를 하여주는데 이때에는 가위의 정날을 약지에 걸쳐주고 빨강색 화살표의 방향으로 포인트 커트 방법으로 모발의 끝부분만 정리하여 수평이 되게 시술하여 준다.

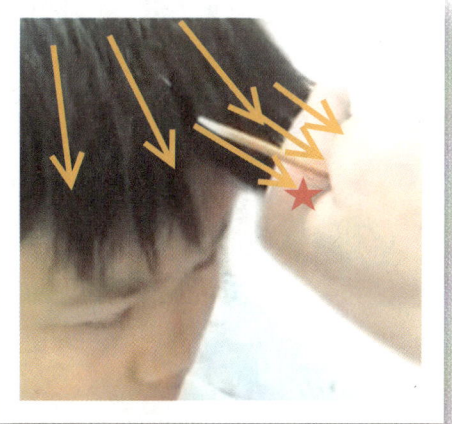

좌측 눈 위 부분의 앞머리를 시술을 할 때에는 모발을 잡아내려주는데 사진에서는 화살표의 방향이 사선으로 이루어져있지만 실전에서는 형상으로 모발을 잡아내는 것이기 때문에 정각도로 내려온다는 것을 명심하고 두상 각으로 모발을 잡아내려주고 중앙부분의 시술 방법과 동일하게 시술하여 (*)인 중앙부분의 모발길이에 맞추어 준다.

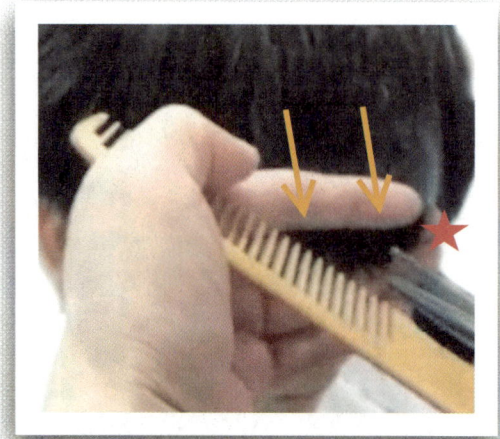

우측 눈 위 부분의 앞머리를 시술을 할 때에도 모발을 잡아내려주는데 사진에서는 화살표의 방향이 사선으로 이루어져있지만 실전에서는 형상으로 모발을 잡아내는 것이기 때문에 정각도로 내려온다는 것을 명심하고 두상 각으로 모발을 잡아내려주고 중앙부분의 시술 방법과 동일하게 시술하여 (*)인 중앙부분의 모발길이에 맞추어 준다.

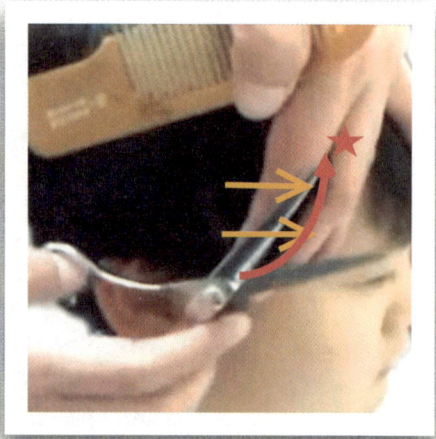

대부분의 기본커트에서는 측면부의 구획을 상측면부와 하측면부로 나누어지는 형태가 없지만 앞서도 서술을 하였듯이 모발의 길이가 좀 있어서 상측면부와 하측면부로 갈라서 시술을 하여보겠다. 물론 이 부분은 트랜드 커트 부분에서 서술을 하는 부분이지만 한번 해설을 해보려한다. 앞서도 서술을 하였지만 상측면부의 시술방법과 동일하게 시술을 한다.

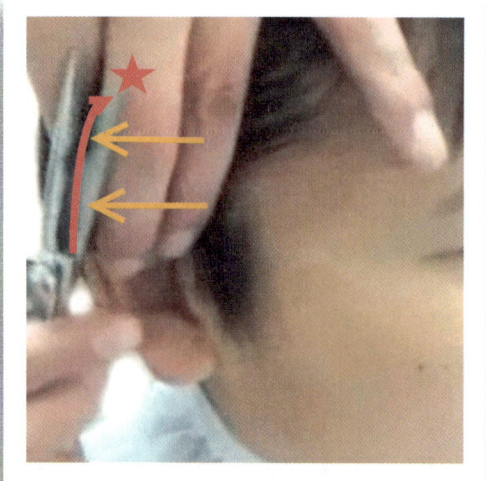

하측면부의 시술을 하여 줄때에는 사진에서 (*)표의 부분인 상측면부의 모발길이에 맞추어 모발을 절삭을 하여주는데 모발은 상측면부의 방법과 동일하게 수평으로 모발을 뿌리에서부터 검지와 중지로 잡아내어주고 (*)표 부분에 맞추어 하측면의 모발을 절삭을 하여준다. 모발을 절삭을 할 때에는 연결성을 찾으라고 서술을 하였듯이 연결성을 찾아주어 시술을 한다는 것을 명심하고 시술토록 한다.

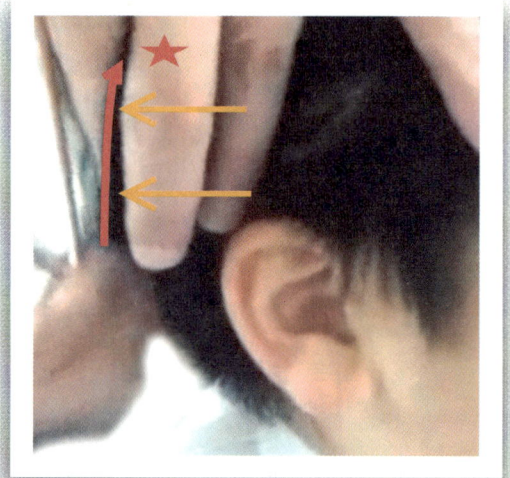

우측면 앞머리에서 시술을 시작을 하여 귀 위의 부분을 지나 귀 뒤 부분으로 시술을 연결해서 하여주면서 앞서의 방법과 동일하게 시술을 하여 모발의 연결을 자연스럽게 되도록 시술하여준다.

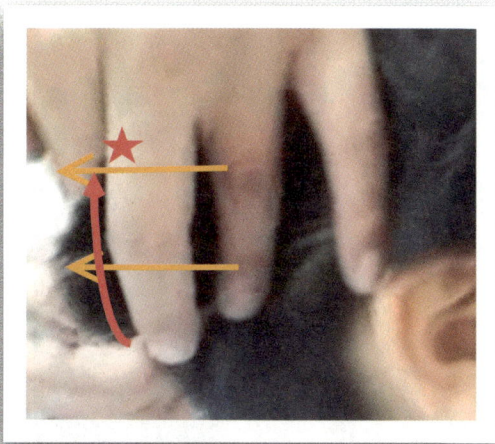

사진에서처럼 (*)표의 부분은 상 측면인 위의 부분의 모발 길이인데 이곳의 모발 길이에 맞추어 절삭을 하여주어야 천정부에서 흘러내려오는 모발 길이가 맞아서 모발이 자연스러움을 만들어줄 수가 있다. 이곳에서도 모발은 수평적인 요소로 뿌리에서부터 모발을 잡아내는 것을 명심하고 연결해서 시술토록 한다.

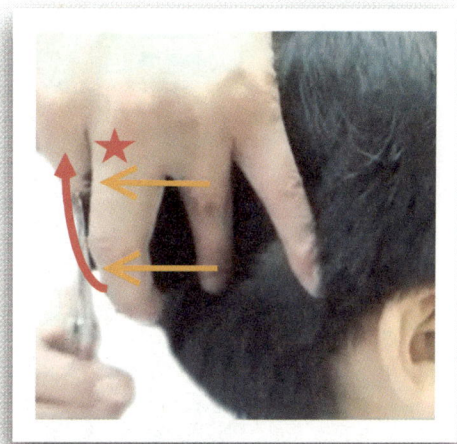

사진에서처럼 모발을 수평적인 요소로 잡아내려고 노력과 연습을 하여주어 자연스럽게 모발을 잡을 수 있도록 하여주고 검지손가락에 가위의 정날을 붙여서 잡혀 나온 모발을 가위의 동날로 손가락의 포물선을 따라서 개폐하면서 한번에 절삭을 하여준다.

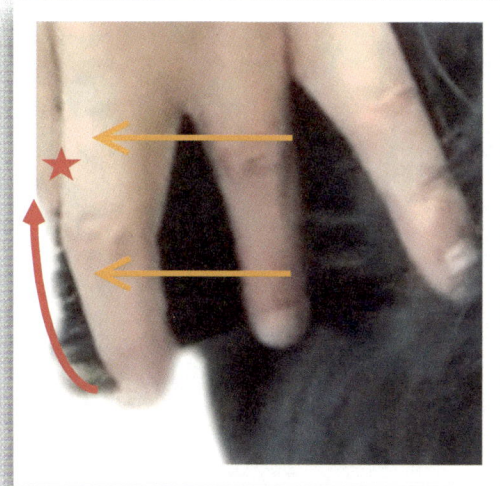

사진에서처럼 모발을 잡은 손가락이 포물선을 그리고 있는 경우는 두상의 형상에 따라 시술이 되어야 모발의 흐름이 자연스럽게 되기 때문에 언제나 모발을 시술을 하여야 할 때는 이렇게 모발을 잡은 손가락의 자세를 포물선의 형태로 만들어서 시술하려고 노력하여야할 것이다.

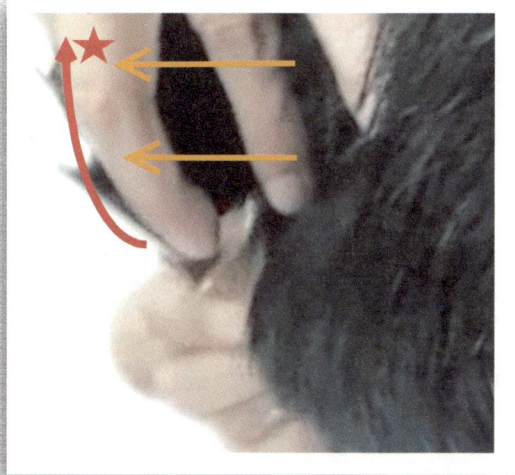

모발은 뿌리에서부터 잡아내는 순간부터 시술은 진행이 되고 있다는 것이다. 그래서 한번 에 정확하게 커팅이 되려면 모발을 잡은 손가락의 자세와 모발의 각도 그리고 정확한 절삭력. 이렇게 삼박자가 맞아야 확실한 커트가 된다는 것을 명심하고 시술토록 한다.

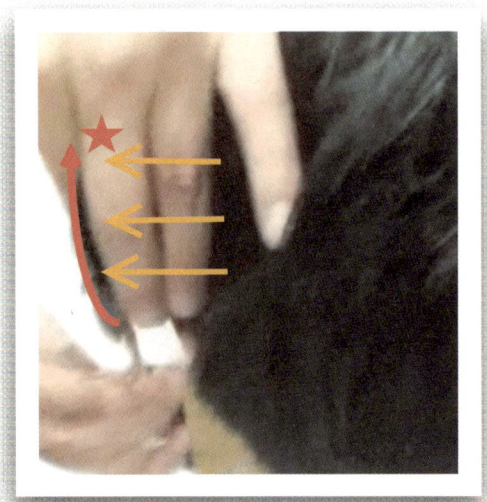

우측 하단부에서 시술을 시작하여 후두부를 지나 좌측면으로 시술을 하여온다. 이곳을 상측면의 시술을 할 때처럼 2~3cm를 내려서 시술을 하지 않아도 되는 곳이다. 하단부의 구획을 따라서 시술을 연결을 하면 되고 좌측면에 왔을 때에도 앞에서의 방법에 따라서 시술을 연결하여 시술하여주면 된다.

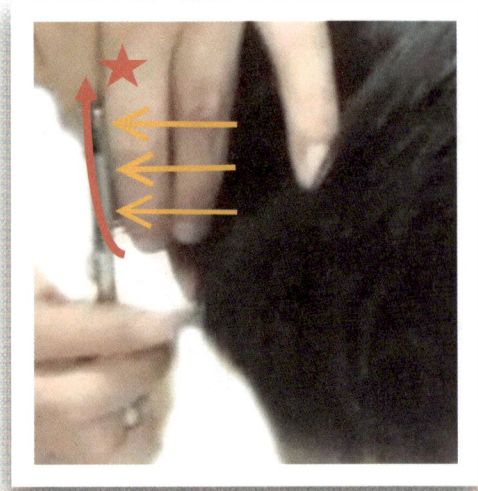

기장커트 시술을 할 때에는 일정한 구획의 위치에서 동일하게 시술을 하여 연결을 하여주어 모발의 흐름을 원활하게 하여주어야한다. 그리고 모발을 절삭을 하기 위해서 모발을 잡아낼 때에는 모발을 당겨서 잡으면 않된다는 것이다. 모발은 정각도에서 잡아내어 절삭을 하여야 연결성을 만들어 줄 수 있다.

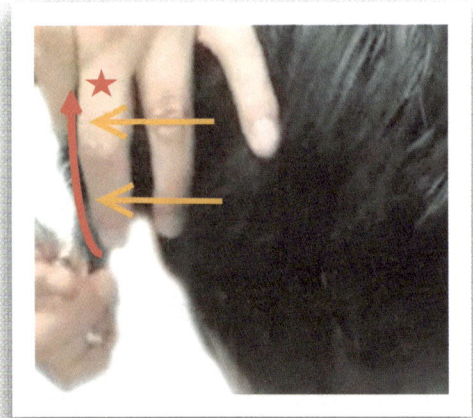

기장커트를 하여 줄때에 상측면부와 하측면부로 나누어서 하는 경우는 두 가지가 있는데 한 가지는 모발의 전체형태가 고르지가 않고 엉크러짐이 많은 경우와 디자인의 형태를 만들 때인데 그렇지 않고는 기본커트에서는 측면부의 시술을 두 번에 나누어서 하는 경우는 없다.

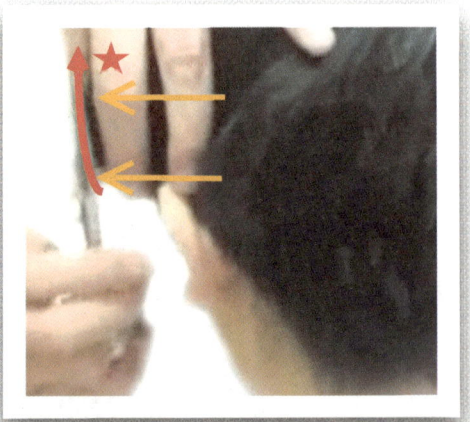

앞 사진에서는 귀 위의 부분의 시술을 하여주면서 좌측면 앞머리까지 시술을 연결해서 오면 앞에서도 서술하였던 되돌아오는 부분으로 시술이 연결되어진다. 좌측면부의 귀 앞부분의 시술을 할 때에는 손님의 요소 때문에 시술의 용이성이 생기지 못한다고 하였다. 해서 시술을 하여오면 좌측면부 앞머리까지 시술을 하여준다.

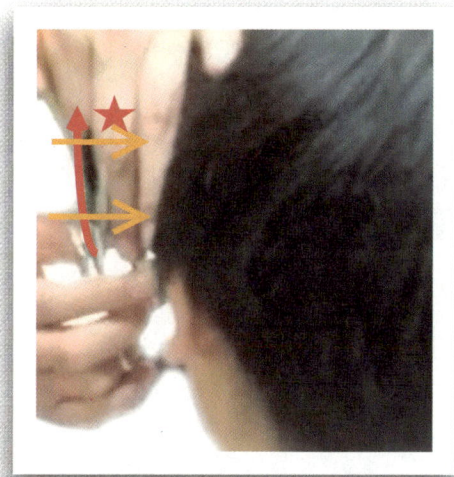
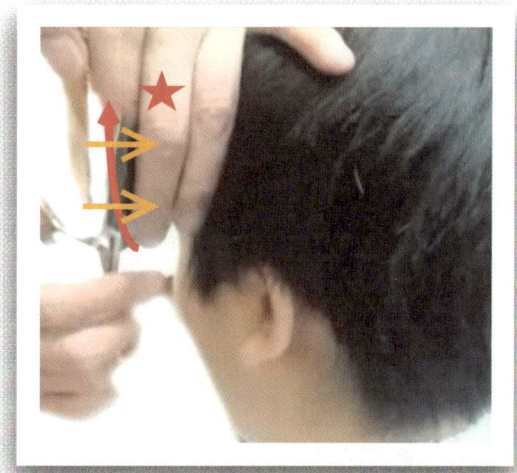

좌측면부 앞머리까지 시술을 연결해서 하면 자세의 어긋남이 나온다고 앞서도 서술을 하였다. 해서 좌측면부 앞머리에서 귀 뒤 부분까지 재 시술을 해온다고 하였었다. 이때에는 사진의 노란색 화살표의 방향으로 빗을 밀면서 모발의 뿌리부터 잡아내어 시술하여준다.

이때에 손은 수직적인 요소로 내려오고 중지가 두피를 훑으면서 모발의 뿌리부분에 들어가 검지와 같이 모발을 잡아내면서 (*)표 부분의 모발 길이에 맞추어 시술을 하여준다고 하였다. 모발을 자르는 것은 쉬운 일이나 어느 모발에 연결을 해서 절삭을 하는 것은 어려운부분이니 모발의 흐름을 볼 수 있게 노력하기 바란다.

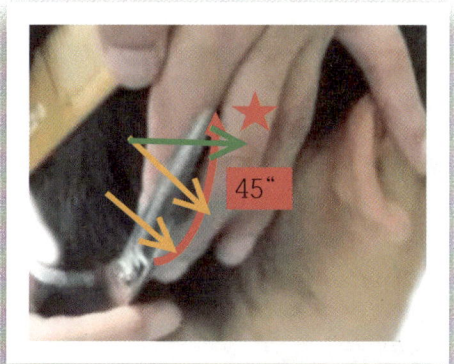
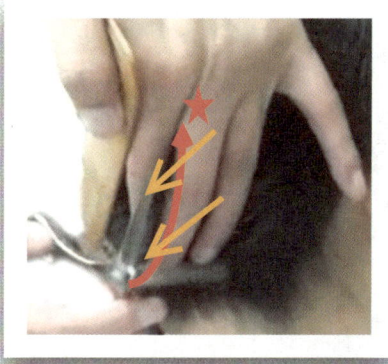

측면부의 기장커트를 하고나면 후두부 밑머리 부분을 확인하여 시술을 진행을 하여야하는지 하지 말아야 하는지 판단이 남아있게 된다. 대체로 후두부 밑머리부분의 시술은 하지 않는 것이 통상적인데 밑 부분의 모발의 흐름이 부자연스러운 경우에 시술을 하여주는 경우가 있고 상 측면과 하 측면을 나누어 시술을 하는 경우에 밑머리 부분을 시술하는 경우 두 가지의 상황이 만들어지게 되어 시술하는 경우가 간혹 있다.

후두부 밑머리의 시술을 하여야 하는 경우에는 모발을 잡아내어 절삭을 하는 것은 같은 방법으로 시술을 하는데 단지 하나 다른 것은 모발을 잡아낼 때에 모발의 각도가 45"정도 아래로 내려서 모발을 잡아야한다는 것이다. 옆 사진의 연두색 수평 화살표의 방향으로 상측면부와 하측면부의 모발을 잡아내어 절삭을 하였는데 하단부의 모발을 45"의 각도로 잡아내는 이유는 두상의 형상이 하 단부는 들어가 있는 부분이기 때문이다. 앞서도 서술하였지만 두상의 형상으로 모발을 절삭을 하여야한다고 하였다.

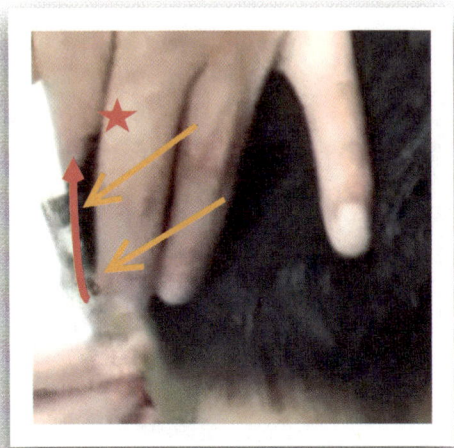 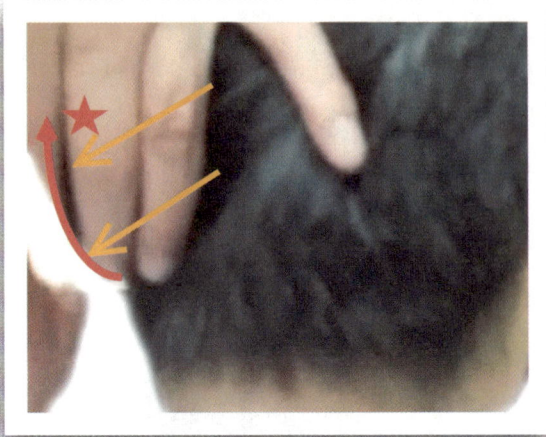

이렇게 하 단부 밑머리의 모발을 45"로 잡아 내려서 시술을 하여 줄때에 위의 시술방식과 같은 방식인 (*)표의 부분의 잘린 모발 길이에 맞추어 모발의 연결성을 찾아서 시술하여준다. 하 단부 밑머리의 시술은 3~4회 정도의 시술횟수를 시술하면 되겠다. 많은 횟수로 시술을 하여주면 모발의 흐름은 더 깨끗하게 할 수 있으니 유념하여 시술한다.

하 단부 밑머리의 시술은 앞서도 서술하였듯이 기본적으로 3~4회 정도의 시술을 하지만 횟수를 늘려서 시술을 하면 더 깨끗한 시술이 된다고 하였다. 모발의 간격을 줄여서 시술을 하면 모발과 모발의 연결성이 더 촘촘하게 만들어져 모발의 흐름이 자연스러워지는 것은 당연한 시술의 결과물 일 것이다.

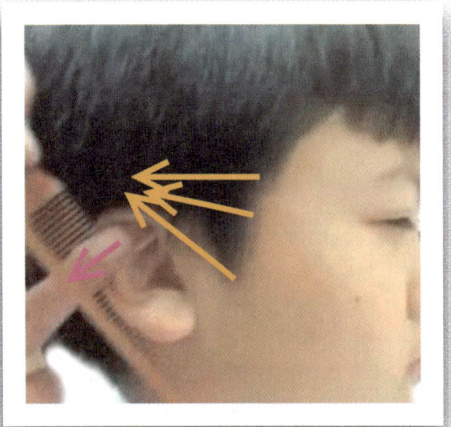 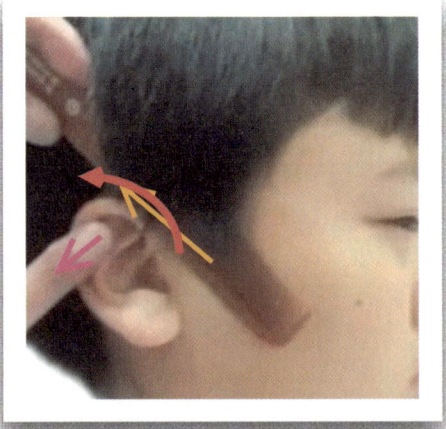

기장커트의 전체 공정을 마무리하고 나면 클리퍼의 시술을 하게 되는데 오른손잡이는 오른편에서 시술을 시작하여주고 왼손잡이는 왼편에서 시술을 시작하는 것이 맞다. 그럼 오른편에서 시술을 시작을 할 때에는 사진에서 자주색 화살표 방향으로 귀를 내려붙여주고 빗을 귀 위부분의 베이스라인에 붙여 줄때에 빗발을 베이스라인에 넣어주면서 빗면을 두피라인에 붙여준다.

사진에서처럼 귀를 내리눌러 붙여주면 빗이 들어갈 수 있는 공간을 만들어 준다는 것이다. 이렇게 시술을 진행할 수 있는 공간을 만들어주어야 빗발이 베이스라인에 안착을 자연스럽게 하여줄 수 있다. 헤어는 자르는 것 이지만 자르는 것 보다는 어떻게 시술을 용이하게 할까? 라는 의문을 가지고 있어야 할 것이다.

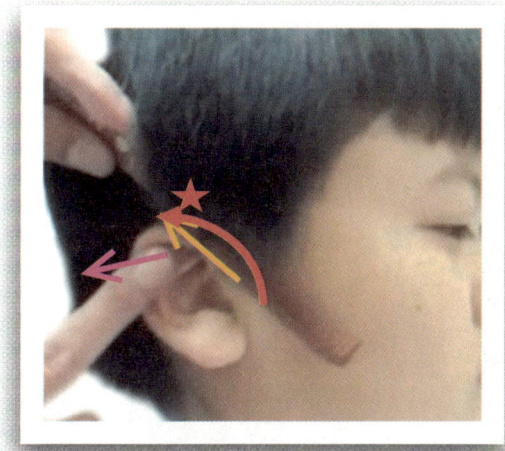

빗발을 귀 앞부분에 사선으로 붙여주면서 빗발만 세워주면 베이스라인에 있는 모발이 빗발 안으로 들어오면서 모발이 정각도로 살아난다. 이렇게 빗발을 세워준 상태에서 빨강색 화살표 방향으로 클리퍼의 날을 빗면에 붙여주고 시술을 하여주는데 이때 시술을 진행을 하면서 (*)표 부분인 귀 위의 부분까지만 시술을 하여주어야한다. 그 이상으로 시술을 하면 모발의 현상에서 파먹는 현상이 생기기 때문에 (*)표 까지만 시술을 하여 안정적으로 클리퍼의 시술을 하여준다.

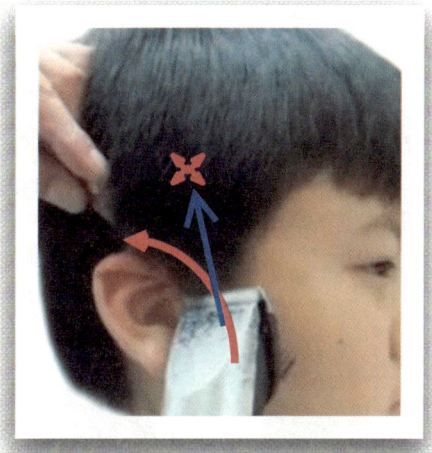

베이스라인에서 빗발을 세운상황에서 빗발에 나온 베이스라인의 모발을 절삭을 하여줄 때에는 클리퍼의 날을 빗면에 붙여서 시술을 하여준다고 앞서도 서술하였다. 이때에 파란색 화살표의방향으로 시술을 하여가는 것이 아니고 빨강색 화살표의방향처럼 곡선적인 기조로 시술을 하여주어야 베이스라인의 모양대로 시술을 하는 것이다.

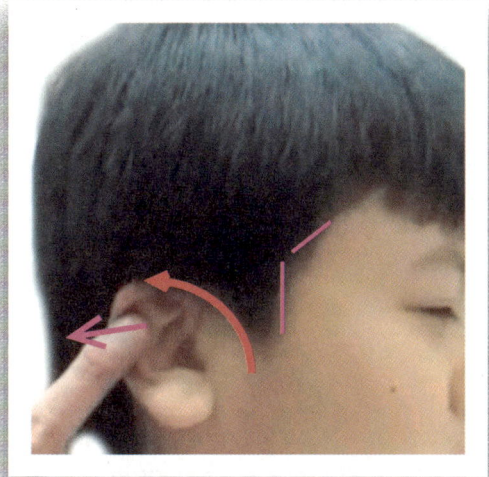

헤어스타일을 시술할 때에는 디테일이 상당히 중요하다는 것을 알아야할 것이다. 저자는 모든 것이 다 중요하다고 하지만 이 교재를 취미 삼아 보는 분들도 있고 전문으로 하려고 보는 분들도 있을 것이다. 해서 두상의 형상이나 여러분들이 알지 못하는 부분을 서술하는 것이 여러분들한테 좋을 것이고 시술에는 디테일이 더 중요하다는 것을 알고 시술을 하여야 할 것이다.

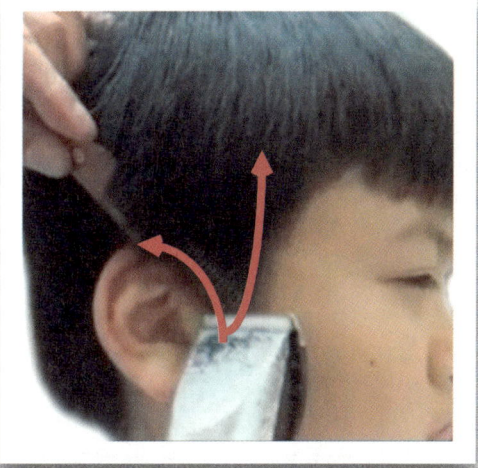

밑머리 부분의 클리퍼시술을 할 때에는 베이스라인을 정확하게 인지를 하고 시술을 하여주어야 최소한의 피해만 줄 수 있다. 시술을 자연스럽게 할 줄 알게 되면 그 최소한의 피해도 주지 않겠지만 말이다. 사진에서처럼 베이스라인의 모발을 화살표의 방향으로 시술을 하여주면 베이스라인의 모양이 정리되는데 빗발에 걸려나온 모발들을 자연스럽게 클리퍼 시술하여 준다.

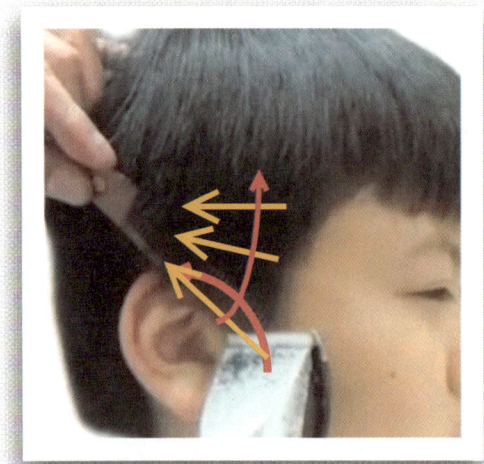

귀 앞부분의 모발을 클리퍼시술을 하고나면 노란색 화살표 방향으로 빗을 수평적인 기조로 만들어주면서 위의 모발을 절삭하여주는데 이때에는 빗을 수직적인 요소로 시술을 하는 것이 아니고 곡선적인 기조로 시술을 하여주어야한다. 사진에서 빨강색 곡선의 화살표방향으로 클리퍼로 시술을 하여주면서 빗을 곡선적인 기조로 시술을 하여야 두상형상에 맞는 시술이 된다.

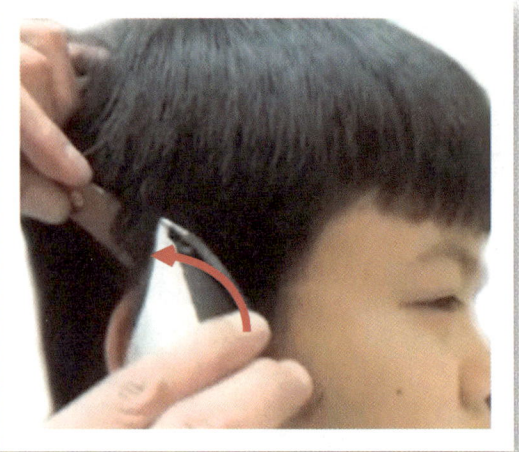

귀 앞부분의 베이스라인과 측면의 클리퍼 시술을 하고나면 클리퍼의 날을 사진에서처럼 세워주어 귀 앞부분의 베이스라인을 잔털 처리하여 주는데 이 부분의 잔털 정리를 깔끔하게 하여주어야 이후의 시술에 연결되어 시술이 연결된다는 것을 명심하고 시술토록 한다. 모든 시술은 베이스라인이 깨끗하냐? 않냐? 에 따라서 시술의 올바른지 결정이 나게 되어있으니 신경 써서 시술토록하자.

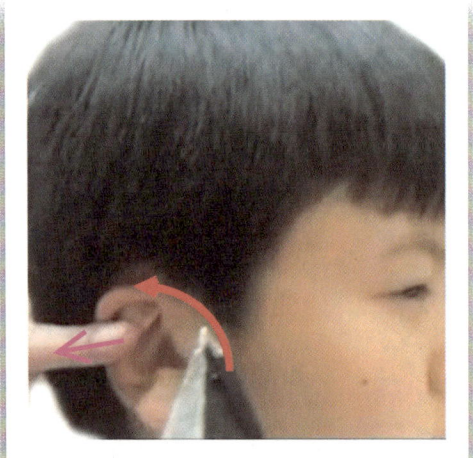

귀 앞부분의 베이스라인의 잔털정리를 하여줄 때에는 사진에서 자주색 화살표 방향으로 귀를 당겨 붙여주고 베이스라인의 형태를 정확하게 보고 시술을 하여주어야하는데 이때에는 시야확보를 잘하여주어야 한다. 그럴 때에는 귀를 어떻게 정리를 하여 시야를 확보하여 시술의 용이함을 가지느냐가 관건으로 다가온다는 것이다. 시술 시에 시야 확보는 확실한 시술로 연결된다는 것을 명심하자.

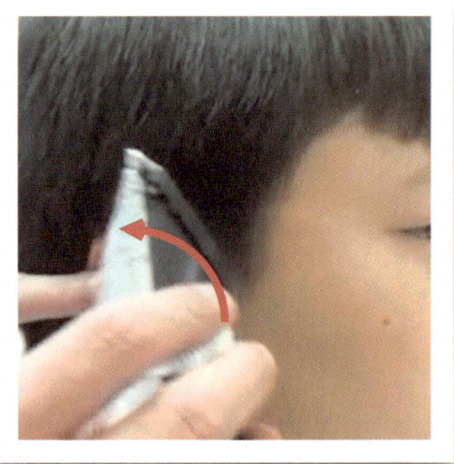

옆 사진의 클리퍼의 위치에서 베이스라인의 잔털의 정리를 시작하여 위의 사진처럼 귀 위의 부분으로 넘어가는 곳까지 클리퍼의 날을 세워 베이스라인의 곡선적인 기조에 맞추어 잔털정리를 하여준다.

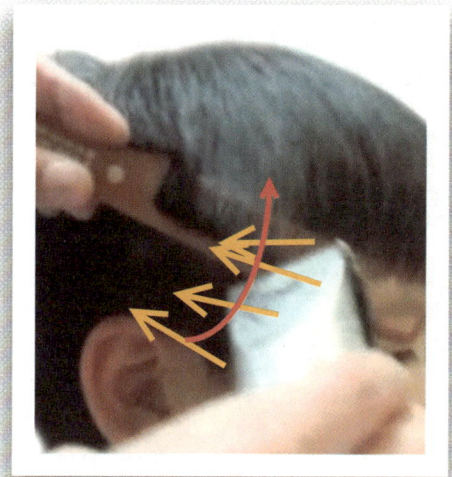

측면부 앞머리부분의 베이스라인을 정리하고 나면 위의모발들을 연결해서 시술을 하여주는데 빗의 자세가 사선에 위치해있으면 빗을 수평적인 기조로 만들어주면서 빗발로 위의 모발들을 잡아내면서 빨강색 화살표방향으로 시술을 곡선적인 기조로 시술하여주어야 두상의 형상에 맞는 시술이 된다. 빗은 꼭 사선에 위치해있으면 수평적인 기조로 만들어 시술을 한다는 것을 명심하자.

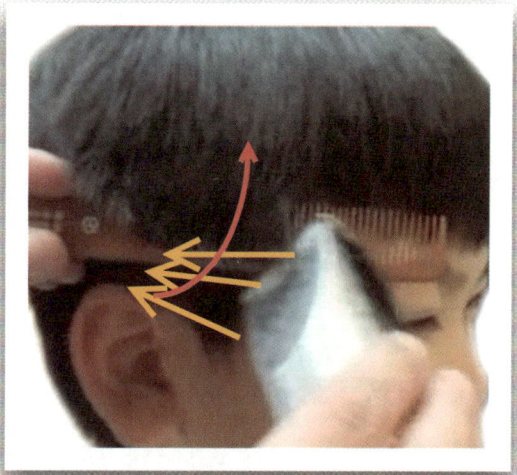

클리퍼는 우측으로 전진을 하면 모발이 절삭이 되고 후진을 하면 모발이 절삭이 되지 않는다. 해서 클리퍼의 날을 빗면에 붙여주고 빗발을 세워서 시술을 하여주는데 빨강색 화살표 방향으로 시술을 하면서 올라가는데 잘린 모발위의 모발을 빗발에 걸려나오게 하여주면서 시술을 하여야 연결성을 찾아서 시술을 하게 되는 것이다.

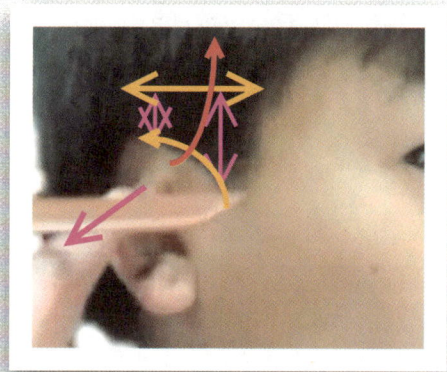

베이스라인의 곡선적인 기조로 시술을 하고 노란색 수평 화살표의 위치까지 클리퍼 시술을 하여 올라가는데 빗의 자세는 두상의 형상에 따라 곡선적인 기조로 시술을 하여주어야한다는 것을 명심하고 사선에 위치한 빗의 자세를 수평적인 자세로 만들어주면서 클리퍼 시술을 하여준다.

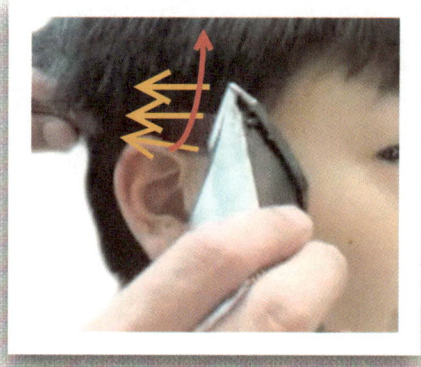

베이스라인이나 다른 부분에서도 빗이 사선적인 기조로 시술을 하여야 할 때에는 빗을 수평적인 기조로 만들어주면서 시술을 하여야한다고 앞서도 서술하였지만 귀 위의 부분을 시술을 하여줄 때에는 옆의 사진의 자주색 화살표방향으로 귀를 내리 눌러주고 나서 빗을 베이스라인에 붙여준다는 것을 명심하여 시술하도록 한다.

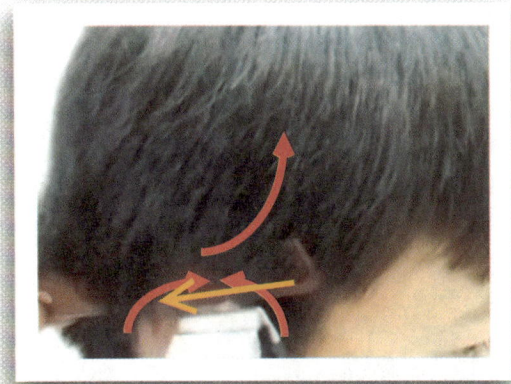 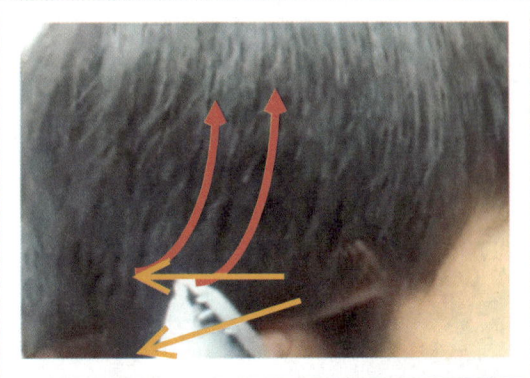

사진에서 보면 빗의 위치가 귀 뒤의 부분에서 귀 위의 부분으로 베이스라인에 붙여주었다. 이때에 베이스라인의 정리를 할 때에 빨강색 화살표 방향으로 앞에서 시술을 하여주고 귀 뒤의 부분은 귀 뒤에서 화살표 방향으로 시술을 하여주면 베이스라인을 자연스럽게 시술을 할 수가 있다. 이렇듯 시술의 방법은 한가지 만 있는 것이 아니고 다양성을 가지고 시술을 하여야 어느 상황에서도 자연스러운 시술을 연결해서 할 수가 있다.

베이스라인의 시술을 하고나면 노란색 화살표의 방향처럼 빗을 수평적인 기조로 만들어주면서 잘린 모발 위의 모발들을 시술하면서 시술라인까지 시술하여주면서 두상형상에 맞추어 시술하여준다. 이때 어디까지라고 생각을 하겠지만 모발을 절삭을 하여 전체의 조경을 만들 때에는 어디까지라고 정하면 않된다는 것이다. 전체의 조경을 생각하면 보아야 할 부분은 천정부의 중앙의 기준부위를 보면서 시술을 하여야하는데 이 부분을 정할수가 저자에게는 없다.

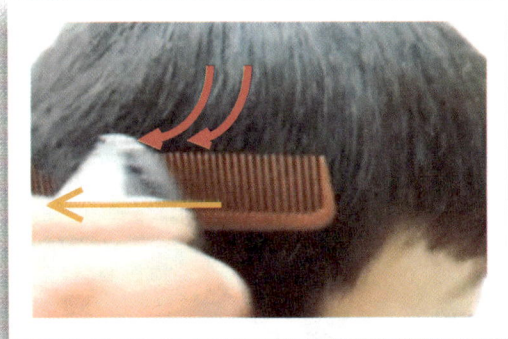 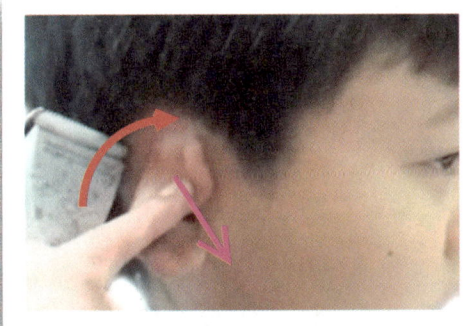

앞서도 서술하였지만 시술을 하다보면 어디까지라고 정하지 못하는 이유는 사람들마다 모질과 두상과 모량과 스타일이 틀리기 때문에 이 부분을 정해준다는 것이 저자에게는 상당히 위험한 부분에 속한다는 것이다. 이 부분을 정해서 줄 수 있는 사람은 머리를 알지도 못하는 배워서 가르쳐주는 사람이라고 저자는 단정한다. 기술을 알려주고 가르쳐주는 것은 쉬운 일이고 정석과 정의를 세워 줄 수는 있으나 어디 위치에서 멈춰라 는 할 수 없는 부분이다.

정석이라는 부분과 정의라는 부분은 저자는 벌써 정했다. 이 교재가 나오는 이유가 바로 그것이지만 말이다. 다시 돌아가서 사진에서 보면 귀의 부분을 손가락으로 내려 눌러주고 클리퍼의 날을 세워준 뒤에 베이스라인의 부분을 시술하여줄 때 빨강색 화살표 방향으로 시술을 하여주는데 베이스라인의 형태에 맞추어 곡선 적으로 시술을 하여 베이스라인의 잔털을 깨끗하게 정리하여준다.

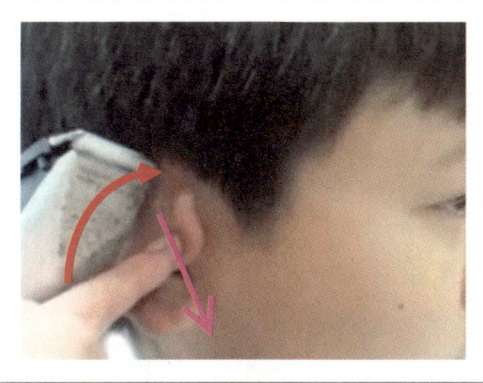
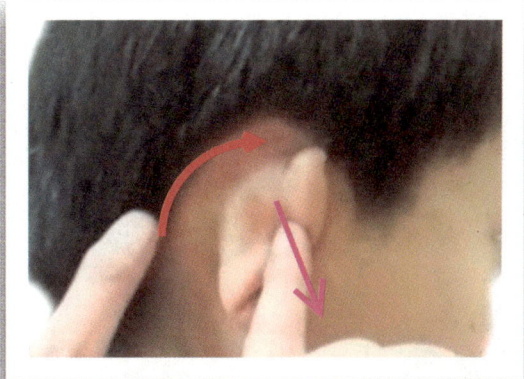

귀의 부분을 내리 눌러주는 이유는 귀의 안전함을 먼저 생각하는 부분도 있겠지만 시술을 할 때에는 시야확보가 우선시 되어야한다는 것이다. 귀를 내리 눌러놓지 않으면 귀가 돌출되어있어서 시술을 할 때에 시술 시야를 가로 막는다는 것이다. 해서 귀 부분의 시술을 할 때에는 우선적으로 귀를 내리눌러주는 방법을 염두에 두고 시술을 하여야 안전한 시술을 할 수가 있다.

귀를 안전하게 내리눌러주고 시술을 하고나면 사진처럼 베이스라인의 형태가 자연스러운 모양을 가지게 된다. 앞서도 서술하였지만 귀 부분의 시술을 하여줄 때에는 언제나 사진처럼 귀를 먼저 내려주면서 붙여주던지. 당겨서 붙여주던지. 밀어서 붙여주던지 해야 안전하게 시술을 할 수 있다는 것을 명심하여 시술토록 한다.

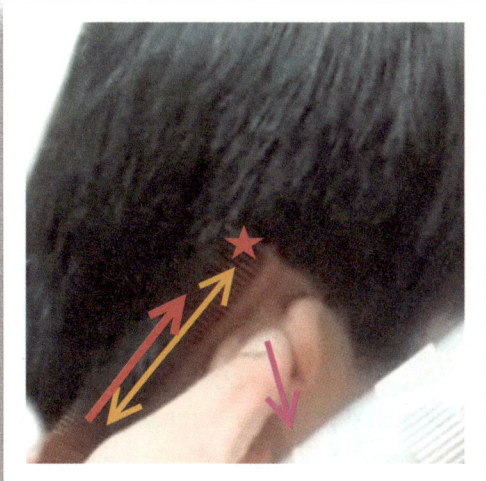
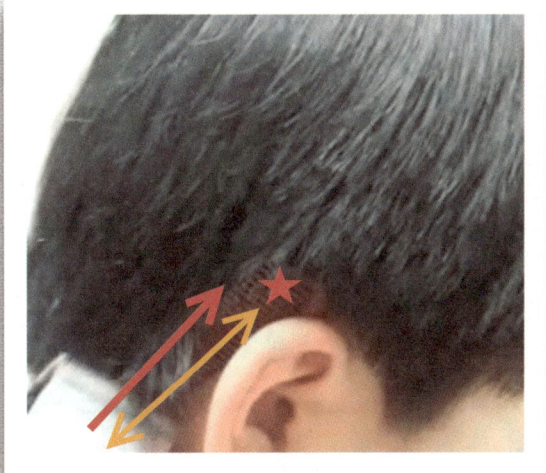

귀 앞부분과 귀 위의 부분 그리고 귀 뒤의 시술을 하고나면 귀 뒤 사이드부분의 시술로 연결해서 시술을 하여주는데 귀 뒤 사이드의 부분은 사선적인 요소로 형태로 만들어져있는 것이 모든 사람들의 공통적인 상황이다. 이곳의 시술을 할 때에는 노란색 화살표처럼 빗을 사이드부분에 맞추어 빗을 붙여주고 빨강색 화살표 방향으로 클리퍼의 날을 빗면에 붙여준 후 (*)표 부분까지 한번에 시술을 하여준다.

이곳의 부분에 빗을 베이스라인에 붙여줄 때에는 귀를 내리 눌러주고 빗발을 사선으로 들어가면서 빗 몸을 베이스라인에 붙여준다. 그런 후 빗 몸을 베이스라인에 붙여준 상태에서 빗발만 세워주어 베이스라인의 모발을 정각도로 세워주고 나서 클리퍼의 날을 빗면에 붙여주고 빨강색 화살표 방향으로 한번에 올려주면서 모발을 절삭을 하여주는데 (*)표 부분까지만 시술을 하여 안전하게 모발의 연결성을 만들어주면서 시술하여준다.

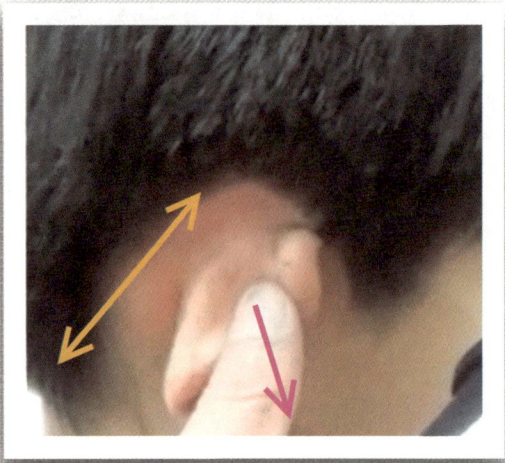

귀 뒤 사이드부분의 시술을 하고나면 사진에서처럼 베이스라인이 깨끗하게 한번에 절삭이 된다. 그리고 언제나 귀는 안전하게 내리눌러주면 사진에서처럼 시술 시야가 확보되어 시술이 용이해진다고 앞서도 서술을 하였다. 베이스라인의 시술이 마무리되면 클리퍼의 날을 거꾸로 돌려서 베이스라인의 잔털을 정리하여준다.

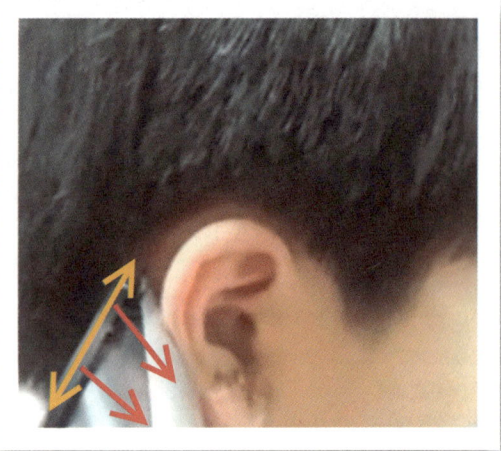

사진에서처럼 클리퍼를 돌려 거꾸로 하여준 다음 베이스라인의 형태에 맞추어 클리퍼의 날로 라인을 정리하고 잔털을 정리하여주는데 빨강색 화살표의 방향으로 두피까지 같이 훑어 내려주면서 잔털을 정리하여준다.

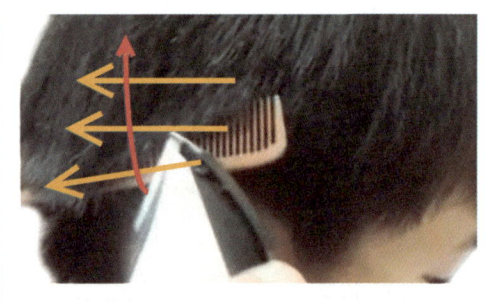

귀 뒤 사이드부분의 시술을 마무리 하고나면 다시 후두부의 부분으로 시술을 연결해서 진행을 하는데 사진에서처럼 빗을 귀 뒤 부분에 사선으로 붙여주고 클리퍼의 날로 빗발에 걸려나온 모발들을 시술하면서 빗을 수평적인 기조로 만들어주면서 시술되어진 모발 위의 모발들을 시술하면서 빗을 진행하여 두상의 형상에 맞추어 곡선적인 기조로 시술되어 올라가면서 클리퍼 시술을 하여 면의 형태를 단정하게 시술을 하여준다.

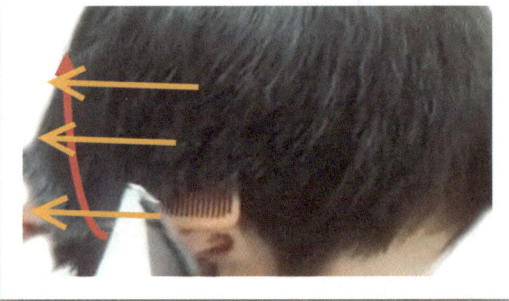

클리퍼 시술을 하여줄 때에는 연두색 화살표에 따라서 오른쪽은 시술이 되어있는 곳이고 왼쪽은 시술이 않되어있는 곳이다. 해서 오른쪽의 잘린 모발 길이에 맞추어 왼쪽의 않잘린 모발을 빗발에 걸린 모발에 연결해서 같이 절삭을 하면 같은 길이로 절삭이 되기 때문에 연결성을 빨리 보고 시술을 할 수 있다. 이후 빗을 수평적인 기조로 하면서 시술을 하면서 빗의 진행을 곡선적인 기조로 시술을 하여 주면서 면의 부드러움으로 만들어준다.

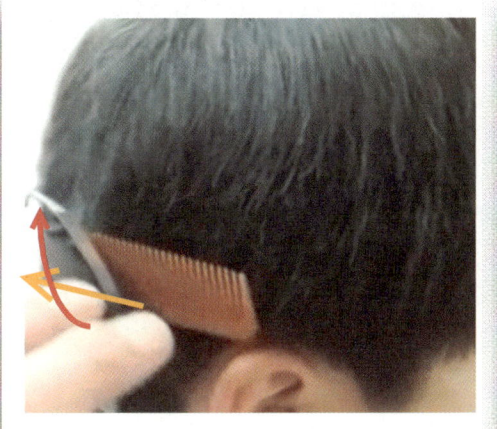 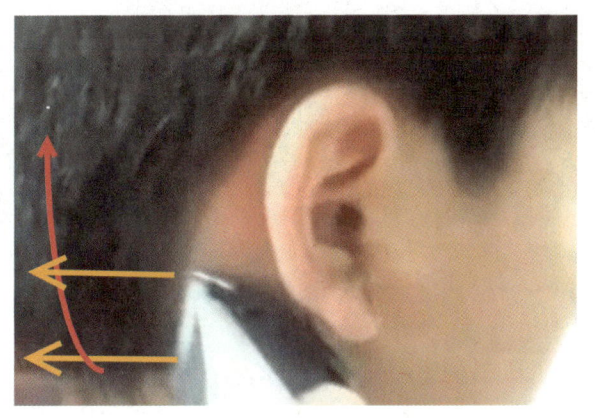

시술을 할 때에는 클리퍼와 빗은 붙여서 시술을 하여주는 것이 자연스러운 연결성을 가지기 쉽다. 하지만 빗과 클리퍼의 날을 떨어져서 시술을 하는 상황이라면 클리퍼를 잡고 있는 손에 힘을 빼고 클리퍼의 날을 빗면에 스치듯이 하여 모발을 절삭을 하여주어야 모발의 면을 파먹지 않고 시술을 할 수 있다. 클리퍼의 날을 빗면에 붙일 때 클리퍼를 잡고 있는 손에 힘이 있으면 힘의 의한 가속도 때문에 면에 위해를 가하기 된다.

해서 클리퍼의 시술을 할 때에는 빗을 잡고 있는 왼손에는 손가락에 힘을 주어 클리퍼가 닿을 때 빗이 밀리지 않아야 하고 클리퍼는 빗면을 스치듯이 하여 모발을 절삭을 하여준다. 클리퍼는 자르는 성질밖에 없기 때문에 얼마큼을 자르고 어디를 연결시킬지는 빗의 역할이라는 것이다. 하지만 알고 보면 머릿속에서 인지를 계속하고 있어야한다는 것이 저자의 생각이다. 시술을 할 때에는 어느 방법을 써서 시술을 하던지 어떻게 시술을 하는지는 시술자가 시술을 하면서 언제나 머릿속으로 인지를 하면서 시술을 하여야한다는 것이다.

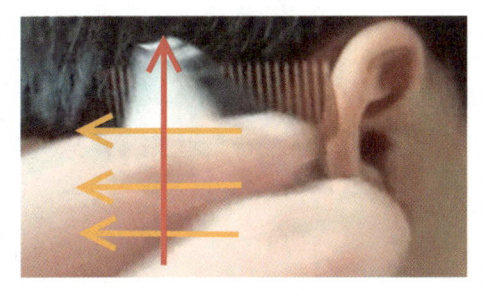 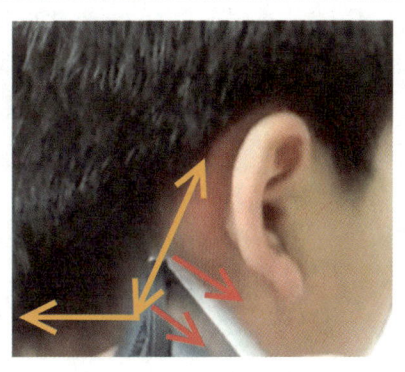

시술을 하여 줄때에는 언제나 빗의 자세는 수평적인 기조로 만들어서 시술을 하여야 한다고 앞서도 서술을 하였지만 몇 번의 서술을 하여도 부족함이 없다고 저자는 말 할 수 있다. 하니 언제나 시술을 배우고 익히는 중에도 정의라는 부분과 정석이라는 부분은 잊지 말고 시술을 하여주어야한다. 사진에서 노란색 화살표처럼 시술을 하여 올라갈 때에는 수평적인 기조로 시술을 하면서 곡선적인 기조로 시술을 하여 두상의 형상과 맞추어 시술한다.

우측 귀 뒤 부분에서 후두부 밑머리까지 사선의 베이스라인의 정리를 하여 줄때에는 빨강색 화살표의 방향으로 클리퍼를 반대로 잡아 클리퍼의 날로만 베이스라인 정리를 하여주면서 밑에 있는 잔털을 깨끗하게 시술하여준다.

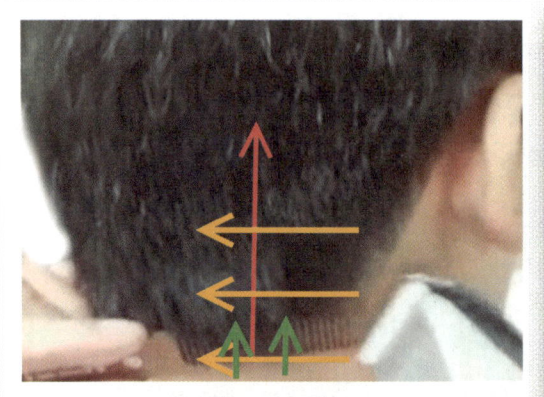
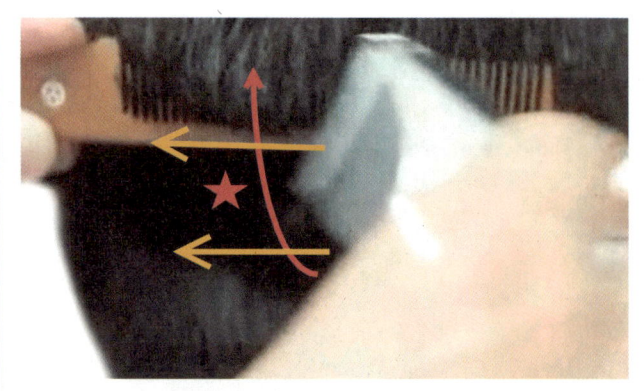

빗으로 후두부 밑머리의 시술을 시작하여 줄때에는 모발사이에 빗발을 사진에서 연두색 화살표처럼 베이스라인에 빗발을 넣어주면서 베이스라인에 빗의 면을 붙여준다. 빗을 붙여주고 나면 빗발만 세워주는데 이때 빗의 몸은 베이스라인에 붙어있고 빗발만 세워 모발을 정각도로 세워주고 클리퍼의 날을 진행시켜 빗발에 걸려나온 모발을 노란색 화살표 방향으로 시술하여주면서 빨강색 화살표 방향으로 시술을 하여 올라가면서 위의 모발들을 절삭하여 면과 라인을 일정하게 두상의 형태로 시술하여준다.

클리퍼의 시술을 하여 줄때에는 빗으로 모발을 들어서 자르는 것이 아니고 모발의 정각도로 세워서 절삭을 하여야한다. 일반적으로 클리퍼의 시술을 하면 모발을 들어서 시술을 하는 것을 볼 수 있다. 빗으로 모발을 들었을 때의 상황은 빗밑에 모발이 들린 모양이 보인다는 것이고 빗으로 모발을 세웠을 때는 빗밑으로 모발의 모양이 보이지 않는다. 이 상황을 이해하기 어려울 것으로 안다. 사진의 (*)표 부분을 보면 두피부분이 보이지 않으면 모발을 세워서 시술을 하는 것이고 (*)표 부분이 밝은 색을 띄고 있으면 모발을 들어서 시술을 하는 것이다.

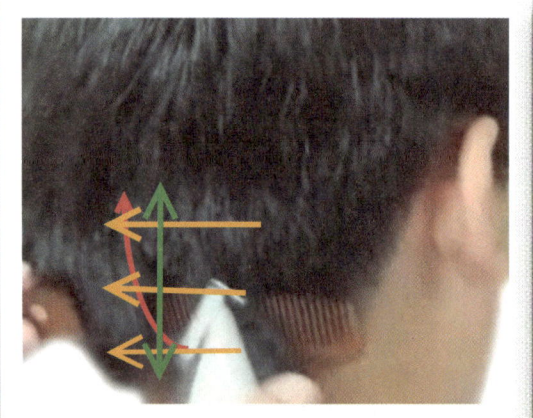
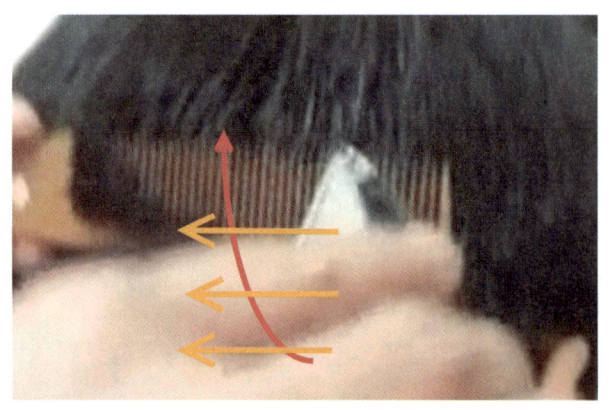

사진에서 연두색의 화살표의 뜻은 우측은 시술을 하여준 부분이고 좌측은 시술을 하지 않은 부분이다. 이렇게 빗발로 모발을 잡아내어 시술을 하여 줄때에는 잘린 모발과 않잘린 모발을 같이 잡아내어 시술을 하여주는데 잘린 모발길이에 맞추어 않잘린 모발을 같이 잘라주는 방법으로 모발의 길이를 같은 길이로 만들어준다는 것이다. 시술을 하여 줄때에는 모발의 연결성을 잘 보고 시술을 하여야 한다고 앞서도 서술을 하였지만 쉽게 시술을 할 수 있는 방법은 이 방법이 좋다.

앞서도 서술을 하였지만 클리퍼의 시술을 하여 줄때에는 모발의 잘려있는 부분과 않잘려있는 부분을 같이 빗발에 잡아내서 시술을 하여 같은 길이의 모발로 만들어 시술하는 방법이 제일 좋다고 하였다. 그래야 모발의 절삭이 용이해지기 때문인데 두상의 형상을 이해하면 모발을 클리퍼로 시술을 하여 줄때에는 빗발에 많은 양의 모발을 잡아내서 절삭을 하는 것이 아니고 3~4cm 정도의 모발을 빗발에 나오게 하여주는데 이때 1~2cm는 잘린 모발 1~2cm 는 않잘린 모발을 잡아서 잘린 모발길이에 맞추어 않잘린 모발을 절삭을 하여준다.

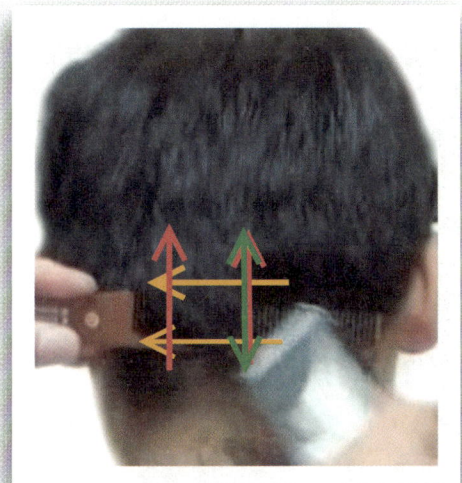
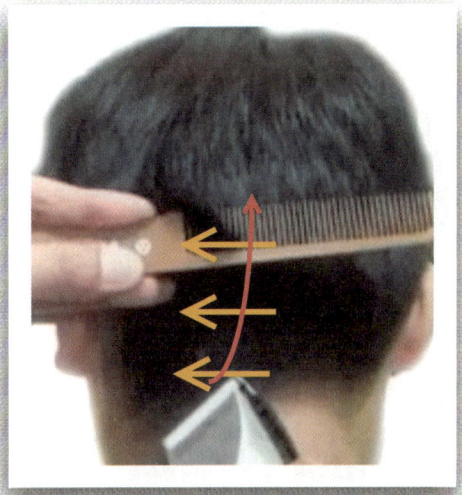

사진에서처럼 빗발에 잘린 모발과 않잘린 모발을 같이 잡아내어 같이 절삭을 클리퍼로 시술을 하면 잘린 모발을 않잘리고 않잘린 모발을 절삭이 되는 방법이기에 같은 길이의 모발길이가 된다는 이론이다. 물론 싱글링 의 방법 또한 같은 이론에 있다는 것이다. 기술은 연구와 노력을 하여 현대 시대에 맞는 방법으로 만들어 시용해야할 것이다.

똑같은 방법과 똑같은 시술을 연결하는 것인데도 모류에 따라서 시술되는 방법이 달리 바뀌어 시술을 하는 경우도 있다는 것이다. 하단부에서 시술을 시작을 하여주면서 상층부의 모발을 절삭을 하기 위해서 빗의 진행 방향이 모류라는 부분에서 모류의 흐름의 반대 방향으로 시술을 진행되어야한다는 것이다.

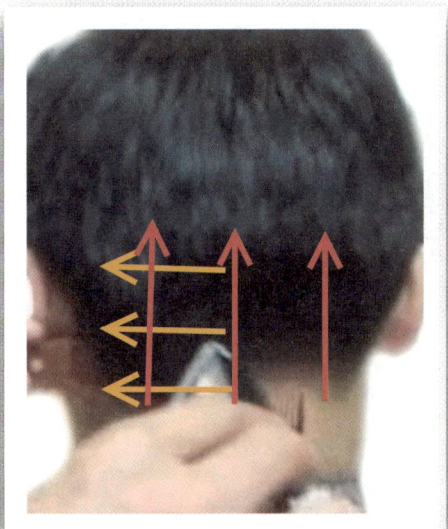
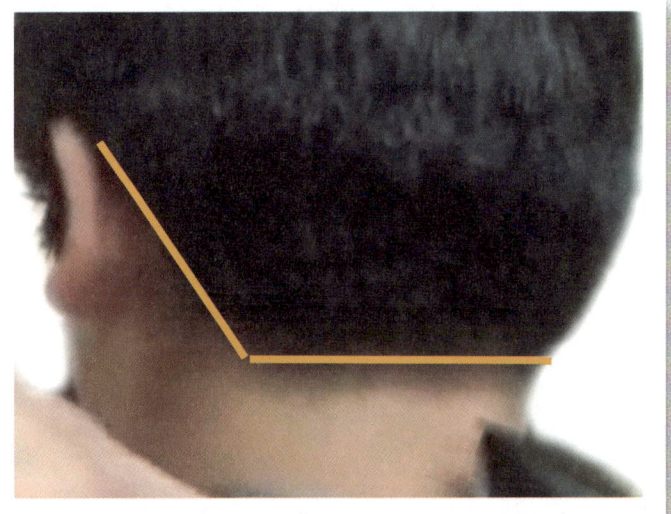

후두부의 경우는 그럴 경우가 별로 생기지 않지만 양 측면부에서는 많이 생기는 부분이 있다는 것이다. 이것은 뒤에 설명을 하고 사진에서처럼 잘린 모발길이에 맞추어 않잘린 모발의 길이를 절삭을 하여 같은 길이로 만들어준다.

클리퍼의 시술을 하나 가위로 싱글링 시술을 하나 시술의 형태는 정해져 있다는 것이다. 사진에서처럼 측면부의 형태는 사선적인 직선의 기조를 가지고 있고 후두부 밑머리는 수평적인 기조로 이루어져있다는 것이다. 이 부분은 남성이나 여성이나 두상을 가지고 있는 사람이라면 모두 동일시하게 되어있다. 해서 시술을 하면 후두부의 형태는 양동이의 형태가 만들어진다는 것을 인지하기 바란다.

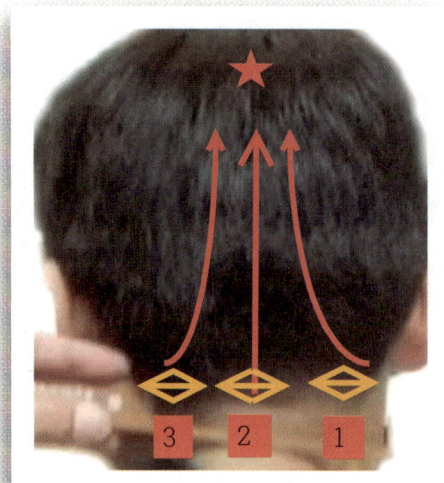

후두부의 시술을 할 때에는 평균적으로 4~5회 정도의 시술을 하게 되는데 이 부분을 더 촘촘히 나누어서 더 시술을 하면 모발의 흐름이 더 자연스럽게 시술이 된다는 것이다. 많은 양의 모발을 한번에 시술을 하다보면 모발이 단면으로 절삭이 되기 때문에 모발의 흐름에 부정적인 영향을 줄 수 있다는 것을 명심하자.

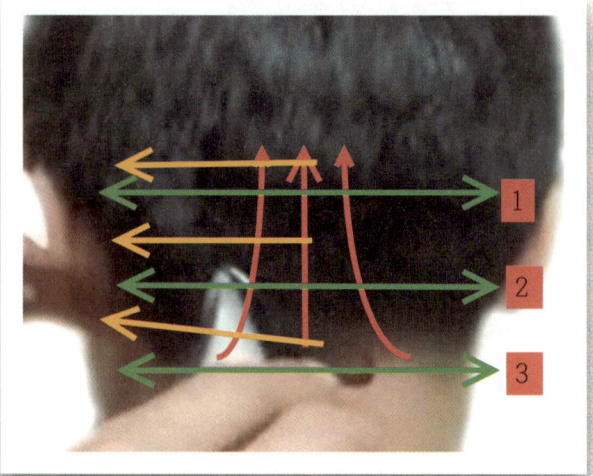

시술을 할 때 빗의 진행 방향을 서술하였는데 시술라인을 정할 때에는 시술자의 입장에서 시술라인을 정하는 것이 아니고 손님의 입장에서 시술라인을 정해야 한다는 것이다. 사진의 연두색의 화살표처럼 1번이 시술라인이 정해지면 같은 라인으로 시술라인이 정해지는데 이곳이 시술라인이 될지 아니면 2번 3번의 시술라인이 정해질지는 손님의 의중에 달려있다고 할 수 있다. 해서 손님의 의중대로 시술을 하여주어야한다는 것을 명심하자.

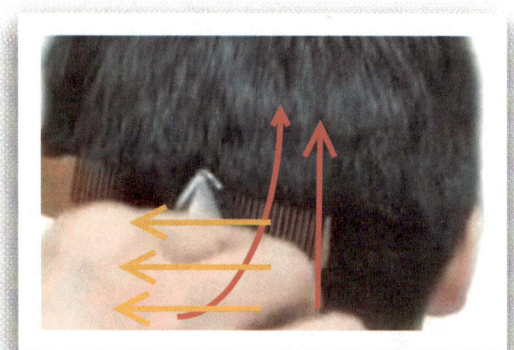

시술은 쉬울 수가 있으나 형태는 쉬울 수가 없다는 것이다. 시술은 단순히 자르는 모양새이지만 형태는 천정부에서 후두부 밑머리까지 그리고 좌측면과 우측면의 전체의 조경을 의미하고 모발의 흐름과 모발의 양까지 아우르면서 시술을 해야 한다.

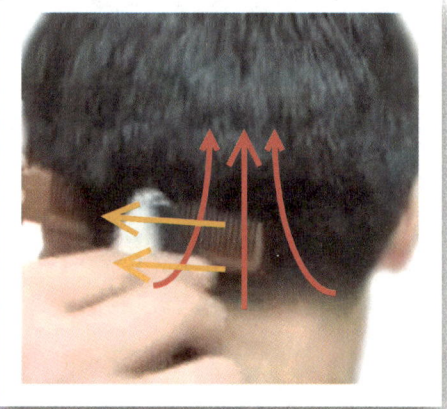

오른손잡이는 오른편에서 시술을 시작하여야하고 왼손잡이는 왼편에서 시술을 시작하는 것이 맞다하겠다. 그래야 시술의 시작성이 있고 한번에 시술을 하여 마무리를 할 수 있다. 하지만 오른손잡이가 왼편에서 그리고 후두부의 위치에서 시술을 하면 시술이 용이해지지 않는다.

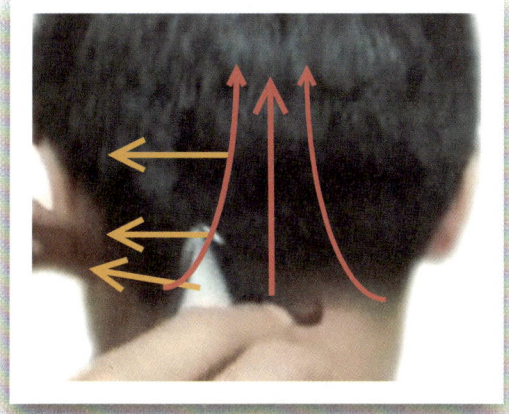
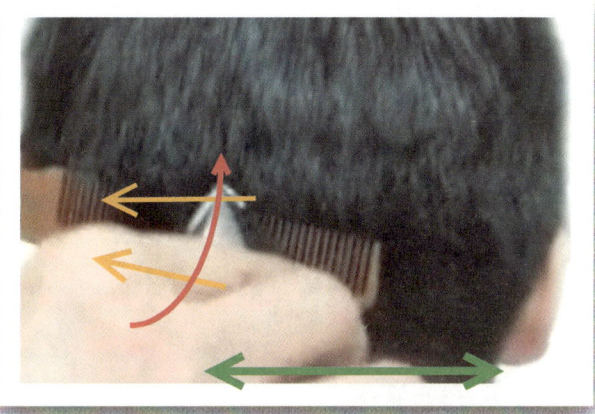

후두부 밑 라인인 베이스라인을 시술하고 나서도 수평적인 기조를 유지하여 위의 부분을 연결해서 시술을 하여주어야한다. 클리퍼의 시술을 하고 아니면 가위로 싱글링의 시술을 하여도 빗은 언제나 수평적인 기조로 만들어서 시술을 한다는 것을 명심하여야한다. 여태까지는 1인칭의 시점에서 시술을 하였지만 이제는 3인칭의 시점에서 시술을 하여주어야 형태의 안정감을 만들어 줄 수 있다.

후두부 밑머리 부분의 베이스라인은 연두색 화살표의 방향처럼 수평적인 요소로 되어있다. 시술을 할 때에는 사선적인 기조로 시술을 시작하더라도 언제나 어느 곳에서나 수평적인 기조로 빗의 자세를 잡아주면서 시술을 하여주어야한다.

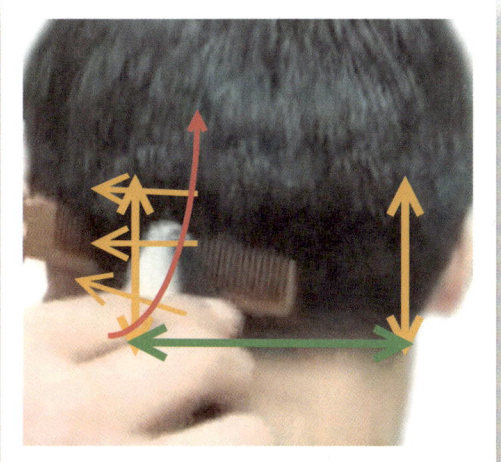
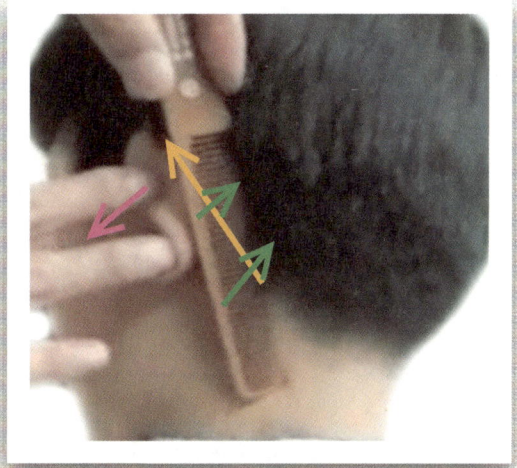

우측 후두부 밑 라인에서 좌측 후두부 밑 라인까지 시술을 하면 연두색 화살표처럼 수평으로 밑머리 부분이 만들어진다. 어떤 물체든지 수평적인 기조를 가지고 있다는 것이다. 그래야 안정감이 생기기 때문인데 만약에 한쪽의 부분이 어그러져있다면 상당히 불안한 형태가 만들어지기 때문에 언제나 후두부 밑머리 부분은 수평적인 기조가 되게 시술을 하여준다.

후두부 밑머리 부분까지 후두부의 시술을 마무리하고 나면 좌측 귀 뒤 부분의 시술을 연결해서 시술하는데 사진에서처럼 귀를 내려 눌러주어 빗이 들어갈 수 있는 공간과 시야확보를 한 후 사진의 연두색 화살표 방향으로 빗발을 모발 밑에서 집어넣어 빗면을 베이스라인에 붙여준다.

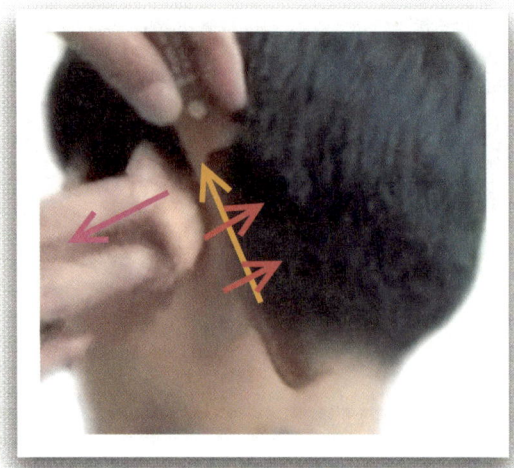
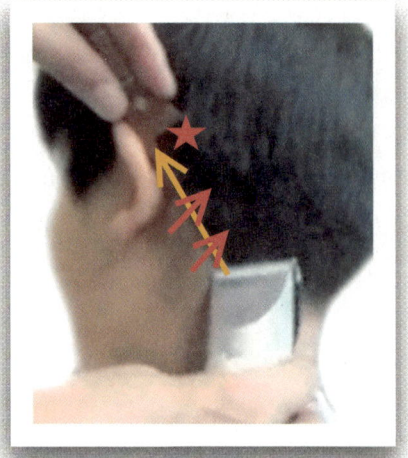

사진에서처럼 빗을 귀 뒤 사이드부분에 빗면을 붙여주고 빗 몸은 베이스라인에 붙여진 상태에서 빗발만 세워주어 베이스라인의 모발을 정각도로 세워준다. 이때 귀는 자주색 화살표 방향으로 당겨서 붙여주어야 시술 시에 시야 확보와 시술시의 공간을 확보하는 의미가 있다.

그런 후 사진에서처럼 클리퍼의 날을 빗면에 붙여주고 노란색 화살표 방향으로 베이스라인 부분을 시술을 하여주는데 (*)표 부분까지 한번에 모발을 절삭하면서 올라간다. 이렇게 사이드 부분의 시술을 하여 줄때에는 빗면에 클리퍼의 날을 확실하게 붙여주고 한번에 깨끗하게 시술을 하여 주어야 정확하게 시술이 된다.

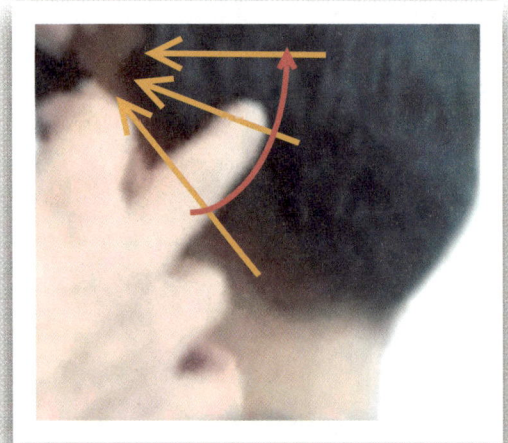
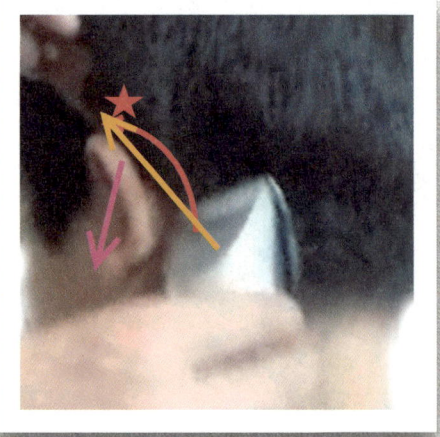

귀 뒤 부분의 시술을 사진에서 노란색의 화살표 방향으로 클리퍼의 시술을 연결해서 시술하여주는데 사선에 있던 빗의 자세를 수평적인 기조로 만들어주면서 클리퍼 시술을 하여 우측의 잘린 모발 길이에 맞추어 시술하여 같은 길이의 모발 길이가 되게 시술한다.

귀 뒤 사이드부분의 시술을 하고나면 귀 뒤의 부분을 시술하여주는데 자주색 화살표처럼 귀를 내리눌러주고 귀 뒤에 빗발을 넣어주면서 베이스라인의 모발을 빗발 안으로 잡아낸다. 그런 후 빨강색 화살표 방향으로 클리퍼의 날을 빗면에 붙여주고 (*)표 부분까지 한번에 시술을 하여준다.

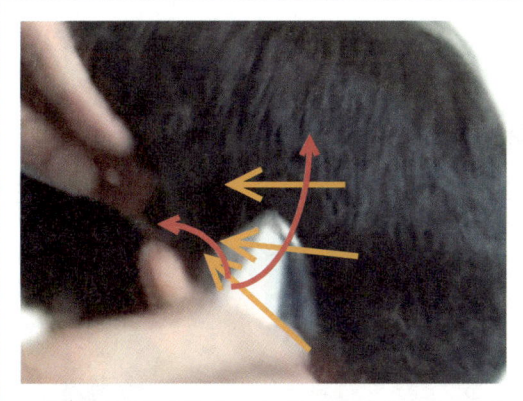

귀 뒤 부분의 귀라고 하는 부분이 위험요소를 가지고 있다. 해서 시술을 할 때에는 더욱 조심을 해서 시술을 하여야 한다. 연습을 할 때에는 가발에 연습을 하는 경우가 많기 때문에 귀 라는 부분에 대해서 인지를 못하는 경우가 허다하다. 해서 언제나 이 부분에서 시술을 하여 줄때에는 인지를 먼저하고 시술을 하여주어야한다.

사진에서 자주색 화살표 방향으로 귀를 눌러주고 귀 뒤 부분의 베이스라인을 정리하여주는데 클리퍼를 반대로 돌려서 클리퍼의 날로 베이스라인을 깨끗하게 정리하여준다. 앞서도 서술하였지만 귀 부분을 시술을 하여 줄때에는 사진에서 처럼 귀를 안전하게 만들어주고 나서 시술을 하여준다는 것을 명심하고 시술토록 한다.

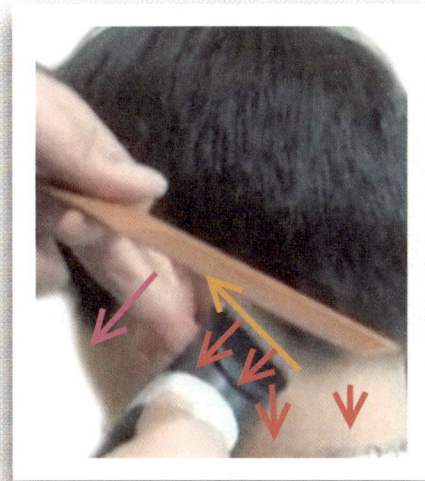

귀 뒤의 부분을 후두부 밑 라인 부분까지 클리퍼의 날로 베이스라인을 깨끗하게 정리를 정리하여주고 두피에 남아있는 잔털까지 시술하여준다.

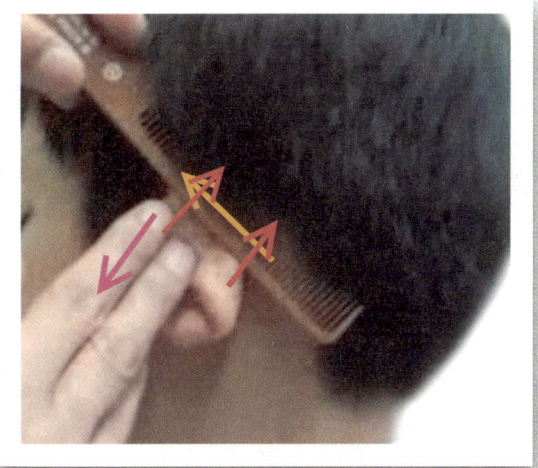

베이스라인을 깨끗하게 정리하여주고 잔털을 정리하고 나면 귀 바로 뒤의 부분을 시술을 연결해서 하는데 사진처럼 귀를 앞쪽으로 내리눌러주면서 빗을 모발 밑 부분에 넣을 수 있도록 공간을 확보하여준다. 그런 후 빗발을 베이스라인에 붙여주고 빗발을 세워 빗발 사이로 모발을 정각도로 세워준 후 클리퍼의 날로 모발을 절삭을 하여준다.

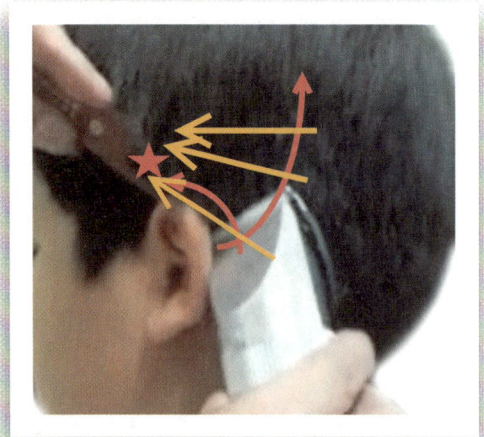 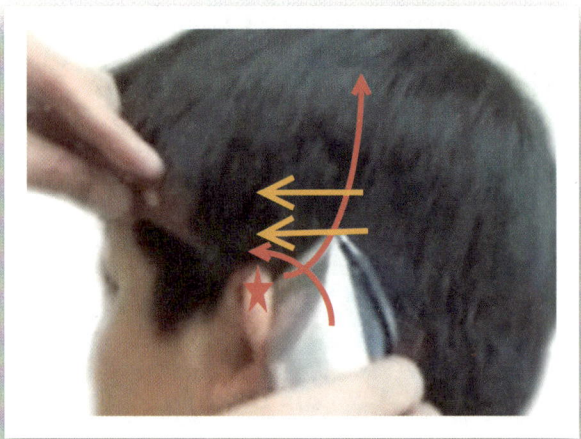

클리퍼의 날을 빗면에 붙여주고 빨강색 화살표의 곡선으로 시술을 하여주는데 (*)표의 부분까지만 시술을 하여준다. 이 (*)표의 부분을 지나서 시술을 하게 되면 귀 앞부분이 모발이 짧아져서 의도치 않게 앞머리부분의 수습이 어려워지게 된다. 하니 클리퍼의 시술을 할 때에는 귀 위의 부분인 (*)표 부분까지만 시술한다.

클리퍼의 날로 귀 위의 부분을 시술할 때에는 빗면에 정확하게 클리퍼의 날을 붙여주고 빨강색 화살표를 따라서 곡선적인 기조로 시술을 하여주어 귀 위의 베이스라인에 맞추어 시술이 되어야 한다. 귀 위의 형태는 곡선으로 이루어져 있어서 곡선적인 기조로 시술이 되어야 두상의 형태에 맞게 시술이 된다는 것이다.

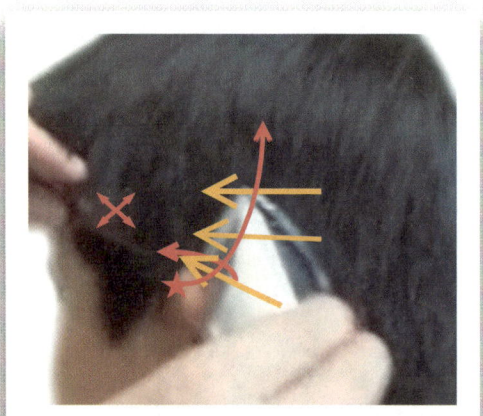 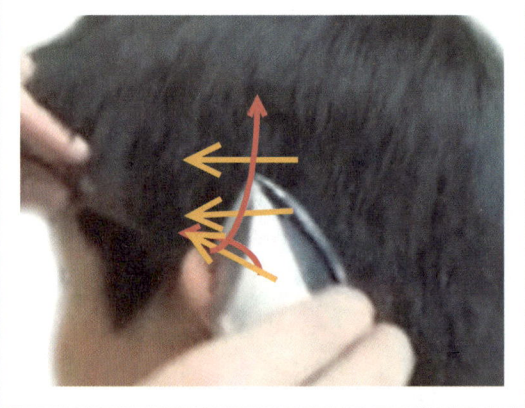

귀 위 부분에서부터 귀 앞부분까지 시술을 하여줄 때에는 (*)표 부분인 귀 앞의 부분만 곡선적인 기조로 시술을 하여준다. 빗발에 걸려나온 모든 모발을 절삭을 하는 것이 아니고 귀 위의 부분의 형태에 맞추어 곡선적인 기조로 시술을 하여준다.

시술을 하는데 에 있어서 절삭의양이 얼마 않되어 소심하게 보일수도 있겠지만 이곳에 모여 있는 모발의 양을 생각하면 소심하지 않다는 것이다. 모발의 시술을 할 때에는 모발의 흐름을 보고 연결성을 찾아서 시술을 하여야 한다고 하였다. 그리고 모발을 자르는 작업이 힘든 일 이라는 것을 여러분들도 알고 있으리라 생각한다.

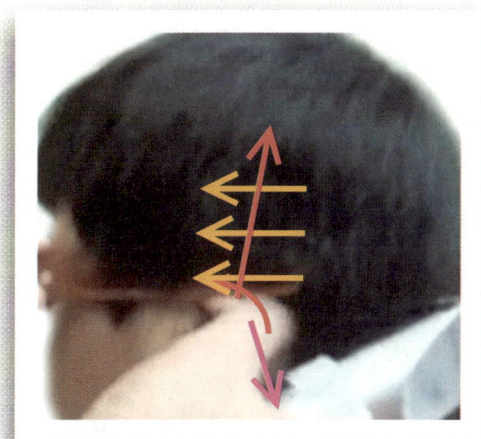
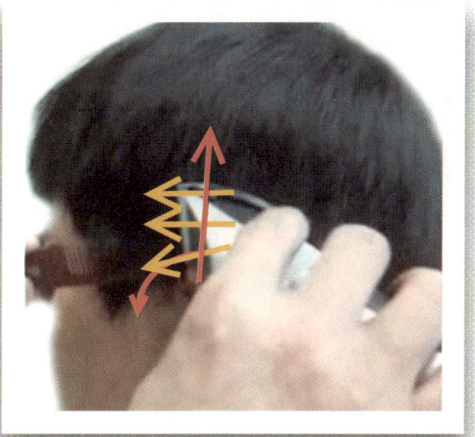

귀 부분의 시술을 하여 줄때에는 언제나 사진에서처럼 귀를 내리 눌러주고 빗이 들어갈 공간을 확보하면서 베이스라인에 빗을 붙여준다는 것을 명심하자. 그리고 나서 노란색 화살표 방향으로 클리퍼를 진행시키면서 모발을 절삭하고 빨강색 화살표를 따라서 빗을 진행을 시켜 빗발로 모발을 잡아내어 순차적으로 밑에서 윗부분으로 시술하여준다.

귀 부분을 시술을 하여 줄때에는 언제나 귀의 안전을 먼저 생각을 하여야한다. 빗을 수평적인 기조로 베이스라인에 붙여주고 나서 빗발을 세워 클리퍼의 날로 모발을 절삭을 하여주는데 사진의 빨강색 곡선 화살표 방향으로 시술을 하여준다. 곡선적으로 시술을 하는 이유는 귀 앞부분의 베이스라인의 모양이 곡선으로 흘러내려오기 때문에 같은 방향으로 시술한다.

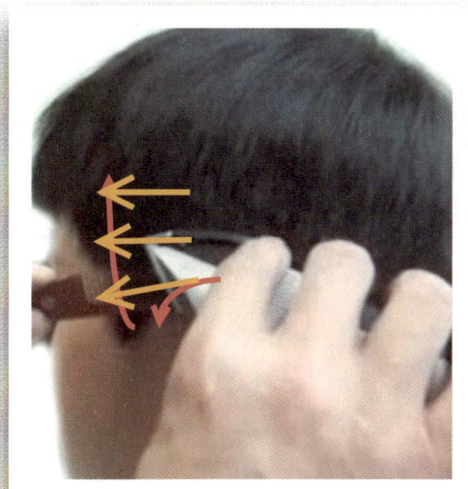
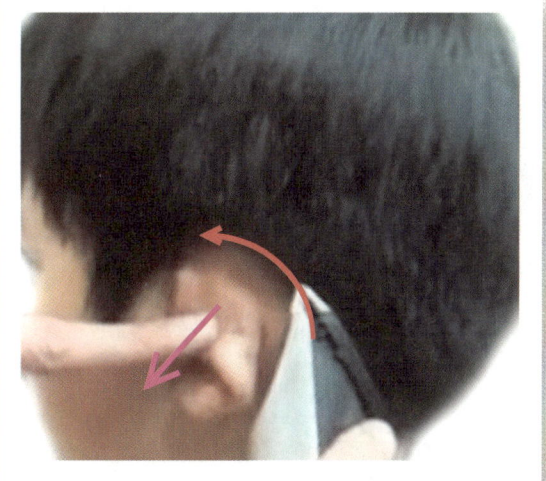

귀 앞부분의 시술을 하여 줄때에는 귀 앞의 베이스라인부터 시술을 하여 베이스라인을 정리하고 나서 노란색 화살표 방향으로 클리퍼를 진행하여 시술을 하는데 이때 빗은 하단부에서 곡선적인 기조로 시술을 하면서 잘린 모발과 않잘린 모발을 같이 절삭을 하여 시술라인까지 올라가면서 클리퍼 시술을 하여준다.

귀 위에서 귀 앞까지 시술을 하고나면 사진에서처럼 귀를 자주색 화살표 방향으로 내리눌러주고 클리퍼의 날을 사진처럼 세워 귀 위의 베이스라인의 모양을 깨끗하게 정리하여주는데 귀 부분의 베이스라인의 형태에 맞게 시술한다는 것을 명심하자.

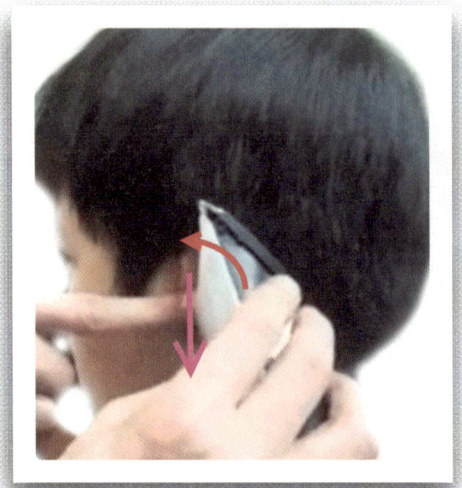

왼손 검지나 중지로 귀를 자주색 화살표 방향으로 내리 눌러주고 나서 귀 뒤에서부터 귀 위의 부분으로 베이스라인을 따라 클리퍼의 날을 세워 클리퍼의 날로만 시술을 하여주어 귀 부분의 베이스라인의 모양을 깨끗하게 시술하여 준다.

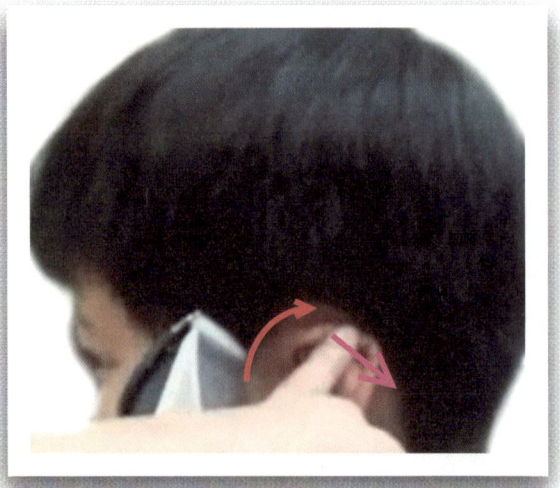

왼손 검지나 중지로 귀를 자주색 화살표 방향으로 내리 눌러주고 나서 귀 앞에서부터 귀 위의 부분으로 베이스라인을 따라 클리퍼의 날을 세워 클리퍼의 날로만 시술을 하여주어 귀 부분의 베이스라인의 모양을 깨끗하게 시술하여 준다.

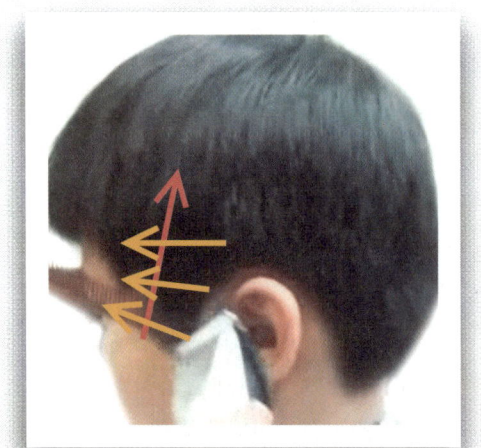

귀 뒤, 귀 위, 귀 앞부분까지 베이스라인을 정리하고 나면 좌측면부 앞머리부분을 시술을 연결해서 하여주는데 사진에서 노란색 화살표 방향으로 클리퍼를 진행하여 귀 부분의 잘린 모발 길이에 맞추어 않잘린 모발을 같이 빗발에 맞추어 시술하여준다.

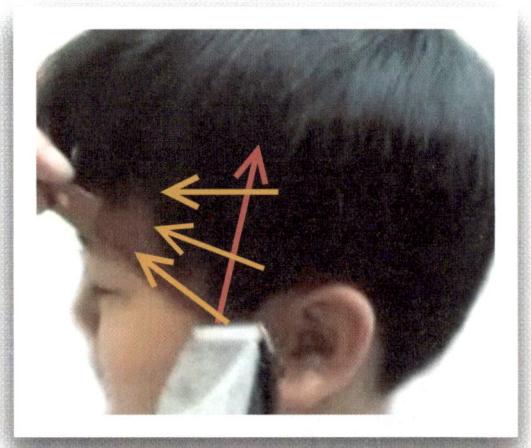

사진에서는 빗의 자세가 사선으로 모발사이로 들어가 시술을 시작하지만 시술을 진행을 하면서 빗의 자세를 수평적인 기조로 만들어주면서 모발의 절삭을 진행한다는 것을 명심하고 시술하여준다.

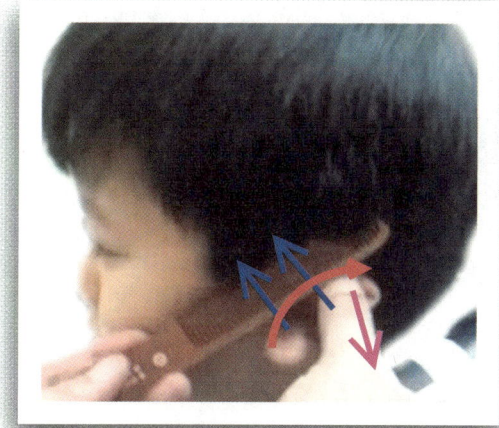 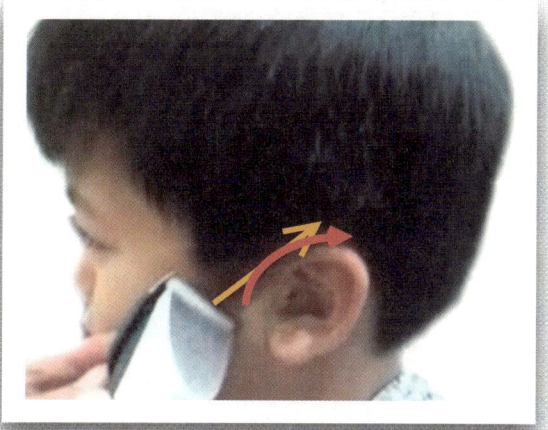

귀 부분의 베이스라인의 모양을 시술하고 나면 귀 위 부분의 시술과 귀 앞부분. 그리고 좌측 면부 앞머리의 시술을 연결해서 하여주는데 사진에서처럼 자주색 화살표 방향으로 귀를 내리 눌러주어 빗이 들어갈 공간을 확보하여주고 빗발을 모발 밑으로 집어넣어주어 빗을 베이스라인에 붙여주고 빗발만 세워주면서 모발을 빗발에 모여 나오게 하여준다.

앞서 서술한 시술의 진행방향에 따라서 자세를 잡고나면 사진처럼 빗이 귀 앞에서 귀 위의 부분에 안착을 하게 된다. 그런 후 빗발을 세워주면서 베이스라인의 모발을 정각도로 세워주어 노란색 화살표 방향으로 클리퍼의 날을 빗면에 붙여주고 빨강색 화살표 방향으로 클리퍼의 날을 곡선적으로 시술을 하여주어 귀 부분의 베이스라인 위의 부분을 시술하여준다.

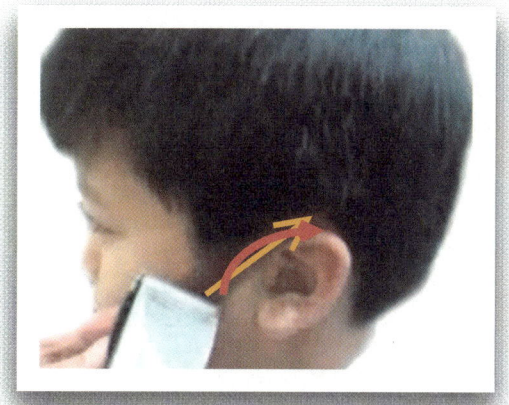 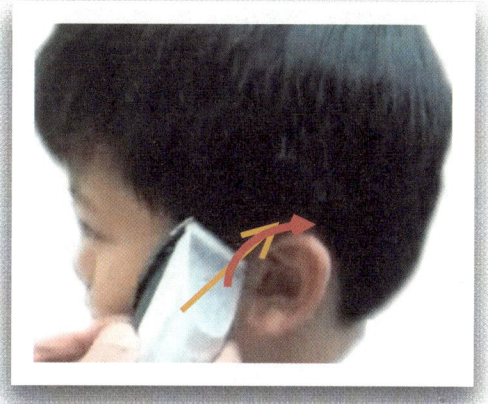

이곳 귀 부분의 서술은 몇 번에 걸쳐서 서술을 하여도 부족함이 없다고 저자는 생각한다. 한 가지의 기술과 테크닉을 가지기 위해서 여러분들은 많은 시간을 투자해서 연습에 연습을 더하여 기술자가 되길 바라마지않는다. 클리퍼를 베이스라인을 따라서 돌리는데도 쉬운 스킬은 아니다.

클리퍼의 날을 빗면에 붙여준 상태에서 빗의 손잡이를 단단히 잡고 있어야 클리퍼의 날을 빗면에 붙일 때 빗이 밀리지 않게 되어 절삭이 용이해진다. 이때 클리퍼의 날을 빗면에 붙일 때 클리퍼를 잡고 있는 손에 힘이 들어가 있으면 빗면에 클리퍼를 붙일 때 면을 파먹을 수 있으니 주의하여 시술토록 한다.

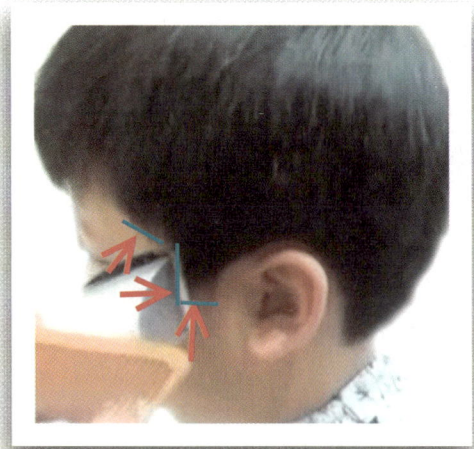

좌측면부 앞머리를 시술을 하여 줄때에는 앞머리 라인에 맞추어 시술을 우측면부와 동일한 방법으로 하여준다. 하늘색 평선처럼 앞머리 라인은 정해져 있다 이 라인에 맞추어 클리퍼의 날을 빨강색 화살표를 따라 라인을 정리하여 클리퍼 시술을 마무리하여준다.

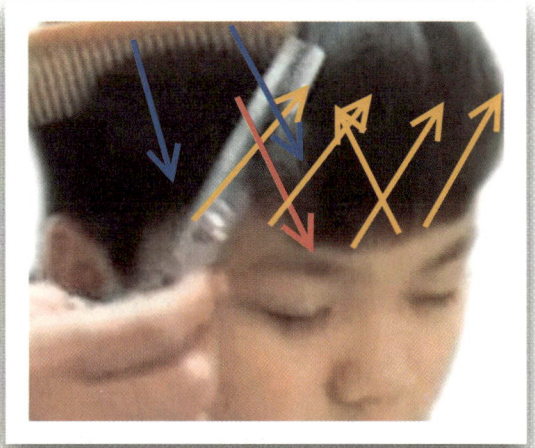

클리퍼의 시술을 마무리하고 나면 사진에서처럼 노란색 화살표 방향으로 틴닝을 사선으로 시술을 하여 앞머리의 모발의 양을 조절을 하여 잔잔하게 하여주고 빨강색 화살표 방향으로 틴닝을 빼내어주면서 파랑색 화살표 방향으로 빗을 빗어내려 주어 시술이 된 곳에 모발을 빗어내려 준다.

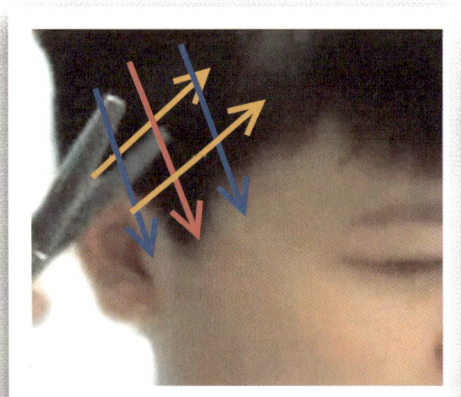

사진에서처럼 노란색 화살표 방향으로 틴닝을 사선으로 시술을 하여 모발의 양을 조절을 하여 잔잔하게 하여주고 빨강색 화살표 방향으로 틴닝을 빼내어주면서 파랑색 화살표 방향으로 빗을 빗어내려 주어 시술이 된 곳에 모발을 빗어내려 준다.

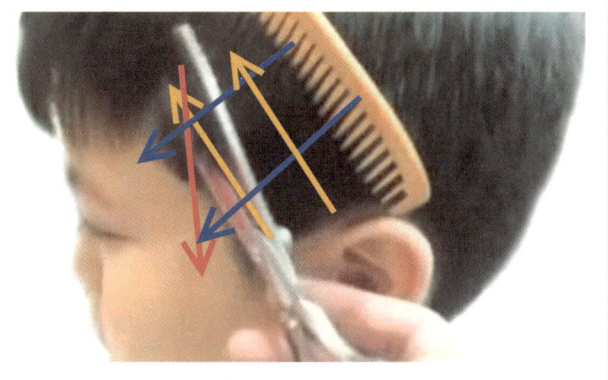

사진에서처럼 노란색 화살표 방향으로 틴닝을 사선으로 시술을 하여 모발의 양을 조절을 하여 잔잔하게 하여주고 빨강색 화살표 방향으로 틴닝을 빼내어주면서 파랑색 화살표 방향으로 빗을 빗어내려 주어 시술이 된 곳에 모발을 빗어내려 준다.

시저스 커트

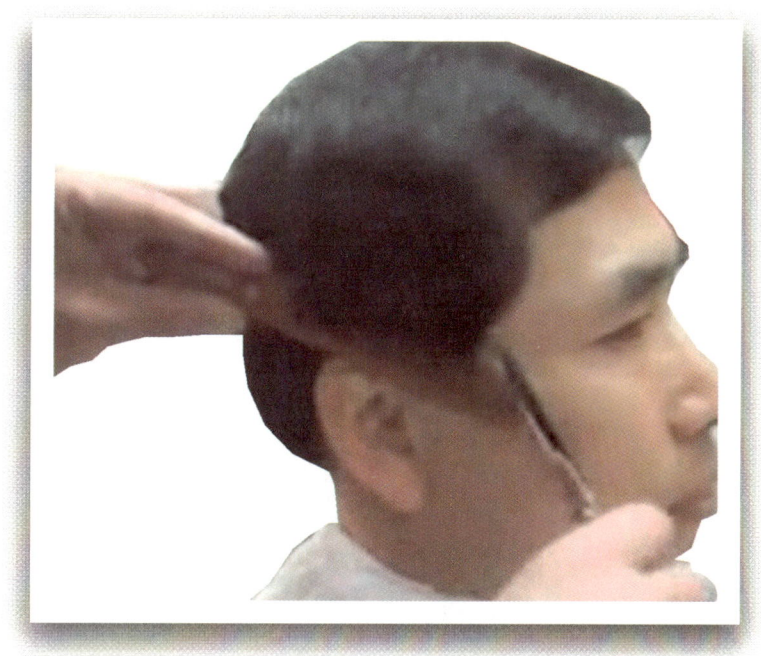

* 이번 장은 시저스 커트의 시술 방법과 테크닉을 배워 본다.

✻ 시저스 커트

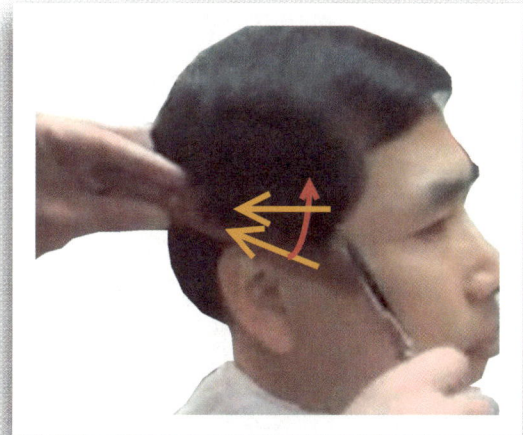

가위로 싱글링 커트를 하는 경우는 요즘 미용실에서는 댄디형의 트랜드 커트 외에는 하는 경우가 드물지만 아직까지 이발소에서는 가위로만 시술을 하는 싱글링 커트를 하고 있다. 해서 이번에는 싱글링 커트인 시저스커트에 대해 해설을 해본다. 시저스커트는 오직 가위로만 시술을 하는 방법으로 클리퍼의 시술이 들어오지 않는다. 시저스커트를 하여 줄때에는 사진에서처럼 오른편에서 시술을 시작하여주는 것이 일반적이라고 할 수 있다.

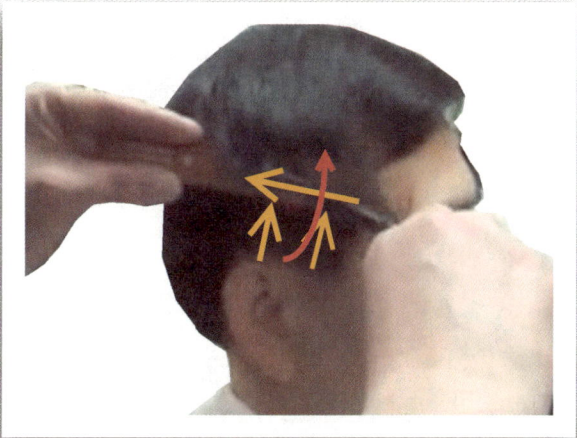

물론 후두부 밑머리에서 시작을 하여도 무방하지만 시술을 할 때에는 시작점을 잡는 것이 좋고 후두부에서 시술을 하는 경우는 모발의 양과 무게로 인해서 시술이 약간 둔화될 수 있는 상황이 만들어 질수 있기 때문에 오른손잡이는 오른편에서 시술을 시작하여 후두부를 돌아 좌측에서 시술을 종료하여주는 것이 손쉬운 시술 방법이라 하겠다. 사진에서처럼 시술을 하여 줄때에는 빗을 우측면부 베이스라인에서 빗발을 노란색 화살표 방향 모발사이로 집어넣어준다.

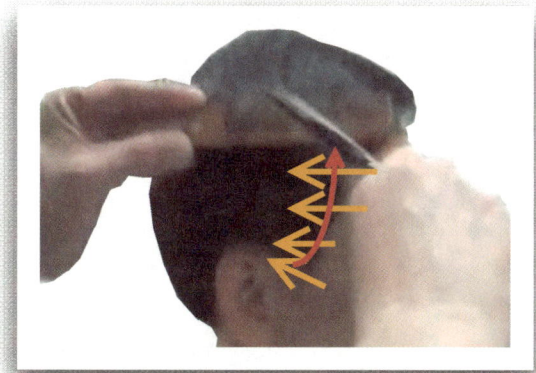

그런 후 베이스라인에서부터 차분히 가위를 개폐하면서 모발을 절삭을 하는데 잘린 모발 바로 위의 모발을 절삭을 연결해서 시술을 하여 우측면부의 앞머리부분에 시술의 기준을 만들어주는 것이 시술의 첫 단추의 시술이라 할 수 있다. 베이스라인에서 시술을 하여 시술라인을 어디까지라고 올라가는 기준을 정할 수 있겠지만 여기에서 정할 수는 없다는 것이다.

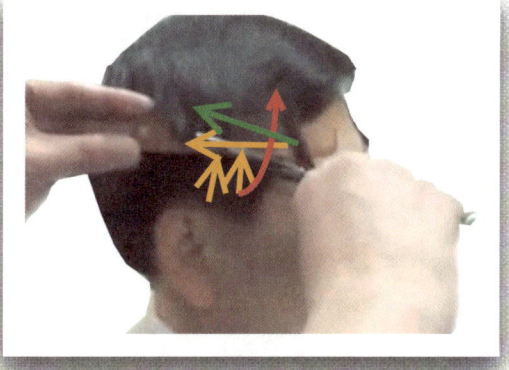

헤어스타일에 따라서 정해지는 시술라인 기준이 모두 다르기 때문에 이곳에서는 시술을 하는 방법을 해설을 해서 기준을 정하지는 않을 것이다. 하지만 기준은 전체형태에서 모발의 흐름속에 있으니 짧은 형이 아니고서는 측면부 전체 라인에서 절반정도로 시술라인을 정하는 것이 수월 할 것이다. 베이스라인에서 시술을 시작을 하면 잘린 모발 바로 위에 있는 모발을 연속해서 가위를 개폐하면서 천정부 방향으로 시술을 하여준다.

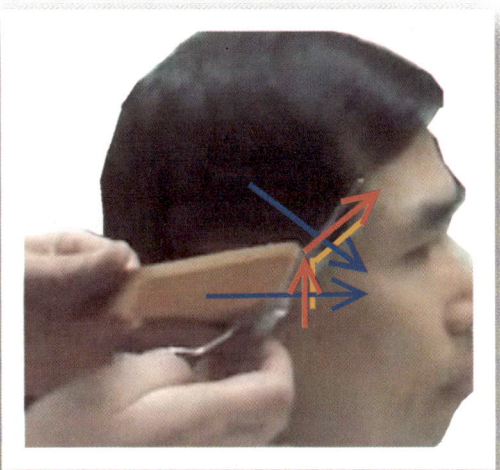

우측면의 시술을 하면서 앞머리와 우측면의 경계선인 앞머리 라인은 파랑색 화살표 방향으로 모발을 빗어 내어주어 **빨강색 화살표** 방향처럼 라인의 경계를 시술하여 정리한다. 노란색 평선처럼 경계라인을 따라서 가위의 앞날을 피부 쪽으로 눕혀서 시술을 하여주는데 가위의 날이 살게 되면 피부를 가위 날로 집을 수 있으니 유념해서 시술토록 한다.

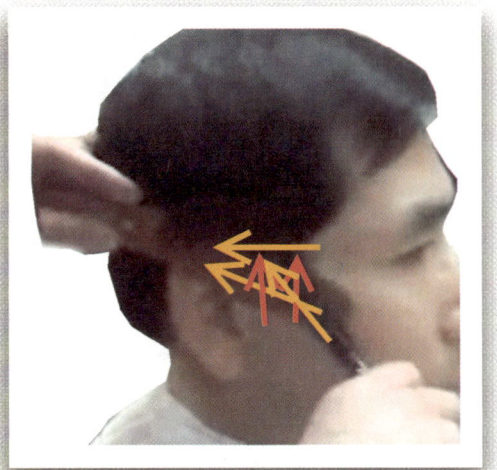

귀 앞부분의 베이스라인에 빗을 붙일 때는 빗의 자세가 사선으로 들어가서 베이스라인에 붙게 되는데 귀부분의 형상에 따라서 빗이 붙기 되니 시술을 하여 줄때에는 수평작인 기조로 빗의 자세를 만들면서 시술을 하여야한다. 빗으로 모발을 잡아내어 시술을 하여 줄때에는 언제나 빗의 자세를 수평적인 기조가 되어야한다는 것을 명심하자.

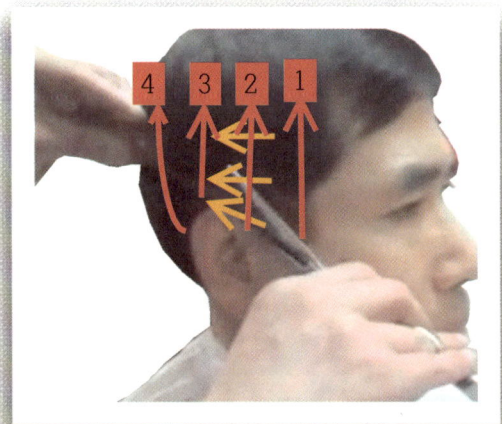

우측면부 앞머리에서 시저스 커트를 시작을 하면 사진의 번호처럼 앞머리에서 차분하게 번호의 구획으로 연결을 하여 시술을 하는데 빗발에 걸린 모발들 중에 오른편에 걸려있는 모발은 잘린 모발이고 왼편에 걸려있는 모발은 않잘린 모발이다. 그러면 빗발에 걸린 모발들을 잘린 모발과 않잘린 모발을 같이 잘라주면 같은 길이의 모발 길이가 되는 이론이다.

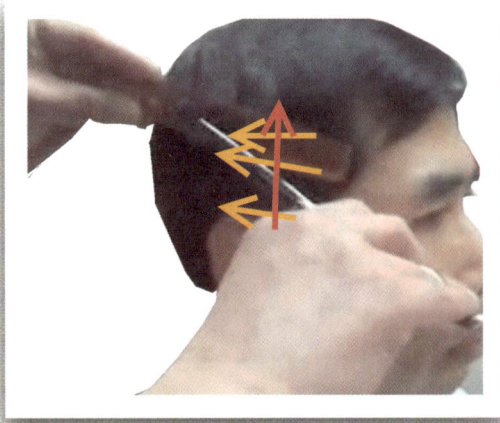

그래서 빗으로 모발을 잡아내어 시술을 할 때에는 잘린 모발과 않잘린 모발을 같이 잡아내서 시술을 하여야 연결성을 만들어 시술이 용이하다는 것이다. 그래서 베이스라인에서부터 시저스커트를 시작을 하면 잘린 모발 1mm위의 모발을 절삭을 하고 또 1mm위의 모발을 절삭을 하면서 하나의 구획을 시술라인까지 시술하여 면을 깨끗하게 시술하여준다.

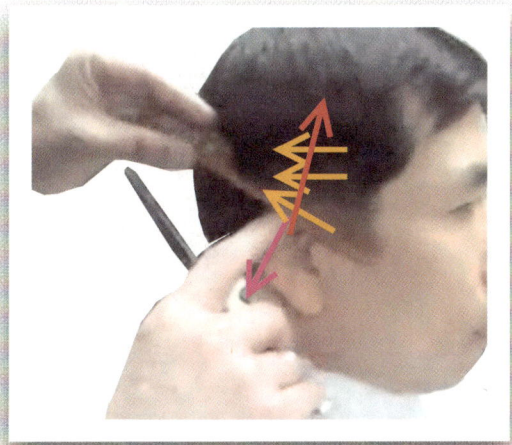 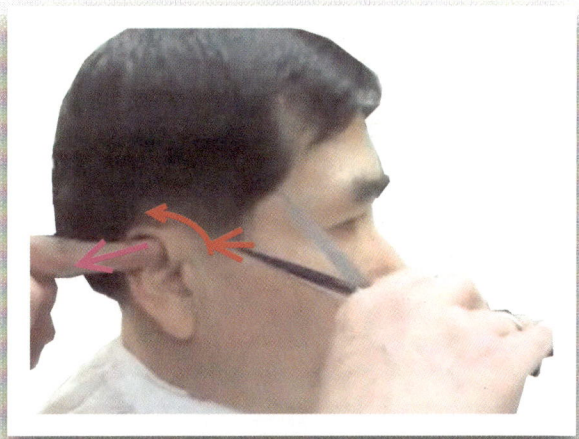

하나의 구획을 따라서 시저스커트를 하고나면 다음 구획으로 연결을 하여 시술을 하여주는데 꼭 시술을 하여 줄때에는 잘린 모발과 같이 않잘린 모발을 빗발로 잡아내어 같이 절삭을 하여준다는 것을 명심하고 시술토록 한다. 그리고 귀부분의 시술을 하여 줄때에는 사진에서처럼 오른손 검지로 귀를 내리눌러주면서 빗을 베이스라인에 붙여 시술한다.

우측면의 시저스커트 시술을 하고나면 잔 정리를 연결해서 시술을 하여주는데 역시 자주색 화살표 방향으로 귀를 눌러 붙여주면 베이스라인의 형태가 확연하게 보이게 된다. 그런 다음 가위의 날을 피부 쪽으로 눕혀서 가위밥을 주어 베이스라인을 빨강색 화살표 방향으로 시술을 하여 깨끗하게 하여주고 구렛나루 부분의 라인을 가위밥으로 깨끗이 정리하여준다.

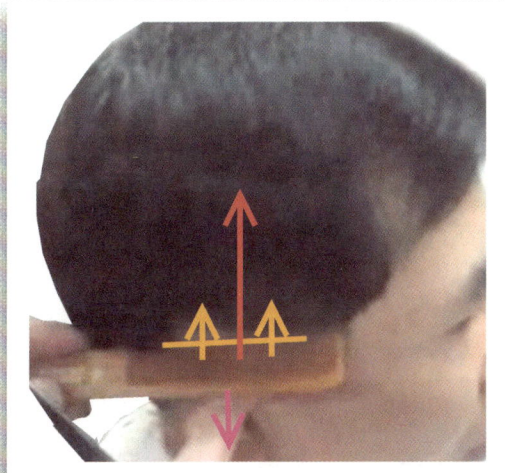 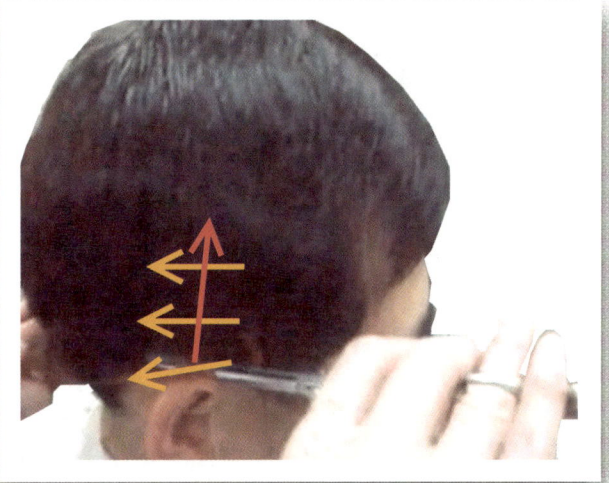

귀 위의 부분을 시술을 하여 줄때에도 귀는 오른손 중지나 검지로 자주색 방향으로 내리눌러주면서 빗발을 베이스라인에서 모발사이로 넣어주어 빗발에 베이스라인의 모발을 들어오게 하여 빗면을 베이스라인에 붙여준다. 그런 후 빨강색 화살표 방향으로 시술을 하여 올라가는데 우측의 잘린 모발길이에 맞추어 않잘린 모발을 같이 절삭하여 같은 길이가 되게 시술한다.

귀 부분에서 빗면에 가위의 날을 붙여 줄때에는 사진에서처럼 가위의 날을 다물어준 상태에서 빗면에 가위의 날을 붙여주고 나서 가위의 날을 벌려 개폐하면서 모발을 절삭하여 빨강색 화살표 방향으로 시술하여 올라간다. 언제나 귀 부분의 시술을 하여 줄때에는 안전함을 먼저 생각하여 귀의 위해가 되지 않는 상황을 만들어서 시술을 하려고 노력을 하여야 한다.

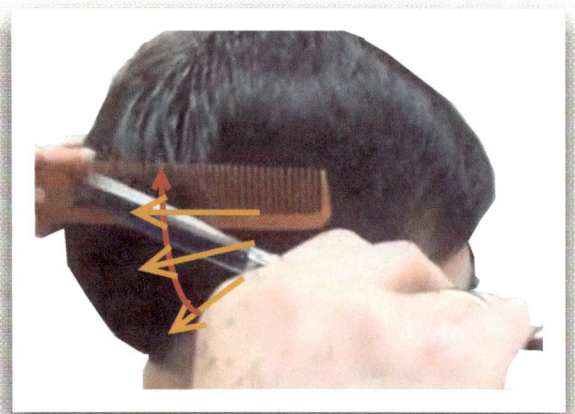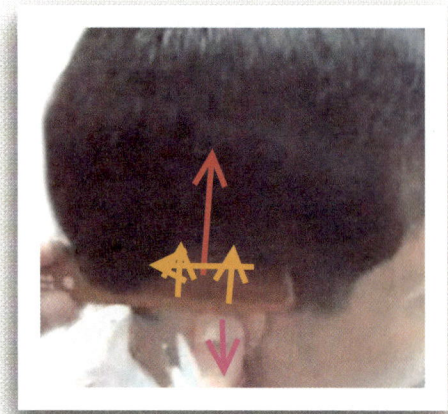

시저스커트를 시술을 할 때나 클리퍼커트 시술을 하여 줄때에나 빗발이 시술자 쪽으로 살아서 시술을 하게 되면 긴 머리 형태의 스타일이 만들어지게 되고 빗발이 손님 쪽으로 붙여서 시술을 하게 되면 짧은 형태의 스타일이 만들어진다. 해서 모발을 절삭을 하여 줄때에는 빗의 위치에 따라서 헤어스타일의 모양이 만들어지니 빗으로 모발을 잡아서 각도를 만들어 시술을 하여 줄때에는 빗의 자세가 얼마나 중하게 되는지 알아야 할 것이다.

귀 뒤 부분에서 후두부의 구획으로 시술을 하여 줄때에는 연두색 화살표 방향으로 시술을 하여가는 것이 아니고 빨강색 화살표 방향으로 곡선적인 기조로 시술을 하면서 올라가야 후두부에 자연스러운 볼륨감을 만들 수 있다. 연두색의 화살표 방향으로 시술을 하게 되면 후두부의 형태가 화살촉모양으로 만들어지기 때문에 두상의 형상에 반하는 모양이 만들어진다. 해서 시술을 할 때에는 곡선적인 기조로 시술을 하여준다.

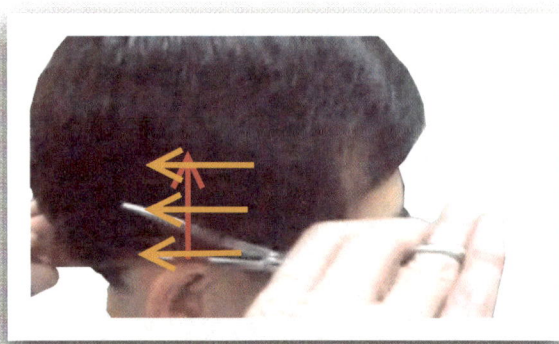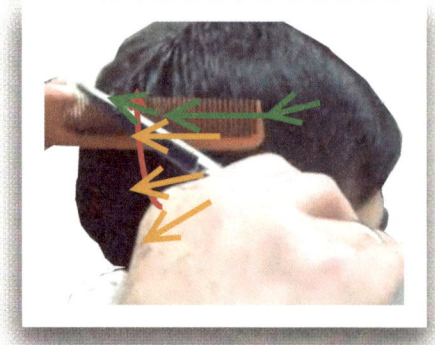

귀를 안정적으로 내리눌러 붙여주고 나서 빗발을 베이스라인에 안정적으로 붙여주면서 빗발에 베이스라인의 모발을 정각도로 세워 가위로 개폐를 하면서 시술을 하여 시술라인까지 올라간다. 시술라인을 여기서 정하지 않는 이유는 앞서도 서술하였듯이 손님들의 스타일과 모질이 달라서 정할 수가 없기 때문이니 어디까지라는 위치를 정하지 말고 시술을 먼저 연습하기를 바란다. 시술을 하다보면 전체의 형태에서 시술라인을 볼 수 있을 것이고 동영상을 통하여 시술라인을 알아보기 바란다.

빗이 사선적인 기조로 시술이 되어 지면 빗의 자세를 수평적인 기조로 만들어주면서 시술을 하여주어야 면의 연결성을 자연스럽게 볼 수 있어서 시술의 용이함을 가질 수 있다. 사진에서 연두색 화살표는 뒤에도 서술을 하겠지만 두상의 형상을 의미한 것인데. 시저스커트 시술이나 클리퍼커트 시술이나 두상의 형상을 따라서 시술을 하야주어야 올바른 시술이 된다. 대부분 이 부분에서 위의 모발을 절삭을 않고 아래의모발만 절삭을 하여 형상에서 어긋나는 스타일이 나오는 경우가 많다.

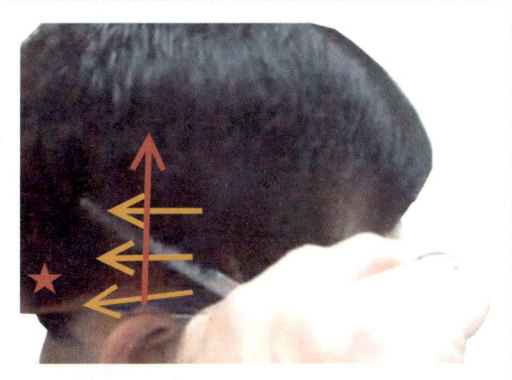 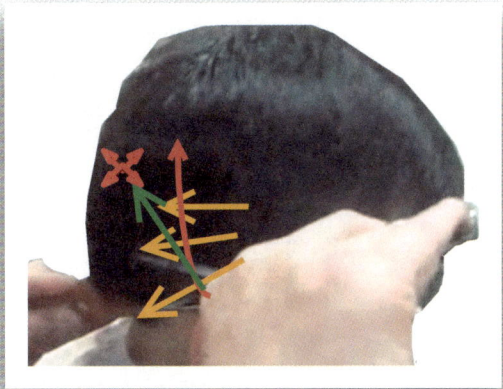

귀 뒤 부분의 시술을 하여 줄때에도 앞서 시술을 하였던 방식으로 시술을 연결해서 하는데 귀의 부분은 언제나 안전함을 가지고 있어야한다. 귀는 언제나 내려 눌러주고 나서 빗이 들어갈 수 있는 공간을 만들어주어서 빗발을 베이스라인에 붙여주면서 빗발 안에 베이스라인의 모발을 정각도로 세워주어 가위로 빗면에 붙여 가위 날을 개폐하면서 시술하여 빨강색 화살표 방향으로 시술하여 올라간다.

귀 뒤 부분에서 후두부의 구획으로 시술을 하여 줄때에는 연두색 화살표 방향으로 시술을 하여 가는 것이 아니고 빨강색 화살표 방향으로 곡선적인 기조로 시술을 하면서 올라가야 후두부에 자연스러운 볼륨감을 만들 수 있다. 연두색의 화살표 방향으로 시술을 하게 되면 후두부의 형태가 화살촉 모양으로 만들어지기 때문에 두상의 형상에 반하는 모양이 만들어진다. 해서 시술을 할 때에는 곡선적인 기조로 시술을 하여준다.

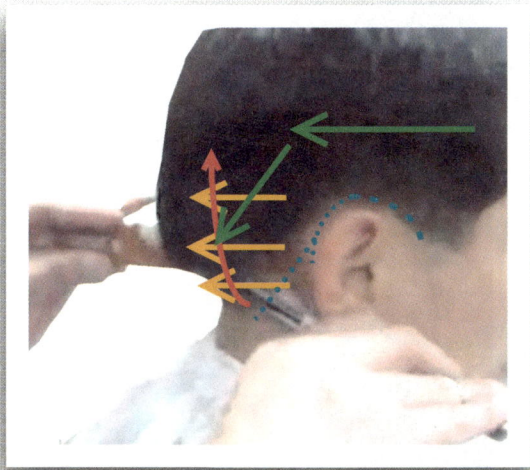 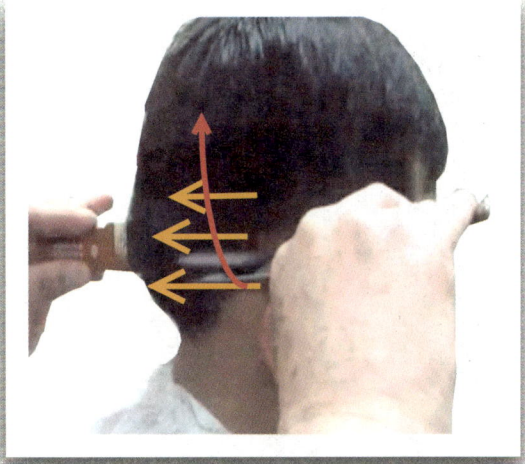

측면부의 시술을 할 때에는 사진에서처럼 측면부는 시술시 연두색 화살표처럼 수평적인 요소로 시술이 되어야하고 후두부는 같은 연두색의 화살표처럼 사선적인 기조로 시술이 되어야 측면부와 귀 뒤 사이드부분에 자연스러운 모양을 만들 수 있다. 그리고 귀 위의 베이스라인은 라인의 형태에 맞게 시술이 되어야 측면부의 시술이 마무리가 된다는 것이다.

모든 물체는 수평적인 요소를 가지고 있다는 것은 알 것이다. 해서 후두부의 시술을 하여 줄때에는 빗과 가위를 수평적인 요소로 시술을 하여주는 것이 후두부의 구획이라 쉬울 수 있다. 후두부의 시술은 수평으로 시술을 하여 올라가면서 곡선적인 기조로 시술을 하기 때문에 측면부에 비해서 시술이 쉽다. 사진에서처럼 귀 뒤에서 후두부의 구획으로 시술을 연결해가면 빗의 자세를 수평으로 시술하여준다.

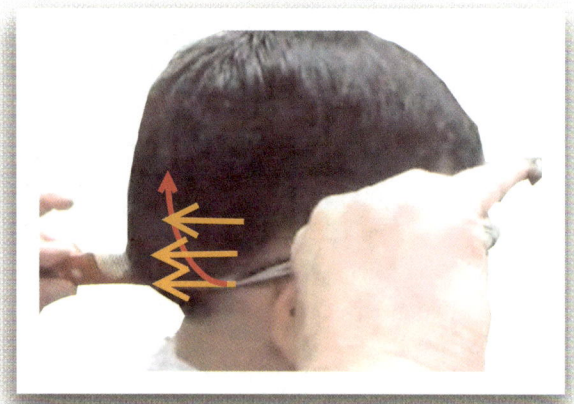
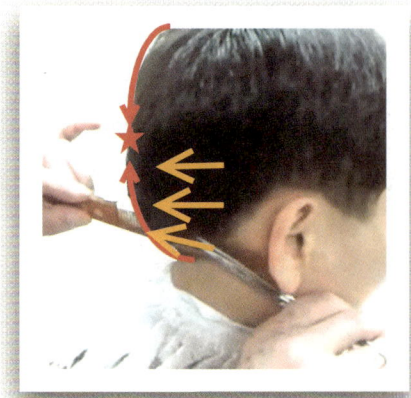

시술의 방법은 간단하고 쉬울 수 있으나 사실 무엇을 잘라서 무엇과 연결을 시키느냐가 중요한 문제로 다가오게 된다. 그리고 모발의 흐름까지 들여다보면서 시술을 한다는 것은 어느 정도의 경력이 되어도 어려운 부분으로 다가올 수 있다. 기술이지만 여기서 모든 것을 다 풀 수는 없겠지만 동영상을 같이 보면서 기술 연마를 하면 더 빨리 기술자의 길로 다가갈 수 있다.

빗의 면을 베이스라인에 붙인 후 빗발만 세우면서 베이스라인에 있는 모발을 같이 세워주면서 빗발의 각도를 (*)표 부분의 천정부에서 내려오는 두발 라인에 맞추어 세워주고 빗면에 가위의 날을 붙인 후 (*)표 부분을 향해서 시저스커트 하면서 빨강색 화살표 따라 곡선미를 띄고 시술하여 준다.

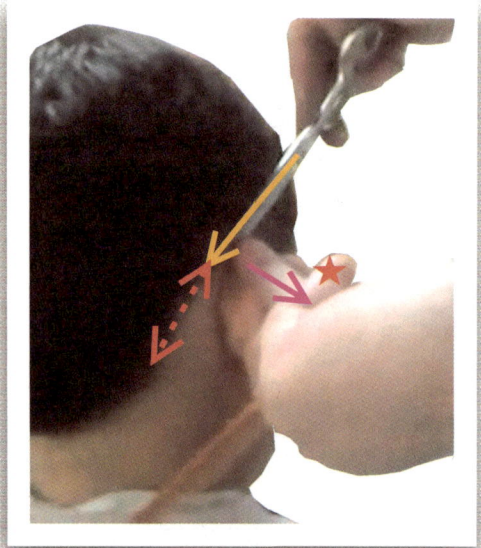
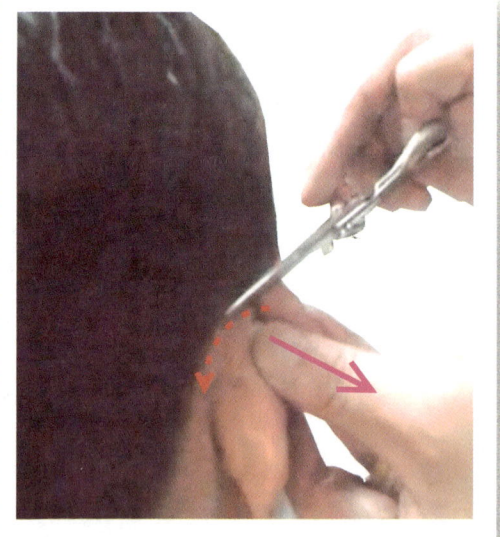

귀 뒤 부분의 사이드라인의 베이스라인에 가위 밥을 줄때에는 사진에서처럼 왼손 중지로 귀를 내려 눌러주면서 중지 손가락에 가위 날을 갈쳐주고 사이드부분의 사선을 따라 위에서 아래로 시술을 하여도 좋고 아래에서 위로 시술을 하여도 상관없겠다. 하지만 이 부분에서 조심해야 할 부분은 가위의 날이 베이스라인을 시술할 때 가위의 날이 살지 않도록 하면서 시술을 하여야한다는 것을 명심하자.

가위 밥을 줄때에 시술은 한번에 끝나는 경우가 별로 없다. 재작업을 하는 경우가 많으니 면의 모양을 이해를 하고나서 시술을 용이하게 하여 베이스라인을 깨끗하게 시술이 되도록 하자. 언제나 귀 부분은 사진에서처럼 안전하게 내려주고 나서 시술을 하여야 안전한 시술이 된다는 것을 명심하고 시술토록 한다.

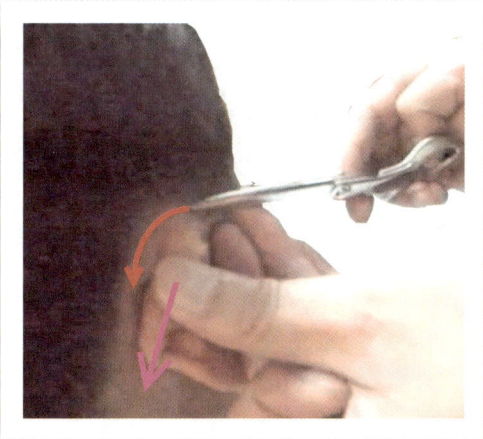 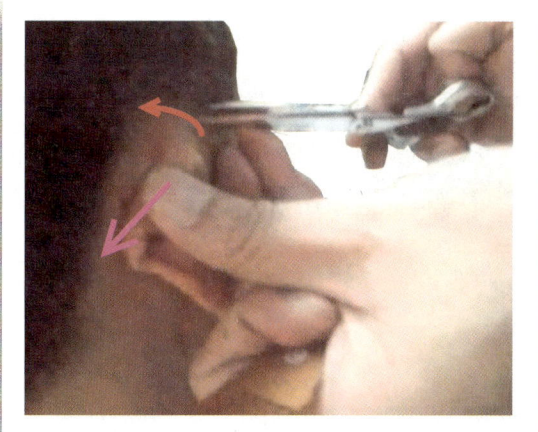

귀 위의 베이스라인의 시술을 하여 줄때에도 사진에서처럼 왼손 엄지로 귀를 내려 붙여주고 나서 가위의 날을 눕혀 피부에 위해를 가하지 않는 각도로 가위 밥을 주는데 빨강색의 화살표를 따라 베이스라인의 형태대로 시술을 하여 자연스럽게 모양을 깨끗하게 하여준다. 앞서도 서술을 하였지만 귀 부분의 시술을 하여 줄때에는 언제나 귀의 안전을 생각하면서 시술을 하여준다는 것을 명심하자.

귀 앞에서 귀 위로 가위 밥을 시술하여 줄때에도 귀 부분은 안전하게 왼손 엄지로 내려 눌러 붙여 주면서 가위의 앞날로만 베이스라인에 가위 밥을 주어 귀 앞에서 귀 뒤 부분까지 자연스러운 형태를 만들어준다. 귀 부분의 해설을 많이 하는 경우는 이 부분의 시술이 상당히 난해하기도 하거니와 기술을 배울 때에 이 부분에 대해 그리 중요하지 않다고 생각하는지 시술을 성의 없이 하는 경우가 많아보여서이다.

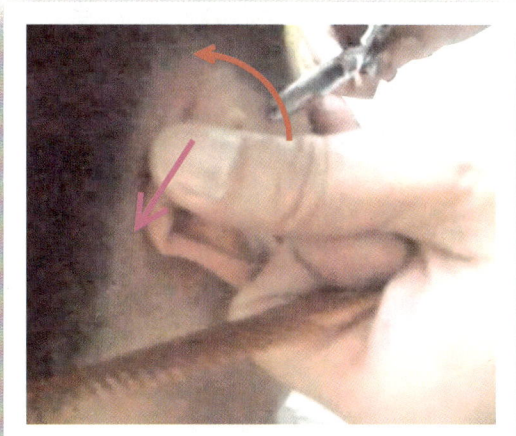 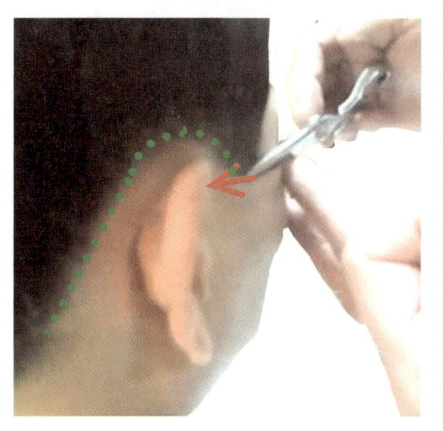

가위 밥을 시술을 하여 줄때에는 사진에서처럼 가위의 날이 피부에 붙듯이 하여 시술을 안전하게 할 수 있는데 그렇지 않고 가위의 날을 세워서 시술을 하게 되면 피부에 가위의 날로 인해서 손상이나 상처가 날수 있으니 언제나 가위 밥을 시술하여 줄때에는 가위의 날이 피부에 붙여준다고 생각하면서 시술을 하여 안전함을 도모해야 할 것이다.

귀 앞부분과 귀 위 부분. 그리고 귀 뒤의 사이드부분의 가위 밥을 시술하고 나면 우측면부의 구렛나루 부분의 라인을 설정을 하여 가위 밥을 시술하여주는데 사진의 기본적인 자리의 시술이 있는 반면 위의 부분에 시술을 하여 줄 수도 있고 아래의 부분에 시술을 하여 줄 수도 있다. 손님의 의중에 따라 시술의 장소에 시술하여준다.

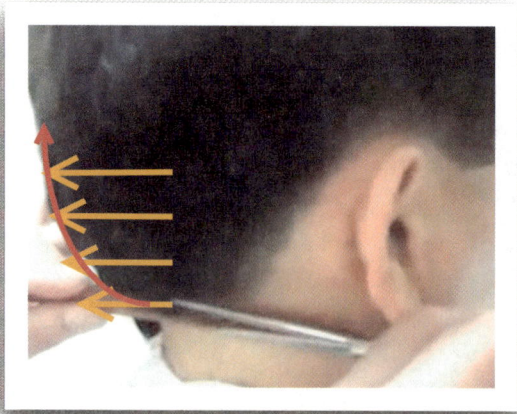

우측면의 시술이 마무리되면 다시 후두부의 구획으로 시술을 연결하여주는데 베이스라인에 빗의 발을 넣어주면서 빗발을 세워 베이스라인의 모발을 정각도로 세워준다. 베이스라인에서 시저스커트인 싱글링 커트를 시작하여 빨강색 화살표 부분인 곳까지 시술을 하여주는데 천정부에서 내려오는 모발의 형상에 맞추어 시술을 하여야 전체의 흐름이 원활하게 시술이 된다는 것이다.

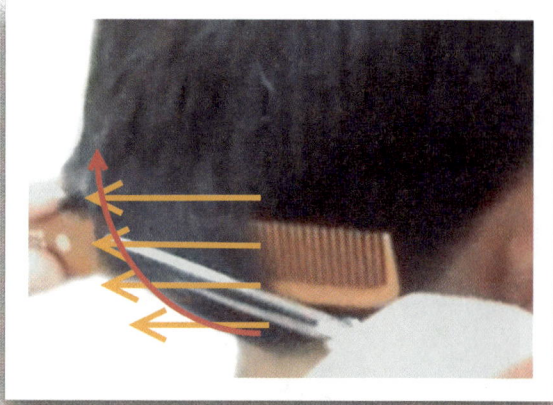

이때 베이스라인에서 시술을 시작하여주면서 1~2mm 정도의 위의 부분은 모발이 빗발에 걸려나오므로 이 모발을 절삭을 하면서 빨강색 화살표 부분까지 시술을 연결해서 싱글링 커트를 하여 모발의 흐름이나 두상의 흐름대로 시술이 되어야 자연스러운 모발의 흐름을 만들 수 있다는 것이다. 이정도면 어디까지라고 정할 수 있을 것 같은데 손님의 의중에 따라 올라가는 위치가 바뀌기 때문에 시술의 연습을 많이 하여야 할 것이다.

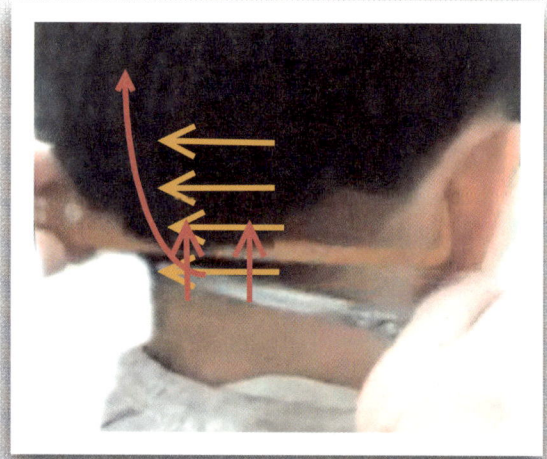

후두부 밑머리 우측부분에서 시술을 시작하여 후두부 중앙으로 시술의 장소가 연결이 되어 와도 시술을 하는 방법은 변하지 않고 같은 방법을 유지하여 시술을 하여 같은 형상의 모양을 만들어주어 위에서 흘러내리는 라인의 모양이나 우측에서 좌측으로 흘러가는 면의 모양이 일정하게 모발이 어우러져 자연스러운 형태를 만들어 주는 것이 완전한 시술의 모양을 만들 수 있다.

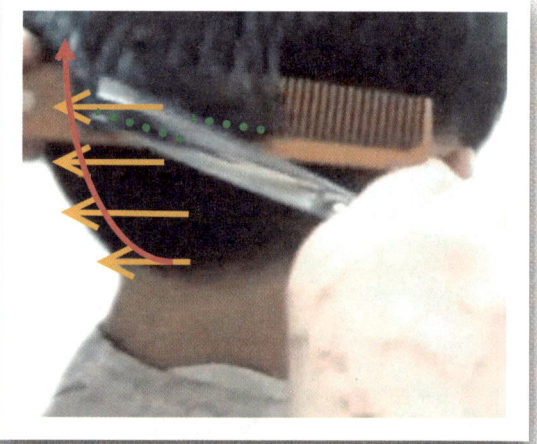

사진에서 보면 연두색의 점선이 보일 것이다. 아래의 점선은 잘리지 않은 모발을 의미하고 위의 점선은 잘린 모발을 의미하는데 이렇게 잘린 모발과 않잘린 모발을 같이 빗발로 잡아내어 같은 길이로 시술을 하면 모발의 흐름은 자연스러운 모양으로 시술이 된다는 것이다. 그다음은 빨강색 화살표의 부분까지 시술을 하여 시술라인을 정확하게 시술을 하여 모발의 흐름을 자연스럽게 하여준다.

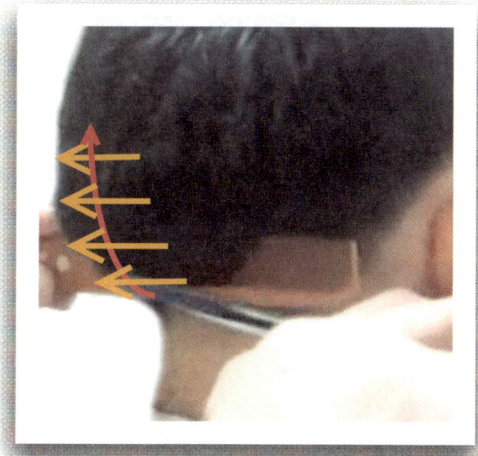 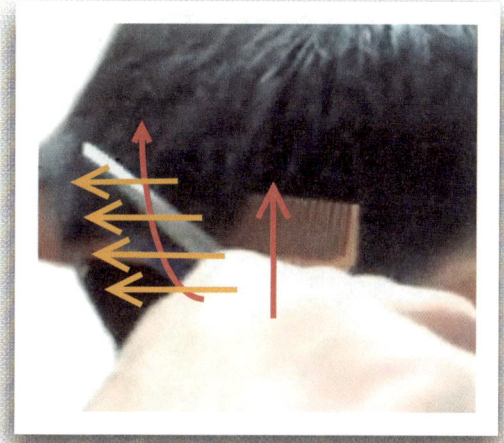

앞서도 서술을 하였지만 빗으로 시저스커트를 하여 줄때에는 1~2mm 정도의 양을 시술을 하면서 위로 올라가면서 시술을 하는데 빗발로 모발을 잡아내면서 싱글링 시술을 하여준다고 하였다. 빗의 자세는 수평적인 기조를 유지하면서 시술이 되어야 베이스부분의 형태에 맞게 시술이 되니 언제나 이 부분을 시술할 때 염두에 두고 시술토록 한다.

우측면에서 시술을 시작하여 후두부로 시술을 연결해오면 잘려진 부분의 모발 흐름이 자연스러움이 만들어져 있어야 한다는 것이다. 앞의 사진을 보면 우측의 모양이 보일 것이다. 시술을 하여 줄때에는 자르는 부분만 보지 말고 잘려있는 부분도 같이 보아주어 재 시술이 필요한 부분이 있는지 확인을 하는 것도 시술을 할 때 필요부분이다.

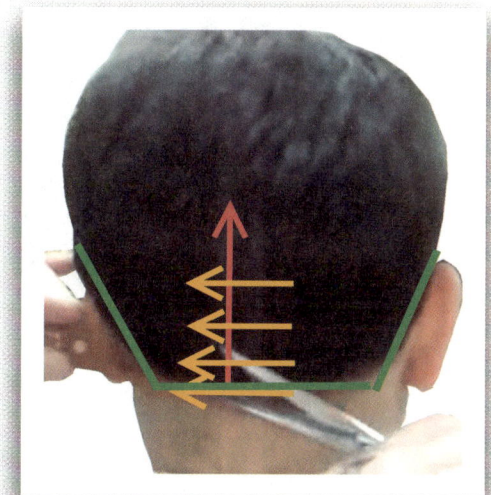 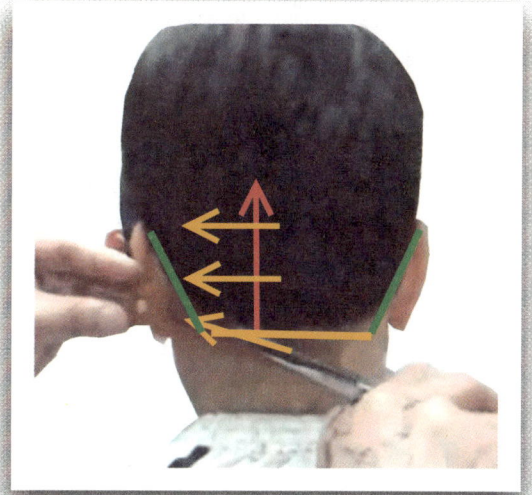

시술을 하다보면 여러분들은 후두부의 시술 형태가 어떻게 나와야 하는지의 자료는 보지 못했을 것이다. 후두부의 시술후의 형태는 사진에서처럼 후두부 밑 부분의 시술 형태는 양동이의 형태를 띠고 있어야 한다는 것이다. 대부분이 U자형으로 알고 있는데 U 자형은 디자인커트에서 어울리는 형태이고 기본커트에서는 양동이의 형태가 올바른 형태라고 할 수 있다.

후두부의 형태는 평행적인 기조를 이루고 있어서 사진의 노란색 평선처럼 밑 부분의 형태가 되어야 한다. 그리고 기본커트에서는 밑 부분의 모발이 없듯이 짧기 때문에 밑 부분의 모양과 귀 뒤 사이드의 부분과 연결해서보면 양동이의 모양이 만들어진다. U자형은 바닥이 둥근 형태를 말하는 부분이고 양동이형태는 바닥이 평행을 이루고 있다는 것이 다르다는 것이다.

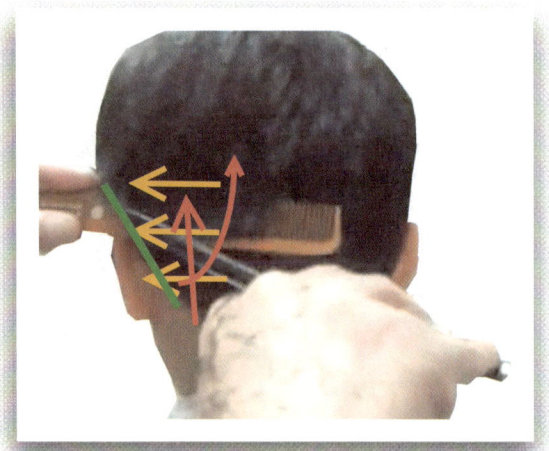
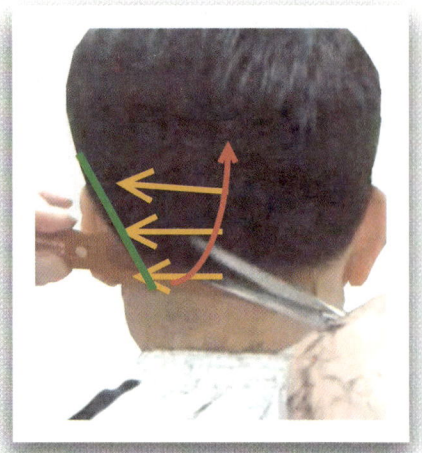

싱글링 커트는 미세함과의 싸움으로 변질이 되는 것이 문제이다. 모발을 절삭을 하면서 시술을 하다 보면 잔 모발과 신경전을 벌여야 할 때가 많이 일어나는데 이 부분이 시술의 어려움을 만드는 곳이기도 하다. 모발을 절삭을 하는 것은 투박하게 하기 보다는 섬세하게 시술이 되어야한다는 것을 명심하여 시술토록 한다.

우측 후두부 밑머리 부분에서 시술을 하여 좌측 후두부 밑머리 부분까지 시술을 같은 방법으로 하여주면서 라인의 흐름이나 면의 깨끗함을 만들어준다는 것은 어려운 시술이다. 시술의 방법을 알고 나면 아는 것으로는 필요 없다. 시술을 하는 사람은 아는 것보다는 할 줄 아는 것이 더 중요하다. 시술의 방법은 알고 있지만 않된다고 하는 것은 연습이 부족한 경우가 더 많다 하겠다.

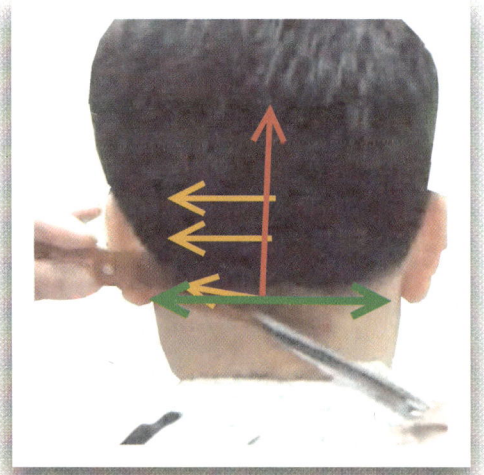
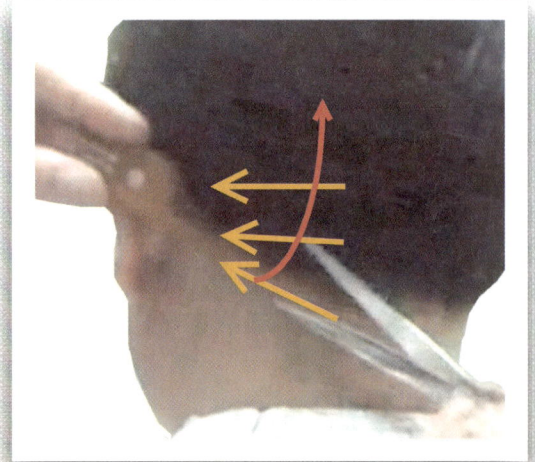

가위로 시술을 하는 경우에는 속도에 신경을 써서는 않된다. 하지만 시간이 한 시간씩 흘러 시술을 하면은 그것도 않된다고 할 수 있다. 가위로 커트를 하는 경우는 30분의 시간 안에 시술을 마무리 지어야하고 클리퍼로 시술을 하는 경우는 10분 안에 모든 과정을 마무리하여주어야 한다는 것이다. 그래서 기술을 연마를 하고 숙련자가 되고 기술자가 되는 것이다.

좌측 후두부 밑 머리부부의 시술을 하여 줄때에는 빗의 자세가 사선으로 들어가서 시술을 하는 경우가 많다. 앞서도 서술을 하였듯이 사선으로 빗이 시술을 진행을 하게 되면 꼭 빗의 자세를 수평적인 기조로 만들어서 시술을 하여야 한다. 사진에서처럼 빗이 사선으로 진행이 되면 노란색 화살표처럼 빗을 수평으로 만들어놓고 시술을 하든 아니면 수평으로 만들어주면서 시술을 하여도 무방하다.

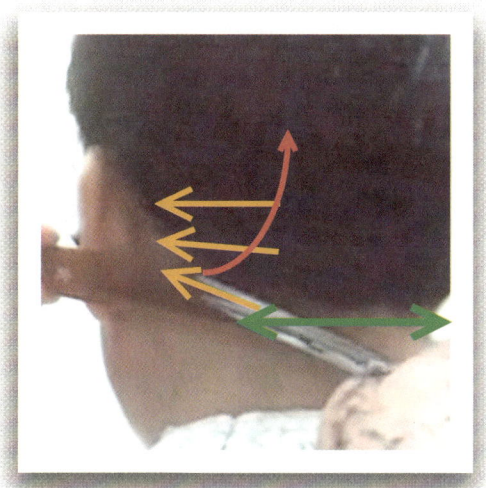

후두부 밑머리부분은 언제나 수평적인 형태를 이루고 있어야 하는 것이 베이스라인의 정의라고 할 수 있다. 시술을 할 때에 사진에서처럼 빗은 사선적인 자세로 시작을 하지만 노란색 화살표처럼 수평적인 기조로 만들어주면서 시술을 한다고 하였다. 빗이 베이스라인에 붙을 때 빗발을 세워 빨강색 화살표까지 시술을 하여주면 천정부에서 내려오는 두발라인에 맞추어 시술이 되어 진다는 것을 명심하자.

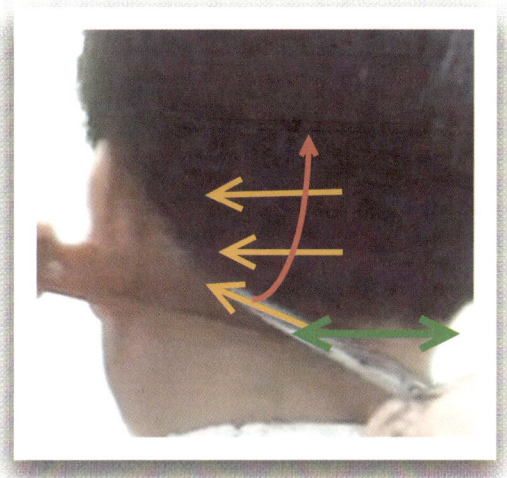

시술의 방법이야 앞에서도 수없이 서술을 하였지만 빗발이 베이스라인에서 모발사이로 들어가면 빗의 면은 두피라인인 베이스라인에 붙여주고 빗발을 세워주면서 모발도 같이 정각도로 세워주어 베이스라인에서부터 싱글링 커트 시술을 시작하는데 사선에 붙은 빗의 자세를 수평적인 기조로 만들어주면서 시술을 하며 빨강색 화살표 방향으로 빗을 진행을 하면서 곡선적인 두상의 형상대로 시술을 하여준다.

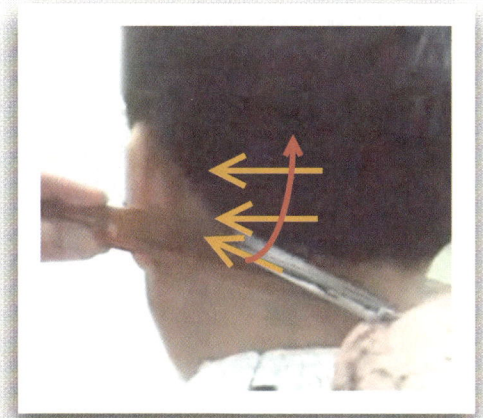

빗발이 베이스라인에서 모발사이로 들어가면 빗의 면은 두피라인인 베이스라인에 붙여주고 빗발을 세워주면서 모발도 같이 정각도로 세워주어 베이스라인에서부터 싱글링 커트 시술을 시작하는데 사선에 붙은 빗의 자세를 수평적인 기조로 만들어주면서 시술을 하며 빨강색 화살표 방향으로 빗을 진행을 하면서 곡선적인 두상의 형상대로 시술을 하여준다.

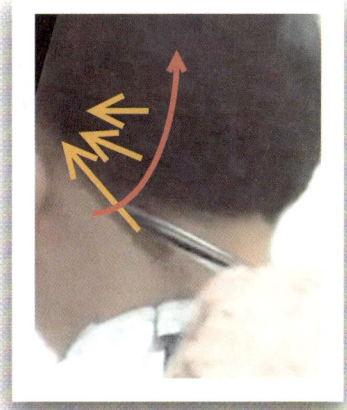

후두부의 시술을 하고나면 좌측 귀 뒤 부분의 구획으로 시술을 연결해서 하여주는데 후두부의 시술 때보다는 귀 뒤 부분의 경우는 빗의 자세가 귀 뒤 사이드부분의 베이스라인의 형태와 맞추어 빗을 붙여주어야 한다. 클리퍼의 시술이라면 한번에 베이스라인의 형태를 절삭을 하겠지만 싱글링 커트의 경우는 이 부분의 시술이 한 번에 이루어지지 않기 때문에 여러 번에 나누어 시술을 하여주어야한다.

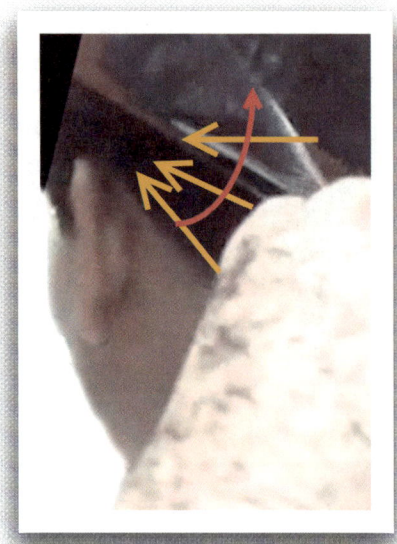

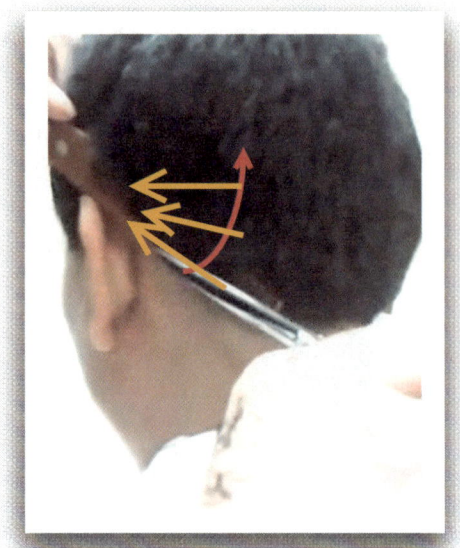

사진에서처럼 빗 몸을 베이스라인에 붙여주면서 빗발을 모발사이로 집어넣어 빗발을 세워주면서 모발을 정각도로 세워 시술을 하여주는데 빗의 자세가 사선으로 시술을 하니 수평적인 기조로 빗의 자세를 만들어주면서 빨강색 화살표 방향으로 시술을 하여주면서 베이스라인에서부터 시술라인까지 싱글링 커트하여 면과 라인을 깨끗하게 하여준다.

앞서도 서술을 하였듯이 귀 부분의 시술을 하여 줄때에는 귀의 안전을 먼저 염려하라고 하였다. 지금은 귀 뒤 부분의 시술을 하는 중이라 큰 무리는 없겠지만 앞서 시술을 하였던 방법과 같은 방법으로 시술을 하여 모발의 흐름을 자연스럽게 시술을 하여주고 면을 깨끗하게 하도록 한다.

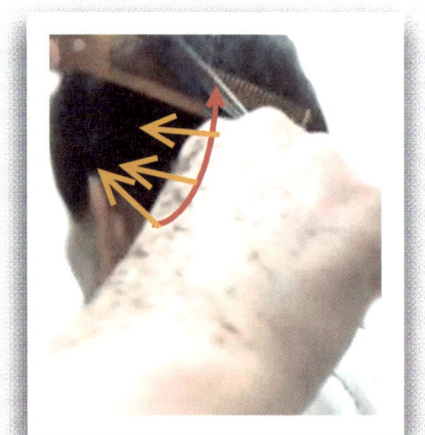

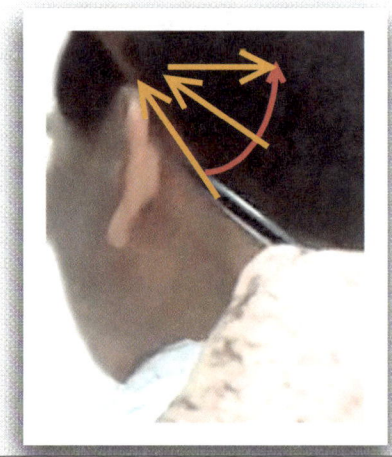

싱글링 커트를 하여 줄때에는 클리퍼 시술에 비해서 난이도가 상당히 높다 할 수 있다. 전체의 조경을 생각을 하면서 시술을 하여 빗의 시술에 대해 붙는 이유와 절삭이 되는 곳이 어디이며 어느 모발의 기준에 맞추어 절삭을 해야 하는지 까지 전부 아우를 수 있어야 한다. 그래서 단순히 자르는 개념이 아니라고 하는 이유다.

모발을 자른다는 것은 자르는 것이 전부가 아니고 무엇을 잘라 무엇과 연결을 해서 자연스러움을 찾아주는 전체의 조경과 균형을 아우르고 있어야한다. 시술의 방법은 앞서의 방법과 동일한 방법으로 시술을 연결하여 주면 되는데 상황은 곳곳에서 변화를 가지고 온다는 것이다.

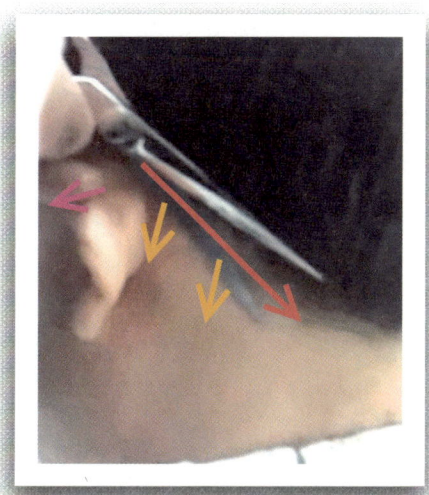

귀 뒤의 부분까지 싱글링 커트를 시술하고 나면 귀 뒤 사이드 부분의 가위 밥을 주어 사이드라인의 모양을 깨끗하게 정리를 하여 주는데 사진에서 자주색 화살표 방향으로 귀를 안전하게 당겨서 붙여주고 가위의 날을 사이드 부분 베이스라인에 맞추어주고 **빨강색 화살표** 방향으로 가위 밥을 주어 일차로 시술을 하여준다.

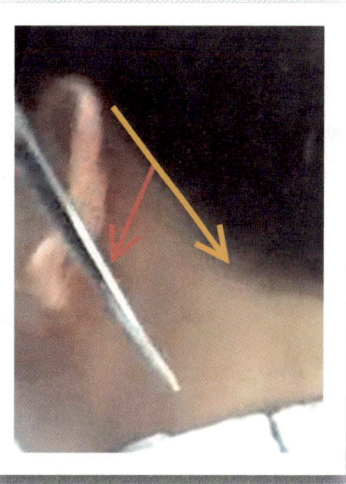

앞의 사진에서 가위의 날을 벌려서 사이드 베이스라인에 가위의 날을 붙여주어 가위를 개폐하여 시술을 하여준 후 빨강색 화살표 방향으로 봉인된 가위의 날을 **빼내어준다**. 이때 주의 할 점은 가위의 자세가 사이드 베이스라인에 붙여주면서 시술을 하여주어야 안전한 시술을 할 수 있다는 것을 명심하자.

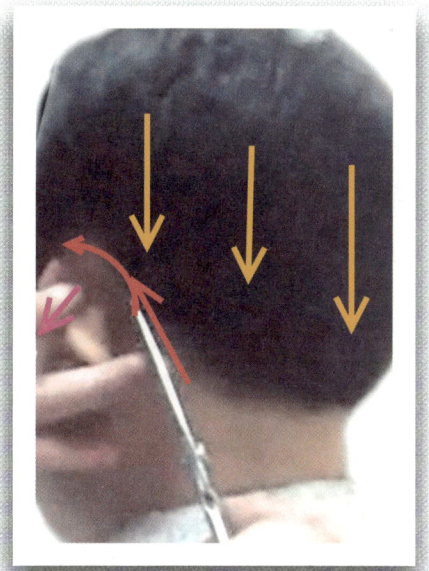

시술이 되어 진 모발의 흐름은 자연스럽게 흘러내려오는 것을 명심하고 귀 위에서 아래로 가위 밥 시술을 하여주었다면 사진에서처럼 귀 뒤 사이드 밑에서 위로 다시 한번 가위 밥 시술을 하여주어 사이드라인의 모양을 깨끗하게 시술하여준다.

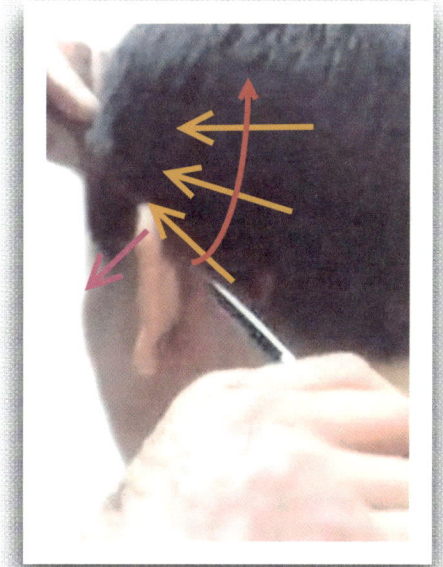

그런 후 귀 뒤의 부분의 시술을 연결해서 하여주는데 앞서의 했던 시술 방법과 같은 방법으로 시술을 하여준다. 귀 뒤의 부분에 빗을 붙여서 시술을 할 때에는 지금은 화살표의 방향이 없지만 귀를 먼저 자주색 화살표 방향으로 내려놓아 빗이 들어갈 공간을 확보할 수 있다.

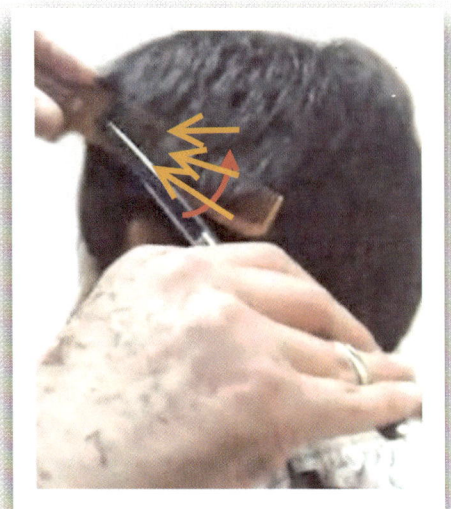

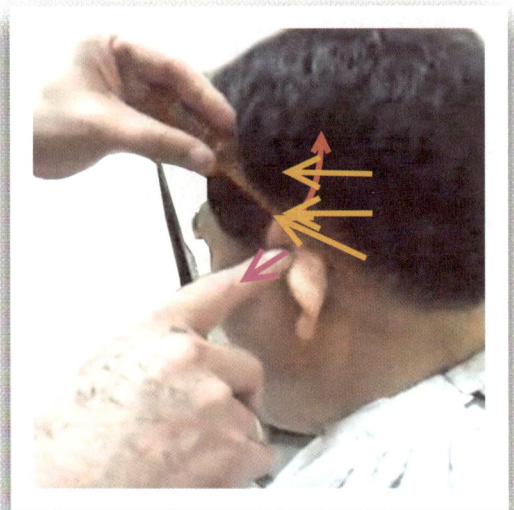

앞서도 서술을 하였듯이 귀 부분의 시술을 하여 줄때에는 귀의 안전을 먼저 생각하여 주고 귀 부분에 빗이 들어갈 수 있도록 공간을 확보하여주라고 하였다. 공간을 확보하는 방법은 귀를 먼저 내려 붙여주고 나서 빗을 귀부분의 베이스라인에 들어가면서 빗발로 모발을 정각도로 세워준다고 하였다. 그런 후 사진의 노란색 화살표 방향으로 시술을 연결해서 하여주면서 사선적인 기조에서 수평적인 기조로 시술하여준다.

귀 부분의 시술을 하여 줄때에는 귀를 내려서 붙일 건지 밀어서 붙일 건지 또 당겨서 붙일 건지의 방법이 있게 되는데 빗이 베이스라인에 들어가는 방향에 따라 귀를 붙이는 방법이 정해진다는 것이다. 사진에서처럼 귀 뒤에 붙일 때는 귀를 당겨서 붙여주고 귀 위의 부분에 빗이 들어갈 때에는 귀를 내려서 붙여주고 귀 앞에 빗이 들어갈 때에는 귀를 밀어서 붙여주어야 빗이 들어가는 공간을 쉽게 만들 수 있다.

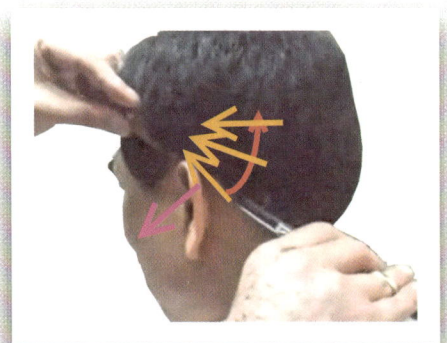

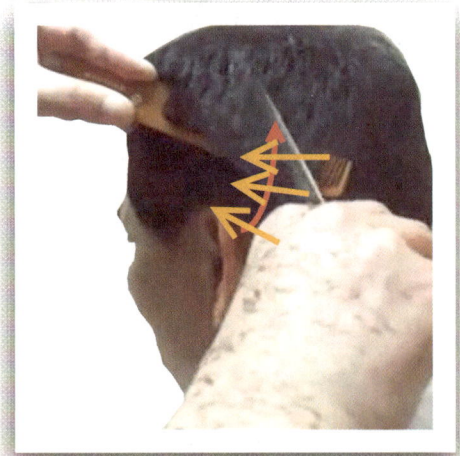

사진에서처럼 귀 부분이 시술을 하여 줄때에는 자주색 화살표 방향으로 귀를 당겨서 붙여주고 나서 빗을 귀 위와 귀 뒤의 베이스라인에 붙여준 후 귀를 놓으면서 가위를 다문상태에서 빗면에 붙여주고 싱글링 시술을 연결해서 시술하여주는데 노란색 화살표 방향으로 빗을 수평적인 기조로 만들어 주면서 시술하여 빨강색 화살표 방향으로 곡선적인 기조로 하여준다.

앞서의 방식과 동일하게 시술을 하여주는데 잘린 모발 길이에 맞추어 앞잘린 모발을 연결해서 시술하여 면의 깨끗함과 라인의 단정함을 자연스럽게 되게끔 하여준다는 것을 명심하여 시술토록 한다.

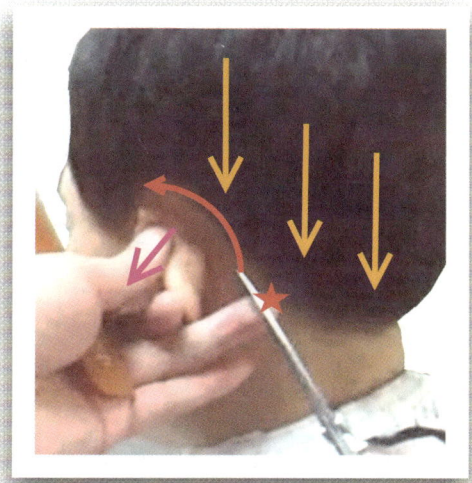

(*)표의 부분은 앞서 가위 밥을 주었던 귀 뒤 부분의 사이드부분이고 사진에서는 귀 뒤에서 귀 위로 돌아가는 부분에 가위 밥을 주는 상황이다. 사진에서처럼 왼손의 엄지와 검지로 귀를 내려 눌러주면서 가위의 날을 피부에 붙여 누인 후 **빨강색 화살표** 방향으로 가위 밥을 주면서 베이스 라인의 형태에 맞추어 곡선으로 시술을 하여준다.

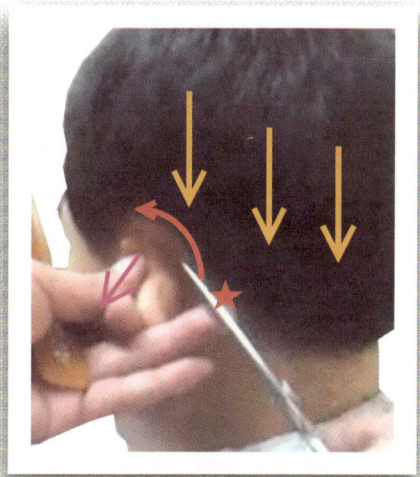

노란색의 화살표처럼 모발의 시술을 하고나면 모발의 흐름은 사진처럼 자연스럽게 포물선을 그리면서 흘러 내려와야 한다. 사진에서처럼 왼손의 엄지와 검지로 귀를 내려 눌러주면서 가위의 날을 피부에 붙여 누인 후 **빨강색 화살표** 방향으로 가위 밥을 주면서 베이스라인의 형태에 맞추어 곡선으로 시술을 하여준다.

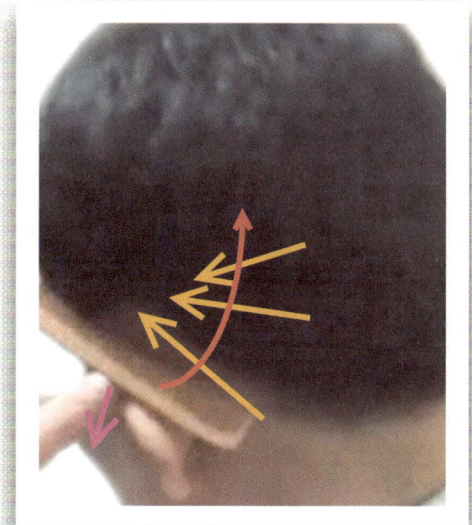

언제나 귀부분의 시술을 하여 줄때에는 안전하게 자주색 화살표 방향으로 안전하게 내려 눌러주고 나서 빗을 베이스라인에 붙여주는데 빗발이 모발 사이로 들어가면서 빗발 안에 베이스라인의 모발을 들어오게 한 후 빗면을 붙여주고 빗발을 세우면서 베이스라인의 모발도 같이 세워 싱글링 시술을 하여준다.

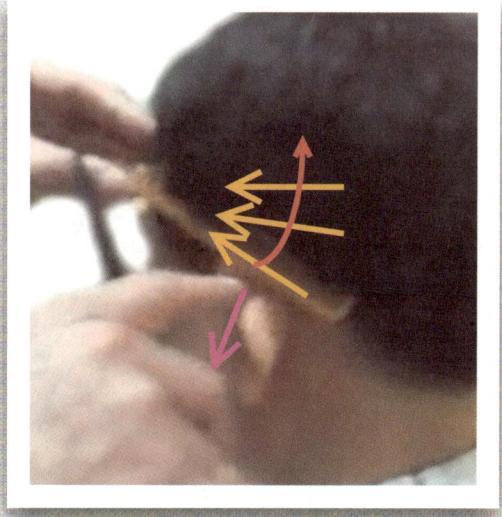

귀 위부분의 시술도 역시 앞서의 방식과 같은 방법으로 시술을 하여주는데 사진의 자주색 화살표 방향으로 귀를 안전하게 먼저 조치하여주고 나서 노란색 화살표 방향으로 싱글링 커트 시술을 하여주면서 **빨강색 화살표** 방향처럼 곡선미를 가지고 시술하여준다.

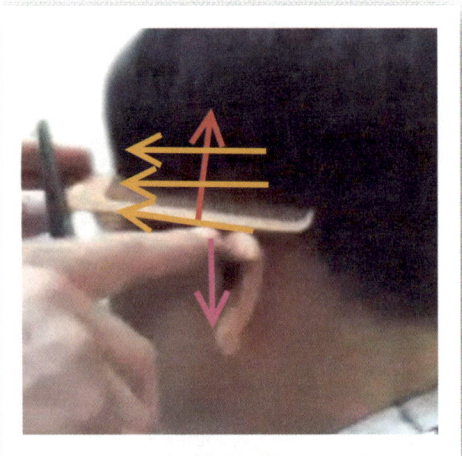

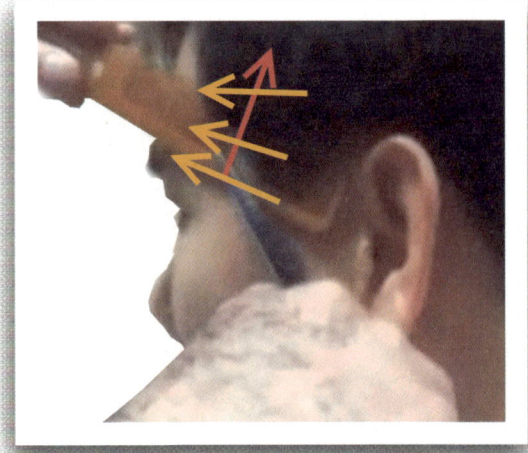

앞서도 서술하였지만 귀부분의 시술을 하여 줄때에는 사진에서처럼 귀를 안전하게 내려놓고 나서 빗을 베이스라인에 붙일 수 있는 공간을 만들어주어야 한다고 하였다. 그렇게 해야 빗이 베이스라인에 안정적으로 붙일 수 있는데 대부분이 귀라는 위험요소를 놓치고 있는 것 같다. 저자가 이 부분에 많은 서술을 하는 이유는 귀라는 부분은 단순하지만 상당히 중요한 부분에 위치해있어서 언제나 시술을 하여 줄때에는 귀를 안전하게 조치하자.

귀부분의 시술이 마무리되고 나면 사진에서처럼 좌측면부의 앞머리 부분을 시술하여주는데 시술의 방법이야 앞서도 많은 서술을 하였으니 같은 방법으로 시술을 하여 모발이 흐르는 라인을 단절하게 시술을 하여주고 시술이 되어 진 면을 깨끗하게 시술을 하여 전체의 모양을 균형감 있게 하여준다. 이때의 시술 방법도 잘린 모발 길이에 맞추어 않잘린 모발을 잘라내어 같은 길이의 모발이 되게끔 시술을 하여준다.

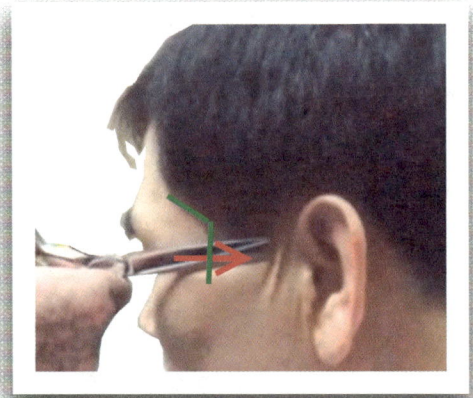

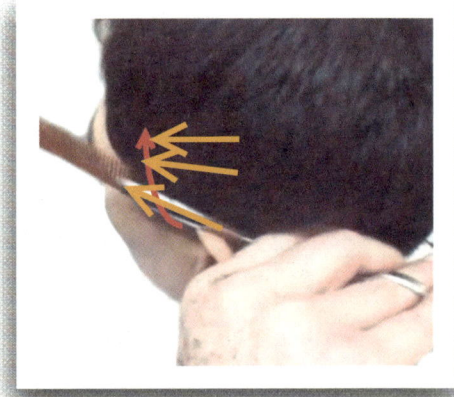

구렛나루 부분의 가위 밥 시술을 하여 줄때에는 가위의 아래 날이 수평을 이루고 시술을 하여주는데 이때 손님의 자세도 수평으로 앞을 보고 있는 자세에서 시술이 되어져야한다. 시술을 하다보면 손님의 자세가 불안정하면 시술자의 자세도 불안정하게 되어 올바른 시술의 자세가 나오지 않으니 주의 하여 올바른 자세로 시술할 수 있도록 손님의 자세도 보면서 시술할 수 있도록 유지하자.

앞서도 서술을 하였지만 귀 부분의 시술을 하여 줄때에는 귀를 안정적으로 하여주어야 한다고 서술하였다. 사진에서처럼 귀 앞에서 좌측면부의 시술을 하여 줄때에도 귀를 먼저 안정적으로 하여주고 나서 빗을 모발사이에 넣어 시술을 하여야 한다는 것을 명심하여 시술하여 면과 라인을 깨끗하게 하여준다.

트리밍 커트

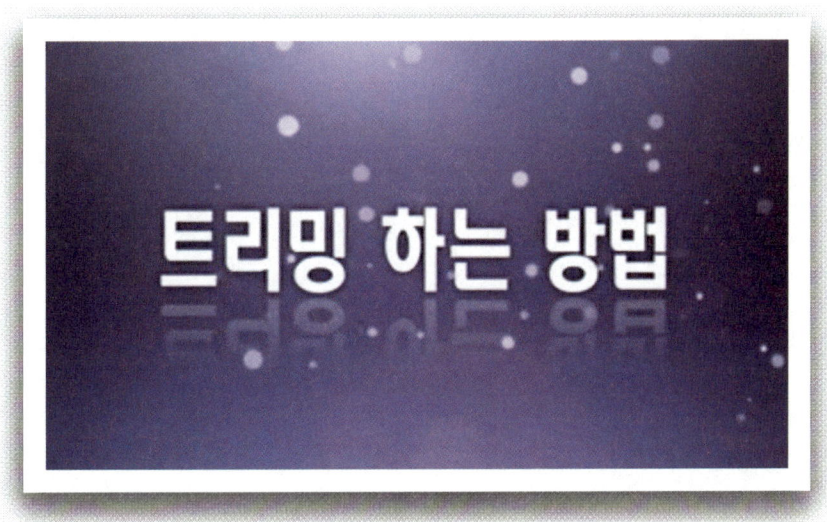

* 이번 장은 트리밍 커트의 시술 방법과 테크닉을 배워 본다.

* 트리밍(옆 가위질)

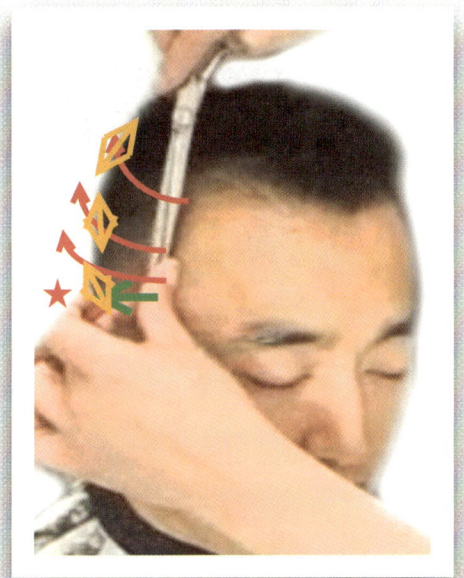

트리밍을 하는 이유는 모발들이 절삭을 하였을 때 잘리지 않고 남아있는 잔털의 정리를 하여주는 방법이다. 사진에서 연두색 화살표는 엄지에 가위의 날을 걸쳐주고 밀어 시술을 한다. 이때 (*)표 부분의 두상에 걸쳐져있는 왼손의 손가락을 향해서 엄지만 밀어가면서 두발라인에 남아있는 잔털을 시술한다.

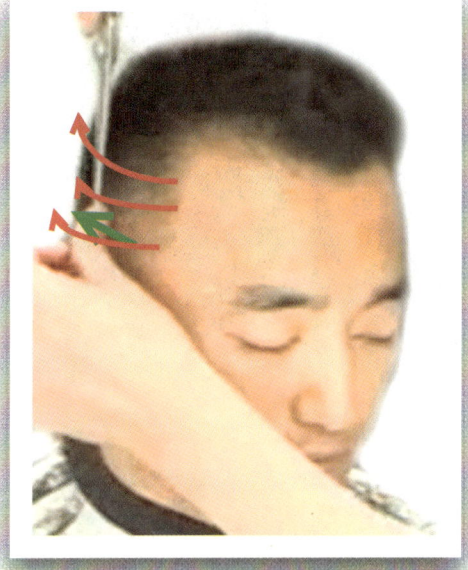

앞 사진에서 보면 노란색의 화살표가 있는데 이 부분은 두상의 곡선미를 따라서 시술을 하여준다는 것이고 위의 빨강색 화살표의 표시는 두상의 면에 따라서 시술을 곡선적인 기조로 시술을 하라는 의미이다. 앞 사진에서 손가락의 위치와 위의 사진에서 손가락의 위치는 시술이 되어 진 것이다.

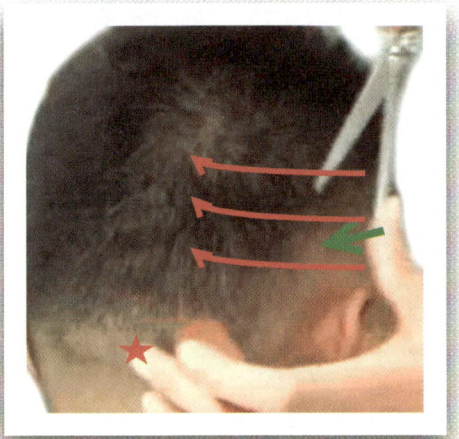

우측면의 트리밍을 시술 할 때에는 위의 사진처럼 앞부분에서 시술을 하여도 되고 중간 부분에서 시술을 하여 연결을 시켜주어도 좋다. 하지만 위의 사진 노란색 화살표의 방향처럼 베이스라인의 시술과 중간부분의 시술 상측면의 시술은 가위의 자세가 바뀌어 시술이 되어야 한다는 명심하자.

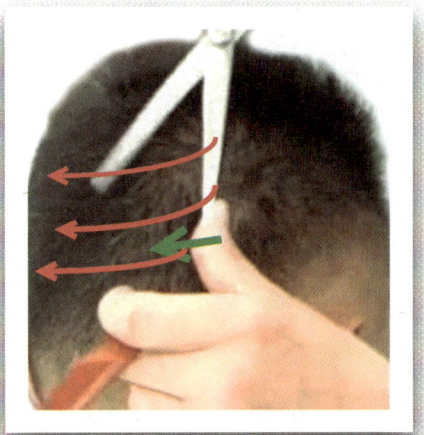

옆 사진에서 (*)표의 부분에 왼손의 중지나 약지가 자리를 잡고 엄지에 가위 날을 붙여서 트리밍 시술을 하여주는데 엄지만 밀어서 두상의 면을 시술하여 (*)가 있는 부분까지 시술을 하여 손가락들이 모이게끔 시술하여주면서 두상의 형상에 따라 곡선미를 가지고 시술하여준다.

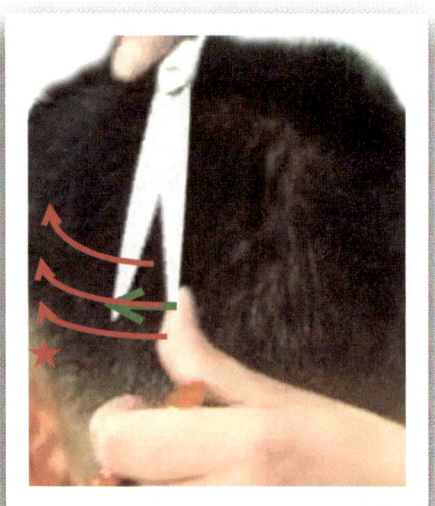

(*)표의 부분에 왼손의 중지나 검지를 걸쳐주어 안정감을 만들어주고 엄지에 가위의 날을 사진처럼 세워 걸쳐주고 (*)표를 향해서 가위를 개폐를 반복하면서 잔털을 시술하여 면을 깨끗하게 시술하여 주는데 이때 주의 할 점은 가위의 날이 두피 쪽인 오른쪽으로 향해서 시술되어서는 않되고 가위의 날이 왼쪽인 바깥으로 시술이 되어야한다.

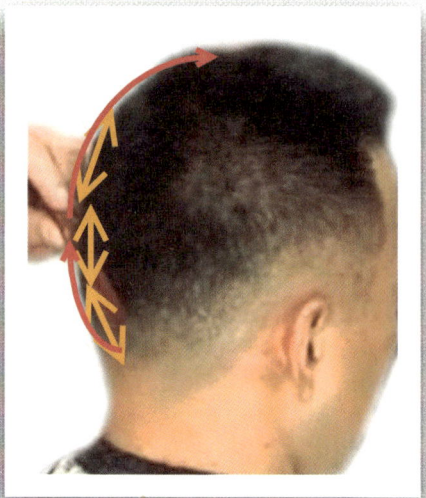

트리밍 시술을 하여 줄때에는 사진에서처럼 싱글링 커트 방식으로 시술을 할 때도 있는데 이때에는 모발의 잔털의 양이 많이 뭉쳐있거나 두상 라인에서 반하는 것들이 있을 때에는 사진에서처럼 싱글링 커트를 하여 두상 라인을 깨끗하게 정리하여주는 경우와 모발의 잔털을 꺼내기 위해서 밑에서 위로 빗어 올려주어 잔털을 나오게 하는 경우도 있다.

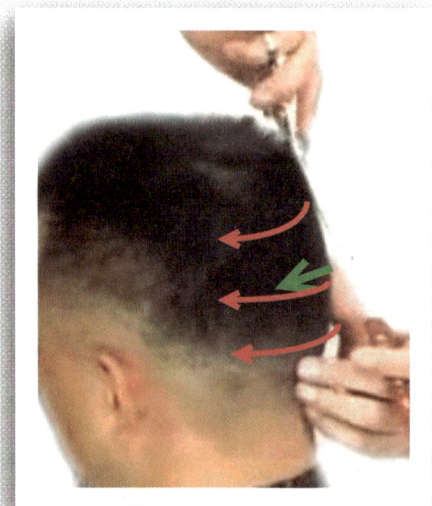

앞서도 서술을 하였지만 빨강색의 화살표를 따라 트리밍을 시술하여 줄때에는 두상 라인인 형상으로 가위의 시술을 진행하여야 한다. 해서 엄지에 가위의 날을 붙여 세워주고 연두색 화살표 방향으로 시술하여주는데 두상의 곡선미를 따라 시술을 하여준다는 것을 명심하자.

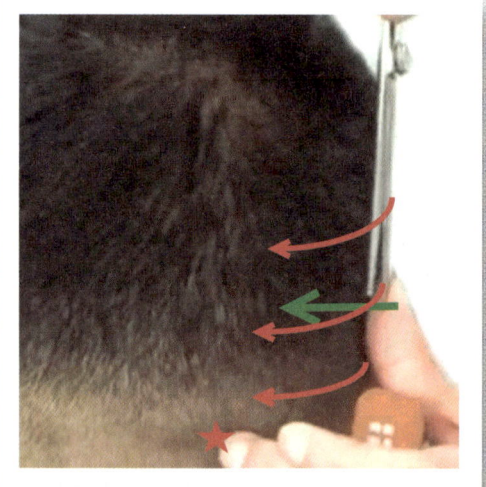

앞서의 서술을 하였던 방법과 같은 방법으로 시술을 하여주는데 사진의 (*)표 부분까지만 엄지를 밀면서 시술을 하여주고 두상 라인에 맞추어 밑에서 위로 차분히 트리밍 시술을 하여 면과 라인을 깨끗하게 하여준다.

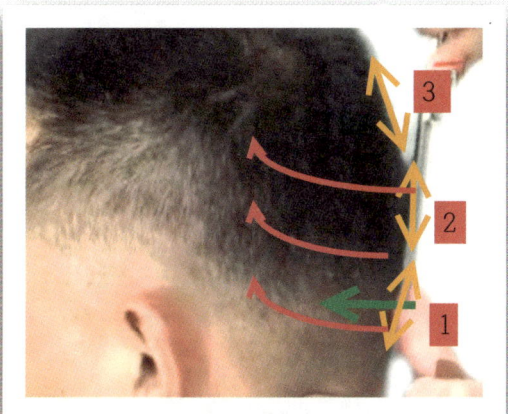

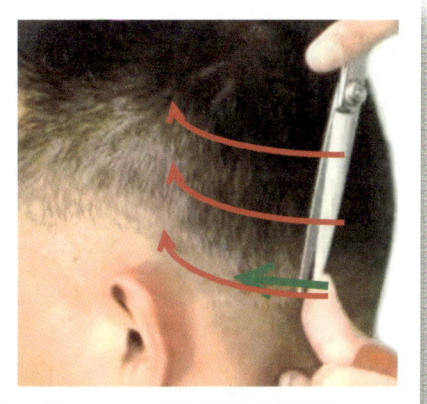

트리밍의 시술을 하여 줄때에는 사진에서처럼 순번대로 아래에서 위로 시술을 하여 올라가도 상관없고 위에서 아래로 순번의 역행으로 시술을 하여도 상관없다. 하지만 노란색 화살표의 방향처럼 하층과 중층 그리고 상층의 면을 시술을 하여 줄때에는 가위의 날 자세도 노란색 화살표에 맞게 자세를 잡고 시술을 하여준다.

앞서도 서술을 하였지만 트리밍의 시술은 면의 잔털 정리라고 하였다 빗으로 모발을 빗어 줄때에는 위에서 아래로 빗어 내리는 것이 아니고 앞뒤로 모발을 빗어주어 잔털이 나오게 하여주던가 아니면 밑에서 위로 모발을 튕기듯이 빗어주어 잔털을 나오게 하여 시술을 하면 쉽게 할 수 있다.

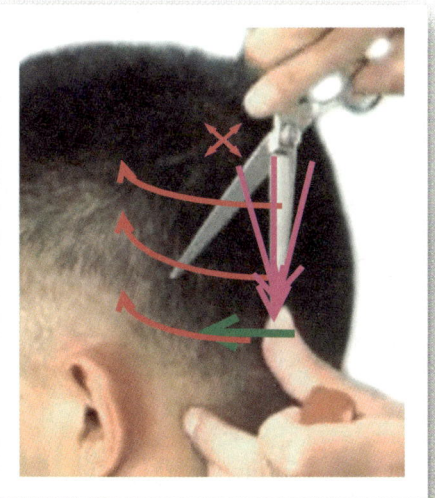

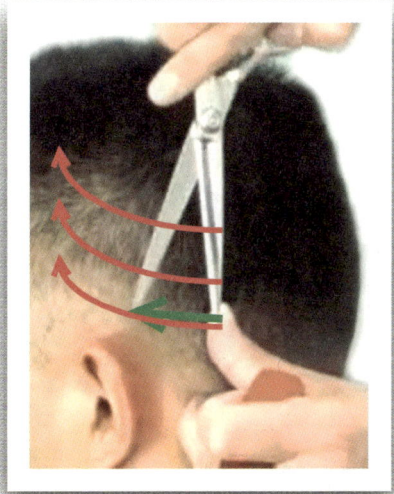

가위를 엄지에 고정시켜 줄때에는 사진에서 자주색 화살표처럼 수직으로 가위 날을 내려서 엄지에 걸쳐서 시술을 하여주던지 아니면 시술자의 방향으로 가위를 당기듯이 하여 잡아주어 시술을 하여도 상관없지만 ✕가 있는 곳으로 가위의 날을 밀어서 시술을 하면 않된다.

이유는 시술자 방향으로 가위 날을 당겨서 시술을 하는 것은 시야확보를 위해서도 상관없는 자세이지만 가위를 앞 사진의 자세로 밀어서 하면 시술이 되어야하는 면이 보이지 않기 때문에 올바른 자세라 할 수 없어서 시술에 어려움이 올 수 있다.

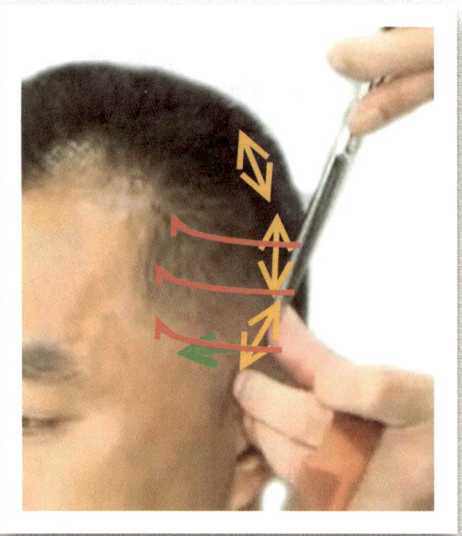

앞서도 서술을 하였지만 트리밍을 시술할 때에는 두상의 라인을 따라서 시술을 하여야 한다고 하였다 시술의 방법은 많은 것이 아니고 단순히 연결성을 짚어 볼 수 있으면 쉬운 기술이다. 두상의 형상을 이해하고 모발의 수와 모발의 흐름 그리고 모발의 양을 이해를 하면 절삭하는 기술은 여러분들에게 상당히 쉽게 올 것이다.

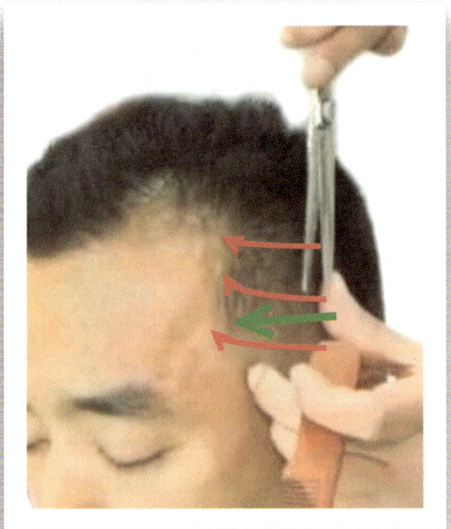

이곳의 장면이라고 시술이 다른 방법이 있을까마는 앞서의 방식과 같은 방법으로 시술을 하여 모발의 흐름과 면의 깨끗함을 만들어주면 시술은 마무리가 된다. 하지만 손님의 의중에 따라서 형태의 모양이 변할 수 있으니 많은 연습과 사람들의 스타일을 길바닥에서 많이 보기를 바란다.

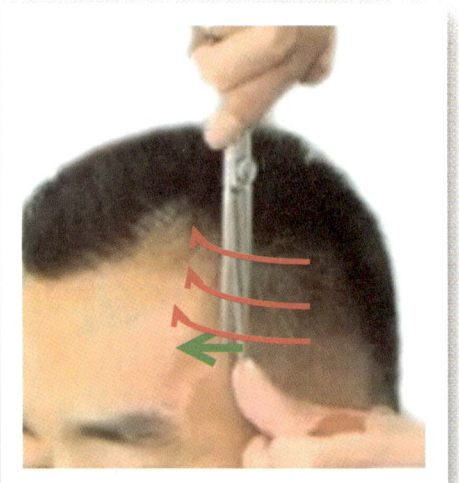

모든 형태는 저자에게 있는 것이 아니고 길바닥에 있다는 것이다. 저자는 기술의 요체를 가지고 여러분들에게 시술의 편함을 알리는 것이고 스타일의 변천은 밖에 있으니 거리를 다니면서 사람들의 스타일에 심취해보길 바란다.

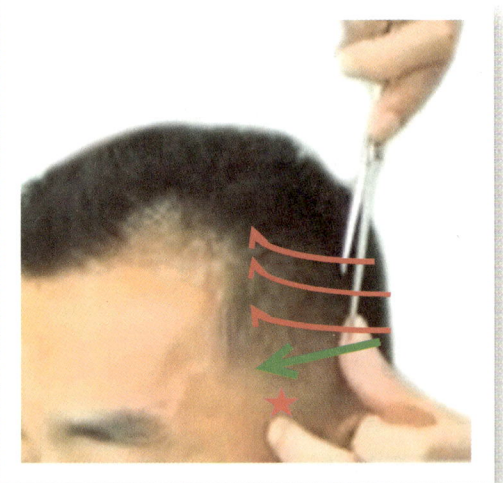

사진에서처럼 엄지에 가위의 날을 세워 걸쳐주고 두상의 형상에 따라 트리밍 시술을 하여주는데 연두색 화살표 방향으로 엄지를 밀면서 시술을 하여주고 빨강색 화살표의 방향으로 가위의 날을 진행시켜 곡선미로 시술을 하여주면서 잔털을 시술하여 면과 라인을 깨끗하게 하여준다.

뒷 면도

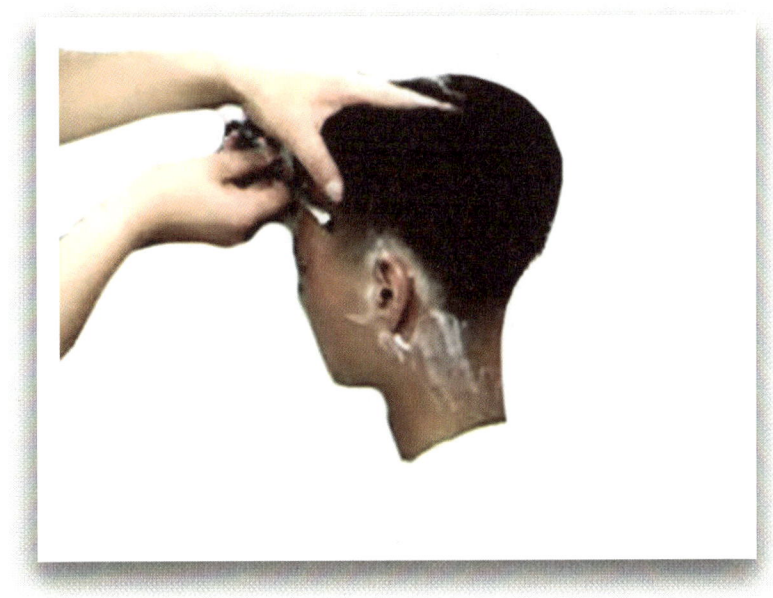

* 이번 장은 뒷 면도의 시술 방법과 테크닉을 배워 본다.

* 뒷 면도

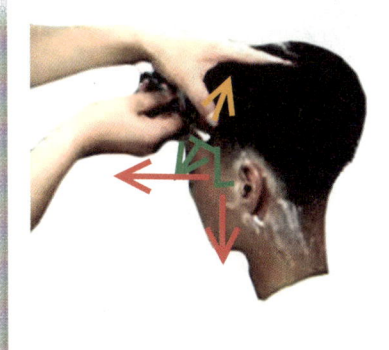

좌측 앞머리 부분의 면도를 시술하여 줄때에는 앞머리 라인에 맞추어 면도날을 피부에 붙여주고 노란색 화살표 방향으로 엄지손가락을 당기면서 면도날을 내려주어 피부의 잔털을 깨끗하게 면체 처리한다. 이때 주의해야 할 점은 면도기를 피부에 대어줄 때 면도날을 시술자의 방향으로 세워서 대지 말고 손님 방향으로 면도기 몸체를 대듯이 하여 면도를 하여야한다.

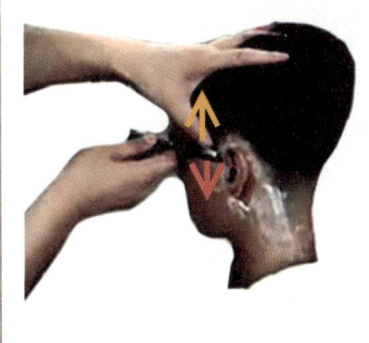

좌측 앞머리 라인을 정리하고 나면 구렛나루의 면체를 시술하여주는데 사진에서처럼 면도기를 구렛나루 라인에 붙여주는데 노란색 화살표의 부분에 엄지손가락을 걸쳐주고 면도기의 날을 사진처럼 시술되어야 할 부분에 맞추어주고 나서 엄지를 당겨 올려주면서 면도기를 아래로 내리면서 구렛나루 라인의 면체술을 하여 깨끗하게 시술한다.

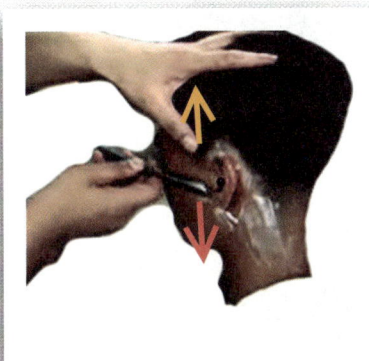

앞 사진의 해설처럼 시술을 하고나면 사진의 모양이 만들어지는데 면도날로만 면도를 하게 되면 피부에 상처가 날수 있으니 엄지를 당겨 올려주면서 면도기를 내리면서 시술을 하여주어야 상처가 나지 않고 깨끗하게 시술 된다는 것을 명심하고 시술토록 한다.

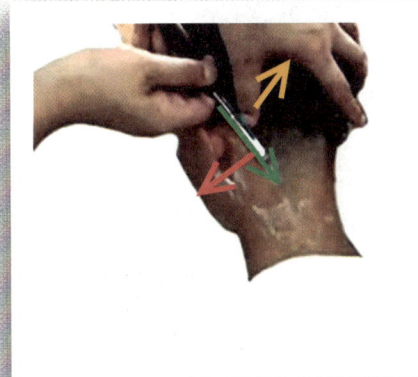

귀 뒤 사이드 부분의 면체술 역시 앞의 해설처럼 시술을 하여주는데 노란색의 화살표 방향으로 엄지를 당겨 올려주면서 연두색 방향으로 시술을 해서 내려온다. 이곳의 시술은 한번에 이루어지는 것이 아니고 몇 번에 걸쳐서 시술을 하여 깨끗하게 시술을 하여준다.

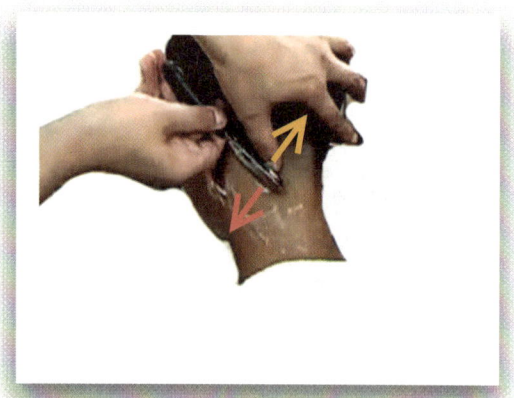

귀 뒤 부분의 면체술은 한번에 시술이 않된다고 앞서도 서술을 하였다. 2~3번의 재 시술을 하여 주어야하는데 앞서 작업을 한 것과 같은 방법으로 시술을 하여주어 귀 뒤 사이드부분의 베이스라인을 깨끗하게 시술하여준다.

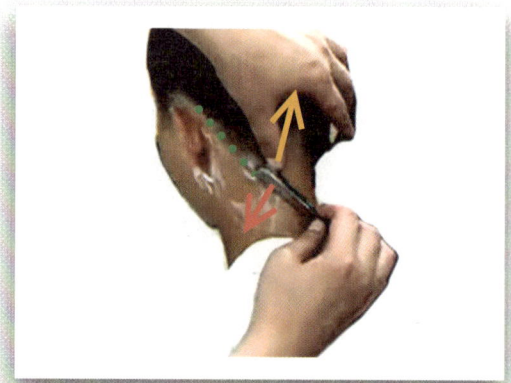

귀 뒤에서 사이드 부분의 베이스라인 시술을 하고나면 연두색 점선처럼 깨끗한 베이스라인이 만들어진다. 빨강색의 밑머리 라인을 화살표 방향으로 면체술을 하여주어 피부의 잔털을 깨끗하게 시술하여준다.

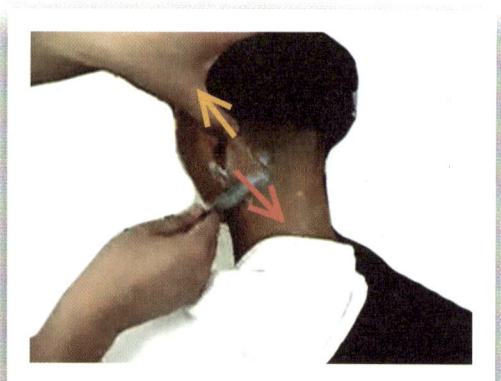

귀 뒤 사이드 부분의 베이스라인의 면체술 시술을 하고나면 베이스라인 밑에 있는 잔털을 면체 시술하여주는데 사진에서처럼 노란색 화살표 방향으로 엄지가 피부를 당겨주고 나서 면도기를 피부에 붙이듯이 하여 빨강색 화살표 방향으로 부드럽게 시술하여 피부의 잔털을 깨끗하게 시술하여준다.

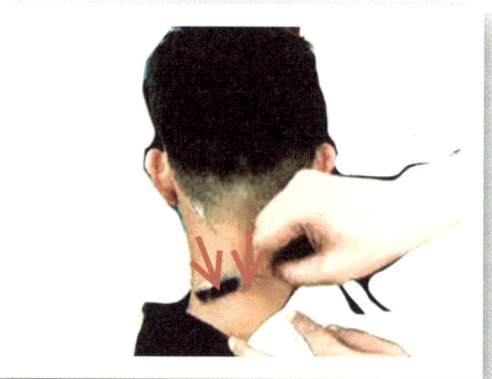

좌측면부의 면체시술을 마무리하고 나면 후두부 밑 부분의 시술을 연결해서 하여주는데 후두부 밑 부분은 라인은 만들어 시술을 하지 않고 자연스러운 형태로 놔두는 부분이기에 사진에서처럼 빨강색 화살표처럼 밑 부분의 잔털만을 시술하여 목 부분을 깨끗하게 시술하여준다.

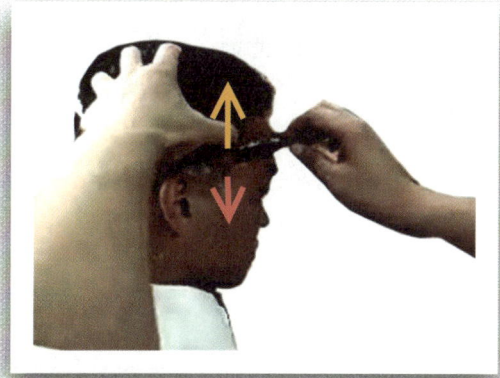 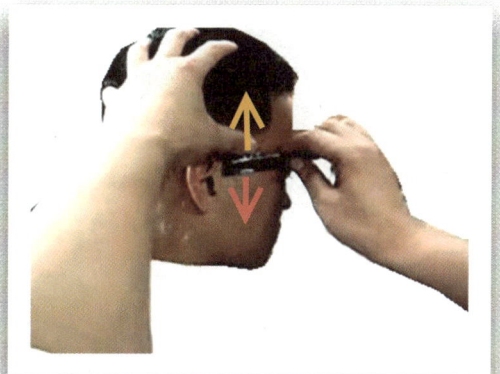

우측 역시 앞머리 라인을 정리하고 나면 구렛나루의 면체를 시술하여주는데 사진에서처럼 면도기를 구렛나루 라인에 붙여주는데 노란색 화살표의 부분에 엄지손가락을 걸쳐주고 면도기의 날을 사진처럼 시술되어야 할 부분에 맞추어주고 나서 엄지를 당겨 올려주면서 면도기를 아래로 내리면서 구렛나루 라인의 면체 술을 하여 깨끗하게 시술한다.

앞 사진의 해설처럼 시술을 하고나면 사진의 모양이 만들어지는데 면도날로만 면도를 하게 되면 피부에 상처가 날수 있으니 엄지를 당겨 올려주면서 면도기를 내리면서 시술을 하여주어야 상처가 나지 않고 깨끗하게 시술 된다는 것을 명심하고 시술토록 한다.

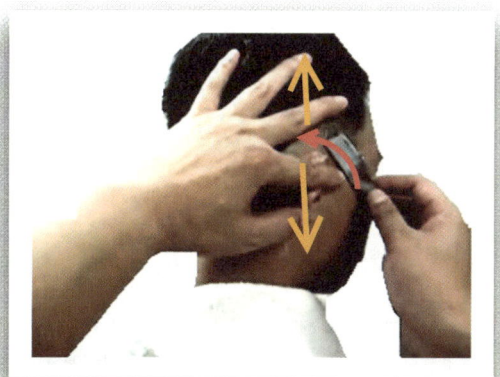 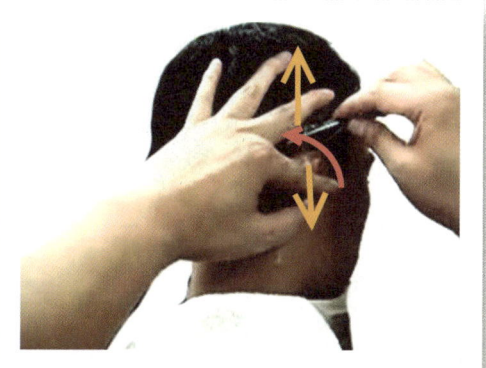

좌측부분의 면체 시술에는 해설을 하지 않았으니 우측면을 놓고 시술의 해설을 하겠다. 사진에서처럼 왼손 검지와 중지를 귀 위의 부분에 붙여주고 중지는 가만히 있는 상태에서 검지만 귀를 내려주면서 귀를 안전하게 하여주고 면도기를 귀 앞부분에서 붙여주고 시술을 빨강색 화살표 방향으로 베이스라인에 맞추어 곡선적인 기조로 시술하여준다.

왼손의 중지와 검지로 귀를 안전하게 내려주어야 귀 부분의 시술을 용이하게 할 수 있고 또 귀 위의 부분의 피부를 시술이 용이하게 펼칠 수 있다는 것이다. 그렇게 하고나서 사진에서처럼 귀 앞에서 귀 위의 부분까지 면도기의 날로 베이스라인의 경계부분을 깨끗하게 시술하여준다.

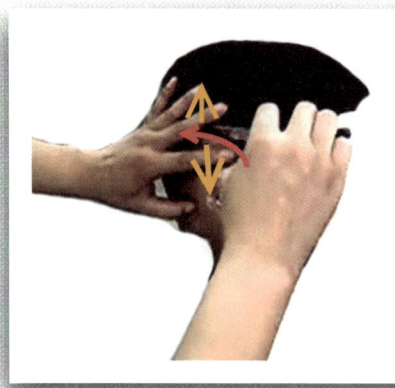
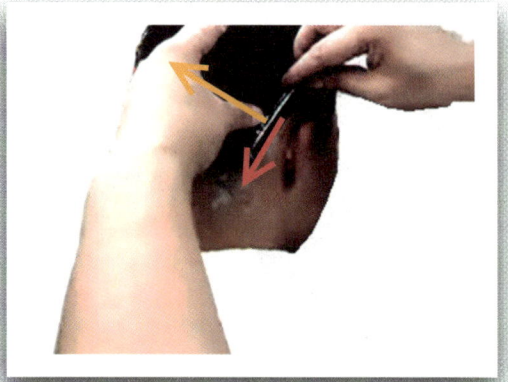

사진에서처럼 왼손 검지와 중지를 귀 위의 부분에 붙여주고 중지는 가만히 있는 상태에서 검지만 귀를 내려주면서 귀를 안전하게 하여주고 면도기를 귀 위부분에서 붙여주고 시술을 빨강색 화살표 방향으로 베이스라인에 맞추어 곡선적인 기조로 시술하여준다. 이 부분의 시술 역시 한번에 이루어질 수 없으니 여러 번에 걸쳐서 시술을 하여 깨끗하게 하여준다.

앞서도 서술을 하였듯이 귀 뒤 사이드부분의 면체술은 한번에 시술이 않된다고 하였다. 2~3번의 재 시술을 하여주어야하는데 앞서 작업을 한 것과 같은 방법으로 시술을 하여주어 귀 뒤 사이드부분의 베이스라인을 깨끗하게 시술하여준다.

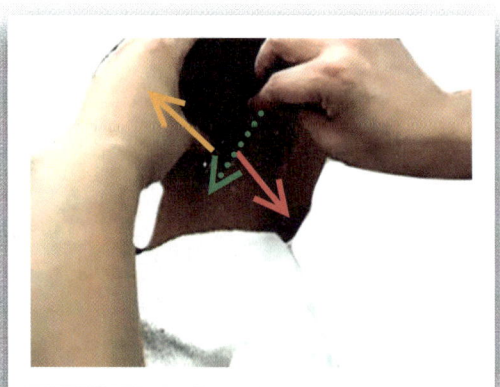
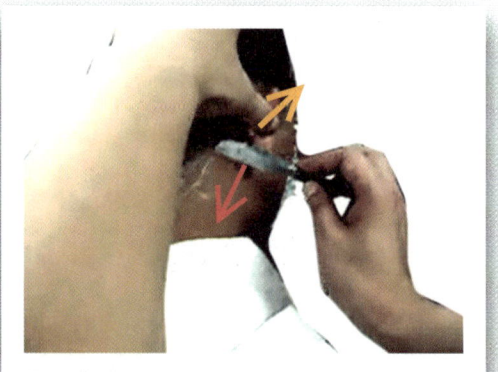

우측면 귀 뒤에서 사이드 부분의 베이스라인 시술을 하고나면 연두색 점선처럼 깨끗한 베이스라인이 만들어진다. 빨강색의 밑머리 라인을 화살표 방향으로 면체 술을 하여주어 피부의 잔털을 깨끗하게 시술하여준다.

우측면 귀 뒤 사이드 부분의 베이스라인의 면체술 시술을 하고나면 베이스라인 밑에 있는 잔털을 면체 시술하여주는데 사진에서처럼 노란색 화살표 방향으로 엄지가 피부를 당겨주고 나서 면도기를 피부에 붙이듯이 하여 빨강색 화살표 방향으로 부드럽게 시술하여 피부의 잔털을 깨끗하게 시술하여준다.

앞 면도

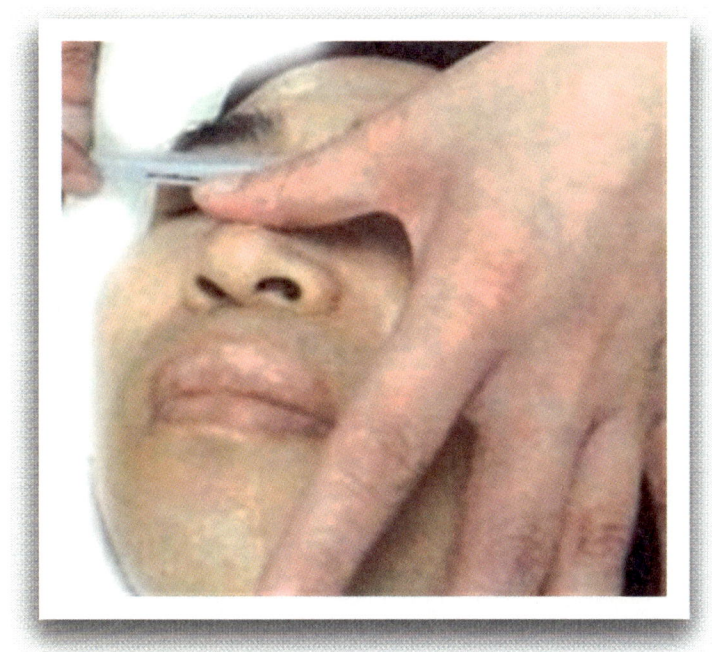

* 이번 장은 앞 면도의 시술 방법과 테크닉을 배워 본다.

* 앞면도

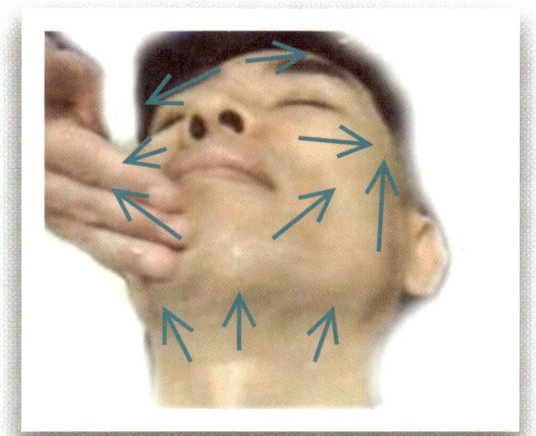

앞면도를 시술하여 줄때에는 먼저 손님의 면체에 면도 크림이나 카프를 사진의 연두색 화살표처럼 얼굴 전체에 골고루 도포하여준다.

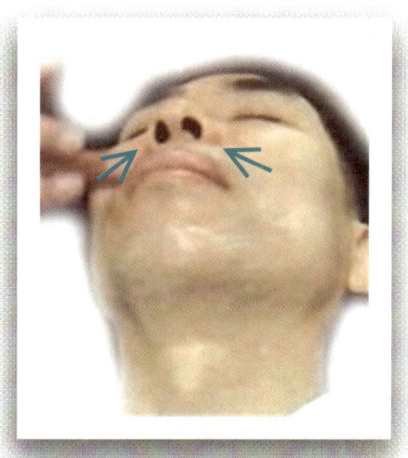

면체에 면도크림을 도포하여 줄때에는 사진에서처럼 손가락 바닥면으로 얼굴전체에 도포하여주고 카프로 도포하여 줄때에는 카프솔을 사용하여 얼굴 전체에 도포하여주는데 인중부분이나 턱 부분은 다른 곳보다 많은 양을 도포하여준다.

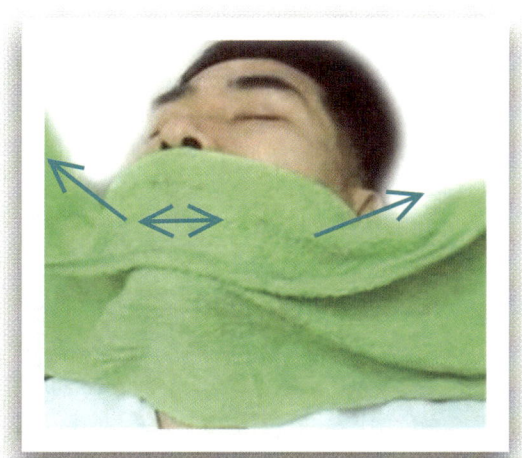

면체에 도포를 하여주고 나면 따뜻하게 하여놓은 물수건 즉 쉬프 수건을 넓은 쪽으로 1/3정도 나눠 잡고 사진에서처럼 인중 부분에 수건의 중앙부분을 붙여주면서 턱 부분까지 수염의 강한성질을 부드럽게 하여주기 위해서 쉬프 수건을 둘러준다.

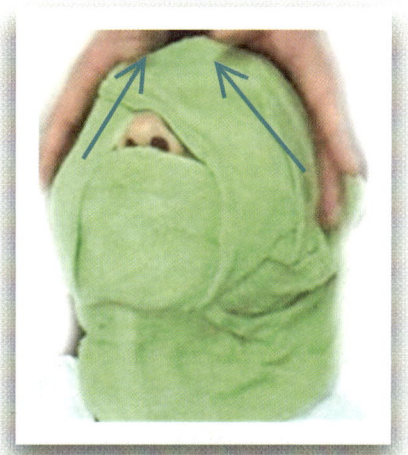

앞의 사진처럼 시전을 하고나서 위의 사진처럼 코만 남겨놓고 얼굴과 이마의 전체부분까지 쉬프 수건으로 둘러쳐준다.

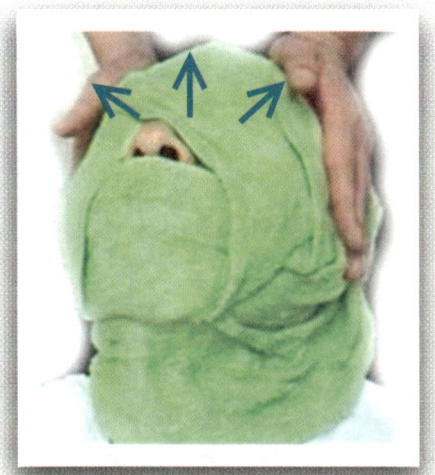 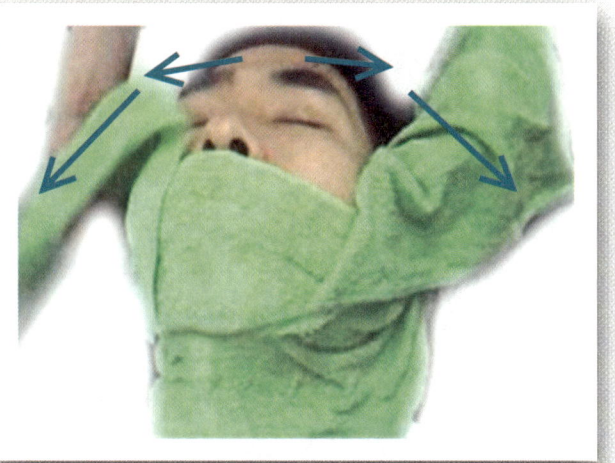

1분에서 2분정도까지 쉬프 수건으로 얼굴 전체를 감싸주는데 사진에서처럼 이마부분이나 턱 부분의 쉬프 수건을 살며시 눌러주어 수건의 따뜻한 온기가 피부에 잘 스며들 수 있도록 하여주어 수염의 강한 성질을 가라앉혀준다.

1분에서 2분정도의 시간이 흐르고 나면 사진에서처럼 이마에서부터 화살표 방향으로 쉬프 수건을 벗겨내어 주는데 손님에게 피해가 가지 않도록 부드럽고 천천히 벗겨낸다.

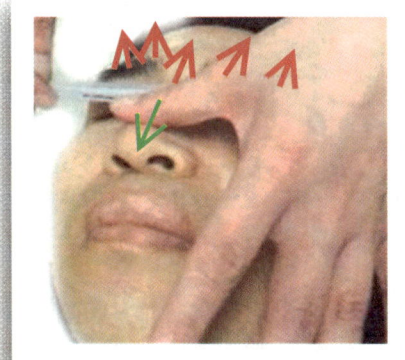 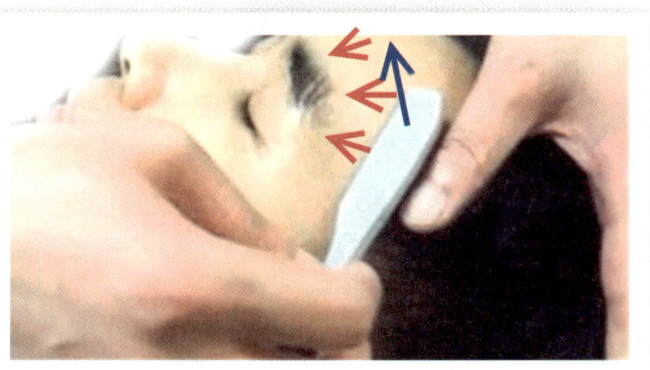

면체시술을 시술하여 줄때에는 사진에서처럼 먼저 양 눈썹 중앙부분인 미간부분의 잔털을 먼저 시술을 하여주는데 연두색 화살표처럼 엄지의 손가락으로 피부를 내려 당겨주면 미간부분의 피부가 펴져 면체시술이 용이하게 하여준다. 미간부분의 시술을 하고나면 사진의 빨강색 화살표 방향으로 눈썹위의 부분의 잔털을 시술을 하여주는데 이때 이마의 머리카락부분까지 시술을 하여준다.

앞의 사진처럼 시술을 하고나면 눈썹부분의 잔털을 면체시술을 하여주는데 빨강색 방향으로 면도기의 날을 피부에 붙여주면서 눈썹의 라인에 맞추어 면체시술을 하여 깨끗하게 하여준다. 그리고 파랑색의 화살표 방향으로 진행을 하면서 중앙부분으로 이동하면서 시술하여준다. 이때 주의 할 점은 피부에 상처가 나지 않도록 시술을 하여야한다.

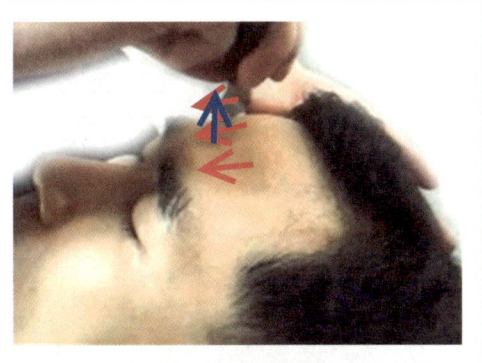

왼쪽 눈썹부분의 면체시술을 하여 중앙부분까지 하여오면 오른쪽 눈썹부분의 면체시술을 하여주는데 이때에는 중앙부분에서 빨강색 화살표 방향으로 면체시술을 하여주면서 파랑색 화살표 방향으로 시술을 하여주어 오른쪽 눈썹 끝 부분까지 시술을 하며 이마 전체의 면에 면체시술을 마무리 하여준다.

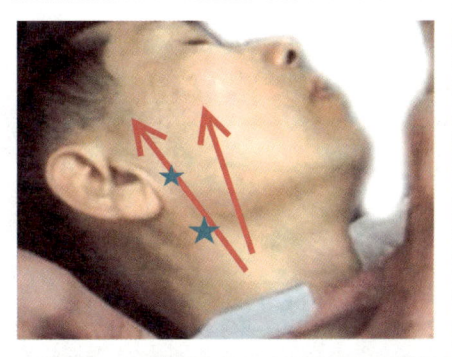

이마부분의 면체시술을 마무리하고 나면 얼굴부분에 면체시술을 하여주는데 오른쪽 턱관절부분이나 왼쪽의 턱관절부분 중 어느 쪽을 먼저 면체시술을 하여도 상관없다. 사진에서처럼 오른쪽 턱관절부분부터 시술을 하게 되면 손님의 얼굴을 왼쪽으로 돌려주고 면체시술을 하여주는데 (*)표 부분으로 시술의 길이를 나누어서 시술을 하여준다.

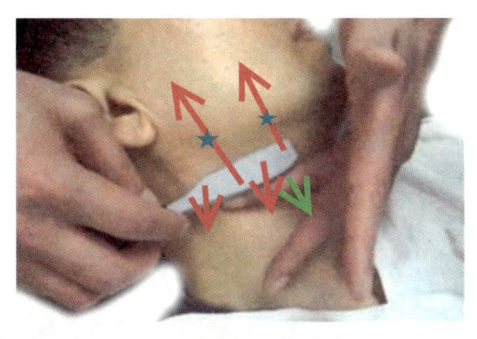

물론 면체시술을 잘하면 사진의 빨강색 화살표 방향으로 한번에 시술을 할 수 있겠지만 배우는 중이라면 한번에 시술을 할 수 없다. 해서 (*)표의 부분에서 나누어 시술을 하면 더욱 쉽게 시술을 할 수 있다. (*)표의 부분 이곳은 턱의 뼈가 돌출되어있어서 상처가 날 확률이 높은 곳이니 조심히 시술을 하여주어야 할 곳이다. 길고 목 부분에서 턱 부분으로 시술을 하여 줄때에는 사진의 연두색 화살표 방향으로 손가락으로 피부를 당겨주어야 피부가 팽팽해져서 시술이 용이하게 된다.

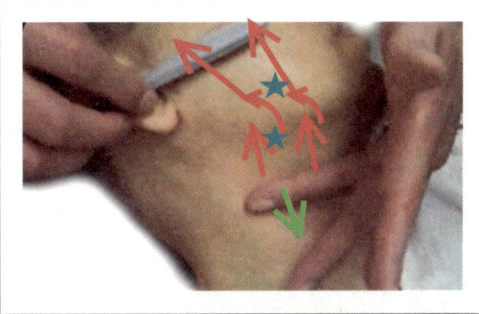

사진에서처럼 면체시술을 하여 줄때에는 연두색 화살표 방향으로 피부를 당겨주어 피부를 팽팽하게 만들어주어야 면체시술이 용이하다고 하였다. 그래서 빨강색 화살표 방향으로 면체시술을 연결해서 하여주는데 (*)표 부분에서 시술을 끊어서 시술을 안전하게 시술을 하여준다. 턱 부분의 면체시술도 한번에 시술이 되는 곳이 아니니 구획을 2~3정도 나누어서 안전하게 시술하여준다.

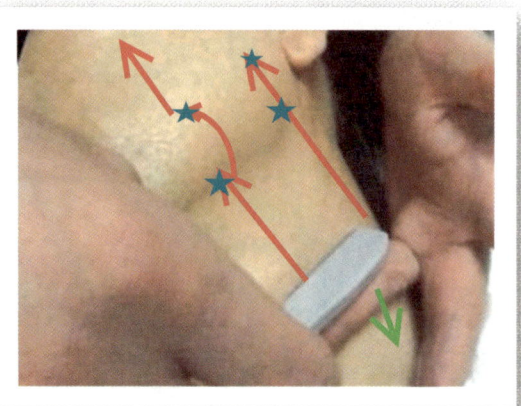

우측부분의 면체시술을 하고나면 좌측부분의 면체시술을 하여주는데 우측면을 시술하여 줄때에는 얼굴을 좌측으로 돌려서 시술을 하였다면 좌측면의시술을 하여 줄때에는 얼굴을 우측으로 돌려서 시술을 하여준다. 얼굴을 돌리면서 시술을 하는 이유는 시술을 용이하기 위해서 이기도 하지만 시술의 장면이 확연히 보여야 시술을 하기에 좋기 때문이다.

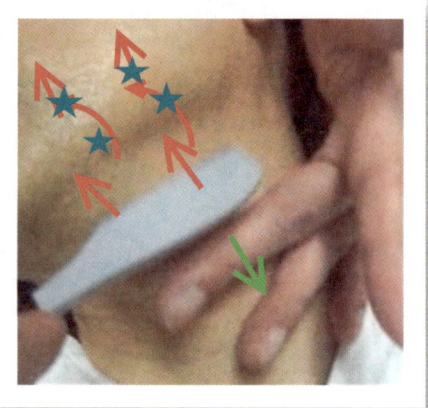

우측면의 면체시술이나 좌측면의 면체시술 방법은 동일하다. 단지 얼굴의 면이 좌측이냐 우측이냐 만 다를 뿐이니 동요하지 말고 앞서의 시술방법과 같은 방법으로 면체시술을 하여주는데 중요한 것은 사진에서 연두색 방향으로 피부를 밀거나 당겨주어 피부를 팽팽하게 하여주고 나서 시술을 하여주어야 피부에 위해가 생기지 않는다는 것을 명심하고 시술하여준다.

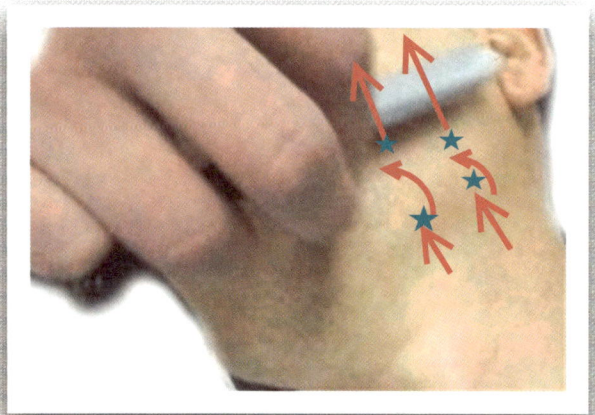

면체시술을 하여 줄때에는 면도기의 날이 사진에서처럼 피부에 붙듯이 하여 시술을 하여주어야 수염을 깨끗하게 절삭이 되는데 그렇지 않고 면도기의 몸체가 살아서 올라오게 되면 면도기의 날이 피부에 위해를 가해서 상처가 생길 수 있으니 면도기의 날을 피부에 붙여서 안전하게 시술을 하려고 노력해야할 것이다.

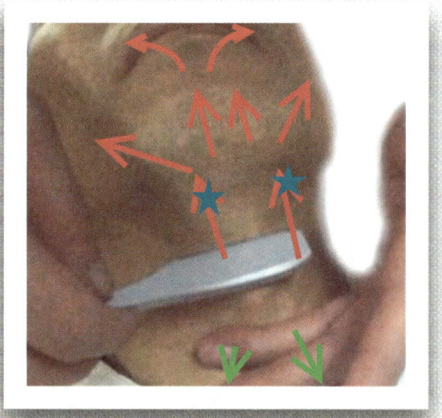

양쪽의 턱 부분의 면체시술을 하고나면 중앙의 있는 턱 부분의 시술을 연결해서 시술을 하여주는데 손님의 얼굴을 중앙에 위치하여주고 턱을 당겨서 세워준다. 그러고 나서 왼손의 손가락을 목 부분의 피부를 손가락으로 내려주어 피부를 팽팽하게 하여주면서 면도기의 날을 피부에 붙여주면서 빨강색 화살표 방향으로 면체시술을 하여주는데 (*)표 부분에서 시술을 끊어주면서 안전하게 시술을 하여준다.

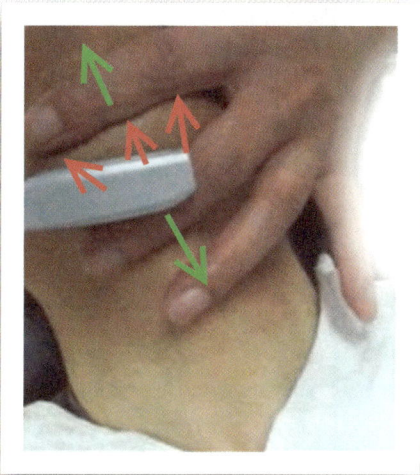
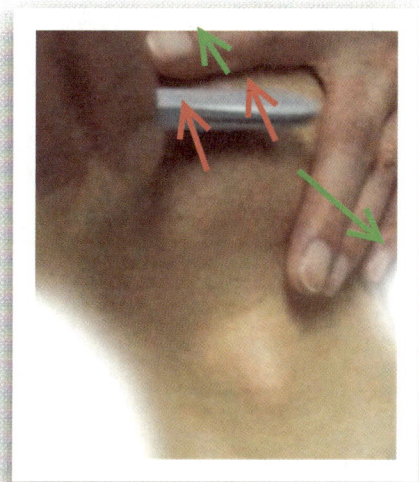

목 부분의 면체시술을 하고나면 턱 부분의 면체시술을 하여주는데 이곳에서는 손가락의 시술이 연결되어 시술을 해야 하는 곳이니 신경을 써서 시술을 하여보자. 검지와 중지의 손가락으로 턱 부분의 피부를 벌려주어 턱의 피부를 팽팽하게 하여주는 것이 먼저이고 중지 부분에 면도기의 날을 붙여주면서 면체시술을 하여준다.

앞에서처럼 시술을 하고나면 턱 주변의 수염을 시술하여주는데 턱의 주변역시 앞서의 방법과 같은 방법으로 시술을 하여준다. 면체시술을 하여줄 때 손가락으로 피부를 팽팽하게 하여주고 나서 시술을 하여야 피부에 위해를 주는 것을 최소화 시킬 수 있다는 것을 명심하고 시술토록 한다.

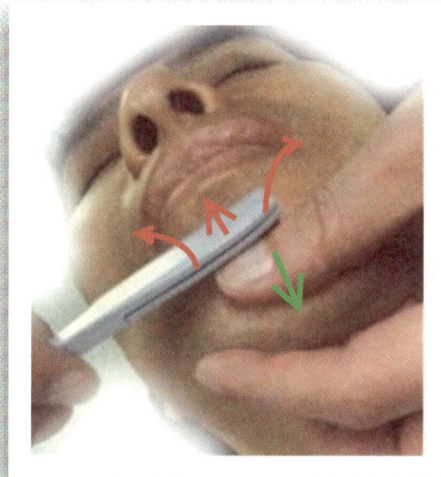
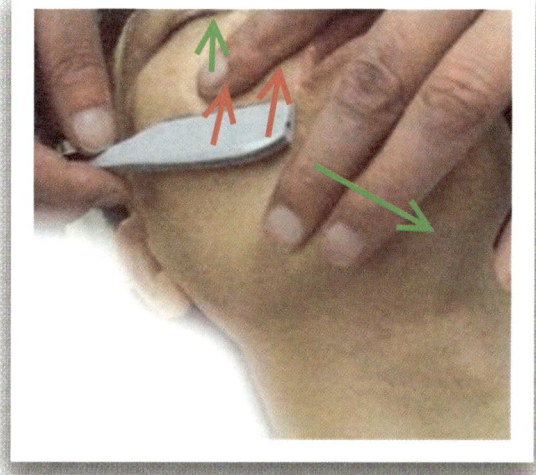

턱 부분의 면체시술을 하고나면 아래 입술의 모양에 시술을 연결해서 하게 되는데 사진에서처럼 왼손 엄지로 턱을 내려서 피부를 팽팽하게 펴주면서 면도기의 날을 사진처럼 붙여 면체시술을 하여주는데 면도기를 잡은 손에 힘을 빼고 자연스럽게 당긴다는 기분으로 시술을 하면 된다. 해서 빨강색 화살표 방향으로 시술을 하여준다.

턱 주변의 면체 시술을 마무리하고 나면 콧수염 부분으로 시술을 연결해서 하여주는데 사진에서처럼 이 부분의 시술 역시 왼손의 검지와 중지로 콧수염 부분의 피부를 벌려주어 피부를 팽팽하게 만들어주면서 면체시술을 하여준다. 피부를 팽팽하게 당겨서 시술을 하는데 빨강색 화살표 방향으로 면도기의 날을 진행하면서 인중부분까지 안전하게 면체시술을 하여준다.

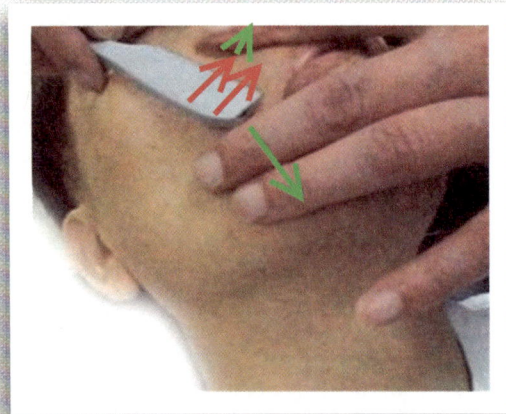

오른쪽 콧수염부분의 면체시술을 하여 줄때에는 앞의 사진처럼 면도기의 날을 안전하게 피부에 붙이듯이 하여주고 수염만 절삭을 할 수 있어야하겠다. 손에 힘이 들어가게 되면 시술이 용이해지지 않으니 면도기를 잡은 손은 힘을 빼고 자연스럽게 면도기를 잡고 시술을 한다는 것을 명심하고 시술토록 한다.

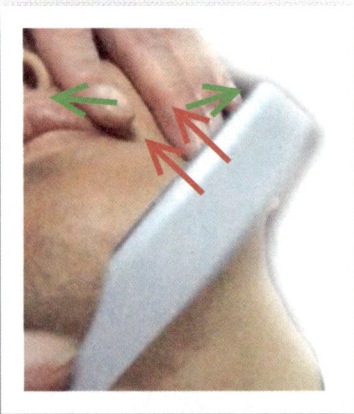

왼쪽 콧수염부분의 시술 역시 왼손의 검지와 중지로 콧수염 부분의 피부를 벌려주어 피부를 팽팽하게 만들어주면서 면체시술을 하여준다. 피부를 팽팽하게 당겨서 시술을 하는데 빨강색 화살표 방향으로 면도기의 날을 진행하면서 인중부분까지 안전하게 면체시술을 하여준다.

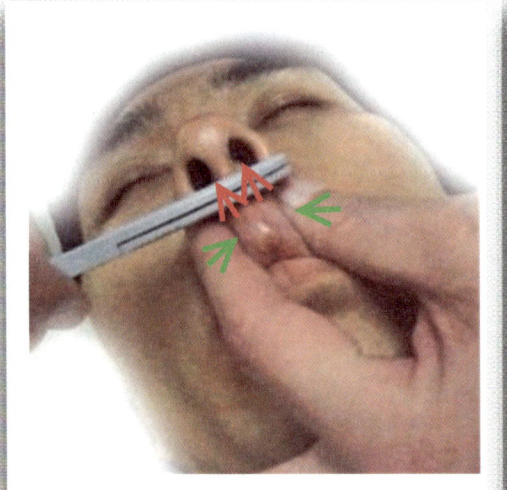

양쪽의 콧수염 부분의 시술을 하고나면 인중부분으로 시술을 연결하여주는데 사진에서처럼 왼손 엄지와 검지로 인중을 연두색 화살표 방향으로 당겨서 인중의 볼록한 부분을 나오게 하여주어 면도기의 날로 빨강색 화살표 방향으로 시술을 하여주면 얼굴의 면체 시술은 마무리를 하게 된다. 면체시술을 하여 줄때에는 날로 피부의 털을 시술하는 것이기 때문에 안전함을 먼저 염두에 두고 시술을 하려고 하여야 한다.

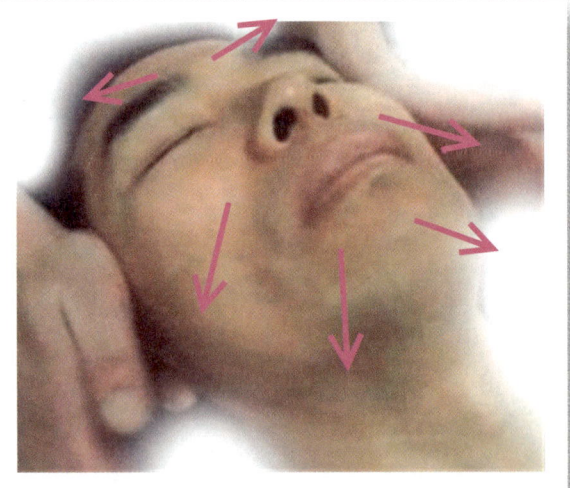

얼굴의 면체시술을 하고나면 얼굴 피부의 트러블을 방지하기 위해서 스킨과 로션을 사용하여 피부를 진정시켜주고 에센스나 수분크림 같은 걸로 얼굴에 도포하여 간단히 마시지를 진행하여 주는데 자주색 화살표 방향으로 손가락으로 시전 하여 피부를 편안하게 하여준다.

드라이

* 이번 장은 드라이의 시술 방법과 테크닉을 배워 본다.

* 드라이

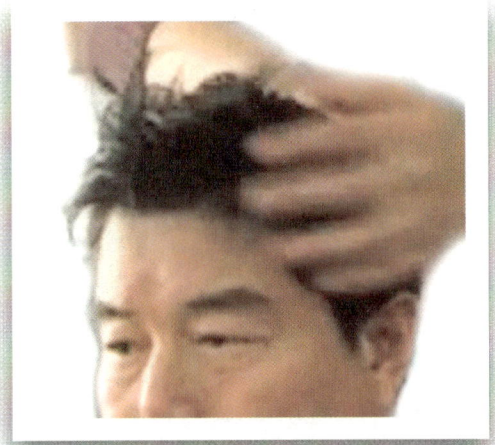

드라이 시술을 하여 줄때에는 샴푸 후 드라이로 모발과 두피를 충분히 말려주고 나서 헤어크림이나 포마드 같은 제품을 사용하여 사진에서처럼 모발 전체에 골고루 도포하여준다.

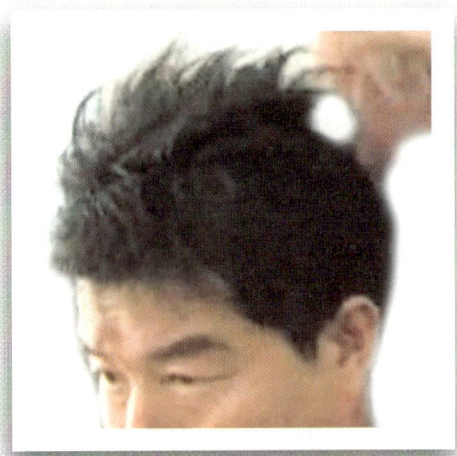

미용부분의 드라이나 이용부분의 드라이나 다른 의미는 아니지만 미용부분의 드라이는 모발이 긴 형태이기에 롤 빗 같은 것을 이용하여 시술을 하여 파워면에서 강한 바람을 사용을 하고 이용드라이는 짧은 모발에 사용을 하기 에 파워가 강하지 않은 드라이를 사용하는 것이 일반적이다.

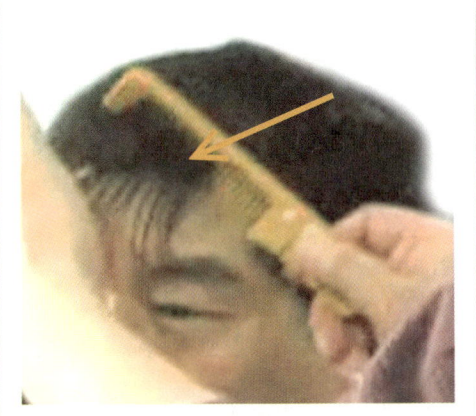

헤어크림이나 포마드를 모발에 도포를 하고나면 사진에서처럼 화살표 방향으로 빗으로 모발을 빗어내어 가르마를 구분지어주어야 한다.

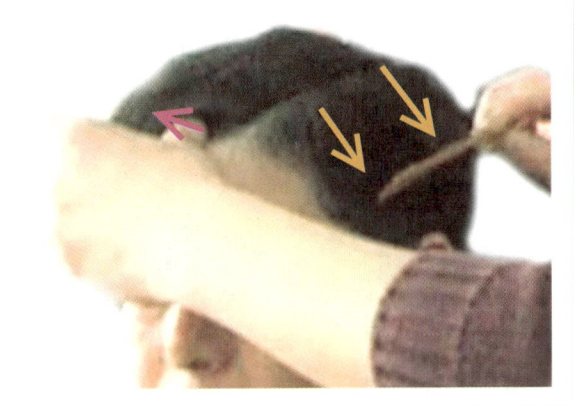

2/8이나 3/7정도의 비율로 모발의 가르마를 만들어준 후 빗으로 천정부의 구획과 측면부의 구획을 나누어주고 천정부와 측면부를 빗으로 빗어서 경계를 만들어준다. 이때 자주색 화살표처럼 엄지로 기준점을 만들어주어 2/8이나 3/7의 경계를 지어줄 때 앞머리의 기준점을 정한 후 가르마를 갈라 경계를 만들어준다.

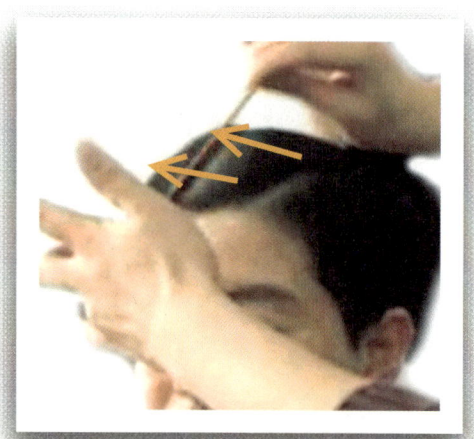

측면부의 가르마부분을 깨끗하게 빗어내려 정리를 하고나면 천정부의 모발을 노란색 화살표 방향으로 깨끗하게 빗어서 천정부의 모발을 정돈하여 드라이 시술을 시작하여준다.

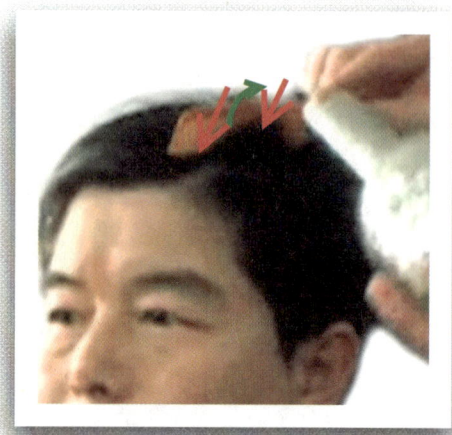

천정부의 가르마 부분을 사진에서처럼 빗을 세워 모발사이로 넣어주면서 빗발로 뿌리부분의 모발을 모발안쪽에서 오른쪽으로 돌리면서 모발의 뿌리를 세워주고 뿌리부분에 드라이 바람을 주어 뿌리를 세워준다.

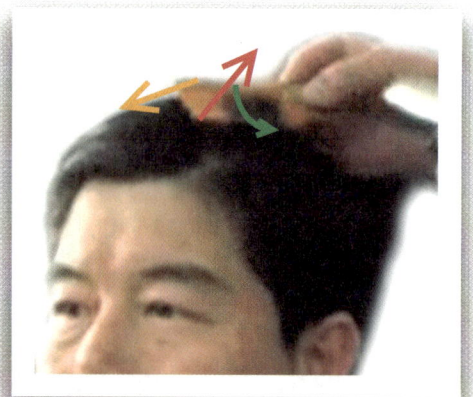

앞의 사진처럼 모발뿌리부분에 빗으로 모발을 돌려 뿌리를 세워주면서 위의 사진처럼 빗으로 세워주면서 천정부와 측면부를 드라이로 경계를 만들어준다.

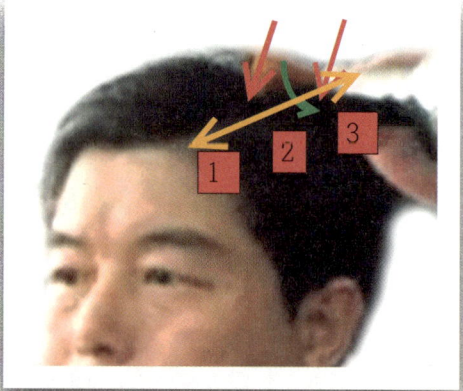

모발뿌리부분에 빗으로 모발을 돌려 뿌리를 세워주면서 위의 사진처럼 빗으로 세워주면서 천정부와 측면부를 드라이로 경계를 만들어주면서 천정부의 경계를 3등분 정도로 나누어 천정부의 형태를 앞에서 가마부분까지 같은 모양을 만들어준다.

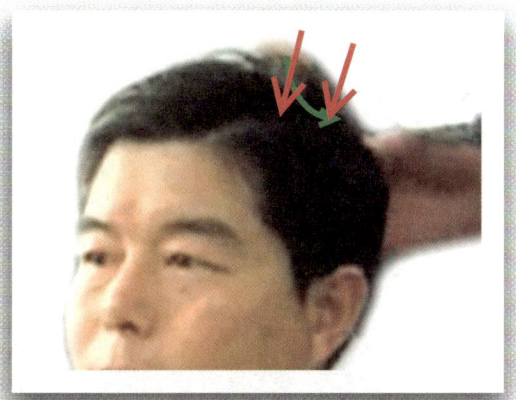

가마부분의 시술역시 빗은 수직으로 두피로 들어가고 뿌리부분의 모발을 빗으로 돌리면서 모발을 세워주고 빗을 돌려 올리면서 뿌리를 세워준다.

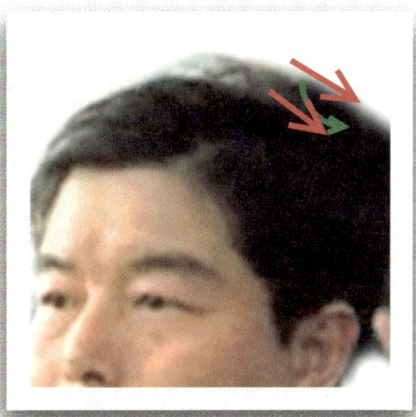

사진에서처럼 가마부부의 모발을 빗으로 뿌리를 세워주면서 빗을 돌려 가르마의 경계를 자연스럽게 만들어준다.

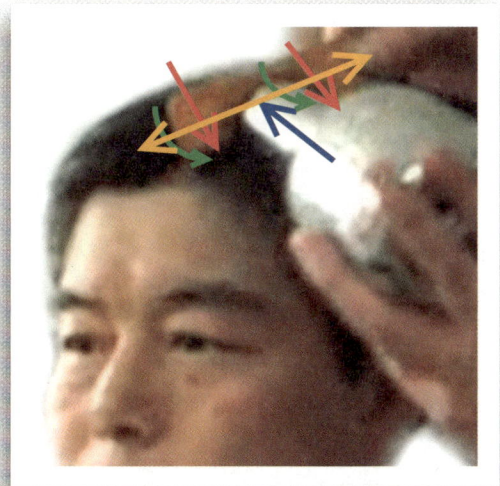

가르마를 갈라서 경계를 만들어 줄때에는 빗으로 모발을 뿌리에서부터 세워 올려주면서 파랑색 화살표 방향으로 빗발에 걸린 모발에 드라이 바람을 주어 경계부분을 확실하게 모양을 만들어준다.

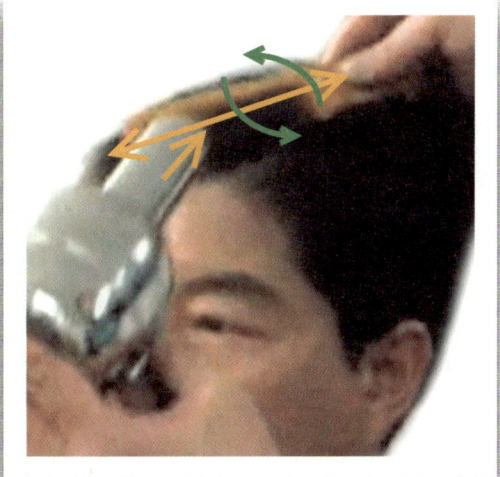

빗으로 모발을 잡아서 경계를 만들기 위해서 빗을 돌려줄 때 빗발로 모발의 뿌리부분으로 들어가서 모발을 잡아 올려 주면서 바람을 뿌리부분에 주어 모발이 가라앉지 않도록 하여주면서 시술을 하여준다.

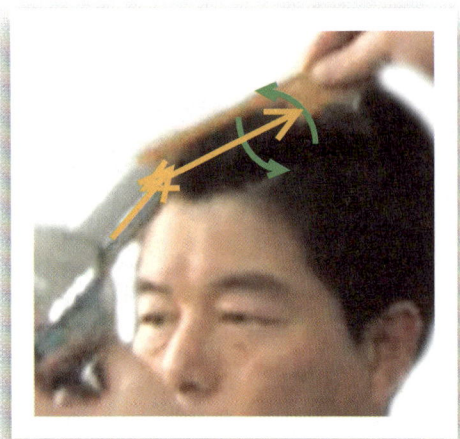

평행선처럼 앞머리부분은 2번에서 3번 정도로 뿌리를 살려 가르마의 경계부분의 뿌리를 살려준다. 이때 드라이의 바람은 두피를 향하지 말고 빗발에 걸린 모발 밑으로 바람을 주어 경계부분의 모양을 깨끗하게 시술하여준다.

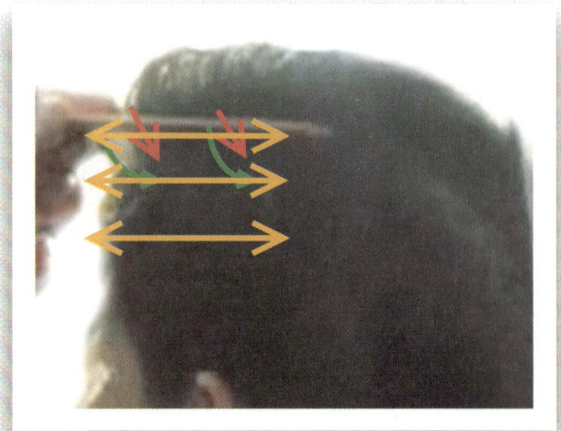

천정부의 가르마 부분을 드라이로 모발의 뿌리를 살려주어 형태를 만들고 나면 연결해서 측면부의 가르마의 경계를 시술하여주는데 사진에서처럼 왼손의 손가락으로 빗을 잡고 수평 화살표처럼 빗을 위에서 아래로 모발사이에 넣어주어 측면부 가르마부분의 모발 뿌리를 연두색 화살표처럼 빗을 돌리면서 모발도 같이 돌려 가르마의 경계를 깨끗하게 시술하여준다.

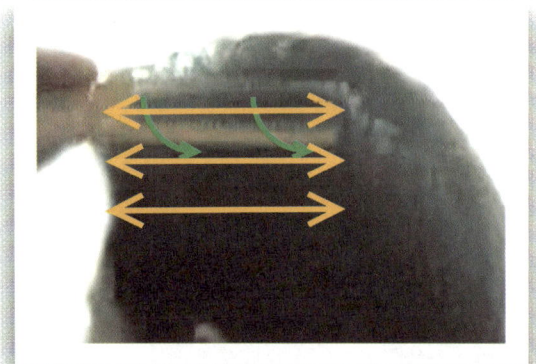

사진에서처럼 왼손의 손가락으로 빗을 잡고 수평 화살표처럼 빗을 위에서 아래로 모발사이에 넣어주어 측면부 가르마부분의 모발 뿌리를 연두색 화살표처럼 빗을 돌리면서 모발도 같이 돌려 가르마의 경계를 깨끗하게 시술하여주는데 이곳의 시술 역시 한번에 시술이 되지 않는 곳이니 2~3번 정도를 시술하여 측면부 가르마부분의 경계를 깨끗하게 만들어준다.

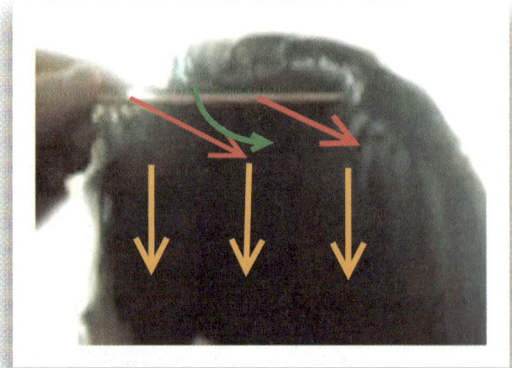

측면부 가르마부분의 드라이 시술을 하여 줄때에는 빗으로 모발을 돌려서 노란색 화살표 방향으로 내리듯이 시술을 하면 않되고 빨강색 화살표 방향처럼 사선으로 모발을 잡은 빗을 후두부 쪽으로 밀듯이 하면서 모발을 내리면서 시술하여야한다.

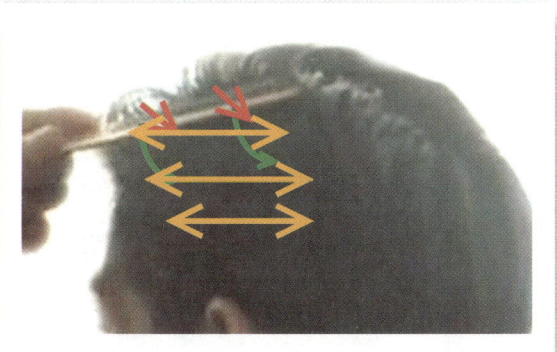

드라이를 시술하여 줄때에는 위에서 아래로 빨강색 화살표처럼 빗발을 세워 사선으로 넣어주면서 빗을 잡고 있는 엄지와 검지의 손가락으로 빗을 돌리면서 모발의 뿌리를 세워준다. 이때의 바람은 빨강색 화살표처럼 위에서 아래로 넣어주면 쉽게 시술을 할 수 있다.

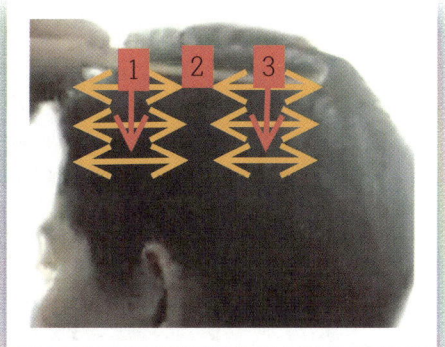

드라이를 시술하여 줄때에는 사진에서 평행구간을 1번에서 아래로 2~3번 정도 드라이 시술을 하여 형태를 만들어주고 2번과 3번도 같은 방법으로 시술을 하여 측면 부의 형태를 같은 모양이 되게 시술하여준다.

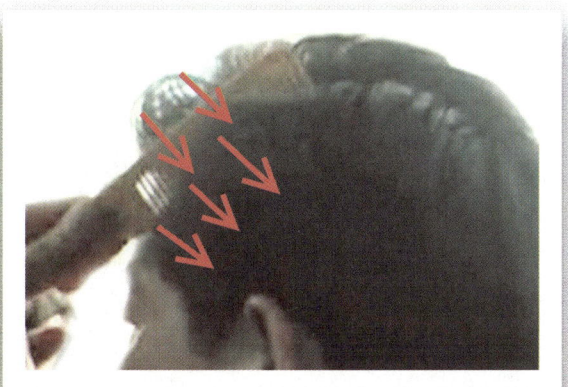

1~3번의 시술을 하고나면 사진에서처럼 빗으로 앞머리부분에서부터 빨강색 화살표 방향으로 빗어주어 측면부의 앞머리 형태를 자연스럽게 하여주는데 드라이의 바람도 같은 방향으로 넣어주면서 빗발로 모발을 빗어내려 준다.

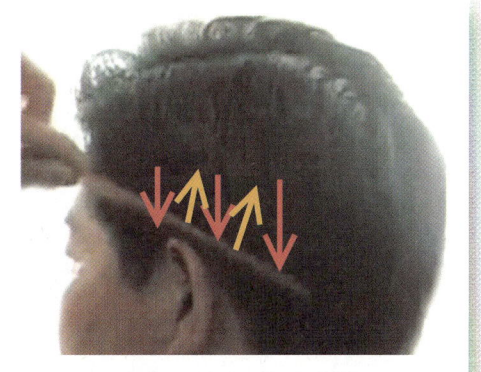

측면부의 밑머리부분은 두피에 모발을 붙이기 위해서 빗발로 모발을 빗어 내리면서 빗등으로 모발을 눌러서 빗어 내려주고 드라이의 바람은 빗발위에서 내려 쏘아준다.

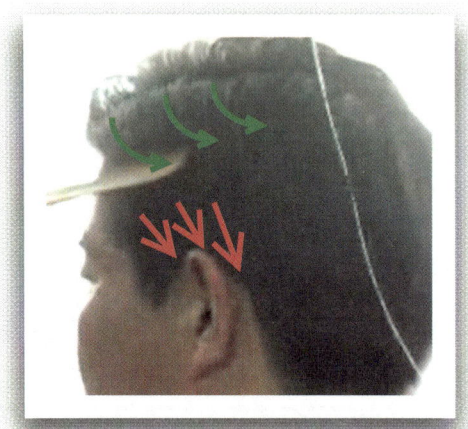

가르마 부분은 둥그런 형태로 만들어주는데 빗발을 모발 속으로 들어가서 모발의 뿌리에서부터 세워주면서 빗을 돌려 모발의 형태를 둥그런 형태로 만들어준다는 것을 잊지 말고 시술토록 한다.

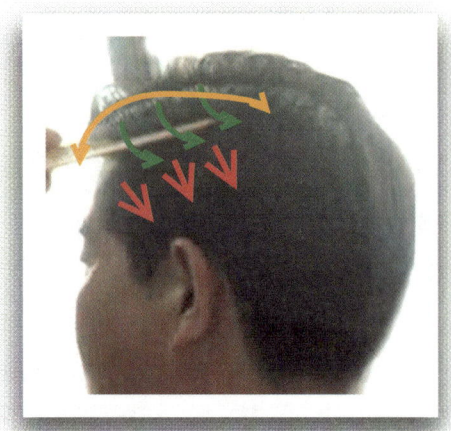

가르마 부분의 형태는 두상의 형상에 따라 포물선의 형태를 그리게끔 시술이 되어야하고 시술이 된 모발의 진행방향은 빨강색의 화살표 방향처럼 뒤로 당기듯이 시술이 되어야한다.

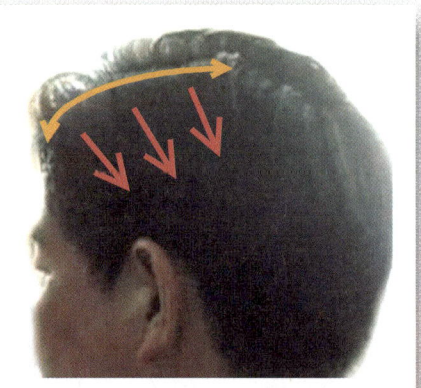

측면부의 드라이 시술을 하고나면 사진에서처럼 **빨강색**처럼 모발은 뒤로 흘러내리고 노란색 화살표처럼 측면부의 가르마의 경계부분은 자연스러운 포물선의 모양을 만들어져야한다. 그리고 모발 흐름에서 끊어져 보이는 부분이 있을 수 있으니 재 시술을 하여 자연스럽게 하여준다.

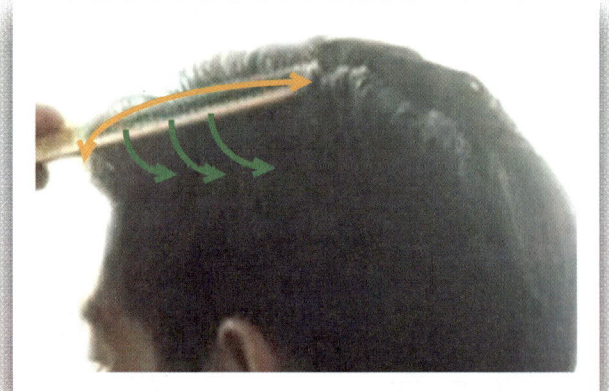

앞 사진처럼 끊어져 있는 부분은 재 시술을 하여 사진에서처럼 모발의 흐름의 연결을 자연스럽게 하여주어 측면부의 형태를 자연스럽게 시술하여준다.

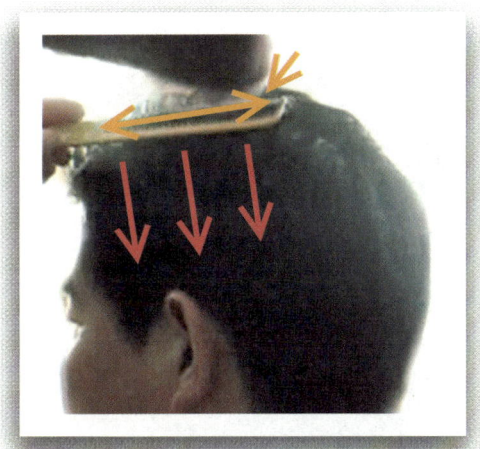

측면부의 가르마부분의 시술이 깨끗하게 시술이 되어야 밑에 있는 모발들의 연결이 자연스럽게 나올 수 있다는 것을 명심해야한다. 사진에서처럼 모양의 연결이 부드럽게 시술되어야한다.

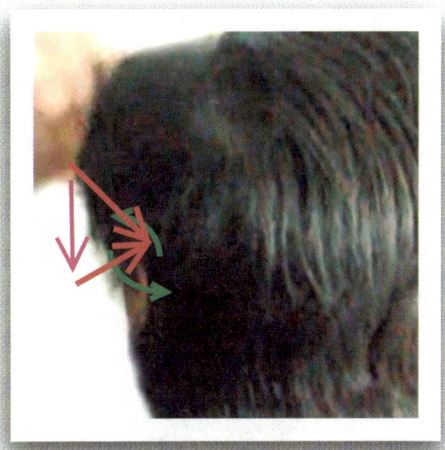

귀 위에서 빗으로 드라이 시술을 하여 줄 때에는 싱글링의 방식으로 빗을 넣어주어 빗발을 세우면서 연두색 화살표 방향으로 빗등을 두피족으로 돌려서 시술을 하여 위에서 내려오는 모발에 맞추어 시술한다.

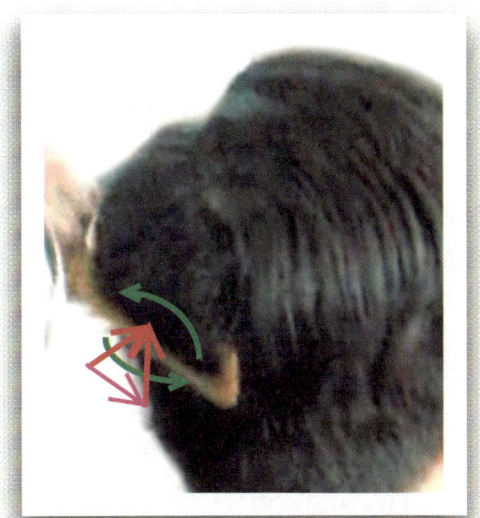

귀 뒤의 부분 역시 빗발을 모발사이로 집어넣어주면서 빗을 돌려 모발의 뿌리를 살려주면서 시술을 하여야 위에서 내려오는 모발 형태에 맞게 시술이 된다.

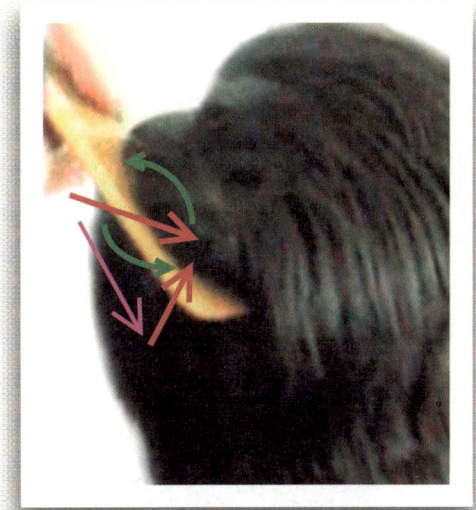

가마부분의 시술을 하여 줄때에도 앞서의 방법과 같은 방법으로 시술을 하여주는데 주의해야할 점은 빗발을 모발의 뿌리에 들어갈 때는 모발을 뿌리에서부터 살리려고 들어가는 것이니 이 점을 명심해서 시술토록 한다.

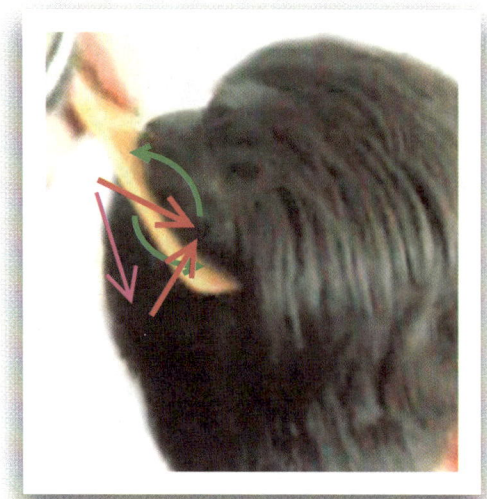

가마부분의 시술을 하여 줄때에도 앞서의 방법과 같은 방법으로 시술을 하여주는데 주의해야 할 점은 빗발을 모발의 뿌리에 들어갈 때는 모발을 뿌리에서부터 살리려고 들어가는 것이니 이 점을 명심해서 시술토록 한다.

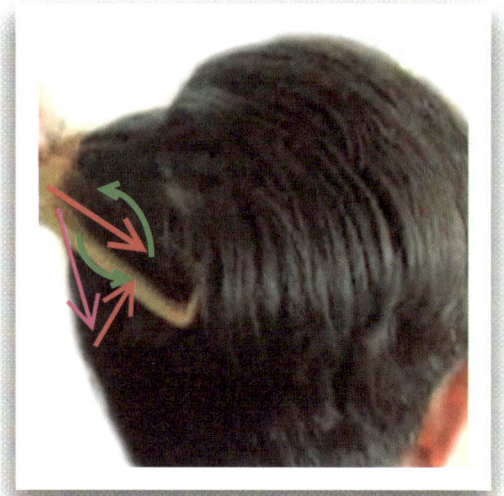

빗의 돌림이 잘 이루어져야하는데 이때에는 손가락으로 빗의 돌림을 자연스럽게 할 줄 알아야한다. 빗을 돌려 줄때에는 손목의 롤링으로 돌려주는 것이 아니고 손가락의 롤링으로 빗을 돌려주어야 시술이 수월해진다.

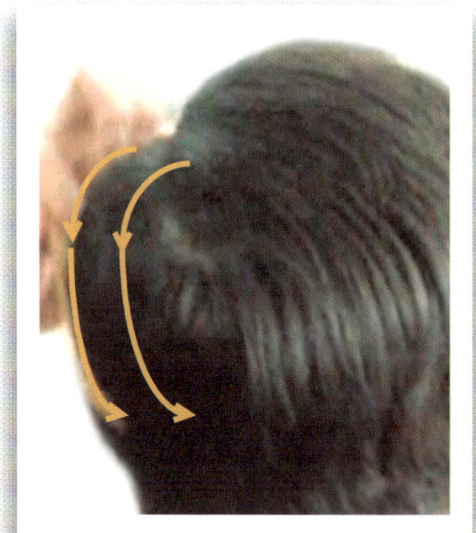

측면부의 드라이 시술을 하고나면 사진의 화살표처럼 모발의 흐름이 자연스럽게 흘러 내려주어야 올바른 시술이 된다.

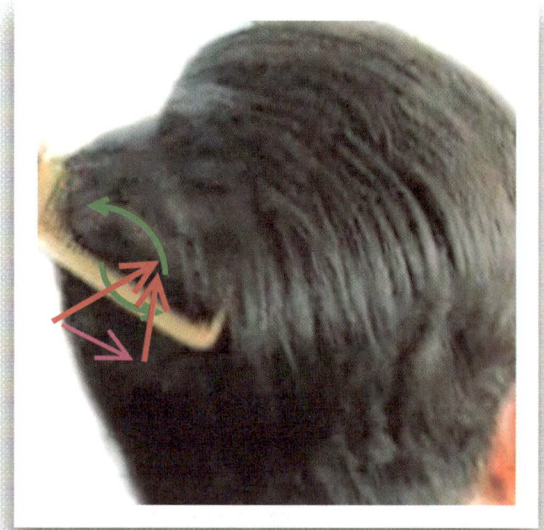

측면부에서 후두부로 넘어오면서 시술을 하여도 앞의 사진과 같은 모양의 형태로 시술이 되어야 한다는 것을 명심하여 시술토록 한다.

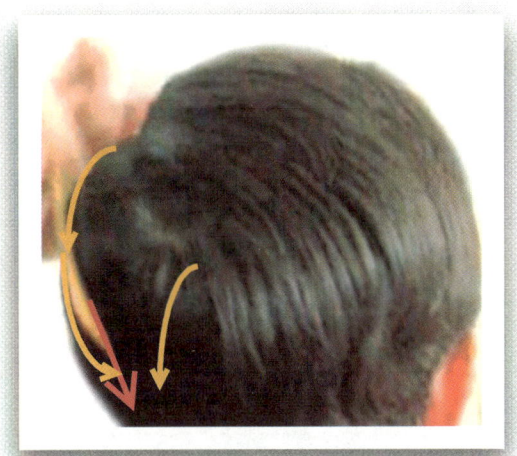

측면부의 드라이 시술을 하고나면 후두부의 시술을 연결해서 하여주는데 앞서의 시술방법과 같은 방법으로 시술을 하여주어 모발의 흐름을 자연스럽게 만들어준다.

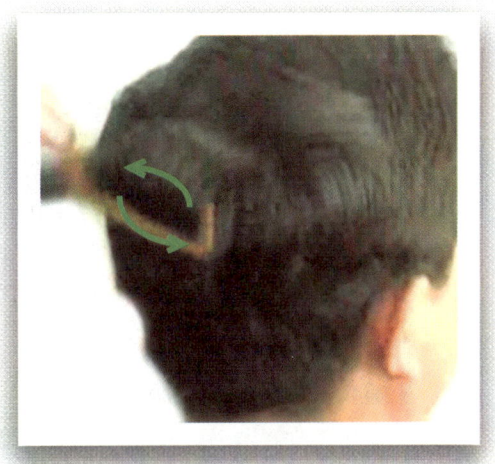

앞서도 서술을 하였듯이 드라이 시술을 하여 줄때에는 빗발을 모발사이로 넣어주면서 모발의 뿌리에서부터 빗발을 돌려주면서 모발을 세워주어 뿌리를 살려준다는 것을 명심하고 시술토록 한다.

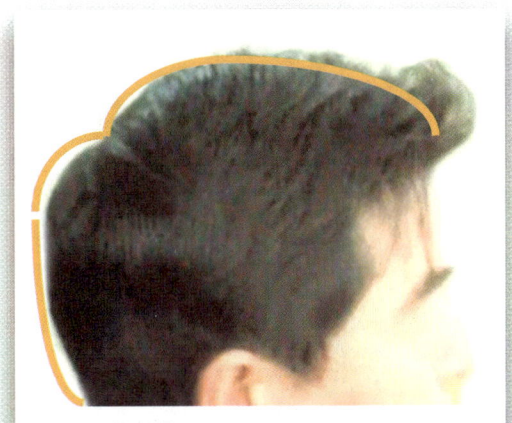

천정부의 가르마 부분의 시술과 측면부의 드라이시술 그리고 후두부의 드라이 시술을 하고나면 사진의 노란색 선 같은 형태의 모양이 만들어져야 전체의 조경이 만들어져야한다.

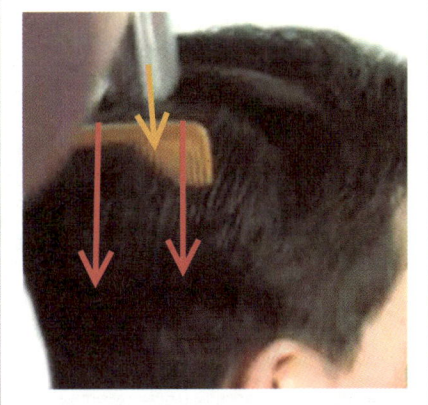

후두부의 드라이 시술을 마무리하고 나면 우측면의 드라이 시술을 연결해서 시술을 하여주는데 우측면의 모발은 위에서 아래로 흘러내리는 형태를 만들어준다. 사진에서처럼 빨강색 화살표 방향으로 빗으로 모발을 빗어 내리면서 노란색 화살표 방향으로 드라이의 바람을 주어 모발의 흐름을 자연스럽게 흘러내려준다.

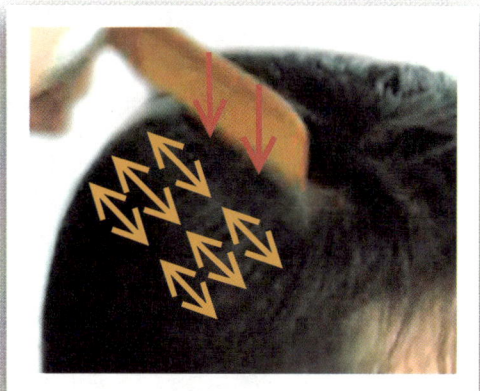

사진에서처럼 **빨강색** 화살표 방향으로 빗으로 모발을 빗어 내리면서 노란색 화살표 방향으로 드라이의 바람을 주어 모발의 흐름을 자연스럽게 흘러내려주는데 측면부의 시술영역이 작지 않아 한번에 시술이 할 수 없어 2~3번 정도로 구획을 나누어 시술하여준다.

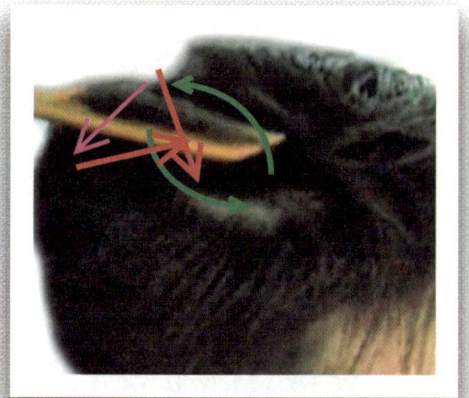

앞서 해왔던 방법으로 시술을 하여주는데 천정부의 모발들은 **뿌리**를 세워주어 풍성한 모양을 만들어주어야 한다. 사진에서처럼 우측면 사각지대의 부분은 모발을 **뿌리**에서부터 세워주어 좌측면의 가르마 부분처럼 각을 만들어주어야 하는데 사진의 연두색 화살표 방향으로 사각지대부분의 모발을 빗을 돌려주면서 각을 만들어준다.

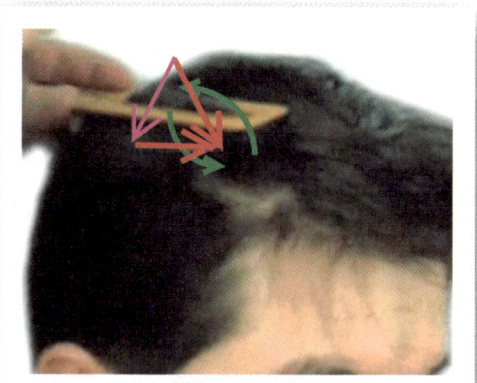

드라이 시술을 하여 줄때에는 빗의 빗발로 모발의 **뿌리**부분을 얼마나 정확하게 시술되어 **뿌리**를 살려주느냐가 중요하다고 할 수 있다. 모발의 **뿌리**부분이 제대로 시술되어 살아줘야 드라이 시술한 형태가 오래 지속되기 때문이기도 하지만 전체 형태를 정확하게 조경을 할 수 있다는 것이다.

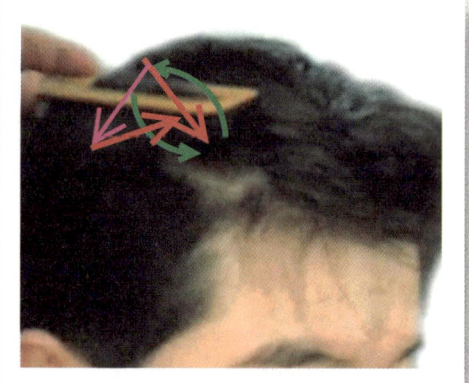

빗발을 **빨강색** 화살표 방향으로 모발사이에 집어넣어주면서 빗은 연두색 화살표 방향으로 돌려주면서 모발의 뿌리를 살려주고 자주색 화살표 방향으로 내려주면서 드라이 시술을 자연스럽게 하여준다.

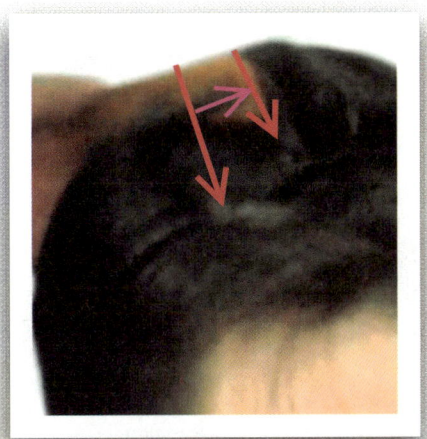

사각지대부분과 우측면의 드라이 시술이 마무리 하고나면 천정부의 전체적인 모발들을 사진에서처럼 빗으로 모발들을 구획으로 나누어 밀어주면서 드라이 바람을 주어 뿌리들을 살려준다. 이 부분 역시 한번 에 시술이 어려운 부분이니 천정부의 모발들을 같은 방법으로 밀듯이 하여 뿌리부분에 드라이바람을 주어 살려준다.

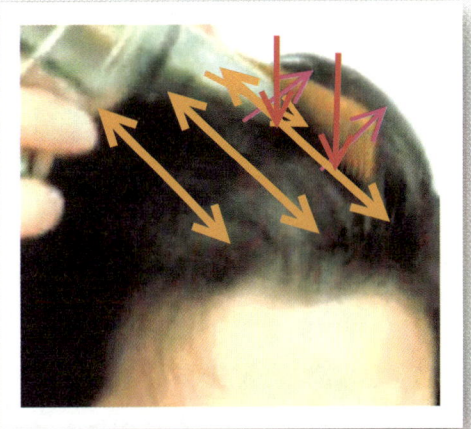

천정부의 전체 모발들을 살려주는 데에 있어서 사진에서처럼 빨강색 화살표 방향으로 빗발을 집어넣어 자주색 화살표 방향으로 빗을 밀면서 모발도 같이 밀어주고 모발뿌리부분에 드라이 바람을 주어 살려준다. 노란색 화살표처럼 우측의 천정부 모발부터 시작하여 가르마부분까지 시술을 하여준다.

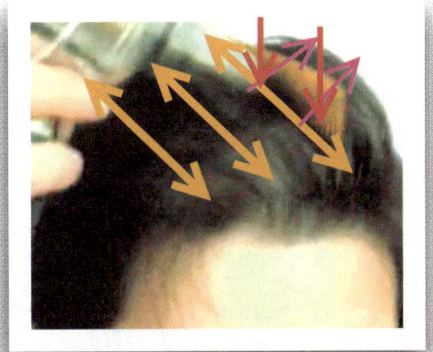

천정부의 전체 모발들을 살려주는 데에 있어서 사진에서처럼 빨강색 화살표 방향으로 빗발을 집어넣어 자주색 화살표 방향으로 빗을 밀면서 모발도 같이 밀어주고 모발뿌리부분에 드라이 바람을 주어 살려준다. 노란색 화살표처럼 우측의 천정부 모발부터 시작하여 가르마부분까지 시술을 하여준다.

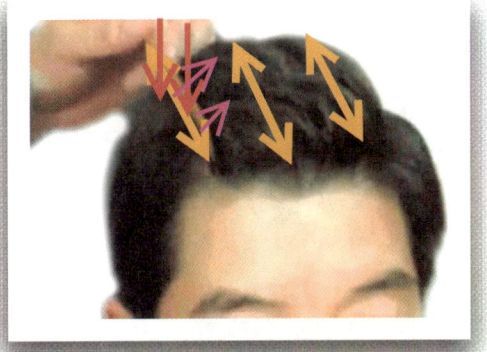

앞서의 시술처럼 천정부의 모발들의 모발들을 뿌리를 세워주면 사진처럼 천정부의 형태가 파도치는 듯 모양이 만들어진다. 이런 모양이 만들어지면 천정부의 뿌리부분이 제대로 살려냈다고 할 수 있다.

천정부의 모발 전체의 뿌리를 살려주고 나면 다시 손님의 왼편으로 돌아와서 가르마 부분의 모발의 형태를 다기 한번 정리하여주어 모발의 연결부분을 자연스러운 모양으로 시술하여준다.

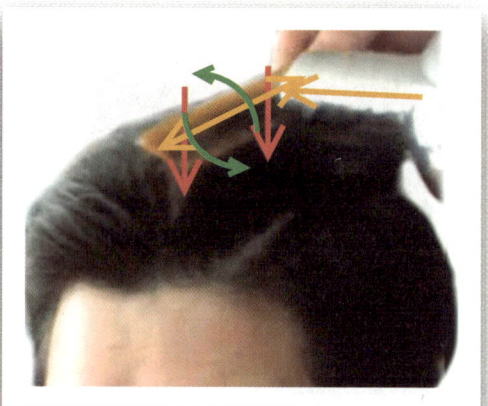

빗발을 빨강색 화살표 방향으로 내려서 모발의 뿌리부분에 집어넣어주고 연두색 화살표 방향으로 빗을 돌리면서 가르마부분의 형태를 다시 한번 정리하여 자연스러운 가르마의 모양을 만들어주는데 노란색 화살표 방향으로 드라이 바람을 주어 빗으로 돌린 모발 부분을 각을 만들어준다.

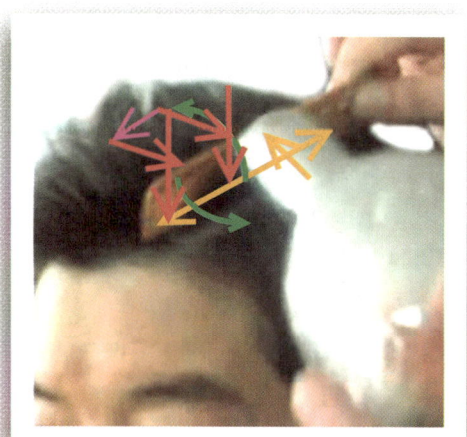

사진에서처럼 모발 뿌리부분에 빗발을 세워서 넣어주고 드라이 바람을 주어 모발의 뿌리부분을 세워주고 연두색 화살표 방향으로 빗을 손가락으로 돌려 모발의 뿌리를 살려주면서 드라이 바람을 빗면에 쐬어준다.

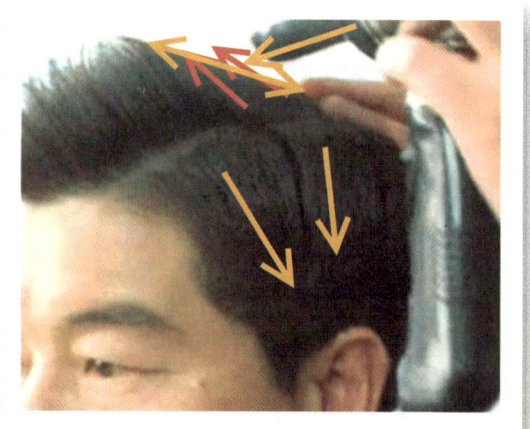

천정부의 가르마부분 모발들의 뿌리를 살려놓고 나면 사진에서처럼 빗으로 가마부분부터 빗어주면서 천정부의 면을 포물선의 형태가 되도록 시술을 하여주고 측면부의 모발들 역시 빗으로 빗어 내려주어 모발을 자연스러운 형태로 만들어준다.

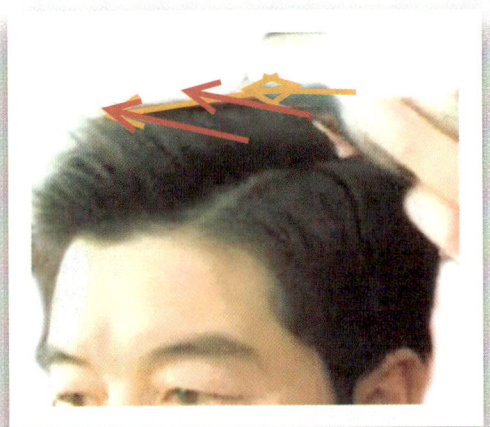

천정부의 모발 형태를 사진에서처럼 빗을 수평적인 기조로 해서 포물선의 형태로 만들어주는데 이때 빗면의 부분에 드라이의 바람을 주어 모발의 흐름을 자연스럽게 만들어준다.

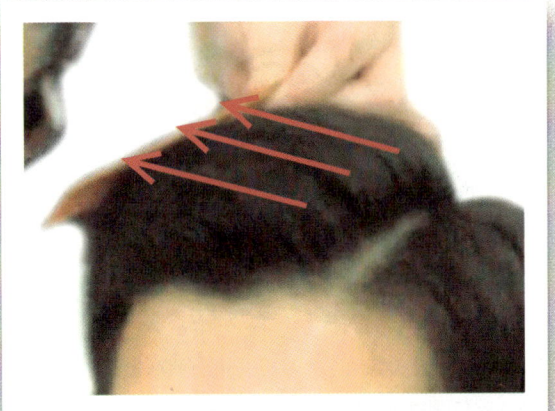

손님의 왼편에서 빗으로 가마부분의 모발들을 빗어주어 모발의 흐름을 자연스럽게 하여주었다면 다시 손님의 오른편으로 돌아가서 사진에서처럼 빗으로 모발을 빗어주는데 이때에는 우측면의 천정부의 모발을 빗어서 가르마부분에서 넘어오는 모발과 어울리도록 하여주면서 자연스러운 모발 흐름을 만들어준다.

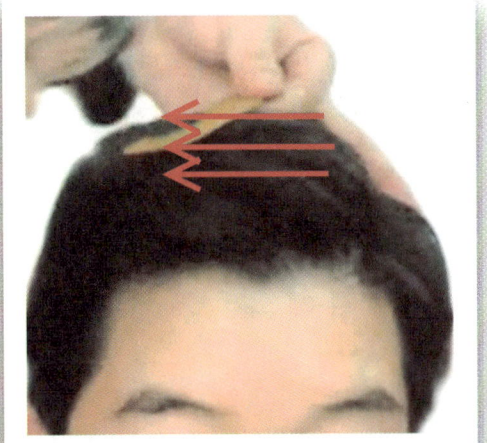

사진에서처럼 빗으로 모발을 빗어주는데 이때에는 우측면의 천정부의 모발을 빗어서 가르마부분에서 넘어오는 모발과 어울리도록 하여주면서 자연스러운 모발 흐름을 만들어준다.

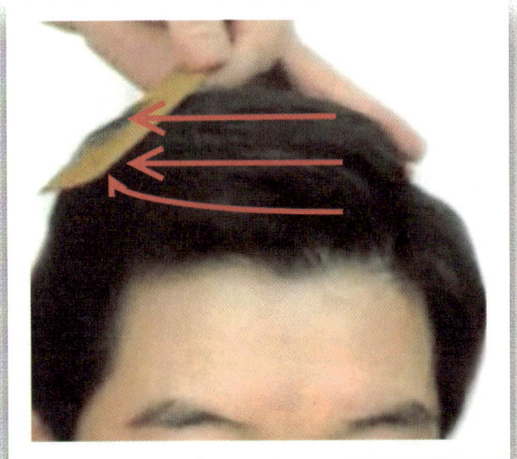

사진에서처럼 빗으로 모발을 빗어주는데 이때에는 우측면의 천정부의 모발을 빗어서 가르마부분에서 넘어오는 모발과 어울리도록 하여주면서 자연스러운 모발 흐름을 만들어준다.

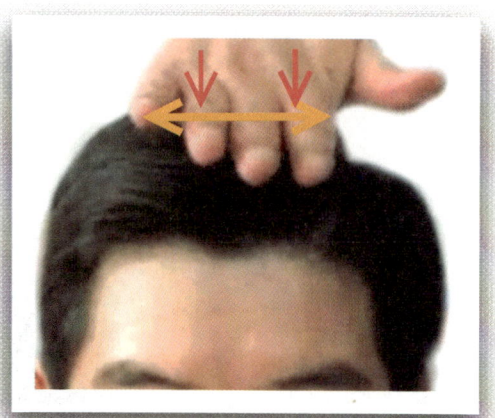

빗을 이용해서 천정부의 모발의 흐름을 자연스럽게 시술하였으면 사진에서처럼 손바닥을 펴서 천정부의 흐름에서 떠있는 부분을 눌러주어 천정부의 흐름을 자연스럽게 만들어준다.

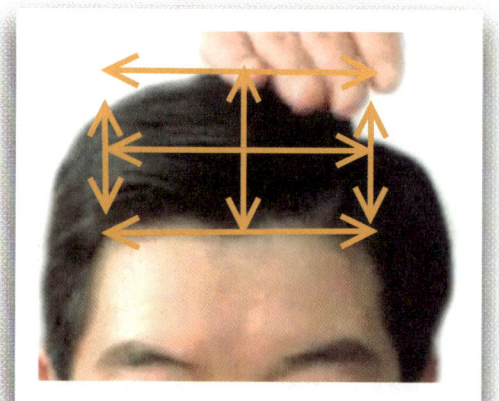

시술을 정확하게 되었다면 천정부의 형태는 사진에서처럼 사각형의 모양이 나온다는 것이다. 남성 커트의 기조가 사각형의 기조로 시술이 되어야한다고 앞에서도 서술을 하였는데 누누이 서술하였듯이 남성의 모발은 짧은 형태를 이루고 있어서 사각형의 기조로 시술이 된다는 것을 잊지 말아야 할 것이다.

사진에서처럼 노란색 화살표 방향으로 드라이 바람을 주어 전체 형태의 모발 흐름을 자연스럽게 다듬어준다.

역 측면부의 모발들도 사진에서처럼 노란색 화살표 방향인 손바닥 쪽으로 드라이 바람을 주어 측면부의 사각지대부분부터 귀 위의 부분을 자연스럽게 만들어준다.

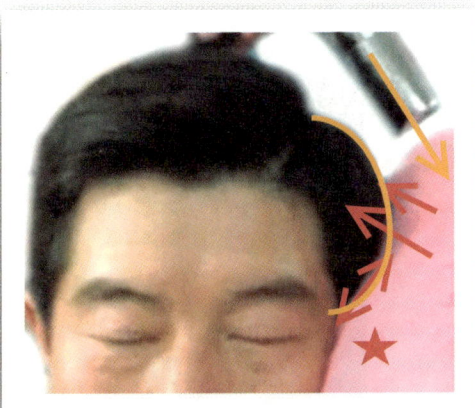

드라이 시술의 마무리 장면인데 젖은 수건으로 (*)표의 부분인 귀 위의 부분에 사진처럼 붙여주고 빨강색 화살표 방향으로 밑머리를 붙여주는데 노란색 방향으로 드라이 바람을 주어 빨강색 화살표 방향으로 젖은 수건을 붙여주면서 밑머리를 단정하게 되도록 시술하여 준다.

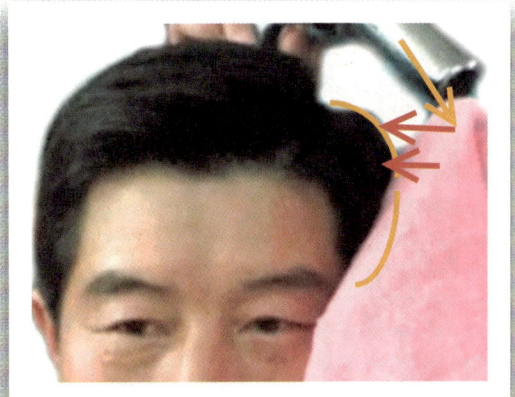

앞서 하였던 방법으로 젖은 수건으로 귀 위의 부분에 사진처럼 붙여주고 빨강색 화살표 방향으로 밑머리를 붙여주는데 노란색 방향으로 드라이 바람을 주어 빨강색 화살표 방향으로 젖은 수건을 붙여주면서 밑머리를 단정하게 되도록 시술하여준다.

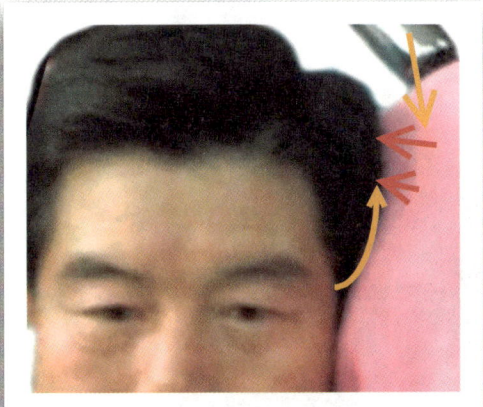

젖은 수건으로 귀 위의 부분에 사진처럼 붙여주고 빨강색 화살표 방향으로 밑머리를 붙여주는데 노란색 방향으로 드라이 바람을 주어 빨강색 화살표 방향으로 젖은 수건을 붙여주면서 밑머리를 단정하게 되도록 시술하여준다.

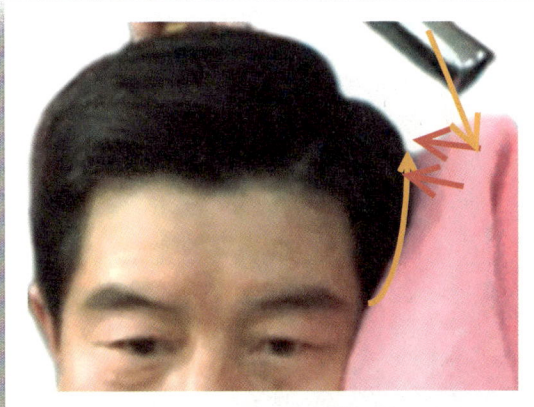

젖은 수건으로 귀 위의 부분에 사진처럼 붙여주고 빨강색 화살표 방향으로 밑머리를 붙여주는데 노란색 방향으로 드라이 바람을 주어 빨강색 화살표 방향으로 젖은 수건을 붙여주면서 밑머리를 단정하게 되도록 시술하여준다.

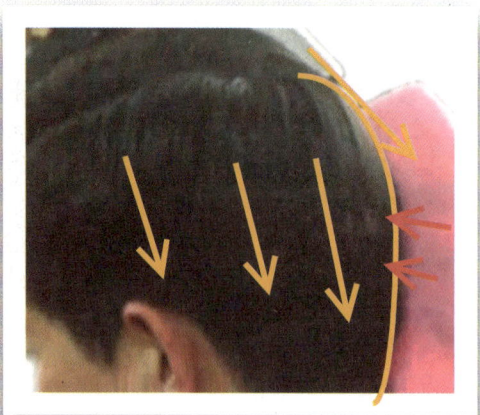

후두부의 시술 역시 젖은 수건으로 후두부 밑머리부터 사진처럼 붙여주고 빨강색 화살표 방향으로 모발을 붙여주는데 노란색 방향으로 드라이 바람을 주어 빨강색 화살표 방향으로 젖은 수건을 붙여주면서 밑머리를 단정하게 되도록 시술하여준다.

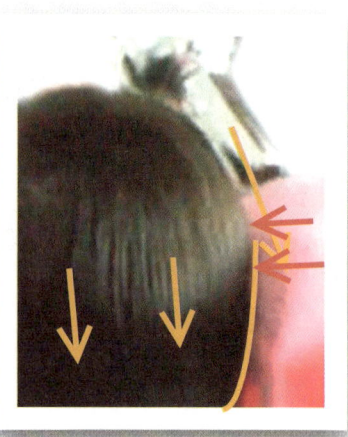

우측면부 역시 젖은 수건으로 귀 위의 부분부터 사진처럼 붙여주고 빨강색 화살표 방향으로 밑머리를 붙여주는데 노란색 방향으로 드라이 바람을 주어 빨강색 화살표 방향으로 젖은 수건을 붙여주면서 밑머리를 단정하게 되도록 시술하여준다.

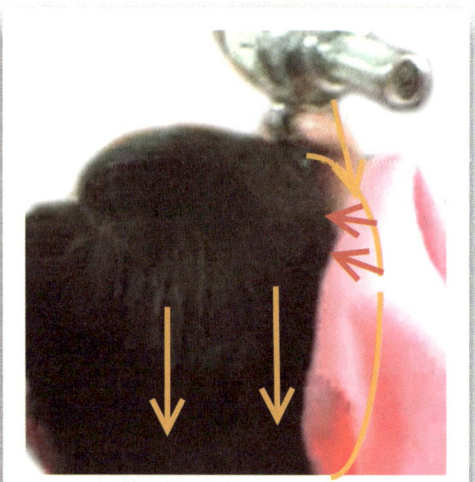

좌측면에서 젖은 수건으로 밑머리부터 측면과 후두부의 모발들을 붙여주면서 우측면까지 시술을 연결해서 하여준다.

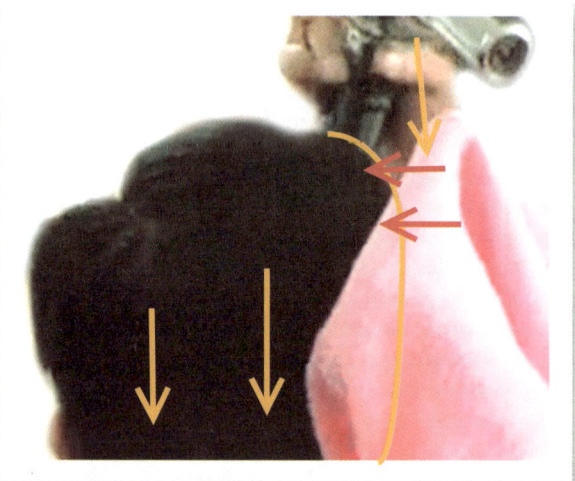

젖은 수건을 모발에 붙여 시술을 하는 경우는 마른수건으로 드라이의 바람을 대어주면 뜨거움을 손님이 느낄 수 있기 때문에 안전함을 위하여 젖은 수건으로 사용을 하여주는 것이다.

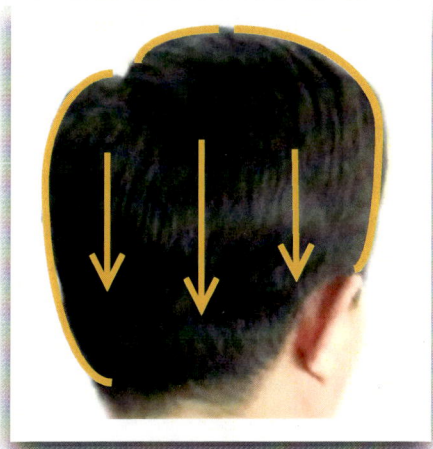

드라이의 시술이 정돈이 되어 가면 사진의 형태처럼 전체의 모발의 조경이 자연스럽게 흘러내리는 모양을 만들어 주어야 한다.

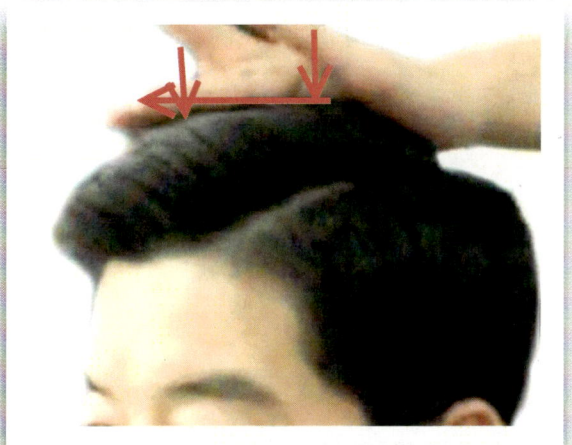

전체의 드라이 시술을 마무리하고 나면 손바닥으로 전체 형태를 체크하면서 약간의 모양이 엉크러진 부분을 사진에서처럼 자연스럽게 시술하여준다.

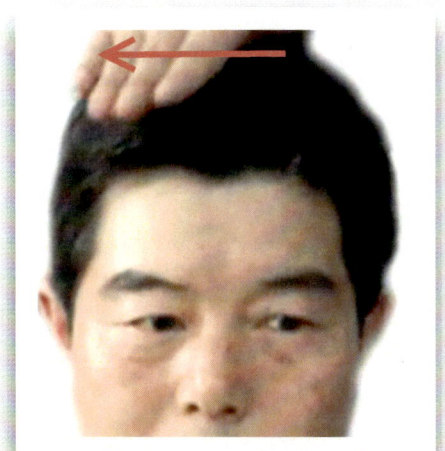

천정부의 앞머리까지 전체의 조경을 확인하여주어 자연스러운 형태가 되도록 수정하여준다.

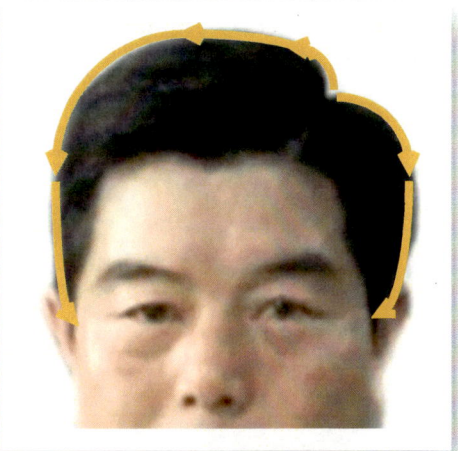

완성된 드라이 시술인데 사진에서처럼 전체의 조경을 자연스럽게 하려고 노력하자.
(자세한 것은 동영상에서 확인하세요.)

멋내기&새치염색 & 탈색

* 이번 장은 멋내기 & 새치염색 & 탈색의 시술 방법과 테크닉을 배워 본다.

* 멋내기 염색 & 새치 염색(동일한 방법) & 탈색

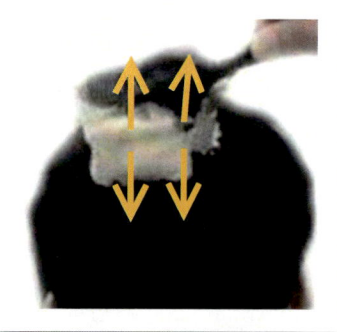

멋내기 염색과 새치염색을 할 때에는 사진처럼 가마부분의 중앙에서부터 하는 방식과 앞머리에서부터 하는 방법이 있는데 저자는 중앙부터 하는 관계로 이렇게 서술해본다. 가마부분의 모발을 노란색 화살표 방향으로 염색제를 발라주고 중앙에서부터 도포하여준다.

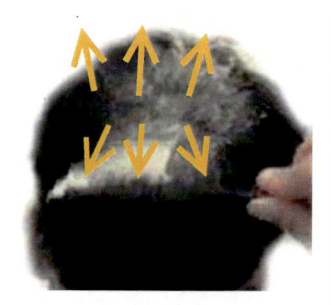

염색제를 도포한 후 노란색 화살표 방향으로 염색솔을 이용하여 중앙부분 아래는 밑으로 염색제를 염색솔로 도포하여 내려주고 천정부의 부분으로는 염색솔을 밀어 올리듯이 도포하여준다.

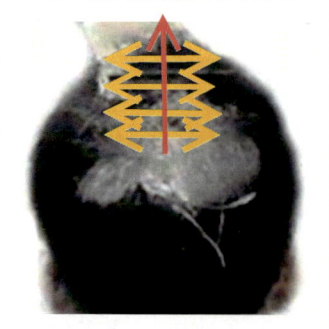

중앙부분에 염색제가 도포가 시술되면 천정부의 모발들을 빨강색 화살표 방향으로 차례로 염색제를 도포하여준다. 차분히 가마부분에서 앞머리부분까지 평균으로 1~1.5cm정도 뿌리부분에 염색제를 도포한다.

염색제를 빨강색 화살표 방향으로 차분히 도포하여주고 염색솔을 이용해서 염색제를 펴 발라주면서 도포하여준다.

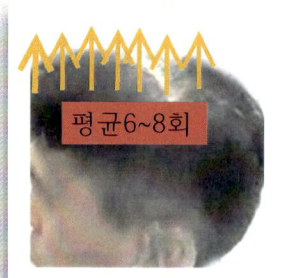

사진에서처럼 가마부분에서 염색제를 도포하여 앞머리까지 시술을 하여주는데 평균적으로 6~8회 정도의 구획을 나누어 염색제를 도포하여 천정부의 구획에 촘촘하게 시술하여준다.

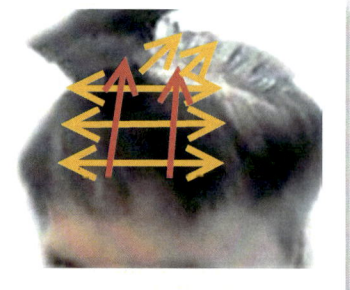

천정부의 염색 시술을 4회에서 5회 정도하면 손님의 앞머리부분으로 시술 장소를 옮겨서 앞머리 부분으로 시술을 연결해서 시술을 하여주는데 사진에서처럼 빨강색 화살표 방향으로 염색솔을 밀면서 염색제를 넓게 펴 도포하여준다.

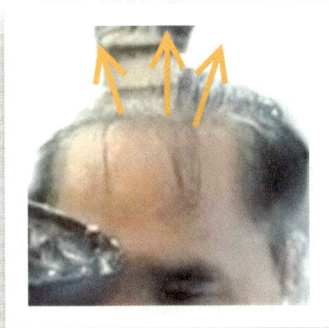 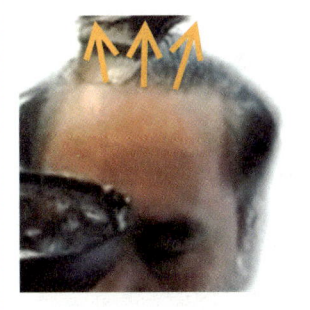 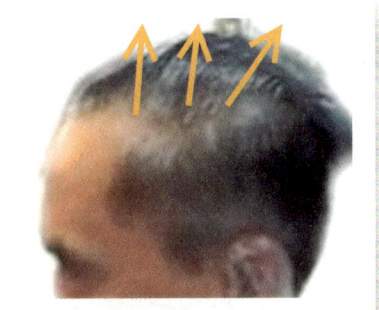

천정부의 가마부분부터 염색제를 도포하여 앞머리까지 도포하였다면 사진에서처럼 천정부의 마지막 부분인 앞머리의 시술을 하는데 앞머리의 부분은 염색제가 이마에 묻지 않도록 노란색 화살표 부분에서 도포하여준다.

앞머리의 염색은 두피라인인 앞머리 베이스라인에서 시술을 하여야 샴푸 시 염색제를 깨끗이 제거할 수 있다.

천정부의 염색 처리를 하고나면 왼편이나 오른편의 측면부의 시술을 연결해서 하여주는데 어느 쪽을 먼저 시술을 하여도 상관없다. 하지만 오른손잡이는 오른편에서 왼손잡이는 왼편에서 시술을 하는 것이 수월할 것이다.

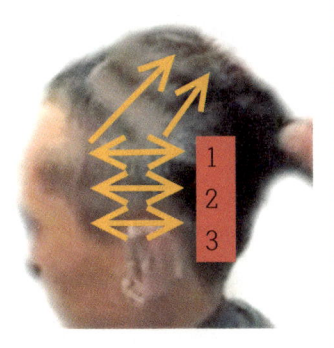 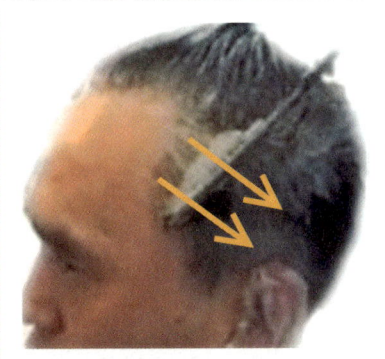 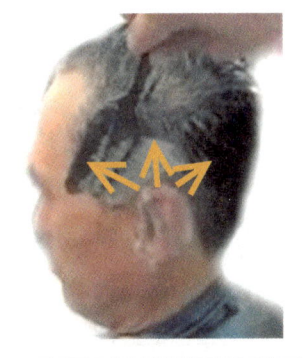

좌측면에 염색을 시작을 하면 사진에서처럼 순번에 의해서 위에서 아래로 염색제를 도포하여 시술하여주는데 노란색 화살표의 방향으로 염색제를 도포하고 염색솔로 염색제를 펴 벌라주어 꼼꼼히 시술하여준다.

좌측면의 앞머리부분은 사진에서처럼 노란색 화살표의 시작부분부터 염색제를 도포하고 염색 솔로 염색제를 펴 발라주면서 화살표 방향으로 진행한다.

좌측면 귀 위의 부분은 밑머리 부분에서부터 시술을 하여주는데 사진의 노란색 화살표 방향으로 밑에서 위로 염색제를 도포하고 염색솔을 사용하여 염색제를 펴 발라주면서 측면의 모발들을 골고루 도포하여준다.

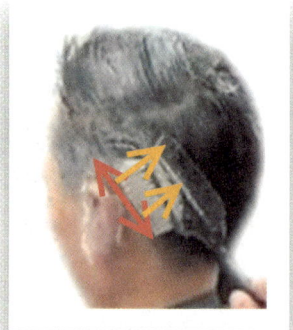 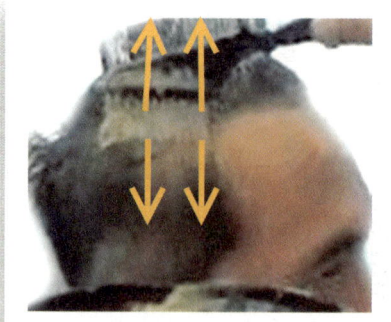 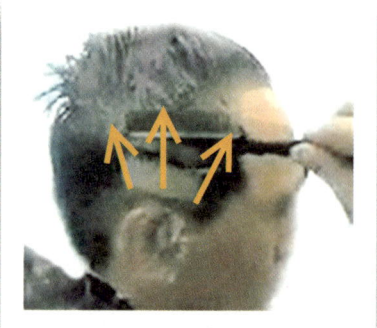

좌측면의 귀 뒤 부분 역시 같은 방법으로 염색제를 도포하여주는데 빨강색 화살표의 베이스라인에서 밑으로 시술을 하지 말고 베이스라인 위의 부분에 시술을 하려고 노력하자.

좌측면의 염색의 시술을 마무리하고 나면 우측으로 시술을 연결해서 하여주는데 좌측의 시술 방법과 같은 방법으로 시술을 하여준다.

귀 위의 부분 역시 귀부분에서 염색제를 도포하여주면서 밑에서 위로 염색솔을 이용하여 염색제를 골고루 펴져 모발사이로 들어갈 수 있도록 도포하여준다.

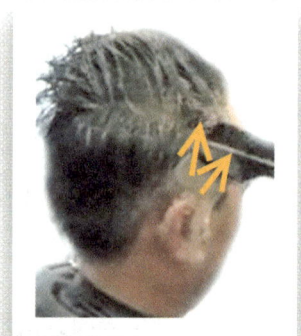 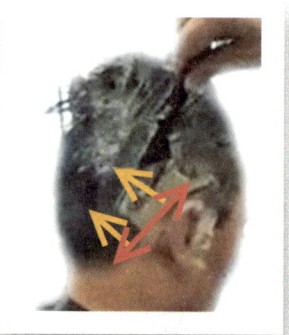 

우측면의 앞머리부분도 귀부분에서 시술을 하여 올라가도 되고 앞머리부분에서 시술을 하여 내려와도 상관없겠다.

우측면의 귀 뒤 부분 역시 같은 방법으로 염색제를 도포하여주는데 빨강색 화살표의 베이스라인에서 밑으로 시술을 하지 말고 베이스라인 위의 부분에 시술을 하려고 노력하자.

천정부와 측면부의 염색 시술을 마무리하고 나면 후두부의 구획으로 시술을 연결해서 하여주는데 노란색 화살표처럼 위에서 아래로 차분히 염색 시술을 하면서 내려온다. 이때에는 밑에서 위로 모발을 빗어 올리듯이 염색제를 도포하여주고 염색솔로 염색제를 모발 사이에 골고루 퍼지도록 시술하여준다.

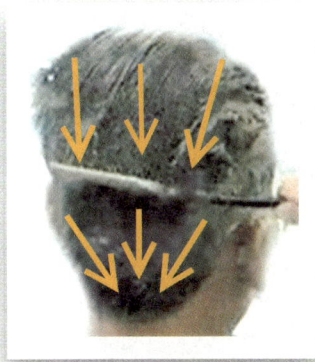 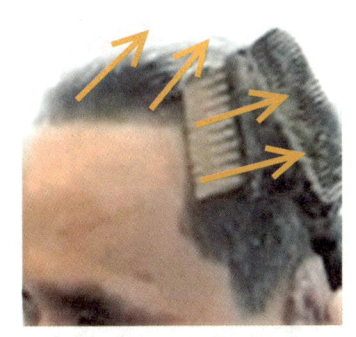 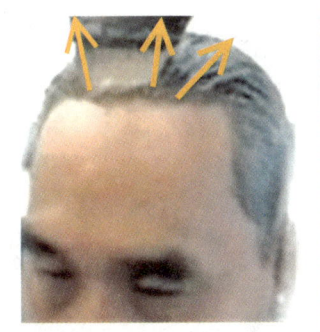

천정부와 측면부의 그리고 후두부까지 염색 시술을 하고나면 사진에서처럼 염색솔로 전체의 모발을 빗어주어 모발 속으로 염색제가 골고루 들어갈 수 있도록 하여주고 모발에 염색제를 자연스럽게 도포 하여준다.

전체의 모발에 염색제를 골고루 펴 발라주고 나면 앞머리 부분으로 돌아와서 사진처럼 좌측면 앞머리의 베이스라인의 모발을 다시 한번 염색제를 리터치 하여준다.

전체의 모발에 염색제를 골고루 펴 발라주고 나면 앞머리 부분으로 돌아와서 사진처럼 앞머리의 베이스라인의 모발을 다시 한번 염색제를 리터치 하여준다.

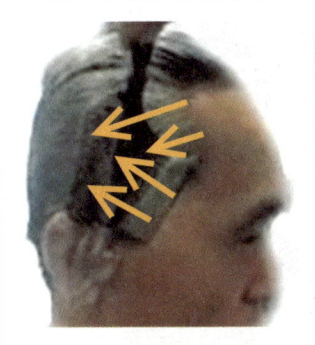 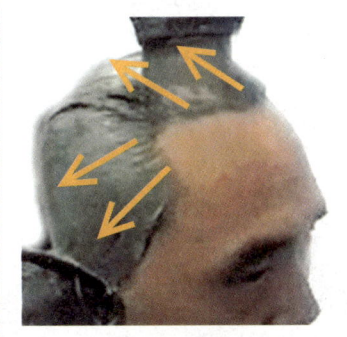 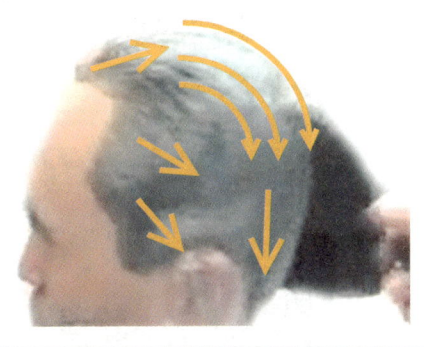

전체의 모발에 염색제를 골고루 펴 발라주고 나면 우측면 앞머리 부분으로 돌아와서 사진처럼 좌측면 앞머리의 베이스라인의 모발을 다시 한번 염색제를 리터치 하여준다.

앞머리부분에서 중앙부분으로 염색솔을 이용하여 다시 한번 리터치 하여주어 전체의 모발을 염색제를 골고루 펴 발라준다.

염색 시술을 전체의 리터치를 하여 마무리를 지어준다. 멋내기의 염색 역시 같은 방법으로 시술을 하여주는 것이기에 멋내기 염색은 따로 자료를 만들지 않았다. 하니 같은 방법으로 멋내기의 염색을 시술하여주고 샴푸도 같은 방법으로 시술을 하여준다는 것을 명심하여 시술한다.

* 탈색 천정부 좌측 앞부분

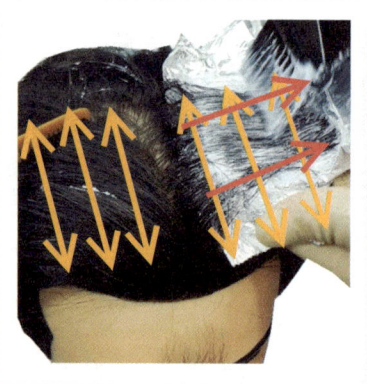 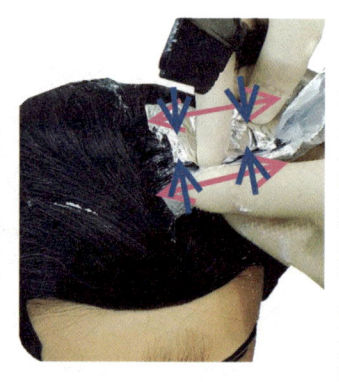 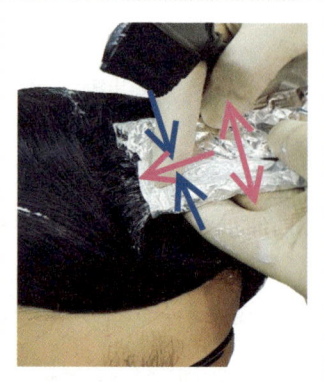

탈색을 시술함에 있어서 먼저 기본적인 요소를 인지하고 시술을 하는 것이 좋다. 왼쪽 눈 위의 천정부와 오른쪽 눈 위의 구획을 3번으로 나누어서 탈색제를 도포하여주는데 오른쪽이던 왼쪽이던 시술을 시작을 하면 한군데의 부분을 먼저 시술을 마무리하고 다음 구획으로 넘어가서 시술을 하여준다. 사진에서처럼 빨강색의 화살표 방향으로 도포하여준다.

앞의 사진에서처럼 탈색제를 바를 때 모발의 사이사이까지 촘촘히 도포 하고나면 주황색 화살표의 쿠킹호일에 양쪽라인을 양쪽에서 파란색 화살표 방향으로 접어주어주는데 간격이나 형태가 깨끗하게 정돈이 되면서 시술이 되어주면 보는 시각의 효과도 좋을 수 있으니 이점을 염두에 두고 시술을 하여주도록 한다.

탈색제를 바르고 나면 양쪽의 쿠킹호일을 파란색 화살표 방향으로 안쪽으로 접어주어야하는데 앞서도 서술을 하였듯이 쿠킹호일의 양쪽을 깨끗하게 되도록 접어주어야 보는 이도 즐거운 마음으로 볼 수 있다. 사진에서는 필자가 굳이 깨끗하게 접기보다는 이러한 방법으로 시술을 한다는 것을 보여주는 것이다.

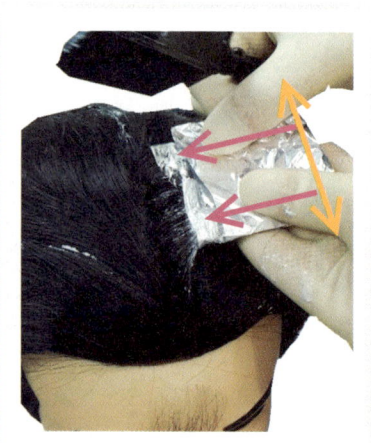 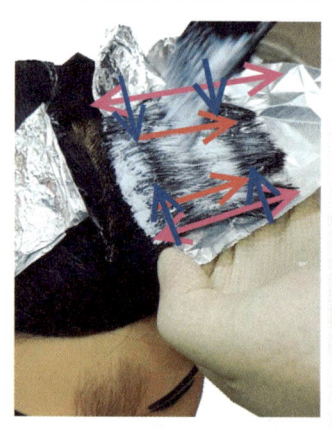 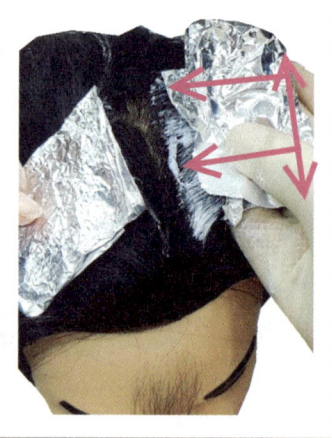

탈색제의 도포를 하고 양쪽의 주황색 화살표라인 따라 양쪽에서 쿠킹호일을 접어주고나면 노란색 화살표의 평선 화살표에서부터 반으로 쿠킹호일을 접어주어야한다. 이렇게 시술 방법대로 시술을 하고나면 하나의 시술이 마무리되는데 이와 같은 방법으로 다음 2번째의 시술도 하여주어야 한다는 것을 명심하여 시술토록 한다.

사진에서처럼 탈색제를 모발에 도포하여 줄때에는 먼저 모발의 뿌리부분에서 1cm 정도의 간격을 띄고 나서 탈색제를 먼저 도포하여주고 나서 모발을 염색솔의 꼬리로 모발의 두피에 집어넣어주고 나서 모발을 들어주면서 쿠킹호일을 사진에서처럼 모발 밑에 붙여주고 다시 탈색제를 도포하여주도록 한다.

1번째의 시술을 하고나서 2번째의 시술도 같은 방법으로 시술을 하여주고 쿠킹호일도 같은 방법으로 모발을 감아주어야 시술의 용이함을 만들어줄 수 있다. 이렇게 좌측 눈 위부분의 시술을 시험에서는 3번만 시술을 하여주는데 현실에서의 시술에서는 전체의 탈색을 할 수도 있고 여러번 나누어서 시술을 해도 된다.

* 탈색 천정부 우측 앞머리

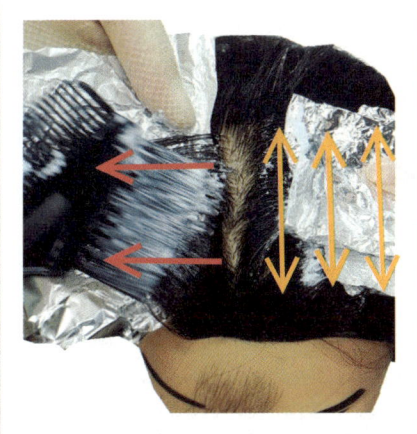

좌측 눈 위의 부분의 탈색제의 토포를 마무리 하고나면 우측 눈 위부분의 탈색제의 도포를 연결해서 시술을 하여주는데 사진에서와 같이 좌측 눈 위부분의 시술을 하였던 방법과 같은 방법으로 시술을 하여주는데 사진에서처럼 탈색제의 도포를 하여줄때에는 탈색제를 모발 뿌리부분에서 1cm정도 간격을 두고 도포를 하여준다.

1cm정도의 간격을 두고 탈색제의 도포를 하는 이유는 만약의 불상사를 대비하는 방법인데 염색약에 알러지가 있는 경우가 있을 수 있으니 그 부분을 예방하는 차원에 시술을 하는 경우이다. 모발에 탈색제를 도포하고 나면 쿠킹호일로 모발을 사진처럼 감싸주는데 앞서도 서술을 한 것과 같은 방법으로 하여준다.

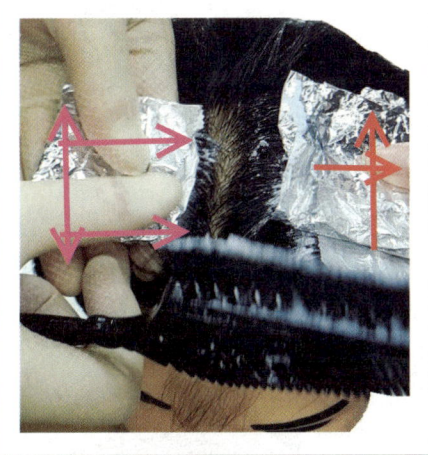

앞서도 서술을 하였지만 1번의 시술을 하고나면 2번째의 시술을 연결해서 하여주는데 앞서의 방법과 같은 방법으로 시술을 하여준다. 여기서 주의 할 점은 1번째의 시술을 하고나면 앞서도 같은 방식으로 하겠지만 빨강색 화살표 방향으로 쿠킹호일을 건너편으로 넘겨주고 클립으로 고장을 시켜주면 탈색제의 도포가 용이해지는 것을 명심하여 시술토록 한다.

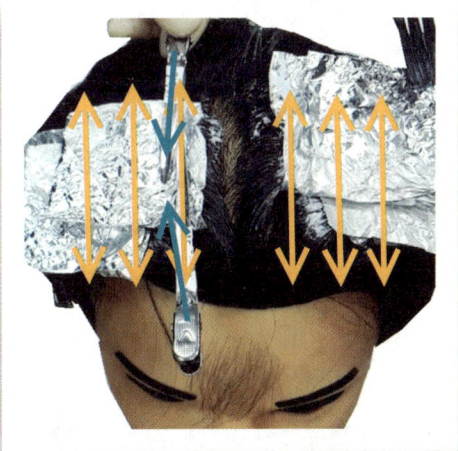

좌측 눈 위부분과 우측 눈 위부분의 탈색제의 도포가 마무리 되고나면 천정부 앞머리부분의 시술이 끝나게 되는데 이렇게 이용사시험에서는 앞머리 부분에 3번씩 총 6번의 탈색제의 시술을 하여주는 것이 일반적이다. 하지만 현실에서는 일반적이지 않은데 현실에서는 전체의 도포와 부분의 도포를 하게 되는데 부분도포의 경우는 모발과 모발 사이를 약간의 모발에 시술을 한다는 것을 명심하자.

* 탈색 천정부 후면부

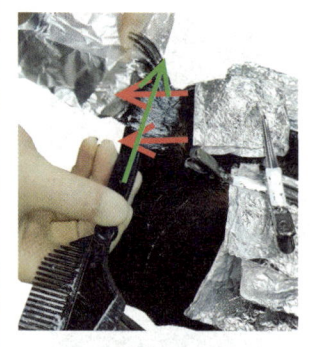

천정부 후면의 도포 역시 같은 방법으로 시술을 하여준다. 이 곳역시 좌측과 우측으로 나누어

시술을 하여주는데 좌측 후면의 부분도 3번의 구획을 나누어서 탈색제의 도포를 하여준다.

좌측 후면의 시술을 3번에 걸쳐서 시술을 하고나면 우측 후면의 부분에 시술을 연결해서 하여준다.

이때 역시 3번의 구획을 나누어서 시술을 하여주는데 사진처럼 쿠킹호일을 감아줄 때 염색솔로

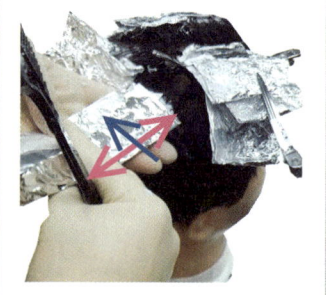

주황색 라인에 맞추어 주고 쿠킹호일을 감아주면 쉽게 쿠킹호일을 접을 수 있다.

사진에서처럼 쿠킹호일을 감아주고 나면사진의 연두색 화살표처럼 클립으로 이전 시술을 하여준 것을

고정을 시켜주고 나서 다음의 시술을 하여주면 시술이 용이하다고 앞서도 서술하였다.

천정부 후면의 부분도 3구획씩 6번의 시술을 하고 앞머리 부분의 시술도 6번을 시술을 하면

탈색의 시술은 마무리된다. 그러고 나서 사진처럼 열 캡을 씌워 10분 정도 열치리 히여준다.

아이론

* 이번 장은 아이론의 시술 방법과 테크닉을 배워 본다.

※ 아이론 펌(시험대비)

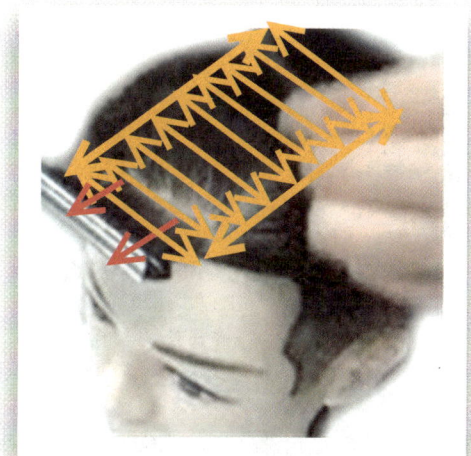

아이론 시술을 하여 줄때에는 천정부의 중앙 부분부터 시술을 하여주는데 일반 펌하고 같은 맥락이라고 생각하면 된다. 사진에서는 9개의 섹션으로 나뉘어있는데 시험에 나오는 순서를 표시해놨으니 일반 사람들은 큰 의미가 없다고 할 수 있다.

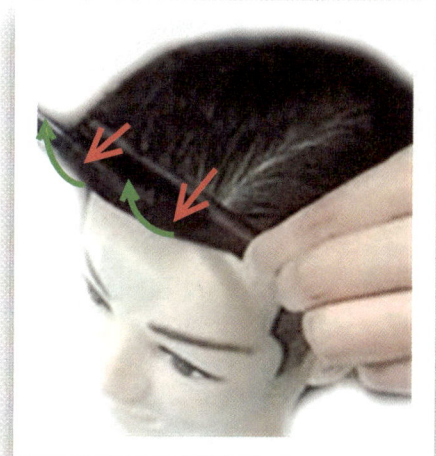

천정부의 중앙부분 앞머리부터 2cm정도의 섹션을 나누어 아이론 빗을 빨강색 화살표 방향으로 모발의 뿌리부분으로 집어넣어주고 아이론을 섹션을 나눠놓은 모발의 뿌리부분에 들어가서 연두색 화살표 방향으로 모발을 아이론의 몸체에 맞추어 돌려 컬을 만들어준다.

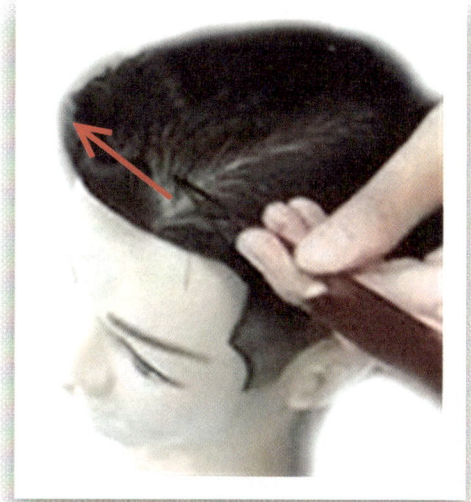

천정부의 앞머리의 컬을 만들어주고 나면 두 번째의 섹션을 사진에서처럼 아이론 꼬리 빗으로 모발의 뿌리에 집어넣어주어 두 번째 라인을 만들어준다.

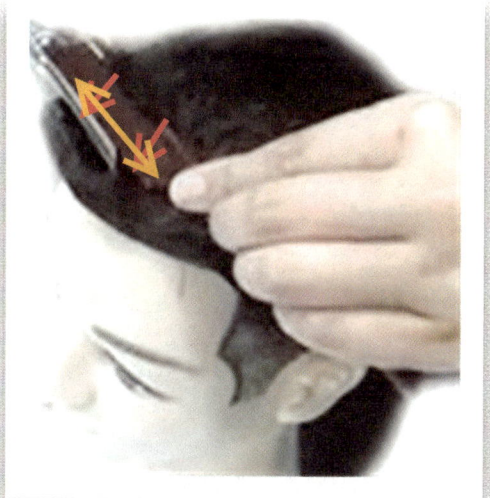

천정부의 중앙부분 두 번째 라인도 아이론을 섹션을 나눠놓은 모발의 뿌리부분에 들어가서 연두색 화살표 방향으로 모발을 아이론의 몸체에 맞추어 돌려 컬을 만들어준다.

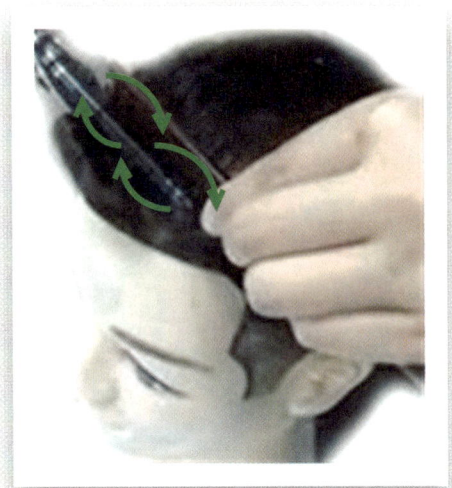

천정부의 중앙부분 세 번째 라인도 아이론을 섹션을 나눠놓은 모발의 뿌리부분에 들어가서 연두색 화살표 방향으로 모발을 아이론의 몸체에 맞추어 돌려 컬을 만들어준다.

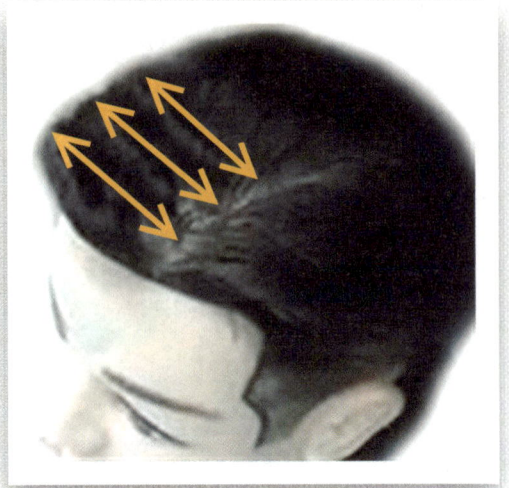

천정부의 중앙부분 세 번째 섹션까지 아이론 시술을 하고나면 사진의 형태로 만들어져야 한다.

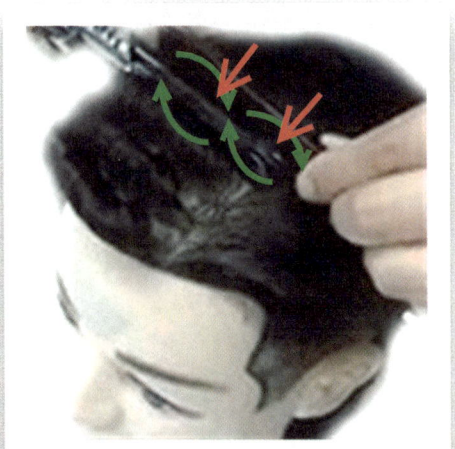

천정부의 중앙부분 네 번째 라인도 아이론을 섹션을 나눠놓은 모발의 뿌리부분에 들어가서 연두색 화살표 방향으로 모발을 아이론의 몸체에 맞추어 돌려 컬을 만들어준다.

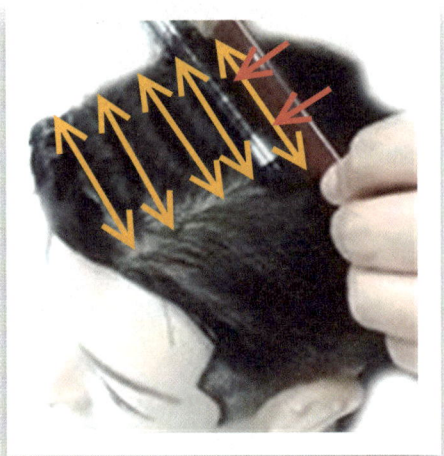

천정부의 중앙부분 다섯 번째 라인도 아이론을 섹션을 나눠놓은 모발의 뿌리부분에 들어가서 앞의 연두색 화살표 방향으로 모발을 아이론의 몸체에 맞추어 돌려 컬을 만들어준다.

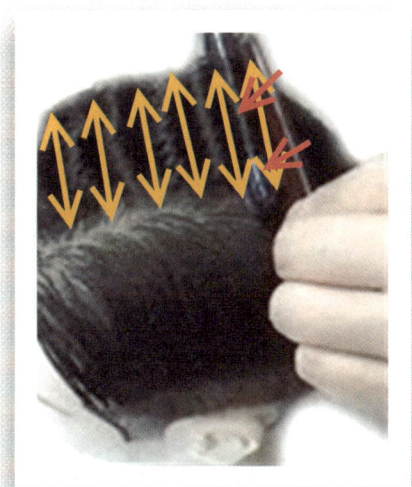

천정부의 중앙부분 여섯 번째 라인도 아이론을 섹션을 나눠놓은 모발의 뿌리부분에 들어가서 앞의 연두색 화살표 방향으로 모발을 아이론의 몸체에 맞추어 돌려 컬을 만들어준다.

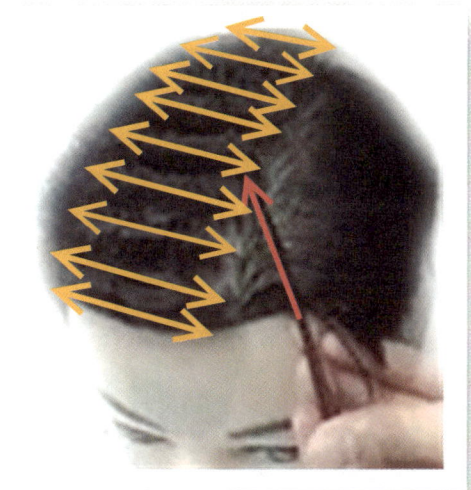

천정부의 중앙부분 아홉 번째 라인까지 아이론을 섹션을 나눠놓은 모발의 뿌리부분에 들어가서 앞의 연두색 화살표 방향으로 모발을 아이론의 몸체에 맞추어 돌려 컬을 만들어주면 사진의 노란색 화살표처럼 일정한 모양을 유지하여주고 라인을 깨끗하게 시술하여준다.

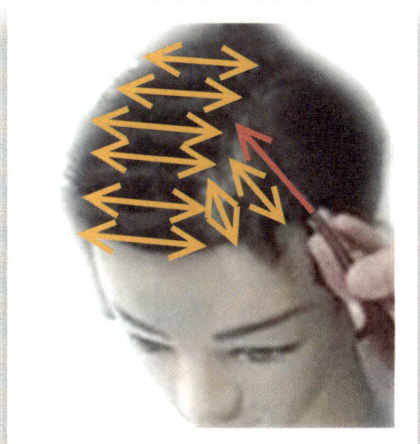

천정부의 좌측 눈 위 부분의 앞 사진에서 첫 번째 라인과 위의 사진의 두 번째 라인도 세 번째의 라인까지 아이론을 섹션을 나눠놓은 모발의 뿌리부분에 들어가서 앞의 연두색 화살표 방향으로 모발을 아이론의 몸체에 맞추어 돌려 컬을 만들어준다.

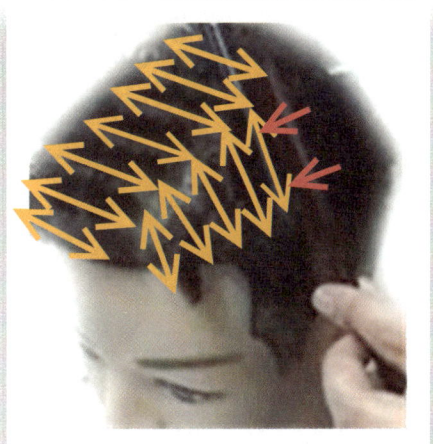

천정부의 좌측 눈 위 부분의 앞 사진에서 네 번째 라인과 다섯 번째의 라인을 위의 사진의 두 번째 라인도 아이론을 섹션을 나눠놓은 모발의 뿌리부분에 들어가서 앞의 연두색 화살표 방향으로 모발을 아이론의 몸체에 맞추어 돌려 컬을 만들어준다.

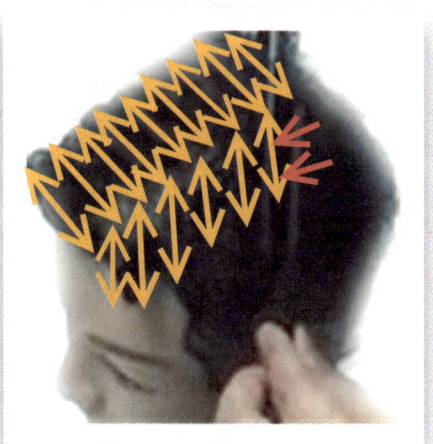

천정부의 좌측 눈 위 부분의 앞 사진에서 여섯 번째 라인에 아이론을 섹션을 나눠놓은 모발의 뿌리부분에 들어가서 앞에서처럼 연두색 화살표 방향으로 모발을 아이론의 몸체에 맞추어 돌려 컬을 만들어준다.

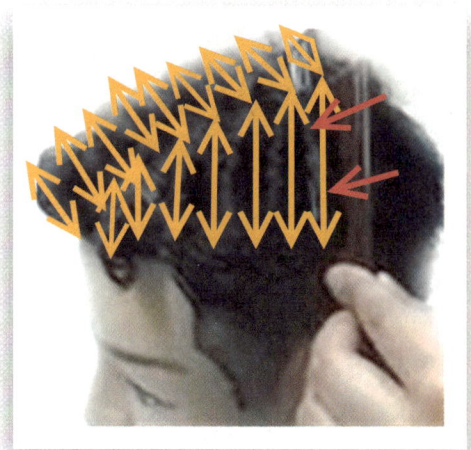

천정부의 좌측 눈 위 부분의 앞 사진에서 일곱 번째 라인에 아이론을 섹션을 나눠놓은 모발의 뿌리부분에 들어가서 앞에서처럼 연두색 화살표 방향으로 모발을 아이론의 몸체에 맞추어 돌려 컬을 만들어준다.

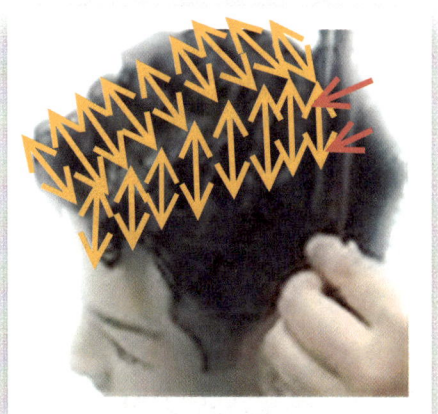

천정부의 좌측 눈 위 부분의 앞 사진에서 여덟 번째 라인에 아이론을 섹션을 나눠놓은 모발의 뿌리부분에 들어가서 앞에서처럼 연두색 화살표 방향으로 모발을 아이론의 몸체에 맞추어 돌려 컬을 만들어준다. 원래 시험에서는 다섯에서 6개의 컬을 만드는데 위는 몇 개 더 해봤다.

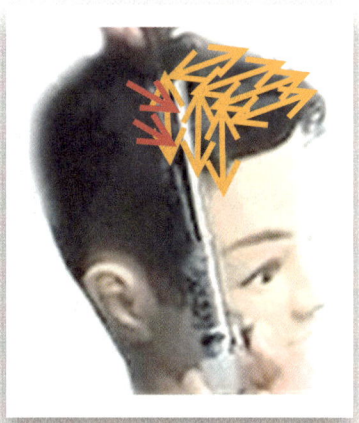

천정부의 우측 눈 위 부분의 앞 사진에서 첫 번째 두 번째 세 번째 라인에 아이론을 섹션을 나눠놓은 모발의 뿌리부분에 들어가서 앞에서처럼 연두색 화살표 방향으로 모발을 아이론의 몸체에 맞추어 돌려 컬을 만들어준다.

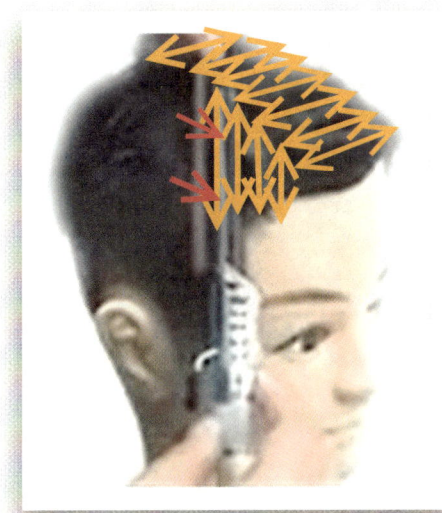

천정부의 우측 눈 위 부분의 앞 사진에서 네 번째 라인에 아이론을 섹션을 나눠놓은 모발의 뿌리부분에 들어가서 앞에서처럼 연두색 화살표 방향으로 모발을 아이론의 몸체에 맞추어 돌려 컬을 만들어준다.

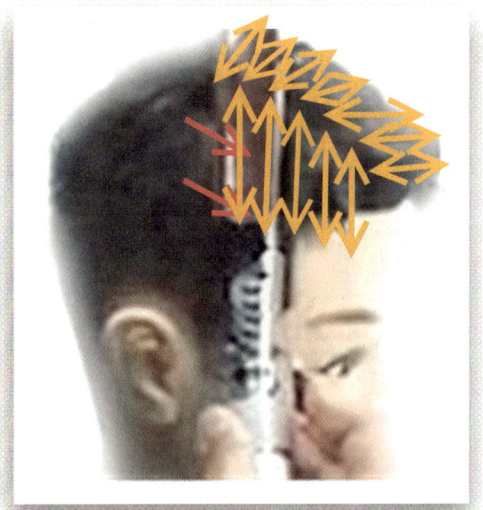

천정부의 우측 눈 위 부분의 앞 사진에서 다섯 번째 라인에 아이론을 섹션을 나눠놓은 모발의 뿌리부분에 들어가서 앞에서처럼 연두색 화살표 방향으로 모발을 아이론의 몸체에 맞추어 돌려 컬을 만들어준다.

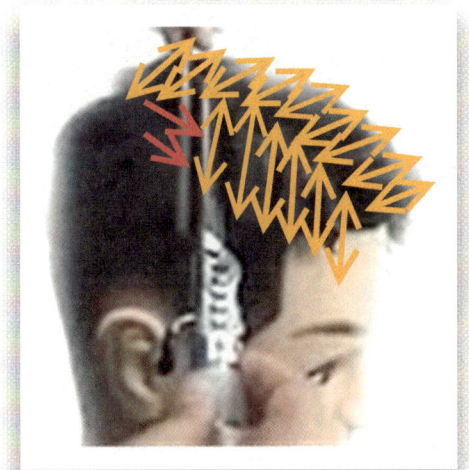

천정부의 우측 눈 위 부분의 앞 사진에서 여섯 번째 라인에 아이론을 섹션을 나눠놓은 모발의 뿌리부분에 들어가서 앞에서처럼 연두색 화살표 방향으로 모발을 아이론의 몸체에 맞추어 돌려 컬을 만들어준다.

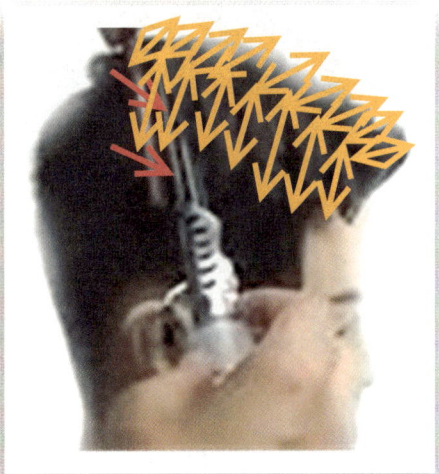

천정부의 우측 눈 위 부분의 앞 사진에서 일곱 번째 라인에 아이론을 섹션을 나눠놓은 모발의 뿌리부분에 들어가서 앞에서처럼 연두색 화살표 방향으로 모발을 아이론의 몸체에 맞추어 돌려 컬을 만들어준다.

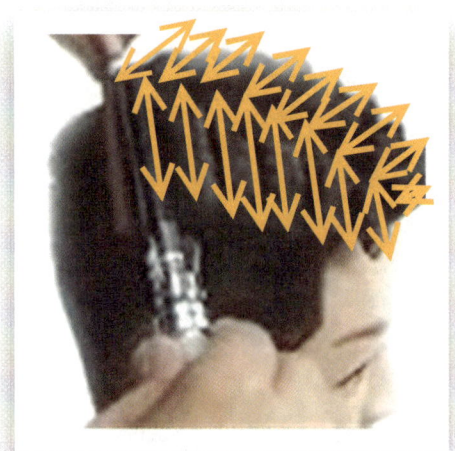

천정부의 좌측 눈 위 부분의 앞 사진에서 여덟 번째 라인에 아이론을 섹션을 나눠놓은 모발의 뿌리부분에 들어가서 앞에서처럼 연두색 화살표 방향으로 모발을 아이론의 몸체에 맞추어 돌려 컬을 만들어준다.

천정부의 아이론 시술을 마무리하고 나면 사진에서처럼 중앙부분의 라인에 맞추어 좌측 눈 위 부분과 우측 눈 위 뿐의 시술 각이 같이 맞아져야 올바른 시술이라고 할 수 있다.

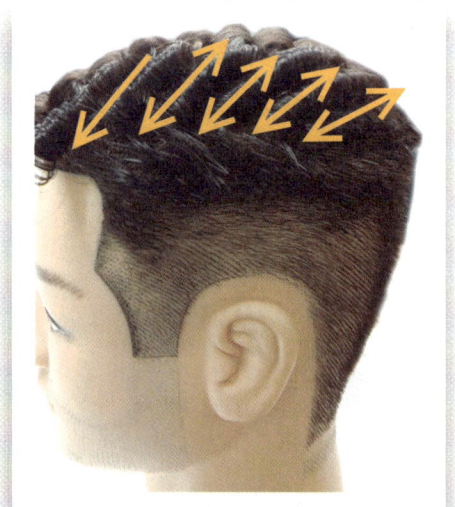

천정부의 아이론 시술을 마무리하고 나면 사진에서처럼 좌측 눈 위부분의 라인에 맞추어 시술이 되어야 올바른 시술이라고 할 수 있다.

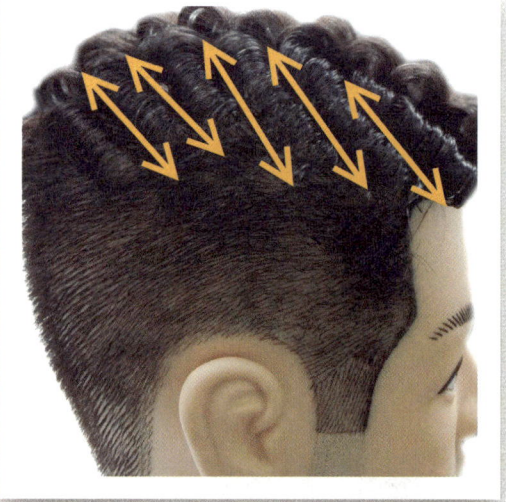

천정부의 아이론 시술을 마무리하고 나면 사진에서처럼 우측 눈 위 부분 역시 라인에 맞추어 시술이 되어야 올바른 시술이라고 할 수 있다.

나무 커트 빗 2호
클리퍼의 시술시 저자는 이 빗으로 시술을 용이하게 합니다. 필요한분은 저한테 문의 주세요. (개당 5.000원)

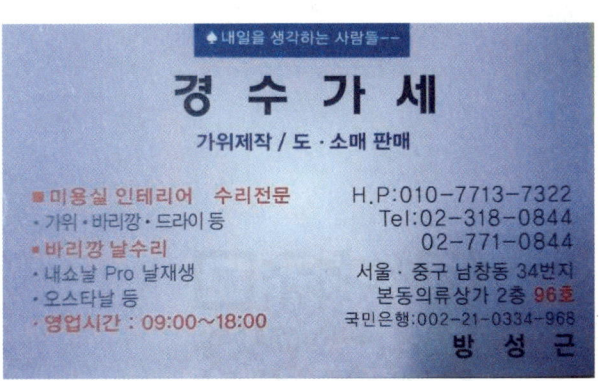

여러분의 가위와 클리퍼를
새것처럼 재생해드립니다.
최고의 기술자가
여러분들의 연장을 책임집니다.
믿고 문의 주세요...^^

이. 미용 재료의 모든 것!!
제일 저렴한 도매!!
없으면 찾아서라도 구해드림!
않 와본 사람은 있어도
한번만 온 사람은 없다 능!!

1. 정밀가공, 탁월한 절삭력
2. 특수설계 세라믹 날 적용

1. 온도상승 저하 기능
2. 긴수명
3. 탁월한 절삭력

판매문의:010-4530-6086

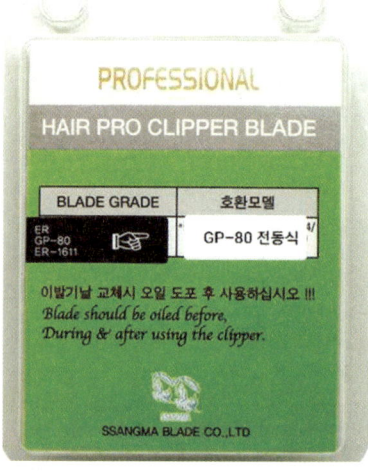

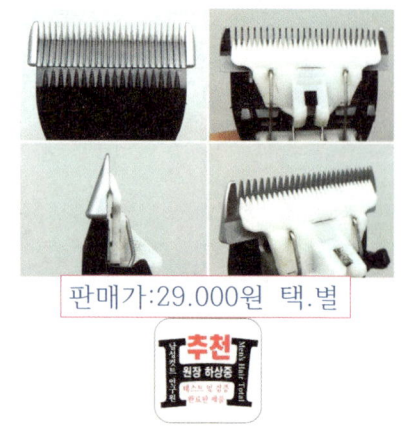

판매가:29,000원 택.별

남성컷트연구원 하상중 원장 테스트 및 검증 완료 제품

판매가:39,000원 택.별

남성컷트연구원 하상중 원장 테스트 및 검증 완료 제품

* 교육동영상은 QR 드로이드로 스캔하시고 웹사이트 찾아보기로 들어와서 카페로 오셔서 동영상으로 청취하세요.

남성컷트연구원
판매가 45,000

제작 : 남성컷트연구원 www.manscut.co.kr

인쇄 :

* 상기 내용을 무단 도용 시에는 저작권에 위배됨을 알립니다.